2章
P.31 へ

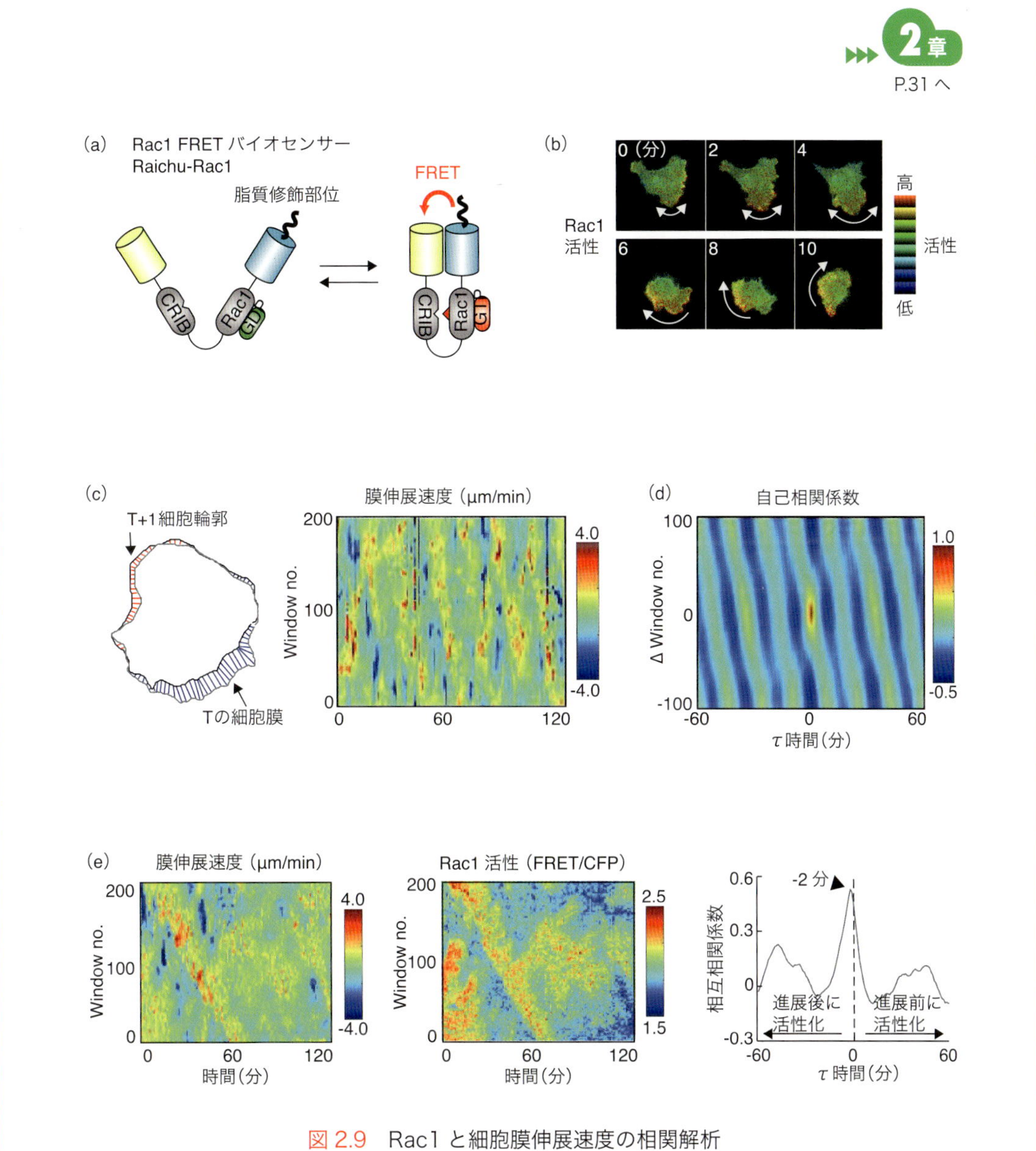

図 2.9　Rac1 と細胞膜伸展速度の相関解析

(a) Rac1 の細胞内活性を定量化する FRET バイオセンサー Raichu-Rac1 の構造．(b) Raichu-Rac1 を発現する HT-1080 細胞の自律的な細胞運動時における Rac1 活性．赤色が活性の高い領域，青色が活性の低い領域を示している．矢印は細胞膜伸展が側方に伝搬していることを示している．(c) 画像解析による細胞膜伸展速度の定量化．赤色の線は細胞膜が伸展しているところ，青色の線は細胞膜が退縮しているところを表す．ヒートマップで細胞膜伸展速度の時空間動態を示した．(d) (c) のヒートマップを自己相関解析した結果．細胞膜の伸展が右下方向に側方伝搬していることがわかる．(e) 細胞膜伸展速度(左)と Rac1 活性(中)を相互相関解析した結果(右)．

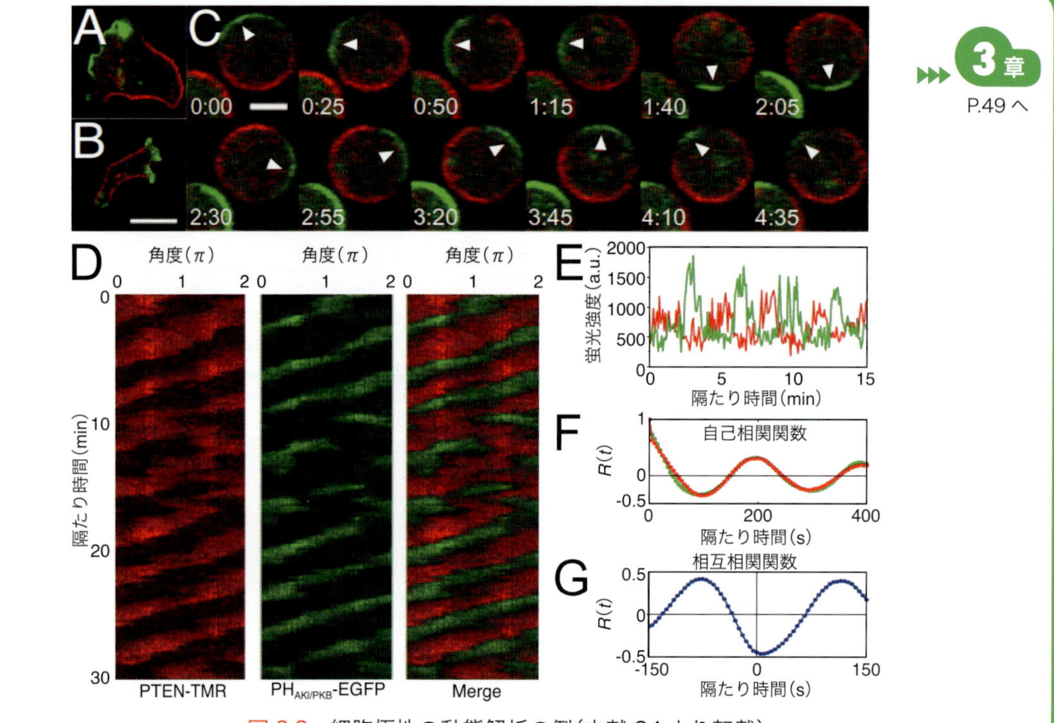

3章
P.49 へ

図 3.8　細胞極性の動態解析の例（文献 24 より転載）

PHAkt/PKB と PTEN の自己組織化による伝搬波形成．（A, B）PHAkt/PKB-EGFP あるいは PI3K2-EGFP（共に緑色）と PTEN-TMR（赤色）とを発現させた細胞性粘菌．細胞は極性をもち，前者は共に仮足部位に局在し，後者はそれ以外の細胞膜部位に局在する（スケールバー：10 μm）．（C）アクチン重合阻害剤である latrunculin A 5μM で処理した細胞において，膜上に局在する PHAkt/PKB ドメインが伝搬する様子（時間：分，スケールバー：5 μm）．（D）PTEN-TMR と PHAkt/PKB-EGFP のキモグラフ．（E）PHAkt/PKB-EGFP と PTEN-TMR の蛍光強度の時系列の例．（F, G）PHAkt/PKB-EGFP と PTEN-TMR の蛍光強度の時系列の自己相関関数と相互相関関数．

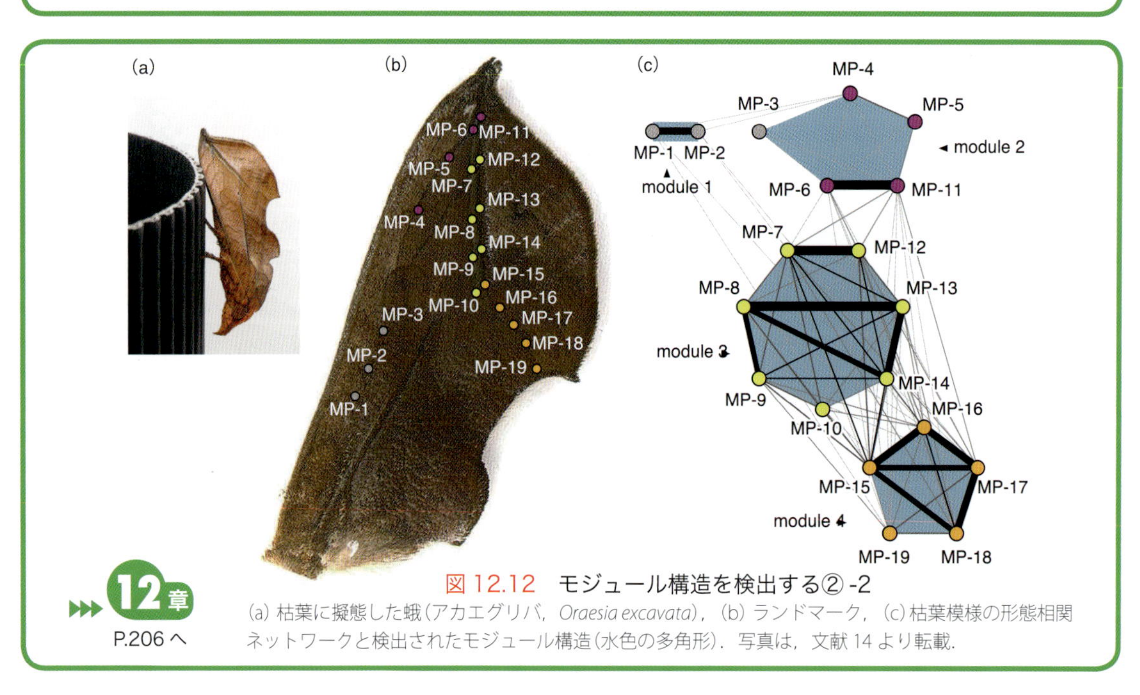

図 12.12　モジュール構造を検出する② -2

（a）枯葉に擬態した蛾（アカエグリバ，*Oraesia excavata*），（b）ランドマーク，（c）枯葉模様の形態相関ネットワークと検出されたモジュール構造（水色の多角形）．写真は，文献 14 より転載．

12章
P.206 へ

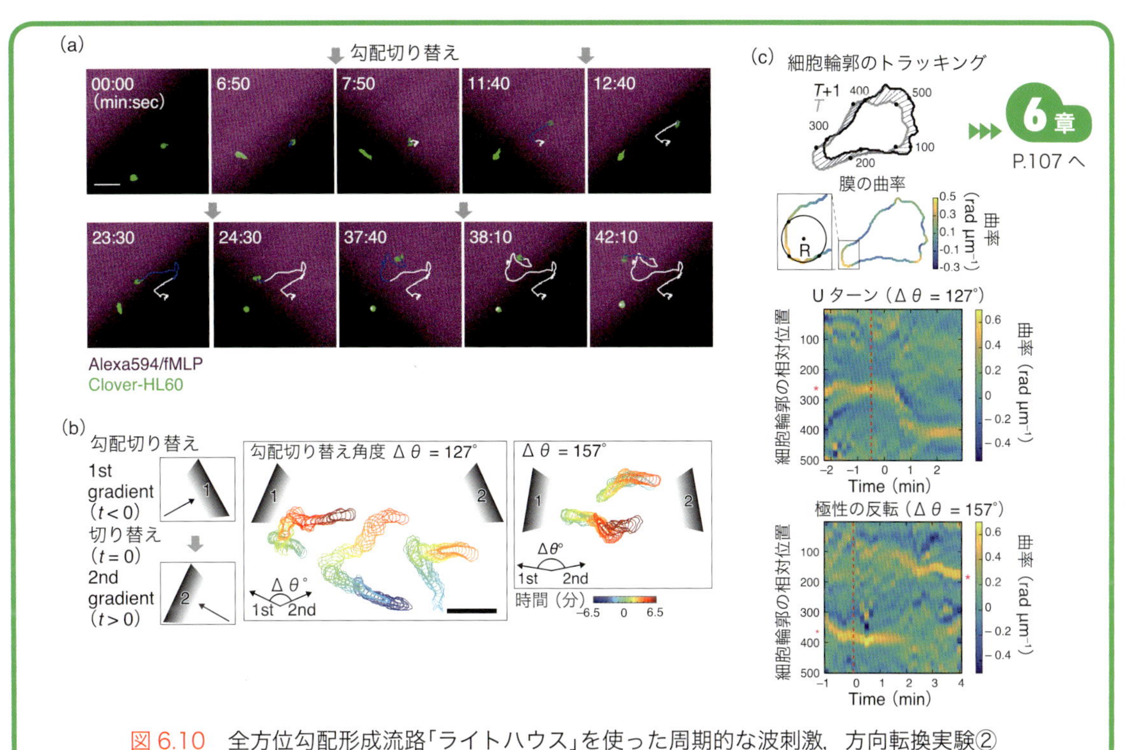

6章 P.107 へ

図 6.10　全方位勾配形成流路「ライトハウス」を使った周期的な波刺激，方向転換実験②

(a) デュープレックス型ライトハウスデバイスによる勾配の切り替え実験．誘引分子 fMLP の濃度場（ピンク色；Alexa で可視化）と好中球様 HL60 細胞（白；Clover 発現細胞）の移動．(b-c) 勾配切り替えに対する細胞の方向転換．細胞の移動と形態変化の様子 (b)，膜変形の曲率解析 (c)．文献 60 より転載．

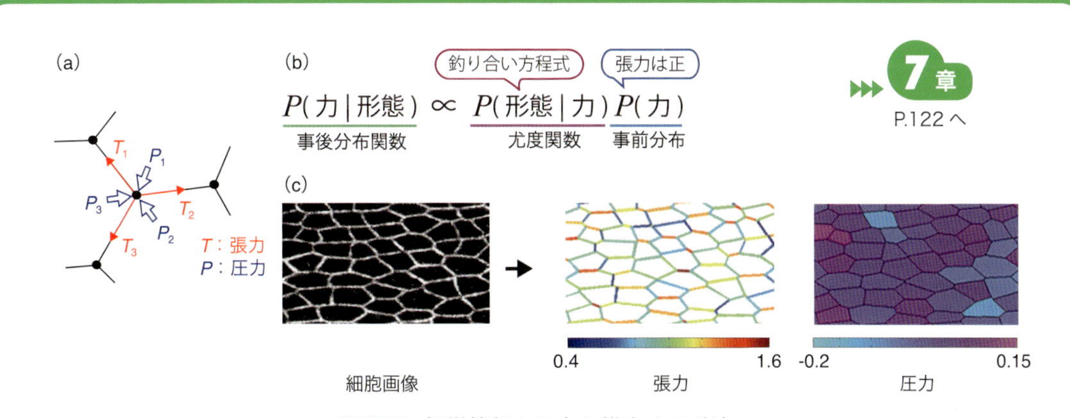

7章 P.122 へ

図 7.7　視覚情報から力を推定する手法

(a-c) 力推定法．(a) 細胞の結節点に働く力．T: 細胞接着面の張力．P: 細胞の圧力．(b) 力のベイズ推定におけるベイズ統計学に基づく逆問題の定式化．尤度は，力の釣り合い方程式への当てはまりの良さを表す．レーザー破壊実験により得られていた実験的知見を参考にして，張力が正値の平均値の周りに正規分布するという事前分布を採用した．尤度と事前分布を掛け合わせて得られる事後分布を最大にする力の値を，推定値として与える．このとき，尤度に対する事前分布の重みが，情報量規準により，データから客観的に決定されるのが，ベイズ統計学を用いる強みである．(c) 力のベイズ推定法の適用例．入力画像（ショウジョウバエの蛹化 23 時間後の翅上皮）から，力の釣り合い方程式を解くことで，細胞接着面の張力と細胞の圧力のマップを得る．(a, c) は文献 88 の Fig.1 を改変．(b) は文献 90 の Fig.2 を改変．

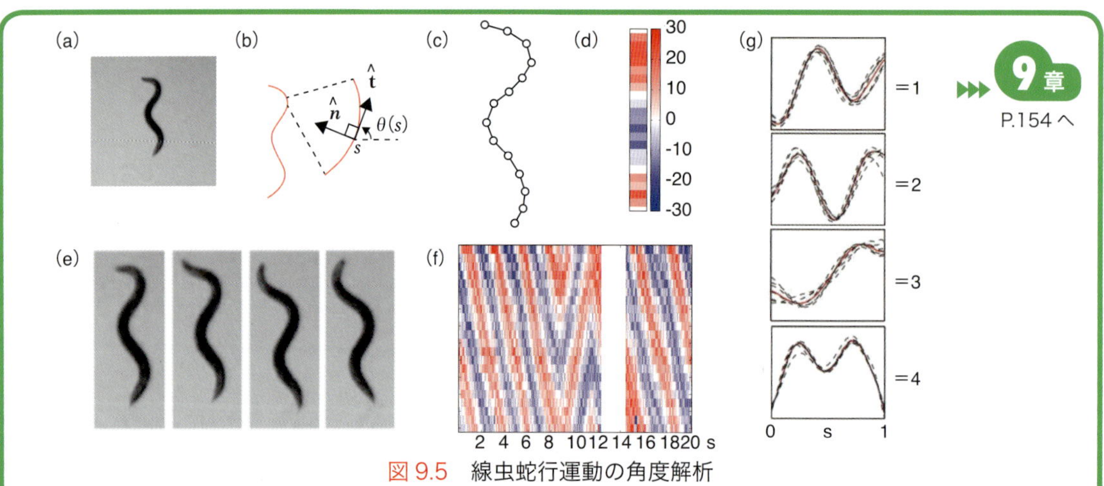

9章 P.154 へ

図 9.5　線虫蛇行運動の角度解析

(a) 解析の元となる画像．自由行動中の線虫を動画で撮影した中の 1 フレーム．(b) 画像から抽出した線虫の中心線に沿って位置 s を定義し，s 上の曲率を計算する．(c) 直感的には中心線 s 上を等間隔に並ぶ解析点を定義し，その解析点を結ぶ線が隣の線となす角度を定量することと等しい．(d) 定量した角度をカラー表示すると，特定時間における姿勢を 1 本のカラーバーで表現できる．左に (c) を定量した値，右に色と角度の対応を示す．(e) 蛇行運動の連続画像．線虫は蛇行運動するため，前進しているときは頭から尾まで波が移動する．(f) ここまでに説明した定量方法で時系列データを図示すると蛇行運動が縞状のパターンになる．後退すると縞の傾きは逆になることが 10s あたりで示されている．とぐろを巻くときはパターンが消失するため，別アルゴリズムで同定し，白抜きで表示した．横軸は時間（秒），縦軸は頭から尾までの体の位置を示す．(g) 抽出された定量データを主成分分析して抽出した主成分．上から第一主成分，第二主成分…と続く．横軸は頭から尾までの体の位置，縦軸は角度を表す．主成分分析は固有値分解とほぼ同義なので，固有値になぞらえて eigen worm と呼んでいる（文献 29 から改変）．

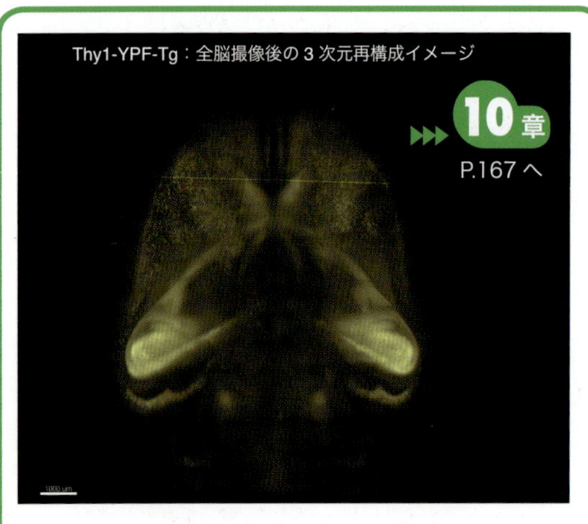

10章 P.167 へ

図 10.4　シート照明顕微鏡

シート照明顕微鏡（Light-sheet fluorescence microscopy, LSFM）は，透明体の側面からシート状に広げたレーザー光を照射し，特定の Z 位置の XY 平面のみを励起して，上部から CCD カメラで XY 平面全体を撮影する顕微鏡である．レーザースキャニング顕微鏡と比べて，スタックごとの撮影が高速に行えるため，大型サンプルの 3 次元観察や，速いタイムスケールの 4 次元観察などに使用されている．CUBIC プロトコールで透明化後，マクロズーム型ライトシート顕微鏡で撮影した Thy1-YFP-Tg の全脳イメージの例を掲載する．図中の写真は，文献 27 の Fig 4 で使用したデータを改変して掲載．

15章 P.246 へ

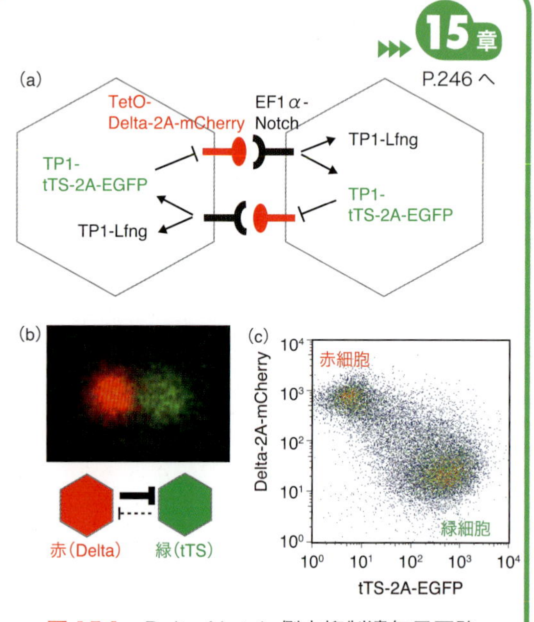

図 15.1　Delta-Notch 側方抑制遺伝子回路

(a) 人工遺伝子回路の模式図．(b) 人工遺伝子回路を導入した CHO 細胞は，隣り合う細胞間で側方抑制を行い，赤色と緑色に自発的に分かれた．(c) 細胞集団としても赤色と緑色に分かれた．文献 7 の Fig1 より改変．

定量生物学

生命現象を定量的に理解するために

小林徹也 編

化学同人

執筆者一覧

編集者

小林　徹也　　東京大学生産技術研究所

執筆者

章	氏名	所属
序章，補遺	小林　徹也	東京大学生産技術研究所
1章	谷口　雄一	理化学研究所　生命機能科学研究センター
2章	青木　一洋	自然科学研究機構　岡崎統合バイオセンター
3章	高木　拓明	奈良県立医科大学医学部
3章，9章	塚田　祐基	名古屋大学大学院理学研究科
4章	木村　暁	国立遺伝学研究所
5章	若本　祐一	東京大学大学院総合文化研究科
6章	澤井　哲	東京大学大学院総合文化研究科
	中島　昭彦	東京大学大学院総合文化研究科
7章	杉村　薫	京都大学高等研究院物質－細胞統合システム拠点
	石原　秀至	東京大学大学院総合文化研究科
8章，補遺	森下　喜弘	理化学研究所　生命機能科学研究センター
8章	鈴木　孝幸	名古屋大学大学院生命農学研究科
10章	洲﨑　悦生	東京大学大学院医学系研究科
11章	古澤　力	理化学研究所　生命機能科学研究センター
12章	鈴木　誉保	農業・食品産業技術総合研究機構
13章	永野　惇	龍谷大学農学部
14章	二階堂　愛	理化学研究所　生命機能科学研究センター
15章	戎家　美紀	European Molecular Biology Laboratory (EMBL) Barcelona

はじめに

本書は，定量生物学に関する国内での初めての成書である．企画および各章の執筆は「定量生物学の会」の関係者とその協力者に依っている．

定量生物学の会の設立は，2009 年 1 月に東京大学生産技術研究所で開催された第一回年会とそれに先立つ 2 回のミーティングに遡る．当時すでに生命科学においてバイオイメージングは欠かすことのできない技術であったが，そこからさらに定量的な解析へと歩を進める研究室・研究者はまだきわめて少なく，生命科学の各分野に散在する状態であった．そのため，どのように定量計測をし，画像などの一次データを処理し，その後の統計解析や数理解析へとつなげたらよいのか，それらすべては個々の研究者による手探りの状態であった．また，「定量してわかることはあるのか？」などの素朴な疑問（揶揄の場合もあったかもしれない）に直面することもしばしばであった．定量生物学の会は，このような状況にあってなお，定量的な生命科学を志す若手研究者（当時は博士研究員であったものが主）が集まり，定量生物学の実利的な知識を共有すると同時に研究の方向性を探索する目的で始まっている．

それから約 10 年が経過し，定量解析の知見・経験・ノウハウは十分に蓄積され，定量的な解析はかつてのバイオイメージングのように，着実に生命科学における方法論の一つとして定着してきた．本書はそのような定量解析の方法論を初学者が学びやすいように設計されている．各章では，標準的に使われている計測方法や解析方法，そして気をつけるべきポイントなど，実質的な知識を中心に記載がなされている．

一方，具体的な技術とノウハウが積み重なるのと同時に「定量しなければわからない問題」の輪郭が次第に醸成され，それに付随する研究分野が再編されてきた．本書で扱う「細胞のゆらぎと多様性」(1，10，14 章)，「動的な細胞内シグナル伝達」や「細胞や個体の運動・遊走・探索現象」(2，3，6，9 章)，「細胞・組織・個体のメカノバイオロジー」(4，7，8 章)，「増殖とセントラルドグマを拘束する定量法則」(5 章)，「さまざまなレベルでの生体の環境適応」(11, 12, 13 章)，「合成生物学」(15 章) などはその候補である．今，定量生物学はその黎明期を抜け，成長・転換期を迎えていると感じる．その転換期において本書は，この 10 年で蓄積した定量解析の知識や知見，そして次の 10 年に定量生物学が向かう新たな問題意識を，領域外の研究者や新たに参入する学生などと共有する役割を果たしてくれると期待している．

これまでの歩みをいま振り返れば，分子生物学以前に生命科学の主要な方法論であった定量的な方法論が復興することは，バイオイメージング技術の普及，遺伝子などの網羅的同定・解析の成熟，そして海外での定量研究志向の高まりを背景として，ほぼ確実な状況であったと思う．そのなかで国内の定量生物学研究が着実に成長できた背景には，各所からの継続的な支援・サポート[†]がある．各章の成果のすべてがそのなんらかの支援を受け，したがって本書自体もその成果以外のなにものでもない．改めてこの継続的な支援に深謝の意を表したい．

最後に，定量生物学の会の設立の節目にこのような本をまとめる機会に恵まれたことを，化学同人の浅井さんをはじめとした関係者に感謝したい．

2018 年 7 月 23 日

小林徹也

† 科学技術振興機構 さきがけ・CREST 研究（生命システムの動作原理と基盤技術，生命現象の革新モデルと展開，細胞機能の構成的な理解と制御ほか），科研費 新学術領域・特設領域，理化学研究所 生命システム研究センター QBiC（現生命機能科学研究センター（BDR））の設立，文部科学省 生命動態システム科学推進拠点事業による研究教育活動への支援，国立遺伝学研究所，東京大学生産技術研究所によるサポートほか

目　次

Part IV　定量生物学と技術

chapter 序章

定量生物学への招待

Summary

本章では，本書で想定している「定量生物学」がどのようなものを指しているのかについて述べる．「定量生物学」という言葉は非常に漠然としている．その原因は定量生物学を規定する理念的側面と技術的側面の二面性にあると筆者は考えているが，ここではその二面性に着目して，定量生物学をかたちづくる技術と関連する諸問題などについて概説する．

0.1 定量生物学とは何か？

近年，生命科学研究における「定量性」に対する重要性の認識から，定量生物学（quantitative biology）と呼ばれる分野が国内外で多くの注目を浴び，またゆっくりとであるが着実に浸透してきている．読者も，定量的な研究もしくは定量生物学自体に興味を持って，本書を手に取ったに違いない．しかし，定量生物学が「何か」と問われれば，それに答えることは存外に難しい．定量生物学は，例えば「オートファジー」や「共生」の様に特定の現象を表すものでもなく，また「化学受容体」や「バイオイメージング」のような特定の分子や技術を中心とした分野でもない．最近注目されているにもかかわらず，「定量的に考える」こと自体は新しいことでもないし，Quantitative biology という言葉自体も新しいというわけではない[*1]．加えて本書の各章が示すように，定量生物学がカバーする生命現象は，細胞内反応から進化まで広大なスケールにわたる．「歴史的にもカバーする対象にしても，「生物学」そのものと区別がつかず当たり前すぎて，結局なんなのかわからない…」．それが定量生物学に対する一般の生物学者のイメージなのではないだろうか？　もし，定量生物学をその理念で表現するのであれば「生命現象の定量的理解を目指した分野境界領域」になるだろう．一方，実質的な意味で定義するならば，「生命現象の定量的性質を解析するための技術と知識の集合体」となると思う．

この定量生物学の持つ二面性はある意味で，分子生物学などと似ているかもしれない．分子生物学をその理念で表現すれば「生命現象の物質的理解」となるが，多くの研究者にとって実用上の分子生物学は「生命現象の分子基盤を解析するための技術と知識の集合体」であり，だからこそ，ミクロからマクロまでさまざまな現象を扱う各分野（細胞生物学，発生生物学，神経科学，進化生物学など）と重なって存在しうる．筆者は，定量生物学についても同じことが言えると考えている．理念的には茫漠としているが，「定量解析の最新技術と知識の集合体」という側面をもつことからから，定量的なデータや定量的な現象の性質を扱う必要性の高まりに呼応して，生命科学に再び浸透・回帰してきているのではないだろうか(図0.1)．

*1　Cold Spring Harbor の quantitative biology symposium は 1930 年代から開催されている．

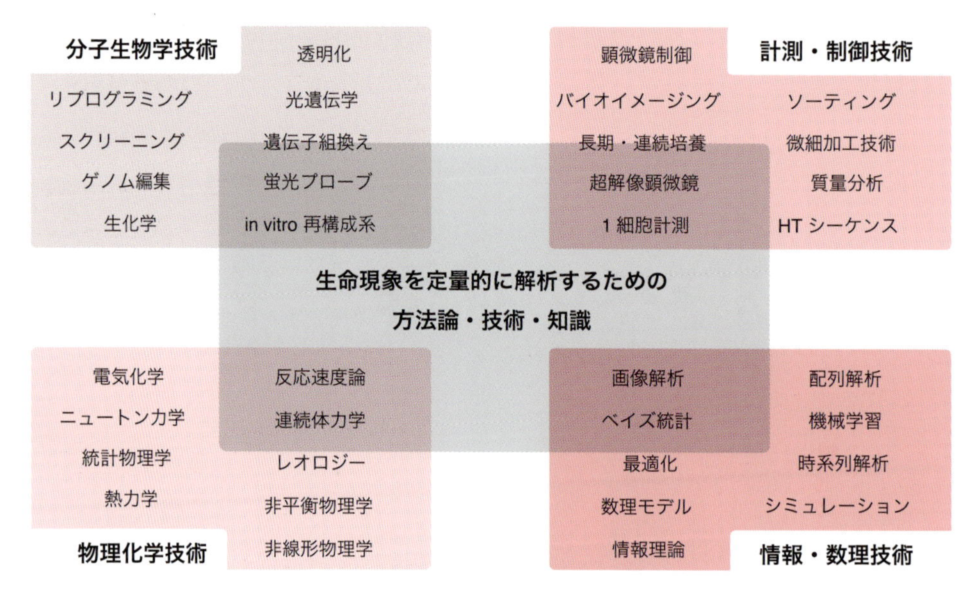

図 0.1　定量生物学と他の分野との位置づけ

定量生物学や分子生物学は，理念と技術の二面性を持ち，現象や対象で規定される生命科学諸分野を支える役割を果たす．図では表示していないが，生物物理やバイオインフォマティクスなども，理念面・技術面から生命科学諸分野を支える分野であると捉えられる．

したがって，とらえどころがない理念にこだわるよりはまず，定量生物学の実質的な側面である「定量的解析の最新技術と知識」に接してもらったほうが，多くの読者にとっていろいろな意味で有益であると考える．とはいえ，定量生物学はバイオインフォマティクスのように技術と知識に特化した分野と捉えるのも正確ではなく，理念に技術がドライブされている側面もある．そこで序章では，生命現象を定量的に理解するということに立ち返って定量生物学の二面性を考えてみたい．理念的な議論には興味がなく，種々の定量解析技術の使い方を学びたいという読者は，序章はスキップし，自身の研究と関連の深い章に取り組んで頂きたい．本書はむしろ，そのように設計されている．

0.2　生命の不思議と定量的性質

生命現象に関わる多くの素朴な疑問は，その定量的な性質と関わっている．「なぜ規則正しい生活をしていると朝，決まった時間に正確に起きることができるのか」，「なぜわれわれの両腕は左右ほぼ同じ長さに発生するのか」，「なぜ子は親に似るのか」，「なぜ昆虫の翅のような複雑かつ整然とした構造が自発的につくられるのか」，「なぜ他の生物をきわめて正確に模倣する擬態が進化しうるのか」など，われわれが「生物ってよくできているな」と感じる素朴な驚きの背後には，多くの場合，現象の持つきわめて高い定量的正確性や再現性が関わっている．

このような素朴な驚きは，現象を構成するミクロな細胞レベルの振る舞いを定量的に観察すると，さらなる疑問・難問へと変貌する．概日リズムを担う個々の細胞の振動，発生や形態形成を担う個々の細胞の移動や増殖，そして個々の細胞の環境への応答などを定量的に計測すれば，そこには細胞ごとに大きく異なる個性や多様性が存在することが観測される．それらヘテロな要素の集合や膨大な組み合わせから，マクロなレベルでの高い正確性や再現性がどのように生命システムにおいて実現されているのか，直感的にもまた単純な大数の法則でも想像がつかない．

さらに悩ましいことに，このマクロなレベルでの正確性・再現性とミクロな構成要素レベルでの個性・多様性の関係は，1 細胞レベルの現象にも継承されるという階層性まで持っている．単細胞生物やわれわれの体細胞は，比較的高い再現性を持ってその複製体である娘細胞を生みだすことができるし，粘菌細胞や白血球細胞は環境中の化学的・物理的なシグナルを感知して比較的正確に移動できる．その過程を詳細に見てゆけば，「なぜ細胞の分裂までに必要な構成要素がちゃんと複製されるのか」，「なぜ複製された要素，特に染色体などは正確に等分配されるのか」，「なぜ細胞は微妙な環境分子の勾配や変動を感知できるのか」など，対象や時空間スケールこそは異なれども，似たような正確性・再現性の疑問が立ち現れる．そして，それらを構成する細胞内の個々の遺伝子の発現や個々のタンパク質の反応は，極めて確率的で高いばらつきとゆらぎを持つことも普遍的に計測されているのである(1章参照).

他方でこの問題を逆の側面から見ると，分子から細胞，そして個体へと階層を上がっていっても構成要素の多様性がなくなることはなく，どの階層でも膨大な多様性が再生産されていることがわかる．「生物ってほんとに多様だな」という感慨は「生物ってよくできているな」と並ぶ素朴な驚きであるが，この二つはコインの裏表のように貼り合わさっている．

——きわめてヘテロで多様な構成要素が存在し，それらが一見雑然と動き働きながらも，全体としてはあるべきもの，起こるべきこと，再現されるべきことが高い確率や精度で実現する，にもかかわらず階層を上がっても多様性は失われない——

それは一見，生物の世界だけを眺めていると普遍的過ぎて当たり前のように見える．しかし，現象を還元してそのメカニズムを掘り下げて考えるほど，問題の非自明さが浮かび上がってくるのである．こんな大問題をそのままの形で扱おうとするのは哲学者くらいであるが，遠目に見ると，多くの定量生物学における研究は，特定の現象・特定の定量的形質に着目して上記と類似の問いやその部分問題に取り組んでいるようにも思える．むしろ，大問題を大上段に構えるのではなく，生物学の基本である記載，ただし定量的な記載に立ち返って，虚心坦懐に現象の知識を積み重ねることによって，問題の輪郭やその解答へのヒントが浮かび上がってくると思っている研究者が大多数を占めるのではないだろうか．

0.3　生命現象を定量的に理解するとはどういうことか？

これらの問題を分子レベルで理解することは，その答えに至るための必須の段階ではあるものの，決して解答ではない．「ある遺伝子を破壊したら概日リズムが見られなくなった」，「ある遺伝子を阻害したら細胞の複製が停止した」，「ある遺伝を阻害したら組織から一部の細胞種が失われた」など，細胞機能の再現性や多様性生成に関連する遺伝子や分子の発見には，分子生物学における先人の膨大な努力が結実しているのはもちろんである．しかし，分子や遺伝子の存在の有無，それ自体がわれわれの素朴な疑問に直接答えてくれるわけではない．現象が立ち現れてくる過程の部分，そこを定量的に捉えなければ理解は十分と言えないだろう．

例えば細胞の分裂過程であれば，分裂に伴う細胞の形状の変化や関連する分子の活性や局在の変化を経時的に観測し，関連分子がどのタイミングでどこに作用しているか，それが阻害されるとその影響は分裂過程のどの段階にどのように反映されるのかを把握した上で，これら定量的な振る舞いや変化がどのような物理・化学法則の組み合わせの帰結として再現されるのかを確認して初めて，現象の本質を理解したといえる(4章参照).

同じことはよりスケールの大きい多細胞生物でも同様である．翅の形成であれば，翅を形成する個々の細胞がどのようなタイミングで分裂をし，どのように形状を変え全体として整列をするのか，その過程を経時的かつ定量的に測定したうえで，どこまでが力学的法則に基づき決定されている部分で，どこからが分子特異的な制御によって担われている部分なのかを考えることで，翅という精緻な形態をつくりだす機構の本質がわかってくる(7章参照).

また定量計測の蓄積の過程で，物理化学法則の単純な帰結ではなく，自己複製をする単位を基本とした生命システム特有の新しい法則が発見されることもある．5章では，その新しい法則の具体例として，細胞の複製速度と複製に関わる細胞内分子の割合との間に成り立つ，定量的で非自明な関係が紹介されている．このような生命システム特有の定量的性質の発見は，定量生物学の目指す一つの研究の形といえるかもしれない．また，生物システムのもつ定量的な性質の記載と理解は，その予測や制御にも不可欠なステップでもある．

0.4　技術が駆動する定量解析

しかし定量的に計測できる情報は，技術によって強く制限される．技術が時代時代の定量研究のあり方と限界を定めていると言ってもよい．事実，ミクロ・メソスケールの生命現象に関する定量解析は，分子生物学の躍進が始まる1970年代ごろまできわめて当たり前に行われていたが，当時の技術限界と遺伝子組み換え技術の勃興により，80年代・90年代には生命科学の多くの分野で最先端技術から退いた．

この状況を大きく変化させたのは，2000年代に蛍光タンパク質や顕微鏡技術を中核とするバイオイメージングの領域が現れたことであり[*2]，その技術の恩恵として，細胞内の特定の分子の局在や分子数の変化，分子の活性を経時的に観察できるようになった．より大きなスケールでは，組織や胚の中の細胞の空間配置や移動・増殖・状態も1細胞解像度で観察できるようになった．

また，細胞の集団を1細胞レベルで長期に計測することができるようになったのも，培養観測系の発展や工学の微細加工技術の応用であるバイオMEMSなどの新しい技術に立脚している．そして今や，ハイスループットシーケンシングを応用して，無数の遺伝子の発現状態や細胞のエピジェネティクス状態などを1細胞レベルで計測することも可能になってきている．

これら新しい計測技術によってもたらされる新しい定量データは，個々の細胞や分子の個性や多様な振る舞い，そしてその集合体が実現する定量的な形質や機能との関連を解析する手段を与え，定量的な生命現象の理解の最先端を切り開く原動力となっている．また同時に，定量データの持つ情報を活用するために，これまで分子生物学では中心的に用いられることのなかった別の技術や知識が付随して求められる．

まず得られた画像や比較的大規模なデータから現象に関連する情報を抽出するために，画像解析やインフォマティクスが必要になる．画像から取りだされた細胞や分子の位置，分子や細胞の数，そしてそれらの時間的な変化や多様性を解析するためには，いわゆる古典的な生物統計とは異なる現代的な時系列解析や統計解析が用いられる．そして，現象のどの部分がどんな物理・化学法則で説明できるのかを確認しようと思えば，ニュートン力学，連続体力学，レオロジー，流体力学，反応速度論，熱力学，統計物理学，非平衡物理学，非線形物理学などの物理・化学理論や，その基礎を支える数学，そしてモデルのシミュレーションが求められる．

そしてまた，いつの時代も計測は万能ではない．現在の技術では，同時に計測できない分子の特性や細胞の形質は数多存在するし，細胞や分子に発生する力など非侵襲には計測することがいまだ難

＊2　理念的な意味で言えばシステム生物学が同時期に立ち上がったことは，新しい計測技術を背景として，定量研究が復興することに不可欠な役割を果たしている．

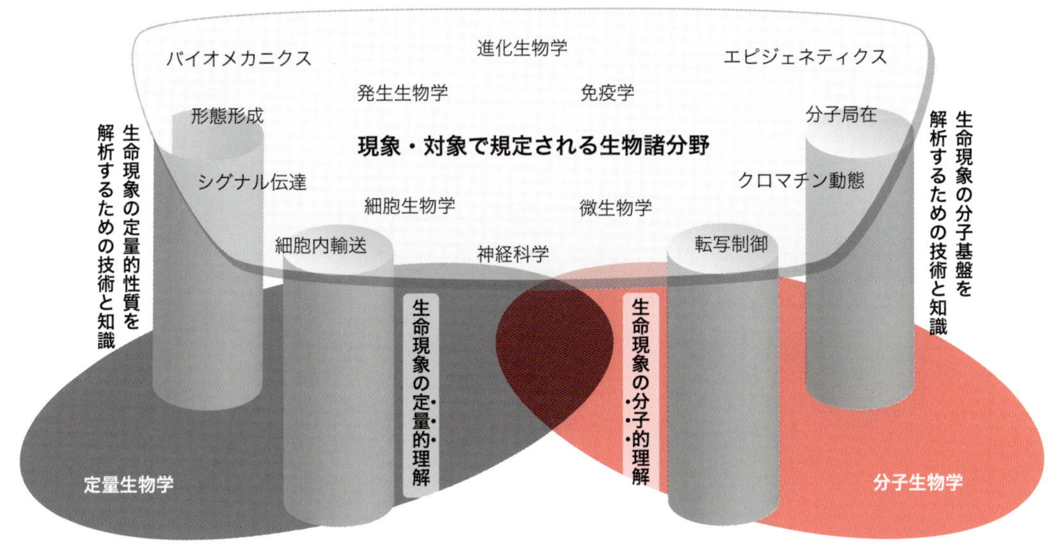

図 0.2　定量生物学をかたちづくる技術

定量生物学をかたちづくる個別技術の背景を支える分野は，すでに存在する．複数の手法を組み合わせて生命現象の定量的な解析へとつなげる方法論・知識の集合が，定量生物学の基盤である．

しい情報もある．計測可能なデータやその組合せから，物理・化学法則を基礎として，未知の情報を補完し推測するために機械学習やベイズ統計が決定的な役割を担うことになる．

0.5 あらためて定量生物学とは何か？

定量生物学の輪郭を形取る実体は，これらの定量計測・解析技術を組み合わせて生命科学に活用するための知識体系である（図 0.2）．それぞれの計測技術・解析技術を個別に見れば，それぞれの分野がすでに存在するが，それらを組み合わせた生命科学への応用に関する分野は他にない．また分子生物学や生物物理学のような既存の生物分野にも，定量生物学が担う知識と技術は集約していない．そしてまた，これら定量解析の技術の組合せは，現象のスケールや詳細を超えてさまざまな問題に広く活用できるのである．

形やその変形を計測し特徴化する手法は，組織の形にも細胞の形にも使える．連続体・流体の解析法は，組織内での細胞集団の移動にも，細胞内の小器官流動にも活用できる．ランダムな粒子を特徴化する方法は，1 分子の運動にも 1 細胞の運動にも個体の運動にも適用される．そして，確率的な遺伝子発現の分子数変動を特徴化する方法は，細胞集団内の細胞数変動を解析することにも応用できる．このような広い応用性こそが，定量生物学という分野をかたちづくらせる引力である．

したがって，定量生物を始めるにあたって，その理念に頭を悩ませる必要はない．本書で紹介しているさまざまな現象のなかから自身の研究対象に近い章を読んでみてほしい．そうすれば，まずはどのような手法やその組合せが使われていて，そこから何がわかるのかを把握できる．そしてそのなかに自身の研究に取り入れたいものがあれば，それを学べばよい．もしさらに学ぶ気になったならば，他にどのような手法が自身の関連研究で取り入られているのかを調べてもいいし，逆に最初に選んだ手法が他の生命現象の解析でどのように使われているのかなどを学ぶことで，読者の定量研究の地平は広がってゆくと思う．

そして，個々の読者が興味をもっている現象を定量的な方法で解析してその理解を深め，その結果を定量生物学という分野の中で集合させ，また共通項を透かしてみることで，定量生物学とは何だったかが，技術を越えて，おぼろげながら見えてくるのでないだろうか？

（小林徹也）

遺伝子発現の定量生物学

Summary

遺伝子発現は，ゲノムDNAに刻まれた遺伝情報を実際の機能性分子に変換する，生命機能の根幹となるプロセスの一つであり，そのタイミングや量は精緻に制御されている．遺伝子発現の制御論理を1細胞レベルで理解し，その挙動の厳密な予測・制御につなげていくには，確率的・動的性質や全遺伝子スケールでの性質を含めた，高度なレベルでの遺伝子発現の定量化とそのモデル化が必要になる．本章では，遺伝子発現プロセスの基礎に加えて，遺伝子発現の各性質を定量化するための方法論，並びにその応用例について紹介する．

1.1　はじめに

個々の細胞は，生物としての特徴を保つためのゲノムDNAを持っており，状況に応じてさまざまな遺伝子を発現することで生物機能を実現している．例えば発生の過程にそって生物が多様な種類の細胞を生みだすことができるのは，それぞれの細胞において各遺伝子が適切な量，適切なタイミングで発現されるおかげである．生命科学の研究において遺伝子発現を定量化することは，生物が長い時間スケールで築きあげてきた機能発現の戦略性を理解することと密接なつながりがある．

遺伝子発現プロセスの重要な性質として，「ノイズ」の存在があげられる[1,2]．細胞内に存在するゲノムDNAのコピー数は常に決まっている（n倍体であればnコピー存在する）のに対し，そこから発現されるmRNAとタンパク質のコピー数は細胞ごとにばらばらであり，かつ時々刻々と変化している．このように，遺伝学的には差異がないのにmRNAやタンパク質量などの表現型には違いが生じる現象を，「ノイズ」と呼ぶ．つまり生物は，ノイズの働きによって自らの状態性を目まぐるしく動的に変化させている．したがって遺伝子発現の性質を真に(理想的な意味で)理解するには，ひとつひとつの細胞において遺伝子発現量の動態測定を行う必要がある．また細胞の状態には複数の遺伝子機能が関与しているため，それらの振る舞いを統合的に理解するには，多数の遺伝子の測定を同時に，かつ網羅的に行う必要がある．

残念ながら現在の技術においては，これらの要求をすべて完璧に叶える解析は行えない．しかしながら，遺伝子発現の特徴をさまざまな角度から探るための研究手法の開発が近年飛躍的に進んでいる．もちろん，今日おこなわれている生命科学の研究のすべてにおいて，1細胞レベルでの解析や遺伝子の網羅的測定が必須とは限らない．しかし，今後生命科学が進展し，がん化や，個体の発生・分化をはじめとする複雑な生命現象の解明が求められるようになるにつれて，遺伝子発現の精細な定量化・モデル化の重要性が増すことは想像にかたくないだろう．本章では，まず遺伝子発現解析の基礎について述べたのち，遺伝子発現を定量化するためのさまざまな方法論について解説する．

1.2　遺伝子発現のプロセス

遺伝子発現は，細胞内のゲノムDNA上の各遺伝子配列から，転写過程を経てmRNAを生成し，さらに翻訳によってタンパク質を生成することによって行われる．ゲノム上には多数の遺伝子が存在しており，そこから多種類のタンパク質が生みだされる．例えば大腸菌の遺伝子数は約4200，ヒトは約26,000と言われており，真核細胞の場合にはさらに選択的スプライシングなどを経ることによって，遺伝子数よりも多くの種類のタンパク質が生成される．

1.2.1　生物学的ノイズ

mRNAの発現は，ゲノムDNA上にある遺伝子の上流（5' 側）に位置する「プロモーター」領域にRNAポリメラーゼという酵素が結合することによって始まる．RNAポリメラーゼはゲノムDNAの下流（3' 側）に向かって移動しながら，DNAの塩基配列を鋳型にリボヌクレオチド鎖を重合していくことにより，各遺伝子に対応したmRNAを生成する．RNAポリメラーゼのゲノムDNA上への結合は，結合を促進するアクチベータータンパク質や，阻害するリプレッサータンパク質が，環境条件に応じてプロモーター近傍のDNA配列に結合することにより制御される．一方でタンパク質の発現は，mRNAにリボソームが結合して下流に向かって移動しながらDNA配列に応じたペプチド鎖を重合していくことにより行われる．

こうした転写・翻訳のプロセスは，確率論的に進行する[3, 4]．つまり，ベルトコンベアのように一定時間ごとに決まった個数のmRNAとタンパク質が生みだされるのではなく，「一定時間ごとに何パーセントの確率でmRNA・タンパク質が生じるか」という形式なのである（図1.1）．これは，転写・翻訳のプロセスで行われるRNAポリメラーゼやリボソームの結合も，ヌクレオチドやアミノ酸の重合反応も，一般的な化学反応と同様，ある一定の高さの活性化自由エネルギー障壁をもったランダムな反応だからである．このため，ひとつひとつの細胞で起こるmRNA・タンパク質の発現のタイミングはばらばらとなり，結果として細胞ごとのmRNA・タンパク質数には「ばらつき」，言うなれば“個性”が生まれる．こうした細胞ごとの遺伝子発現のばらつきは，遺伝子による制御の及ばない現象の一つであり，生物学的ノイズ（biological noise）もしくは単にノイズ（noise）と呼ばれている[1]．

このとき，遺伝子発現のON/OFFの制御は，リプレッサー・アクチベーターなどの働きによって，mRNA・タンパク質の生まれる確率が時々刻々と（単位時間ごとに）変わることにより，もしくは活性化自由エネルギー障壁の高さが変わるこ

(a) 決定論的な発現

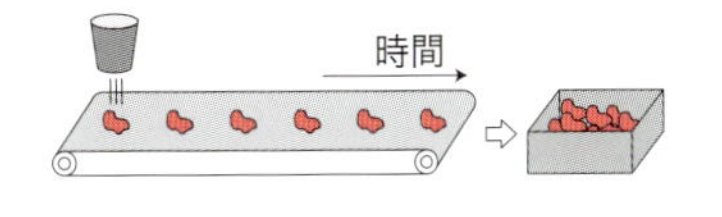

(b) 確率論的な発現

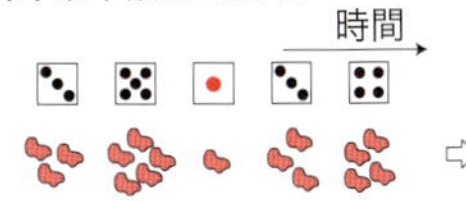

(c) 内因性ノイズ

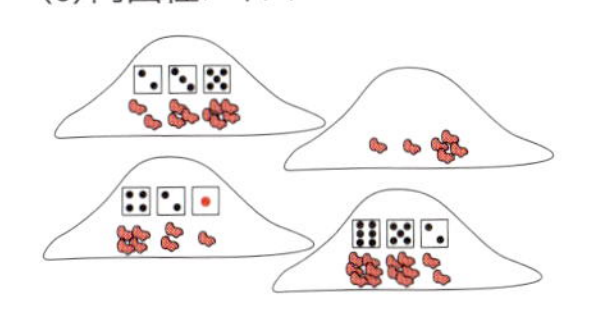

(d) 内因性ノイズ＋外因性ノイズ

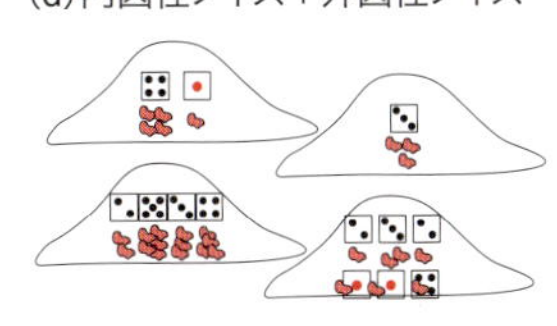

図1.1　遺伝子発現の確率性
(a, b) 決定論的な発現と確率論的な発現．細胞における遺伝子発現は確率論的であり，単位時間ごとに一定の数を生みだすのではなく，単位時間ごとにサイコロを振ってその目の数を生みだすような形式で行われる．(c, d) 内因性ノイズと外因性ノイズ．各細胞が決まった個数のサイコロを保有しており出た目の総和の数だけ発現を行うと考えた場合，サイコロの出目のばらつきが内因性ノイズに相当し，各細胞のサイコロの保有数のばらつきが外因性ノイズに相当する．

とにより行われる．多くの遺伝子において，確率がゼロイチで変わるようなことはほぼなく，例えば大腸菌の既知の遺伝子においては，数倍～千倍程度の変化，自由エネルギーに直すと 1 k_BT ～ 7 k_BT 程度の変化が起こる．このため，遺伝子が OFF の状態にあっても，ごく低い一定の確率で mRNA・タンパク質が発現する．こうしたあいまいな ON/OFF 制御機構の性質は，半導体を初めとする今日の人工機械のそれとは異なるものであり，生命システム特有の性質と言っても過言ではないかもしれない．

1.2.2　内因性ノイズと外因性ノイズ

遺伝子発現ノイズを表す概念としては，内因性ノイズ（intrinsic noise）と外因性ノイズ（extrinsic noise）というキーワードがある [1]．内因性ノイズとは，上述した遺伝子発現反応の確率性に起因するノイズを指し，外因性ノイズは細胞の性質(環境)の変化・ばらつきに起因するノイズを指す（図 1.1）．これらのノイズは，野球のバッターに例えると理解しやすいかもしれない．たとえばある 3 割バッターが試合に出る場合，（どの打席で打てるかはランダムなので）試合ごとのヒット数にはばらつきが生じる．このばらつきが内因性ノイズに相当する．一方で，バッターの調子に波があり，試合ごとにヒットを打てる確率が変動した場合には，試合ごとのヒットの数にはさらに大きなばらつきが生じる．ここで増える分のばらつきが外因性ノイズに相当する．つまり，内因性ノイズは遺伝子発現プロセスの確率性ゆえ避けられないノイズ，外因性ノイズは細胞の状態や個性を反映したノイズというように区別できる．

細胞内で起こる遺伝子発現に両方のノイズが含まれることを初めて立証したのが，Elowitz らの有名な実験である [1]．Elowitz らは大腸菌のゲノム組換えを行い，ゲノム内の 2 か所の領域に，同一のプロモーター配列を上流に持つ異なる色の蛍光タンパク質の配列をそれぞれ挿入した．このとき，もし内因性ノイズが存在しない，もしくは遺伝子発現に確率性が存在しないならば，2 色の蛍光タンパク質の発現量は細胞ごとにほぼ一致するはずであり，細胞集団レベルでは両者の量に強い正の相関が見られるはずである．しかし逆に，もし外因性ノイズが存在しない，もしくは細胞ごとの性質の違いが存在しないならば，細胞ごとの 2 色の蛍光量は互いに無相関にばらつくはずである．実際に Elowitz らが観察を行ったところ，2 色の発現量の相関は中程度に検出され、つまり 2 種類のノイズの片側が優勢になることはなく，二種類のノイズは共に有意に存在しているということが示された．

転写・翻訳過程の内因性ノイズは，しばしばポアソン過程（もしくはベルヌーイ過程；巻末の補遺参照）によって数理的に記述される（図 1.2）．ポ

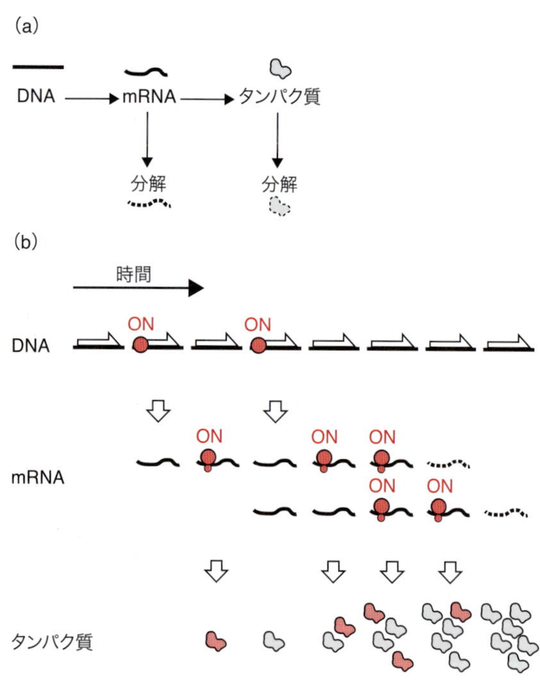

図 1.2　遺伝子発現の確率モデル
(a) 確率過程のスキーム．mRNA の転写，タンパク質の翻訳，mRNA・タンパク質の分解がそれぞれランダムに起こることを仮定している．(b) 発現の時系列変化の模式図．

アソン過程は，単位時間ごとに一定の確率でランダムに反応が進むプロセスに用いられる数学モデルである．さらに mRNA・タンパク質の分解も同様にポアソン過程で行われるとした場合，細胞集団における mRNA の個数分布はポアソン分布で記述でき，タンパク質の個数分布はガンマ分布で近似できる[5]．一方で外因性ノイズは，各ポアソン過程の反応速度定数が時間または細胞ごとにばらつきを持つとして扱うことによって記述できる[4]．この場合，トータルの mRNA・タンパク質の個数 x の分布 $p_{\mathrm{tot}}(x)$ は，条件付き確率の式に従って，速度定数 k における内因性ノイズの分布 $p(x|k)$ と速度定数のばらつき $f(k)$ の積の総和：

$$p_{\mathrm{tot}}(x) = \int_0^\infty p(x|k) f(k)\,\mathrm{d}k\,,$$

を計算することで得られる[4]．

1.3　遺伝子発現解析法の種類

細胞内で起こる遺伝子発現を実験的に定量化するための手法には複数が存在する（図 1.3）．各手法は，感度や網羅性，簡便性などの面において，それぞれ良し悪しがあり，研究目的に合った手法を選択する必要がある．詳しい原理については後述することとし，まずは各手法の相違点を述べる．

1.3.1　mRNA 発現の定量化

mRNA 発現量の解析においてもっともよく用いられるのは，real-time PCR（real-time polymerase chain reaction）であろう．この方法は，PCR を用いて特定の mRNA を増幅し，増幅スピードから mRNA 量を定量化する．装置があれば非常に簡便に解析できるという利点がある一方，一度に解析できる遺伝子の種類には限りがあり，全遺伝子レベルの解析には向かない．

これに対して mRNA シーケンシング法は，網羅的に膨大な種類の発現産物を定量化できる非常に強力な手法である．原理的には細胞内のすべての mRNA を逆転写した後で増幅し，その産物を次世代シーケンサーで識別することにより解析する．最近では，1 細胞内の mRNA を増幅して解析できる 1 細胞 mRNA シーケンシング法[6]も開発されている．しかしながら，1 細胞内のすべて

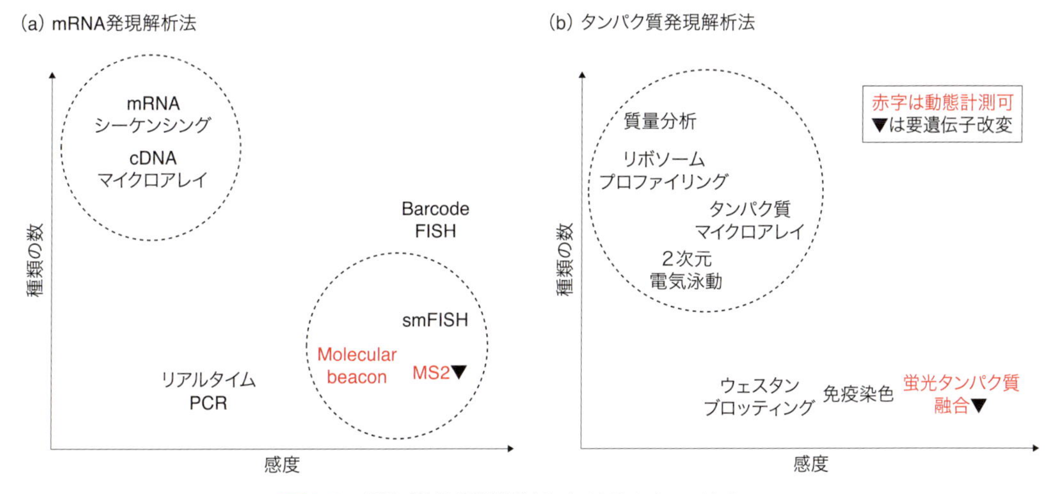

図 1.3　遺伝子発現計測法におけるトレードオフ
(a) 各 mRNA 発現計測法における感度と測定できる分子種の数．(b) 各タンパク質発現計測法における感度と測定できる分子種の数．赤字は動態計測が可能なものを表す．三角印は遺伝子改変が必要なものを表す．

のmRNAを検出できるわけではなく，実際に解析できるのはそのうちのごく一部であり，解析結果を得られるのは高発現の遺伝子のみに限定され，また定量化の精度も制限される．さらに，細胞を破砕して解析するため，時系列レベルでの変化を捉えられない．1回の計測にかかる費用も数十万円以上と，近年は次第に安価になってきているもののまだまだ高額である．

三つめの手法であるsmFISH(single molecule fluorescence in situ hybridization)法では，一度に測定できる遺伝子の数は限定されるものの，細胞内に存在するmRNAをほぼ全分子レベルで検出できる[7]．原理としては，細胞内のmRNAに蛍光オリゴヌクレオチドをハイブリダイゼーションさせ，1分子蛍光イメージング顕微鏡を用いて細胞内の蛍光分子を捉えて計測する．分子数をカウントできるため，非常に正確な定量化が可能であり，さらに細胞内局在(分布)の情報も得られる．同一の細胞で測定できるmRNAの種類数は，同時に識別できる蛍光プローブの色数に依存し，現時点では最大でおよそ4～6遺伝子の同時解析が可能である．

加えて，FISHにおいて同時に識別できるmRNAの種類数を増やす方法として，“バーコード”を用いる方法が提案されている[8, 9]．この手法では，同じ細胞に対する蛍光オリゴヌクレオチドのハイブリダイゼーションと分解とを繰り返し行って，実験データを取得する．このとき，ハイブリダイゼーションのサイクルごとに異なるターゲット領域に蛍光オリゴヌクレオチドをハイブリダイゼーションさせるようにしておくのがポイントで，例えばあるmRNAは3回目と7回目と9回目にハイブリダイゼーションが起こる，別のmRNAは5回目と6回目と9回目にハイブリダイゼーションが起こるといったかたちで，各mRNAがそれぞれ異なる回数目で蛍光を生じるようにし，その組み合わせを解析することで，mRNAの種類を識別する．この方法を用いて，同一細胞上で1000種類以上のmRNAを可視化した例が報告されている[9]．しかし上記の方法(seqFISH法やMERFISH法と呼ばれる)では，細胞を固定化または破砕してから観察する必要があり，同一細胞の時系列変化を解析することができない．時系列を測定する方法として代表的なのが，バクテリオファージMS2のキャプシドタンパク質を用いる方法(MS2システム)である[10]．この方法では，あらかじめターゲットとなるmRNAの3' 非翻訳領域などに，キャプシドタンパク質が特異的に結合するリピート配列を挿入しておき，同時にキャプシドタンパク質と蛍光タンパク質の融合体を細胞内に発現させておく．すると，ターゲットとなるmRNAの発現にともなって複数の蛍光タンパク質が集合体を形成するため，蛍光イメージングにより蛍光スポットを検出することでmRNAの発現を解析できる．しかしながら，一度に解析できる遺伝子の種類数が限られているという欠点や，あらかじめゲノムDNAを改変しておく必要があるために培養細胞等でしか解析できないという欠点がある．この他，mRNAとハイブリダイズした時に蛍光を発するmolecular beaconなどのオリゴヌクレオチドプローブをマイクロインジェクションする方法もあるが，この方法でも解析できる遺伝子の数は限られており，また測定できる細胞数にも制約がある．

1.3.2　タンパク質発現の定量化

一方，タンパク質の発現量を定量化する場合，タンパク質はmRNAのように増幅したり，配列特異的に蛍光プローブを結合させたりができないため，より難易度が高くなる．しかしながら，遺伝子発現過程のより下流に位置するタンパク質の定量化は，細胞の機能状態を捉えるという意味ではより本質的である．特に真核細胞においては，翻訳過程における遺伝子発現の制御が，転写過程における制御とほぼ同様，多様に，かつ高レンジで行われることが示されており[11]，タンパク質発現解析の重要性が強く示唆されている．

タンパク質発現解析の最も代表的な技術の一つが，質量分析（MS）を用いる方法である．典型的にはキャピラリ電気泳動や二次元電気泳動で各タンパク質を分離した後，消化酵素でペプチドレベルに断片化し，各断片の質量スペクトルを測定してデータベースと照合していくことで，タンパク質の種類を同定する．膨大な種類のタンパク質を網羅的に解析できる点や，修飾タンパク質も解析できる点では非常に強力と言えるが，1 細胞レベルでの定量化を行うには感度が足りない．

もう一つの有力な方法が，目的タンパク質に蛍光タンパク質を融合させ，蛍光イメージングによって定量化する方法である．この方法では，ゲノム上の目的タンパク質のコード領域に蛍光タンパク質の配列をあらかじめ挿入し，目的タンパク質の発現と共役して生まれる蛍光タンパク質の光を蛍光イメージングで捉えることで，タンパク質発現量を解析する．この手法の強みは，細胞内のタンパク質の発現量と局在性を同時に 1 分子レベルで正確に定量できる点と，動態計測が行える点である．しかし，ゲノム DNA を事前に改変しておく必要性があるため培養細胞等でしか解析できないという欠点がある．また，同時に識別できる蛍光の色数制限のため，最大でも 4 〜 6 種類程度のタンパク質しか同時に解析することができない．しかし，各遺伝子座に蛍光タンパク質を挿入した細胞株のコレクション[12]をあらかじめ用意しておき，網羅的にこれらの細胞株の測定を行うことで，全遺伝子レベルでの情報を（別個にではあるが）得ることは可能である[13]．

この他，免疫抗体を用いて目的タンパク質を選択的に蛍光ラベル化してイメージングや分光光度計を用いて測定する方法もある．この場合，データの質は抗体の質（非特異吸着しないか等）に大きく依存する．さらに，抗体の認識部位がタンパク質の内部に埋もれて表面に露出していない場合には，定量的なデータの解釈が難しくなる．

さらに別の方法として，細胞内でリボソームと結合している mRNA のみを抽出し，その量を次世代シーケンサーで測定することにより各 mRNA の翻訳量を調べる方法（リボソームプロファイリング）もあるが[14]，タンパク質の分解に関する情報が得られないことと，1 細胞レベルでの定量化を十分に行うには感度が足りないことが欠点である．

1.4 イメージングによる遺伝子発現の定量化

筆者らは長年にわたり，蛍光イメージングによる mRNA・タンパク質発現の定量化の研究開発に取り組んできた[4]．ポピュラーな遺伝子発現解析技術である次世代シーケンサーや質量分析に関する詳細な説明は別の章（14 章：DNA シーケンスと定量生物学）や他書に譲ることとし，本章の以後においては，筆者らが開発に取り組んでいる，蛍光イメージングによるタンパク質発現解析法の原理と実験法，並びに得られるデータについて解説する．

1.4.1 材料・機材と手順

前述したように，蛍光イメージングを用いる手法では，まず細胞内の mRNA やタンパク質を蛍光色素または蛍光タンパク質でラベル化し，蛍光イメージング顕微鏡を用いてこれらを捉える．

(a) 蛍光色素・蛍光タンパク質

ラベル化に用いる蛍光色素やタンパク質に求められる条件は，pH 依存性が少ないこと，露光時間内に退色しないこと，細胞の自家蛍光よりも十分に強いシグナルが得られることなどがあげられる．また，蛍光タンパク質を用いる場合には，ペプチド鎖が合成されてから実際に蛍光を発するまでの時間差，すなわち成熟時間についても注意すべきである．例えば一般的なGFPの成熟時間は2時間程度といわれているため，これよりも短い時間で分裂する細胞を解析する場合や，短い時間スケールでの発現のON/OFFを捉えたい場合にはGFPは向いていないといえる．このため，成熟時間の短い蛍光タンパク質（例えばVenusやmCherryなど）を用いるのが無難な選択といえる．

また，紫外線などで活性化することにより蛍光を出す光活性化型蛍光タンパク質（例えばmEos3やPAGFPなど）を用いるのも選択肢のひとつである．微弱な紫外線などを用いて蛍光タンパク質の一部のみをランダムに活性化しながら長時間の蛍光観察を行うことで，ひとつひとつの蛍光タンパク質を個別に捉えることが可能となり，タンパク質の分子数をひとつひとつ正確に数えたり，さらにガウス関数フィッティングを用いてその局在を正確に求めることが可能になる（ガウス関数については，巻末の補遺参照）．この方法は，PALM（photo-activated localization microscopy）[15]，またはSTORM（stochastic optical reconstruction microscopy）[16]と呼ばれており，原理的に20 nm程度の超高解像度で各蛍光分子の位置を決めることができる．しかしながら，観察が長時間にわたるため細胞への光ダメージが大きい点，一定の割合で光活性化しない蛍光タンパク質があるため分子カウントの際に補正を行う必要があることが欠点である．

動態解析に用いる蛍光タンパク質としては，退色しにくいものを用いる方法と退色しやすいものを用いる方法の両方がある．細胞内のタンパク質量が十分多いために強いレーザーを当てる必要がなく，動態解析を行っている間の蛍光退色が無視できる場合には，退色しにくい蛍光タンパク質を用いるのがよい．これに対し，退色の影響が無視できない時には，あえて退色をしやすい蛍光タンパク質，もしくは光不活性化できる蛍光タンパク質を用い，観察を行う時間ごとに完全に退色させ，時間内に新たに発現したタンパク質のみをカウントすることによって解析の精度を上げることも可能である[3]．

(b) 蛍光顕微鏡

定量化には，共焦点顕微鏡（図1.4a）などさまざまな顕微鏡を使用できる．しかし1分子レベルでの定量化を行う場合には，それに応じた1分子検出感度を有する顕微鏡を用いる必要がある．典型的な1分子顕微鏡としては，レーザー広視野顕微鏡があげられる（図1.4b）．この顕微鏡の特徴は，広げたレーザー光を用いて細胞内の蛍光分子を励起することであり，生じた蛍光をEMCCD（electron multiplying CCD）などの1分子検出感度を持つカメラで捉えることにより，1分子を検出する．この系の場合，大腸菌のように細胞の厚みが顕微鏡の焦点深度（対物レンズの開口数が1程度であれば0.5ミクロン程度）以下の細胞であれば，簡便に定量化を行える．しかし，ヒト細胞などのより厚い細胞を測定する場合には，焦点面外にある蛍光分子が常に蛍光励起された状態になるため，正確な分子数の定量化が難しくなるという欠点がある．この場合には，シート照明顕微鏡（図1.4c，P.20のコラム参照）などの系を用いる必要がある．

前述した全遺伝子レベルでの解析は，顕微鏡をオートメーション化し，それぞれ異なるタンパク質をラベル化した多数の細胞株のコレクションを逐次的に測定していくことになる．多数の細胞株を一括して取り扱うには，マルチウェルプレートやマイクロ流路デバイスを用いるのが簡便である[4]．プレートまたはデバイス上に各細胞株をセットし，プログラムを用いて電動ステージやシャッター，フィルター等を動かしながら画像を撮影す

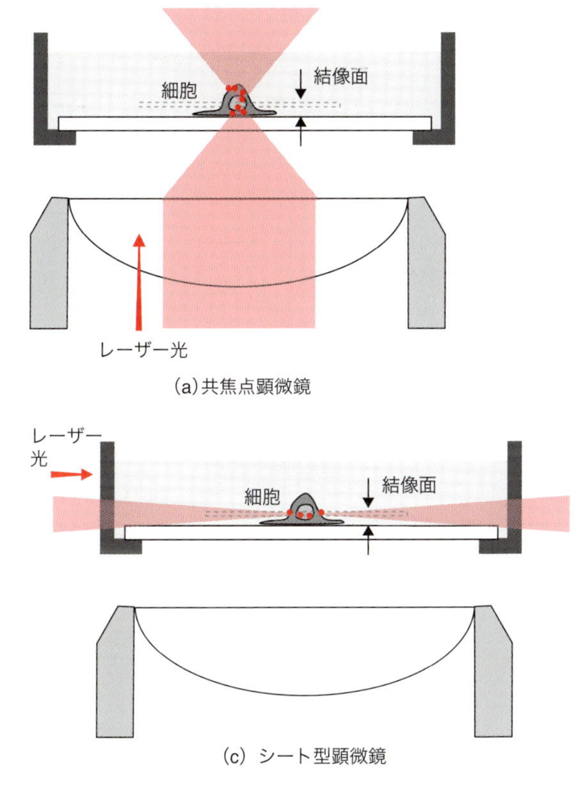

(a) 共焦点顕微鏡

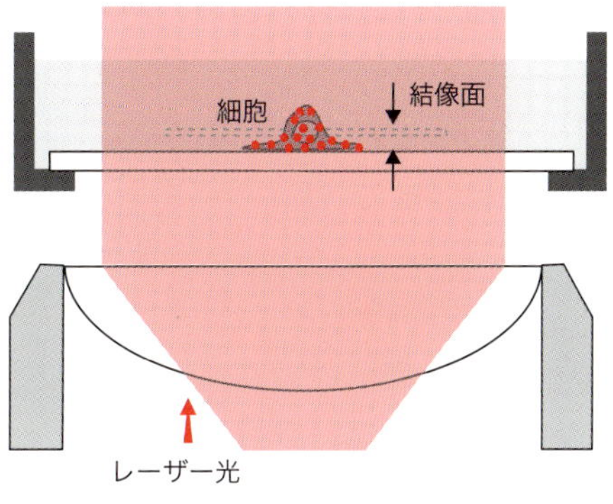

(b) 広視野照明顕微鏡

(c) シート型顕微鏡

図 1.4　細胞定量計測に用いる顕微鏡の原理
共焦点顕微鏡は結像面でフォーカスさせたレーザーを用いて蛍光を励起し，生じた蛍光をピンホールを介して結像面外からの光が入らないように受光する．広視野照明顕微鏡は，広げたレーザーを用いて蛍光を励起して観察を行う．シート型顕微鏡は結像面だけで蛍光励起が起こるように，レーザーを試料の側面から当てて観察を行う．

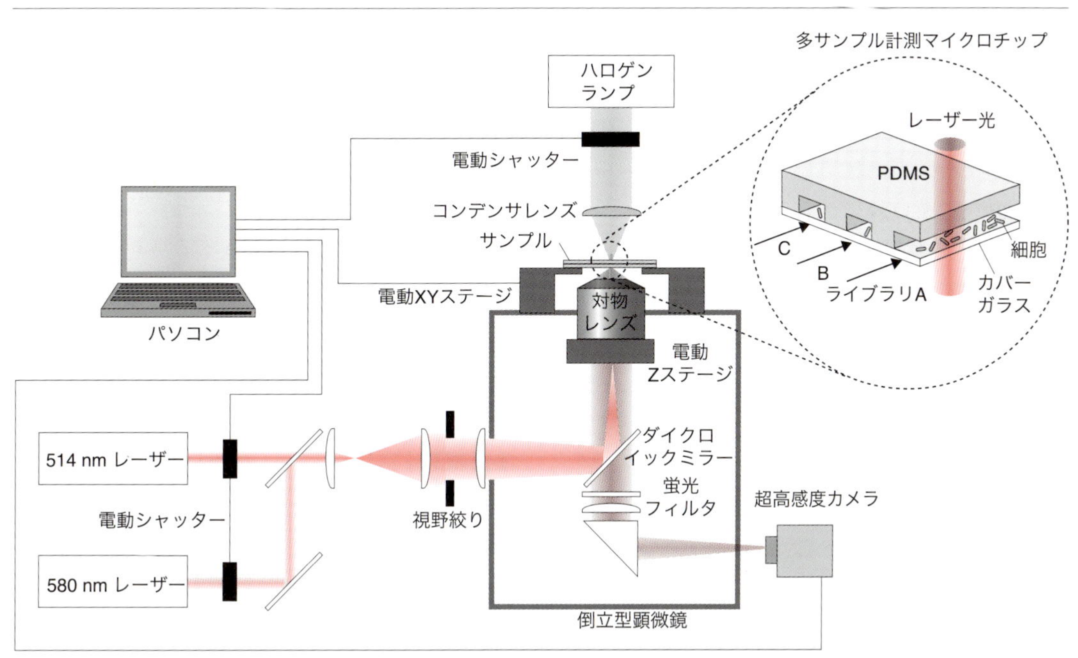

図 1.5　ハイスループット 1 分子蛍光顕微鏡システム
広視野照明型 1 分子顕微鏡をベースにステージ・シャッター・カメラ・フィルター等の電動制御を行い，測定を自動化した．マイクロ流路デバイス（図右上）を用いて，各細胞株をそれぞれ別の流路に注入し，それぞれを高速にスキャンしていくことによってハイスループット解析を実現した．

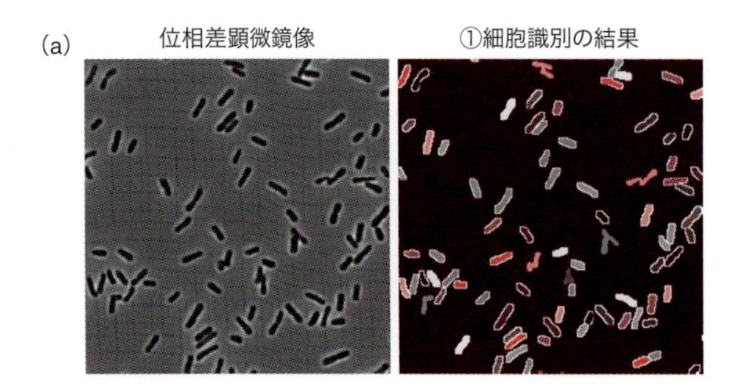

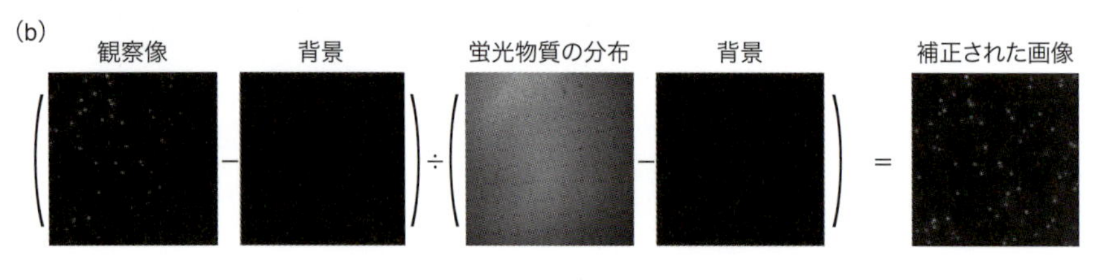

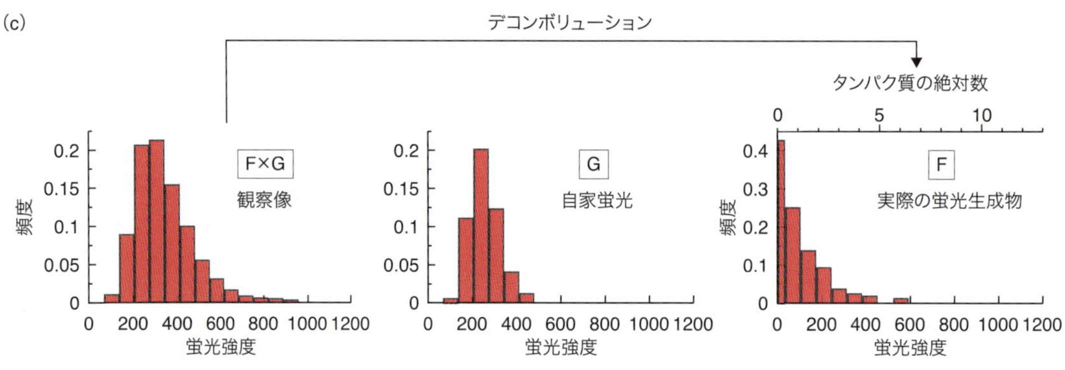

図 1.6 画像解析による1細胞内の遺伝子発現量の同定(文献4より転載)

(a, b) 視野内における照明輝度分布の補正．あらかじめ照明輝度とバックグラウンドを，それぞれ蛍光分子を含む溶液と含まない溶液の試料を用いて測定しておき，得られた画像の補正に用いる．(c) 自家蛍光の補正．あらかじめ蛍光タンパク質を発現していない細胞の蛍光強度分布 (G) を測定しておき，測定する細胞の蛍光強度分布 (F × G) に対してデコンボリューションを行うことで，蛍光タンパク質由来の蛍光強度分布 (F) を導出する．

ることで，ハイスループットな解析を実現できる (図 1.5)．筆者らはこれまでに，大腸菌の 96 遺伝子の 1 細胞定量解析を約 30 分で完了するシステムを開発している[4]．

(c) データ解析

画像解析は，まず細胞の形状を抽出し，次に各細胞内の蛍光量・局在の特徴量を求めるという流れで行う．細胞の形状抽出にあたっては，細胞の明視野像や位相差像，もしくは細胞膜の蛍光染色像がリファレンスデータとしてよく用いられる．形状抽出のアルゴリズムは解析する細胞の種類によって異なっており，例えば大腸菌の場合には，位相差像を 2 値化するアルゴリズムで形状抽出を行う場合が多い(図 1.6a)．

測定で得られる蛍光像は多くの場合，視野の中央が最も明るく，周辺に進むにつれて徐々に暗くなる．これは照明光の強度もしくは検出系の効率が視野内で不均一なためであり，このような場合には画像の補正を行う必要がある．補正の一つとしては，カバーガラス上に蛍光分子を均一に付着させたサンプルで蛍光強度の分布を測定しておき，このデータを基準 (1) にして画像を補正 (各ピクセル座標ごとに値を割り算) する．このとき注意すべきは，画像の各ピクセルの値が，ガラスやイマージョンオイルの自家蛍光等によるバックグラウンドを含んでいるということである．そのため補正(割り算)を行う際には，あらかじめこのバックグラウンド値を差し引いた値を用いる必要がある(図 1.6b)．

各細胞の遺伝子発現量は，①各細胞のピクセル内の蛍光量を積算することにより，もしくは② 1 分子レベルの蛍光スポットの数をカウントすることにより決定できる．前者の方法で分子数を決定する場合には，あらかじめ分子 1 個が発生させる蛍光量を導出しておき[*1]，その値を用いて各細胞の積算値を規格化する．また，積算値を用いる場合には，得られる値に細胞の自家蛍光が含まれてしまうという問題がある．このため，蛍光を発現しない細胞の測定をさらに前もって行い，得られた積算値からその影響を差し引く解析を行う必要がある（図 1.6c）．後者の方法（②）ではこれらの補正を行う必要はないが，蛍光スポットの数が多く画像内で重複するスポットがあるような場合には解析そのものが難しくなり，測定のダイナミックレンジが小さくなる．

1.5　大腸菌 1 細胞のプロテオーム・トランスクリプトームの定量化

筆者らは，上述した測定システムを用いて，モデル生物である大腸菌において，多数の遺伝子に対する網羅的な 1 分子レベルでの発現解析を行い，生物固有の性質である「遺伝子発現ノイズの基本法則・原理」を明らかにすることに成功している[4]．本章の最後となる本節では，遺伝子発現の定量生物学の一つの事例として，この研究で得られた成果を紹介する．

この研究で筆者らは，大腸菌の持つ全遺伝子の約 1/4 に相当する 1,018 遺伝子について，1 分子レベルでの発現の定量化を行った．この測定にあたって，蛍光タンパク質である Venus[17] の配列を各遺伝子の C 末端に挿入した細胞株のコレクション（図 1.7a）を構築し，これらを広視野型 1 分子顕微鏡をベースにした自動化測定システム（図 1.7b）で計測して，網羅的解析を実現した．

得られたデータから，まずは各タンパク質の平均発現量が，ゲノム全体でどのように分布しているかを調べた（図 1.8a）．その結果，各タンパク質の 1 細胞内の平均個数は，10 の−1 乗から 10 の 4 乗まで，10 の 5 乗のオーダーにわたって幅広く分布しており，さらに約半数のタンパク質が平均 10 個以下の，確率ゆらぎにも強くさらされるような低コピー数で存在していることが明らかとなった．そしてさらに 10 個以下の低コピー数で存在している遺伝子に注目したところ，これらの約 60% は，遺伝子を欠損することによって細胞の増殖速度に変化を与える因子であることがわかった．これはつまり，大腸菌内のタンパク質は，たとえ 10 個以下の低コピー数であっても，十分に有意に機能性を持ちうることを表している．

次に，各遺伝子において，1 細胞内に含まれるタンパク質の個数の細胞集団における分布を求めた（図 1.7c-e）．その結果，測定した 1,018 遺伝子のうち 1,009 遺伝子の分布が，前述したガンマ分布に適合していることが明らかになった．ガンマ分布（巻末の補遺参照）は，

$$p(x) = \frac{\beta^{\alpha} x^{\alpha-1} e^{-\beta x}}{\Gamma(\alpha)} ,$$

で表される関数であり，形状母数 α とレート母数 β，二つの可変パラメータを持つ．これら 2 つのパラメータは，タンパク質数分布の平均 μ，標準偏差 σ から，ガンマ分布の関係式 $\alpha = \mu^2/\sigma^2$，$\beta = \mu/\sigma^2$ に従って求めることができる．過去の研究[5]から，このガンマ分布は mRNA・タンパク質の生成・分解を考慮したキネティックスキーム

$$\begin{array}{ccccc} \mathrm{DNA} & \xrightarrow{k_1} & \mathrm{mRNA} & \xrightarrow{k_2} & \mathrm{Protein} \\ & & \gamma_1 \downarrow & & \gamma_2 \downarrow \\ & & \emptyset & & \emptyset \end{array}$$

＊1　筆者らのグループは，低コピー数で膜結合蛍光タンパク質を発現するキャリブレーション用細胞を測定することによって導出している．

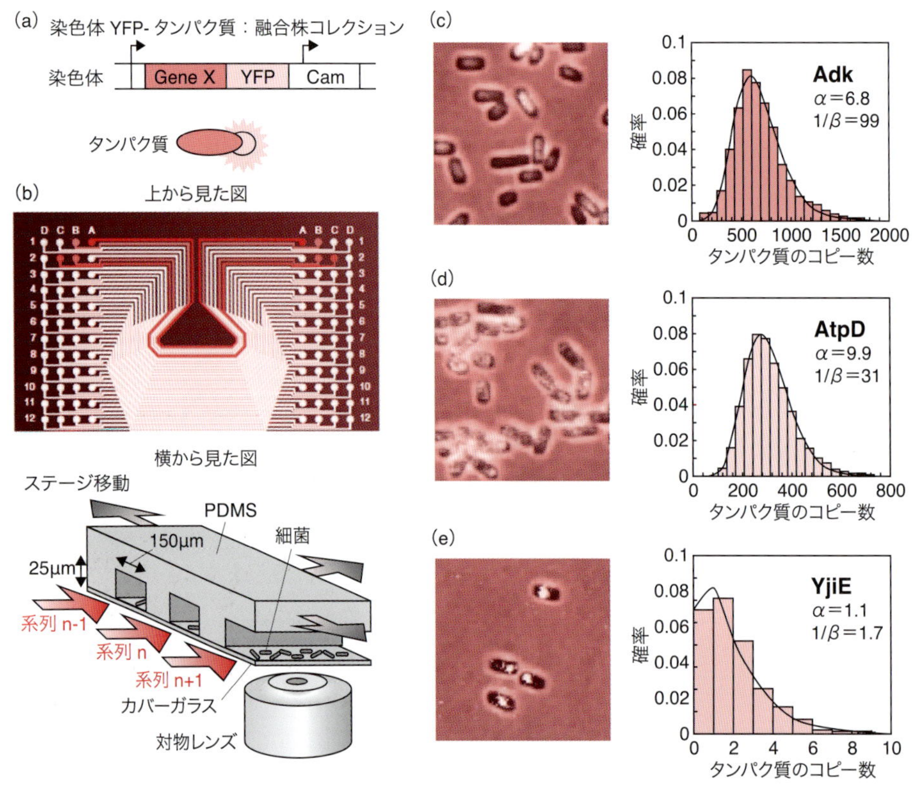

図 1.7　全遺伝子レベルでの 1 細胞内タンパク質発現の定量化(文献 4 より転載)

(a) Venus 融合大腸菌株コレクション．各遺伝子コード領域の C 末端に Venus 配列を融合した細胞株のコレクションであり，大腸菌の持つ遺伝子の約 1/4 に当たる 1018 遺伝子に対応する細胞株が構築されている．(b) ハイスループット計測用マイクロ流路デバイス．96 の細胞株をチップ上で整列させ，ハイスループットに 1 分子顕微鏡上で計測が行えるようにデザインされている．(c,d,e) 実際に得られる測定データの代表例(遺伝子 Adk，AtpD，YjiE)．左に示す画像は，細胞の位相差像に 1 分子蛍光像(黄色)を重ねたものである．右の図は，1 細胞に含まれるタンパク質のコピー数の分布を示している．黒線は，ガンマ分布によるフィッティング曲線を表す．

の解になっていることが示されており，つまり，ほぼすべてのタンパク質の発現ノイズの発生がこのスキームで記述できることを表している．このスキームは，ガンマ分布のパラメータに対しては $\alpha = k_1/\gamma_2$，$1/\beta = k_2/\gamma_1$ の関係性を有しており，つまりパラメータ α は mRNA の転写速度とタンパク質の分解速度(もしくは細胞の増殖速度)，パラメータ $1/\beta$ はタンパク質の翻訳速度と mRNA の分解速度に関連している．つまり遺伝子発現の分布性が，遺伝子発現の各過程のダイナミクスを反映して決定づけられることを表している．

さらに分布の変動係数(＝標準偏差 / 平均)からノイズの大きさ，すなわち“ノイズ量”を定義して平均発現量との相関性を調べたところ，両者の間には明確な 2 モード性が存在することがわかってきた(図 1.8b)．平均発現量が 10 以下の遺伝子においては，ノイズ量は発現量の逆数を下限値とする形で推移した．これは，ノイズの下限値が，ポアソン過程により生みだされるノイズ量(ポアソンノイズ)により決定づけられることを表している．これに対し，平均発現量が 10 以上の遺伝子においては，ノイズ量は発現量に依存しない一定値を下限値とする形で推移した．これは，すべての遺伝子の発現に関与するグローバルな因子，例えば RNA ポリメラーゼやリボソームの数の細胞集団におけるばらつきや，細胞の増殖速度のば

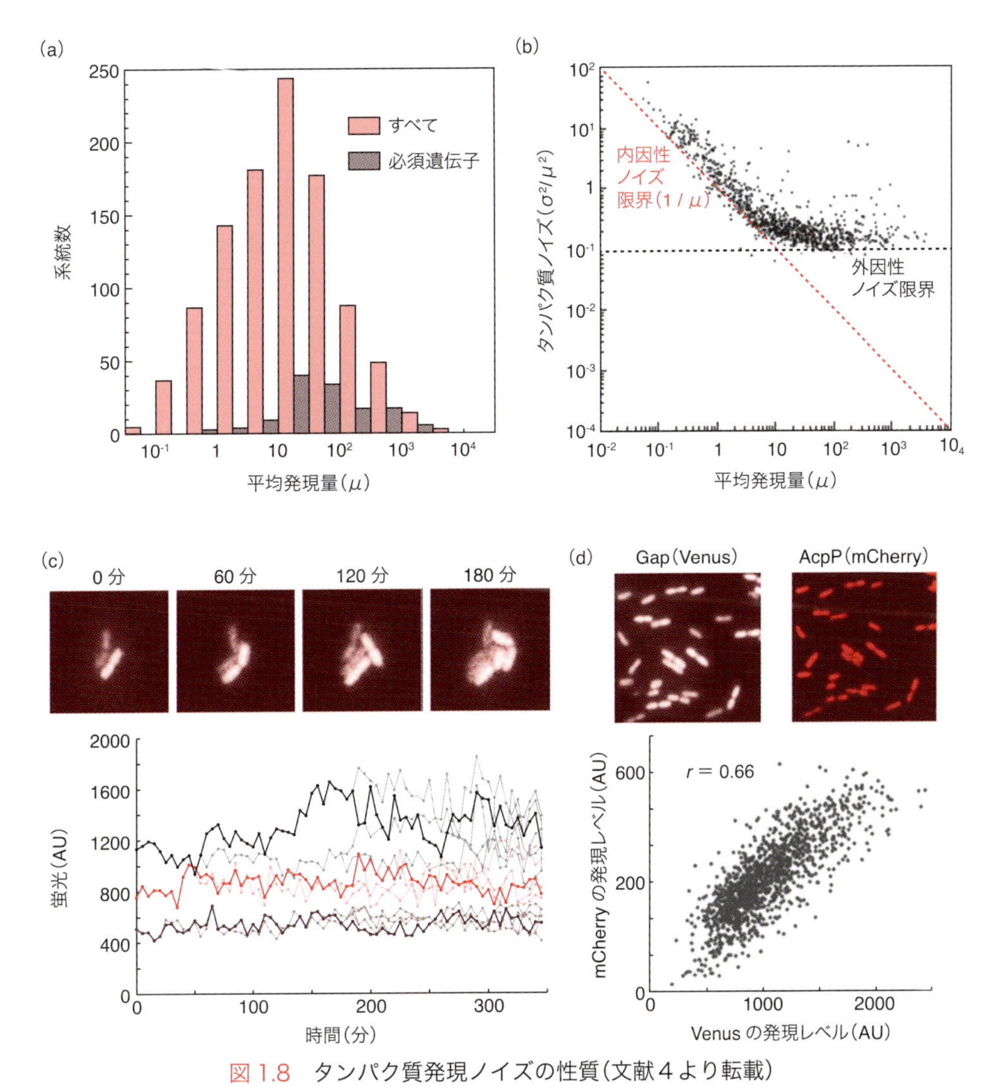

図 1.8　タンパク質発現ノイズの性質(文献４より転載)

(a)各遺伝子におけるタンパク質の平均発現量のヒストグラム．ピンクが全遺伝子，灰色が必須遺伝子を表す．(b)タンパク質発現ノイズ(σ^2/μ^2)と平均発現量(μ)の相関プロット．μに対して反比例に推移するポアソンノイズ(赤色，内因性ノイズと表記)と，μに非依存的な一定値ノイズ(黒色，外因性ノイズと表記)により下限値が設定されている．(c)高発現量の遺伝子におけるタンパク質発現量の時間的推移．各細胞の発現量の時間的な変化よりも，細胞間の発現量のばらつきの方が優勢になっている．(d)異なる二遺伝子の発現量の相関性．図は，二遺伝子(GapA と AcpP)の発現量の相関性を示したものであり，両者の間に正の相関が存在している．

らつきなどが，ノイズの主成分になっているためであると考えることができる．つまり，タンパク質発現のノイズが，ポアソンノイズによる内因性ノイズと，グローバルな因子のばらつきによる外因性ノイズの２成分の和によって決定されることをこの結果は示している．

また，タンパク質発現の時系列変化を各遺伝子において解析したところ，低発現と高発現の遺伝子においてそれぞれ異なるパターンが得られた(図 1.8c)．発現量の少ない遺伝子においては，タンパク質の発現が ON/OFF に明瞭に切り替わるかたちでバースト的に行われる様子が観察された．これは，まばらに発現・分解される mRNA のそれぞれから複数のタンパク質が生みだされている様子を捉えているためと考えられる．一方で高発現の遺伝子においては，各細胞において常に一定量のタンパク質が継続して発現する様子が観察された．ここで面白いのが，細胞ごとのタンパク質の発現量のばらつきが，同一細胞で起こる発現量の時間的ゆらぎよりも明らかに大きいことである．これはつまり，高発現のタンパク質に関しては，細胞ごとに存在する遺伝子発現状態のばらつきが発現量のノイズを支配していることを表している．

次に筆者らは，無作為に選択した高発現の2遺伝子に対して，異なる色の蛍光タンパク質(Venus と mCherry)で同時にラベル化を行って解析することにより，1 細胞内における 2 遺伝子の発現量の相関関係を調べた (図 1.8d．その結果，無作為に選択した遺伝子ペア 11 組のいずれにおいても，発現量に強い正の相関が認められた．この結果は，細胞状態に応じて，すべての遺伝子の発現の大小がひとまとめに制御されていることを示しており，全遺伝子の発現に関わるグローバルな因子のばらつきが高発現遺伝子のノイズ量の決定因子になっているという結論を支持しているといえる．

さらに筆者らは，1 細胞内の mRNA とタンパク質発現の解析を同時に行い，両者の発現の相関関係の一般性を調べた (図 1.9)．この解析では，FISH を用いて mRNA の Venus 配列領域に蛍光オリゴヌクレオチドを結合させ，細胞内の蛍光を 1 分子レベルで可視化した (図 1.9a)．高発現の 137 遺伝子に対して 1 細胞内の mRNA とタンパク質量の相関解析を行ったところ，面白いことに，どの遺伝子においても両者の間に強い相関は認められなかった (図 1.9b)．この結果は一見奇妙であるが，大腸菌細胞内における mRNA の分解が数分以内に行われるのに対し，タンパク質の分解時間は数時間や数日の時間スケールで起こることを考えると説明がつく．つまり，観察された mRNA 量は直近数分以内の遺伝子発現現象のみを反映しているのに対し，タンパク質量は細胞分裂にかかる時間(約 2 時間)以上の時間スケールで積み重なった遺伝子発現を反映しているのである．しかし同時に，この結果は 1 細胞レベルでのトランスクリプトーム解析に対して一つの警告を与えるものである．1 細胞プロテオーム解析の必要性が示唆されている．

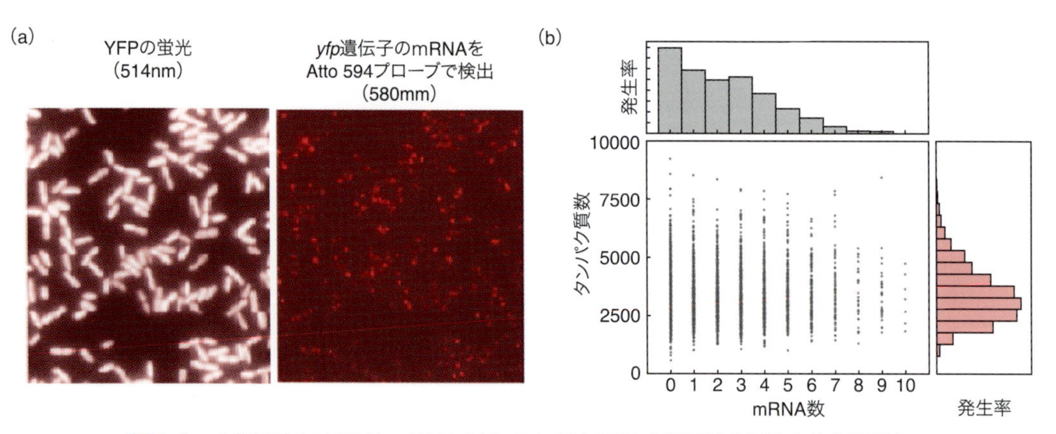

図 1.9　1 細胞内における mRNA 量とタンパク質量の相関性（文献 4 より転載）
(a) 同一細胞におけるタンパク質発現（左）と mRNA 発現（右）の同時計測．mRNA は蛍光ハイブリダイゼーション法により，タンパク質は蛍光タンパク質の融合によりラベル化した．(b) 1 細胞内における mRNA とタンパク質の発現量の相関プロット．両者の間には相関性がないことを表している．

1.6 おわりに

1細胞レベルでの遺伝子発現解析は，世界的にも大きな注目を集めるようになっており，アメリカのNIHでも1細胞解析の大型プロジェクトが開始されている．今日ではゲノム解析技術の発展により，生物のさまざまな先天的性質を網羅的に調べられるようになってきたが，ゲノムの実際の発現産物であるmRNA・タンパク質の解析技術が発展することで，後天的性質まで加味した生命研究・医療診断が可能になると考えられる．1細胞の正確な定量化が実現すれば，1細胞特有のゆらぎ・ばらつきを加味したモデル化が行われ，複雑な細胞状態の変化をより高い精度で理解・制御・予測できるようになるだろう．そして将来的には，がんのメカニズムや特定細胞への分化制御など，さまざまな生物学・医学研究への波及効果が生まれることを，筆者は期待している．

（谷口雄一）

文　献

1) Elowitz MB et al., *Science*, **297**, 1183 (2002).
2) Rosenfeld N et al., *Science*, **307**, 1962 (2005).
3) Yu J et al., *Science*, **311**, 1600 (2006).
4) Taniguchi Y et al., *Science*, **329**, 533 (2010).
5) Friedman N et al., *Phys. Rev. Lett.*, **97**, 168302 (2006).
6) Tang F et al., *Nat. Methods*, 6, 377 (2009).
7) Langer-Safer PR et al., *Proc Natl Acad Sci USA*, **79**, 4381 (1982).
8) Lubeck E et al., *Nat. Methods*, **11**, 360 (2014).
9) Chen KH et al., *Science*, **348**, 6090 (2015).
10) Golding I et al., *Cell*, **123**, 1025 (2005).
11) Ohno M et al., *Molecules*, **19**, 13932 (2014).
12) Huh W-K et al., *Nature*, **425**, 686 (2003).
13) Newman JRS et al., *Nature*, **441**, 840 (2006).
14) Ingolia NT et al., *Science*, **324**, 218 (2009).
15) Betzig E et al., *Science*, **313**, 1642 (2006).
16) Rust MJ et al., *Nat. Methods*, **3**, 793 (2006).
17) Nagai T et al., *Nat. Biotechnol.*, **20**, 87 (2002).
18) Huisken J et al., *Science*, **305**, 1007 (2004).
19) Planchon TA et al., *Nat. Methods*, **8**, 417 (2011).
20) Chen B-C et al., *Science*, **346**, 1257998 (2014).

注目の最新技術 ❶

シート型顕微鏡とその応用

細胞の三次元定量イメージングを実現する最適な手法の一つに，シート型顕微鏡がある[18]．

共焦点顕微鏡などの一般的な生物顕微鏡では，観察に用いる対物レンズの光軸に対して平行に進行する光を光源として用いるのに対し，シート型顕微鏡では垂直に進行する光を光源として用いる（図 1.4c 参照）．このとき薄いシート光を入射させて，対物レンズの結像焦点面内を選択的に蛍光励起しながら観察することにより，試料の光学断層像を得ることができる．この方法の良い点は，観察している焦点面外に光が当たらないことであり，光毒性を最小化できるだけでなく，蛍光分子の退色を観察面のみに限定することができる．特に厚い細胞の連続断面撮影を行う際には，焦点面外の蛍光分子の退色やバックグラウンドの発生が定量化の妨げになるが，本法ではこれを抑制できる．

さらに本法では，開口数が 1 以上になる角度の光を集めて，蛍光を高感度で捉えることが可能である．また，カメラを検出器として用いることができるので，ミリ秒レベルの短い撮像時間で高速に画像を取得できる．同様の特長をもつ系としては同じく三次元分解能を持つレーザースキャン共焦点顕微鏡が，後者のみを特性としてもつ系としてはスピニング共焦点顕微鏡があるが，シート型顕微鏡は両方の特性をあわせ持っており，きわめて有用性の高い顕微鏡技術といえる．

本法では，シート光の厚さが対物レンズの結像焦点面の厚さと同じ（0.5 ミクロン程度）になっているのが理想的である．ところが通常のレンズで光を絞ってシート光をつくると，集光点付近であっても通常 1-3 ミクロン程度の厚みが生じるうえ，集光点から離れるにつれて厚みが広がってしまうという問題がある．これに対し，最近開発されたシート顕微鏡では，長距離に渡って細い集光点を形成できるベッセルビーム（bessel beam）を利用することで，この問題を解決している[19]．また，さらに最近新たに開発された格子光シート顕微鏡では，格子状に並んだサブミクロンサイズのスポット光を用いて蛍光励起を行い，得られた画像を SIM（structured illumination microscopy）の原理を用いて数学的に解析することにより，回折限界を超えた解像度を実現している[20]．

以上のようにシート型顕微鏡は，低光退色性や低光毒性といった固有の性質に加えて，高感度や高速撮像能など，従来の生物顕微鏡の持つさまざまな長所をあわせ持つ顕微鏡である．現状では，他の顕微鏡に比べて測定できる試料の形態に制約があるため，一般的な生命研究への普及はあまり進んでいないが，今後の開発が期待される．定量生物学を行ううえでは注目しておくべきツールの一つといえよう．

（谷口雄一）

細胞内シグナル伝達の定量生物学

Summary

細胞は，細胞外からの入力情報を受容し，その情報を細胞内シグナル伝達系（intracellular signal transduction）と呼ばれるシステムによって処理し，最終的には表現型という形で出力する，いわば入出力処理装置である．細胞内シグナル伝達系は，タンパク質の結合解離や酵素反応といった物理化学的な反応の集合体であり，これらの反応のパラメータ（速度定数など）を測定することで細胞内シグナル伝達系を定量的に記述することができる．本章では，細胞内シグナル伝達系を構成する反応のパラメータを測定する手法の原理とその事例，技術的限界，さらに将来展望について述べる．また蛍光イメージングなどの技術を用いた定量方法も開発されつつあるので，それらについても触れる．

2.1 はじめに

細胞は，細胞外の環境や細胞内の状態といった「入力」情報を感知し，さらにこのような入力情報に応じた応答をさまざまな形で「出力」しなければならない[1]．細胞外の刺激に応じて，例えば遺伝子の発現を調整したり，細胞の増殖や分化，細胞死を引き起こしたり，と適切に情報は処理される．つまり細胞は情報処理システムのユニットであり，そのような視点で見ればコンピューターや他の人工機械と同様，入出力処理装置とみなすことができる（図 2.1a）．では，どのようにして細胞は細胞内外の情報を感知し，その情報を処理して，最終的に出力しているのだろうか？

情報処理システムの中心を担っているのは，細胞内の「シグナル伝達系」である．細胞中にはさまざまなシグナル伝達分子が存在し，それらの分子が情報を受け渡していくことで入力情報が処理される．例えば細胞外の増殖因子は細胞の形質膜を貫通する受容体によって感知され，受容体の細胞内ドメインのキナーゼ活性が上昇することで細胞内のシグナル伝達分子がリン酸化され，さらに下流のシグナル伝達分子へと情報が伝えられる（図 2.1b）．つまりシグナル伝達系は，酵素反応やタンパク質間の結合－解離といった生化学反応の集合体である[2]．

昨今の分子生物学の発展やヒトゲノムの解読などに伴い，数多のシグナル伝達分子とシグナル伝達系が同定されてきた．また，シグナル伝達分子の異常が疾患と深く関連していることもわかってきており[3, 4]，その理解と制御の重要性は今さら述べるまでもないだろう．

上述したように，シグナル伝達系は，物理化学的な反応と拡散の連鎖で構成される．したがって，これらの反応を微分方程式で記述し，適切な反応パラメータを代入することで，シグナル伝達系を構成する全分子の動態をシミュレートすることが理論上は可能である．しかしながら，現状ではまだまだ難しい．その大きな原因は，実測された定量的な反応パラメータが圧倒的に不足していることにある．分子生物学の勃興以降，シグナル伝達分子や経路の同定が爆発的に進むあまり，その経

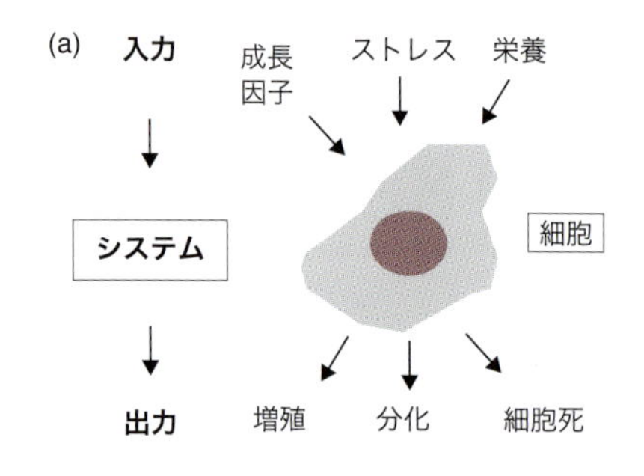

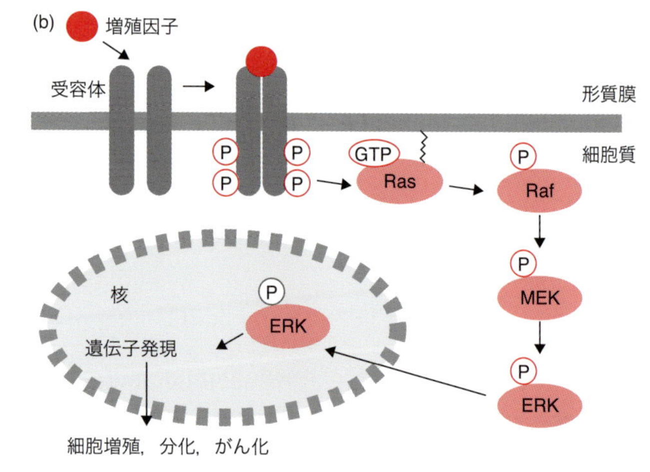

図 2.1 細胞内シグナル伝達系
(a) 細胞は入出力処理装置である．(b) 代表的な細胞内シグナル伝達系である Ras-Raf-MEK-ERK シグナル伝達系の模式図．

路の反応速度といった定量的な情報がおざなりにされてしまった．すでにヒトゲノムが解析され，あらかたのシグナル伝達分子と経路が同定されたいま，分子と分子の間に線を引く時代は終わったのだ．これからはシグナル伝達系をシステムとして理解し，定量的な予測を行うことが基礎的にも応用的にも求められている．ここに，シグナル伝達系の定量生物学を推進する理由がある．

本章では，まず細胞の中が均一でよく混ざった反応系であることを仮定したシグナル伝達系の定量生物学について，反応速度論的なパラメータの取得法とその応用について説明する．次に，細胞中が均一でない場合，または細胞間の不均一性を加味したシグナル伝達系の定量生物学ついて紹介する．

2.2　均一系としての細胞内シグナル伝達の定量生物学

細胞の内部はさまざまな反応の場として機能しており，タンパク質－タンパク質間相互作用や，リン酸化やユビキチン化といった酵素反応，さらにはタンパク質の核内移行や形質膜移行といった拡散現象などさまざまな反応が行われている．さらに，これらの反応は細胞の局所でのみ起こったり，確率的に起こったりすることもままある．まずは単純化するために，細胞内がよく撹拌されており，かつ分子の数も十分多い（分子数というミクロスコピックな値ではなく，濃度というマクロスコピックな値で考えてよい程度）という条件を考える．シグナル伝達系を定量的に理解するうえで，反応速度論の導入は必至である（反応速度論は古典的だが非常に重要な概念である）．

2.2.1 細胞内タンパク質濃度の定量

最も基礎的な反応パラメータはタンパク質の濃度である．つまり，1 細胞のタンパク質濃度が何 M（モーラー，mol/L）かということである．これは細胞内の対象タンパク質の分子数を測定し，それを細胞の体積で割れば求められる．

細胞内のタンパク質濃度の定量は比較的容易であるが，内在性分子を認識できる抗体の存在が必要条件となる．まず，濃度がわかっている対象タンパク質の精製標本を用意する．次に，細胞数が既知の細胞溶解液を用意する（10^3~10^4 cells/μL 程度）．そして，抗体を用いたウエスタンブロットを行えば，1 細胞あたりのタンパク質分子数を求められる（図 2.2a）．次に，濃度換算のために細胞の体積を測定する．接着細胞の場合は細胞をトリプシン溶液等で浮遊化して顕微鏡下で直

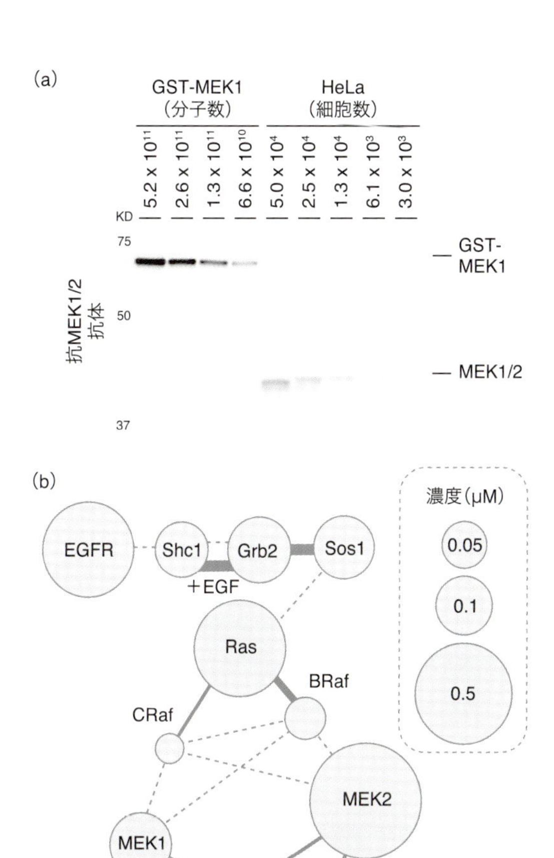

図 2.2 タンパク質濃度の測定
(a) 1細胞内の MEK 分子数を測定する．左4レーンがリファレンスとなる精製 GST-MEK，右5レーンが HeLa 細胞の細胞溶解液を段階希釈したもの．(b) EGFR-Ras-ERK シグナル伝達系のマップ．タンパク質濃度を円の大きさで，結合の強さ (K_d の逆数) を線の太さで表現している．n.d.：検出できず．

径を測定し，球と仮定して細胞や核の体積を求める．一般的な培養細胞の場合，細胞全体で約 5 pL，核が約 1 pL になる．最後にタンパク質分子数を体積で割って細胞内のタンパク質濃度を見積もる．

筆者らがこの方法で測定した EGFR(epidermal growth factor reseptor)-Ras-ERK (extracellular signal-regulated kinase) シグナル伝達系のタンパク質分子数を図 2.2(b) にまとめた[5-7]．この系はシグナルが上流から下流に枝分かれせずに伝わるカスケードで，MAPKKK (MAP kinase kinase kinase) に相当する Raf の濃度が他の分子とくらべて 1～2 桁低い．実際に，Raf がこのシグナル伝達系の律速になっている[7, 8]．

この研究における技術的な課題としては，まずタンパク質の精製の困難さがある．往々にしてタンパク質の精製には困難を伴うが，どうしても難しい場合には GFP (green fluorescent protein) や HA などのタグをつけたタンパク質を精製しておき，精製タンパク質（例：GFP）から目的のタンパク質にタグが融合したもの（例：GFP-A）をタグ抗体で定量，さらにその目的タグタンパク質 (GFP-A) から内在性タンパク質 (例：A) をそれ自身の抗体で定量，という 2 段階を経てタンパク質分子数を見積もる方法がある[9]．また，内在性分子を認識する抗体が存在しない場合，この手法でタンパク質数を測定することはできない．将来的には，CRISPR/Cas9 法などの遺伝子編集技術を用いて内在性分子にタグを挿入することで，この問題を解決することができるだろう[10]．

2.2.2 解離定数の定量

分子間相互作用（図 2.3a）はシグナル伝達系で見いだされる最も普遍的な反応の一つである．タンパク質どうしの相互作用もあれば，タンパク質と脂質，タンパク質とセカンドメッセンジャーなどの分子間相互作用も存在する．解離定数 (dissociation constant, K_d) とはこれらの分子間の結合の強さを表す反応速度論的パラメータであり，以下のように定義される．

$$[\mathrm{A}]+[\mathrm{B}] \underset{k_b}{\overset{k_f}{\rightleftarrows}} [\mathrm{AB}], \tag{2.1}$$

$$K_d = \frac{[\mathrm{A}][\mathrm{B}]}{[\mathrm{AB}]} = \frac{k_b}{k_f}. \tag{2.2}$$

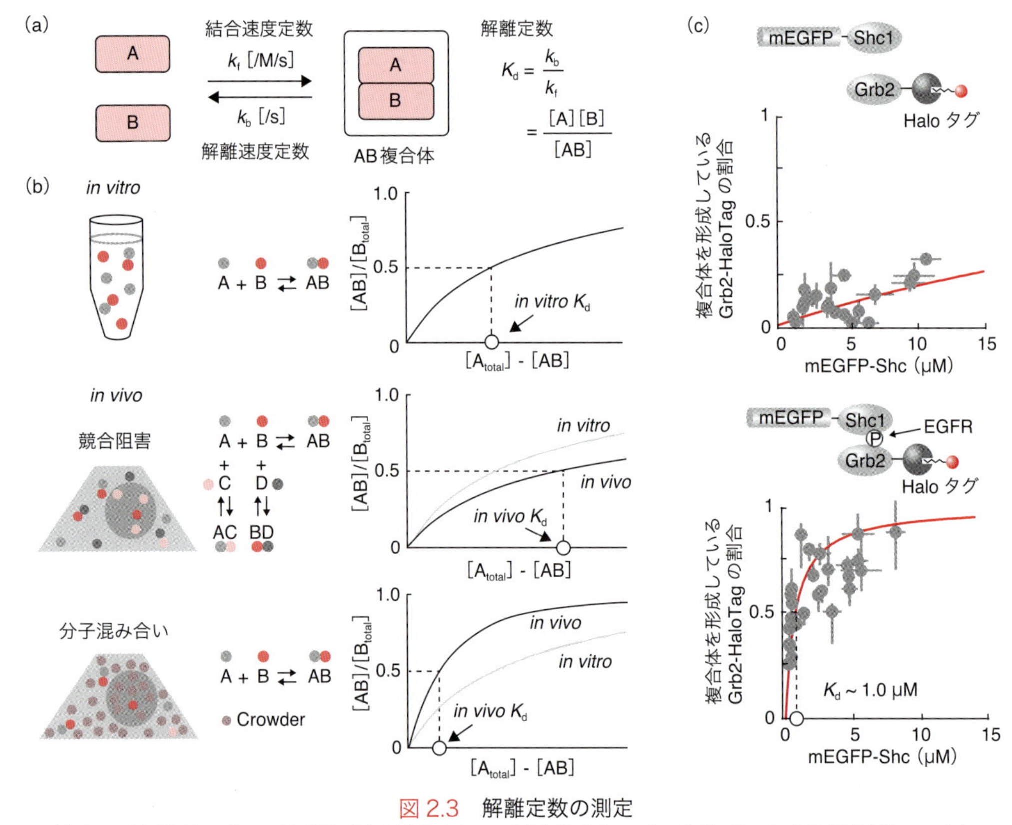

図 2.3　解離定数の測定

(a) タンパク質間相互作用の模式図．(b) 試験管内（*in vitro*）と細胞内（*in vivo*）の環境の違いによる解離定数 K_d の変化．(c) 蛍光相互相関分光法（FCCS）を用いた Shc1-Grb2 間の解離定数の測定．

[A], [B], [AB] は分子 A，B，AB 複合体の濃度を，k_f は結合速度定数，k_b は解離速度定数を表している．式(2.1) を微分方程式で記述して平衡状態を仮定することにより（詳しくは巻末の補遺参照），式(2.2)を導ける．定数の単位は M（モーラー）で，値が小さいほど結合力が強いことを意味する．

解離定数 K_d は，対象となるタンパク質や分子を精製して試験管内で混合し，そのときの複合体分子 [AB] の濃度と結合していない分子の濃度 [A] と [B] から求められる．具体的な手法としては，共沈法，表面プラズモン共鳴（surface plasmon resonance）を利用した手法，等温滴定型熱量測定法（isothermal titration calorimetry）などがある．

ただし，これらはすべて *in vitro* の手法であり，この手法で測定された解離定数（*in vitro* K_d）は，物理化学的な分子間結合の強さを反映している．一方，細胞内と試験管内ではその環境が大きく異なるため，解離定数などの反応パラメータも少なからず影響を受けることが知られている．なかでも競合阻害と細胞内の分子混み合い（molecular crowding）は重要な効果である（図 2.3b）．前者は分子間相互作用に対して抑制的に働くのに対し，後者は分子間相互作用を促進させ，結果的に解離定数を低くする．シグナル伝達系が細胞内にあることを考えると，細胞内で測定されたいわば見かけ上の解離定数（*in vivo* K_d）は細胞内環境の効果を含んだ値と考えられる．生細胞を用いて解離定数を測定する手法もいくつか報告されており，1分子イメージングによる分子間結合の直接計測[11]や，蛍光共鳴エネルギー移動(fluorescence resonance energy transfer, FRET) による測定[6]，蛍光相互相関分光法 (fluorescence cross-correlation spectroscopy, FCCS)による測定[5, 12]などがある．

筆者らも，FCCSを用いてEGFR-Ras-ERKシグナル伝達系の *in vivo* K_d を定量化した[13]．図2.3(c)には，mEGFP-Shc1タンパク質とGrb2-HaloTagタンパク質の K_d を測定した例を示している．Shc1とGrb2は，EGF刺激がない状態では結合していない(K_d が大きすぎて正確に定量できない)が(図2.3c左)，刺激後の K_d 値は約1.0 μMとなった（図2.3c右)．筆者らが測定した *in vivo* K_d の値と別の研究グループが測定した *in vitro* K_d の値を比較すると，すべての場合で *in vivo* K_d の値が *in vitro* K_d より1～3桁大きい，つまり細胞内においてタンパク質は試験管内に比べて結合しにくいことが示された[13]．この結果は，分子混み合いよりも競合阻害が，細胞内の分子間相互作用を支配していることを示唆している．また，1～3桁も値が異なる *in vitro* K_d の値をシグナル伝達系のシミュレーションで用いる危うさも示しているといえよう．先述したように，将来的には遺伝子編集技術を用いて内在性分子の遺伝子に蛍光タンパク質遺伝子を挿入することで，細胞内の濃度や解離定数の値をより細胞内の環境に近い状態で測定できるようになるだろう[10]．

2.2.3 細胞内局在移行速度の定量

本章では，細胞内が均一でよく撹拌されている仮定のもとで議論を進めている．実際に，細胞質中を自由に拡散する分子の拡散速度 (diffusion constant) は約10 μm²/sec程度で，細胞の大きさ(10-50 μm)を考慮すると，数秒で細胞の端から端まで移動する計算になり，先述の仮定はあながち間違っていないといえよう．シグナル伝達系の反応が分レベルの時定数を示すことが多いことを考えると，なおさら均一性を仮定しても問題がないと考えられる．しかし，細胞質と核の移行(核内・核外移行)や細胞質と形質膜直下への移行といった細胞内オルガネラ間の移行は分レベルの時定数になることが多いため，これらの移行については均一な反応系とはいいがたいだろう．そこで，細胞質―核内移行を例にとり，移行速度の定量化を考えてみよう．細胞質 (cytosol) と核内(nucleus)に局在する分子Aの濃度をそれぞれ $[\mathrm{A}]_{\mathrm{cytosol}}$，$[\mathrm{A}]_{\mathrm{nucleus}}$ として，

$$[\mathrm{A}]_{\mathrm{cytosol}} \underset{k_{\mathrm{export}}}{\overset{k_{\mathrm{import}}}{\rightleftarrows}} [\mathrm{A}]_{\mathrm{nucleus}}\ , \qquad (2.3)$$

の反応で表される核内移行速度 k_{import}，核外移行速度 k_{export} を定量化する（図2.4a)．どちらの速

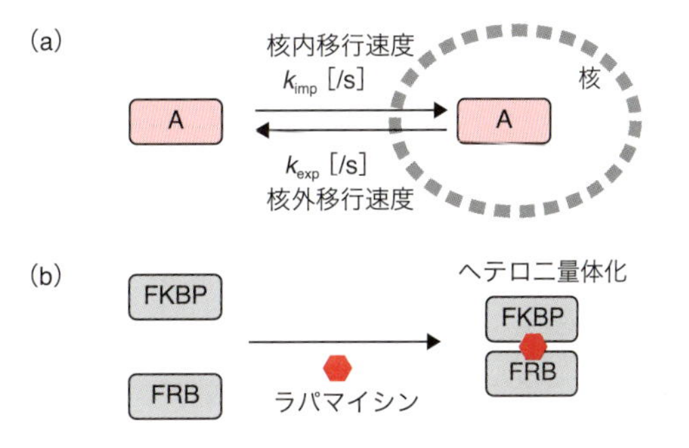

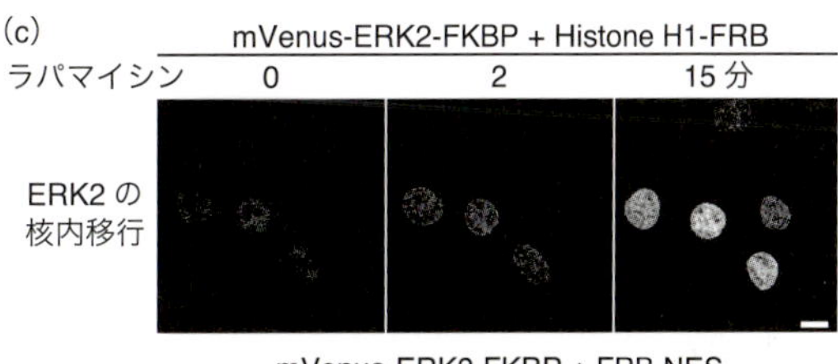

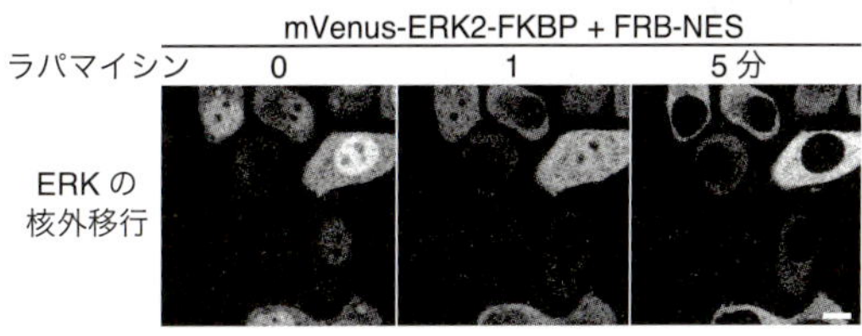

図2.4 核内外移行速度の測定
(a) 核内外移行の模式図．(b) ラパマイシンによるFKBPとFRBのヘテロ二量体化．(c) (b)の仕組みを用いたERKの核内移行速度(上)と核外移行速度(下)の測定．

度も単位は［/sec］となっており，これは蛍光顕微鏡，可能であれば共焦点レーザー走査型顕微鏡(confocal laser scanning microscopy)で比較的容易に測定できる移動速度である．

シンプルな手法として，ラパマイシンによるFKBP(FK506-binding protein）ドメインとFRB(FKBP12-rapamycin associated protein1, FRAP1 fragment)ドメインのヘテロ二量体化を利用した系があるので紹介する（図 2.4b）．この手法の原理は，ラパマイシンという低分子量化合物がFKBPとFRBのヘテロ二量体化を迅速かつ強固に誘導することを利用している．まず，移行速度を測定したいタンパク質に蛍光タンパク質（EGFPなど）とFKBPドメインを融合させたキメラタンパク質を発現するような遺伝子ベクターを用意する．さらに，ヒストンなどの核内移行シグナル(nuclear localization signal, NLS)か核外移行シグナル（nuclear export signal, NES）を融合したFRBキメラタンパク質を発現させるための遺伝子ベクターも用意する．次に，この2種類の遺伝子ベクターを細胞に共導入する．この細胞をラパマイシン処理すると，FKBPタンパク質がFRBタンパク質にトラップされて，核や細胞質(処理時にあった場所)から移動できなくなる．このときに，EGFPキメラタンパク質が核内，もしくは細胞質に蓄積する速度を定量することで，核内・核外移行速度を見積もることができる．このとき，FKBPをトラップするFRBタンパク質がFKBPタンパク質に比べて大過剰に発現するように遺伝子導入する必要がある．実際に測定された移行速度の例としては，細胞質と核内を比較的自由に拡散するERKタンパク質において，数分程度の時定数を示す研究成果がある(図 2.4c)[6]．

2.2.4 酵素反応の速度定数の定量

細胞内の情報伝達は，リン酸化やユビキチン化といった翻訳後修飾（post translational modification）を介することで，より精密かつ巧妙に制御されている．例えばリン酸化によって分子活性が変化したり，結合する標的分子が変わったりという事例が知られている．

翻訳後修飾の多くは酵素反応であり，ここでは酵素反応に関わる反応パラメータの定量について述べよう．酵素反応は，酵素(enzyme)をE，基質(substrate)をS，産生物(product)をPとすると，

$$\mathrm{S} + \mathrm{E} \underset{k_\mathrm{b}}{\overset{k_\mathrm{f}}{\rightleftarrows}} \mathrm{ES} \overset{k_\mathrm{cat}}{\rightarrow} \mathrm{P} + \mathrm{E}\ , \qquad (2.4)$$

という反応モデルで一般的に表現できる（図 2.5a）．ESは酵素 - 基質複合体，k_f は結合速度定数（association rate constant），k_b は解離速度定数（dissociation rate constant），k_cat は代謝回転数（1分子の酵素が単位時間あたりに触媒する基質分子数)である．この酵素反応過程で，ESの濃度がすぐに平衡状態に達するという近似をおくと，ミカエリス・メンテン(Michaelis-Menten)式が以下のように導かれる(巻末の補遺参照)．

$$v = \frac{\mathrm{d}[\mathrm{P}]}{\mathrm{d}t} = \frac{k_\mathrm{cat} E_\mathrm{tot}[\mathrm{S}]}{K_\mathrm{m} + [\mathrm{S}]}\ , \qquad (2.5)$$

ここで v は酵素反応速度，［S］は基質の濃度，［P］は産生物の濃度，E_tot は全酵素の濃度，K_m はミカエリス定数である．K_m は $(k_\mathrm{b} + k_\mathrm{cat})/k_\mathrm{f}$ であり，単位はM(モーラー）となる．この式から，基質濃度［S］を横軸に，酵素反応速度 v を縦軸にとると，図 2.5(b)のようになる．基質濃度［S］がミカエリス定数 K_m より十分小さい（$[\mathrm{S}] \ll K_\mathrm{m}$）ときには，酵素反応速度 v は基質濃度［S］に比例する．また基質濃度［S］がミカエリス定数 K_m より十分大きい（$[\mathrm{S}] \gg K_\mathrm{m}$）ときには，酵素反応速度 v は v_max $(= k_\mathrm{cat} \times E_\mathrm{tot})$となり飽和する．

酵素反応に関わるパラメータ k_cat と K_m の測定は困難をともなうことが多い．生化学的には，酵素濃度を固定して基質濃度を変化させながら，その都度の反応初速度を測定し，酵素濃度と初速度

をプロットして非線形回帰から k_{cat} と K_m を見積もる（図 2.5b）．一昔前は，酵素反応速度式を線形化したラインウィーバー・バークプロットにより k_{cat} と K_m を見積もっていたが，最近は計算機の発展にともなって非線形フィッティングが容易になったため使われなくなった．

MEK(MAP kinase/ERK kinase) 分子による ERK 分子のリン酸化反応速度を実際に測定した例を示す（図 2.5c, d）．この実験は，活性化型 MEK 分子と基質である ERK 分子（キナーゼ活性欠損型）を大腸菌に発現させて精製することから始まる．精製後に一定量の MEK 分子と，濃度条件さまざまに変えた ERK 分子，さらに ATP と Mg^{2+} イオン（リン酸化反応に必要）を含む反応液を加えてリン酸化反応を起こさせる．その後，適切な時間で阻害剤を加えて反応を止め，反応産物をウェスタンブロッティングにより定量する．このとき，リン酸化した分子とリン酸化していない分子を区別するために Phos-tag という試薬を用いている [14]．この Phos-tag 試薬をポリアクリルアミドゲル電気泳動（SDS-PAGE）の分離ゲルに含ませておくと，リン酸化されたタンパク質は Phos-tag と結合して電気泳動度が減少するため，リン酸化したタンパク質とリン酸化していないタンパク質を泳動度の差により分離できる（図 2.5d）．基質となる ERK 分子の初期濃度を変化させ，各条件でのリン酸化初速度をプロットすると，ミカエリス・メンテン式の酵素と基質濃度のグラフができあがる（図 2.5e）．

ERK 分子の MEK 分子によるリン酸化速度は，ERK 分子の濃度を増やしても飽和しないことから，基質濃度 [S] がミカエリス定数 K_m より十分小さい（$[S] \ll K_m$）と考えられる．この場合は，一次のリン酸化反応速度（k_{cat}/K_m）が求められる．

上述のように，酵素反応に関わるパラメータの測定には手間がかかる．タンパク質の精製自体が難しいことが多く，そもそも測定に到達しないこ

(a)

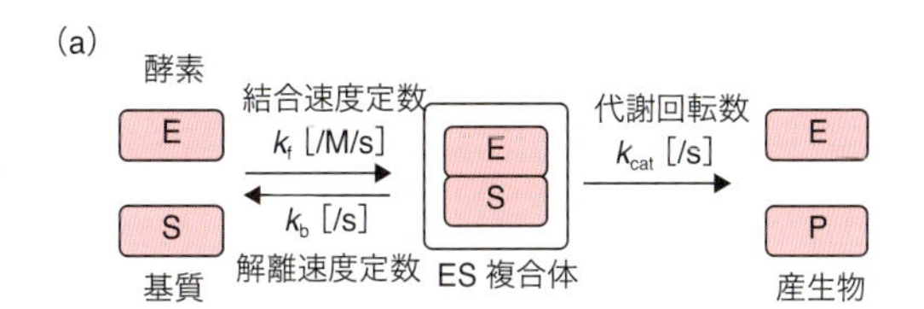

(b)

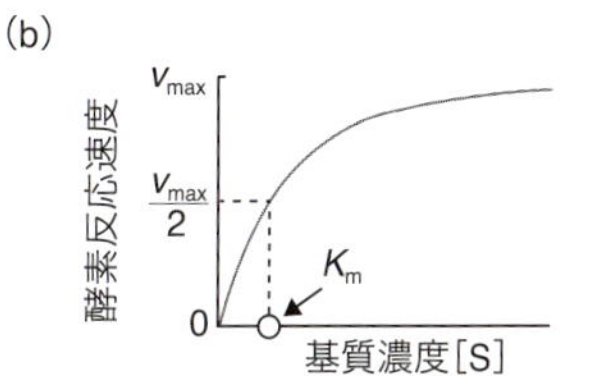

(c)

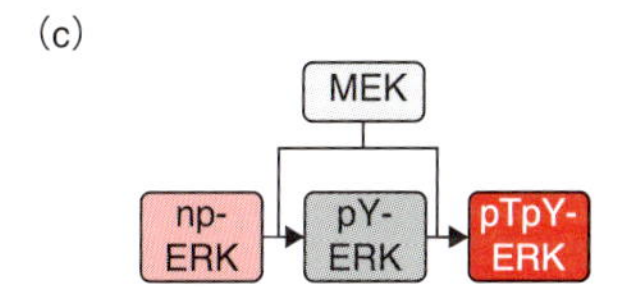

(d)

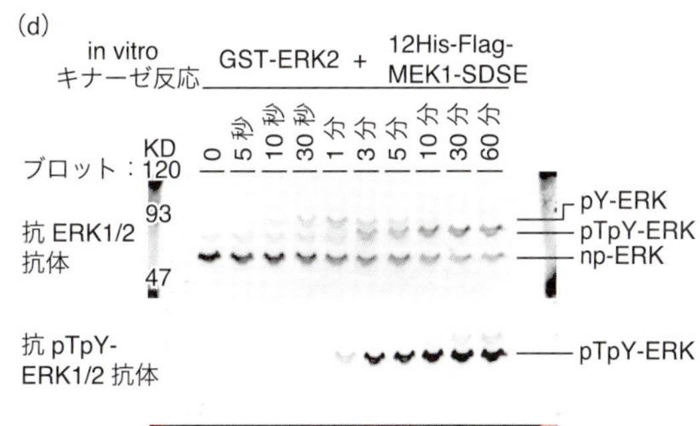

(e)

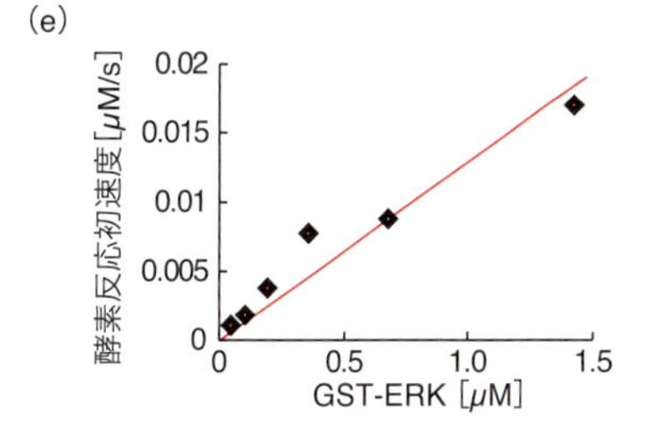

図 2.5　リン酸化速度の測定

(a) 酵素反応の模式図．(b) ミカエリス - メンテンの式による基質濃度と酵素反応速度の関係．(c) MEK による ERK リン酸化の模式図．(d) MEK による ERK の試験管内リン酸化．Phos-tag により ERK のリン酸化アイソフォーム（np-ERK, pY-ERK, pTpY-ERK）を分離している．(e) 基質（GST-ERK）と ERK リン酸化の初速度のプロット．少なくともこの濃度の範囲においてリン酸化速度は飽和していない．

とさえ多い．また，試験管内の反応と細胞内の反応に乖離が見られることもある[15]．こういった問題を解決するには，やはり生きた細胞内で反応を測定するほかない．そこでリン酸化酵素の反応を *in vivo* で測定するために，筆者らは FRET の原理に基づくバイオセンサーを開発している[16]．このバイオセンサーを用いることで，条件付きではあるが，細胞内のリン酸化速度，脱リン酸化速度を概算できる．

2.2.5　細胞内シグナル伝達系のモデル化とシミュレーション

目的のパラメータを取得しただけでも定量的な議論は可能だが，そのパラメータを用いた数値計算をすることで，もう一歩進んだ理解につなげることができる．先述のように，細胞内シグナル伝達系は「反応の連鎖」であるので，一つ一つの反応を反応速度論的に常微分方程式で書き下し，実験で取得したパラメータを代入することで数値計算を実行できる．

数値計算の方法は，微分方程式の数値計算ができればどのような手段でも構わないが，筆者らは Cell Designer（フリーソフト，http://www.celldesigner.org/）を愛用している[17]．反応モデルを視覚的にデザインできること，簡単な数値解析ができること，MATLAB という別の数値計算ソフトに反応式を出力できること，などがこのソフトの利点としてあげられる．使い方はいたってシンプルで，Cell Designer 上で分子を作成し，反応を線でつなげる．その線に微分方程式を記入し，分子の濃度や反応のパラメータを入れるだけである（図 2.6）．Cell Designer の詳細な使い方はユーザーマニュアルに譲る．より凝った解析を行いたい場合は，Cell Designer で反応モデルを作成し，それを MATLAB ファイルに出力して，MATLAB 上でより詳細な数値計算を行うことを薦める．

2.2.6　定量パラメータによるシミュレーションの意義

さて，定量的パラメータに基づく反応モデルを作製してシミュレーションを実行すれば，細胞内の反応を完全に再現できるだろうか？　答えは No である．筆者らも，この手法で細胞内の反応を完全に再現できるとは考えてはいない．このモデルは，系に関与しない他の分子や反応を含まない“ミニマムな”モデルだからである．むしろ，定量的なパラメータに基づくモデルであるからこそ，シミュレーション結果と細胞内で起こっている反応とを比較することによって，反応モデルには含まれていない隠れた反応やフィードバックなどの制御機構を見きわめるのがこの手法の狙いで

① 酵素, 基質などの分子種 をつくる

② 反応の種類と向きを示す矢印を描く

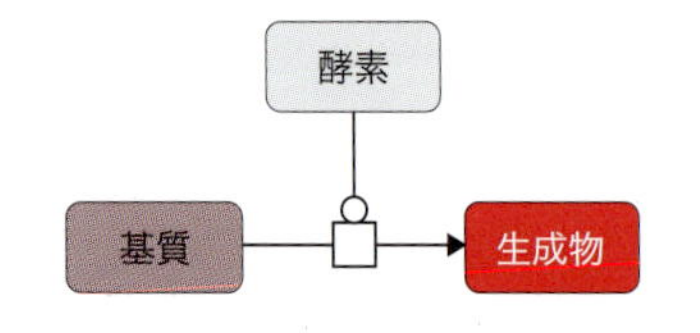

③ 微分方程式とパラメーターを代入する

$k_f \times$[酵素]$\times$[基質]

[基質]$_0$=1.0

[酵素]$_0$=0.1

[生成物]$_0$=0

k_f=0.1

④ Simulation > Control Panel で実行，後処理

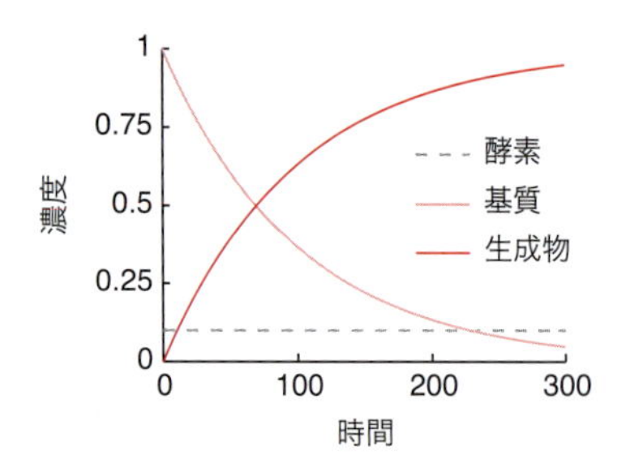

図 2.6　細胞内シグナル伝達系のシミュレーション
Cell Designer の使用例を示す．

ある．

実例をあげよう．実験で測定したパラメータに基づくMEK-ERK反応系のシミュレーション結果と，HeLa細胞をEGFで刺激したときのERKリン酸化のタイムコースとの間に，大きな相違が見つかった．既報の「分配(distributive)リン酸化モデル[18]」に基づいてモデル化し定量化したパラメータを代入してシミュレーションした結果，MEKによるERKリン酸化反応の中間産物であるpY-ERK (tyrosine mono-phosphorylated ERK)が最終産物のpTpY-ERK (threonine and tyrosine bis-phosphorylated ERK)より先行して産生されたが，細胞内のリン酸化動態を調べると，pY-ERKはpTpY-ERKとほぼ同じ動態で産生されることがわかったのである（図2.7a）．パラメータ値を最適化することでこの違いを説明することができるかもしれないが，実験的に求めたパラメータをわざわざ変化させて実験結果と合わせることに意味はない．そこで考えるべきは，この違いを最も合理的に説明できるリン酸化反応モデルである．その結果，ERK分子のチロシンとスレオニンが一つの反応でほぼ同時にリン酸化される「一連 (processive)リン酸化モデル」を反応モデルに組み込むと，実験結果を見事に説明できることがわかった（図2.7b）．その後，このモデルは実験的な検証も経て，すべての結果が「一連リン酸化モデル」を支持していた．つまり定量的なシミュレーションモデルを作ることで，これまで見えてこなかった新しい反応系を見いだすことができたのである．これこそが，定量的なシミュレーションモデルの存在意義の一つだと筆者らは考えている．

2.3 不均一系としての細胞内シグナル伝達の定量生物学

ここまでは，主に反応速度論が成り立つ条件，すなわちタンパク質が十分量存在し，かつ十分に撹拌され，細胞内で均一に存在している，つまりマクロスコピックな「濃度」という概念で分子を表現できる反応系で議論を進めてきた．しかし，タ

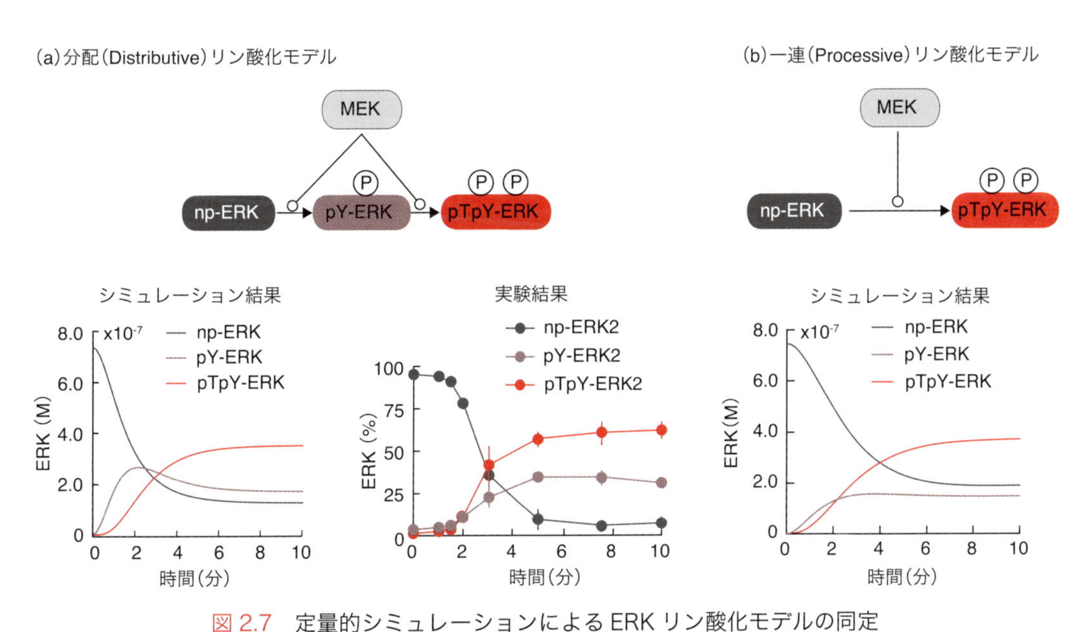

図2.7　定量的シミュレーションによるERKリン酸化モデルの同定

(a) MEKによるERKの分配(distributive)リン酸化モデルの模式図(上)．分配リン酸化モデルを基にしたシミュレーション結果(左)と実験結果(右)の比較．中間産物であるpY-ERKのパターンが異なる．(b) MEKによるERKの一連(processive)リン酸化モデルと，それに基づくシミュレーション結果．実験結果〔図(a)の右下のグラフ〕とよく一致している．

ンパク質の個数が少なく離散的な分子の数（数個とか）になってくると，分子数の揺らぎである「内因的ノイズ（intrinsic noise）」や，外界からの刺激の変動である「外因的ノイズ（extrinsic noise）」に大きく影響を受けるため，反応速度論のような決定論的な扱いができなくなる．また，細胞膜にアンカーしているようなタンパク質は拡散が遅い（0.1-1 μm²/sec）ので，細胞内における不均一な分布が観察される．以下に，二つの例をあげる．

2.3.1　1分子レベルの不均一性

上皮細胞増殖因子受容体（epidermal growth factor receptor; EGFR）は上皮細胞増殖因子（EGF）と結合して二量体化すると，細胞内のチロシンリン酸化酵素ドメインにより自己リン酸化し，細胞内へとシグナルを伝達する．このEGFRの細胞膜上の動きは，EGFRにGFPを融合した分子を発現させ，全反射顕微鏡（total internal reflection microscopy）で計測することができる（図2.8）．EGFRの1分子計測を実行すると，拡散速度の速いものと遅いものとの区別，会合状態の有無，さらにはこれら異状態間の遷移確率も定量化することができる．詳細については，こちらの文献19に非常によくまとめられているので，参照していただきたい．

2.3.2　1細胞内の不均一性

細胞の運動や形態形成は，主にアクチン細胞骨格（actin cytoskeleton）に制御されていると考えられている．Rhoファミリー低分子量Gタンパク質に属するRac1はアクチンの重合・再編成を促し，細胞の遊走（migration）を引き起こす[20,21]．しかし，細胞が効率よく動くためには，細胞膜の伸展と退縮が時空間的に協調して起こる必要があり，このとき細胞内にはRac1の不均一なパターンが存在し，細胞はこれを積極的に利用していると考えられる．このRac1の細胞内の活性を可視化するために，FRETバイオセンサー（図2.9a）を用いると，予想通りRac1が細胞の伸展部で活性化し，退縮部で不活性化していることがわかった（図2.9b）[22]．

一見して細胞の伸展退縮とRac1活性は非常によく相関しているが，定量的に解析してみると，違った様相が見えてくる．まず，画像解析により細胞膜の進展速度を定量化する（図2.9c）．ランダムに見える細胞膜の伸展から周期的なパターンを抽出する際には，自己相関関数（巻末の補遺参照）を計算してみるとよい．自己相関関数は，時間tの細胞膜の伸展速度 $X_t(t=1, \cdots, T)$ が長時間でみると定常過程であるとすると，

$$R(\tau)=\frac{1}{(T-\tau)\sigma^2}\sum_{t=1}^{T-\tau}[(X_{t+\tau}-\mu)(X_t-\mu)], \tag{2.6}$$

と求めることができる．μは平均，σは標準偏差であり，自己相関関数 $R(\tau)$ は時間ずれ τ の関数となっている．空間のずれも同様に考慮することができ，そのときの自己相関関数の2次元マップから，細胞の運動様式をある程度定量化するこ

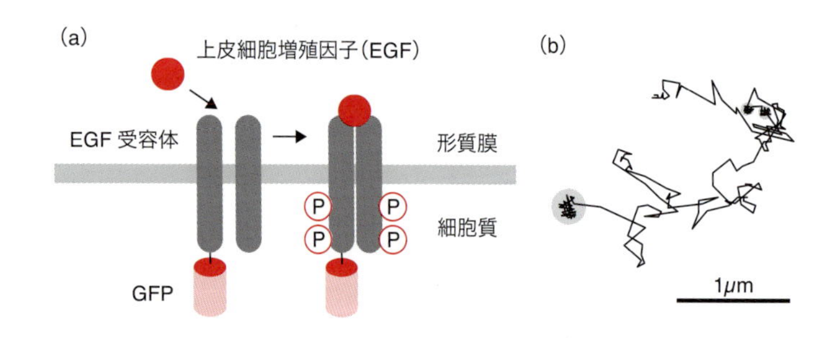

図2.8　EGFRの1分子イメージング
(a) EGF受容体（EGFR）にGFPを融合させたEGFR-GFPの模式図．(b) 1分子イメージングによるEGFR-GFP拡散運動

とができる．例えば図 2.9(d)からは，細胞のまわりを伝搬する膜伸展パターンを読み取ることができる．

次に，細胞辺縁の Rac1 の活性 $Y_t(t=1,\cdots,T)$ を定量化し，細胞膜の進展速度との相互相関関数（補遺参照）を以下のように求める．

$$R_{X,Y}(\tau)=\frac{1}{(T-\tau)\,\sigma_{\mathrm{Rac1}}\,\sigma_{\mathrm{mem}}}\sum_{t=1}^{T-\tau}\left[(X_{t+\tau}-\mu_{\mathrm{mem}})(Y_t-\mu_{\mathrm{Rac1}})\right], \tag{2.7}$$

μ_{Rac1}，μ_{mem} はそれぞれ Rac1，膜の伸展速度の平均，σ_{Rac1}，σ_{mem} は Rac1，膜伸展速度の標準偏差である．相互相関関数 $R_{X,Y}(\tau)$ は細胞膜伸展速度からの時間ずれ τ の関数となっている．相互相関関数のグラフを見てみると，細胞膜の伸展速度を Rac1 活性からマイナス方向に 2 分ずらしたときに最も高い正の相関係数が得られる（図 2.9e）．すなわち，この結果は Rac1 活性化の 2 分前に細胞膜が伸展していることを示している．シグナル伝達系の観点から見ると，「Rac1 が活性化してから細胞膜が伸展する」と普通は考えるが，この結果はまったく逆の因果関係を示唆している．同様に Cdc42 なども同様の順序関係が示

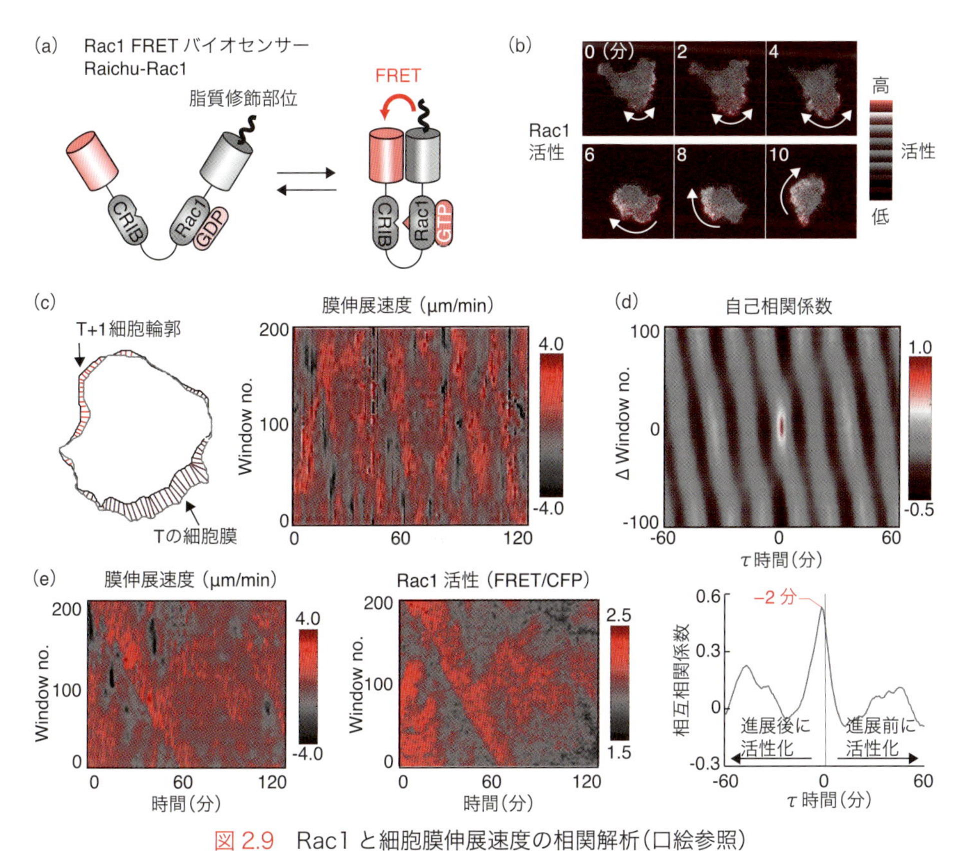

図 2.9　Rac1 と細胞膜伸展速度の相関解析（口絵参照）

(a) Rac1 の細胞内活性を定量化する FRET バイオセンサー Raichu-Rac1 の構造．(b) Raichu-Rac1 を発現する HT-1080 細胞の自律的な細胞運動時における Rac1 活性．赤色が活性の高い領域，灰色が活性の低い領域を示している．矢印は細胞膜伸展が側方に伝搬していることを示している．(c) 画像解析による細胞膜伸展速度の定量化．赤色の線は細胞膜が伸展しているところ，濃い灰色の線は細胞膜が退縮しているところを表す．ヒートマップで細胞膜伸展速度の時空間動態を示した．(d) (c)のヒートマップを自己相関解析した結果．細胞膜の伸展が右下方向に側方伝搬していることがわかる．(e) 細胞膜伸展速度（左）と Rac1 活性（中）を相互相関解析した結果（右）．

されている[23, 24]．これらの実例は，定量化することで初めて見えてきた現象の好例である．

ちなみに，この Rac1 と Cdc42 の細胞内時空間活性が細胞運動を予測するための十分な情報を持つことが，機械学習の手法を用いて統計的に示されている[25]．

2.4 細胞間の不均一性を加味した細胞内シグナル伝達の定量生物学

最後に，細胞集団における細胞内シグナル伝達系の不均一性について議論したい．細胞集団の不均一性は，mRNA やタンパク質の発現揺らぎなどに由来する「内因的ノイズ (intrinsic noise)」と，細胞外や細胞内のフィードバック経路などからの入力シグナルの揺らぎに由来する「外因的ノイズ (extrinsic noise)」のバランスにより生じる[26, 27]（図 2.10a；第 1 章も参照）．これらのノイズによって生じる細胞集団の不均一性は，外乱に対抗する抵抗性を高めるという利点になる．例えば，抗がん剤や抗生物質に対する抵抗性に，細胞集団の不均一性が寄与することが知られている[28, 29]．一方で不利な点としては，一定の入力刺激に対して出力がばらつくため，表現型を精度よく誘導することが困難になる．

成長因子からのシグナル伝達は，遺伝子発現を介してさまざまな細胞の運命決定に影響を及ぼす．入力刺激の強度に依存した細胞応答を引き起こすためには，その内部システムであるシグナル伝達系が刺激の強さに応じた信頼性の高い情報伝達能力を持っている必要がある．この情報伝達の信頼性はシグナルの強度と分散（つまり細胞間の不均一性）に依存する．もし出力シグナルの分散が小さい場合には，入力刺激の違いを容易に区別することができる．すなわち，より多くの情報量を伝えることができる（図 2.10b）．一方，出力シグナルの強度自体が大きくてもその分散が大きいと，入力刺激の違いを認識することが難しくなる．つまり，情報量の損失が起こる．では，細胞ごとの不均一性を加味した場合，入力刺激はどの程度の情報量を伝達できるのだろうか？

工学的な通信システムの評価に使われる「シャノン (Shannon) の情報理論」の枠組みを用いることで，細胞がどのくらいの情報量を伝達している

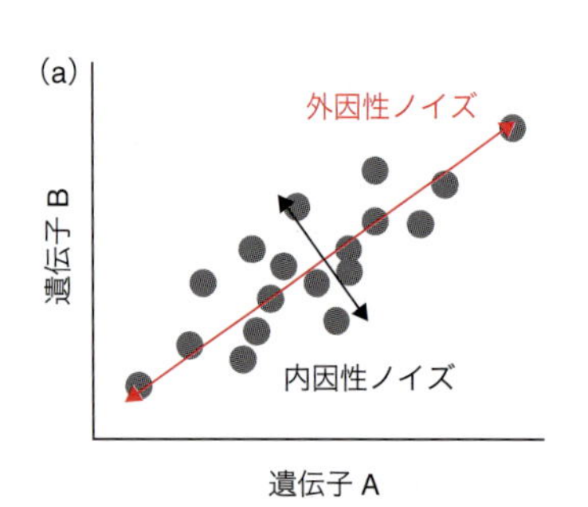

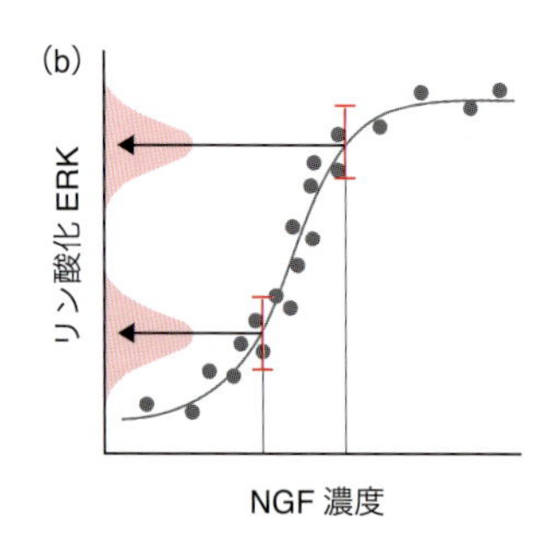

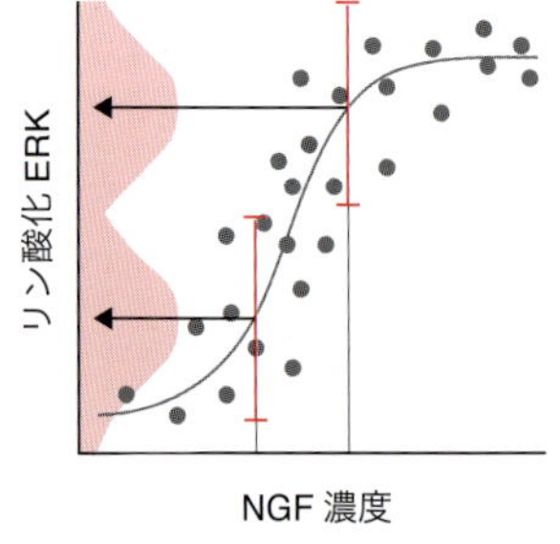

図 2.10　シグナル伝達と情報量

(a) 外因性ノイズと内因性ノイズの模式図．(b) 入力シグナルに対して細胞間でばらつきが小さい場合には，ERK 活性の強さから NGF 濃度を区別することができる（左）．しかし，細胞間でばらつきが大きい場合には，NGF 濃度を区別することは難しい．(c) ERK 活性が阻害されなかった場合には，ERK 経路を介して 1 ビットの情報が伝達される（左）．ERK 経路が阻害された場合にも，別の経路を介して 1 ビットの情報が伝達される．

のかを解析できる[30]．シャノンの情報理論では，相互情報量（mutual information）という尺度を用いて，入力シグナルと出力シグナル間で伝達される情報量を表す．相互情報量の計算には，1細胞ごとのシグナル強度の大量のデータが必要になる．これには，ロボットを用いた免疫染色の自動化と画像解析の併用（定量的免疫染色法QIC, quantitative image cytometry）により，1細胞ごとのシグナルデータを大量に取得することで，相互情報量を計算できるようになった．

神経分化のモデル細胞であるPC12細胞に神経成長因子NGF（nerve growth factor）などの入力刺激を加えたときのERKとCREBのリン酸化，さらにその下流の転写因子c-FOS, EGR1の量をQIC法により測定し，それぞれのデータ分布の広がりから相互情報量を計算する．その結果，刺激の種類によらず，入力刺激から転写因子へと伝えられる情報量は約1ビットであった（図2.10c）．これは2種類の状態（onとoffとか）を区別しうる情報量を持っていることを示している．入力のNGF刺激の濃度変化を12段階（~約$2^{3.6}$）用意したため，最大3.6ビットの入力情報を与えてはいるが出力時点では1ビットにまで情報が損失していることも意味していた．

興味深いことに，NGF刺激以外に，下垂体アデニル酸シクラーゼ活性化ポリペプチド（PACAP）においても下流の転写因子に対して約1ビットの情報を伝達していること，ERKやCREBのリン酸化とその下流の転写因子の情報量を計算すると，NGFでは主にERK経路を介して，PACAPはCREB経路を介して転写因子の発現を制御していることがわかっている．さらに，一つの経路を抑制しても別の経路が相補的に情報量を増加させることで，情報伝達の頑強性が補償されていることも示された．

2.5　おわりに

本章では，細胞内シグナル伝達系を定量的に理解するうえで必要となる背景や技術，またその限界について述べた．最後に，今後の細胞内シグナル伝達系の展望について述べたい．まず，シグナル伝達研究の定量生物学的アプローチの重要性が増すことを疑う余地はない．技術的な進展により，質的にも量的にも定量的な情報は蓄積してくるだろう．例えば次世代シークエンサーや質量分析による網羅的な解析によって，より定量的で網羅的なタンパク質やRNAの量に関するデータ，さらにはタンパク質間相互作用の情報が蓄積されると予想される[31]．さらに遺伝子編集技術を用いた内在性タンパク質の解析が容易になり，より生理的な条件に近い環境での分子の動態を測定できるようになるだろう．こういった定量情報が利用可能になるにつれて，理論的なアプローチ（情報理論など）を組み合わせた解析もさらに推進するものと思われる．例えば，細胞がシグナル伝達系の動態にどのような情報をどれくらい埋め込んでいるのかを評価できるようになるのではないかと予想している．

さて，定量的な情報を十分集めたとして，われわれは細胞内シグナル伝達系の本質を真に理解できるのか？　この問いに対して真剣に答えるべき時期が迫ってきている．

（青木一洋）

文　献

1) Kholodenko B et al., *Sci. Signal*, **5**, re1 (2012).
2) Kholodenko BN et al., *Nat. Rev. Mol. Cell Biol.*, **7**, 165 (2006).
3) Yarden Y & Sliwkowski MX, *Nat. Rev. Mol. Cell Biol.*, **2**, 127 (2001).
4) Hanahan D & Weinberg RA, *Cell*, **144**, 646 (2011).
5) Sadaie W et al., *Mol. Cell. Biol.*, **34**, 3272 (2014).
6) Aoki K et al., *PNAS*, **108**, 12675 (2011).

7) Fujioka A et al., *J. Biol. Chem.*, **281**, 8917 (2006).
8) Schilling M et al., *Mol. Syst Biol.*, **5**, 334 (2009).
9) Aoki, K et al., *J.Cell Biol.*, **177**, 817 (2007).
10) Ran, F. A. et al., *J. Cell Biol.*, **192**, 463 (2011).
12) Shi X et al., *Biophys. J.*, **97**, 678 (2009).
13) Sadaie W et al., *Mol. Cell. Biol.*, **34**, 3272 (2014).
14) Kinoshita E et al., *Mol.Cell Proteomics.*, **5**, 749 (2006).
15) Aoki K et al., *Sci. Rep.*, **3**, 1541 (2013).
16) Komatsu N et al., *Mol. Biol. Cell*, **22**, 4647 (2011).
17) Funahashi A et al., *Biosilico*, **1**, 159 (2003).
18) Ferrell Jr. JE & Bhatt RR, *J. Biol. Chem.*, **272**, 19008 (1997).
19) 佐甲 靖志ら,『1分子生物学（原田慶恵・石渡信一編)』, 化学同人 (2014).
20) Raftopoulou M & Hall A, *Dev. Biol.*, **265**, 23 (2004).
21) Ridley AJ, *J. Cell Sci.*, **114**, 2713 (2001).
22) Itoh RE et al., *Mol. Cell Biol.*, **22**, 6582 (2002).
23) Kunida K et al., *J. Cell Sci.*, **125**, 2381 (2012).
24) Machacek M et al., *Nature*, **461**, 99 (2009).
25) Yamao M et al., *PLoS One*, **6**, e27950 (2011).
26) Levine JH et al., *Science*, **342**, 1193 (2013).
27) Eldar A & Elowitz MB, *Nature*, **467**, 167 (2010).
28) Wakamoto Y et al., *Science*, **339**, 91 (2013).
29) Brock A et al., *Nat. Rev. Genet.*, **10**, 336 (2009).
30) Uda S et al., *Science*, **341**, 558 (2013).
31) Yachie N et al., *Genetics*, **1** (2016).

細胞運動の定量生物学

Summary

細胞運動は，細胞がもつ普遍的な性質のひとつである．近年，細胞が生体内の現場で活発かつ柔軟に運動しながら生理機能を実現している様子や，細胞運動に関わる細胞極性の自己組織化の動態がさまざまな系で明らかになってきた．本章では，まず細胞運動を理解するための生物学的前提を確認し，その動態を捉える定量計測および統計解析の一連の手法を紹介する．次に実例として細胞性粘菌の重心運動解析をあげながら，パーシステントランダム運動の数理モデルと定量比較を行った結果を示す．そして総括として，細胞の自発運動の機能的意義や，細胞極性の自己組織化の動態，およびそれらの関係を整合的に捉えるための視点について述べる．定量計測・統計解析・数理モデリングとそのフィードバックによって研究を進めていくことで分子動態と細胞動態をシームレスにつなぎ，細胞の運動機構や極性形成機構の定量的理解を実現する一助としたい．

3.1 はじめに

細胞の運動は，多細胞生物における形態形成，傷の治癒，がん細胞の転移，免疫応答，そして単細胞生物における食餌行動や走性といった多岐にわたる生理的現象に不可欠な普遍的性質である．細胞の運動機構を明らかにし，その制御を可能とすることは，細胞生物学や医学において最も重要な課題のひとつと言えよう．また，細胞の運動の様子や(細胞極性を含む)形態は，細胞の“調子の良さ”や分化状態を判別する実践的な指標となる，細胞システムの重要な「マクロ変数」である．細胞システムは人工システムとは異なり，個別性や能動性，ゆらぎや可塑性をともなうことから，自己組織化による細胞運動や極性形成の動態解析が，システムを包括的に理解する鍵となる．

1990年代以降の計測技術およびコンピューターの飛躍的な発展によって高精度のデジタルデータを大量取得することが可能となり，細胞運動や極性形成の定量研究は新しい段階に入った．さらに近年では新たな顕微鏡技術も登場し，運動中や極性形成時の細胞内におけるさまざまな関連分子の時空間的動態が定量的に計測されると共に，2次元系から3次元系へ，生体外から生体内へと運動計測の場は移行している．その結果，細胞が生体内で活発かつ柔軟に運動しながら生理機能を実現している様子や，細胞極性の自己組織化の動態がさまざまな系で明らかになってきた[1)]．本章では，こうした豊かな細胞運動および極性形成の動態を捉える定量計測の手法，および統計解析の手法を順に紹介し，これらを定量的に理解する一助としたい．

3.1.1 「這う」細胞運動

細菌のように水中を「泳ぐ」細胞(コラム参照)に対して，多くの真核細胞は基質に張りつき，仮足（pseudopod）を用いて「這う」．仮足は鞭毛(flagella)や繊毛(cilia)と並ぶ，原生動物の移動様式のひとつでもあり，前後極性をもった細胞はその前部から仮足を出し，その中に細胞質を流動させ，細胞全体を変形させながら前進する．

仮足を用いた運動は，「アメーバ様運動（amoeboid movement）」や「間葉系様運動（mesenchymal movement）」などに分類される[2]．アメーバ様運動は，速度が速く，細胞性粘菌などのアメーバ細胞の他に，多細胞生物の造血幹細胞，神経細胞や白血球などの遊走性細胞，がん細胞にも見られる．一方，間葉系様運動は，細胞の形態がより細長く，速度は遅く，線維芽細胞や内皮細胞，がん細胞などに見られる．さらに，上皮間葉転換（epithelial-mesenchymal transition, EMT）や間葉アメーバ様転換（mesenchymal-amoeboid transition, MAT）のように，同一の細胞が異なる運動状態に転換しうることも明らかになっている．組織内の細い隙間

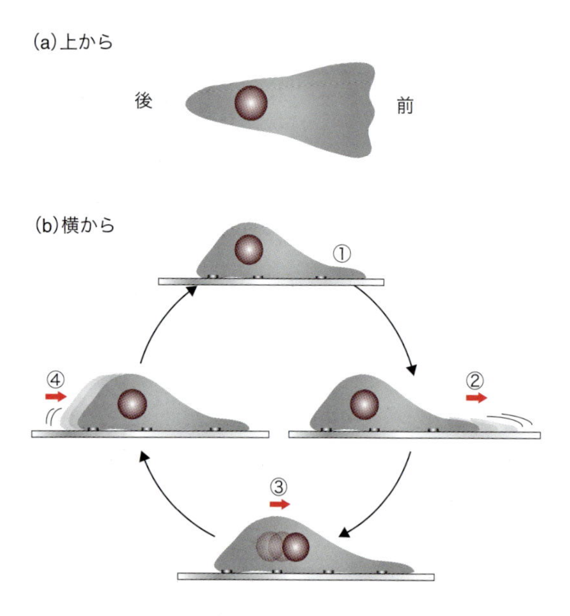

図 3.1　這いまわり運動の過程
(a) 細胞極性の模式図．(b) 細胞は，①細胞先端部の突き出し，②細胞先端部の基質との接着（接着斑（Focal Adhesion, FA）の形成），③細胞本体の前方への移動，④細胞後端部の退縮（接着斑の消失），という段階を繰り返すことで 2 次元基質上を這う．①と②はアクチン重合に，③と④はミオシン II に依存した過程である．

や細胞外マトリックスなどの網目状構造物のあいだを移動するにはこのような運動様式の「可塑性（plasticity）」が有効であることから，特にがん細胞の浸潤や転移に関連して，医学的な見地からも注目を集めている[3]．

這いまわり運動を考える場合，細胞は基質に接着しており，細胞サイズも細菌に比べて格段に大きいため，低レイノルズ数条件（慣性力よりも粘性力が効く条件；コラム参照）であっても，溶媒によるブラウン運動（Brownian motion）は無視できる．つまり，基質と細胞間の力学的・生化学的因子の相互作用が重要になる．

前後極性をもつ細胞の這いまわり運動は，①細胞前部での仮足の突出，②基質への接着，③細胞核を含む細胞本体の前方移動，④細胞後部の基質からの脱離と退縮といった複数の動的過程からなる[4]（図 3.1b）．さらに詳細に見ていくと，細胞の先端部ではアクチンフィラメントの網目構造が動的に形成され，葉状仮足（lamellipodia）や糸状仮足（filopodia）などの細胞膜の突き出しと基質への接着が行われる．細胞の後端部では，ストレスファイバー（stress fiber）と呼ばれるアクチン微小繊維とミオシン II との複合構造体が力を発生させ，細胞の端を引きずって，細胞体の移動についていく．これらの過程では，アクトミオシンなどの細胞骨格系，イノシトールリン脂質や低分子量 G タンパク質などのさまざまなシグナル分子群の動態，細胞膜の輸送，細胞質の流動など，複数の化学・力学的な構成要素が絡みあい，これらが統御されることで細胞運動が自律的に形成されている[4]．時間的にも空間的にもマルチスケールに及ぶそうした複雑な過程が実際にいかにして立ち現れ，協調して細胞運動が実現されるのかは，高度に定量的かつマルチモーダルな計測（複数の計測方法を組み合わせた計測）を通じて明らかにするほかない．

3.1.2　細胞極性

細胞は全方位に対称な形であるよりも，対称性の破れた極性状態を形成するのが一般的である．細胞極性（cell polarity）とは，細胞内の分子コンポーネントや細胞内の構造，そして細胞の形態が空間非対称になることであり，細胞の根本的な性質のひとつである．細胞は，外部環境が一様であっても自律的に極性を形成しうるし，化学物質の濃度勾配など外部環境が非対称である場合には，その環境をシグナル伝達系で検知してその方向に沿った極性を形成することもできる[5]．

単細胞生物でも多細胞生物でも，ほとんどの細胞は何らかの細胞極性を示し，それが細胞機能の実現に寄与している．単細胞生物においては，細胞の増殖や運動に細胞極性が重要な役割を果たすし，多細胞生物の形態形成においては，発生初期から細胞の極性は確立され，この極性に基づいてさまざまに細胞が分化していく．細胞が極性をもって自身の向きを検知することで，多数の細胞からなる組織は複雑な形をとることができ，器官や組織が特殊化して機能分化できるというわけである．実際，細胞極性に変調が生じると，細胞本来の機能が失われたり，形態形成に異常が生じるなどの重大な影響が現れる．細胞極性の形成や維持には，細胞運動と同様に多数のシグナル分子や膜輸送，細胞骨格が整合的に関与していることが明らかにされている．

細胞極性の典型的な例としては，上皮細胞の頂底極性（apical-basal polarity）や平面内細胞極性（planar cell polarity），神経細胞の樹状突起から軸索へといたる極性，そして運動する細胞の前後極性（anterior-posterior polarity）などがあげられる．極性形成においては，細胞内でコンパスのように機能する分子群も発見されており，その多くが進化的に保存されている[6]．ここでは，細胞運動に関わる前後極性の形成に注目して，説明を続けよう（図 3.1a）．

もし細胞内に前後極性が成立していなければ，細胞は持続的な移動運動を生みだすことができない．つまり細胞極性の安定性は，細胞運動の安定性に直結している．また，化学誘因物質の存在はしばしば細胞の極性や運動能の亢進をもたらすが，誘因物質が均一に分布している空間でも細胞は運動性を示すため（化学運動性，chemokinesis），細胞「内」に対称性を自発的に破る機構が存在することが示唆される．さらに，細胞極性と細胞運動を共に阻害した場合も，細胞は勾配をもった外部シグナルの方向性を検知できることが細胞性粘菌の研究で明らかになっている（空間センシング，spatial sensing[7]）．このように，細胞の運動，極性の形成，外部シグナルの方向性検知という三つの性質は，それぞれが有機的に関連しつつも別べつの性質であり，細胞が生理機能を果たすうえでそれらがどのように組織化されるのかは，解明すべき重要な課題である[8]．

3.2　細胞運動と極性形成の定量計測

細胞運動や極性形成は，多細胞系や組織を用いる実験系でも重要な研究要素であるが，多細胞系については本書の Part II（7～10 章）で詳しく議論されるため，ここでは 1 細胞系の実験・観測に焦点を絞って解説する．

3.2.1 定量計測のために

細胞の運動や極性形成は顕微鏡による観測が一般的であるが，検鏡法の違いにより得られる観察像はさまざまである．そのため定量的な計測，すなわち数値に変換する際には検鏡法の選択にも注意を要する．定量計測の場合，測定時の条件が解析方法に影響することが多いため，測定時の機器設定を調整する段階から解析の手順や操作を考慮することが重要である．特に自動計測を行うようなハイスループット実験系を設計する場合，データ取得と解析のパイプラインを調整する作業が研究計画全体の大部分を占めることもある．画像解析後の数理解析をする際にも測定時の条件は強く影響するため，測定を行う時点から後処理についても熟考することや，逆に解析から測定方法へ情報をフィードバックすることがきわめて重要である．

3.2.2　定量計測時の留意点

1細胞実験系における観測は，ガラス（ラミニンなどの細胞外基質を塗布する場合が多い）に細胞を蒔き，微分干渉顕微鏡や蛍光顕微鏡などで観察・撮影するのが一般的である．人間の目で画像を判断する場合は，観察しやすい条件や画像取得パラメータを実験ごとに観察者の観点から調節することになるが，定量計測の場合はさらに別の観点からも留意点がある．以下にその具体例をあげる．各項目を満たす画像を得られるかどうかで解析の自動化レベルや簡便さが劇的に変わるため，定量計測の際にはぜひ検討するべきである．

(a) 特定の細胞を二値化などで機械的に判別することが可能か

これは生物画像の解析をする際には常に問題になる点のひとつであり，実験ごとに撮影条件や画像の質が異なるため，個々の実験で必ず留意しておくべきである．測定時の条件は画像解析に与える影響が大きく，例えば細胞観測によく使われる微分干渉顕微鏡（DIC）や位相差顕微鏡（PC）は細胞のような透明な試料を無染色でコントラストよく観察できる検鏡法ではあるものの，図3.2に示すように陰影のつき方はそれぞれ異なり，画像解

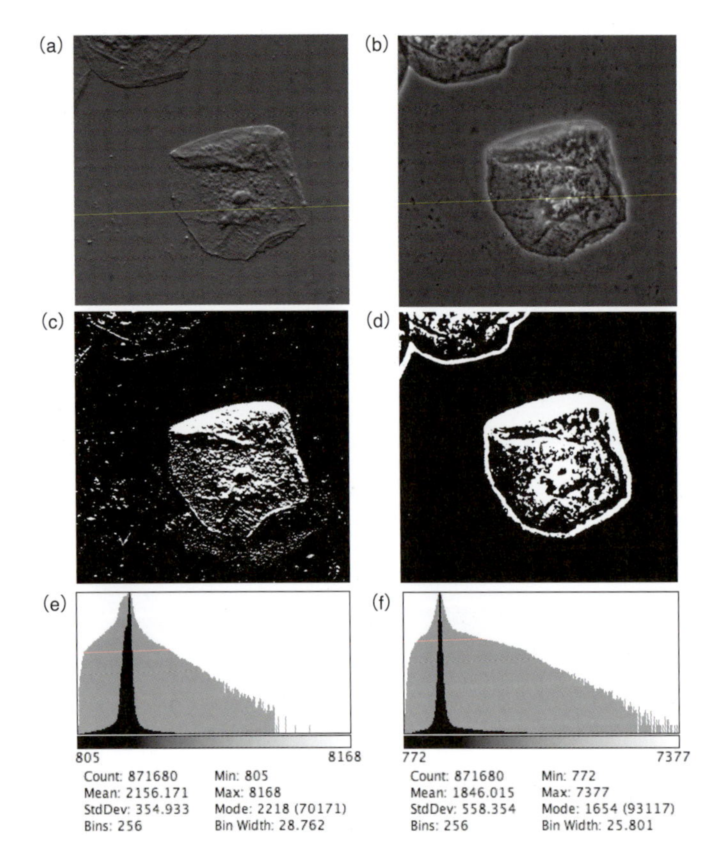

図3.2　検鏡法による画像の違いと画像処理
ヒトの頬の表皮細胞を40倍対物レンズのもとで観察した．(a)から(f)は同細胞・同視野での比較である．(a) 微分干渉顕微鏡像，(b)位相差顕微鏡像，(c)微分干渉顕微鏡像(a)を二値化したもの，(d)位相差顕微鏡像(b)を二値化したもの，(e)微分干渉顕微鏡像の輝度値ヒストグラム．黒で通常の線形スケール，灰色で対数スケールでの表示，(f)位相差顕微鏡像の輝度値ヒストグラム．黒で通常の縦軸線形スケール，灰色で縦軸対数スケールでの表示．

析の扱い方が変わる[9, 10]．特に極性形成の解析には高解像度の画像が必要になるため，目的に合致した検鏡法を選ぶことと，得られた画像に適した画像解析方法を選択することではじめて定量計測が実現できる．背景が均一であり，対象とする細胞がコントラストよく撮影できていることが，良好な二値化判別の要件である．

(b) 時系列観測中に，観察条件が保たれているか

代表的な注意項目は蛍光の褪色である．照明光は細胞にとって有害なことがほとんどで(光毒性，phototoxicity)，特に細胞運動は光によって影響を受けることも多い．弱光下の観察は細胞に優しく，一定の条件で撮影できるため，細胞の状態を良好に保つにはなるべく弱い光で画像を取得したいが，一方で，シグナル／ノイズ比は悪くなる．バランスを考えながら実験条件を検討することになるだろう．また，細胞の運動速度についても留意しておきたい．移動速度の速い細胞ほど，顕微鏡視野の外へ出ていってしまう割合が高まるので，測定時間が長くなるほど，相対的に速度の遅い細胞ばかりが顕微鏡視野内に留まり，結果として細胞の平均移動速度が実際よりも低く算出されるという現象が起こりうる[11]．

(c) 複数の細胞の重なり・融合・分裂がないか

培養時の細胞密度を検討して適当な条件を見いだしたい．例えば1回の測定あたりの軌跡データ数を多くするには細胞密度を高くしておきたいが，細胞密度が高いと軌跡どうしが交錯し，細胞ごとの軌跡の区別が困難になる．細胞の融合や分裂といった事象も同様の困難を与えるため，細胞の個別性まで含めて定量化したい場合には，個々の細胞運動の様子を比較的長時間にわたって取得できるように，比較的低密度で培養・測定するほうがよい．

3.2.3　取得画像の種類

顕微鏡は，ただ小さいものを拡大するだけでなく，見たい対象によって検鏡法を変えることで，多種多様な生命現象を可視化できるように開発されてきた．また，細胞は生物種や由来組織によって異なる形態や性質をもつため，検鏡法と細胞種の組合せによって得られる顕微鏡画像は，千差万別である．細胞運動や極性形成の研究で注目するのは，細胞の重心や輪郭を表すパラメータの時系列であるため，画像から抽出したい情報は絞られているが，そうはいっても画像の多様性に合わせて，解析プログラムなどを調整する必要がある．

代表的な検鏡法と，画像解析における注意点を表3.1に示す．同じ細胞を観察しても，検鏡法の種類により得られる画像は異なり，当然数値化の戦略も変わる．そのため，定量解析においては特に，測定方法と解析方法の原理を把握し，数値がどのように得られたかを理解しておくことが重要である．また，画像を取得する方法は単一である必要はなく，マルチチャネルで撮ることにより解析の困難が解決されることもある．例えば微分干渉顕微鏡画像と蛍光顕微鏡画像の組合せは一般的によく用いられる．画像解析で領域選択を行う際に，1種類の画像だけではうまく選択できない場合でも，異なる画像を組み合わせることで選択できるようになることは多い．画像解析では，計測情報を増やすことで問題が簡単に解決することも多いので，処理手法の工夫ばかりにとらわれず，種々の計測方法を検討してみるとよい．

3.2.4　細胞運動の計測

十分な質の動画像もしくは計測値が得られれば，そこから「数値として」注目する現象を取りだすことができるはずである．細胞運動の場合，知りたいことは細胞の位置情報の時系列であり，多くの場合それは細胞重心(細胞領域のピクセル重心)の座標の時系列に置き換えられる．細胞重心の抽出

表 3.1　顕微鏡検鏡法の違いと，画像解析における注意点

顕微鏡検鏡法	特長と注意点
暗視野顕微鏡 dark field microscope (DF)	光を散乱する物体を観察するため，暗い背景に浮かび上がるコントラストの高い画像が得られる.
明視野顕微鏡 bright field microscope (BF)	光を吸収する物体を観察するため，コントラストがつきにくい．他の顕鏡法に比べて安価である.
位相差顕微鏡 phase contrast microscope (PC)	無染色で明視野顕微鏡に比べコントラストの高い画像が得られる．二値化においては微分干渉顕微鏡よりもうまくいくことが多いが，物体の縁にハローが生じる.
微分干渉顕微鏡 differential interference contrast microscope (DIC)	無染色で明視野顕微鏡に比べコントラストの高い画像が得られる．検出感度に方向性があり，プリズムなどの調整により画質が変化するため調整によって解析のパラメータも大きく変化する.
偏光顕微鏡 polarized light microscope (PL)	無染色で明視野顕微鏡に比べコントラストの高い画像が得られる．観察対象の結晶構造や分子構造に依存して画質が変化する.
蛍光顕微鏡 fluorescence microscope (FL)	蛍光を発する物体を観察するため，褪色や自家蛍光，背景輝度値の扱いなどに気をつける必要がある．共焦点顕微鏡（confocal microscope)，全反射顕微鏡（TIRF microscope)，超解像顕微鏡（super-resolution microscope）など照明の方法や画像撮影方法に選択肢がある.

は単純な処理で得られ，ImageJ を始めとする多くの生物画像解析ソフトウェアで実装されており，ソフトウェア間の比較もされている[12]．これらのソフトウェアが行っているのは，画像を二値化することで標的(細胞)領域をラベルし，ラベルされた細胞領域のピクセル座標の平均値を算出するという作業である．動画像はパラパラ漫画と同じく静止画像の集合なので，それぞれの画像で重心を計算すれば座標の時系列データが得られる．また，自動解析ではなく観察者が観測点を打って解析することもでき，そのためのツールもある．例えば MTrackJ[13] は ImageJ のプラグインとして配布されており，観察者が動画の各フレームを1枚ずつ見ながらマウスで注目する点(観測点)をクリックすることで，追尾対象の時系列座標が記録される．このような解析方法は機械的な誤認識から解放されるという利点をもつが，時間と労力が非常にかかることと，観測者による主観を含んでしまうという欠点もある．

自動にせよ，手動にせよ，得られた計測点を解析するうえで注意すべきは，時間・空間解像度の把握である．細胞運動の計測で画像処理を行うと，細胞の形態変化はある程度，細胞重心のゆらぎとして運動へ反映される．その際に算出しているものはあくまで細胞重心の座標時系列なので，元の動画で動いていないように見える細胞でも，解析方法によっては移動しているような計算結果が出ることもありうる（図 3.3a)．定量計測後のデータをプロットし，眺め，元の動画像と比較することは，特に新しい実験系を立ち上げたときには必須の作業である．時間・空間解像度について，別の重要な例をあげよう．動きの計測値はサンプリングレートに依存する．移動速度は2点間の距離と時刻差で決まるが，細胞運動は直線的ではなく，適度にランダム性を含むため，サンプリングレートにより結果に差異が生じることがある（図 3.3b)．さらに，細胞運動はさまざまな時空間動態が絡み合って実現される現象であるので，複数の特徴的な時間スケールが存在する可能性が高い．よって細胞運動の計測においては，注目する（複数の)時間スケールのうちで，最も速い時間スケールの運動を捉えられるような短いサンプリング周期と，最も遅い時間スケールの運動を捉えられるような長い計測時間を確保する必要がある（ただし，サンプリング周期を短くしすぎると，計測誤差や画像解析上のノイズが増えるばかりなので注

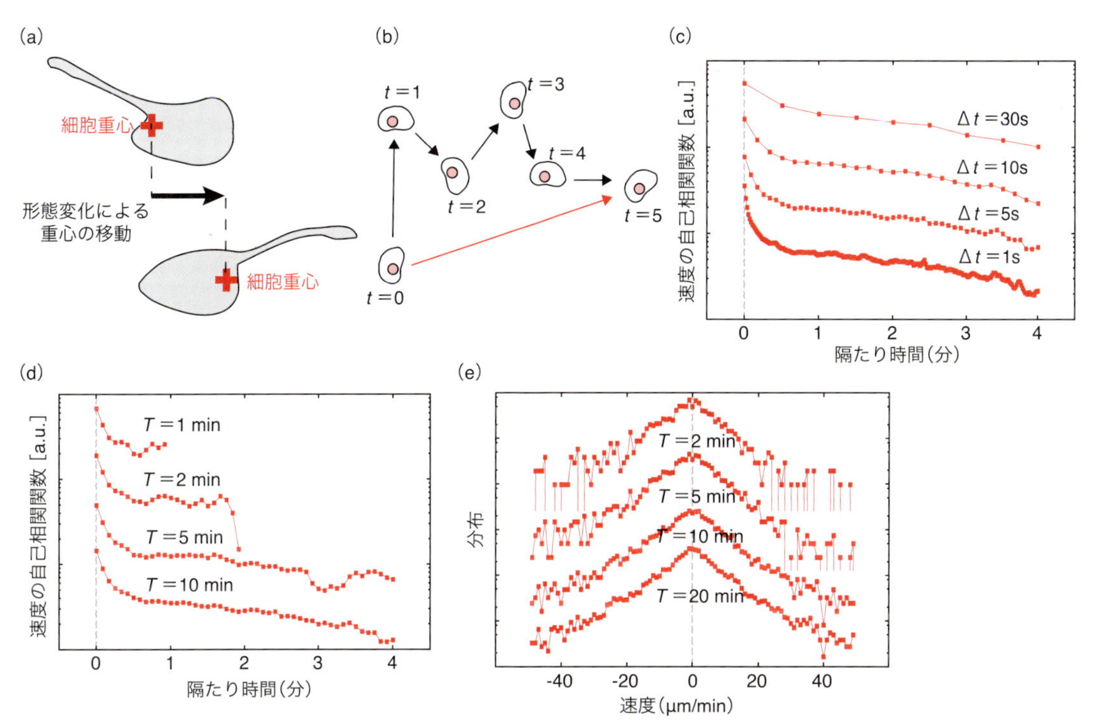

図 3.3　細胞重心の定量および運動解析におけるサンプリング周期・計測時間長・サンプルサイズ依存性
(a)画像重心は必ずしも細胞移動を反映しない．仮足などの形態変化は画像重心に影響するので，データの時空間解像度と見たい現象の整合性を常に把握することが重要である．(b)一般的に細胞は複雑な運動軌跡を示すため，サンプリングレートが異なると計測値に影響がでる．この図で示すように，速度を定義する Δt を 1 にするか 5 にするかで計測速度が変わる．(c)速度ベクトルの自己相関関数のサンプリング周期依存性．細胞運動のサンプリング周期 (Δt) をそれぞれ 1s，5s，10s，30s にした場合の相関関数を示した．(d)速度ベクトルの自己相関関数の計測時間長依存性．細胞運動のサンプリング周期を 5s とし，計測時間長 (T) をそれぞれ 1 分，2 分，5 分，10 分にした場合の相関関数を示した．(e)速度分布のサンプルサイズ依存性．細胞運動のサンプリング周期を 5s とし，計測時間長 (T) をそれぞれ 2 分，5 分，10 分，20 分にした場合の速度分布を示した．サンプルサイズはそれぞれ 1200 点，3000 点，6000 点，12000 点である．なお，(c)～(e)すべての場合で，50 細胞分の運動軌跡データから統計量を計算した．結果を見やすくするため，グラフは片対数表示とし，縦軸値は適宜平行移動させて表示した．

意すること)．

参考までに，細胞性粘菌の運動速度の自己相関関数の解析(3.3.1(d)項参照)を例に，サンプリング周期と計測時間長を比較してみよう．前者を短くするに従って数秒オーダーの速い時間スケールの特徴が，後者を長くするに従って数分オーダーの遅い時間スケールの特徴が，それぞれはっきりと現れてくることがわかる(図 3.3c，d)．この場合は，サンプリング周期を数秒程度，計測時間長を 10 分程度に設定しておくのが適当である．また，細胞に複数の状態が存在して，その間を時間的に遷移するような場合には，短時間の計測だけでは，細胞は片方の状態に留まっているようにしか計測されない可能性がある．そこで，細胞のヘテロ性や状態転換が注目される場合には，同一軌跡内で複数の状態間遷移を観測できるように細胞ごとのデータをできるだけ長く取得しておく必要がある．細胞運動が特定の空間領域に制限されていたり，基質に空間的なヘテロ性があるような場合も同様に注意を要する(これらは系の「エルゴード性 (ergodicity)：状態変数の集団平均と時間平均とが一致するという性質」[14] に関係する)．一般には長時間平均を計算するほうが，平均二乗変位や自己相関関数などが滑らかになる利点もある．このように，動きに関する計測値は計測・算出方法により変化する．

3.2.5　極性形成の計測

細胞は内部状態や外部環境に応じて複雑に形を変化させるので，細胞内で何が起きているかを計測するために，形態変化を的確に示す計測値を見つけることは有用である．しかしながら形を示す計測値は多様で，細胞形態の変化を捉えるために何を計測するかを決めることは意外に難しい．細胞の極性形成を調べる際は細胞辺縁部(エッジ)に注目することが多いが，それは形の変化を捉えやすい場所であるということと，形態変化を制御している分子シグナルがその周辺に局在していると考えられるためである．

形の時系列変化の計測でまず試したい単純な方法として，キモグラフ（kymograph）を紹介する．キモグラフは時系列画像上に線状の領域を指定し，その領域の時間ごとの測定値を時系列に並べることで変化を可視化し，定量する方法である(図 3.4)．簡便で，ImageJ を含む多くの解析ソフトウェアに実装されていることもあり，使いやすい[15,16]．注目領域の伸縮頻度や変化量（傾き）を簡単に計測することができ，形態変化と共に，分子シグナルの変化も同時に可視化できる．一方で，観察者が領域を指定するために計測に主観が含まれることや，複雑な形態変化をともなう対象には使えないという課題がある．

細胞縁の変化を計測するための解析手法には，図 3.5(a) に示すように極座標を用いる方法と，同図 (b) のように解析点を用いる方法が一般的である．極座標を使った解析は，注目領域を放射状に配置して作成するキモグラフと似ており，細胞性粘菌[17,18]や線維芽細胞[19]などの形態解析に適用されている．対象物の形態が円に近ければ全方位の形態変化を可視化・計測でき，直感的にも理解しやすい．ただし，解析対象の形態が円形から離れるほど，解析に歪みが入り込み，場合によっては解析できなくなることもある（図 3.5c)．一方，細胞縁に解析点を定義してその時系列変化を追う方法は，極座標で測定できないような複雑な形も扱える[20]．定量後のマトリックスは，極座標でのデータと同様に直感的に扱えるため，高度な解析をするにも重宝する．しかしながら，この方法も完全ではなく，解析点の位置や移動の定義が一意に決まらないという問題がある (図 3.5d)．実際に細胞縁へ解析点を定義するには，動的輪郭モデル（active contour model）に沿って，レベルセット法(level set method)などの輪郭抽出ア

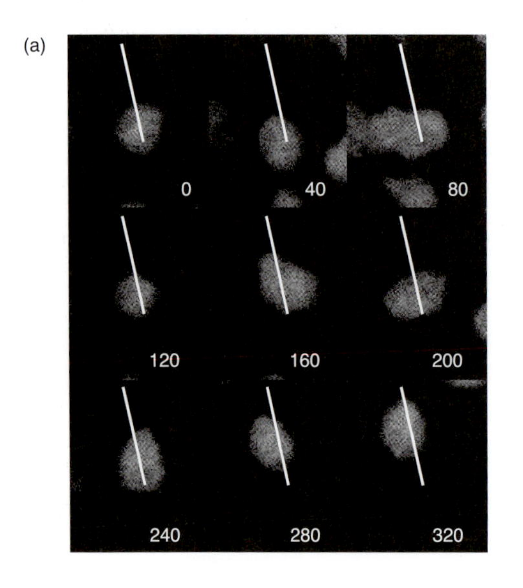

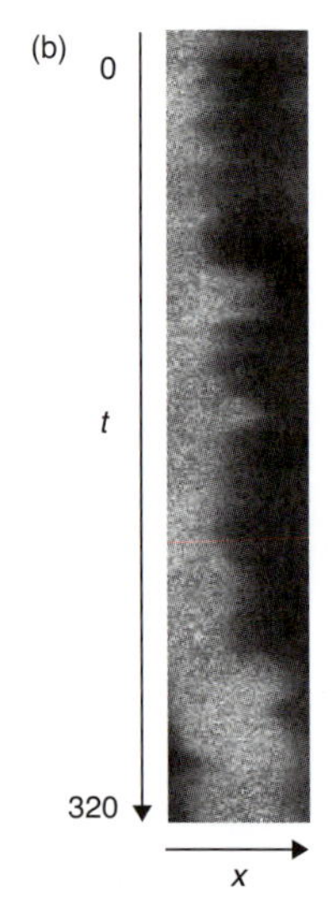

図 3.4　キモグラフ
(a)時系列で画像を並べた．キモグラフを得るために選択した領域を白い線で示している．(b)選択した領域の輝度値を時系列に沿って並べたキモグラフ．選択した領域に沿った細胞の伸縮がわかるため，どのタイミングでどの程度変化したかが明確にわかる．(画像出典：東京大学　澤井研究室のホームページより)

ルゴリズムを選択し，扱っている画像データに即した細かい調整を行うことで，解析点の移動を定義して計測することが多い．

極座標にしても解析点を用いた計測にしても，究極的には，ある時刻の位置と次の時刻の位置が本当に対応しているかどうかがわからない，というのが最も深刻な課題であろう．形態変化している部位が同じ物質を追跡しているかどうかを確認するためには，細胞に物理的なマーカーを埋め込むなり，ラベルするなりが必要である．また，解析点を設定すること自体の問題を回避するためには，解析領域をフレームごとに定義する方法もあり，この方法は持続的な伸張や樹木のような形態変化に有効で，PC12 細胞などの形態解析に適用されている[21]．

高度な解析を行うために解析プログラムを自作しようという読者も多いだろうが，公開ツールを調査することも案外有用である．細胞形態変化の解析を行うための公開ツールである Quimp[22, 23] は ImageJ のプラグインとして利用でき，多くの細胞形態解析に使えるので推奨したい．また解析方法を工夫することと別の戦略としては，アクチン重合阻害剤 latrunculin A を使って細胞が複雑な形態をとれないようにして（ほぼ球状にして）解析するという方法もある[7, 24, 25]．思いきって形態変化の測定を避けることにより，知りたいことが見えてくるかもしれない．

形態の解析に加えて細胞の内部状態を同時計測することは，細胞運動や極性形成の理解において非常に重要である．細胞の内部状態には，低分子量 G タンパク質などの分子シグナルや，細胞骨格のダイナミクス，力（さまざまな細胞内小器官に加わる力）などがあげられ，これらを計測して形態変化との相関を調べることで極性形成を実現する分子機構を推測できる．例えば蛍光共鳴エネルギー移動（FRET）やスペックル顕微鏡法（fluorescent speckle microscopy）[26] は内部状態を計測するツールであり，これらの測定値と形態変化の関係を解明することが細胞運動や極性形成の仕組みを理解するために必要である．しかしながら，分子シグナルなどの細胞内状態と形態の相関を定量することは意外に難しく，決定的な方法はまだない．細胞の形態変化と分子シグナルの上昇に時間差・部位差があるためであり，この様な場合の方法論や戦略を練りあげることで研究が進むことが期待される．

3.2.6 定量計測から解析へ，その前に

さて，定量計測ができれば全体を俯瞰した数理モデルの解析へ進むことができる．定量解析にお

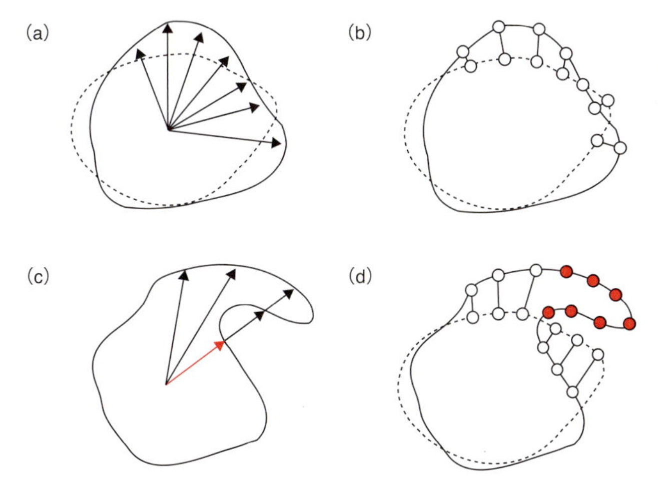

図 3.5　細胞縁の解析
点線で 1 フレーム前の細胞輪郭，実線で現在の細胞輪郭を示す．(a) 極座標を用いた変形の定義：矢印方向への細胞縁の変位をフレーム間で比較して定量化する．(b) 解析点を用いた変形の定義：細胞縁に解析点を定義し，フレーム間で対応する解析点の変位を計測する．解析点の位置の定義にはさまざまな方法がある．(c) 極座標の定義では，細胞の形が円から離れるほど歪みが大きくなり，解析が難しくなる．赤矢印で示す方向では細胞縁が一意に定義できなくなり解析不能に陥る．(d) 解析点を用いた定義では，細胞縁の長さが著しく変化する場合に問題が生じる．形態が持続的に変化する場合，割り振った解析点でカバーできない領域が生まれることがある．赤点で示した領域は前フレームに対応する解析点がない．

ける研究戦略として，観測時は詳細にミクロな観点から余分なものも含めてすべてを計測しておき，数理モデルを構築する際に全体を俯瞰して余分なものをそぎ落とし，マクロな挙動を把握する，という流れを押さえておきたい．時系列動態の理解や，階層を超えた理解こそが，定量的な生物研究の目標のひとつであると言える．

3.3　細胞運動の定量解析

ここでは細胞の這いまわり運動を解析するが，重心運動の統計解析法は遊泳運動（コラム参照）の解析にも適用できる．

3.3.1　各種統計量の導入

(a) 平均速度・平均角度変化

細胞運動における速度の実効的な定義は，瞬間速度，平均速度，平均速さなど複数存在しうる．今，i 番目の細胞の重心位置 $\vec{r}_i(t)$ の軌跡が t=0, …, T 時間にわたって取得できたとすると，時刻 t での瞬間速度（instantaneous velocity）は

$$\vec{v}_i(t)=\frac{\vec{r}_i(t+\Delta t)-\vec{r}_i(t)}{\Delta t}, \tag{3.1}$$

瞬間速さ（instantaneous speed）は

$$|v_i(t)|=\frac{|\vec{r}_i(t+\Delta t)-\vec{r}_i(t)|}{\Delta t},$$

平均速度（average velocity）は

$$\frac{\vec{r}_i(T)-\vec{r}_i(0)}{T},$$

平均速さ（average speed）は

$$\frac{\sum_{t=0}^{T-\Delta t}|\vec{r}_i(t+\Delta t)-\vec{r}_i(t)|}{T},$$

と定義される．細胞運動に複数の異なる時間スケール動態が存在する場合や，直進性が低く蛇行するようなランダム運動をする場合などでは，それぞれの値は大きく異なりうるので注意が必要である．また速度値のばらつきが大変大きい場合には，通常の加算平均値よりも中央値をとる方がロバストな代表値となりうる．

角度変化についても，速度と同様に複数の定義が存在しうる（図 3.6 の $\theta(t)$，$\phi(T)$を参照）．ここで

$$\theta(t)=\arccos\left(\frac{\vec{v}(t)\cdot\vec{v}(t+\Delta t)}{|\vec{v}(t)||\vec{v}(t+\Delta t)|}\right), \tag{3.2}$$

$$\phi(T)=\arccos\left(\frac{x(T)-x(0)}{|\vec{r}(T)-\vec{r}(0)|}\right), \tag{3.3}$$

である．ただし，角度には $\theta+2\pi=\theta$ という周期性が存在し，1° と 359° の平均としては 180° よりも 0° の方が妥当であるように，角度の和や平均のとり方には注意が求められる．複素空間上でのオイラーの公式を用いた指数関数の取り扱いと同様に，角度の和や平均はベクトルの和や平均として計算する必要がある[27]．こうした角度データの取り扱いについては以下で再度述べる．

(b) 速度分布・角度分布

細胞の全軌跡で瞬間速度を集積し，２次元運動であれば xy 軸，３次元運動であれば xyz 軸の各軸方向の速度分布をとれば，その形が正規分布，あるいは指数分布やベキ分布などに一致するかをフィッティングにより判定することで，運動の生成機構の推定に寄与できる．この際，個々の細胞の分布は同じ形で集団全体も同じ形の分布なのか，細胞間の分布は異なった形で全体ではそれらが混ざった分布になっているのかについては確認しておくべきである．それには細胞ごとの平均速さの全細胞分布も有用である．

また，速度分布の歪度（skewness；巻末の補遺も参照）

$$\frac{E[(v-\mu)^3]}{\sigma^3},$$

尖度（kurtosis）

$$\frac{E[(v-\mu)^4]}{\sigma^4},$$

といった高次モーメントの統計量も見ることで（E は期待値，μ は平均速度，σ は速度の標準偏差），分布の偏りや正規分布からのずれを定量化できる．なお，速度を絶対値にした速さの分布をとる場合は，分布形が一山型となるが，それは極座標表示への変数変換で，2次元運動であれば

$$\mathrm{d}v_x \mathrm{d}v_y = 2\pi v\,\mathrm{d}v, \tag{3.4}$$

3次元運動であれば

$$\mathrm{d}v_x \mathrm{d}v_y \mathrm{d}v_z = 4\pi v^2 \mathrm{d}v, \tag{3.5}$$

となり，確率分布に v や v^2 が掛け算されることによる．各軸方向での瞬間速度が正規分布をなす場合は，瞬間速さの分布は2次元運動では $av\exp(-bv^2)$，3次元運動では $av^2\exp(-bv^2)$（マクスウェル分布，Maxwell distribution）にそれぞれ比例するので，これらをフィッティング時の参照関数に利用できる．

分布形を議論するためにどの程度の軌跡データ数が必要かも注意するべきである．実際の細胞運動の速度分布では，ベキ分布のように，少数ながら大きな外れ値が出るような分布形になることがあるため，分布の裾の形を判断できる程度まではデータを集める必要がある．参考までに，細胞性粘菌の重心運動データを用いて比較してみると，おおよそ 10^4 のオーダーがあれば，速度分布の特徴的な分布形ははっきりと見て取れる（図3.3e 参照）．もっとも，実際にはそこまでのデータ数が揃えられない実験対象もあるであろう．その場合，統計学のブートストラップ法(bootstrap method)を用いるのもひとつの選択肢である [28]．ただし，データの時間的順序を壊してしまうので，時間情報（自己相関など）の解析をする場合には，ブロック・ブートストラップ法などの発展的な手法を用いる必要がある．

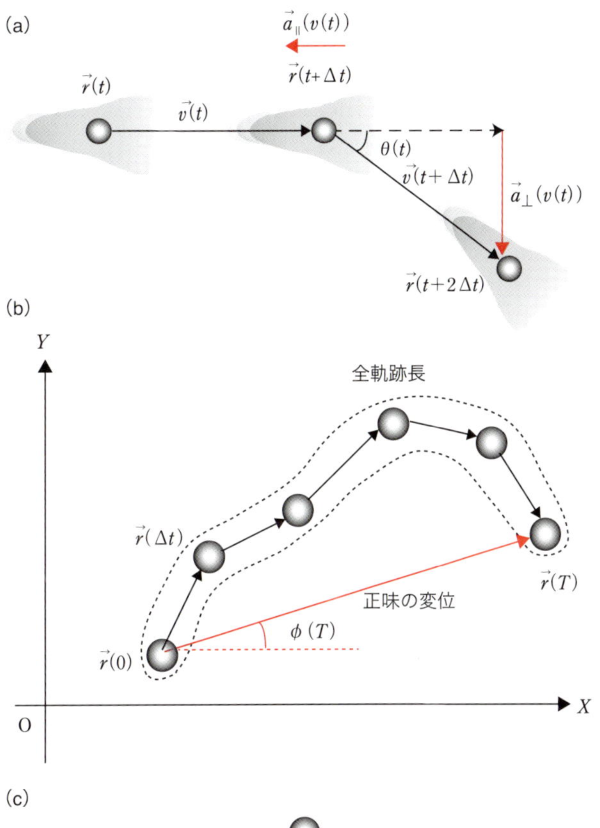

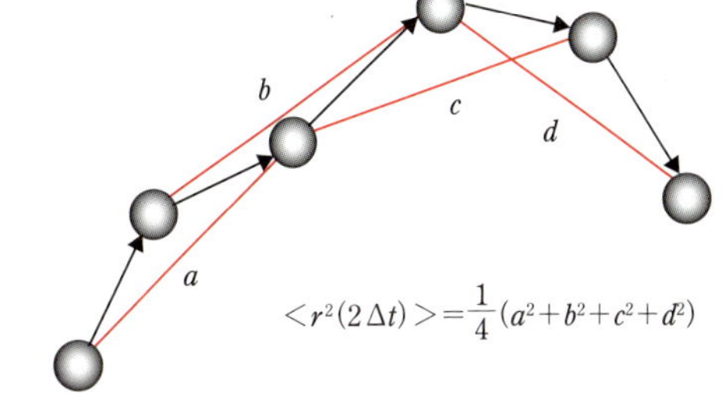

図 3.6　細胞運動を特徴づける統計量の例

(a) 時刻 t での細胞の位置を $\vec{r}(t)$ とした場合に定義される速度，加速度，角度変化．加速度は速度に垂直な成分と水平な成分 $\vec{a}_{\perp}$ と $\vec{a}_{\parallel}$ に分解して表示している．(b) 全軌跡長（total path length）と正味の変位（net displacement）の差異．細胞軌跡の始点と終点とをそれぞれ $\vec{r}(0)$，$\vec{r}(T)$ とし，$\phi(T)$ は $\vec{r}(T)-\vec{r}(0)$ と x 軸とのなす角度である．(c) 平均二乗変位などの計算に用いられる，重なりを許す計算法の例．(b) と同じ軌跡において，時間差 $2\Delta t$ の平均二乗変位を計算する際は，図中の a～d のように四つの区画の二乗距離の平均を用いることが多い．

細胞運動の角度変化の分布を見る場合，瞬間角度変化 $\theta(t)$ は個々の細胞の運動方向の履歴性を見ることになる．細胞に前後極性があるため，いったん進みだした方向に進みやすい傾向があ

ることから，多くの場合この分布は一様分布から外れて0(rad) でピークをもつ分布になる．ただし，3次元運動の場合は，極座標表示での角度θの出現確率にサイン関数の重みがかかるので，仮に確率密度関数が一様分布であっても，得られる角度分布はサイン関数に比例した分布となることに注意が必要である[29] (図3.7)．その場合，実際の確率密度関数の形を見るためには，得られた角度分布をサイン関数で規格化すればよい．一般に，角度分布の表示にはローズダイヤグラム (rose diagram) もよく用いられており，運動が特定の角度方向に偏っているかを確認するのに適している．また，角度の一様分布からのずれを検定するRayleigh検定や，フォン・ミーゼス (von Mises) 分布など理論的な角度分布からのずれを検定するKuiper検定などが「方向統計学 (directional statistics)」の手法として確立されているので，それらを用いて角度データの特徴を検定できる[27]．フォン・ミーゼス分布とは，円周上に定義された連続分布で，方向統計学における正規分布にあたる分布であり，次の式で定義される．

$$P(\theta)=\frac{\exp(\kappa_v\cos(\theta-\theta_0))}{2\pi I_0(\kappa_v)}, \tag{3.6}$$

ここで$I_0(\kappa_v)$は0次の第一種変形ベッセル関数，θ_0とκ_vはそれぞれ$0\leq\theta_0<2\pi$，$\kappa_v\geq0$を満たすパラメータであり，$\kappa_v=0$で一様分布，κ_v大で正規分布に近似した形状となる．

全細胞のレベルで特定方向に細胞が運動しているかを判定するには，$\phi(T)$の全細胞分布や平均値を見ればよい．実際の細胞運動や走性応答の研究においては，細胞の方向性運動を特徴づける簡

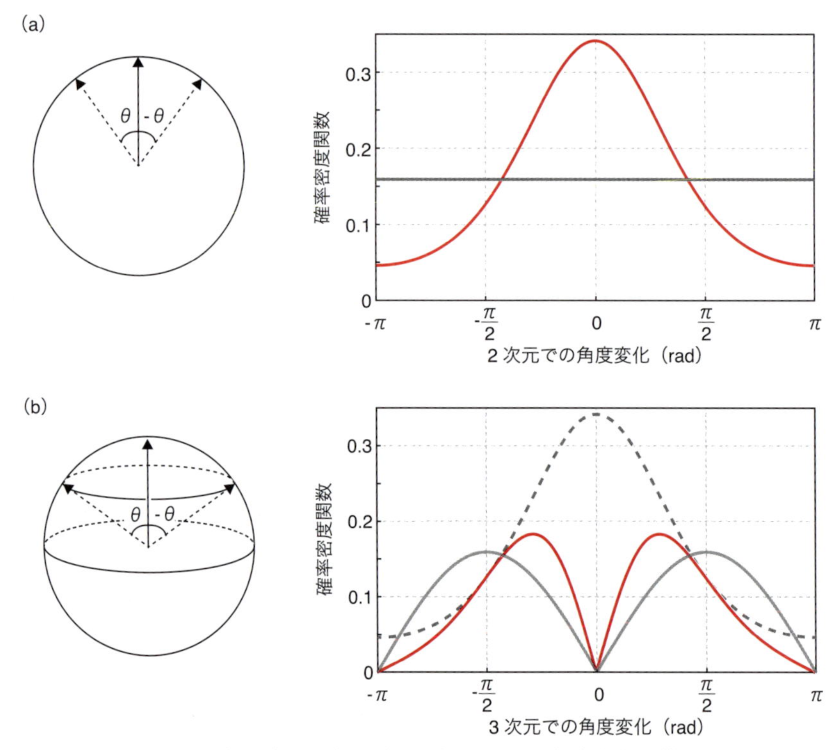

図3.7　2次元系と3次元系での細胞運動の角度変化の算出法
(a) 2次元系での細胞運動方向の角度変化．一様分布（灰色）とフォン・ミーゼス分布（赤色；κ_v=1，θ_0=0）の形状も示した．(b) 3次元系での細胞運動方向の角度変化．極座標表示により，特定の角度θをとる確率にはsin θの重みがかかるので，一様分布（灰色）はsin θと相似の分布となり，フォン・ミーゼス分布（破線）も図（赤色；κ_v=1，θ_0=0）のような形状になる．

便な指標として次の統計量がよく用いられている．

$$\langle directedness \rangle_n = \frac{1}{n}\sum_{i=1}^{n}\cos\phi_i . \quad (3.7)$$

ここで n は細胞数，ϕ_i は i 番目の細胞の運動軌跡が特定方向(ここでは x 軸方向とした．図3.6(b)を参照)に対してなす角度であり，そのコサインの細胞全体での平均値を表す．*directedness* は，すべての細胞が揃って特定方向に運動する場合には1に近づき，すべての細胞がランダムに運動する場合には0に近づくことで細胞の方向性運動を特徴づけることができる．ただし，この統計量は軌跡計測時間の長さに依存して値が変わりうるので，細胞ごとの計測時間長をできるだけ揃えておく必要がある．

(c) 平均二乗変位 (mean square displacement, MSD)

平均二乗変位は，2次元運動でも3次元運動でも同様に，

$$\langle r^2(\tau) \rangle_n = \frac{1}{n}\sum_{i=1}^{n}\left(\frac{1}{T-\tau}\sum_{t=0}^{T-\tau}(\vec{r}_i(t+\tau)-\vec{r}_i(t))^2\right), \quad (3.8)$$

と定義される．ただし，全細胞数を n 個，運動軌跡の時間長を T 秒，隔たり時間を τ 秒とし，$\langle \cdot \rangle_n$ は全細胞での平均を表す．実際の計算では，図3.6(c)のように重なりを許すサンプリング法を用いて，軌跡から利用できるデータ数を最大化することが多い．平均二乗変位が隔たり時間に比例すると，その運動はランダムウォーク（random walk)あるいはブラウン運動，すなわち拡散運動（diffusive motion)であることを示し，2乗に比例すると，その運動は直進運動（弾道運動，ballistic motion)であることを示している．一般には $t^{\alpha}(0 \leq \alpha \leq 2)$ に比例する運動がさまざまに存在し，通常の拡散とは異なりうる「異常拡散(anomalous diffusion)」として，細胞内の分子拡散や細胞運動の文脈で盛んに議論されている[30, 31]．平均二乗変位の両対数表示での傾きを時間スケールに対して表示すると，運動の特徴的時間スケールと運動の直進性の度合いの関係を浮き彫りにすることができる．

平均二乗変位は角度変位についても定義でき，同様の解析が可能である．その際には角度を周期関数とはせずに，一周回転したら角度に 2π が加えられるように設定しておく必要があるので注意する．なお，実際の細胞運動や走性応答の研究においては，細胞の直進運動を特徴づける簡便な指標として，

$$\langle path\_linearity \rangle_n = \left\langle \frac{net\_displacement}{total\_path\_length} \right\rangle_n$$

$$= \frac{1}{n}\sum_{i=1}^{n}\left[\frac{|\vec{r}_i(T)-\vec{r}_i(0)|}{\sum_{t=0}^{T-\Delta t}|\vec{r}_i(t+\Delta t)-\vec{r}_i(t)|}\right], \quad (3.9)$$

という統計量がよく用いられている（図3.6b)．*path linearity*（confinement ratio あるいは directionality ratio とも呼ばれる)は，細胞がすべて直進運動をする際には1になり，細胞がふらふらとゆらぎながら運動をする場合には0に近づくことで，細胞運動の直進性を特徴づけることができる．ただし，この統計量は *directedness* と同様，軌跡計測時間の長さに依存して値が変わりうるので注意が必要である．

(d) 自己相関関数 (auto-correlation function, ACF)

自己相関関数とは，信号がそれ自身を時間的にずらした信号とどれだけ類似しているかを示す統計量であり，ずれ時間(隔たり時間)の関数として表される．例えば速度ベクトルの自己相関関数であれば，2次元運動でも3次元運動でも同様に，

$$\langle R_{\mathrm{A}}(\tau)\rangle_n = \frac{1}{n}\sum_{i=1}^{n}\left(\frac{1}{T-\tau}\sum_{t=0}^{T-\tau}(\vec{v}_i(t)\cdot\vec{v}_i(t+\tau))\right), \tag{3.10}$$

と定義される（変数から平均値を差し引き，分散で規格化した式で自己相関を定義するのも一般的である；巻末の補遺参照）．ただし，全細胞数を n 個，運動軌跡の時間長を T 秒，隔たり時間を τ 秒とし，$\langle\cdot\rangle_n$ は全細胞での平均を表す．自己相関関数が隔たり時間 0 の時以外は常に 0 であれば，その時系列は無相関（ホワイトノイズ）である．また，$\exp\left(-\frac{\tau}{\tau_0}\right)$（$\tau_0$ は時定数）に比例する指数関数型の減衰であれば，その時系列はマルコフ過程（Markov process, 未来の挙動が現在の値だけで決定される確率過程）であることを示している．時系列に強い履歴性がある場合には，指数関数よりもゆっくりとした減衰関数を描くことが知られており，遅い緩和現象として物理・化学分野では盛んに議論されている[32]．事象内に複数の異なる時間スケールが存在している場合には，時系列の自己相関関数はそれに対応した時定数をもつ複数の指数関数の和として表される．なお，速度ベクトル同士の内積で相関を計算する場合には，$\vec{v}\cdot\vec{v}' = |\vec{v}||\vec{v}'|\cos\theta$ のように，速度の絶対値に加えて速度ベクトル同士のなす角度の情報もコサイン関数で乗るので，例えば運動方向がジグザグ的に変化するような細胞運動では相関に振動が現れることで判別できる．その際には，角度の情報を乗せていない速さでの相関や，角度変化の自己相関関数と結果を比較するのも有効である．細胞形態の解析の場合は，さらに細胞の面積や外周長や真円度（細胞形を楕円で近似した際の長軸長と短軸長の比）などのさまざまな指標の時間変化について自己相関関数を見ることで，形態変化の特徴的な時間スケールや動態の情報を得ることが可能である．

(e) 相互相関関数 (cross-correlation function, CCF)

相互相関関数とは，同一の信号ではなく，異なる信号間の関係を示す統計量のひとつである．異なる信号間には一般に時間ずれが存在しうるので，信号間の類似度を，自己相関関数と同様にずれ時間（隔たり時間）の関数として表せる．例えば瞬間速さ $|v_i(t)|$ と瞬間角度変化の大きさ $|\theta_i(t)|$ との間の相互相関関数は，

$$\langle R_{|v_i|,|\theta_i|}(\tau)\rangle_n = \frac{1}{n}\sum_{i=1}^{n}\left(\frac{\frac{1}{T-\tau}\sum_{t=0}^{T-\tau}(|v_i(t)|-\langle|v_i|\rangle)(|\theta_i(t+\tau)|-\langle|\theta_i|\rangle)}{\sqrt{\left(\frac{1}{T-\tau}\sum_{t=0}^{T-\tau}(|v_i(t)|-\langle|v_i|\rangle)^2\right)}\sqrt{\left(\frac{1}{T-\tau}\sum_{t=0}^{T-\tau}(|\theta_i(t+\tau)|-\langle|\theta_i|\rangle)^2\right)}}\right), \tag{3.11}$$

（$\tau \geqq 0$ の場合；$\tau < 0$ の場合は，和をとる範囲を $t=-\tau$ から T までとする．）と表され，τ 時間分隔たった両変数間の相関係数を計算したものとなる．相互相関関数では隔たり時間が正だけでなく負の場合も見ることで，どちらの信号が先行しているか，あるいは相互に排他的になっているか等を確認し，両者の因果関係への示唆が得られる．また，時間的なズレだけでなく，時空間的なズレの情報を統合的に扱うことにも相互相関関数は適している．例えば，細胞縁での局所的な面積変化量と特定のシグナル伝達分子の蛍光強度との相互関係や[21]，二種類のシグナル伝達分子の発現量の相互関係を，相互相関関数によって解析するといった例があげられる[24]（図 3.8）．

(f) 速度と角度変化の関係，速度と加速度の関係

瞬間速さ $|v_i(t)|$ とそれに引き続く瞬間角度変化の大きさ $|\theta_i(t)|$ とを散布図にすることで，両者の関係を見ることができる．細胞運動においては，両者は逆相関の関係にあることが多く，それは細胞極性の強さとも関係している．この性質は，2 次元のパーシステントランダム運動（persistent random motion）を記述するモデル

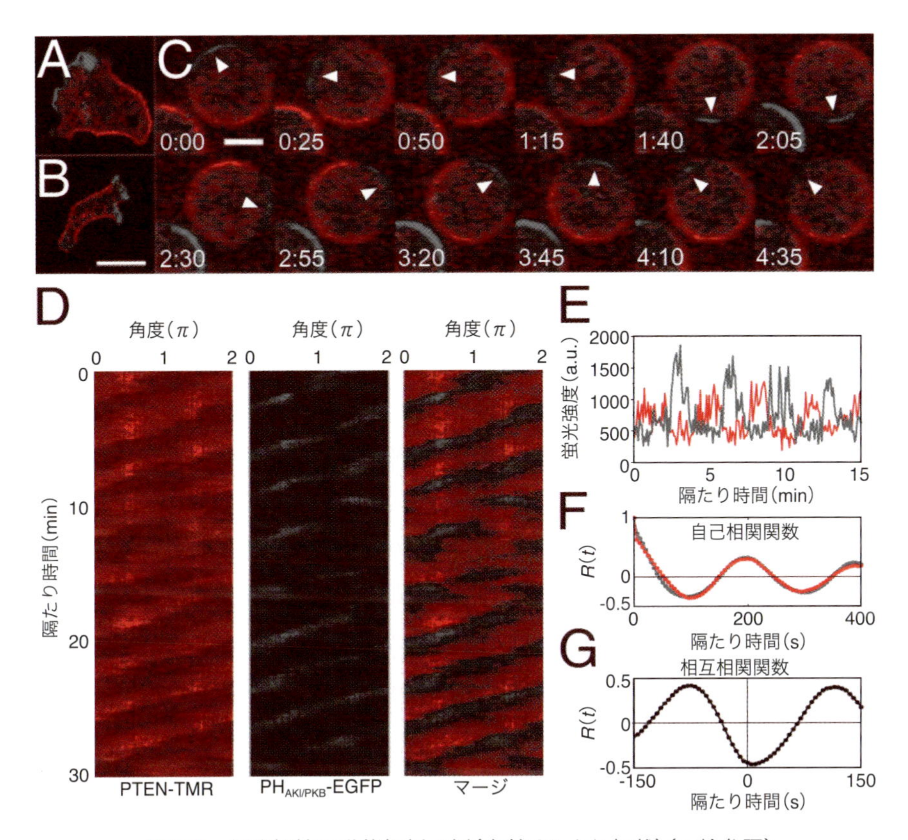

図 3.8　細胞極性の動態解析の例（文献 24 より転載）（口絵参照）

PHAkt/PKB と PTEN の自己組織化による伝搬波形成．（A, B）PHAkt/PKB-EGFP あるいは PI3K2-EGFP（共に緑色）と PTEN-TMR（赤色）とを発現させた細胞性粘菌．細胞は極性をもち，前者は共に仮足部位に局在し，後者はそれ以外の細胞膜部位に局在する（スケールバー：10 μm）．（C）アクチン重合阻害剤である latrunculin A 5μM で処理した細胞において，膜上に局在する PHAkt/PKB ドメインが伝搬する様子（時間：分，スケールバー：5 μm）．（D）PTEN-TMR と PHAkt/PKB-EGFP のキモグラフ．（E）PHAkt/PKB-EGFP と PTEN-TMR の蛍光強度の時系列の例．（F, G）PHAkt/PKB-EGFP と PTEN-TMR の蛍光強度の時系列の自己相関関数と相互相関関数．

から自然に説明できる性質であることから（3.3.2 項参照），細胞重心の運動が粗視化記述可能であるかどうかを示す指標のひとつとなる．

また，細胞運動解析に用いる加速度は，

$$\vec{a}_i(t) = \frac{\vec{v}_i(t+\Delta t) - \vec{v}_i(t)}{\Delta t}, \tag{3.12}$$

と便宜的に定義される．一般に低レイノルズ数の状況では慣性は無視し得るが，這いまわり運動の場合，基質に接着し引きずられながら履歴を伴って運動するので，実効的には慣性と同様の寄与（パーシステンシー，persistency）が生じうる．この加速度と速度の関係を調べれば，加速度やそのゆらぎの速度依存性が関数形として推定できる．２次元のパーシステントランダム運動を記述するモデルの場合には，速度と水平成分の平均加速度は粘性項の寄与により線形であり，そのゆらぎは速度依存性をもたない（3.3.2 項参照）．しかし実際の細胞運動では，それらの性質からのずれが存在することが明らかにされており，その特徴づけから細胞内動態の情報を引きだせる．

3.3.2　細胞の重心運動の数理モデリング

細胞の重心運動を，通常のブラウン運動ではなくパーシステントランダム運動として記述する雛形の数理モデルとして，Ornstein-Uhlenbeck 過程（以下 O-U 過程と略記）という確率過程があげられる（巻末の補遺も参照）[33]．対応する 2 次元系の運動方程式（ランジュバン方程式，Langevin equation）は，

$$\frac{\mathrm{d}\vec{v}(t)}{\mathrm{d}t}=-\frac{1}{\tau_0}\vec{v}(t)+\frac{\sqrt{2D}}{\tau_0}\xi(t)\,, \qquad (3.13)$$

であり，τ_0 は運動の時定数，D は運動による拡散定数，$\xi(t)$ は x，y の各成分が平均 0 かつ分散 1 のガウシアンホワイトノイズである（ただし，ブラウン運動とは異なり，ノイズの起源は溶媒の熱ゆらぎよりも，細胞の内部ダイナミクスが主である）．このモデルでの平均二乗変位や速度の自己相関関数は解析的に求めることができ，N を次元数とすると，それぞれ

$$\langle r^2(\tau)\rangle=2ND\left(\tau-\tau_0\left(1-\exp\left(-\frac{\tau}{\tau_0}\right)\right)\right)\,, \qquad (3.14)$$

$$\langle R_{\mathrm{A}}(\tau)\rangle=\frac{ND}{\tau_0}\exp\left(-\frac{\tau}{\tau_0}\right)\,, \qquad (3.15)$$

と表される．また，ランジュバン方程式 (3.13) の両辺の平均値をとれば

$$\left\langle\frac{\mathrm{d}\vec{v}(t)}{\mathrm{d}t}\right\rangle=-\frac{1}{\tau_0}\langle\vec{v}(t)\rangle\,, \qquad (3.16)$$

となることから，平均速度に対する平均加速度の関係は傾き負の線形関係になる．また，ランジュバン方程式 (3.13) を極座標表示に変換すると，角度方向の式は

$$\frac{\mathrm{d}\theta(t)}{\mathrm{d}t}=\frac{\xi_\theta(t)}{|v(t)|}\,, \qquad (3.17)$$

と表され，$|v(t)|$ は速さ，$\xi_\theta(t)$ は角度方向のガウシアンホワイトノイズである．これより，速さと角度変化の大きさとは反比例の関係になることがわかる[34]．それらの性質を計算機シミュレーションで確認した結果を図 3.9 に示した．現在，さまざまな細胞系でこうしたモデルの各項とデータとの関係を定量計測から直接検証できるようになり，モデル同定と機構についての理解が進んでいる[33, 35, 36]．その結果，雛形として想定されて来た O-U 過程から顕著にずれる例が多く見いだされるようになっている．その一例として細胞性粘菌での運動解析の結果を図 3.9 に示した．これは，粘菌に 5 時間半の飢餓処理を施して，細胞の極性および運動能が高まった状態での自発的な運動（外部刺激非存在下でのランダムな細胞運動）を位相差顕微鏡で計測した結果である．まず速度分布は，O-U 過程の場合には正規分布となるが，粘菌の運動では分布の裾が長く，指数分布に近い分布となる（図 3.9c）．角度分布は，双方ともにフォン・ミーゼス分布からは解離し，これも粘菌の運動で分布の裾が長い（図 3.9d）．平均二乗変位は双方ともにパーシステントランダム運動の分類に該当するようにも見えるが，両対数表示での傾きの値から，時間スケールごとの運動の様子を詳細に見ると明確な差異がわかる（図 3.9e）．すなわち，O-U 過程ではひとつの時定数が存在し，それよりも速い時間スケールでは直進運動をし，それよりも遅い時間スケールでは拡散運動をしているが，粘菌は二つ以上の時間スケールをもち，異常拡散をともなうより複雑な運動をしている．それは速度の自己相関関数からも確認でき，O-U 過程ではひとつの時定数をもつ指数関数となるが，粘菌では少なくとも二つの時間スケールをもつ指数関数の和として表される相関関数となる（図 3.9f）．フィッティングすると，それぞれの時定数は約 5 秒と約 3 分と同定され，それぞれ仮足形成に関わる細胞形態の局所ゆらぎの時間スケール，細胞極性を反映した細胞運動のパーシステンシーに対応した時定数であると推定される．また，細胞は運動速度が遅い時に大きな角度変化をすることもわかるが（図 3.9g），それはランジュ

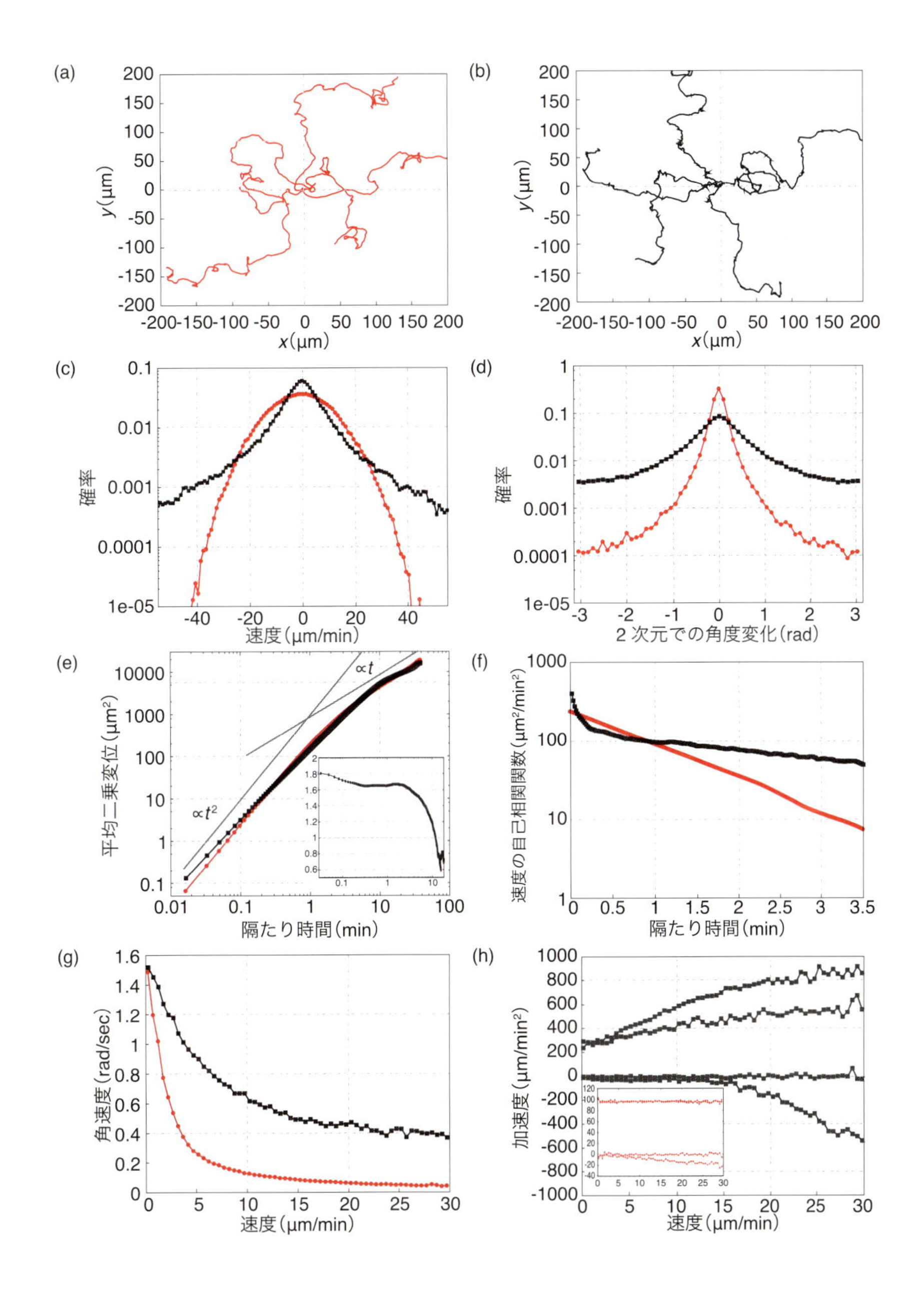

図 3.9　細胞運動と O-U 過程の系統的な定量比較

(a) O-U 過程（τ_0=1 [min]，D=2 [μm²/s]）のシミュレーション軌跡．サンプリング周期 1 秒，計測時間長 40 分の細胞軌跡を，原点補正して 5 細胞分にわたり表示した．(b) 5 時間半の飢餓処理を施した細胞性粘菌の運動軌跡．表示の詳細は (a) と同様．(c)～(h)：O-U 過程（赤線）および細胞性粘菌（黒線）の運動の定量比較．それぞれ，(c) 速度分布（片対数表示），(d) 角度変化分布（片対数表示），(e) 平均二乗変位（MSD）の時間スケール依存性（両対数表示），(f) 速度ベクトルの自己相関関数（片対数表示），(g) 速度と角度変化の関係，(h) 速度と加速度の関係．(e) 内の挿入図は，MSD の両対数表示による傾き値の時間スケール依存性を示しており，傾き値が 1 の場合は拡散運動，傾き値が 2 の場合は弾道運動である．(h) 内の挿入図は，O-U 過程での速度と加速度の関係図である．(c)～(h) すべてにおいて，O-U 過程（赤線）および細胞性粘菌（黒線）の各 50 細胞分の軌跡データ（サンプリング周期 1 秒，計測時間長 40 分）から各統計量を計算した．

バン型のモデルで自然に表現できる特徴のひとつである．細胞の行動制御における特性としても理に適っており，ここでは示していないが，細胞極性が強いほどその逆相関の度合いも強くなるという傾向が見られる．さらに，速度と平均加速度の関係には，速度が遅い時にはほとんど減速しないが，速度が速い時には急激に減速されるという非線形性があることがわかる（図3.9h）．これは細胞が平均速度付近に回帰しやすい性質をもつとも言え，細胞行動上の意義がある．そして，加速度の標準偏差は速度と共に大きくなるという速度依存性が存在する．運動速度に水平および垂直な方向の加速度成分では，前者で加速度の標準偏差がより大きく，後者では左右対称になり，細胞に「利き足」がないことを示している．他方，O-U過程においては，加速度の標準偏差に速度依存性はなく，運動速度に水平な方向での差異も存在しない．これらの性質は，細胞は速く運動するほどゆらぎも大きく，細胞の前後極性に沿った運動ゆらぎは極性に直交する運動ゆらぎよりも大きいという特徴を表している．以上のように，本稿で導入したさまざまな統計量を用いることで細胞運動の特徴づけが可能となり，数理モデルの定量的検証に結びつくことが確認できる．

3.4　まとめと展望

1細胞の運動解析および自発運動の機能的意義

上述のように，1細胞レベルでの細胞運動の精密計測により，その動態が定量的に明らかにされ，重心運動モデルとしてのパーシステントランダム運動の妥当性の検証や，速度の記憶項を含んだより詳細なモデルの提案がなされるに到っている[33, 35]．また，そうした研究を通じて，細胞のランダムな自発運動がたんなる無駄ではなく，さまざまな生物種において重要な機能的役割を果たしていることも明らかになりつつある．例えば細菌や細胞性粘菌の食餌探索行動や免疫細胞の抗原探索行動などにおいて，広い空間探索に適応的な運動をしていること[37-39]，外部刺激に対する細胞性粘菌の走性応答を生みだす基本に自発運動があること[35]，ニワトリの胚発生において，シグナル分子の濃度勾配に沿って細胞運動活性にも勾配が存在し，それが胚後部の伸展を制御していること[40]などが明らかにされており，単細胞生物だけでなく，多細胞生物の形態形成や免疫応答においても細胞の自発運動が注目を集めている．今後は，その一般性の検証がさらに進んでいくであろう．こうして細胞運動の動態と機能的意義を明らかにするのと同時に，それを担う分子の動態と機能的意義をも明らかにすることが重要である．特定の分子機能を阻害して，運動様式の変化や生理機能の変化を際立たせることで，分子反応ネットワークの動態と機構に関する情報に加え，その分子が担う細胞行動戦略上の意義を明らかにできる．

また，がん細胞の転移や傷の治癒過程で特に注目されているように，細胞外環境に応じて示される細胞運動の可塑性の理解には，外部環境との相互作用の結果としてどのようにして細胞状態が形成されるのか，その過程を精密に捉える必要がある．そのため，*in vitro* 系であっても2次元系から3次元系へ，また，制御された *in vitro* 系から雑然とした *in vivo* 系へと，今後さらに研究が展開されていくであろう．例えば3次元コラーゲンゲル内での細胞運動は2次元系とは異なり，細胞に接着斑がつくられず，運動様式も異なる[41, 42]．基質と細胞運動との力学的相互作用（基質の方向性・固さ・接着性で細胞の運動も影響されうるし，細胞の運動による基質構造の再編成も起こりうる）[43, 44]も包括的に取り込んだ理解が求められる．

細胞極性の自己組織化および細胞運動との関係性

細胞内では，熱ゆらぎや分子数ゆらぎなど，さまざまなゆらぎが無視できない．そうしたゆらぎに満ちた世界で，細胞が安定に機能するためのゆらぎのコントロール機構を明らかにすることは細胞システムを理解する鍵となる．細胞の運動と極性形成においては，分子レベルのゆらぎを化学反応ネットワークレベルのゆらぎ，細胞形態および運動レベルのゆらぎへとつなぎ，そして細胞の行動レベルのゆらぎを生理機能に結びつけて捉えることが重要である．そうした観点から，例えば細胞運動および極性形成に関与する分子システムとしてのイノシトールリン脂質シグナル伝達系における伝搬波の自己組織化やゆらぎ[24, 25]，細胞形態の可塑性と細胞運動との関係[45]を整合的に明らかにすることは，細胞のデザイン原理の理解に必須である．さらには，細胞内の化学動態と細胞骨格系などの力学動態の共役（chemo-mechanical coupling）の理解も求められる[46]．将来的にはこれらを，「揺らぐ環境にも柔軟対応できるよう，細胞は適度な揺らぎを構造化している（“organized randomness”）」というコンセプトで統一的に捉えられるようになるかもしれない．

細胞の集団運動

多細胞生物の形態形成や傷の治癒において，細胞が個別ではなく集団となって運動する際に，どのようにして個々の細胞と集団全体の整合性が図られながら運動が自己組織化され機能的な秩序を生みだすのかも，重要な観点である（6章を参照）．細胞間の接触阻害や追随（contact inhibition / following），化学物質分泌と走化性（chemotaxis），力の伝播など，さまざまな相互作用の複合による細胞の集団運動の様子が定量的に検証されつつある[44, 47, 48]．加えて，1細胞運動から集団運動への変化だけでなく，集団から1細胞が独立して運動を始める変化も，がん細胞の転移などの研究で重要であり（EMTやcollective-amoeboid transition, CAT）[3]，そうした双方向性を含めた理解が求められている．

以上のように現代は，分子から分子システム，分子システムから細胞，細胞から細胞集団，という複数の「階層」の動態をシームレスにつないで細胞の運動機構が明らかにされようとしている刺激的な時代と言えよう．そのために，定量計測および統計解析，それに基づく数理モデリングやシミュレーションおよび理論解析によって，実験の整合的な解釈および新たな現象の予言が与えられ，そして実験で検証される，そうした研究の健全な循環が今後ますます進んでいくことが期待される．

（塚田祐基・高木拓明）

文　献

1) 宮田卓樹 監修，『動く細胞・群れる細胞』，細胞工学，**33**（6），(2014).
2) Friedl P, *Curr. Opin. in Cell Biol.*, **16**, 14 (2004).
3) Friedl P & Wolf K, *Nat. Rev. Cancer*, **3**, 362 (2003).
4) Bray D, “Cell Movements: From Molecules to Motility”, Garland Science, 2nd edition (2000).
5) Wedlich-Soldner R & Li R, *Nat. Cell Biol.*, **5**, 267 (2003).
6) Iden S & Collard JG, *Nat. Rev. Mol. Cell. Biol.*, **9**, 846 (2008).
7) Parent CA, Devreotes PN, *Science*, **284**, 765 (1999).
8) Swaney KF et al., *Annu. Rev. Biophys.*, **39**, 265 (2010).
9) Obara B et al., *BMC Bioinformatics*, **14**, 134 (2013).
10) Ambühl ME et al., *J. Microsc.*, **245**, 161 (2012).
11) Textor J et al., *PNAS*, **108**, 12401 (2011).
12) Chenouard N et al., *Nat. Methods*, **11**, 281 (2014).
13) Meijering E et al., *Methods in Enzymology*, **504**, 183 (2012).
14) 久保亮五，『新装版　統計力学』，共立出版 (2003).
15) Dhonukshe P et al., *J. Cell Sci.*, **119**, 3193 (2006).
16) Zhou HM et al., *J. Neurosci.*, **21**, 3749 (2001).
17) Killich T et al., *J. of Cell Sci.*, **106**, 1005 (1993).
18) Maeda YT et al., *PLoS ONE*, **3**, e3734 (2008).
19) Dubin-Thaler BJ et al., *Biophys J.*, **86**, 1794 (2004).
20) Machacek M & Danuser G, *Biophys J.*, **90**, 1439 (2006).
21) Tsukada Y et al., *PLoS Comput. Biol.*, **4**, e1000223 (2008).

22) Dormann D et al., *Cell Motil. Cytoskeleton*, **52**, 221 (2002).
23) Bosgraaf L & Haastert PJMV, *Cell Adh. Migr.*, **4**, 46 (2010).
24) Arai Y et al., *PNAS*, **107**, 12399 (2010).; Nishikawa M et al.,*Biophys J.*, **106**, 723 (2014).
25) Taniguchi D et al.,*PNAS.*, **110**, 5016 (2013).
26) Welch CM et al., *Nat. Rev. Mol. Cell. Biol.*, **12**, 749 (2011).
27) 石原秀至, 杉村薫,『角度データの統計処理基礎』, http://q-bio.jp/images/5/53/角度統計配布_qbio4th.pdf から入手可能. ; NI Fisher, "Statistical Analysis of Circular Data", Cambridge University Press (1995).
28) Efron B & Tibshirani RJ, "An Introduction to the Bootstrap", New York, Chapman & Hall (1993).
29) Beltman JB et al., *Nat. Rev. Immun.*, **9**, 789 (2009).
30) Tolić-Nørrelykke IM et al., *Phys. Rev. Lett.*, **93**, 078102 (2004).
31) Upadhyaya A et al., *Physica A*, **293**, 549 (2001).
32) Metzler R et al., *Phys. Rep.*, **339**, 1 (2000).
33) Selmeczi D et al., *Biophys. J.*, **89**, 912 (2005); Selmeczi D et al., *Eur. Phys. J.* Special Topics, **157**, 1 (2008).
34) Miyoshi H et.al., *Protoplasma*, **222**, 175 (2003).
35) Sato MJ et al., *Bio Systems*, **88**, 261, (2007) ; Takagi H et al., *PLoS ONE*, **3**, e2648 (2008); 高木拓明 他, 細胞工学, **33** (1), 48 (2014).
36) Wu PH et al., *Nat. Protocols*, **10**, 517 (2015).
37) Viswanathan GM et.al., *Nature*, **401**, 911 (1999).
38) Li L et al., *PLoS ONE*, **3**, e2093 (2008).
39) Harris TH et al., *Nature*, **486**, 545 (2012).
40) Benazeraf B, *Nature*, **466**, 248 (2010).
41) Fraley SI et al., *Nat. Cell Biol.*, **12**, 598 (2010).
42) Petrie RJ et al., *J. Cell Biol.*, **197**, 439 (2012).
43) Lo C-M et al., *Biophys. J.*, **79**, 144 (2000).
44) Reig G et al., *Development*, **141**, 1999 (2014).
45) Nishimura SI et al., *PLoS Comp. Biol.*, **5**, e1000310 (2009); Nishimura SI et al., *Phys. Rev. E*, **85**, 041909 (2012).
46) Mogilner A, *J. Math. Biol.*, **58**, 105 (2009).
47) Rorth P, *Annu. Rev. Cell Dev. Biol.*, **25**, 407 (2009).
48) Trepat X et al., *Nat. Phys.*, **5**, 426 (2009).
49) Purcell EM, *Am. J. Phys.*, **45**, 1 (1977).
50) 神谷律,『太古からの9+2構造 ― 繊毛のふしぎ―』, 岩波書店 (2012).
51) Berg HC, "Random Walks in Biology", Princeton University Press (1993); Berg HC, "E.coli in Motion", Springer (2003).
52) Alon U, "An Introduction to Systems Biology: Design Principles of Biological Circuits", Chapman & Hall/CRC (2006).

注目の最新技術❷

「泳ぐ」細胞運動

レーヴェン・フックは光学顕微鏡で生細胞を観察することに世界ではじめて成功したが，その対象は水の中を泳ぎ回る微生物であった．細菌などの原核生物や，クラミドモナスなどの真核単細胞生物，ゾウリムシなどの原生動物は，鞭毛や繊毛という，細胞膜に生えている「分子機械」(molecular machine)を用いて溶液中を「泳ぐ」ことができる（なお，真核生物の鞭毛と細菌鞭毛は，構造も作動機構もまったく異なることから，区別のために後者を「べん毛」と表記することが多い)．ただし注意しなければならないのは，こうした微生物の遊泳は低レイノルズ数の条件でなされるということである．レイノルズ数(Reynolds number, *Re*)とは慣性力と粘性力の比であり，流体の典型的な流速 v [m/s]，流体中の物体の大きさ L [m]，流体の粘性率 η [N・s/m^2]，流体の密度 ρ [kg/m^3]を用いると，

$$Re=\frac{\rho vL}{\eta},$$

という無次元量で定義される．レイノルズ数が小さい条件では，慣性は実効的には効かず，粘性を主に考慮すればよい（過減衰条件，overdamped）．よって微生物の遊泳は，大型生物の遊泳とは根本的に異なり，ホタテガイの開閉のように慣性を利用した単純な往復運動では推進することができない(ホタテガイ定理，Scallop Theorem)[49]．実際，微生物は時間反転対称性を破るような回転運動を用いて泳いでいる．例えば，大腸菌は複数のべん毛をスクリューのように同期回転させて泳ぎ[*1]，クラミドモナスは一対の鞭毛で“平泳ぎ”をし，ゾウリムシは体表を覆っている多数の繊毛で，統合された規則的な進行波パターン（メタクロナル波，metachronal wave)を生みだすことで泳ぐ[4, 50]．その際，微生物(特に細菌)は溶媒によるブラウン運動の影響を無視できないので，細胞の運動は常に少しずつゆらがされ，完全な直進運動や停止ができないなかでの遊泳となる．こうして細胞はゆらぎを伴いつつ空間中を泳ぎながらも，そのシグナル伝達系を用いて外部情報を検知し，自身の生存に適した環境を選択しているのである（走化性，走光性などの走性応答，taxis)．

ここでは大腸菌の運動について詳しく見ていこう．大腸菌は1[μm] 程度の小さな単細胞生物であるが，溶液中を平均速度約20[μm/s] もの高速で泳げる．その際には，“Run”と“Tumble”と呼ばれる二つの状態間をスイッチしながら運動する．大腸菌には長いべん毛が複数本存在し，“Run”状態においては，べん毛を反時計回り（counter-clockwise, CCW）に回転させることで束ね，細胞全体で同期した回転運動を行うことによりスムーズに移動する．他方，“Tumble”状態においては，べん毛を時計周り(clockwise, CW)に回転させることで四方にばらけさせ，ふらふらとした方向転換運動を行う．上述のように大腸菌の運動には慣性が効かないことから，“Tumble”するとそれまでの運動の履歴は消滅し，“Run”を開始した時点で細胞が向いていた（ランダムな）方向へと移動を再開する．これは広義の3次元ランダムウォークの一例である．

こうした大腸菌の運動と走化性応答に関する定量的研究は，Bergのグループによって先駆的になされ[51]，細胞情報処理に関わる適応や増幅などのさまざまな機構と，それに関与する分子群が同定されている[52]．さらに，べん毛システムの構造と機能，細胞内のシグナル分子の局在制御や，細胞の食餌行動におけるゆらぎの意義など，実験・理論ともに総合的に研究が進められており，現在のところ最も理解の進んだモデルシステムとなっている．

（高木拓明）

*1 べん毛の回転モーターは，生体内で最初に発見された自然の回転装置である．

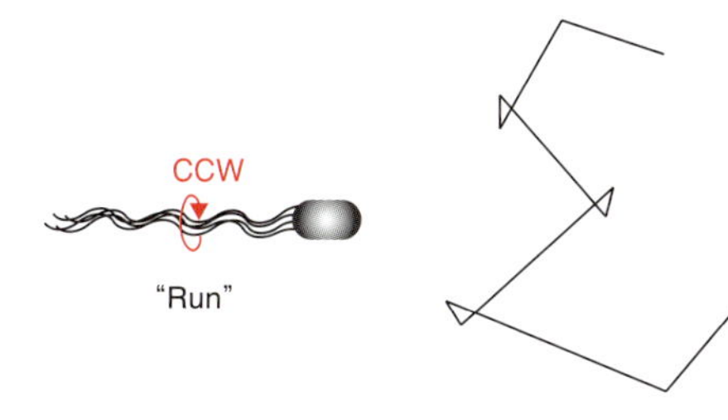

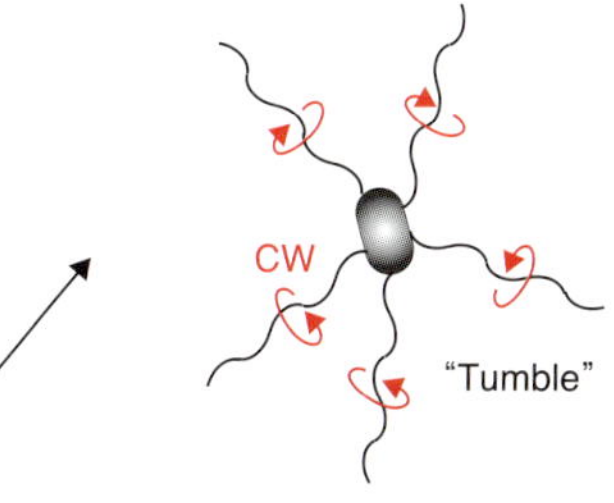

CW
"Tumble"

図 大腸菌の「泳ぐ」細胞運動
大腸菌は，"Run"と"Tumble"と呼ばれる異なる二つの状態間をスイッチしながら水中を「泳ぐ」．これは広義の3次元ランダムウォークの一例である．

細胞分裂の定量生物学
―細胞骨格・細胞膜・細胞質の力学―

Summary

細胞は分裂することで，数を増し，多細胞体を形づくる．そして細胞分裂は染色体を分け，細胞質を分ける，空間的に非常にダイナミックな現象である．細胞内での物質の移動や細胞の変形は，「力」によって引き起こされている．しかし，細胞内で発生する力を直接測定することは容易ではない．このため，細胞分裂にともなう空間ダイナミクスを理解するには，分子による力発生や細胞内構造体の物性といった生物物理学的理解と，実際の細胞観察に基づいた細胞内現象の記述といった細胞生物学的理解を組み合わせた定量的アプローチにより，間接的な証拠を積み重ねる必要がある．本章では，細胞分裂過程の定量生物学を進めるにあたり重要な，細胞骨格・細胞膜・細胞質といった力学要素の性質と，細胞の観察から得られてきた情報について解説する．生物物理学的アプローチと細胞生物学的アプローチを融合することによって，細胞の理解はさらに深まるものと期待されている．

4.1 はじめに：力学的過程としての細胞分裂

細胞は生命の最小単位である．細胞をさらに低い階層へ分割したものは一般に独立した生物とはみなされない．また，すべての生物は1個以上の細胞から構成されている．そのため細胞は，生物の基本的な性質を知るのに格好の研究対象である．細胞分裂（cell division）は，細胞が行うさまざまなプロセスのなかでも最も基本的なものの一つである．細胞分裂をしなければ，単細胞生物は個体数を増やすことができず，多細胞生物は個体を形成できない．一般的な細胞分裂の過程において，細胞はまず自身の遺伝情報を担う染色体を複製し，姉妹の染色体を細胞内の2カ所に分配し，その後，その2カ所を分断するように細胞質を分けて二つの娘細胞を生成する（図4.1）．また，その過程では細胞の体積を増加させ，細胞内小器官の数を増やして，分裂によってこれらの量や数が減じない

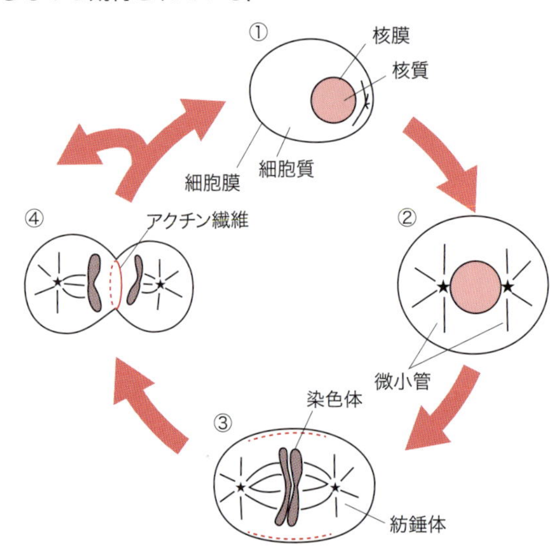

図 4.1　細胞分裂過程における力学要素とその変化の模式図（動物細胞の場合）

①分裂直後の細胞は細胞も核も小さく，核が中央に配置していないことも多い．②細胞周期の進行にともなって核と細胞は体積を増し，核は細胞の中央に移動する．③分裂期に入ると，核膜が崩壊し，凝縮した染色体と微小管からなる紡錘体が細胞中央に形成される．また，アクチン繊維が分裂面に集積し始める．④分裂面に集積したアクチン繊維による環状構造体が細胞をくびり切ることによって細胞質分裂が，また，紡錘体の両極から姉妹染色体がそれぞれ引っ張られることによって染色体分配が起こる．こうして，二つに分配された染色体と細胞質からなる娘細胞①が生成する．

ような調節も行われている．このように，細胞の分裂という生命の基本的プロセスも，時間的タイミング，空間的座標やその変化(動く速さ)，物質の量など，数値で表すことができる素過程から構成されており，現象の定量化や定量モデルの構築が，細胞分裂の理解に不可欠であると考える．

本章では，動物細胞の細胞分裂を対象に，細胞分裂に伴うダイナミックな空間的変化がどのような仕組みによって引き起こされているのかを理解するための定量的アプローチについて説明する．細胞内でも形や位置を変化させるには何らかの「力」の作用が必要である．しかし，細胞内で発生している力を正確に測定することは難しい．また，力の発生がわかったとしても，その力が細胞内でどのように作用し，どのような結果を引き起こすかを解析するにはまず細胞の構成要素の物性を理解する必要があり，それも簡単なことではない．このため，細胞内の力学を理解するためには，細胞内での力や物性の計測を追究するだけでなく，試験管内などでの生体分子の物性計測，細胞内環境に適用できそうな物理理論を用いた理論計算やシミュレーションなど多角的なアプローチを組み合わせる必要がある．

細胞の力学的理解に際して筆者は，細胞内の力学要素をその形状によって分類し，適切な力学の理論をあてはめるというアプローチが有力と考えている．例えば細胞骨格〔cytoskeleton；微小管(microtubule)，アクチン繊維 (actin filament) など〕や染色体(chromosome)は1次元，細胞膜(cell membrane) や核膜 (nuclear membrane) などは2次元，細胞質 (cytoplasm) や核質(nucleoplasm)などは3次元に分類する(図 4.1，図 4.2)．そして，1次元構造ならば弾性棒やポリマーの理論，2次元構造ならば表面や曲面の理論，3次元構造ならば流体力学，といったような理論の適用を試みる．また，細胞内ではこれらの構造体が独立に存在しているわけではないので，

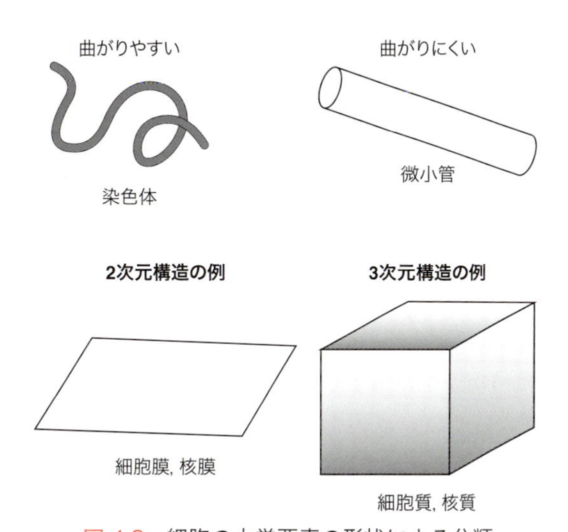

図 4.2　細胞の力学要素の形状による分類
本章では理論と対応づけるために，細胞内の代表的な力学要素をおおまかに 1 次元，2 次元，3 次元の構造体として分類した．

どのような理論・モデルを適用するかは研究者の判断によるところも大きいだろう．そのような面で細胞の力学は，生物学的視点だけでなく物理学的視点からも興味深い研究対象である．

4.2　細胞分裂の定量計測

細胞分裂過程の計測では，細胞の観察が中心となる．以降では，(i) 細胞全体の形や動きを記述する，(ii) 力学的パラメータを測定・推定する，(iii) 遺伝子操作や薬剤処理，力学的負荷をかけるなどの操作を行う，の 3 段階に分けて解説する．

4.2.1　細胞分裂過程の定量的記述

細胞の形状や内部構造の動きを捉えたい場合，固定細胞の観察よりは，細胞を生きた状態で観察するライブイメージングが重要となる．対象となる構造物 (細胞骨格や細胞膜，オルガネラなど) を蛍光タンパク質などで標識し，選択的に可視化する蛍光イメージングが多用されている．近年のゲノム編集技術(genome editing)の発展によって，生

体内で目的のタンパク質に蛍光タンパク質を融合させ可視化することは，ますます簡便になってきている．しかし，蛍光イメージングには，励起光照射による退色や細胞毒性，あるいはそもそも外来の蛍光物質を細胞に導入していることによる不自然さという欠点がつきまとう．可視化したい構造物の種類によっては，蛍光を使わないイメージングと画像処理により構造物を検出できる選択肢があることを強調したい．例えば，微分干渉顕微鏡（DIC）で細胞を観察すると，細胞核と細胞質の見た目（質感）が異なるため，人間の目では簡単に区別することができる．細胞核と細胞質とで画像の輝度に明確な差はないが，質感の違い（ざらざら／つるつる）を数値化して細胞核を特異的に認識することができる[1]（4.4.1項でより詳しく紹介する）．

細胞レベルでの空間ダイナミクスを対象とする顕微鏡観察では，解像度よりもスキャンスピードや光毒性の少なさが重視される．筆者らはスピニングディスク型共焦点顕微鏡（spinning disk confocal microscope）を多用している[2]．速さ，光毒性の少なさ，解像度の高さ，価格などを勘案すると，現在でも総合的に優れた顕微鏡システムと考える．

一方で，新しい原理の顕微鏡も次つぎと開発されている．例えば，光シート顕微鏡（light-sheet microscope）[3]では対物レンズに対して垂直方向から励起光をシート状に照射するため，焦点面にある物質のみが励起され，光毒性や散乱光が少なく，速いイメージングが可能である．この方法により，微小管の確率的な伸長短縮といった細胞内での小さく速い変化を3次元的に定量化することも可能になっている（1章も参照）[4]．さらに解像度を高めた格子光シート顕微鏡（lattice light-sheet microscope）も開発されており[5]，今後さらに生細胞観察に適した顕微鏡が開発されることが期待される．生細胞観察については1章のコラム記事も参照されたい．

4.2.2　細胞分裂に関与する力学的パラメータの細胞内定量計測

細胞内で力が発生すると，細胞内構造物が移動したり変形したりする．変形（ひずみ）には引っ張り，圧縮，曲げなどがあるが，物質には一般に元の形状を保とうとする性質があり，応力と呼ばれる抵抗力が発生する（図4.3）．物体を大きく変形させるには大きな力を加える必要があるため，変形の度合いがわかれば，加わっている力の大きさを推定できる．

力の大きさを推定するには，細胞内の物質がどのくらいの力を加えたらどの程度変形するか，「応力とひずみの関係（stress-strain relationship）」を知る必要がある．単純な弾性体（4.3.3項を参照）では，応力とひずみは比例関係にある．細胞内での応力とひずみの関係を非侵襲的に測定することはかなり難しい．そこで一般には，試験管内（*in vitro*）で細胞内構造体の応力とひずみの関係を計測しておき，細胞内での変形（ひずみ）の観察結果から力を推定することになる．より細胞内に近い環境で力を直接測定する系として，アフリカツメガエルの細胞抽出液を用いた無細胞系がよく活用

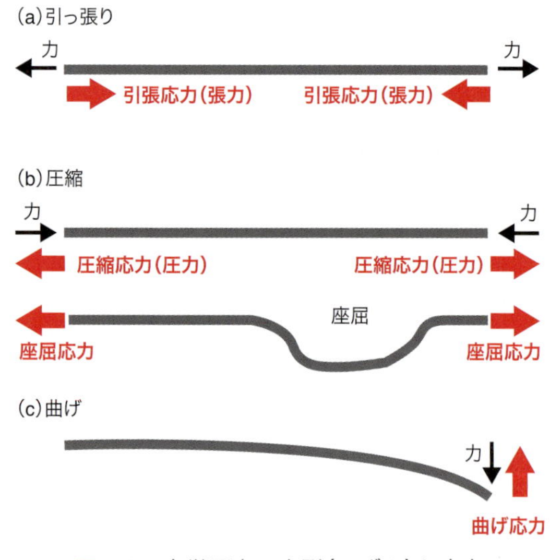

図4.3　力学要素の変形（ひずみ）と応力
三種類のひずみ(a-c)に対する応力を表した模式図．

されている(下記のコラム参照).

このほか，力の発生に重要な微小管の伸長速度，短縮速度や伸長・短縮の変換頻度，モータータンパク質による細胞内小器官の移動速度などが細胞の力学モデルを構築するのに重要なパラメータである．このような細胞内の力学的パラメータについて情報を得るには，4.2.1 項で説明した手法(イメージングから細胞内の物質の移動や変形を観察する)に頼ることになる.具体例は4.3.1項を参照してほしい.

細胞質のように複雑な構成要素・物性をもつ流体の変形や流動を扱う学問分野を，レオロジー（rheology）という．レオロジーに基づいて流体を解析する際には，流体に浮かんでいるプローブの受動的な動きを観察して流体の性質を類推する「passive レオロジー」と，流体を人為的に操作してその反応を観察する「active レオロジー」の二種類のアプローチがある．細胞質を対象に passive レオロジーを行うには，人工ビーズなどの外来物を細胞内に注入したり，細胞内構造体をプローブとして軌跡を追跡する．active レオロジーを行う

注目の最新技術 ❸

無細胞系における力学測定

「細胞の力学」研究における最大の難問は，細胞内での力の直接測定である．細胞を覆っている細胞膜を破壊することなく細胞内に人為的に力を加えることはほぼ不可能なため，力を直接測定するのは非常に難しい．そこで貴重な情報を与えてくれるのが，アフリカツメガエルの卵抽出液を用いた無細胞系（Cell free system）である．アフリカツメガエルの卵から細胞内と同じ濃度の細胞質を含む抽出液を調製する技術が確立しており[44]，この抽出液に DNA を加えると核の形成が起き，さらにタンパク質や薬剤を加えることにより細胞周期を進行させ，分裂期を誘導して紡錘体形成を再現することまでできる．このように，細胞内で起きている現象が細胞膜なしに再現されるので，制御された量の薬剤やタンパク質を外から加えられる実験系として，生化学的解析によく用いられてきた．

近年では細胞膜に囲まれていないという利点を生かして，力学測定にも活用されている．板橋らは，このアフリカツメガエルの抽出液中で形成させた紡錘体を，カンチレバーを使って任意の力で引っ張り変形を計測することに成功した[27]．さらに，島本らは，力を加える速度をコントロールして，紡錘体内の粘弾性（1.3.3 項を参照）を正確に測定することにも成功している[28]．この研究によって，紡錘体が速い動に対しては弾性的に振る舞い，遅い動きに対しては粘性的に振る舞うが，さらに遅い動きに対しては弾性的に振る舞うという意外な性質があることがわかった．このような力学的性質は，長時間安定な形状を保ちつつ，その内部で物質（染色体）を輸送するという，紡錘体に求められる機能に合致したものといえよう．

さらに，この抽出液を今度は任意の形状の中に閉じ込めて，細胞の境界の役割を考える研究も行われている．微細加工技術により，任意の形状のチャンバーや油滴の中に細胞抽出液を閉じ込め，境界の形状やサイズに依存して細胞質の振る舞いがどう変わるかが解析されている．この研究により，紡錘体や細胞核が細胞の大きさに合わせて自身の大きさを変える仕組みが解明されている[20, 45]．

（木村　暁）

Technical Topics

には，ポリスチレン素材などのビーズを注入して光ピンセットで動かしたり[6)]，磁性ビーズを磁気ピンセットで動かして[7)]，任意の力を与えた時のビーズやまわりの構造物の動きを追うことになる．

細胞膜・表層の硬さを直接測定するには原子間力顕微鏡(atomic force microscopy, AFM)が利用できる．原子間力顕微鏡はカンチレバーと呼ばれるプローブで対象物の表面を走査して形状を測定する顕微鏡だが，プローブの先端を表面に任意の力で押し込み，その反発力を測定することができる．

4.2.3　細胞分裂過程の定量操作

細胞分裂など細胞内の空間ダイナミクスの定量的解析においても，野生型遺伝子セットを有する細胞をただ観察するだけでなく，さまざまな条件下での挙動を比較することにより，細胞のもつ性質が顕在化することがある．このような「撹乱(perturbation)」を定量的に施すことができれば，それに対する細胞の応答を測定して，撹乱と応答の定量的関係を探ることができる．

細胞の撹乱として最もよく用いられているのは，やはり遺伝子操作であろう．特定遺伝子の発現抑制や過剰発現を行うことにより，その遺伝子(産物)の機能に応じた変化を細胞に与えることができる．遺伝子操作は一般に実験の再現性が高く，また結果解釈の際に現象と遺伝子機能とを結びつけやすいという利点がある．一方で，遺伝子操作で引き起こすことが可能な変化は，「遺伝子機能をなくすか，過剰にするか」といった定性的なものであることが多く，発現量を定量的に任意の値に調節することは難しい（15章も参照）．また，細胞内では複数の遺伝子が冗長的に働いていることも知られており，特定の遺伝子の発現量の変化が，特定の細胞機能の変化に結びつかない可能性もある．さらに，細胞分裂など細胞の力学に関わる遺伝子産物は，細胞骨格やモータータンパク質など細胞機能全般に重要なものが多く，二次的な効果や複合的な効果が現れる可能性も高い．そもそも細胞分裂に必要な遺伝子を阻害すれば，細胞の生存さえままならないことにもなるだろう．そのような遺伝子の機能を解析するために，古典的遺伝学では従来，温度感受性変異株(temperature sensitive mutant)が用いられてきた．環境温度の調節を介して特定遺伝子の活性を失わせることができるため，任意のタイミングで遺伝子機能を阻害できる．しかし，そのような変異体を取得するのは時間と労力がともなうし，温度感受性変異株を得るためのスクリーニング方法が確立していない生物種も多い．そこで最近注目されているのが，デグロン（degron）と呼ばれる分解の目印配列を目的のタンパクに結合する方法である[8, 9)]．デグロン配列を含むタンパク質は，オーキシン(auxin)と呼ばれる植物ホルモンが細胞内に導入されるとすみやかに分解を受けるため，任意のタイミングで目的タンパクを細胞内から除去できる．また，光を照射することによりタンパク質機能を操作する技術「光遺伝学(optogenetics)」を用いる方法も発展しつつある．例えば，通常は細胞質に局在するタンパク質に光照射を行って局在部位を細胞膜上などに変化させることにより，このタンパク質の細胞質での量を減少させ，遺伝子発現抑制と同様の効果を得ることができる[10)]．

また，特定の時期に細胞に撹乱を与える方法として，阻害薬剤での処理がある．細胞分裂をはじめ細胞の形の制御に主要な役割を果たす細胞骨格には，その機能を阻害する薬剤が多数存在する．例えば微小管の重合を阻害するノコダゾール（nocodazole），重合を安定化するタキソール(taxol)，微小管モーターダイニンを阻害するシリオブレビンD(ciliobrevin D)，キネシン5を阻害するモナストロール(monastrol)などさまざまな薬剤が発見されている[11)]．このように豊富な種類の薬剤が発見・開発されているのは，細胞分裂の阻害が，がん細胞の増殖阻害に有効な可能性があるためでもある．これらの薬剤を任意のタイミングで細胞内に導入することによって，細胞の一部機能をブロックすることができる．

レーザー照射もまた，選択肢のひとつである．細胞内で局所的にレーザーを照射して熱を発生させることにより，その場所のみで細胞構造を破壊する．そしてレーザー照射後の切断断片の移動速度を測定することにより，破壊された構造にもともとかかっていた張力を見積もることもできる[12-14]．この手法について詳しくは，7章を参照されたい．

細胞の形を変えることで撹乱を与えることもできる．基質と接着していない細胞であれば，PDMS(poly-dimethylsiloxane)樹脂でつくられた型枠にはめ込むことで，細胞を任意の形状に変形させられる[15, 16]．また，HeLa細胞など基質と接着している細胞の場合は，基質分子を任意の形状に配置することにより，接着細胞の形状を制御できる[17]．細胞の形が変われば，細胞骨格や細胞内小器官の配置が変化するため，細胞内のタンパク質の量を直接変化させることなしに，細胞に変化を誘導することができる．

また，温度も操作可能なパラメータである．一般に温度は生体内のあらゆる反応に影響を与える．微小流路を用いて細胞内の温度を局所的に変化させることにより，化学反応速度を変化させて，その影響を見ることができる[18]．また，微小流路を使えば，局所的に阻害薬剤を与えたり，任意の物質濃度勾配をつくることもできる[19, 20]．

以上のように細胞に撹乱を与える方法はさまざまだが，このことは逆に細胞「内」に正確にコントロールされた撹乱を加えるのが難しいことの裏返しでもある．細胞膜で囲まれた細胞内で，生体の環境を保ったまま，任意のタイミングで定量的な撹乱を加えることはまったくもって難しく，先に紹介した方法の長所と短所をよく見きわめて実験をデザインする必要がある．

4.3　細胞分裂の定量解析

4.3.1　画像情報から定量情報を抽出する（よく使われる画像処理）

本章で扱う実験結果のほとんどが，最終的には顕微鏡観察の画像として出力される．顕微鏡画像からの定量情報の抽出には，(i)（ソフトウェアの力を借りながらも）ほぼ手作業の範囲でできること，(ii) 自分で簡単なプログラムを組んで行うこと，(iii)画像処理ソフトウェアの機能や第三者のつくったプログラムによって初めて行えることなど，さまざまなレベルがある．また，代表的な総説として文献21を，代表的な教科書として文献46をあげておく．

コンピュータによる画像解析を行う際にしばしば指摘されることであるが，コンピュータによって人の目で「見えない」ものが「見えるようになる」ことは，めったにない．コンピュータによる画像解析の役割の第一は，人間にとってはっきり認識できる構造体やその動きを，人間の労力を使わずに，大量に・客観的に・定量的に抽出できることにある．

一方で，コンピュータの力を借りることによって，人間による視覚化の弱点を補うこともできる．人間は顕微鏡撮影で得た1枚の2次元画像から特徴をつかむのは得意だが，2次元画像として表示しにくい3次元構造物を脳内で再構築することには困難をともなう．顕微鏡の異なる焦点面で起きている現象を統合的に理解する際，計算機による画像処理は役に立つ．例えば，細胞分裂が次々と起こり細胞が立体的に配置する胚発生過程において，個々の細胞を追跡することは発生学における重要な問題である．ここで，細胞は顕微鏡の焦点面とは垂直な軸に沿っても移動するため，3次元的な位置関係を明らかにする必要があるが，これは人間の目では難しい．このためのさまざまな画像解析方法の開発が進んでいるが，例えば，2016年に発表された「RACE法(Real-time Accurate Cell-shape Extractor)」[22]では，マウスなどの発生過程における3次元的な細胞の区分けを短時間で正確に行うことができる．

画像の時間的変化を定量化するのも，人間が不得手な部分である．1個の分子を追うならまだしも，細胞質流動のように多数の粒子が混雑した状況で対象物が一斉に動く場合など，その平均的な動きを人の目で定量化するのは困難である．Particle Image Velocimetry(PIV) 法やオプティカルフロー法と呼ばれる方法は，複数の粒子を含む領域が，次の時刻における画像中のどの領域と最も類似しているかを評価することによって，多数の粒子を含む時系列画像から局所の平均移動ベクトルを求めることができる．こういった計測は細胞質流動の研究で用いられている[23]．

画像をもとに細胞種や細胞周期を分類するのに使える機械学習の方法も確立しつつある．これは，区別したい種類（仮に，細胞Aと細胞Bと呼ぶ）についてあらかじめ細胞Aと細胞Bの画像を多量にコンピュータに与えて，その画像の特徴をコンピュータに自動的に抽出させ，その後，新たな画像を与え，AとBのどちらかに近いかを判定させるというものである．スクリーニングなど多量の画像を処理しなければならない際に有効だろう[24, 25]．

4.3.2　細胞内の動きと力の関係：レイノルズ数

画像解析で細胞内構造体の動きや形状を定量化できたら，そのデータをもとに細胞内の力学的パラメータを類推することになる．ここでまず重要なのが「レイノルズ数(Reynolds number)」という概念である[26]．レイノルズ数とは，対象物の動きにおいて慣性力が支配的か，粘性力が支配的かを知る指標である．高校の物理で学ぶニュートンの運動法則では，「物体に外部から力が加わらない時には，運動している物体は等速直線運動を続け」，「物体に力が働くと，その大きさに比例する加速度が生じる」ことになっている．これは慣性力が支配的な場合である．一方で，我々はボールを投げると空中で徐々に減速することを知っている．これは空気という流体により粘性抵抗力を受けるためである．水中でボールを投げると減速はより激しい．粘性抵抗力の大きさは，物体の移動速度に比例する．なので，粘性が支配的な状況で物体を動かし続けるには，物体の速度に比例した力を加え続けなくてはいけない．レイノルズ数は慣性力と粘性力の比を表す無次元の数値で，1より大きければ慣性力が支配的で，1より小さければ粘性力が支配的となる．具体的には，「物体の大きさ[m]」×「物体の速度[m/s]」×「周りの流体の密度[kg/m^3]」÷「流体の（絶対）粘度[kg/m s]」で計算する．細胞内の物体については，大きさはマイクロメートルスケール，速度も毎秒マイクロメートル程度であろう．一方，流体の密度は水の密度程度なので，おおよそ1000[kg/m^3]，粘度はおおよそ水の100倍程度と考え1[kg/m s]とすると，レイノルズ数は10^{-9}程度となりとても小さい．すなわち，慣性力は無視でき，粘性力だけを考えれば良いことになる．細胞内のように低いレイノルズ数の世界では，力は加速度ではなく速度に比例することになる．すなわち物体の速度が顕微鏡観察から得られれば，その物体にはその速度に比例する力がかかっていると見積もることができる(3章も参照)．

4.3.3　細胞内の変形と力の関係：弾性，粘性，粘弾性

次に，顕微鏡画像から細胞内の物体が変形している時にどのような力が加わっているかを見積もる場合を考える．1次元の構造物にせよ，2次元

の構造物にせよ，3次元の構造物にせよ，変形(ひずみ）に対して元の形状に戻ろうとする応力が働くと考えられる（図4.3）．外力が加わって細胞骨格が曲げられた場合には，細胞骨格はまっすぐな状態に戻ろうとするし，さらに曲げるにはさらに大きな力を加えなければならない．ひずみと応力が比例関係にある時，この物体は弾性(elasticity)をもつという．弾性は一般に固体的な物体がもつ性質である．一方で，力を加えると変形するが，力を加えるのをやめても元の形に戻らない場合もあるだろう．液体的な物体はこのような性質を示し，この性質を粘性（viscosity）という．細胞内では液体的な物体以外の物質も粘性を示すことが考えられる．すなわち，固体的な物体であっても十分長い時間力を加え続けて変形を引き起こせば，その間に分子の再編成が起こり，力を加えるのをやめても元の形に戻らないことがある．例えば，紡錘体は微小管という細胞骨格を主要な構成成分とする細胞内構造体だが，外力を加えて変形させると，そのスピードや持続時間に応じて弾性体として振る舞うか，粘性体として振る舞うかが変化する[27, 28]．細胞内の物体は，弾性と粘性の性質を兼ね備えた粘弾性体といえる．弾性と粘性のどちらの性質が顕在化するかは変形や観測の時間スケールや変形(力)の大きさによって変わり，その変化は定量できる．

弾性が主要な性質である物体の変形では，ひずみと応力は比例すると近似することが多い．つまり物体を，弾性体の代表であるバネに見立てているようなものである．1次元のバネが引っ張られて長くなったり，あるいは圧縮されて短くなった場合には，その変化を引き起こすのに必要な外力，あるいは元の長さに復元しようとする抵抗力が，変化量(伸ばされたり縮められた長さ)に比例すると考える．同様に2次元の膜構造の面積や，3次元の物体の体積についても，その変化に比例した力が加わっていると考える．このようなモデルで，上皮細胞の細胞配置パターンをうまく説明できることがわかっている[29]．また，曲げについても，たわみ具合に比例した力が加わっているとする考え方により，微小管の変形や細胞膜の曲げを説明できる[30, 31]．

弾性体の特徴の一つとして座屈現象がある．細い棒状構造や，薄い膜状構造の場合，これらを圧縮する方向に力が加わった場合，短くなるのではなく，構造体としての長さを保ったまま変形して，端点間の距離が縮まる現象である．棒状の構造体の場合，この座屈に必要な力は，構造体の長さの二乗に反比例する(長いものほど座屈させやすい)(図4.3)[30]．

4.3.4 粘性流体を記述する方程式

粘性が支配的な流体を記述する場合，ナビエ＝ストークス方程式(Navier-Stokes equations)という流体力学の基本方程式を利用することができる．ナビエ＝ストークス方程式自体は複雑な方程式だが，細胞内の現象については，非圧縮性(密度一定)，粘度一定を仮定し，さらにレイノルズ数が低いので慣性力を無視できる場合がほとんどである．この条件のもとで成り立つ流体の方程式は，

$$-\nabla P(x, y, z) + \mu \nabla^2 \boldsymbol{v}(x, y, z) + \boldsymbol{f}(x, y, z) = \vec{0}\ ,$$

$$\nabla \cdot \boldsymbol{v}(x, y, z) = 0\ ,$$

とかなり単純な形となる．ここで (x, y, z) は位置，P は圧力，μ は絶対粘度，$\boldsymbol{v}$ は流速，$\boldsymbol{f}$ は外力である．∇ は勾配を求める演算式で $\left(\frac{\partial}{\partial x}, \frac{\partial}{\partial y}, \frac{\partial}{\partial z}\right)$ を作用させることである（「$\cdot$」は内積を表す）．筆者らはこのような単純な粘性流体を表す式で，線虫胚で見られる細胞質流動を記述できることを示している[23]．

4.4　細胞分裂の数理モデリング

細胞分裂過程は，1次元構造である細胞骨格，2次元構造である細胞膜(表層[cortex])，3次元構造である細胞質が互いに影響しあって達成される．また，大きさの点でも，高分子レベル（nm スケール）から細胞レベル（μm スケール）まで大きな階層の開きがある．あらゆる力学要素を盛り込み，分子レベルから細胞レベルの各階層において同じような細かさでモデルを構築するのは容易ではない．一方で，注目している構造体や階層に絞って最適化し，他の部分については大胆に単純化することにより，細胞の力学的理解を深めることはできる[32]．これまでにもこのような考え方で多くの研究がなされ，細胞の理解に貢献してきた．

細胞分裂研究において着目する力学要素は，力の発生の本体である細胞骨格とその上を移動するモータータンパク質であることが多い．細胞骨格とモーターの数理モデルの研究で数多くの成果を上げてきたシミュレーターとして Nedelec らが開発している Cytosim（http://www.cytosim.org/cytosim/）がある[33]．このシミュレーターでは微小管に注目し，微小管の重合・脱重合，曲げ，モータータンパク質の確率的な会合・解離や力発生を取り入れ，任意の形状の細胞内で微小管の挙動や力発生をモデル化できるシミュレーターとして優れている．

このようなシミュレーターを開発したり使用しなくても，各人の研究対象に合わせてモデルを構築し，理論的解析やシミュレーション解析を行うことは可能である．以下では，筆者らによる研究事例を紹介し，研究対象に合わせて数理モデルを構築する際に注意したい点を記述しよう．

4.4.1　核と紡錘体の中央化

細胞分裂は染色体と細胞質を娘細胞に分割するプロセスとみなすことができる．分割された細胞質それぞれに染色体が1組ずつ配分されるには，染色体と細胞質の分割が空間的にカップリングしている必要がある．これを保証するのが紡錘体（mitotic spindle）の配置である．紡錘体は微小管を主要な構成成分とする細胞内の装置であり，姉妹染色体を紡錘体の二つの極方向へ分離する機能をもつ．一方，細胞質分裂も紡錘体の細胞内配置に依存して，紡錘体の二つの極の中心を通る面で起きる．このことによって，染色体の分離も細胞質分裂も紡錘体を中心として起こるため，生じた姉妹の細胞質それぞれに染色体がきちんと含まれることになる（図 4.1）．紡錘体が中央に配置されていれば，細胞質も均等に二等分される．紡錘体はほとんどの場合，細胞周期の間期においてすでに中央に配置している細胞核が崩壊したのちに同じ場所に形成されるため，細胞核の中央配置が紡錘体の中央配置，ひいては細胞質の均等な分裂に貢献している．

細胞核も紡錘体も，細胞骨格である微小管の力を利用して中央化を達成している場合がほとんどである．微小管には方向性があり，一方の端をプラス端，他方をマイナス端として区別する．動物細胞にはマイナス端が束ねられた中心体（centrosome）と呼ばれる構造があり，微小管は中心体から放射状に伸長している．一般に，細胞核は中心体と会合していて，中心体が紡錘体の極となる．中心体は自身で細胞の中央に移動して留まることができるので，細胞核や紡錘体が細胞の中央に配置するのは，中心体が細胞の中心に配置するからである．では，中心体はどのようにして細胞の中心を知り，そこに移動し留まることができるのだろうか．

この問いに対して筆者が検討した仮説は，「押しモデル」と「引きモデル」の二つである（図 4.4）[34]．「押しモデル」では，中心体から伸長した微小管が細胞表層に到達してさらに伸長しようとする時に細胞表層に押し返される力で微小管が細胞表層から離れる方向に移動するとする．一方，「引きモデル」では中心体から伸長した微小管が細胞質のあらゆる地点から引っ張られることにより，より多くの細胞質が広がっている中央方向に移動する．

「押しモデル」で微小管が発生する力の上限は，微小管の座屈（4.3.3 項を参照）に必要な力であるため，座屈力に基づいて計算を行った[35]．微小管を縮める方向に力を加えた場合，微小管は圧縮するよりも弱い力で座屈を開始するからである．一方，「引きモデル」で微小管が発生する力は，細胞質のあらゆるところに微小管を引っ張るモータータンパク質（motor proteins）が存在し，微小管の長さに比例した数のモータータンパク質によって微小管がマイナス端方向へ引っ張られると考えた．個々のモータータンパク質が微小管を引っ張る力は，モータータンパク質の移動速度によって変わることが知られている（モータータンパク質が微小管上を高速で滑っている時に微小管に及ぼす力は小さく，モータータンパク質が移動をせずに微小管を引っ張っている時に強い力が発生する）．ここでは，細胞質に固定されていると仮定したモーターの移動速度が中心体の移動速度による影響を受けて変わり，ひいてはモーターが発生している力も変わることを考慮して力を計算した[35]．このようにして計算した力によって中心体と核を動かすシミュレーションを構築した．細胞内はレイノルズ数が低いので（4.3.2 項を参照），核の移動速度は力に比例するとした．

さて，このシミュレーションを実行したところ，「押しモデル」でも「引きモデル」でも核は中央に移動し，中央に留まった．しかし，途中経過はモデルによって異なった．「押しモデル」では微小管の座屈応力が原動力のため，微小管が短い時期（移動の初期）で発生する力が強く，核も速く移動し，その後減速した．一方，「引きモデル」では前と後ろの微小管の長さの差が効いてくるので，微小管が短い時期では速度が遅く，徐々に加速し，中央に近づくにつれて減速するという経過をたどった[34]．

モデルを評価するために，実際の細胞（線虫 *C. elegans* の受精卵）での核の移動を定量化した．微分干渉顕微鏡は強い光を照射する必要がある蛍光顕微鏡とは異なり細胞毒性がほとんどなく，線虫胚は正常に発生する．また，微分干渉顕微鏡で見ると，蛍光標識がなくても細胞核を十分認識できるため，遺伝子改変の必要もない．微分干渉顕微鏡の観察画像では細胞核領域は平滑に，細胞質領域は粗く見える（図 4.5）．この違いをコン

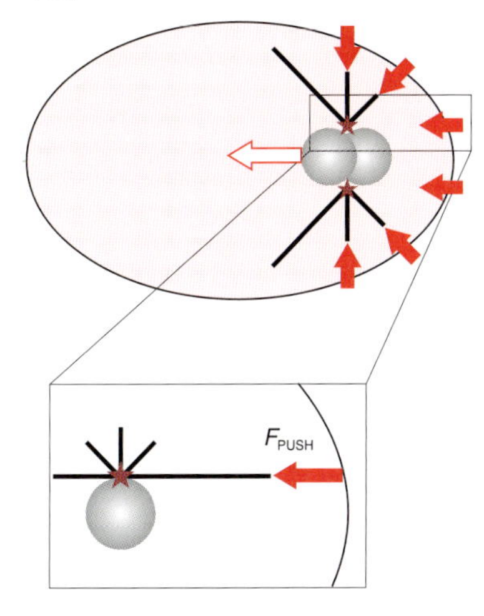

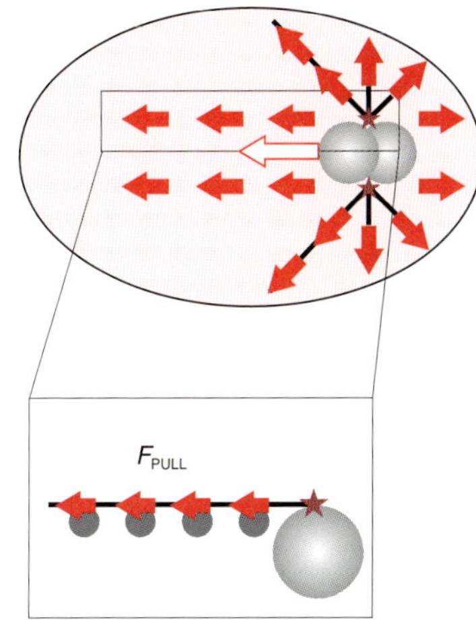

図 4.4　細胞核の中央化における押しモデルと引きモデル
押しモデルでは微小管の座屈応力を，引きモデルではモータータンパク質の力 - 速度関係を利用して力を計算した．模式図の一部は文献 43 より転載．

ピュータに認識させるため，筆者らは大浪らが開発した「エントロピー（entropy）」という指標を活用した方法を用いた[1]．エントロピーは一般に乱雑度を表す指標であり，画像中で平滑に見える領域は，輝度の値が似通ってエントロピーは低い．一方で，ざらざらと粗く見える領域はさまざまな輝度が混在しているので，エントロピーは高くなる．画像中の局所的エントロピーを算出することで，領域を区別することができる．この仕組みを利用して核領域を自動的に検出し，その動きを追跡した．その結果，実際の核の動きは「引きモデル」のシミュレーション結果と同様だった[34]．

この研究ののち，さらに筆者らは引きモデルの引っ張りの原動力がどのように発生しているかを解析し，細胞質中の種々のオルガネラが微小管上を中心体に向かって移動する際にその反作用力として中心体を引っ張るとする「中心体 - オルガネラ綱引きメカニズム（the centrosome-organelle mutual pulling model）」を提案するに至った[36]．のちには，細胞質の流体的性質も含めて検討するモデルも報告されている[37]．

一方，ウニの受精卵における核の中央化速度は，時期を通して一定であることが知られている．筆者らは，「引きモデル」でありながら速度一定の特徴を説明できる，新たな理論モデルを構築することにも成功している[38]．線虫胚よりも大きな細胞には，この新しい理論モデルが適している可能性が高いだろう．

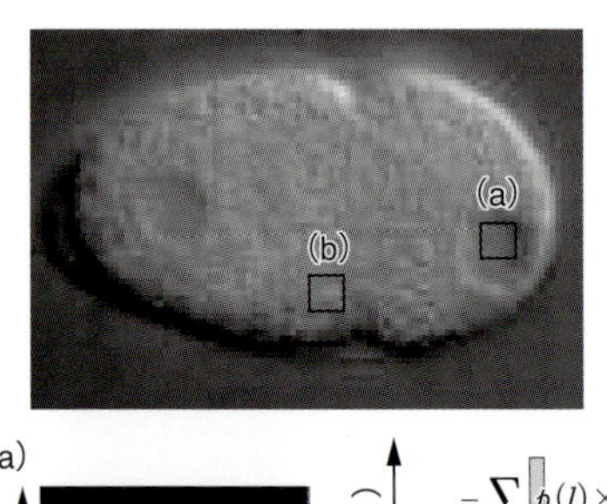

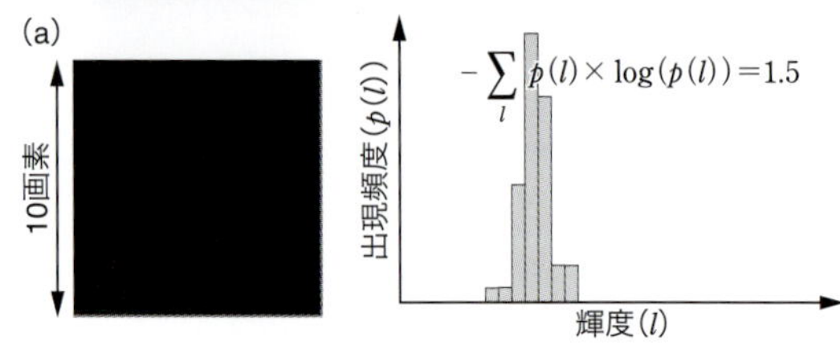

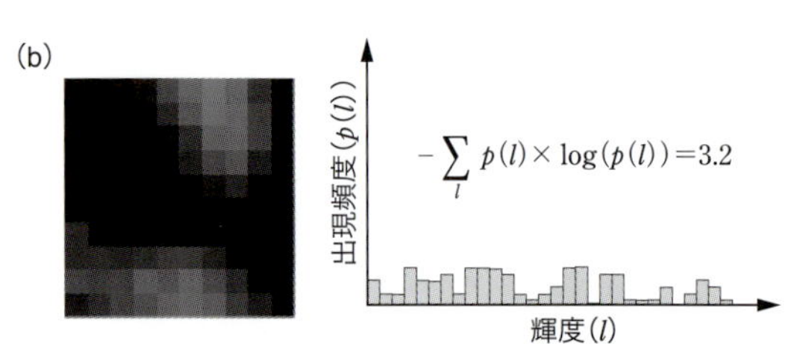

図 4.5　細胞核をノマルスキー微分干渉顕微鏡（無染色）から自動抽出するエントロピーフィルター

線虫の受精卵をノマルスキー微分干渉顕微鏡で撮影すると，核領域は平滑に，細胞質領域はざらざらと粗く見える．この違いを，局所領域に出現する輝度の多様性で定量化することにより，核領域を自動的に抽出できるフィルターを作成した．

4.4.2　紡錘体伸長と細胞内スケーリング

真核細胞は，その内部に核があり，ミトコンドリアがあり，細胞周期があり，細胞分裂をするというように比較的似たような内部の空間構成や基本的な機能を備えている．一方で，細胞のサイズは多様で，大きい卵細胞は直径 100 μm 以上になる種も多いが，一般の体細胞は 10 μm 以下のことが多い．特に，受精卵の卵割による細胞分裂時には内部の因子の種類や濃度がほぼ一定のまま卵割が進み，細胞の体積は半分ずつになっていく．このとき，細胞内の空間構成はほぼ相似形に保たれている．細胞が小さくなるとともに，核も小さくなり，紡錘体も小さくなり，といったようにある特徴的な関係で大きさが互いに調節されている関係はスケーリング（scaling）と名づけられ，細胞生物学分野で注目を集めている．

筆者らは，線虫の卵割過程に着目し，細胞と核，紡錘体，染色体といった内部の構造物のサイズを定量化し，スケーリングの解析を行っている（図 4.6）[39-41]．定量化にあたっては，細胞膜，染色体，中心体にそれぞれ選択的に局在化するタンパク質に蛍光タンパク質を融合させた形で発現させ，スピニングディスク型共焦点顕微鏡で焦点面を変えて撮影することにより3次元的に，かつ時間経過にしたがってタイムラプス撮影を行った．中心体のように球状の構造物を数秒間隔で連続的に追跡するケースにおいては，中心体のサイズと形状に基づいて画像から中心体を認識させ，経時的に最も近い粒子を次つぎに選択することにより軌跡を自動的に検出し，速度などの計算を行った．ひしめきあっている細胞集団から個々の細胞の大きさを計測したり，ひも状に曲がった染色体を検出するにあたっては，自動化は試みずに，ImageJという画像解析ソフトウェアで画像を表示させたうえで，手動で座標を抽出したり，手動で線を引いて染色体の長さを測って定量化した．自動処理で定量化することも可能だろうが，どちらが適切かは，求められる精度・客観性・スピード（処理量）と，その処理を開発するのにかかる時間的・人的なコストとの兼ね合いで総合的に判断すべきと考える．

さて，このようにさまざまな大きさの細胞について，その内部の構造体の大きさを測定すると，それらは必ずしも正比例（isometric）するわけではないことがわかった．細胞が2倍になったからといって，核や紡錘体が2倍になるわけではない．仮に，もし核の体積の成長が細胞の表面積に比例する場合，核の体積は細胞の体積の2/3に比例するということになる．このように1乗に（正）比例するわけではない関係を相対成長（allometric）と呼び，その関係を明らかにすることによって，その関係の裏に潜むメカニズムを明らかにするヒントを得られる．

例えば筆者らは，紡錘体の幅（染色体面の直径）が，染色体量の約1/2乗と微小管の長さの約3/4乗の積に比例するという関係を見いだし，そこから染色体が互いに反発して広がろうとする力と，微小管の曲げ弾性によってそれを抑えようとする力のバランスで紡錘体の幅が決まっているとする仮説を提唱している[40]．現時点ではこの仮説の妥当性を検証できていないが，考えもつかなかった仮説を定量測定から得ることができるという一

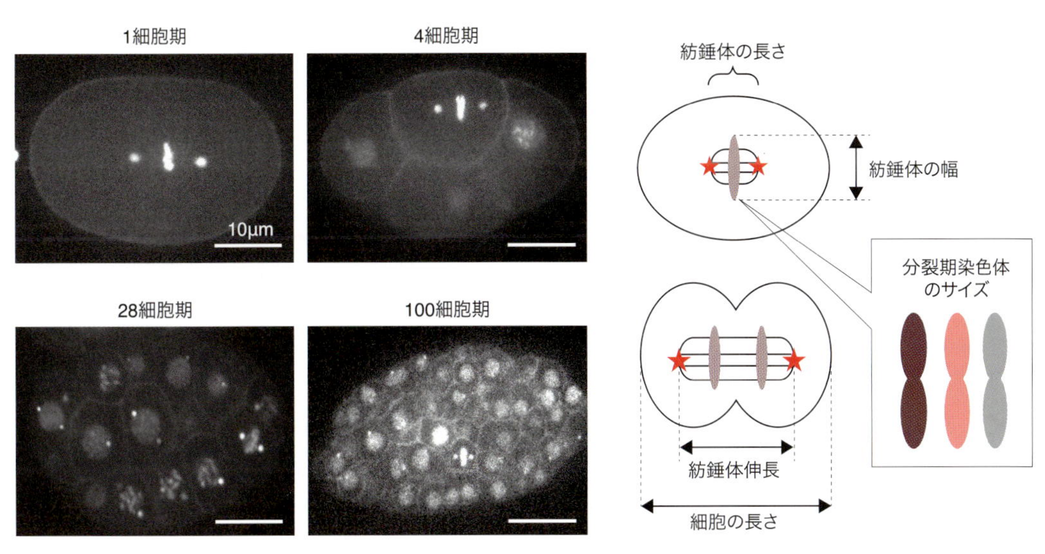

図 4.6　細胞内構造体のスケーリング関係

大きな細胞では内部の構造体も大きく，小さな細胞では構造体も小さい．この関係を探るために線虫の胚発生過程を撮影した．左の4枚のパネルはそれぞれ発生時期が異なり，細胞膜，中心体（紡錘体の極），染色体が白いシグナルとして検出されている．右に模式図で示したように紡錘体の幅や長さ，伸長の度合いなどを定量化したところ，細胞の大きさと構造体の間には相対成長の関係があった．

例にはなっている．

4.4.3　細胞質分裂

細胞質分裂によって一つの細胞質から二つの細胞質が生じる過程についても，定量計測と定量的モデル構築によって解析した例があるので紹介したい．細胞質分裂においては，分裂面にアクチン繊維という細胞骨格が集積して，収縮環(contractile ring) という環状構造をつくり，これがミオシン (myosin) モーターを原動力として収縮することにより，細胞が二つにくびり切れると考えられている(図 4.1 参照)．このことは，アクチンやミオシンが分裂面に局在することや，ミオシンがアクチン繊維上を滑るモータータンパク質であることから明白なようである．筆者らは，アクチンとミオシン以外にどのような力学的変化があるのか，分裂時の細胞形状から類推できないかと考えた．細胞膜と膜の裏打ちからなる細胞表層には多数の高分子が集積し，細胞の形状保持に寄与している．このことから，細胞表層にはある程度の硬さ (弾性，4.3.3 項) が備わっていて，変形に対して元に戻ろうとする力が働くと考えた．細胞質分裂においては，収縮環の作用により細胞表層を曲げてくぼませる力が働く．このとき，細胞表層の硬さ（曲げ弾性）は一定で良いのだろうか？

筆者らは，まず理論的な予測を行った．細胞表層の曲げ弾性が一定だとして，細胞の赤道面に環状の収縮力をかけて，この理論的な細胞を二つに分けていく現象の計算を行った[42]．このとき，風船の手で絞めていく時のように，収縮により赤道面の半径が縮まると，細胞は垂直方向に伸長し，両極間の距離は長くなる様子を計算により求めることができた．次に，細胞分裂過程の細胞表層の変形の様子を実測した．測定には線虫胚を用いた．細胞膜に局在化するタンパク質に蛍光タンパク質を融合させて共焦点顕微鏡で可視化し，細胞の境界部分となるシグナルのピークを，周辺の画素よりも輝度が高いという特徴を利用して抽出した．このようにして得た細胞分裂過程の細胞の形状から，収縮環の収縮半径と，その垂直方向の細胞の長さを定量化した．すると，曲げ弾性が一定の条件のもとで計算した長さよりも，実際の細胞での垂直方向の長さは短いことがわかった[42]．つまり実際の細胞の形状は，曲げ弾性一定のもとでは説明できないのである．

そこで筆者らは，細胞表層の曲げ弾性が不均一であると仮定し，どこがどの程度柔らかければ実際の細胞の形状を説明できるのか，理論モデルを実際の形状にフィッティングさせることにより計算した．シミュレーションの結果得られた形状と，実細胞の形状の類似度を数値化する評価関数を設定し，より類似度が高い曲げ弾性分布を選抜していくことにより，実細胞形状を説明する曲げ弾性の分布を得た．その結果，赤道面付近は細胞表層の曲げ弾性が低下し，柔らかくなっていることが推定された．細胞分裂に必要なある遺伝子の変異体では，同じ推定を行った時に赤道面付近での軟化が起きていないという推定結果を得たので，この遺伝子が細胞表層の軟化に関わっていて，細胞分裂の完了には細胞膜の軟化が必要であることが示唆された[42]．

4.5　まとめと展望

細胞内は力学要素の集合体とみなすことができ，その形状の変化や移動は力の発生とその応答の総合結果とみなすことができる．今後は，従来のイメージング中心のアプローチに加え，細胞内で生じている力を直接的に計測したり，直接的に細胞内に力学的刺激を加える手法が発展することを期待している．一方，定量「解析」という観点では，古典的な力学だけでなくソフトマターの力学など物理学の先端的な知識を細胞内に適用させて，より実際の細胞にあった理論にもとづいた解析が進むことを期待している．剛体（細胞骨格や核）と流体（細胞質）など，複数の力学要素をそれぞれきちんと盛り込んだ数理モデルや，複数のプロセス（紡錘体の伸長と細胞質分裂）を統一した理論的枠組みで説明する試みが進展することも不可欠だろう．このような定量解析の深化と統合化を通じて，生命の基本単位である細胞の空間ダイナミクスの理解が進み，生命現象の基本を解き明かす日が来ることを心待ちにしている．

（木村　暁）

文　献

1) Hamahashi S et al., *BMC Bioinformatics*, **6**, 125 (2005).
2) Oreopoulos J et al., *Methods Cell Biol.*, **123**, 153 (2014).
3) Huisken J et al., *Science*, **305**, 1007 (2004).
4) Keller PJ et al., *Nat. Methods*, **4**, 843 (2007).
5) Chen B-C et al., *Science*, **346**, 1257998 (2014).
6) Guo M et al., *Cell*, **158**, 822 (2014).
7) Garzon-Coral C et al., *Science*, **352**, 1124 (2016).
8) Kanemaki M et al., *Nature*, **423**, 720 (2003).
9) Natsume T et al., *Cell Reports*, **15**, 210 (2016).
10) Tischer D & Weiner OD, *Nat. Rev. Mol. Cell Biol.*, **15**, 551 (2014).
11) Peterson JR & Mitchison TJ, *Chemistry & Biology*, **9**, 1275 (2002).
12) Grill SW et al., *Nature*, **409**, 630 (2001).
13) Mayer M et al., *Nature*, **467**, 617 (2010).
14) Ishihara S & Sugimura K, *J. Theor. Biol.*, **313**, 201 (2012).
15) Minc N et al., *Cell*, **144**, 414 (2011).
16) Chang F et al., *Methods Mol. Biol.*, **1136**, 281 (2014).
17) Théry M et al., *Nature*, **447**, 493 (2007).
18) Lucchetta EM et al., *Nature*, **434**, 1134 (2005).
19) Nakajima A et al., *Nat. Commun.*, **5**, 5367 (2014).
20) Hara Y & Merten CA, *Dev. Cell*, **33**, 562 (2015).
21) Uchida S, *Dev. Growth Differ.*, **55**, 523 (2013).
22) Stegmaier J et al., *Dev. Cell*, **36**, 225 (2016).
23) Niwayama R et al., *PNAS.*, **108**, 11900 (2011).
24) Orlov N et al., *Pattern Recognit. Lett.*, **29**, 1684 (2008).
25) Neumann B et al., *Nature*, **464**, 721 (2010).
26) Purcell EM, *Am. J. Phys.*, **45**, 3 (1977).
27) Itabashi T et al., *Nat. Methods*, **6**, 167 (2009).
28) Shimamoto Y et al., *Cell*, **145**, 1062 (2011).
29) Farhadifar R et al., *Curr. Biol.*, **17**, 2095 (2007).
30) Howard J, "Mechanics of motor proteins and the cytoskeleton", Sinauer Associates, Inc., (2001).
31) Deuling HJ & Helfrich W, *Biophys. J.*, **16**, 861 (1976).
32) Phillips R et al., "Physical Biology of the Cell", Garland Pub. (2013).
33) Nedelec F & Foethke D, *New J. Phys.*, **9**, 427 (2007).
34) Kimura A & Onami S, *Dev. Cell*, **8**, 765 (2005).
35) Kimura A & Onami S, *Methods Cell Biol.*, **97**, 437 (2010).
36) Kimura K & Kimura A, *PNAS*, **108**, 137 (2011).
37) Shinar T et al., *PNAS*, **108**, 10508 (2011).
38) Tanimoto H et al., *J. Cell Biol.*, **212**, 777 (2016).
39) Hara Y & Kimura A, *Curr. Biol.*, **19**, 1549 (2009).
40) Hara Y & Kimura A, *Mol. Biol. Cell*, **24**, 1411 (2013).
41) Hara Y et al., *Mol. Biol. Cell*, **24**, 2442 (2013).
42) Koyama H et al., *PLoS One*, **7**, e31607 (2012).
43) Kimura K & Kimura A, *BioArchitecture*, **1**, 74 (2011).
44) Desai A et al., *Methods Cell Biol.*, **61**, 385, (1999).
45) Hazel J et al., *Science*, **342**, 853 (2013) ; Good MC et al., *Science*, **342**, 856 (2013).
46) 小林徹也・青木一洋編，『バイオ画像解析手とり足とりガイド』，羊土社(2014).

細胞成長・増殖の定量生物学

Summary

子孫を残して命をつなぐ生物にとって，その基本構成単位である細胞の成長・増殖は最も重要な生理機能と言える．細胞の成長・増殖現象の研究は，古くはモノーの増殖曲線の解析に始まり，近年では1細胞計測を用いた成長ゆらぎの解析に到るまで，定量的な解析と現象論的な定量規則の探索が盛んに行われてきた分野でもある．本章ではまず，増殖曲線の基本的性質，細胞集団を対象とした増殖の計測法，個々の細胞を対象とした1細胞レベルの成長動態計測法について概説する．そのうえで，これら計測法により探索され，発見された細胞増殖の定量的な経験則や細胞の恒常性維持機構について古典的な内容から最新の知見まで幅広く解説する．また，成長ゆらぎを含む1細胞レベルの成長動態をふまえ，このようなゆらぎが細胞集団の増殖にどのような影響を与えるかについて，実験結果と理論モデルの比較を通して考える．

5.1　はじめに

5.1.1　細胞成長・増殖に着目する意義

細胞の成長・増殖は，生物学の古くからの研究対象であるとともに，生物学の基本となる重要な概念の確立にも寄与してきた．たとえば，モノー（Jacques Monod）は「遺伝子発現制御（gene regulation）」という概念を打ち立てたが，この考え方の原点は，大腸菌（*Escherichia coli*）における増殖曲線の研究に遡ることができる[1]．彼は，炭素源として2種類の糖を含む培地で大腸菌を培養すると，しばしば階段状の増殖曲線が得られることを発見し，これを「ジオーキシー（diauxie）」と名づけた．彼はこの現象の背景にある機構を探るなかで，ラクトースを炭素源とする培養環境中ではラクトース分解酵素であるβ-ガラクトシダーゼが誘導されることを明らかにし，さらにこの酵素誘導が起こる機構を遺伝学も駆使して調べることで，発現調節部位とそれによって制御される構造遺伝子が染色体上にまとまって存在するという，いわゆる「オペロン説（Operon theory）」に到達している[2]．つまりオペロン説の発端は2種類の炭素源を含む環境で観察された大腸菌増殖の特殊性であり，現代分子生物学の根幹をなす「遺伝子発現制御」という考え方も，増殖の研究から生じたと言って過言ではないだろう．

細菌などの単細胞生物にとって，細胞の成長・増殖は，その生物種が進化的に成功するかどうかを決める直接的な因子となるため特に重要である（つまりよく増殖できる生物はより多くの子孫を生むことができ進化的に成功する可能性が高くなる）．したがって，細菌のさまざまな遺伝子の役割や発現制御機構，細胞内ネットワークの設計原理などの意義を理解するためには，それらが成長や増殖（および死）というチャンネルを通してどのように進化と関連するかを考える必要があるだろう．実際，微生物学においては，例えばある特定の遺伝子の役割を探るためにその遺伝子をノックアウトし，その結果として増殖能がどう変化するかを調べることが，遺伝子解析の第一ステップとして当たり前のように行われている．

このような生物学的な重要性だけでなく，成長・増殖現象はそれ自体が「生きていること」の表象として，それを観察する人びとの興味をかき立てるという点も重要だろう．そして，その現象を計量すると，驚くほどシンプルな定量法則がしばしば見いだされることもまた，研究者を惹きつける一因と考えられる．後述するモノー則[3]やSchaechter-Maaløe-Kjeldgaard 則[4]はその典型である．細胞の増殖は，細胞内にある膨大な分子の複雑な反応ネットワークの総体的結果として実現している訳だが，一方でシンプルな定量規則がそのような現象に経験的に現れる事実は興味をそそる．このような定量規則が，細胞内のどのような性質に関わるかを明らかにすることは，（広い意味での）複雑系科学の問題としても重要であろう．

本章では，細胞の成長や増殖に関するトピックスと計測・解析技術について，古典的なものから最近のものまで解説したい．特に後半の節では，細胞レベルの成長ゆらぎの問題も取りあげ，増殖系の統計という細胞計測一般に関わる問題についても考えていく．なお，以下では「成長（growth）」という言葉は，個々の細胞がその大きさや質量を増加させて最終的に分裂する過程を指して用い，「増殖（proliferation）」という言葉は，細胞の成長・分裂の結果，集団として細胞数が増加していく過程を指して用いる．

5.1.2 集団増殖曲線の特徴

具体的トピックスに入る前に，細胞集団の「増殖曲線（growth curve）」の基本を押さえておこう．増殖曲線とは，単位体積あたりの培養液中に含まれる細胞の数（細胞数密度）や細胞部分の質量（細胞質量密度）などの変化を時系列に沿って表したものである．初期の細胞数が少なく，培養液が増殖をサポートする組成である場合，たいていは図5.1のような曲線が得られる．増殖曲線は，いくつかの相（phase）に分類される[3]：

1. 誘導期（lag phase）：培養初期において細胞数や細胞質量の増加が認められない期間．細胞数密度など，増殖の指標として着目する量の時間 t における値を $x(t)$ とすると，t での集団の増殖率は $\lambda(t) \equiv \mathrm{d}\log x(t)/\mathrm{d}t$ と定義でき，誘導期では $\lambda(t)=0$ となる．
2. 加速期（acceleration phase）：誘導期の後，増殖率が時間とともに徐々に増加する時期（$\lambda(t) > 0$, $\mathrm{d}\lambda(t)/\mathrm{d}t > 0$）．

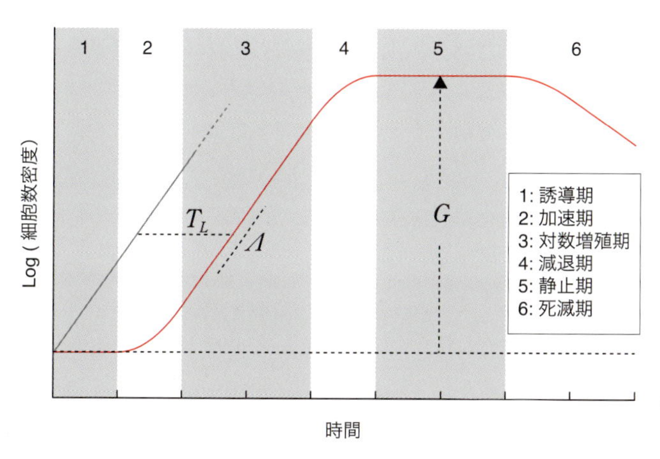

図 5.1 増殖曲線と特徴量
細胞集団の増殖曲線は，いくつかの相（フェーズ，時期）に分けることができる．ここでは，典型的な六つの相を示す．縦軸には細胞数密度の対数をとっているが，細胞質量密度の対数をとった場合でも類似の増殖曲線が得られる．増殖曲線の特徴量として，対数増殖期の増殖率 Λ，全増殖量 G，ラグタイム T_L などを評価できる．図中の灰色の直線は，時刻0から集団が増殖率 Λ で成長した場合の細胞数密度の増加率を示しており，これを利用して，図のようにラグタイムを求めることができる．

3. 対数増殖期（exponential phase）：増殖率が正の値で一定であり，$x(t)$が指数的に増加している時期（$\lambda(t) > 0$, $d\lambda(t)/dt \approx 0$）．
4. 減退期（retardation phase）：増殖率が時間とともに減少する時期（$\lambda(t) > 0$, $d\lambda(t)/dt < 0$）．
5. 静止期（stationary phase）：増殖率が0になり，細胞数や細胞質量の増加が認められない時期（$\lambda(t) \approx 0$, $d\lambda(t)/dt \approx 0$）．
6. 死滅期（phase of decline）：増殖率は負となり，細胞数や細胞質量の減少が認められる時期（$\lambda(t) < 0$）．

この分類は，モノーの流儀に従っている[3]．加速期や減退期は，前後の相のあいだの過渡期とみなして独立の相として分類しない場合も多い．また，実際に増殖曲線を計測すると，誘導期や加速期がほとんど認められず，培養開始直後から対数増殖期に入ったり，減退期が認められずに対数増殖期から突如として静止期に移行したりするなど，いくつかの相が観察されないこともしばしば起こる．さらに，増殖曲線を細胞数密度でプロットしたのか，細胞質量密度でプロットしたのかによって形状が異なりうる．これは個々の細胞の大きさや質量密度が増殖段階に依存して変化しうることを示している[5]．

解析時には，このような増殖曲線から以下の特徴量を抽出して評価する場合が多い（図5.1）：

Λ：対数増殖期の増殖率（exponential growth rate）

G：全増殖量（total growth）

T_L：ラグタイム（lag time）

対数増殖期の増殖率は，その名の通り，対数増殖期における$\lambda(t)$の値であり，増殖曲線から求める場合には，対数増殖期の異なる二つの時間t_1, t_2に注目し，

$$\Lambda = \frac{\log x(t_2) - \log x(t_1)}{t_2 - t_1},$$

として求める．全増殖量は，$G \equiv x_{max} - x(0)$と定義され，細胞集団が元の状態から最大どこまで増殖できたかを表す（ただし，x_{max}は$x(t)$の最大値）．またラグタイムT_Lは，培養初期に増殖が開始するまでの時間を表す．T_Lを具体的に計算する際には，対数増殖期のある任意の時間t_1'と，その時点での値$x(t_1')$を参照する．もし細胞集団が$t = 0$からいきなり対数増殖期の増殖率Λで増殖したとすると，t_1'よりも早い時間に$x(t_1')$に到達する．この仮想的な到達時間をt_2'とすると，

$$t_2' = \frac{1}{\Lambda}\log\frac{x(t_1')}{x(0)},$$

となる．しかし，実際には遅れてt_1'で到達することになるので，ラグタイムはその遅れ

$$T_L \equiv t_1' - t_2' = t_1' - \frac{1}{\Lambda}\log\frac{x(t_1')}{x(0)},$$

で定義される（図5.1）．

このように増殖曲線は複数の相に分けられるが，誘導期や静止期の細胞の性質は，培養環境やサンプルの調製法に依存して変わることが多く，さらに，対数増殖期の細胞に比べて，これらの相では集団内における細胞状態のばらつきが大きい[6, 7]．また，細胞の状態が時間とともに変化するため，解析が難しい[8]．したがって細胞状態の安定性・恒常性がある程度保たれているのは対数増殖期のみであり，そのため対数増殖期の細胞を対象とした研究が圧倒的に多いのである．そのような理由により，本章でももっぱら対数増殖期にある細胞の成長・増殖に限って話を進めることになるが，これは決して静止期や誘導期が重要でないからではなく，たんに技術的な制約によるものである．実際，他の増殖相を対象とした定量計測も近年徐々に注目されている[9, 10]．

5.2　細胞成長・増殖の計測法

この節では細胞成長・増殖の計測法について述べる．古典的な技術に加え，近年多用されるよう

になってきた，1細胞計測技術も紹介する．

5.2.1　細胞集団の増殖を計測する

細胞集団を対象として増殖の計測を行う場合，①フラスコや試験管に封入された一定量の培養液中で細胞数密度や細胞質量密度の変化を測定する方法と，②ケモスタット（chemostat）[11, 12]と呼ばれる特殊なデバイスを用いて，常に外部から新鮮な培養液を注入し，一方で，一部の細胞溶液を外部へ排出する方法の二つがよく利用される．ケモスタットは，集団の増殖率を一定に保ち続けることができ，増殖相の移行にともなう細胞状態変化の影響を計測から排除できるという利点をもち，非常に有用な培養技術である．しかし，ケモスタットを用いて安定的な培養を実現するには細かな技術的ノウハウが必要となるため，以下では①の培養法による細胞増殖の計測技術を説明する（図 5.2）．

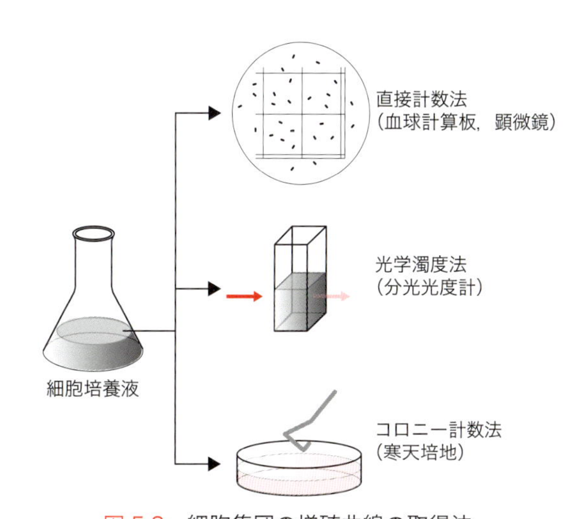

図 5.2　細胞集団の増殖曲線の取得法

細菌などの細胞集団の増殖曲線を取得する方法はいくつかあり，代表的なものを図示した．これらの方法は，求めたい指標（細胞数密度 or 細胞質量密度）やそのレンジに応じて適切なものを選択する必要がある．

一定量の培養液中で起こる増殖を計測する場合，最も直接的な方法は，一定時間ごとに培養液を少量取り出し，単位体積あたりの培養液に含まれる細胞数（細胞数密度）を血球計算板と顕微鏡を利用してカウントする方法（直接計数法）である．この方法のメリットは，細胞を目で確認しながら数えるため，細胞の状態（例えば，細胞の形態が異常になっていないかなど）もあわせて確認しながら，丁寧・確実な情報を得ることができる点にある．実際，対数増殖期であっても細胞に異変が生じていることは多く，細胞状態の予期せぬ異変は目で見て確認するしかない．一方，この方法のデメリットは手間がかかることである．もちろん，サンプリングや細胞の計数を自動化すれば，ある程度の手間は軽減されるが，丁寧・確実な情報を得るという，この方法の利点が減じることは避けられない．

集団増殖の定量では，光学濁度（optical density, OD）を用いた計測（光学濁度法）がおそらく最も広く使われているだろう．この方法は，細胞が増えると培養液が濁る，つまり光がより多く散乱されることを利用した方法で，光の透過度の変化から，溶液中の細胞質量密度の変化を間接的に推定できる．培養液中に細胞が均一に分散し，細胞の形態等が大きく変化しないという条件下では，光学濁度の値が培養液中に含まれる細胞の質量密度にほぼ比例する条件範囲が存在する．この方法のメリットは，細胞溶液をサンプリングしなくても，直接，培養液の光学濁度を計測して内部の増殖過程の情報を得られる点にある．また，マルチウェルプレートなどを利用すれば，同時に多サンプルの計測を行うこともできる．一方で，デメリットとしては，あくまでこの計測では光学濁度を測定しており，細胞数密度や細胞質量密度を直接計測しているわけではない点があげられる．例えば増殖の過程で細胞の形態が大きく変化したり，細胞が溶液中で凝集塊を形成したりする場合には，光の散乱条件が大きく変わり，正確な情報が得られない．また，光学濁度の変化を正しく測定するには，細胞密度が適切な範囲内にある必要があり，特に大腸菌の場合は，対数増殖期であっても 10^6 ～

10^8 cells/mL の範囲を外れると測定精度が低下する．

細胞数密度が非常に低い状況で増殖曲線を調べる際には，細胞溶液を取り出し，これを寒天培地に塗布して，現れてくるコロニーの数を数えるという方法（コロニー計数法）もよく用いられる．具体的には培養液を少量取り出し，これを何段階かで希釈し，寒天培地に塗布（プレーティング）する．これをインキュベーターで静置しておくと，やがて目に見えるコロニーが現れる．個々のコロニーが1細胞由来であると仮定すると，その寒天培地に撒いた溶液の希釈率とコロニー数から，元の培養液に含まれていた細胞数密度を推定できる．この方法を用いれば，10^2 cells/mL 程度の細胞数密度でも測定できる．一方で，この方法は溶液を寒天培地に希釈してプレーティングする手間がかかるとともに，溶液中で生きている細胞はすべてコロニーをつくるという大きな仮定を置く必要がある．実際，静止期などの細胞集団のなかには，生きているが培養できない（viable but non-culturable, VBNC）状態にいる細胞が多く含まれていることがわかっている[13, 14]．つまり，本来「生きていること」と「コロニーをつくれること」は等価でないにもかかわらず，コロニー数を指標にして細胞数を計数している点が大きな問題と言える．

他にも，コールター・カウンター（Coulter counter）を用いた細胞計数法や，限界希釈法を用いて増殖曲線を取得することもできる．また近年では，細胞発光を使って細胞増殖を計測する方法[15]や，さらにはホログラフィーを利用した方法[16]なども考案されている．いまだに細胞増殖の新しい計測法が開発され続けているという事実は，細胞増殖の計測が，生物学において不動の重要性をもつことの証左とも言えるだろう．

5.2.2　1細胞レベルの成長・分裂を計測する

増殖する細胞集団のなかで，個々の細胞がどのように成長しているのかを知るためには，顕微鏡下で細胞の様子を観察するのが基本である*1．筆者が知る限り，そのような観察結果を報告した最初の例は，Kelly と Rahn の1932年の研究である[17]．彼らは細菌や酵母を寒天培地上に塗布し，そこで起こる細胞増殖の様子を顕微鏡で観察することにより，図5.3に示した細胞の「家系図」を初めて取得している．このような細胞の直接観察を1700細胞以上に対して行い，その結果から，同じ母細胞から生じた2個の娘細胞のあいだにも，成長率（分裂時間）の大きな差があることを報告している．これは，現在さかんに研究されている「非遺伝的な表現型ノイズ（non-genetic phenotypic noise）」や「細胞個性（cellular individuality）」を初めて言及した例と言っても

*1　マイクロ流路が内部につくりこまれた特殊なカンチレバーを利用して，カンチレバー内部を通る細胞の質量変化を1細胞レベルで測定する技術[55]もあるが，普及していない．

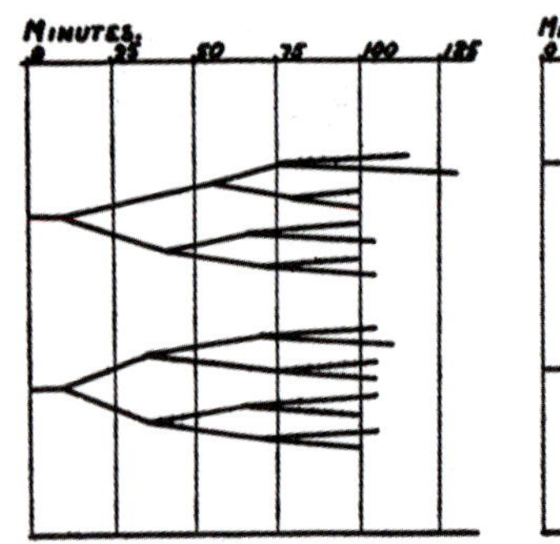

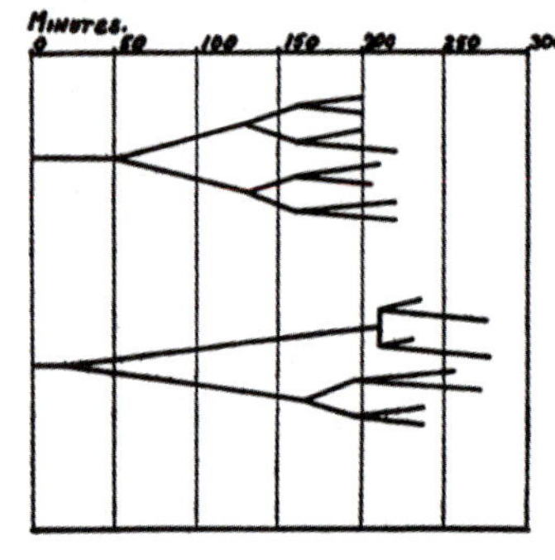

図5.3　Kelly と Rahn によって初めて報告された細菌の1細胞家系図

細菌の成長・分裂過程を1細胞レベルで直接顕微鏡下で観察した結果得られた，細胞家系図．左の細胞家系図は，エンテロバクター・アエロゲネス（*Enterobacter aerogenes*），右は，セレウス菌（*Bacillus cereus*）のもの．文献17の Figure 1 と Figure 2 を転載．

よいだろう．

寒天培地を顕微鏡で見て細胞の成長を観察するというこの原始的な方法は，実は現在でもさかんに行われている．ただ現代では，オートフォーカス機能を備えた電動顕微鏡を用いることで，タイムラプス計測をほぼ自動で行うとともに，画像解析技術の発展もあり，1 細胞レベルの成長の情報を一度の実験で大量に取得できるようになっている（図 5.4）．

しかし，寒天培地を用いる方法には大きな制約がある．第一に細胞の増殖に伴い，局所的な栄養濃度など，環境条件が大きく変化する可能性がある．したがって，定常的な増殖状態を維持することが難しい．第二には，細胞数が指数関数的に増加するため，連続して計測できる世代数に限界がある．通常，この方法では 10 世代を超えて細胞を追跡することは不可能である．また，第三の問題としては増殖した細胞間で強い相互作用が起こり，時間とともに細胞の状態がその影響を受けて変化する可能性のある点である．実際，コロニーのように細菌が寄り集まった状況では，個々の細胞に一種の機能分担・役割分担が生じることが知られている[18]．これは生物学的には重要かつ興味深い性質であるが，定常的な増殖環境における細胞の性質を知るという目的のもとでは，計測を妨害する一因となる．

このような問題を回避するため，マイクロ流体デバイスを用いて長期計測を実現する 1 細胞計測技術が開発され，細胞計測の新しい手法として広まりつつある．このような技術の先駆けとしては「オンチップ 1 細胞培養システム（On-chip single-cell cultivation system）」があげられる[19-21]．この計測システムでは，顕微鏡用カバーガラスの上にマイクロメートルサイズの微細なチャンバー（マイクロチャンバー）を構築し，その内部に半透膜を利用して細胞を閉じ込め，チャンバー周囲に新鮮な培地を供給し続けることで，定常的な環境条件下で細胞の増殖を観察できる．マイクロチャンバーの形状を工夫するとともに，観察に不必要な細胞を分別するための光ピンセットシステムを導入すれば，環境条件を一定に保ち，加えて常に細胞間相互作用のない孤立した状態で

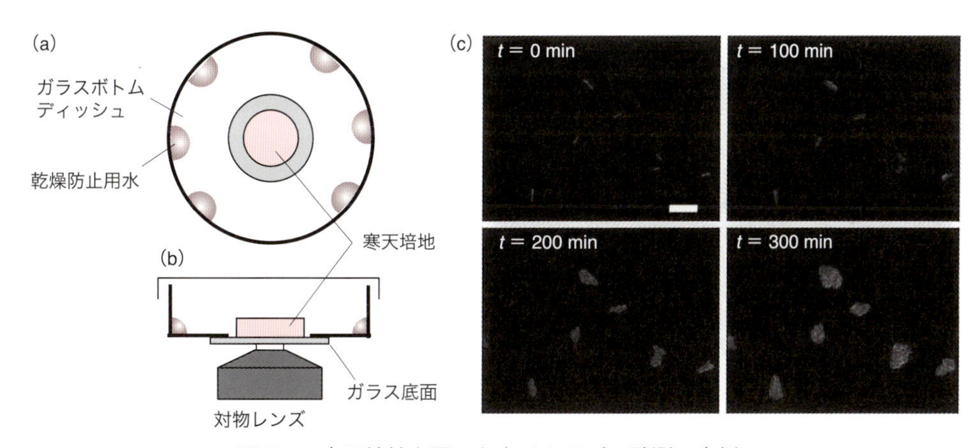

図 5.4　寒天培地を用いたタイムラプス計測の実例

(a) 寒天培地を用いて細菌の成長・分裂過程をタイムラプス計測するシンプルな観察系．ここでは，ガラスボトムディッシュを用いた系を例示している．細胞は底面のガラスと寒天培地のあいだに挟まれて成長・分裂する．ガラスボトムディッシュの内側の縁に水滴を置いておくと，寒天培地の乾燥を緩和することができる．(b) 断面図．倒立型顕微鏡を用いてガラス底面側から細胞を観察すれば，油浸レンズを利用できるので高解像度な像を得られる．(c) 自動多点タイムラプス観察により撮影された大腸菌の成長・分裂の様子．この大腸菌は蛍光タンパク質を発現しており，蛍光像を示した．一視野内に複数の小コロニーが形成されている様子がわかる．電動ステージ，電動シャッター，自動フォーカス機能などを備えた顕微鏡を用いれば，寒天培地上の異なる多数の位置から，このようなタイムラプス画像を一括して取得できる．スケールバーは 10 μm.

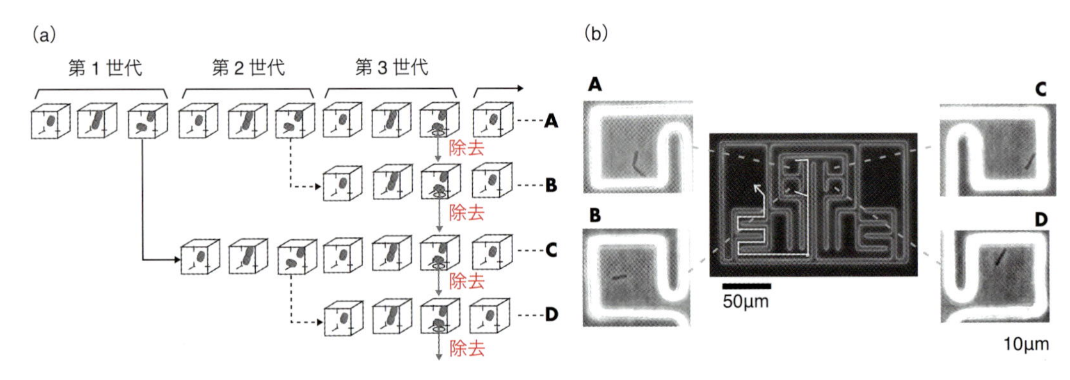

図 5.5　オンチップ1細胞培養システムを用いた細胞観察

(a) 計測の概要．マイクロチャンバーと光ピンセットによる細胞ソーティングを組み合わせて，細胞の1細胞観察を行う．まず，一つのマイクロチャンバー（立方体の部屋として表現，A）に閉じ込められた細胞を観察し，これが分裂すると光ピンセットで一つの娘細胞を別のマイクロチャンバー（C）にソーティングする．さらに再度分裂すれば，孫細胞を別の部屋にソーティングする（A → B, C → D）．これ以降の細胞分裂では，分裂により生じた一方の細胞をマイクロチャンバー外に取り除き，観察領域以外の場所に閉じ込めておく．これにより，1細胞由来の4細胞の系列を観察し続けることができる．(b) マイクロチャンバーとその内部の大腸菌の顕微鏡写真．中央の写真は，光硬化性樹脂 SU-8 でつくられた，顕微鏡カバーガラス上のマイクロストラクチャー（高さ 5 μm）．点線で示された中央の4つの小部屋を細胞格納用のマイクロチャンバーとして用いる．このマイクロストラクチャーの上面は半透膜によりシールされ，細胞は内部に保持される一方，培養液は半透膜を介して，その上面を流れる新鮮な培養液と交換され，細胞周囲の環境条件は維持される．観察に不必要な細胞は，実線の矢印に沿って，マイクロストラクチャー内の左右に設けられた広い細胞溜めに格納される．周囲の顕微鏡写真（A-D）は，マイクロチャンバー部分に格納された実際の大腸菌の様子を示している．文献 21 の Figure 2 を改変．

細胞の性質を計測できる（図 5.5）[21]．この計測技術を用いれば，最長 20 世代程度にわたって環境条件を一定に保ちながら1細胞系列を観察できる．ただし，この方法では光ピンセットによる細胞の分別をマニュアルで行う必要があるともに，分別された細胞が顕微鏡視野外で増殖するため，いずれは計測が不可能になる．

このような制約に対し，マイクロ流路中の培養液の流れを利用して，自動的に一部の細胞が排出される仕組みをもつ1細胞計測技術がいくつか考案，開発されている[22-29]．これらの技術を用いれば，1細胞レベルでの状態変化を 100 世代以上の長期にわたって計測でき，微生物を対象とした研究で徐々に使われ始めている．それらのなかで最も汎用されているのが，「マザーマシン（Mother machine）」と呼ばれるデバイスである[23]．これは，図 5.6(a) に示した構造をもつマイクロ流路を利用した1細胞計測技術であり，大腸菌などの細胞が観察用チャネルに一列に並んだ状態で成長・分裂する．この観察用チャネルと直交する形で，幅広の排出用チャネルが設けられ，この中を培養液が常に流れているため，成長・分裂にともなって排出用チャネルに押し出された細胞は，流れにのってデバイス外に排出される（図 5.6b,c）．そして観察用チャネルの最奥部に位置する細胞はそこに安定に保持されるため，その細胞系列を長期間にわたって観察することができる．ちなみに培養液環境は，排出用チャネルの培養液との拡散による交換で維持される．マザーマシンの利点は，比較的シンプルな形をしているため，デバイス作製が容易であるとともに，一度実験を開始すれば，特別な操作をすることなしに，顕微鏡の自動多点タイムラプス計測によって，1細胞レベルの長期状態変化の情報を取得できるという点にある．また，最奥部の細胞はその位置をほとんど変えないために，画像解析でその細胞を自動的に認識し，時系列情報を抽出することが容易である．一方デメリットとしては，その名の通り，最奥部に残る

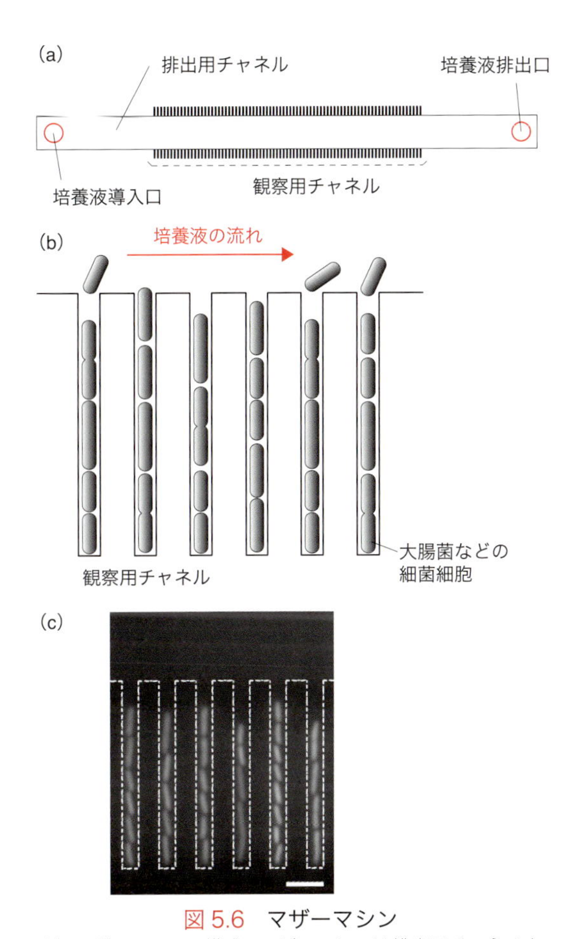

図 5.6　マザーマシン
(a) マザーマシンの構成．マザーマシンは排出用チャネルと観察用チャネルによって構成されるマイクロ流体デバイスである．マザーマシンを報告した論文（文献 23）の設計では，排出用チャネルの長さが 3 mm，幅 100 μm，高さ 25 μm，観察用チャネルが長さ 25 μm，幅 1 μm，高さ 1 μm となっている．このような 2 種類のチャネルが polydimethylsiloxane（PDMS）と呼ばれる透明ポリマー中につくられ，これをカバーガラスに接着させて用いる．(b) 細胞の配置．大腸菌などの細菌細胞をこのデバイスを用いて観察する際には，細胞は観察用チャネルに一列に並んだ状態で成長・分裂する．細胞の伸長により，出口に近い細胞は排出用流路に押し出され，培養液の流れにのってデバイス外へ排出される．(c) 実際にマザーマシン中で成長・分裂している大腸菌の顕微鏡画像．ここでは，蛍光像を示している．点線でチャネルの境界部分を示している．スケールバーは 5 μm．画像は，中岡秀憲氏のご厚意による．

細胞が常に古い細胞端をもつ系列（母細胞系列）になるという点である．実は大腸菌のように分裂により生じる娘細胞のあいだに明らかな形態的な特徴差がない場合であっても，細胞端の「古さ」によって娘細胞を「母細胞」と「娘細胞」に分類することができる（図 5.7）．古い細胞端を引き継ぎ続ける細胞はいわば年を重ねているとみなすことができ，この性質が細胞の成長能などへ影響する場合，「老化 (aging)」が起きていると考える．実際，微生物での老化は広く研究されつつあり[23,30-33]，大腸菌も加齢とともに死亡率が増加する（老化が起こる）[23]．そういう意味で，マザーマシンでは，集団内で最終的には淘汰されるいわば特殊な細胞系列の情報を得ることになるが，加齢の影響は無視できる場合も多い．マザーマシンのもう一つのデメリットは，細胞周囲の環境条件が，排出用チャネルを流れる培地と観察チャネル中の培地との拡散のみによって維持されるため，観察チャネルの奥に位置する細胞の環境条件が悪くなる可能性も高い．特に，培養液の交換効率の問題は，最小培地のように栄養条件があまりよくない培養液を用いる場合には，十分考慮する必要がある．しかし，その簡便性，安定性により，マザーマシンは多くの研究で用いられるようになってきており，細胞サイズの恒常性の研究（後述）[34]や，バクテリアの確率的な分化応答[35]などさまざまな計測で利用されている．バクテリアの長期 1 細胞計測技術については，コラムも参照されたい．

5.2.3　画像解析による 1 細胞レベルの成長情報取得

5.2.2 項で述べたように，1 細胞レベルの成長・分裂の情報を得るためには，顕微鏡を用いたタイムラプス計測が基本となる．この計測では，一定時間ごとに撮影された細胞の顕微鏡画像が得られるが，ここから何らかの生物学的に有用な情報を得るためには，画像解析によって定量情報を抜き出す必要がある．

このような画像解析にはさまざまなアルゴリズムが利用されているが，万能なアルゴリズムは存在せず，基本的には取得されるタイムラプス画像の性質と欲しい情報に応じて，各研究者が解析ソ

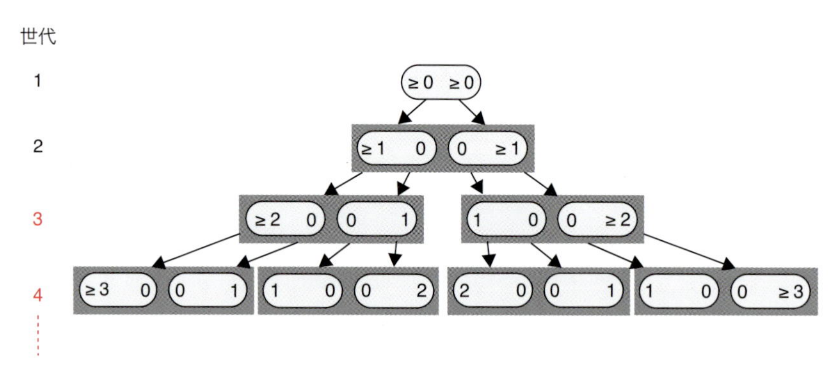

図 5.7　細胞端を元にした齢区別
模式的に，1 細胞から生じる細胞家系を 4 世代にわたって示した．細胞端を元に年齢を考える場合，その細胞端が何世代前の分裂により生じたかを考える．分裂直後の齢を 0 とし，世代を経るごとに齢が 1 増えると考える．第 1 世代の細胞は，その前の世代の分裂まで遡ることができないので，細胞端のどちらが古いかを判別することはできない（≥0 と表示）．これが分裂すると，年齢 0 の細胞端が生じるが，この第 2 世代の 2 細胞の齢差は議論できない．もうひとつ世代が進むと，生じる姉妹細胞間（灰色の枠で表示）では，古い細胞端の年齢差を手がかりにして古い細胞と若い細胞を区別することができ，古い細胞を「母細胞」とする．以降の世代では，すべての細胞ペアについて齢を区別できる．驚くべきことに，このような指標にもとづく「齢」が実際に細胞の生理機能の差と結びついて「老化」を引き起こすことがある．

フトを作製しているのが現状である．ただし，多くの場合に適用できる“流れ”はある（1 章も参照）：

1. 各画像に対し平滑化フィルター，鮮鋭化フィルター，モルフォロジーフィルターなどを適用して，個々の細胞を認識しやすいように画像を変換する．
2. 個々の細胞の輪郭を抽出し，画像内の細胞を識別する．
3. 時間的に連続する画像間での細胞の対応関係を同定する．

特に細胞増殖研究における画像解析では，同定すべき細胞時系列が細胞分裂によって分岐するので，細胞トラッキングの難度はかなり高くなる．細胞時系列同定にもさまざまな方法が考案されているが，完璧な方法はいまだなく，マニュアルによる部分的なデータ修正を必要とする場合が多い．

5.3　細胞集団の増殖に見られる定量規則

5.1.1 項でも述べたが，細胞の成長・増殖現象にはいくつかの定量規則が知られている．この 5.3 節では，細胞集団レベルに話を限定して，細胞増殖の定量規則について解説する．

5.3.1　モノー関係式

モノーは微生物を用いた細胞増殖の研究において，それまでの個別的な記述を越えて，さまざまな生物種において広く観察される一般性の高い性質を見抜き，これを定量的に議論する基盤を打ち立てた[36]．これが実現したのは，わずかな条件の違いによって大きく変化する増殖曲線を観察するにあたり，その詳細な違いに固執するのではなく，再現性の高い性質「対数増殖期の増殖率 Λ や全増殖量 G」という特徴量に注目した点，および，計画性の高い培養環境条件の設定という 2 点が重要であったと考えられる．モノーは 1949 年の解説論文において，培養環境の「制限要因（limiting factor）」を考えることの重要性を強調している[3]．培養環境中の制限要素としては，例えば，栄養の欠乏や，毒性分子の蓄積，pH などの変化が考えられる．何らかの規則性を見いだすためには，これらの制限要素が同時に変化する条件ではなく，どれかひとつのみが変化する条件に着目する必要があると考えた．

実際，モノーは栄養条件のみが変化する条件下で，以下の二つの重要な経験則を発見している：

(1)　制限要素として機能する栄養分の初期濃度を C とするとき，全増殖量 G は C に比例する．すなわち α を定数として，

$$G = \alpha C, \tag{5.1}$$

が成り立つ(図 5.8a)．

(2)　制限要素として機能する栄養分の初期濃度 C と対数増殖期の増殖率 Λ のあいだにはミカエリス-メンテン型の関係式

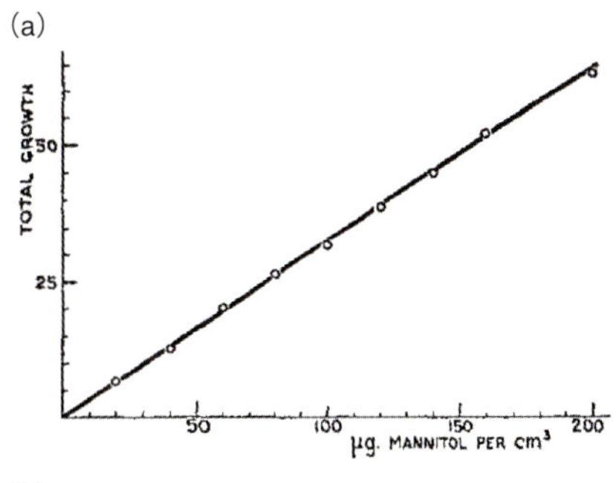

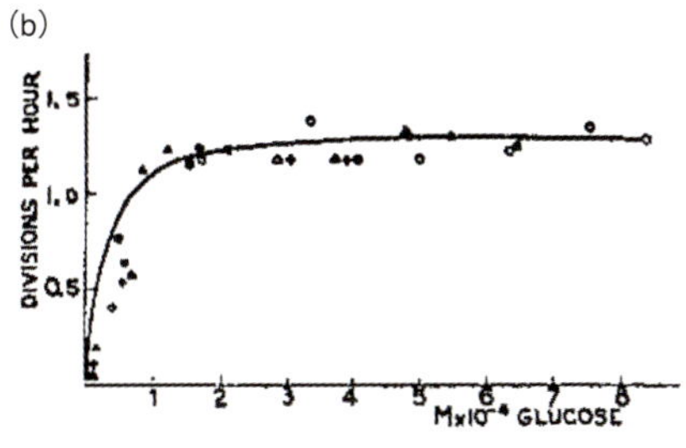

図 5.8　モノーの同定した増殖規則
(a) 大腸菌の全増殖量 G（縦軸）と制限要因となる栄養素マニトールの濃度（横軸）の関係．合成培地をベースとしている．(b) 大腸菌の対数増殖期の増殖率 Λ（縦軸）と制限要因となるグルコースの濃度（横軸）の関係．合成培地をベースとして，37℃で培養したときの結果．曲線はモノーの式（式 5.2）に対応している．文献 3 の Figure 3, Figure 4 を転載．

$$\Lambda = \Lambda_{max} \frac{C}{K_m + C}, \tag{5.2}$$

が成り立つ（図 5.8b；巻末の補遺も参照）．ここで，Λ_{max} は最大増殖率，K_m は $\Lambda = \Lambda_{max}/2$ となるときの栄養分の濃度を表す定数である．

特に式(5.2) はモノー関係式（Monod relation, Monod equation）と呼ばれている．これらの関係式に登場した定数 α，Λ_{max}，K_m は，対象とする微生物種や用いる栄養分の種類などによって異なるが，「このような関数で依存性が記述できる」ことが多くの生物において不変であるという事実は，驚きに値する．このような経験事実は，細胞の増殖の根幹に関わる部分に，生物種を問わず成り立つ共通の性質や原理が存在することを期待させる．また，ここで現れた定数が，細胞や環境条件のどのような性質により決定されるのかは，興味深い問いである．これに対する決定的な答えはまだ得られていないが，ひとつの重要な洞察が，5.3.3 項で述べる Hwa らの研究により示唆されている．

5.3.2　細胞質量およびマクロ分子構成比の経験則

モノー関係式からもわかるように，栄養濃度などを変えると，対数増殖期における細胞集団の増殖率はさまざまに変化する．増殖率が異なる細胞は，他にどのような性質の違いをもつのだろうか？　現代的なオミクスの観点からすれば，わずかな環境条件の違いによって細胞内部のさまざまな遺伝子の発現量が増えたり減ったりしても，さほど驚くには値しないだろう．しかし，1958 年に発表された Schaechter，Maaløe，Kjeldgaard による研究では，そのような個々の分子種の発現などを見ていたのではわからない，細胞内分子の構成比に関する重要な経験則が報告されている[4)]．

彼らは，単独の栄養源だけでなく，培養液に含まれる炭素源やアミノ酸種を制限要素として変化させたり，完全培地のベースを変えたりすることで，22 種類の培養条件を用意し，その中でサルモネラ菌（*Salmonella typhimurium*）を培養した．これらの培養液中で対数増殖期の増殖率は大きく変化し，集団の倍加時間（細胞数が 2 倍になるのに要する時間で，$T = \dfrac{\ln 2}{\Lambda}$ と表せる）は，最も増殖が速い条件で 21 min，最も遅い条件で 97 min となる．彼らは一定の温度条件のもとで異なる培養液を用いて細胞を培養し，対数増殖期に入った段階で細胞を取り出し，細胞あたりの質量，RNA 量，DNA 量などを定量した．すると，これら諸量が用いた培養液の組成には依存せず，増殖率に対して指数的に増加することが明らかになった（図 5.9）．つまり，細胞あたりの質量，RNA 量，DNA 量をそれぞれ M, R, D と表すと，

$$M = M_0 \exp k_M \Lambda \ , \tag{5.3}$$

$$R = R_0 \exp k_R \Lambda \ , \tag{5.4}$$

$$D = D_0 \exp k_D \Lambda \ , \tag{5.5}$$

となる（M_0, R_0, D_0, k_M, k_R, k_D は正の定数）．彼らの実験結果によると，注目する量によって指数の値は異なり，$k_R > k_M > k_D$ となる．この結果から，以下の重要な帰結が導かれる．

(1) 細胞あたりの質量，RNA 量，DNA 量は，増殖率に対して指数関数的に増大する．

(2) 細胞内の全質量に対する RNA 量の割合や DNA 量の割合，そして残りの大部分を構成するタンパク質量の割合は，増殖率と培養温度が同一の条件下では，培養液の組成

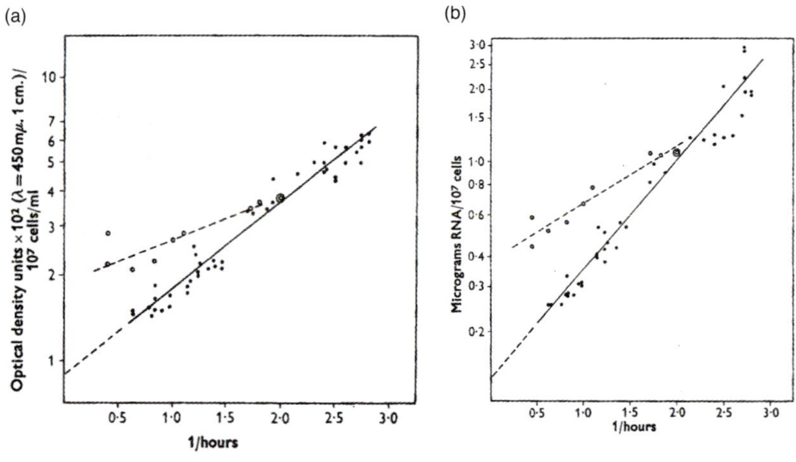

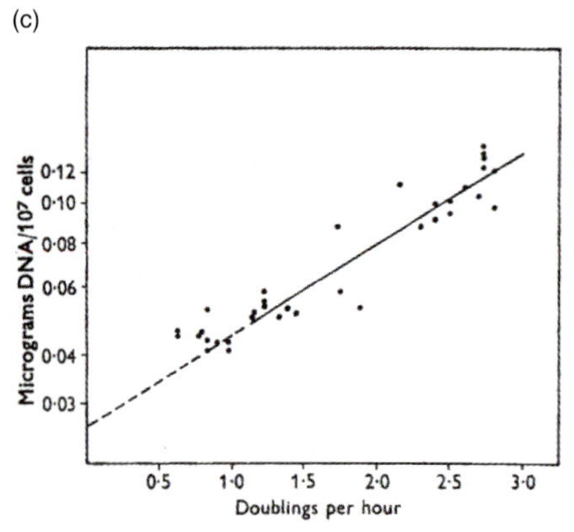

図 5.9　Schaechter-Maaløe-Kjeldgaard 則
(a) 温度 37℃一定でのサルモネラ菌 1 細胞あたりの質量（縦軸）と増殖率（横軸）の関係．黒点（●）は，定量培養液中で対数増殖期にある細胞のデータ，白点（○）はケモスタットで培養したときのデータ．ケモスタットで培養した点はメイントレンドから外れているが，これはケモスタットで実現する定常的な増殖率が同じ培養液を用いたときのバッチ培養系での対数増殖期の増殖率よりも小さくなり，対数増殖期とは細胞の状態が異なるためだと考えられる．(b) 温度 37℃一定のもとでのサルモネラ菌 1 細胞あたりの RNA 量（縦軸）と増殖率（横軸）の関係．黒点と白点の関係は (a) と同じ．(c) 温度 37 一定のもとでのサルモネラ菌 1 細胞あたりの DNA 量（縦軸）と増殖率（横軸）の関係．文献 4 の Figure 1-3 を転載．

等に依存せず一定となる．つまりマクロ分子の構成比は増殖率によって一意に定まる．

(3)　指数の違いにより，増殖率が高くなると，細胞内での RNA 量の割合が相対的に大きくなる．

これらの経験則は，「マクロ分子構成比」と呼ばれる細胞内の粗視化された状態は，増殖率という細胞集団のマクロな量ひとつによって（細かな培養条件には依存せずに）定められることを示している．この事実は，増殖率というパラメータが，たんに増殖曲線の一つの特徴量というだけでなく，細胞の性質を考えるうえで特別に重要な量であることを表している．

5.3.3　Hwa らによる細胞増殖の現象論

以上のように，1940～50 年代の微生物学では，高い定量性をもつ細胞の生理学が展開されていた．このような定量的規則は，異なる環境下における細胞の状態に対する予言可能性をもつという意味で，基礎生物学的にも応用的にも重要である．しかしその後，分子生物学の諸技術の発展により，細胞内の個々の遺伝子やそこから発現するタンパク質などの役割・発現制御様式の情報が大量に得られるようになり，生物学の主流の興味は移っていった．その結果，特定少数分子の相互作用や反応に関連づけて生命現象を説明する狭義の「分子機構」基盤をもたない現象論的な細胞生理の定量的研究は，微生物研究の表舞台から姿を消すことになる．

しかし近年，これらのマクロ法則が再び注目を集めつつある．この流れの火付け役は，Terence Hwa のグループが行った一連の研究であろう[37-39]．彼らの研究の原点は，5.4.2 項で述べた Schaechter-Maaløe-Kjeldgaard 則に代表されるように，細胞内のさまざまなパラメータが増殖率の関数として記述されることに注目したことにある[40]．実際に彼ら自身も，細胞内のフリーな RNA ポリメラーゼの量が，増殖率とともにどのように変化するか調べている[37]．RNA ポリメラーゼ量の変化は，当然，細胞内のさまざまな遺伝子の発現に影響を与える．その結果，細胞内の遺伝子の発現量は，特別な発現制御機構を備えていなくても，増殖率を変えるだけでグローバルに変化すると考えられる．彼らはこの考えをさらに推し進め，セントラルドグマの重要ステップである転写や翻訳といった反応プロセスの反応速度が増殖率の関数としてどのように記述されるかを調べ，さらに，さまざまな発現制御下に置かれたタンパク質の発現を増殖率の関数として表すことにより，その変化を統一的に予言することに成功している[38]．

では増殖率は，細胞内のどのような性質に依存して決定されるのだろうか？　細胞内状態と増殖率の相互関係について Hwa らは，増殖率を細胞内のリソース配分と関連づけて理解する現象論を提示している[39]．

まず彼らは，温度一定のもとで栄養条件のみを変え，全 RNA 量と全タンパク質量の比 $r = \frac{(\text{全 RNA 量})}{(\text{全タンパク質量})}$ を測定した．r は，実は細胞内にリボソームがどの程度含まれているかの定量的な指標となる[40]．これは，細胞内にある RNA の大部分 (~85%) をリボソーム RNA が占めるためである．測定の結果，各環境における増殖率 Λ と r のあいだには，次のような線型関係が成り立つことが示された（図 5.10a）．

$$r = r_0 + \frac{\Lambda}{\kappa_t} . \tag{5.6}$$

ここで，r_0，κ_t は正の定数である．この関係式は，増殖率が増すほど細胞内リボソーム量が増加することを示している．また彼らは，リボソームの翻訳効率が異なる変異株を用いて同じ測定を行い，それぞれの株で，傾きの異なる線型関係が現れることを明らかにした（図 5.10a）．翻訳効率が高い株ほど傾き $1/\kappa_t$ が小さくなる，つまり κ_t

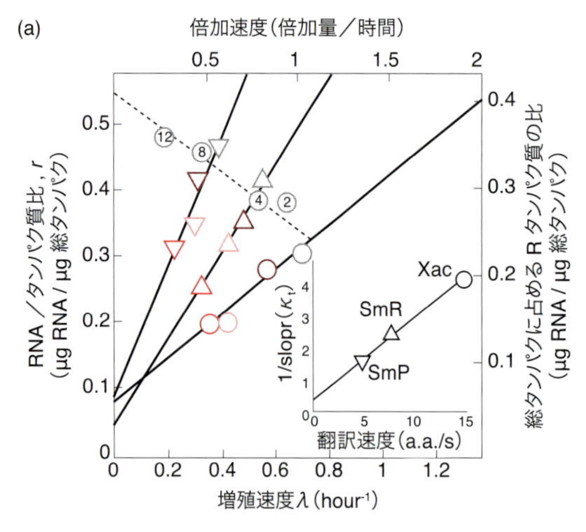

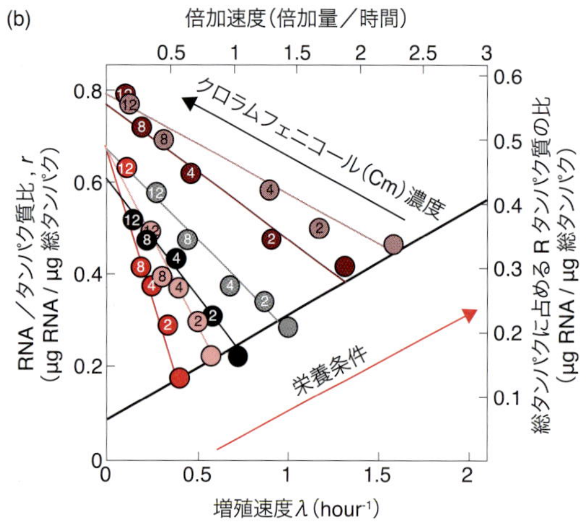

図 5.10　Hwa らによって同定された増殖率とリボソーム関連分子へのリソース分配量の関係

(a) 栄養条件を変化させたときの増殖率とリボソーム量の関係．ここでは 3 種類の大腸菌株を用いており，Xac が野生株(○)，SmR(△)と SmP(▽)が翻訳効率の低い変異株．点の色の違いは，栄養条件が異なることを示す．このグラフでは，下横軸に対数増殖期の増殖率（すなわち，細胞数密度が $e^{\Lambda t}$ で増えているときの Λ，この図では λ で表されている）をとり，上横軸には単位を「1 時間あたりの倍加量」($e^{\Lambda t} = 2^{\Lambda' t}$ と指数の底を 2 としたときの Λ'，つまり $\Lambda' = \Lambda \ln 2$)と変更したものになっている．左縦軸は全 RNA 量を全タンパク量で割った値，r に対応している．これは細胞内のリボソーム関連因子の量と対応しており，この値から見積もられた，全タンパク質量のなかでリボソーム関連タンパク質が占める割合が右縦軸に表示されている．栄養条件を変えたとき，ひとつの株内では，r と増殖率はおよそ線型的に関係していることがわかる．数字の示された灰色の○は，野生株の培養条件に対してクロラムフェニコールを示された濃度(μM)で投与したときの関係．図中枠内は，用いた三つの大腸菌株の翻訳効率と翻訳容量（κ_t）の関係．この関係から，翻訳容量は翻訳効率と密接に関係していることが示唆される．(b) クロラムフェニコールにより翻訳を阻害した際の増殖率とリボソーム量の関係．異なる色は異なる栄養条件に対応しており，ポイント内の数字はクロラムフェニコールの濃度(μM)を表す．同一栄養条件下で，クロラムフェニコール濃度を変えると，増殖率と r のあいだには (a)とは異なるおよそ線型的な関係が認められる．文献 39 の Figure 1B, Figure2A を転載．

が大きくなることから，彼らはこの定数 κ_t を「翻訳容量(translational capacity)」と呼んでいる．

次に彼らは栄養条件を一定に保った条件下で，クロラムフェニコール (chloramphenicol) という翻訳阻害剤を投与することで翻訳効率を変化させ，Λ との関係を調べた．その結果，r とのあいだには，式(5.6)とは別の線型関係

$$r = r_{max} - \frac{\Lambda}{\kappa_n}, \tag{5.7}$$

が観察されることを実験的に示した（図 5.10b）．ここでも r_{max}，κ_n は正の定数である．栄養条件を変えると，栄養条件が良いほど傾きは緩やかになった．つまり良い栄養条件であれば κ_n が大きくなるので，κ_n は「栄養容量(nutritional capacity)」と呼ばれている．

ここで定数 r_0，r_{max} は一定と仮定し（図 5.10），式(5.6)と式(5.7)から r を消去して整理すると，

$$\Lambda = \{\kappa_t(r_{max} - r_0)\}\frac{\kappa_n}{\kappa_t + \kappa_n}$$

$$= \Lambda_{max}(\kappa_t)\frac{\kappa_n}{\kappa_t + \kappa_n}, \tag{5.8}$$

という関係式が得られる．ここで $\Lambda_{max}(\kappa_t) = \kappa_t(r_{max} - r_0)$ は κ_t を固定したときの最大増殖率になる．この関係式をよく見てみると，モノー関係式（式 5.2）と同形になっていることがわかるだろう．モノー関係式は，特定の栄養成分の濃度を変えたときの増殖率 Λ の変化を表していたが，この式(5.8)は，栄養濃度の代わりに，より一般的な

栄養条件の指標とも言える栄養容量を変化させたとき，増殖率がミカエリス—メンテン型で変化することを示している．さらに踏み込んで表現すれば，特定の栄養源の濃度を変化させたとき，これと比例して栄養容量が変化すると仮定できれば，モノー関係式を式(5.8)から導けることになる．

式(5.8) が正しいとすると，どのように栄養環境条件を変えたとしても，到達できる最大の増殖率は $\Lambda_{max}(\kappa_t)$ になるはずである．実際に実験値をここに代入すると $\kappa_t(r_{max} - r_0) \approx 4.1\ \mathrm{h}^{-1}$ となり，これは倍加時間にして 21 分に相当し，大腸菌野生株の最大増殖率とほぼ一致する．

式(5.6)や式(5.7)は，それぞれ対応する方式で増殖率を変化させたときに細胞内のリソースがどの程度リボソーム関連因子に配分されるかを表している．そして，その依存の結果としてモノー関係式と同形の式(5.8) が導かれるという構図になっている．このようにして，モノー関係式が現れる細胞内の背景として，細胞内リソースのリボソームへの配分という描像が立ち上がってくる．となると，なぜ式(5.6)や式(5.7)のように増殖率とリボソーム量が関係するかというのが次の問題となるが，これに対する完全な解答はまだ得られていない*2．

5.4　細胞成長の 1 細胞解析

5.4.1　集団の計測で得られた理解は 1 細胞にも適用可能か？

5.3 節では，細胞の成長・増殖現象を，集団の増殖率 Λ という指標を通して議論してきた．しかし 5.2 節で述べたように，同じ環境に置かれたクローン細胞であっても，個々の細胞の成長の性質には大きなばらつきが観察される．このような細胞レベルでのばらつきを目の前にすると，集団の計測を通じて理解されてきた「細胞の性質」は，本当に 1 細胞レベルでも妥当なのかという疑問が生じる．

実は，集団の計測により「理解」された性質の少なくとも一部は，集団平均についてのみ成り立つもので，1 細胞には適用できない．Taheri-Araghi らは，5.2.2 項で述べたマザーマシンを利用して，いくつかの培養環境のもとで多数の細胞の成長動態の情報を 1 細胞レベルで取得した[34]．彼らはまず，細胞の成長に関わる量として，分裂直後の細胞サイズ (birth size, s_b と表記) と，分裂から分裂までの時間 (世代時間 (generation time) や分裂間隔時間 (interdivision time) と呼ばれる．τ と表記) に注目した．まず，各環境条件で取得された成長の情報を元に，横軸に $1/\tau$ の平均，縦軸に s_b の平均をとると，この関係は，

$$\langle s_b \rangle = A \exp k_s \langle 1/\tau \rangle, \tag{5.9}$$

を満たすことが示される (図 5.11)．ただし，$\langle\ \rangle$ は各培養条件下で観察された全細胞の平均値を表し，A, k_s は正の定数である．この関係式(5.9)は，細胞サイズが質量に比例し，$\langle 1/\tau \rangle$ が集団の増殖率 (を ln2 で割ったもの) と等価だと仮定すると，5.3.2 項 の Schaechter-Maaløe-Kjeldgaard 則 (式 5.3)に他ならない．一方で，同じ培養環境下であっても，世代時間には大きなばらつきがあるため，各細胞の成長率 $1/\tau$ の値は，平均のまわりでばらつく．したがって，単純に Schaechter-Maaløe-Kjeldgaard 則が 1 細胞レベルでも成立すると考えると，同一条件下で観察されるが成長率の異なる細胞に対して birth size s_b を比較すれば，式(5.9)に乗ることが期待される．しかし実際には 1 細胞の関係は式(5.9)から外れる (図 5.11)．この実験結果は我々に，環境を変化させ

*2 Hwa らは同じ論文 (文献 39)の補足資料の中で，多数の仮定を起きながら式 (5.7)や式 (5.8)を導出する理論モデルを報告しているが，Hwa ら自身も，これはあくまで一つの仮説であると言及している．重要なのは，式 (5.7)や式 (5.8)は実験結果であり，モデル如何によらない「経験事実」だという点であろう．

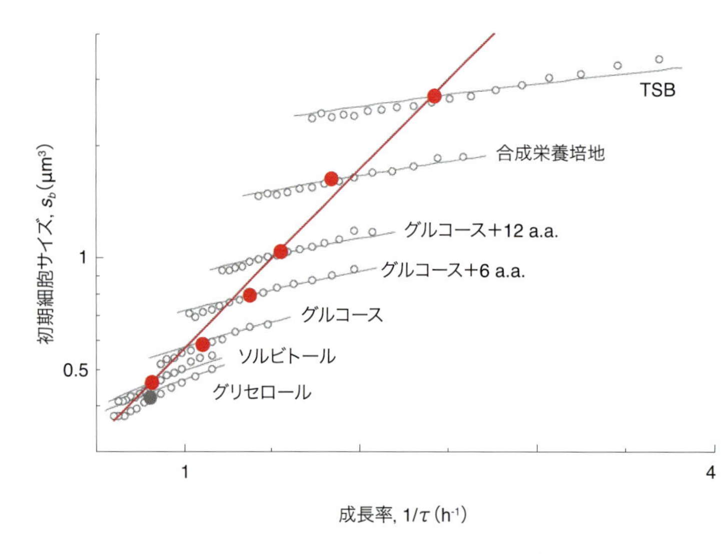

図 5.11　1細胞レベルでの成長率と細胞サイズの関係
7種類の培養環境でマザーマシンを用いて1細胞計測を行い，1細胞レベルの成長率 $1/\tau$ と分裂直後の細胞サイズ s_b の関係を示したもの．赤点は，各培養条件で観察された成長率の平均 $\langle 1/\tau \rangle$ と細胞サイズの平均 $\langle s_b \rangle$ の関係．灰色の点は，各環境で観察された細胞を成長率でグループ分けし，各グループにおける細胞の初期サイズの平均値．赤線は式(5.9)によるフィッティング，灰色の線は後述する Adder モデルによる予想．文献 34 の Figure 1C を一部改変して転載．

た際に起こる集団平均の変化は，同じ環境下で見られる集団平均のまわりの細胞状態の変動とは別物であることを理解させてくれる．これはある意味当たり前のことではあるが，細胞レベルの現象を理解するうえで極めて重要な事実である．

5.4.2　成長ゆらぎと細胞サイズの恒常性維持機構

同じ環境条件下に置かれたクローン細胞のあいだに見られる成長形質のばらつきを「成長ゆらぎ (growth noise)」と呼ぼう．個々の細胞の成長は確かにばらついているが，強いストレスが存在しない通常の培養環境下では，致命的なレベルにまで状態が逸脱して死ぬような細胞は，あまり観察されない．このことは，成長ゆらぎは存在しながらも，細胞に何らかの恒常性維持機構が備わっていることを示唆する．それはどのようなものだろうか？

古くから，成長細胞の恒常性維持機構として，いわゆる「Timer モデル」と「Sizer モデル」が議論されてきた[41]．Timer モデルとは，細胞が次にいつ分裂するかを，分裂から分裂までの時間を制御することで決定しているという見方である．一方 Sizer モデルでは，細胞は自身のサイズをモニターし，ある閾値サイズに到達したら分裂するという見方である．

しかし，まず単純な Timer モデルでは，細胞サイズの高い恒常性を説明できない．というのも，分裂から分裂までの細胞サイズは基本的に指数関数的に伸長するが，Timer モデルに従って一定時間ごとに分裂していくとすると，平均細胞サイズからのわずかなずれが時間とともに増幅され，細胞サイズは発散してしまう．したがって世代時間 τ は，初期細胞サイズ s_b と負の相関をもつ必要がある．実際，例えば大腸菌の1細胞計測の結果からは，s_b と τ のあいだに負の相関が認められる(図 5.12a)．

では Sizer モデルが正しいかと言うと，これも問題がある．もし細胞の成長・分裂が Sizer モデルに従っているとすると，各世代の最後，分裂直前の細胞サイズは，その世代の初期サイズ s_b には依存せず，ある一定値のまわりにばらつくと考えられる．しかし，実際のデータでは s_b と s_d のあいだには強い正の相関が認められる(図 5.12b)．よって，いずれのモデルも微生物の恒常性や成長パラメータのあいだの関係を説明できない．

しかし最近になり，各種微生物細胞の成長ゆらぎの諸性質が「Adder モデル」というひとつ

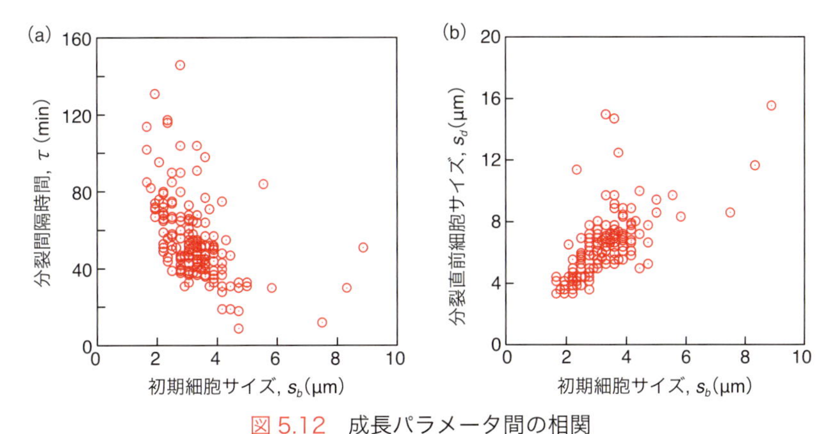

図 5.12　成長パラメータ間の相関

(a) 初期細胞サイズ s_b と分裂間隔時間の相関．大腸菌 EJ2848 株（文献 54）を対象に行った 1 細胞計測の結果から．最小培地 M9（グルコースを 2%（w/v）含む）を用いたオンチップ 1 細胞培養システムにより 37℃で観察した．相関係数は -0.49 となり，負の相関が認められる．(b) 初期細胞サイズ s_b と分裂直前の細胞サイズ s_d の相関．相関係数は 0.63 であり，正の相関が見られる．

の見方で説明できる可能性が提唱された[34, 41-43]．Adder モデルとは，「細胞は分裂してから，ある一定の体積だけサイズが大きくなると分裂する」という単純なモデルである．このモデルにもとづけば，細胞サイズがひとつの世代の中で，一定の伸長率によって指数関数的に増加する場合，細胞サイズの恒常性が自然と実現される（図 5.13）．実際 Taheri-Araghi らは，先に紹介した研究[34]の中で，各環境条件下において観察された個々の細胞の一世代あたりの細胞サイズの増分（$\varDelta$）が，初期サイズ s_b に依らずほぼ一定であることを示し，このモデルを支持している．さらに Adder モデルをベースとした細胞成長の確率モデルから，$\varDelta$，τ，s_b，s_d のばらつきの大きさに関して，

$$\left(\frac{\sigma_{\varDelta}}{\langle \varDelta \rangle}\right)^2 \approx \frac{1}{\ln 2}\left(\frac{\sigma_{\tau}}{\langle \tau \rangle}\right)^2 \approx 3\left(\frac{\sigma_b}{\langle s_b \rangle}\right)^2 \geq 3\left(\frac{\sigma_d}{\langle s_d \rangle}\right)^2, \tag{5.10}$$

という大小関係が成り立つことが予言される（ただし，$\sigma_{\varDelta}$，σ_{τ}，σ_b，σ_d はそれぞれ細胞サイズの増分 $\varDelta$，世代時間 τ，分裂直後の細胞サイズ s_d，分裂直前の細胞サイズ s_d の標準偏差，また $\langle\cdot\rangle$ は各パラメータの平均を表す）．これは，多くの 1 細胞計測の実験結果と整合している．

さらにこのモデルにもとづけば，成長パラメータの分布にスケーリング則（4 章参照）が現れることも予言される．つまり，例えば分裂間隔時間のある環境での分布をその平均で規格化した分布は，別の環境での τ の分布を平均で規格化したものと常に一致するということを予言する．このような分布のスケーリング則については，他の成長モデルによっても予想されている[44]．しかし，実際にはこれを否定する実験データも報告されている[28]．

この Adder モデルは，1 細胞レベルの成長ゆらぎすべてを説明できるわけではないが，Timer モデルや Sizer モデルに比べて，さまざまな微生物の 1 細胞レベルの成長パラメータのばらつきや相関関係などを幅広く説明できていることは事実であり[41]，少なくとも現段階の近似的なモデルとしては，最も成功していると考えられる．

5.5　1 細胞レベルの成長と集団の増殖をつなぐ

5.4 節では，細胞の成長形質にばらつきがあることを述べ，そのようなばらつきがあるなかで細胞の恒常性をどう維持するのかという問題につい

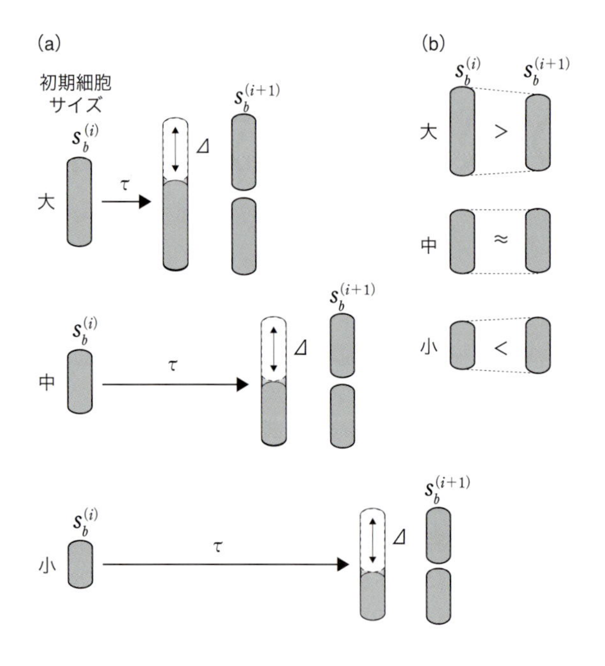

図 5.13　Adder モデルによる細胞サイズの恒常性維持

(a) モデルの概要．ある世代における初期細胞サイズ $s_b^{(i)}$ が異なる三つの細胞を考える．このモデルでは，1 世代のあいだに起こる細胞サイズの増分Δが，初期サイズに依存せず一定と考える．また，細胞サイズ自体は指数関数的に一定の伸長率μで増加すると考える．分裂直前のサイズは $s_d^{(i)} = s_b^{(i)} + \Delta$ となり，次の世代の初期サイズは，細胞がほぼ等分裂するため，$s_b^{(i+1)} = \frac{s_b^{(i)}+\Delta}{2}$ となる．$s_b^{(i)}$が大きいときには，$s_b^{(i)} > \Delta$ となるため，$s_b^{(i+1)} < s_b^{(i)}$ となり，初期細胞サイズは世代を経ることで小さくなる．逆に，$s_b^{(i)}$が小さいときには，$s_b^{(i)} < \Delta$ となるため，$s_b^{(i+1)} > s_b^{(i)}$ となり，初期細胞サイズは大きくなる．結果として，ある世代の初期サイズのばらつきが次の世代では抑えられる方向にフィードバックがかかる（この議論は平均的な話であり，実際には同じ初期サイズ対してもΔがばらつくため，あるレンジに落ち着くことになる）．また，分裂間隔時間は $\tau = \frac{1}{\mu}\ln\frac{s_b^{(i)}+\Delta}{s_b^{(i)}}$ となり，$s_b^{(i)}$が大きいほどτが小さくなり，図 5.12(a)の結果と矛盾しない．分裂直前の細胞サイズも，フィードバックがあるものの，初期細胞サイズが大きいほど大きくなるため，図 5.12(b)の結果とも矛盾しない．(b)続く世代での初期細胞サイズの平均的関係．

て考えた．一方で，このような細胞レベルの成長形質のばらつきは，集団の増殖にどのような影響を与えるのだろうか？

5.5.1　細胞と集団の倍加時間

ある培養環境中に置かれた対数増殖期のクローン細胞集団を考える．増殖率がΛだとすると，集団の倍加時間（doubling time），すなわち集団中の細胞数が 2 倍になるのにかかる時間は $T = \frac{\ln 2}{\Lambda}$ となる．このとき，集団内部で生じた娘細胞が次に分裂するまでにはどの程度の時間がかかるだろうか？　別の言い方をすれば，平均世代時間はどれほどだろうか？　細胞の平均世代時間$\langle \tau \rangle$は，ひとつの細胞が分裂により 2 細胞になるのにかかる時間の平均なので，これはTに一致すると考えるのが普通であろう．しかし，この素朴な直感は一般には正しくない．しかも，これら二つの量Tと$\langle \tau \rangle$が一致しないのは，細胞システムが増殖系であるがゆえの必然なのである．

このような差がなぜ生じるのか．一言で言うと，集団内で一種の自然選択が起きるからである．早く分裂した細胞は，それが確率的な偶然として起こったことだったとしても，将来の集団の中により多くの子孫細胞を残せる可能性が高くなる（図 5.14）．つまり，世代時間にばらつきがあると，同じタイミングで生じた細胞どうしであっても，それらが残す子孫細胞の数が異なるため，将来の集団へ与える寄与度が等価でなくなる．この自然選択の効果が，集団の増殖率を増加させることになる．

では実際に，現実のクローン細胞集団の倍加時間は細胞の平均世代時間よりも短いのか．次に，これを検証した実験を紹介する．

5.5.2　成長ゆらぎによる集団増殖率の向上

細胞の平均世代時間と集団の倍加時間が異なりうることは，1950 年代にはすでに認識されており，これを実験的に示そうという試みもあった[45]．実際 Powell は細胞観察用の還流デバイスを考案し[46,47]，これを用いて 1 細胞レベルでの成長，分裂の様子を顕微鏡下で観察して，いくつかの細菌株の平均世代時間と，集団の細胞数倍加

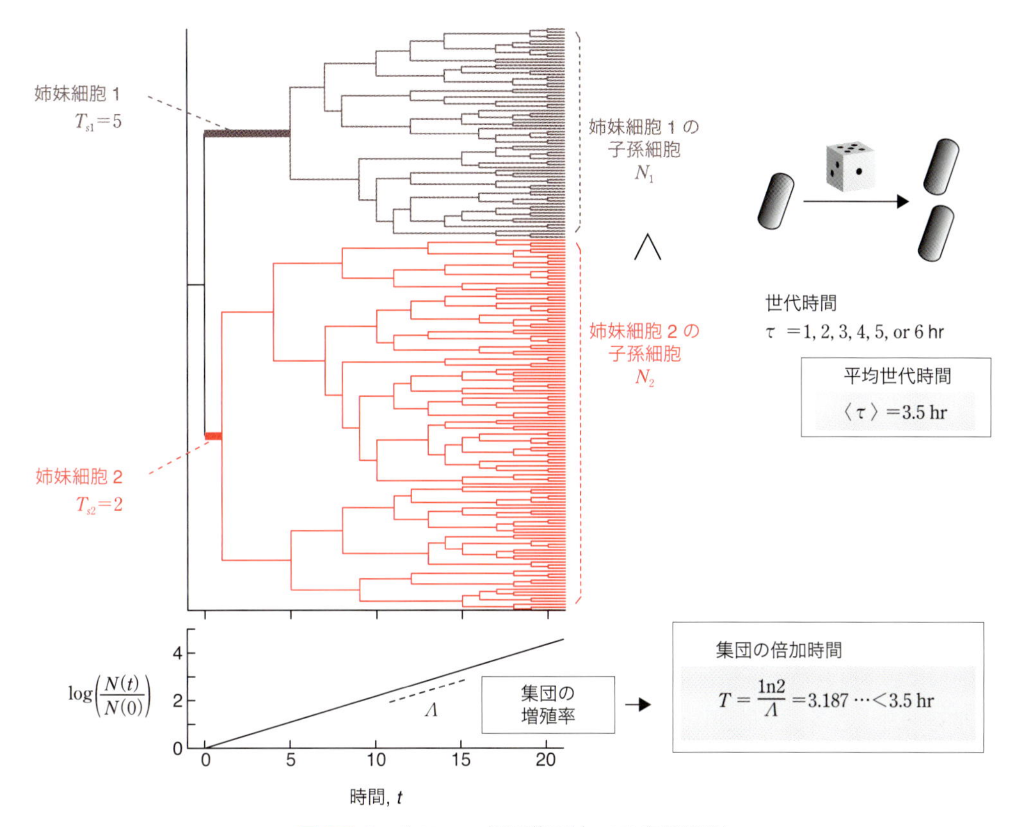

図 5.14　クローン細胞集団内での自然選択

細胞がサイコロの目に従って世代時間を確率的に決定し，分裂のタイミングもサイコロの目によって決めると仮定する．このとき細胞の平均世代時間〈τ〉はサイコロの目の平均から 3.5 hr となる．図中に示した系統樹のように，ひとつの細胞から生じた二つの姉妹細胞を考える（姉妹細胞 1，2）．姉妹細胞 1 は，たまたまサイコロの目が 5 であり，5 時間後に分裂し，姉妹細胞 2 は 2 時間後に分裂したとする．この差は偶然生じたものだが，娘細胞から生じる子孫細胞の数（N_1，N_2）は，相対的に姉妹細胞 2 の方が多くなる可能性が高い．このような一種の自然選択が集団内部で起こることにより，集団の増加率は高くなり，倍加時間は平均世代時間よりも短くなる．このサイコロモデルの場合，$T\approx 3.2$ hr となる．文献 28 の Figure 1 を一部改変して転載．

時間を計測・比較する実験を行っている[45]．ただし，当時の計測精度は低く，見いだされた差が真正か断定することは難しい．

このような状況のなか，「ダイナミクス・サイトメーター(dynamics cytometer)」と呼ばれる長期 1 細胞計測用マイクロ流体デバイスを用いた計測により，さまざまな環境条件下における大腸菌の平均世代時間〈τ〉と集団の倍加時間 T を比較すると，ほぼすべての環境条件で〈τ〉$>T$ となることが明らかになっている (図 5.15a)[28]．さらに，この二つの量の差の相対的な大きさ ($\frac{\langle\tau\rangle-T}{T}$, 増殖率ゲイン (growth rate gain)) は，世代時間分布のばらつき ($\eta=\frac{\sigma_\tau}{\langle\tau\rangle}$, 変動係数 (coefficient of variation)) と正の相関をもつことも示されている (図 5.15b)．つまり，世代時間のばらつきが大きくなればなるほど，細胞集団の増殖率は，同じ平均世代時間に対して大きくなる．

この結果は，成長ゆらぎが細胞の恒常性を損なわせる擾乱であるという見方もできる一方で，集団を速く成長させるための原動力としても捉えられることを示している．

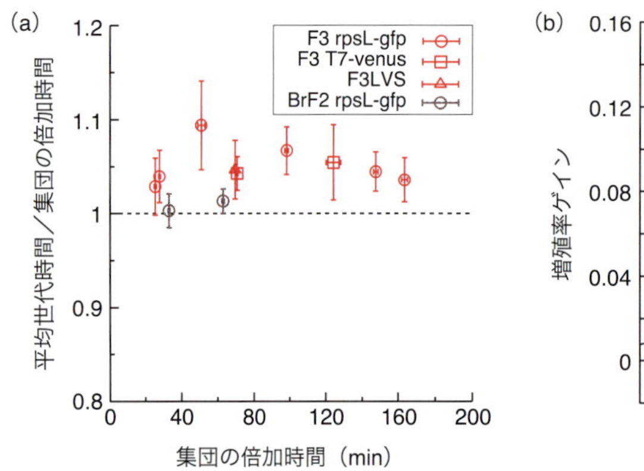

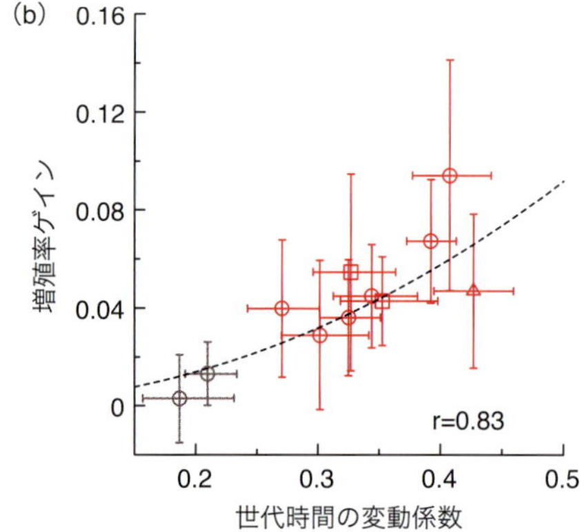

図 5.15　集団の倍加時間と細胞の平均世代時間の差

(a) さまざまな環境条件下での集団の倍加時間と細胞の平均世代時間の差．横軸に各環境条件下での集団の倍加時間を，縦軸に平均世代時間を集団の倍加時間で割ったものをとる．点の形と色の違いは，大腸菌の細胞株の違いを表し，赤点は W3110 由来，茶色の点は B/r 由来の大腸菌に対応している．W3110 由来の細胞は，ほぼすべての条件で，集団の倍加時間が細胞の平均世代時間よりも短くなっている．つまり集団は平均世代時間よりも短い時間で，細胞数を 2 倍にできることを表している．(b) 世代時間の変動係数と増殖率ゲインの関係．破線は，世代時間分布がガンマ分布のときの関係．r は相関係数を表す．文献 28 の Figure 2BC を一部改変して転載．

5.5.3　齢構造化集団モデル

上記実験で観察された結果は，シンプルな「齢構造化集団モデル（age-structured population model）」で理解できることがわかっている．このモデルでは，集団内の細胞が直前に分裂してからの時間を「齢（age）」として（5.2.2 項で述べた細胞端による年齢とは別物），細胞は齢に依存した分裂確率に従って分裂すると考える（図 5.16）．

今，世代時間分布を $g(\tau)$ とし，細胞はこのモデルに従って分裂するとしよう．このとき，集団の増殖率を Λ とすると

$$\int_0^\infty 2g(\tau)e^{-\Lambda\tau}d\tau = 1, \tag{5.11}$$

という関係式を満たすことが導かれる．この式は細胞の世代時間分布と集団の増殖率をつなぐ基本式となる．

世代時間分布が一般にどのような分布になるかは明らかになっていないが，ガンマ分布（gamma distribution）で近似できる場合が多い．今仮に世代時間分布がガンマ分布になると仮定し，

$$g(\tau) = \frac{\beta^\alpha \tau^{\alpha-1}e^{-\beta\tau}}{\Gamma(\alpha)}, \tag{5.12}$$

（$\alpha > 0$，$\beta > 0$，$\Gamma(\alpha) \equiv \int_0^\infty x^{\alpha-1}e^{-x}dx$ はガンマ関数）とすると，式（5.11）は解析的に解け，

$$\Lambda = \beta(2^{\frac{1}{\alpha}}-1), \tag{5.13}$$

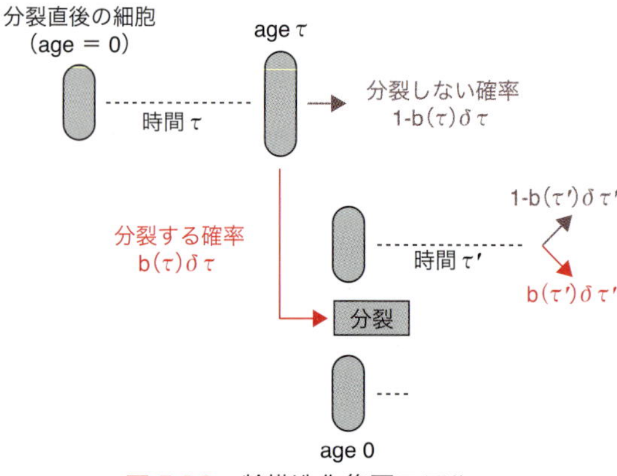

図 5.16　齢構造化集団モデル

このモデルでは，細胞は自身の齢（τ，直前の分裂からの経過時間）に依存した分裂率 $b(\tau)$ にしたがって分裂すると考える．つまり Age τ の細胞は確率 $b(\tau)\delta\tau$ で分裂し，$1-b(\tau)\delta\tau$ の確率で，分裂せずに年を重ね Age $\tau+\delta\tau$ に到達する．分裂により生じた娘細胞は再び Age 0 に戻る．このようなモデルにもとづけば，細胞の世代時間分布は $g(\tau)=b(\tau)exp[-\int_0^\tau b(\tau')d\tau']$ として与えられ，さらに世代時間分布と集団の増殖率をつなぐ式（5.11）などが得られる．文献 28 の Figure 2D を一部改変して転載．

となる．この結果から，

$$\frac{\langle \tau \rangle - T}{T} = \frac{2^{\eta^2}-1}{\eta^2 \ln 2} - 1 = \sum_{i=1}^{\infty} \frac{(\ln 2)^i}{(i+1)!} \eta^{2i} > 0\,, \tag{5.14}$$

となることが示せる．すなわち，$g(\tau)$がガンマ分布に従う場合，$\langle \tau \rangle$とTの相対的な差は世代時間のばらつきが大きいほど大きくなり，常に$\langle \tau \rangle > T$となることがわかる．もちろん実際には$g(\tau)$は完全にはガンマ分布と一致しないため，これは近似的な議論に過ぎない．しかし，5.5.4 項で述べるように，$\langle \tau \rangle > T$の関係は一般の世代時間分布に対して成り立つ性質である．

5.5.4　細胞ヒストリーを通した見方

式(5.11)を見ると，積分の中身である$g^*(\tau) = 2g(\tau)e^{-\Lambda\tau}$は常に正であり，積分すると 1 になるので，これも確率分布である．これはどのような意味をもつ分布なのだろうか？

実はこの$g^*(\tau)$は，子孫細胞から見たとき，つまり細胞のヒストリーを遡っていくときに観察される典型的な「世代時間分布」と捉えることができる[28, 48]．一方で$g(\tau)$は，先祖細胞から見て，細胞のヒストリーを時間の流れに沿ってくだっていくとき（分裂したら，どちらかの娘細胞の系列をランダムに選ぶ）に典型的に観察される「世代時間分布」と捉えられる．つまり$g(\tau)$と$g^*(\tau)$は，それぞれ先祖細胞／子孫細胞の立場からヒストリーを眺めたときに観察される世代時間分布と意味付けできる．

$g(\tau)$と$g^*(\tau)$が異なるのは，5.5.1 項で述べたように，世代時間のばらつきによって一種の自然選択（natural selection）が起きるからに他ならない．さらに，式(5.11)を利用すると，以下の非常に興味深い関係が導かれる：

$$\frac{\langle \tau \rangle - T}{T} = D[g \| g^*] \geq 0\,. \tag{5.15}$$

ここで，$D[g \| g^*] \equiv \int_0^\infty g(\tau) \log_2 \frac{g(\tau)}{g^*(\tau)} d\tau$はカルバック-ライブラー情報量（Kullback-Leibler divergence）と呼ばれる量で，分布の差を表す重要な量である．つまり，5.5.2 項で述べた集団での増殖率ゲインは，ヒストリー上の 2 種類の世代時間分布の差と対応づけることができる．$D[g \| g^*]$は常に 0 以上であり，0 と一致するのは，$g(\tau) = g^*(\tau)$となるときだけである．これは$g(\tau)$がデルタ関数ときにのみ成立する条件なので，一般の現実的な分布については，すべて$\langle \tau \rangle > T$となることがわかる．

5.5.5　増殖システムの統計

これまで述べてきた「細胞と集団の倍加時間に差がある」という事実は，細胞集団の性質がたんに個々の細胞の性質の平均によって決まるわけではなく，そのばらつきの様子によっても影響を受けるという，増殖システムの性質の一例と捉えることができる．

例えば，細胞内の遺伝子発現量を考えよう．遺伝子発現量は細胞集団内で大きくばらつくことが知られており，いくつかの研究により，その発現状態の違いが個々の細胞の適応度と相関することが示されている[49-51]．もちろん，このような発現量の差はたいてい，個々の細胞に固定されたものではなく，時間的に変動するであろう．しかし，そのような変動が存在する状況であっても，適応度と発現量に相関があるならば，集団全体で観察される発現量分布は，細胞の内因的な発現ゆらぎの性質とともに自然選択の影響を受けている[52, 53]．したがって，発現状態と適応度がどう相関するかを知ることなしに（集団分布の統計的性質だけから）発現量について議論することは，本来は不適切なのである．

このように，増殖率や死亡率といった性質に個々のユニットレベルで差がある増殖システムを統計解析する際には，本質的に難しい問題が生じる．したがって，集団レベルで見いだされた性質がそのまま個々の細胞の平均的な性質なのだろうと考えるのは危険であり，やはり細胞の性質を知りたければ，1細胞ごとのイベントを計測するべきである．

5.6 まとめと展望

本章では，細胞の成長・増殖に関連するトピックスを紹介してきた．成長・増殖は細胞を理解するうえで決して無視できない現象である．5.3節で述べたように，増殖は細胞内におけるマクロ分子の構成比やリソース配分というかたちで，いわばグローバルな制約を細胞内のあらゆる分子に課すというのが一点，もうひとつには，細胞レベルの成長・分裂形質のばらつきが，集団内で一種の自然選択を引き起こし，集団計測で得られる量にバイアスを加えるからである．前者は成長・増殖現象の生理的重要性，後者は統計的重要性ということもできるだろう．

最後に2点だけ，読者へ注意を述べておきたい．ひとつは，本章で述べた内容は，おもに細菌などの微生物を対象とした研究にもとづくものであるが，基本的には増殖系一般に関わる可能性が高いという点である．特に1細胞統計は，成長ゆらぎをもつ増殖系一般に関わる問題であり，生物種に依らない．また，もうひとつの注意としては，今回扱った内容は集団の増殖率が正の状態，かつ，集団内部の細胞の死を無視できる状態を考えている．例えば，ストレス環境など，細胞があちこちで死んで，増殖率が負になるような状況での研究蓄積は十分でない．（ただそのような状況でも，細胞の成長や死といったマクロな性質が，細胞内の分子的性質を考えるうえでも重要になることは間違いないだろう．）いずれにせよ，細胞内のいかなる分子レベルの現象も，細胞の成長や死といった「適応度」のコンテキストを離れては意味をなさないという点は，肝に銘じておくべきであろう．

（若本祐一）

文　献

1) Monod J, *Science*, **154**, 475 (1966).
2) Jacob F & Monod J, *J. Mol. Biol.*, **3**, 318 (1961).
3) Monod J, *Annu. Rev. Microbiol.*, **3**, 371 (1949).
4) Schaechter M et al., *J. Gen. Microbiol.*, **19**, 592 (1958).
5) Akerlund T et al., *J. Bacteriol.*, **177**, 6791 (1995).
6) Makinoshima H et al., *Mol. Microbiol.*, **43**, 269 (2002).
7) Nishino T et al., *Appl. Environ. Microbiol.*, **69**, 3569 (2003).
8) Huisman GW et al., in "Escherichia coli Salmonella," ASM Press (1996).
9) Gefen O et al., *PNAS*, **111**, 556 (2014).
10) Fridman O et al., *Nature*, **513**, 418 (2014).
11) Novick A & Szilard L, *Science*, **112**, 715 (1950).
12) Novick A & Szilard L, *PNAS*, **36**, 708 (1950).
13) Oliver JD, *J. Microbiol.*, **43**, 93 (2005).
14) Nyström T, *Bioessays*, **25**, 204 (2003).
15) Kishony R & Leibler S, *J. Biol.*, **2**, 14 (2003).
16) Frentz Z et al., *Rev. Sci. Instrum.*, **81**, 084301 (2010).
17) Kelly CD & Rahn O, *J. Bacteriol.*, **23**, 147 (1932).
18) Shapiro JA, *Annu. Rev. Microbiol.*, **52**, 81 (1998).
19) Inoue I et al., *Lab Chip*, **1**, 50 (2001).
20) Wakamoto Y et al., *J. Anal. Chem.*, **371**, 276 (2001).
21) Wakamoto Y et al., *Analyst*, **130**, 311 (2005).
22) Danino T et al., *Nature*, **463**, 326 (2010).
23) Wang P et al., *Curr. Biol.*, **20**, 1099 (2010).
24) Long Z et al., *Lab Chip*, **13**, 947 (2013).
25) Moffitt JR et al., *Lab Chip*, **12**, 1487 (2012).
26) Ullman G et al., *Philos. Trans. R. Soc. Lond. B. Biol. Sci.*, **368**, 20120025 (2013).
27) Lambert G & Kussell E, *PLoS Genet.*, **10**, e1004556 (2014).
28) Hashimoto M et al., *PNAS*, **113**, 3251 (2016).
29) Nobs J-B & Maerkl SJ, *PLoS One*, **9**, e93466 (2014).
30) Barton AA, *J. Gen. Microbiol.*, **4**, 84 (1950).
31) Aguilaniu H et al., *Science*, **299**, 1751 (2003).
32) Ackermann M et al., *Science*, **300**, 1920 (2003).
33) Stewart EJ et al., *PLoS Biol.*, **3**, e45 (2005).
34) Taheri-Araghi S et al., *Curr. Biol.*, **25**, 385 (2015).
35) Norman TM et al., *Nature*, **503**, 481 (2013).
36) Schaechter M, *Front. Microbiol.*, **6**, 1 (2015).
37) Klumpp S & Hwa T, *PNAS*, **105**, 20245 (2008).
38) Klumpp S et al., *Cell*, **139**, 1366 (2009).
39) Scott M et al., *Science*, **330**, 1099 (2010).
40) Bremer H & Dennis PP, in "Escherichia coli Salmonella," ASM Press (1996).

41) Jun S & Taheri-Araghi S, *Trends Microbiol.*, **23**, 4 (2015).
42) Campos M et al., *Cell*, **159**, 1433 (2014).
43) Amir A, *Phys. Rev. Lett.*, **112**, 208102 (2014).
44) Iyer-Biswas S et al., *PNAS*, **111**, 15912 (2014).
45) Powell EO, *J. Gen. Microbiol.*, **15**, 492 (1956).
46) Powell EO, *J. R. Microsc. Soc.*, **75**, 235 (1955).
47) Harris NK & Powell EO, *J. R. Microsc. Soc.*, **71**, 407 (1951).
48) Wakamoto Y et al., *Evolution* (N. Y), **66**, 115 (2012).
49) Rotem E et al., *PNAS*, **107**, 12541 (2010).
50) Wakamoto Y et al., *Science*, **339**, 91 (2013).
51) Maisonneuve E et al., *Cell*, **154**, 1140 (2013).
52) Sato K & Kaneko K, *Phys. Biol.*, **3**, 74 (2006).
53) Tănase-Nicola S & ten Wolde PR, *PLoS Comput. Biol.*, **4**, e1000125 (2008).
54) Mukaihara T & Enomoto M, *Genetics*, **145**, 563 (1997).
55) Son S et al., *Nat. Methods*, **9**, 910 (2012).

注目の最新技術 ❹

長期 1 細胞計測により得られる定量データ

近年，マイクロ流体デバイスを利用して 1 細胞レベルの状態変化の情報を 100 世代以上の長期にわたって取得することが可能になりつつある．ここでは，実際の計測結果を例示しながら，そのような計測からどのような情報が得られるのか紹介したい．

図 1 は，「ダイナミクス・サイトメーター (dynamics cytometer)」と呼ばれる長期 1 細胞計測デバイスの概要を示している．このデバイスでは一つの観察用チャネル中にマザーマシンよりも多数の細胞が入り，およそ 30 〜40 細胞が内部で成長・分裂し，一部の細胞が排出されるという構成になっている．この内部の細胞の様子をタイムラプス計測し，ひとつひとつの細胞の情報（細胞の位置，大きさ，蛍光タンパク質の蛍光輝度など）を画像解析により抽出する．画像解析結果には，各時点での個々の細胞の情報とともに，前後の画像においてどの細胞とどの細胞が対応しているかという情報も含まれる．これらの情報を利用すれば，実にさまざまな解析データが得られる．まずデータを概観するには図 2 のような細胞系統樹を作成し，細胞系譜を明らかにしたり，どの細胞系列が最終的に残ったかなどを確認できる．また，特定の細胞系列を抜き出し，その系列上で観察され

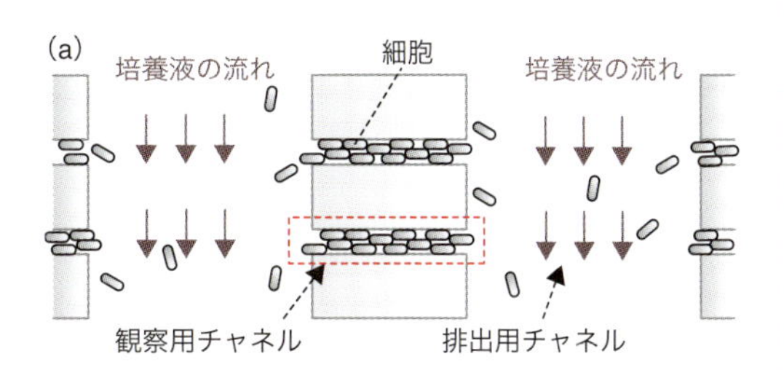

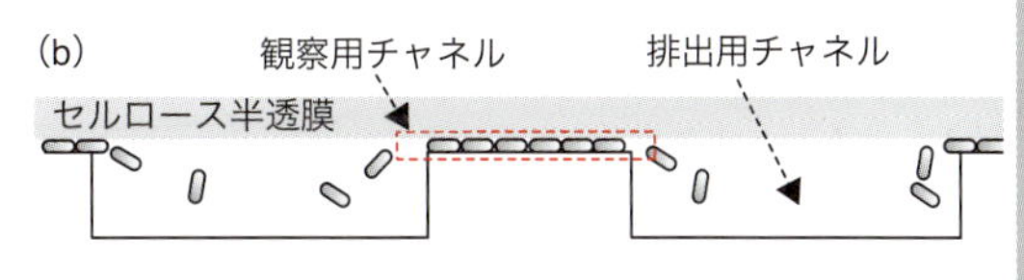

図 1　ダイナミクス・サイトメーター
(a) ダイナミクス・サイトメーターの概要図．観察用チャネルと排出用チャネルが直交して配置されている．これらのチャンバーは顕微鏡用のカバーガラスに直接彫り込まれており，観察用チャネルには 30 〜 40 細胞が入る．(b) 断面図．チャネル領域の上面はセルロース半透膜によりシールされ，半透膜上面を流れる培養液とのあいだで，培養液の交換が起こり，環境条件が維持される．(c) 観察チャネルで成長・分裂する細胞の顕微鏡写真．

る細胞サイズやタンパク質発現量（蛍光タンパク質により定量）のダイナミクスも取得できる（図3a）．また，このような特定系列の情報だけでなく，さまざまなパラメータの高精度な統計データも得られる．例えば，集団全体での発現量分布（図3b）や細胞サイズの分布（図3c）といった，フローサイトメーター（flow cytometer）などを用いてしばしば計測されている分布がこの方法でも得られるだけでなく，体積成長率分布や分裂間隔時間分布，年齢分布，さらにはタンパク質量の自己相関関数など，細胞の時間的な状態変化情報の取得なしには決して評価できない諸量の統計データを得ることもできる．このように，細胞の「ダイナミクス」に関わるパラメータの高精度定量情報を与える点が，マイクロ流体デバイスを用いた1細胞計測の強みと言える．

（若本祐一）

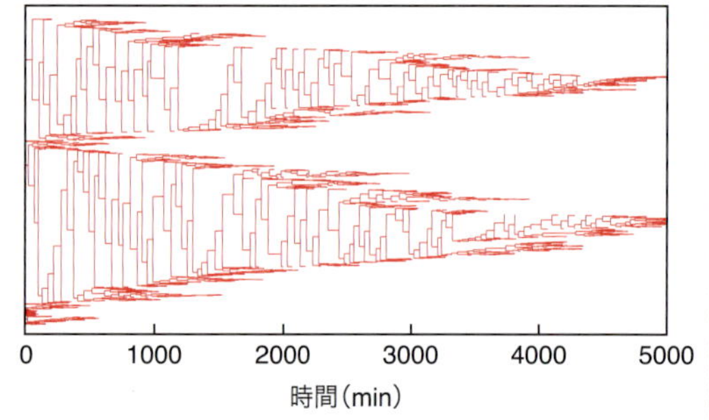

図2　大腸菌の細胞系統樹
ダイナミクス・サイトメーターを用いた計測により得られた，大腸菌の細胞系統樹の例.

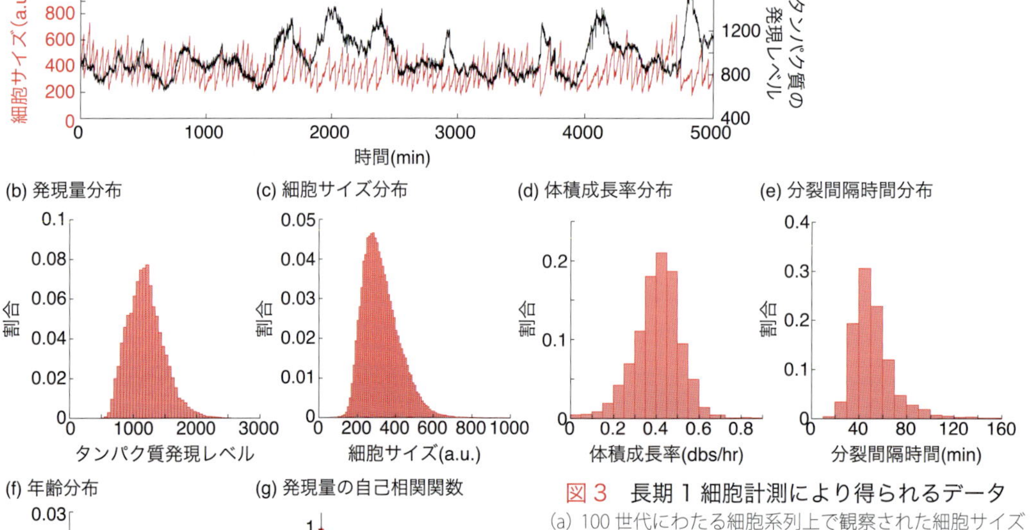

(f) 年齢分布

割合　0.03　0.02　0.01　0

0　20　40　60　80　100　120　140

齢(min)

(g) 発現量の自己相関関数

相関　1　0.8　0.6　0.4　0.2　0

0　200　400　600　800　1000

時間(min)

図3　長期1細胞計測により得られるデータ
(a) 100世代にわたる細胞系列上で観察された細胞サイズの変化（赤色，左縦軸）とタンパク発現量（黒色，右縦軸）のダイナミクス．タンパク質発現量に関しては，ここでは蛍光タンパク質を *rpsL* プロモーターの下流から発現させ，その蛍光輝度をもとに発現量を評価した．(b) 長期1細胞計測により得られたタンパク質発現量の分布．(c) 細胞サイズの分布．(d) 体積成長率の分布．(e) 分裂間隔時間の分布．(f) 年齢分布．(g) タンパク質発現量の自己相関関数．この実験では平均世代時間が約50分であり，自己相関が0に緩和するまでには10世代以上かかることが分かる．文献28のFigure 2ABを一部改変して転載．

這いまわる細胞の走化性に関する定量生物学

Summary

本章では，這いまわる細胞の走化性に関して，特に運動方向を決めるメカニズムについてこれまで得られてきた知見を概観し，走化性の解析手法を説明する．広く使われてきた古典的な手法から，微小流路における層流形成を利用した精密な濃度勾配場形成法まで，具体的な実験手法を述べながら，細胞の先導端形成の応答特性についてどのような知見が得られているか，数理モデルを含めて紹介する．

6.1　はじめに

這いまわり運動を示す細胞は，単細胞アメーバのみならず，内皮細胞の血管形成時，上皮細胞の創傷治癒時，リンパ細胞の免疫監査，がんの浸潤など，生体内のあらゆるところで見られる（3 章参照）．こうした細胞は種々の物理化学的なシグナルを受け取って動く方向を決めていると考えられる．そのなかでも特によく調べられているのが，拡散性誘引分子の濃度勾配によって駆動される一方向細胞運動，いわゆる走化性（chemotaxis）である．

本章では，速い遊走細胞（fast migrating cells）と一般に呼ばれる，白血球細胞や細胞性粘菌アメーバを例にとり，その巧みな運動方向の決定メカニズムを研究するにあたり，精密な濃度場制御や細胞内反応動態の定量的な記述，数理モデルの解析などの定量生物学的アプローチがいかに活用されているかを見ていく．

6.2　真核細胞の走化性運動

6.2.1　空間勾配説 vs 時間勾配説

白血球の一種である好中球は，細菌によって産生されるペプチドや，マクロファージなどから放出されるケモカインに向かって移動する．がん細胞も，上皮など周囲の組織から分泌される誘引性因子をたよりに移動することが，その浸潤能に大きな役割を果たしていると考えられている[1]．また，細胞運動のモデル生物である細胞性粘菌アメーバ *Dictyostelium* は細胞外に cAMP を放出し，これを手がかりに細胞どうしが集合する．

こうした這いまわる細胞は，「1 分間に細胞 1 個分以上の距離」という速さで動くことができ，特定の細胞外リガンド分子の濃度勾配によって一方向的な細胞の移動が誘起される．これを走化性（chemotaxis）と呼ぶ．細胞の種類によって詳細には違いがあるが，多くの場合，生体膜上の G タンパク質共役型受容体（GPCR）に誘引分子が結合することが引き金となって，細胞の先端（先導端；leading edge）が形成される（図 6.1a）．先導端では，アクチンが樹状のフィラメントを形成し，これによって膜が伸長する．この樹状フィラメント形成は，枝分かれするアクチンの根元を構成するアクチン様タンパク Arp2 と Arp3，およびその他五つのタンパクから構成される Arp2/3 複合体による核形成に依存して起こる．この核形成には，SCAR/WAVE や WASP などの WASP

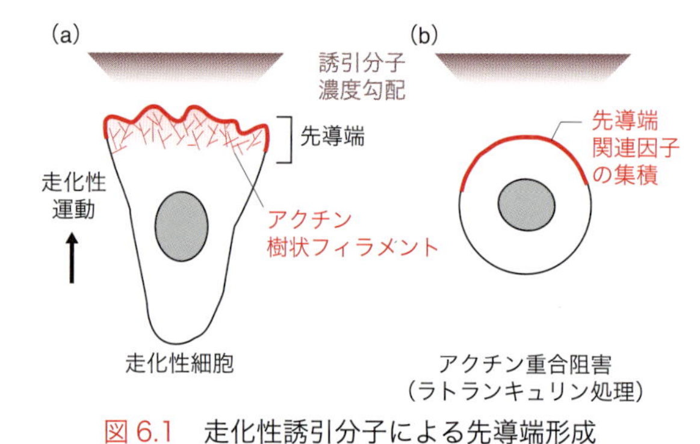

図 6.1　走化性誘引分子による先導端形成
(a) 誘引分子の濃度勾配（上側）があると，さまざまな先導端関連因子とアクチン樹状フィラメント（赤）からなる先導端(leading edge) と呼ばれ得る膜の突出構造が高濃度側に形成される．(b) ラトランキュリン処理によりアクチンの重合を阻害した場合．アクチン樹状フィラメントが形成されないため細胞は丸くなって動けないが，高濃度側の細胞形質膜直下に先導端関連因子 (赤) は局在する．

ファミリータンパクが必要であり，これらが Rac などの低分子量 G タンパクによって活性化されて Arp2/3 複合体に結合すると考えられている．これら分子機構の詳細にはいまだ不明な点が多いものの，先導端形成を促進するこれらシグナル分子の局所的な活性化が，走化性においては細胞全体のただ一箇所，リガンドの高濃度側に，正確に決定される．

では，先導端の形成箇所はどのように決まるのであろうか？　細胞性粘菌においても好中球においても，走化性誘引分子が投入される前には膜上の受容体の空間分布に大きな偏りはない．したがって，対称性の破れは受容体の下流のどこかで生じていると考えられる．細胞内シグナルの空間的な偏りとしてよく知られているものに，誘引分子の濃度勾配の高濃度側で生じる PI3 キナーゼの活性化やその産物であるホスファチジルイノシトール 3 リン酸 (PI(3,4,5)P3) の増加がある．細胞性粘菌[2]と，好中球[3]では，ラトランキュリンによってアクチン重合を阻害した状況でも，誘引分子濃度の高い側でのみ，この反応が現れる（図 6.1b）．

刺激分子と走化性応答の関係は，PI(3,4,5)P3 に結合する PH ドメインに蛍光タンパク質を付けた融合タンパク質を用いて，PIP3 が形質膜へ局在する様子を定量化することで調べられる[4]．ラントランキュリン処理を施されて球状になっている細胞の，片側だけに PH ドメインタンパク質が局在する様子が三日月のように見えるため，この現象は crescent pattern と呼ばれている．この結果から，PH ドメインの膜移行の度合いは，誘引分子の絶対濃度ではなく，その勾配の「傾き」に依存するということが導かれた[4]．この分子動態は，「走化性の応答が誘引分子の濃度勾配の傾きによって決まる」という知見[5, 6]とも一致している． PI3 キナーゼ上流の Ras を活性化することでも crescent pattern は認められ，逆に Ras の欠損株においては細胞内シグナルの局在がほとんど見られない[7]ことから，GPCR の下流から Ras の活性化に至る経路のどこかで，「対称性の破れ (symmetry breaking)」が生じていると考えられる．

また，このようなパターンはアクチン重合を抑えた状況でも生じることから，走化性における細胞の方向決定の根底には，細胞内の極性 (polarity) や細胞運動に直接依存しない，何らかの「プレパターン」形成があると考えることができる．これを概念的に「方向検知」(directional sensing) と呼んでいる．ただし，アクチン重合を強く抑制するとパターンが消失するという報告[8]もあり，フィードバックのかかる系であることを考えると，卵が先か鶏が先か，簡単に割り切れない問題が残っている．

走化性「chemotaxis」と対をなす概念として，誘引分子によるランダム運動 (速度) の亢進「ケモキネシス (chemokinesis)」がある．これは，ケモカインによってランダムな方向に細胞が極性化 (polarization) し，ケモカイン濃度の高い方向に細胞先端が傾く「ステアリング (steering)」が起こることが，走化性の本質であるとする考えである[9]．

大腸菌の走化性は比較的研究が進んでおり，誘引物質濃度が上昇していれば方向転換の頻度が減り，逆に誘引物質の濃度が低下してくると方向転換の頻度が上昇する．このように大腸菌は物質濃度の時間変化を検出し，それによってバイアスのかかったランダムウォークを行って濃度勾配を上っていく（3 章も参照）[10]．一方，粘菌や好中球は，空間的にはほぼ定常的と思われる濃度勾配下でも走化性を示し，かつ細胞の運動を阻害した状態でもその応答が見られることから，大腸菌のように自らが動くことで濃度変化を読みとる仕組みを必要としないと考えられている[11]．しかし一方で，空間的な濃度勾配だけでは解釈しにくい振る舞いも知られている[12]．

細胞性粘菌は，餌であるバクテリアが枯渇すると飢餓シグナルであるcAMPを放出する．そして，それを受け取ったまわりの細胞がその放出をリレーするというプロセスによって，細胞間を伝わるcAMPの波が自己組織化的に形成される．細胞性粘菌はこのcAMP波の濃度勾配をたよりに集合し，多細胞組織を構築する（図 6.2a）．cAMP波の前面と背面では逆向きの勾配が存在するため，勾配を上る細胞運動が生じると，濃度変化は相殺されてしまうはずである．これは，波刺激の「走化性パラドクス[19, 20]」（図 6.2b）として知られ，未解決の問題であった．一見すると，これは細胞が何らかの不応期に入っているためと思えるが，これらの細胞は，誘引物質の元の位置を変えると，直ちに向きを変える，もしくは新たな仮足を形成する[21, 22]．また細胞の向き[23, 24]や，PIP3の局在[25]においても，誘引分子勾配の変化に瞬時に追従し，ほとんど不応期が認められない．不応期でないとすると，波の前側と後ろ側の違いを細胞は区別できている可能性がある[23]．これと関連して，誘引分子濃度が時間的に減少する勾配では一方向的な動きが見られない[6, 26]とする報告と，そのような違いは認められないとする報告[24, 27, 28]がある．なぜ結果が一致しないのか．細胞性粘菌が細胞状態の均一性をかなり高くできることを考えると，与えている刺激の時間的，空間的な変動が，再現性やその精度に差を生みだしているのかもしれない．好中球においても，fMLP濃度の時間的増減の影響が古くから指摘されているが，その詳細はいまだはっきりしていない[29-33]．

6.2.2 走化性の解析手法

これまでに述べた知見はどのような実験によって得られてきたのか，概観する．

準定常的な勾配への走化性を計測する系には，Boydenチャンバー[34]，Zigmondチャンバー[5]や

(a)

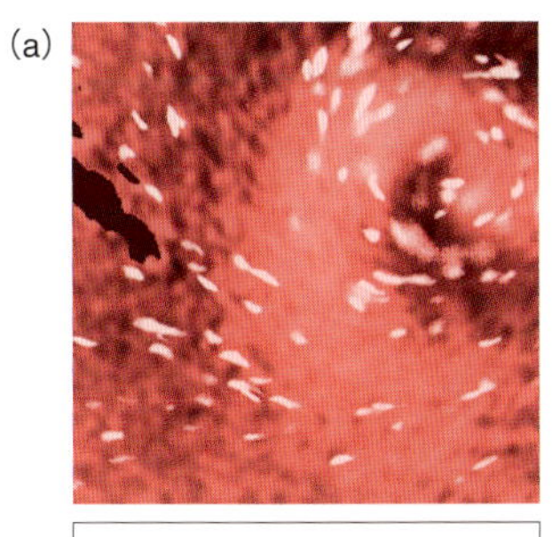

(b)

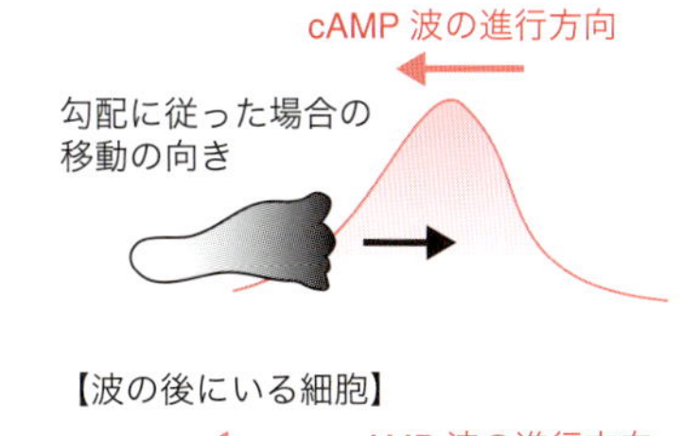

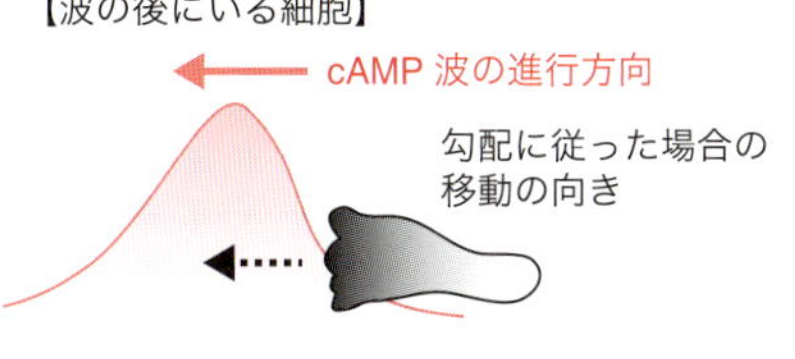

図 6.2 自己組織化する誘引場と走化性パラドクス

(a) 集合中の細胞性粘菌．ラセン状の進行波として細胞間を伝播する誘引分子 cAMP の濃度場（ピンク；細胞内 cAMP を Epac1camps により FRET 測定したもの．細胞内 cAMP は細胞外へ直ちに分泌される）と，それを手がかりに集合する細胞（白）．(b) 走化性パラドクス．進行波では勾配の向きが繰り返し変わるため，空間勾配の向きに従うだけでは，一方向的な移動ができないはずである．

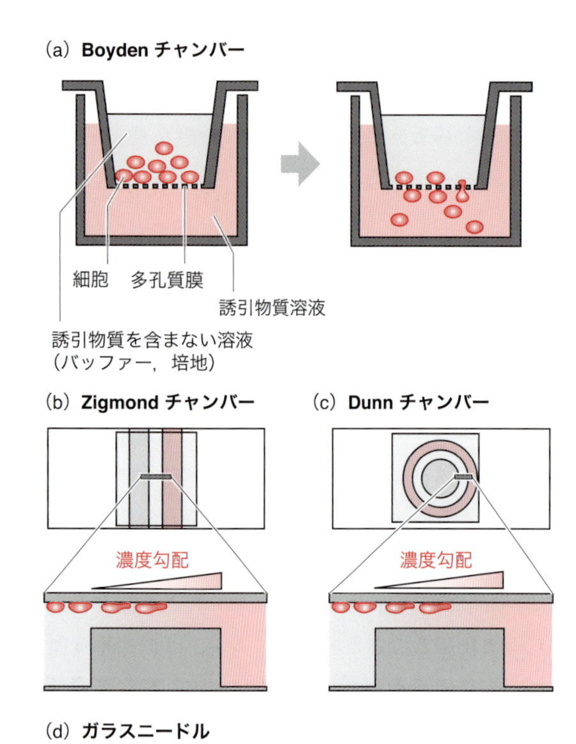

図 6.3　走化性解析の古典的手法
(a-c) 濃度勾配形成用のチャンバーの概観. Boyden チャンバー (a), Zigmond チャンバー (b), Dunn チャンバー (c). (d) ガラスニードルを用いた濃度勾配形成法.

Dunn チャンバー[35]などが知られている (図 6.3).

Boyden チャンバーは，孔径が数ミクロン程度の多孔質フィルターを円筒状のホルダーに貼った上層チャンバーと，これを浸けるための下層チャンバーからなる (図 6.3a). 上層チャンバーには誘引物質を含まないバッファー (または培地) を入れ，フィルターの上に細胞を乗せる. 下層チャンバーには誘引物質を入れ，上層チャンバーをここに浸けることで，二つのチャンバー間に誘引物質の濃度勾配が形成される. フィルターの表面から裏面へ移動した細胞を数えることで遊走能を調べることができ，非常に簡便である. フィルターにマトリックスなどを足すことで，がん細胞が組織中を浸潤する能力のアッセイ[36]などにもよく用いられている. 一方，細胞の形状や運動の軌跡を顕微鏡下で観察することには適していないため，遊走がいわゆるランダム運動の上昇 (ケモキネシス) によるものなのか，あるいは一方向的な運動 (chemotaxis) によるものかはわからない. また，動的な勾配について解析するためにフィルターを出し入れして遊走を計測した報告[29, 37]もあるが，勾配の形や時間変化の速さに関する定量性に乏しく，誘引分子濃度の時間的な変化によって細胞が動いたのか，空間的な勾配で動いたのかを判別するのは困難である[38].

Zigmond チャンバーは，スライドガラスに直線状の溝を2本つくり，その間にあるブリッジの高さをスライドガラス上面から少しだけ低くした構造になっている (図 6.3b). 細胞をのせたカバーガラスをひっくり返して溝の上に渡し，カバーガラスがずれないよう固定したのちに，片方の溝にバッファーを，もう片方の溝に誘引分子を含むバッファーを入れると，拡散によってブリッジ上に濃度勾配が形成される. この系では，細胞を顕微鏡下で直接観察でき，誘引物質と一緒に蛍光分子を入れておけば，蛍光分子の広がりから推濃度勾配を定できる. その一方で，チャンバー側面が空いているので流れが生まれやすく，勾配が乱れやすい. 濃度勾配を時間的に変動させるには，溝に入れる分子を交換する必要があるが，操作によって勾配が乱れてしまう. また，うまく溶液を交換できたとしても，拡散によって濃度勾配が定常状態に達するまでに，チャンバーの形状によっては数十分を要してしまう. Zigmond チャンバーを改良した Dunn チャンバーでは，溝が円環状に掘られており，カバーガラスで系を完全密封することができる. 扱いに慣れれば濃度勾配が乱れにくいため，現在でもよく用いられている[39, 40]. その反面，グリスによる密封や余分な水分の拭き取り方など訓練を要する. また，当然のことながら，濃度勾配を時間的に変動させたい実験には不向きである．また，油浸レンズによる高倍率観察では，カバースリップに圧力がかかることで勾配が乱れる恐れがある．この欠点を解消するチャンバーも近年考案されている[41)]．

そのほかに勾配を安定させる手法として，アガロースゲル中に筒を貫通させ，その中へ刺激分子を送液して線形の勾配を形成させた報告がある[6)]．同様の発想で，誘引分子を含んだ寒天片を刺激源とし，この寒天を交換したり移動させたりする手法もある[42)]．ゲルを利用するため勾配を安定に保ちやすいが，勾配のすばやい切替は難しい．

さらに，よりすばやい変化を与えられる方法として，細く引いたガラス管(ガラスニードル)に誘引物質を詰め，そこから拡散によって滲みださせることによって濃度勾配を形成させる方法がある[21, 22)](図３d)．この方法の利点は，マニピュレーターを使ってガラスニードルを任意の場所に置くことで，刺激の投入位置を秒スケールで切り替えられることである[25, 43)]．顕微鏡下での高倍率ライブセルイメージングとの相性も良いことから，汎用されている．一方で，流体的な効果や，ガラスニードル先端の形状などに勾配の形が依存するため，濃度勾配の形が不安定で再現性に乏しいことや勾配の時間変化を制御しにくいという欠点がある．

この他にも，細胞性粘菌は寒天上で移動できるため，細胞の懸濁液を寒天上に落とし，その横にcAMPの液滴を落として細胞の配置の偏りを見るdrop assayという方法がある[26, 44)]．cAMPの分解酵素を用いることで濃度変化をつけられるものの[26)]，形成できる濃度勾配のプロフィールなどが限定的である．

以上をまとめると，チャンバーは濃度勾配を再現よく形成させるのに向いている反面，勾配は切り替えにくい．一方，ガラスニードルを用いる方法は，勾配を切り替えやすい反面，勾配が安定しないという特徴がある．勾配を安定させることと，すばやく切り替えることは，両立しにくい性質なのである．

6.3 微小流路・層流を用いた濃度勾配形成

濃度勾配のすばやい切り替えと，勾配形状の安定性を，共に満たす手法はないだろうか．近年では，微細加工によって形成したチャンバー内の流体を用いるアプローチ，いわゆるマイクロ流体デバイスが注目されている[45-47)]．

水溶液は微小な空間では高い粘性を持ち，流れが乱れにくい．そのため微小流路では層流(laminar flow) が形成される．例えば図6.4(a)のように二つの口から送液すると，それぞれの液体は並行に流れ，下流に行くにしたがって，層流間の分子の拡散によって濃度勾配が形成される[45)]．線形の濃度勾配をつくりたい場合は，図6.4(b)に示すような，ツリー型の流路が有用である．ここでは，刺激分子の高濃度溶液と低濃度溶液を別べつの流路から流し入れ，その中間に流路を分岐させて，そこに２本を混合した溶液を流すことで合計３本とする．こうした流路の分岐と隣り合わせの流路の液の混合をもう一度繰り返し，流路を３本から５本としたものから，並列に送液された刺激分子は，ほぼ線形の濃度勾配をなす[48, 49)]．勾配が定常で顕微鏡下での観察が容易なことから，細胞性粘菌[50)]や免疫細胞の走化性を詳しく見る解析に用いられてきた．また，まったく同じ手法を細胞外基質ラミニンの基板上へのコーティングに利用することによって，基板上でのラミニン密度勾配の細胞への作用を調べた報告もある[51-53)]．

このようにして形成させた勾配は時間的に変化させにくいが，二つのツリー型流路を並列に起き，これらの間を切り替えることで，勾配を切り替えた例がある[54)]．層流では分子の交換があるため，こうした切り替えが早くできる利点がある一

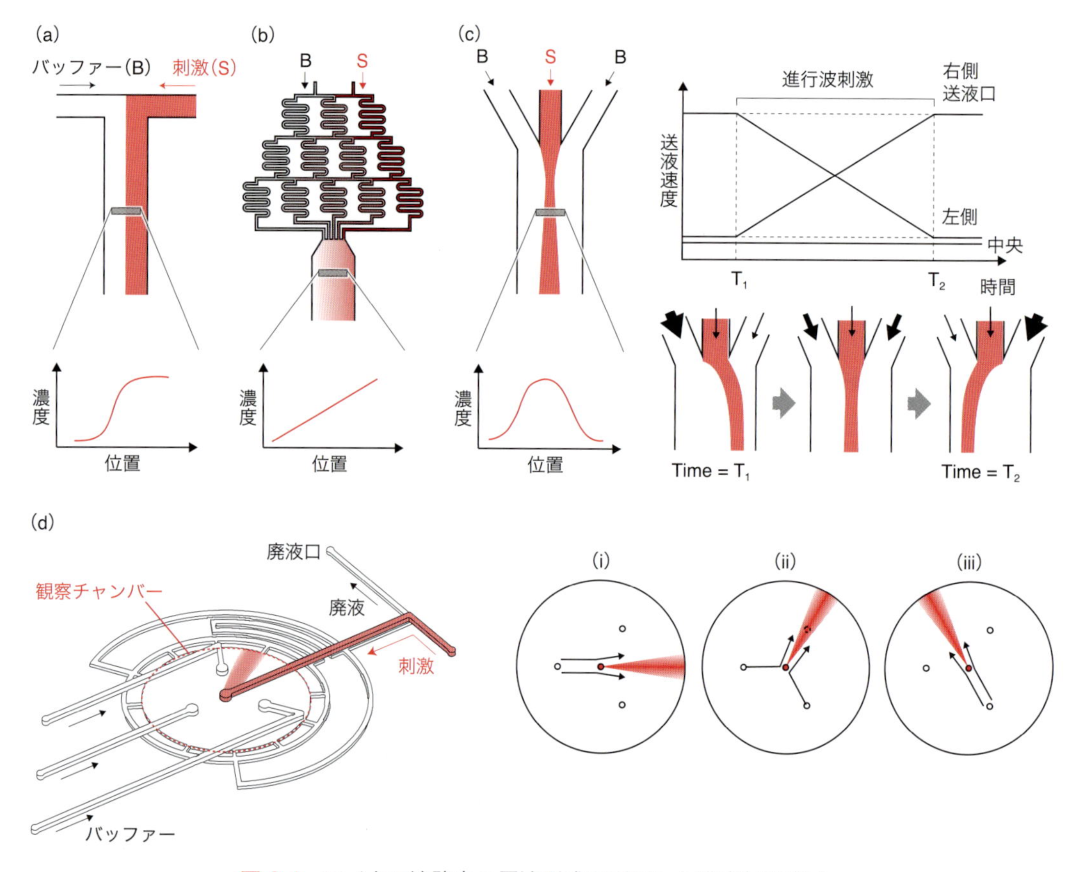

図 6.4　マイクロ流路内の層流形成を利用した濃度勾配形成

(a) T字型流路による濃度勾配形成．(b) ツリー型流路による線形の濃度勾配形成．(c) 三つの送液口を持った流路における濃度勾配形成とその制御．定常的な１山型の濃度勾配形成（左側）．送液速度の調節による濃度場の制御（右側）．右口からの送液速度を大きくすると山の位置が流路の左側に寄せられ，左口からの送液速度を大きくすると山の位置が流路の右側に寄る．(d) 360°全方位への層流形成を実現するライトハウス流路．流路の模式図(左)と，層流制御による一山型の濃度勾配の転回(右)．

方で，スイッチの不連続性により，どうしても刺激分子の濃度プロフィールの過渡的な乱れが入ってしまう．そこで，線形勾配にこだわらなくとも良い場合は，二口や三口の送液口によって層流を形成させれば良い[55, 56]．例として，三口の微小流路を見てみよう（図 6.4c）．誘引物質である cAMP を中央の送液口から，脇の二つの送液口からは cAMP を含まないバッファーを流したとする．両脇からの送液を中央からの送液より速くすると，両側の層流によって誘引物質の空間的な分布が狭められ，一山型の勾配が形成される[57]．この手法は，流体力学的絞り込み (hydrodynamic focusing) と呼ばれ，両脇からの送液速度を上げれば山が狭くなり，逆に遅くすると山の幅が広くなる．さらに，両脇の口からの送液速度の和を一定に保ちつつ，右側のチャネルからの送液速度を大きくすると，一山型の勾配プロファイルを保ったまま，山の位置をチャンバーの左側に寄せることができる．この際，中央の送液速度は一定に保っている．この条件から始めて，今度は単位時間当たり一定の割合で，片方の送液速度を減少させながらもう片方を上昇させると，一山型の cAMP 勾配をチャンバーの片側からもう片側へと一定速度で動かせる（図 6.4c の右側）．また，流速比をすばやく切り替えることで，細胞に与える勾配の向きをすばやく反転させることも可能である．

その他にも，両側から cAMP 入りのバッファー，中央から cAMP なしのバッファーを送液すれば，谷型のプロフィールを形成でき，この場合も，両側からの cAMP の送液速度を時間的に切り替えることで，勾配の向きを反転できる．

こうした実験では，気液界面の圧力制御による送液装置などを用いて，流速制御を正確にすることが望ましい．一般的なシリンジポンプを使うと脈流がのりやすいため，流速条件やチャンバーの形状など流れが乱れないようにする工夫が必要である．単調増加もしくは減少する勾配で良いならば，二つの送液口があれば十分で，T 細胞のケモカインへの走化性[58, 59]などの解析にも用いられている．

この他にも，層流形成用の微小流路をマニピュレーターに搭載し，細胞の動きに合わせて微小流路の位置をフィードバック制御し，いつも細胞が同じ勾配を感じているようにした報告がある[33]．デバイスやステージの移動によって勾配が乱れやすいが，開放された空間で使用できるので，閉流路に入れづらい細胞や大きい組織などに使えるといった利点がある．

ここまで紹介した，層流ベースのアプローチでは，微小流路で形成させた層流は一方向に固定されていた．誘引分子の濃度勾配は，層流に直交する方向に形成されるため，濃度勾配の向きもまた，ある一つの方向に決まってしまっている．これでは，任意の方角に濃度勾配の向きが変わった時に，細胞の向きがいかに正確に追従するか実験解析することが難しい．そこで，最近筆者らは，層流や勾配の向きも変化させられる微小流路を開発した（図 6.4d の左）．流路は上層と下層の二層からなり，下層には細胞を張りつかせ，濃度勾配を形成させる円形チャンバー，上層は円形チャンバーへの送液路を構成する．円形チャンバーの天井部には，中央に誘引分子の導入口，それを取り囲むように三つのバッファー導入口が配置され，それぞれが上層の送液路につながっている．中央の導入口から誘引物質である cAMP を，周りの導入口からは cAMP を含まないバッファーを流したとする．誘引物質を一定速度で送液しながら，これよりもずっと速い速度で左側の口からバッファーを送液すると，円形チャンバーの中心付近で層流は右を向き，それとは垂直の方向に，一山型の濃度プロファイルが形成される（図 6.4d の右）．さらに右下からもバッファーを送液すると層流は右上に向き，右下の口だけから送液すると層流は左上に向く．バッファーの送液を右下と右上，右上と左の口の組み合わせについても同様の制御を行えば，層流を 360° どの向きにも向けることができる．これによって，前述の三口の流路では方向が固定されていた濃度勾配に自由度が与えられることになる．前者では，進行波の伝播が 1 軸に限定されていたが，この新規デバイスを用いれば周期的な回転波を生成できる．刺激の向きをあたかも灯台（lighthouse）のように操れることから，筆者らはこのデバイスを “Microfluidic-lighthouse” と呼んでいる[60]．さらに，この基本要素（モジュール）を二つ組み合わせたデュープレックス流路を使えば，注目している領域に 2 方向から濃度勾配を提示したり，勾配を時間的に切り替えることもできる．また，誘引分子のケージド化合物の光アンケージングと組み合わせることで，刺激の導入箇所を指定でき，その結果 360° のどの方向に対しても濃度勾配を提示できる．この新規デバイスを含めた，微小流路と層流ベースのアプローチでは，濃度勾配の再現性と，勾配の位置や向きのすばやい切り替えを両立できる．目的に応じて適切な微小流路の実験系を選ぶことで，這いまわる細胞の運動や細胞内シグナル分子の動態のように，秒オーダーの速い時定数の現象を定量的に解析できるようになる．

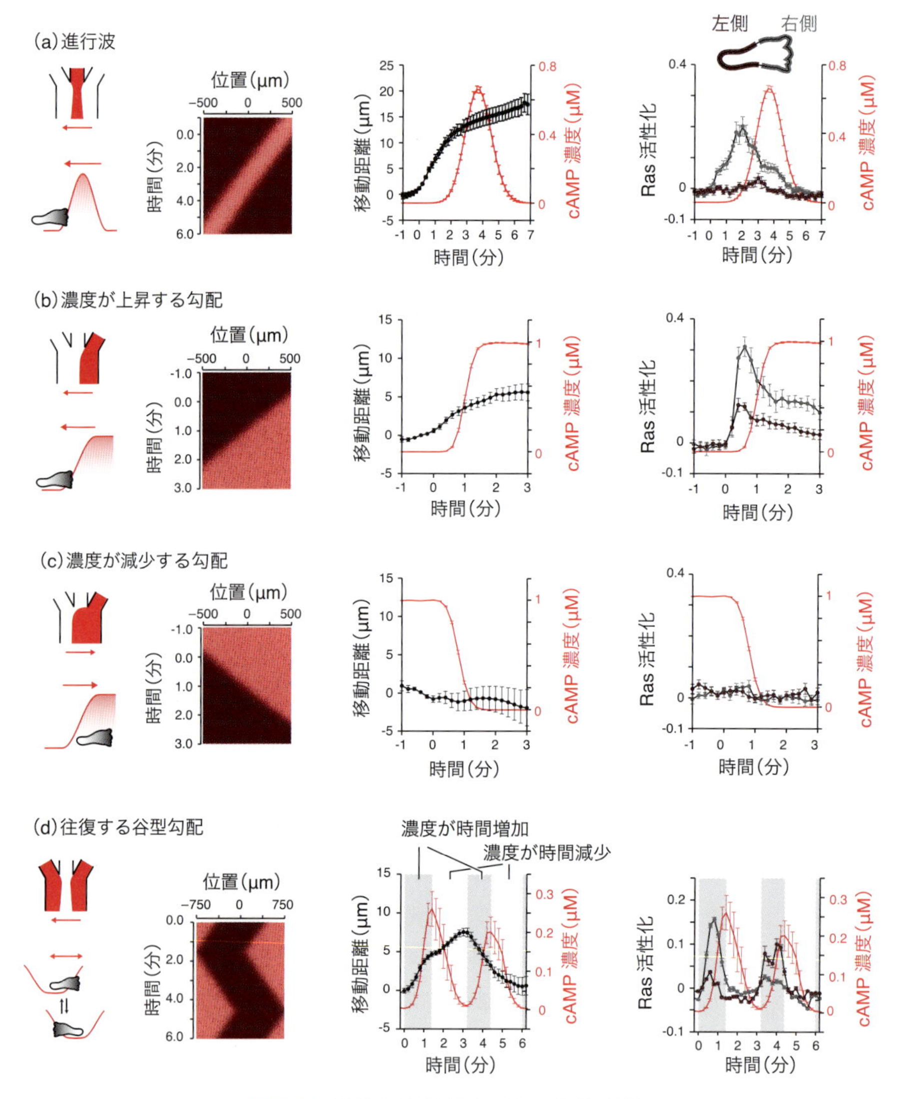

図 6.5　動的な誘引場中での走化性応答

(a-d)三つの送液口をもつ流路を用いて形成したさまざまな動的濃度勾配と，それに対する細胞応答．フルオレセインの緑色蛍光(本図ではピンク色)で勾配を可視化している．一山型の進行波 (a)，濃度が上昇するだけのフロント進行波 (b)，濃度が単調減少するだけのバック進行波 (c)，往復する谷型の進行波 (d)．(左パネル)送液条件の模式図と濃度場のキモグラフ．(中央のグラフ)各濃度勾配刺激の元での細胞移動の様子．(右グラフ)Ras の活性化．Ras の活性化は細胞右側半分 (灰)および左側半分 (黒)における RFP-RBD の膜局在で評価している．cAMP 濃度は赤色で示す．

6.4　進行波刺激に対する先導端形成の応答特性

細胞性粘菌 *Dictyostelium discoideum* は，周囲の栄養が枯渇すると走化性誘引物質 cAMP の一過的な生成と放出のタイミングが同期して，細胞外 cAMP 濃度が 5 ～10 分の周期で振動するようになり，この振動は約 1 mm 間隔の波として 100 ～400 μm/min の速度で伝播する．波は同心円やラセンの形状をとって中心から広がる方向に伝播し (図 6.2a)，この情報を頼りに (走化性)，数万個のアメーバ細胞が集合する．

細胞性粘菌の細胞外 cAMP 濃度は，放射性同位体との競合的結合に基づいたオートラジオグラフによって測定された例があり[15]，その振れ幅は，下限のゼロ近くからピーク値は約 1 μM 程度と推定されている[61]．そこで上述の手法を用いて，細胞性粘菌の集合前期を模すような cAMP 波刺激（振幅 1 μM, 波長約 850 μm，伝播速度 2 μm/sec）を与えたところ，チャンバー内の細胞は，波の進行方向とは逆の方向に移動した（図 6.5a）．波の形状は空間的に対称的である．また細胞は，ほぼ隔離されているくらい低密度の状況に置かれている．したがって，cAMP の進行波に向かう細胞移動は，波の前面と背面の傾斜の違いや，細胞間接着などを介した細胞間の相互作用を必要としないと考えられる．

6.1 節で述べたように，走化性における細胞の一方向的な動きというのは，形質膜とそれを裏打ちする近傍の領域(細胞表層，cell cortex)において先導端となる部分が，いかにして細胞全体でただ一つ，かつ正確にリガンドの高濃度側に決定されるかという問題に他ならない．

先導端形成のイベントを可視化するには，形質膜上における低分子量 GTPase の活性化が広く用いられている．図 6.5(a) の右側のパネルに，GTP 結合型の Ras との親和性の高い Raf1 タンパクの，Ras 結合ドメインと赤色蛍光タンパクとの融合タンパク（RFP-Raf1RBD）を恒常的に発現させた細胞性粘菌のタイムラプス画像解析例を示す．進行波の前端では，勾配に向かう側の形質膜に RFP-RBD が多く局在する一方で，進行波の背面ではあまり見られない．興味深いことに，波の伝播速度を遅くすると，細胞の走化性運動は波の前面だけでなく，背面でも見られるようになる．逆に，波の伝播速度を速くすると，細胞はほとんど動かなくなる．つまり，走化性応答が時間変化の正負に依存する現象は，ある中間的な時定数の進行波刺激でのみ生じる特性なのである．

細胞は波の前面と背面をどのように区別しているのであろうか．図 6.5(b, c)のように，中央のチャネルの代わりに右側のチャネルから刺激を投入すると，細胞を台地の形状に分布させることができる．一山形の分布と同様に，これを一方向に動かすと，濃度が低いところから高いところへ上昇する斜面においては Ras の活性化が cAMP 濃度の高い側で生じ，細胞は高濃度側へ移動する．逆に cAMP 濃度が高いところに十分長い時間順応させたのちに濃度が時間的に減少している斜面に細胞をおいても，膜付近の RFP-RBD は一様に分布したままで，細胞移動もあまり見られない．同様のことは，谷型の刺激を左右に往復させた際についても観察される（図 6.5d）．また，cAMP の平均濃度が時間的に上昇している局面においては，Ras の活性化が cAMP 濃度の高い側で生じ，細胞は高濃度側に向かって移動するが，cAMP の平均濃度が時間的に減少している局面においては，RFP-RBD の平均濃度や分布にほとんど変化が確認できず，また細胞移動もあまり見られない．これらの観察から，細胞が一方向に運動できる性質は cAMP 濃度の「時間的な」上昇に依存していることが示唆される．

6.5　先導端形成のモデル

前述の通り，「進行波の前面でのみ一方向的な運動が生じる」という性質は，波が中間速度で伝播するときのみに見られる性質であった．波の伝搬速度を速くしていった極限では，細胞はほとんど動かない．これは，細胞に対して空間的に一様な刺激を急激に(ステップ的に)与えた状況に近づいていると考えられる．実際に刺激を空間的に一様に与えると，形質膜全体で Ras の活性化やアクチンの重合化が促進し，一過的に先導端のような状態になる．この応答は一過的であり，刺激が継続的に与えられていると F アクチンのレベルは刺激前の状態に戻る．これは適応的な応答であるといわれる．このような一様刺激に対するセカンドメッセンジャーやFアクチンの適応的な応答は，細胞性粘菌だけでなく免疫細胞にも共通して見られる特徴である[62, 63]．

応答の適応性がなぜ必要かはさておき（このことは後述する），先導端形成を記述するモデルは，一様刺激に対して適応的な応答を示すことが期待される．適応的な応答を実現するネットワークモチーフは，一般に二つ考えられる[64]．一つは，刺激Sによって先導端形成因子の濃度が上昇し，その結果，これを逆に抑える抑制因子濃度が上昇するという，いわゆる負のフィードバック制御によるものである．もう一つは，刺激Sによって，先導端形成因子Rを促進する因子Aと抑制する因子Iの両方の濃度が増えるとするフィードフォワード型のものである（図6.6a）．後者では，IよりAの上昇の方が速く起こると仮定しているため，一様なステップ刺激があると，応答Rははじめ A により上昇し，その後，Iによりもとのレベルまで下がる（図6.6b）．Sの濃度に依らずRの定常状態が必ず一定である場合には，それを完全適応（perfect adaptation）する系と呼ぶ[68]．

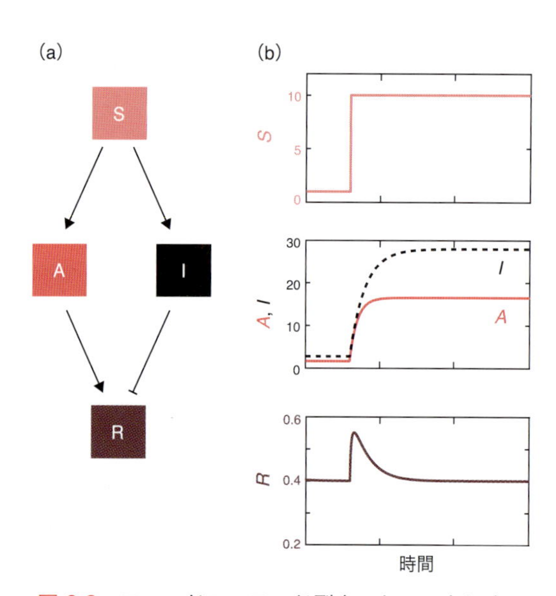

図6.6　フィードフォワード型ネットワークによる適応的応答

(a)適応的応答を実現するフィードフォワード型のネットワーク．(b)ステップ刺激に対する適応的な応答．刺激 S（上側のパネル；薄赤）の上昇を受けて，促進因子 A（中央のパネル；赤）が抑制因子 I（中央のパネル；黒）よりも先に濃度が上昇して定常状態に達する．A, I がともに刺激 S に依存するため，S が上げ止まっていても，先導端形成因子 R（下側のパネル；茶）は，一過的な上昇ののちに定常状態を回復する．

大腸菌の走化性では，誘引物質の時間的上昇，減少に対して鞭毛の回転運動の反転頻度が適応的に変化することで，相対的な濃度変化を時間的に捉えて動く向きがバイアスされている．大腸菌の場合は，適応応答は受容体とその下流のいわゆるレスポンスレギュレーターによるフィードバック系によって実現されている[65]．一方，細胞性粘菌においては，一様なcAMP刺激の絶対濃度を上げて応答のピークが大きくなっても適応の時定数がほとんど変わらず，これはフィードフォワード型の性質に合致していると考えられている[66, 67]．

フィードフォワード型の適応系

$$\left.\begin{aligned}\frac{\mathrm{d}A}{\mathrm{d}t} &= k_A S - \gamma_A A,\\ \frac{\mathrm{d}I}{\mathrm{d}t} &= k_I S - \gamma_I I,\\ \frac{\mathrm{d}R}{\mathrm{d}t} &= k_R A(R_T - R) - \gamma_R IR,\end{aligned}\right\} \tag{6.1}$$

を考えてみよう．この系では，促進因子濃度 A と抑制因子濃度 I の比 $Q = A/I$ が系の振る舞いを理解するうえで重要な指標となる．式（6.1）の第1，2式で定常状態を仮定すると，Q は S に依存せず$\left(Q = \frac{k_A}{\gamma_A}\frac{\gamma_I}{k_I}\right)$，系のパラメーターによって決まることがわかる．また，式（6.1）の第3行目から，

$$R = R_T \frac{Q}{Q+(\gamma_R/k_R)}, \tag{6.2}$$

であることから，R の値は初期条件や S の値によらず，やはり系のパラメーターでのみ決まる値を持つ．今，$k_A > k_I$ の状況を考えると，S の上昇によってはじめ A が上昇し，その後，I も遅れて上昇する．この結果，応答 R ははじめ A によって増加するが，その後 I の効果によって減少に転

じ，最終的には式(6.2)の定常状態を回復する．

先導端形成の応答については，このモデルに空間的な効果を組み入れる．

$$\left.\begin{aligned}\frac{\partial A}{\partial t} &= k_A S - \gamma_A A + D_A \frac{\partial^2 A}{\partial x^2}\ ,\\ \frac{\mathrm{d}I}{\mathrm{d}t} &= k_I S - \gamma_I I + D_I \frac{\partial^2 I}{\partial x^2}\ ,\\ \frac{\mathrm{d}R}{\mathrm{d}t} &= k_R A(R_T - R) - \gamma_R IR + D_R \frac{\partial^2 R}{\partial x^2}\ ,\end{aligned}\right\}\quad(6.3)$$

ここでは細胞を1次元の区間で近似した．Levchenko と Iglesias らは，促進化因子 A の効果は空間的に限定され局所的であるが，抑制化因子 I はすばやく細胞内に広がり細胞全体に及ぶとする Local Excitation Global Inhibition (LEGI) 機構を提案した[4, 68, 69]．このモデルでは，A は細胞外リガンドの濃度勾配に従って細胞内で濃度勾配を形成するが，I は細胞全体で平均化され常に均一であるとする（$D_I \gg D_A \approx 0$）．この仕組みに従うと，R の定常状態はおよそ A と I の濃度比で決まるため，刺激 S の濃度の相対的な違いが，応答 R の空間的な分布に変換されることがわかる．このように LEGI 機構は定常状態において，誘引物質がいかなる絶対濃度にあっても，その空間的な濃度勾配を細胞内の R の勾配に変換することができる．もちろん，刺激 S は受容体との結合に実際には依拠しているため，そのような現実性を含めると，相対的濃度変化の検出は有限の濃度領域に限定される．

LEGI 機構における定常状態，つまり応答が適応して漸近する状態は，誘引分子の空間的濃度勾配の検出をうまく表現していることがわかる．一方，一様刺激を与えた際に見たように，過渡状態においては単峰的なピークを持つより大きな出力が一過的に見られる．言い換えると，LEGI 機構は一様な刺激の時間的変化を，R の一過的な上昇に変換し，定常的な刺激濃度の空間的違いを，細胞内の R の空間的な違いへと変換できるのである．この性質は，細胞性粘菌と好中球の性質をよく説明している[66, 67]．では，進行波刺激のように時間的変化と空間的変化が同時に生じている場合，LEGI 機構から予想される振る舞いとはどのようなものであろうか．進行波刺激への走化性応答を思い出してみると，速い波に対しては一方向的な運動が見られず，中間速度では波の進行方向と逆向きへの移動，遅い波に対しては，波の前面で波に向かって移動し，背面では波を追うように移動した．波の進行速度を速くした極限においては細胞のどの位置にも刺激がほぼ同時に加わるため，これは一様刺激と同様の応答であることが推察される．一方，波の進行速度を遅くしていくと，濃度勾配がほぼ定常的に細胞に与えられている状況に近づくため，これを LEGI 機構で解釈するならば，定常的な応答に相当するだろう．したがって，われわれが最も興味を持っている現象である，中間速度の波に対する一方向的な運動を LEGI 機構で解釈するならば，時間的応答と空間的応答が組み合わさる中間的な条件に当たることがわかる．

上記の考察を踏まえて，一様刺激と進行波刺激に対する基本的な LEGI モデル応答のシミュレーション結果を見てみよう（図 6.7）．先ほどと同様，一様刺激では時間変化に対する適応的な応答が見られる．注目すべきは，時間的に濃度上昇する刺

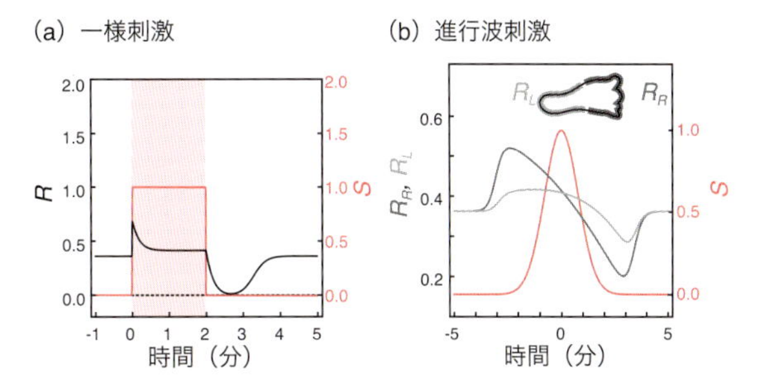

図 6.7　局所活性大域抑制(Local-Excitation-Global-Inhibition, LEGI)モデルの振る舞い
一様刺激(a)および進行波刺激(b)に対する LEGI モデルの振る舞い．刺激 S の時間変化を赤色で示す．

激に対して，R が一過的に上昇するという振る舞いを示すだけでなく，時間的に減少する刺激に対してもRが下がるという負の応答を示す点である．このような応答の対称性は，中間的な進行速度の波の前面と背面に対する応答においても見られる．波の前面では，細胞の波がやってくる側において A と I の上昇が先に始まるので，そちら側で R が上昇する．波の背面では，波の前面で先端だった側に「負の刺激」が先に到達し，A と I の減少が先に始まる．この結果，先端だった側がより後端的な特徴を持ち，細胞の逆側では I の減少が A の減少に打ち勝つためより前端的な特徴を持つ．このように，基本的なLEGIモデルでは，波の前面における前進と，波の背面における後戻りが予想され，実験で見られるような一方向的な運動は生じない．

実際の細胞に目を向けると，Rasの活性化やアクチン重合は，cAMP濃度の時間変化が正の場合のみ一過的に上昇し，負の場合はほとんど変動しない．したがって，負の応答を示さないための仕組みがLEGI機構自体もしくはそれに付随して存在することが予想される．最も簡単な拡張として，LEGIモデル(式(6.1)および(6.3))の R の反応式を，ミカエリス-メンテン型の酵素反応で書き表す[70-72]．

$$\frac{\partial R}{\partial t} = k_R A \frac{(R_T - R)}{K_A + (R_T - R)} - \gamma_R I \frac{R}{K_I + R} + D_R \frac{\partial^2 R}{\partial x^2} \ .$$

係数 K_I が十分小さく I が少量あれば，R の抑制に十分であるという条件(ゼロオーダー制御)に近づけると，R のベースレベルはゼロ近くに位置し，濃度変化が正の入力には強い一過性応答を示すが，負の入力に対しては応答しない(図6.8aの最下段)．電気回路とのアナロジーから，これを整流作用（rectification）と呼んでいる．Q の関数として R の定常状態を描くと，図6.8(b)のような非線形性の強い入出力応答が実装されることになる．この拡張されたLEGIモデルのシミュレーションを図6.8(c)に示す．さまざまなcAMP入力に対するRas応答を再現することがわかるだろう．整流作用を実現する強い非線形性

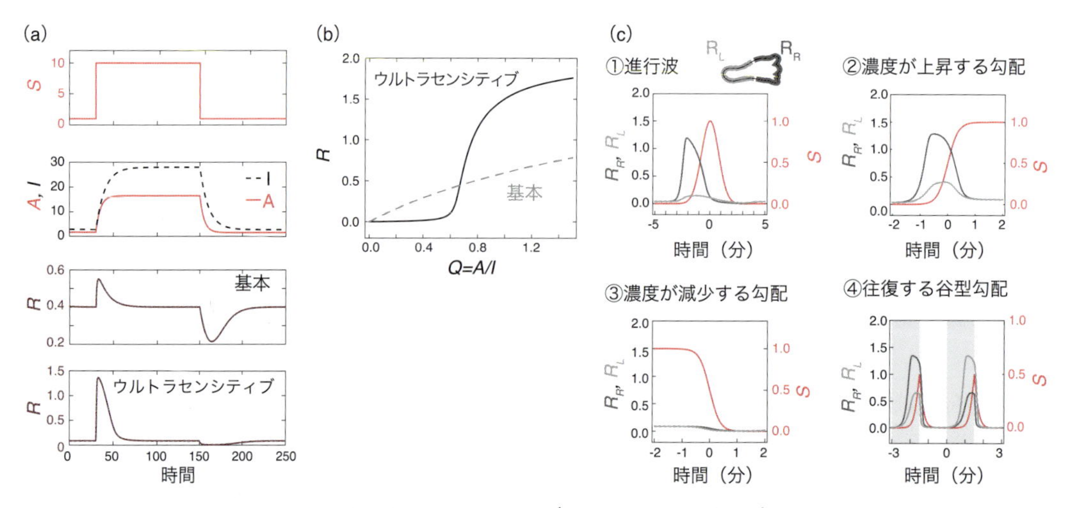

図6.8　ウルトラセンシティブLEGIモデルの振る舞い
(a)一様刺激に対するウルトラセンシティブLEGIモデルの振る舞い．刺激 S の時間変化入力(上段)に対する促進因子 A（上から2段目；赤線)と抑制因子 I（上から2段目；黒点線)の時間変化．基本的なLEGIモデル（下から2段目)およびウルトラセンシティブLEGIモデルの応答（一番下)．(b)LEGIモデルの入出力応答．基本的なLEGIモデル（灰色点線)，ウルトラセンシティブLEGIモデル（黒実線)．(c)動的な刺激に対するウルトラセンシティブLEGIモデルの振る舞い．①進行波，②濃度が上昇する勾配，③濃度が減少する勾配，④往復する谷型勾配．文献72より転載．

は，zero-order ultra-sensitivity といわれる強い協同性[73]に依拠しているため，これを ultra-sensitive LEGI と呼ぶ．現在のところ，非線形性の起源がこのようなゼロ次の超感度性によるのか，その他の要因[74]によるのかはわからない．

興味深いことに，比較的未分化の細胞では Ras 活性のベースレベルが刺激前の状態ですでに一部上昇しており，刺激濃度の空間的に一様な減少に対して負の応答が見られる[72]．そのような細胞では進行波刺激の背面において逆戻り運動が観察され，シミュレーション結果との高い整合性が見られる．

拡張 LEGI モデルに基づいた解析によると，応答は刺激の時間変化$\partial S / \partial t$と空間勾配$\partial S / \partial x$によって

$$R(S)=R\left(\frac{a}{S}\frac{\partial S}{\partial t}+\frac{b}{S}\frac{\partial S}{\partial x}\right),$$

と近似できる．ここで，係数aはIとAの応答の時間差，bは細胞の半径である．したがって，右辺の$\frac{a}{S}\frac{\partial S}{\partial t}$と$\frac{b}{S}\frac{\partial S}{\partial x}$の絶対値の比は，$R$が$S$の時間的変化と空間的変化のどちらにより強く依存しているかを示す指標となる．進行波が速度vで移動したとすると，より，vが大きければ時間応答が，小さければ空間応答が支配的になる．ちょうどこの比が 1 になる速度$v_c = b / a$は時間変化と空間変化の情報が同程度の寄与をすることになり，細胞性粘菌の場合は$a \sim 5$秒，直径$2b \sim 15$ μm として，$b / a \sim 90$ μm/min となり，これは，一山型の進行波の背面で細胞が刺激分子濃度の高い側へ後戻りするように動きはじめる条件と一致する．つまり，進行波刺激に対して一方向的な動きが出現する状況では，時間応答が主であることがわかる．

では，時間的変化の検出は，いかにして一方向的な移動へと変換されるのだろうか．上記の議論によると，中間速度の進行波を検出する時間スケールでは，過渡的な応答が利用されているはずである．進行波速度が速すぎると一様応答となるが，これが遅くなっていくと，細胞の片側で応答が先行して生じるようになる，その逆側に刺激が到達すると同様の応答が生じるはずだが，抑制因子Iは拡散によってすばやく広がっているので，Aより先にIが上がっている状態となり，結果としてRの上昇に結びつかない．最初に刺激を受けた側が先端となる，これを first-hit 機構と呼ぶ．First-hit による先導端形成は，古くから好中球でその可能性が示唆されており[12, 75]，また細胞性粘菌においても，それを前提としたモデルが提案されていた[76]．しかしながら定常的な濃度勾配への応答を両細胞とも示すことや，応答の適応性と両立が不明のため，長い間否定的に考えられてきたのである．ところが思いがけないことに，LEGI 機構の過渡応答においては，まさに first-hit 機構が実現されるというのが今回の考察の帰結である．First-hit は抑制因子が刺激より先回りすることで実現され，波の速度を上げていくと，抑制因子が細胞内を伝わる速度に打ち勝ち始める．抑制因子が先回りできなくなると，一様刺激で見られるように細胞の表面全体で先導端が一過的に生じる．LEGI 機構は，空間勾配検出と first-hit 検出の両方を説明できるのである．

6.6 先導端形成応答と履歴・記憶・極性

これまで述べた進行波刺激の実験解析結果は，細胞に波刺激を 1 回だけ与えた場合であった．しかし実際の細胞性粘菌の集合過程では，cAMP は周期的に繰り返されるラセン状の波としてやってくる．このような場を模すことは 1 次元的な三叉流路では難しかったが，前述のライトハウス型デバイスでは容易に実現できる（図 6.9a）．実際に解析してみると，1 回目から 2 回目の波に対しては，これまで議論してきたように細胞の移動は

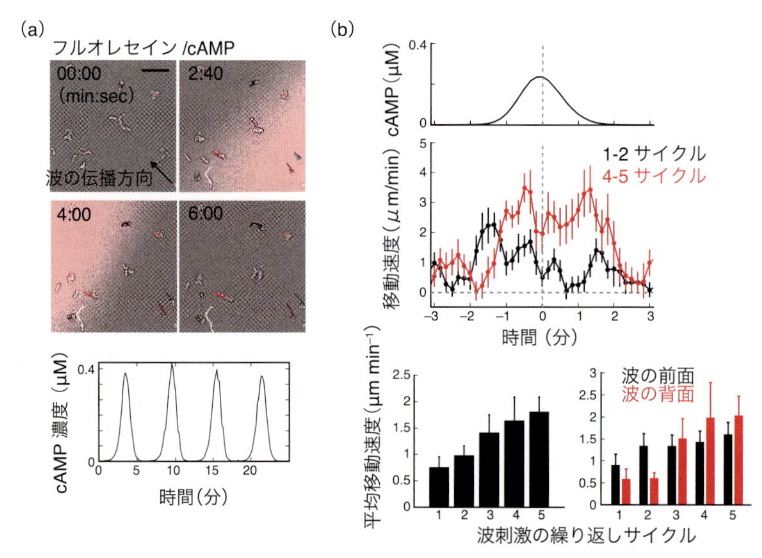

図 6.9　全方位勾配形成流路「ライトハウス」を使った周期的な波刺激，方向転換実験①

(a) 周期的な波刺激の形成．刺激の様子のスナップショット（上段；透過光像（灰）と cAMP の分布 (フルオレセインはピンク色). cAMP の平均濃度の時間変化（下段；チャンバー中央から 1 時の方向に 800 μm の位置）．(b) 6 分周期で与えた進行波刺激に対する細胞移動の変化．cAMP 濃度の変化（上段），進行波刺激 1 － 2 回目と 4 － 5 回目における細胞の移動速度（中段），波の前面，背面における細胞移動の刺激繰り返し依存性（下段）．文献 60 より転載．

主に波の前面で起こる．ところが興味深いことに，波をさらに繰り返し与えていくと，波の背面においても，細胞は波の前面の時と同じ方向へと積極的に移動するようになり，結果として，細胞の速度変化は二相的(bi-phasic)な様相を示す(図 6.9 b)．繰り返し進行波刺激にさらされると，細胞に，運動方向の履歴や細胞極性が記憶されるのかもしれない．このような履歴を持った運動特性がどのように実現されているのかは，ほとんど未解明である．

ここまで細胞性粘菌の振る舞いを主に議論してきたが，最後に這いまわる細胞のもう一つの代表例である好中球の振る舞いについて少し見てみよう．細胞性粘菌と好中球の走化性は，ともに GPCR の下流で低分子 G タンパクの局在を介して先導端を形成し，その分子メカニズムの多くに類似が見られる．ただし，極性を持った好中球は粘菌細胞に比べると，細胞の前後軸に沿った形態の非対称性が強く，後端はウロポッド（uropod）と呼ばれるサソリの尾のような特徴的な形態を有する．

図 6.10(a) はデュープレックス型のライトハウス流路を使い，誘引物質である N-formyl-met-leu-phe(fMLP) の濃度勾配の方向を切り替えた際の好中球様 HL60 細胞に様子である．勾配の方向を 90° 切り替えると，HL60 細胞は，fMLP 濃度がより高い方向へ方向転換し移動しているのがわかる．このような向き変えの性質を，勾配の切り替え角度を変えて調べてみることができる．127° の勾配切り替えでは，細胞は極性を保ったまま滑らかに転回する（U ターン運動）のに対して，157° の勾配切り替えでは，細胞の極性が反転し，元の方向と逆側に先導端を新しく形成することによって方向転換する（反転運動）(図 6.10b)．U ターン的運動は，曲率解析によって示されるように，ウロポッドの向きが連続的に変化することが特徴である (図 6.10c; 赤色のアスタリスク)．一方，反転運動では，勾配切り換え後に，元あった場所とは反対側に新規の先導端と後端が形成されているように見える．このように，細胞

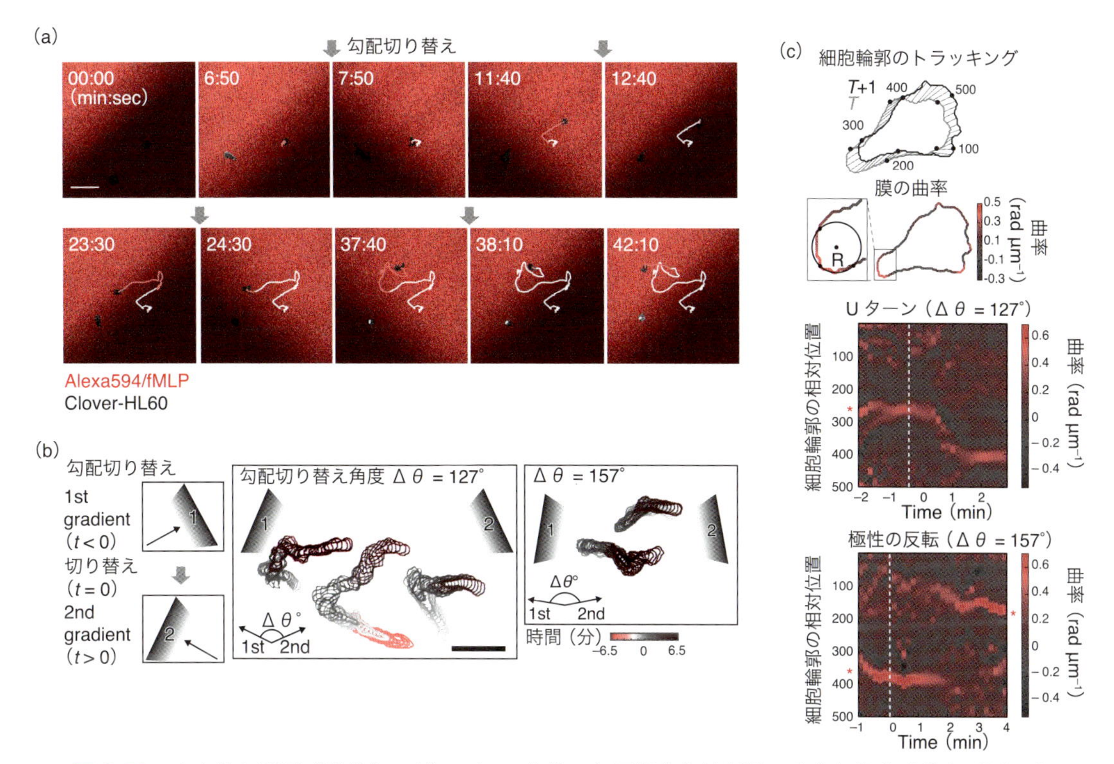

図 6.10　全方位勾配形成流路「ライトハウス」を使った周期的な波刺激，方向転換実験②（口絵参照）
(a)デュープレックス型ライトハウスデバイスによる勾配の切り替え実験．誘引分子 fMLP の濃度場（ピンク色；Alexa で可視化）と好中球様 HL60 細胞（白；Clover 発現細胞）の移動．(b-c)勾配切り替えに対する細胞の方向転換．細胞の移動と形態変化の様子(b)，膜変形の曲率解析(c)．文献 60 より転載．

の方向転換には，勾配の切り替え角度に依存して極性をうまく利用する場合と，勾配検知がより顕著に現れる場合があると考えられ，LEGI 的な機構だけでなく，ウロポッドを含んだ極性機構[77]の二つの方向決定モードの関与が考えられる．この解明は，今後の課題である．

6.7　おわりに

這いまわる細胞の走化性について，走化性の実験手法と結果，理論的知見について紹介した．細胞の走化性運動は，時空間的に非常にダイナミックな現象であり，分子的記載だけではその実態が捉えきれない．本章で紹介したように，刺激パターンの制御，細胞内反応動態の定量的な測定と解析，数理モデルを通じた考察といった定量生物学的な方法論によって，細胞が外界の情報をいかに処理して細胞運動につなげているかの理解は着実に深まってきている．こうした解析を広げていくには，データ取得をいかに並列化・高速化するか，広汎なプロテオミクスデータと顕微鏡下の時空間データをいかに結びつけていくか，さらには，がん細胞に見られるような集団的移動の解析をどう進めるかなど挑戦的な課題が数多く待っている．さらなる発展を期待したい．

（澤井哲・中島昭彦）

文 献

1) Roussos ET et al., *Nat. Rev. Cancer*, **11**, 573 (2011).
2) Parent CA et al., *Cell*, **95**, 81 (1998).
3) Servant G et al., *Science*, **287**, 1037 (2000).
4) Janetopoulos C et al., *PNAS*, **101**, 8951 (2004).

5) Zigmond SH, *J. Cell Biol.*, **75**, 606 (1977).
6) Fisher PR et al., *J. Cell Biol.*, **108**, 973 (1989).
7) Kortholt A et al., *J. Cell Sci.*, **126**, 4502 (2013).
8) Srinivasan K et al., *J. Cell Sci.*, **126**, 221 (2013).
9) Yang HW et al., *Nat. Cell Biol.*, **18**, 191 (2015).
10) Berg H, *Physics Today*, **53**, 24 (2000).
11) Herzmark P et al., *PNAS*, **104**, 13349 (2007).
12) Haston WS & Wilkinson PC, *J. Cell Sci.*, **87**, 373 (1987).
13) Gerisch G, *Naturwissenschaften*, **58**, 430 (1971).
14) Gross JD et al., *J. Cell Sci.*, **22**, 645 (1976).
15) Tomchik KJ & Devreotes PN, *Science*, **212**, 443 (1981).
16) Siegert F & Weijer CJ, *J. Cell Sci.*, **93**, 325 (1989).
17) Sawai S et al., *Nature*, **433**, 323 (2005).
18) Gregor T et al., *Science*, **328**, 1021 (2010).
19) Höfer T et al., *J. Biol. Sys.*, **3**, 967 (1995).
20) Goldstein RE, *Phys. Rev. Lett.*, **77**, 775 (1996).
21) Gerisch G & Keller HU, *J. Cell Sci.*, **52**, 1 (1981).
22) Swanson JA & Taylor DL, *Cell*, **28**, 225 (1982).
23) Futrelle RP et al., *J. Cell Biol.*, **92**, 807 (1982).
24) Futrelle RP, *J. Cell. Biochem.*, **18**, 197 (1982).
25) Jin T et al., *Science*, **287**, 1034 (2000).
26) Van Haastert PJ, *J. Cell Biol.*, **96**, 1559 (1983).
27) Tani T & Naitoh Y, *J. Exp. Biol.*, **202**, 1 (1999).
28) Korohoda W et al., *Cell Motil. Cytoskeleton*, **53**, 1 (2002).
29) Vicker MG et al., *J. Cell Sci.*, **84**, 263 (1986).
30) Albrecht E & Petty HR, *PNAS*, **95**, 5039 (1998).
31) Ebrahimzadeh PR et al., *J. Leukoc. Biol.*, **67**, 651 (2000).
32) Geiger J et al., *Cell Motil. Cytoskeleton*, **56**, 27 (2003).
33) Aranyosi AJ et al., *Lab Chip*, **15**, 549 (2015).
34) Boyden S, *J. Exp. Med.*, **115**, 453 (1962).
35) Zicha D et al., *J. Cell Sci.*, **99**, 769 (1991).
36) Albini A et al., *Cancer Res*, **47**, 3239 (1987).
37) Vicker MG, *J. Cell Sci.*, **107**, 659 (1994).
38) Lauffenburger D et al., *J. Cell Sci.*, **88**, 415 (1987).
39) Chen Y et al., *Mol. Biol. Cell*, **18**, 4106 (2007).
40) McQuade KJ et al., *PLoS One*, **8**, e59275 (2013).
41) Muinonen-Martin AJ et al., *PLoS One*, **5**, e15309 (2010).
42) Veltman DM & Van Haastert PJM, *Mol. Biol. Cell*, **17**, 3921 (2006).
43) Xu X et al., *J. Cell Biol.*, **178**, 141 (2007).
44) Konijn TM, *Experientia*, **26**, 367 (1970).
45) Irimia D, Annu. *Rev. Biomed. Eng.*, **12**, 259 (2010).
46) Beta C & Bodenschatz E, *Eur J. Cell Biol.*, **90**, 811 (2011).
47) Lin B & Levchenko A, *Front. Bioeng. Biotechnol.*, **3**, 39 (2015).
48) Jeon NL et al., *Langmuir*, **16**, 8311 (2000).
49) Jeon NL et al., *Nat. Biotechnol.*, **20**, 826 (2002).
50) Song L et al., *Eur. J. Cell Biol.*, **85**, 981 (2006).
51) Dertinger SKW et al., *PNAS*, **99**, 12542 (2002).
52) Gunawan RC et al., *Langmuir*, **22**, 4250 (2006).
53) Wang CJ et al., *Lab Chip*, 8, 227 (2008).
54) Irimia D et al., *Lab Chip*, **6**, 191 (2006).
55) Takayama S et al., *Nature*, **411**, 1016 (2001).
56) Sawano A et al., *Dev. Cell*, **3**, 245 (2002).
57) Meier B et al., *PNAS*, **108**, 11417 (2011).
58) Lin F & Butcher EC, *Lab Chip*, **6**, 1462 (2006).
59) Nandagopal S et al., *PLoS One*, **6**, e18183 (2011).
60) Nakajima A et al., *Lab Chip*, **16**, 4382 (2016).
61) Postma M & Van Haastert PJM, *Methods Mol. Biol.*, **1407**, 381 (2016).
62) Zigmond SH et al., *J. Cell Biol.*, **89**, 585 (1981).
63) Zigmond SH & Sullivan SJ, *J. Cell Biol.*, **82**, 517 (1979).
64) Iglesias PA & Shi C, *IET Syst. Biol.*, **8**, 268 (2014).
65) Yi TM et al., *PNAS*, **97**, 4649 (2000).
66) Takeda K et al., *Sci. Signal.*, **5**, ra2 (2012).
67) Tang M et al., *Nat. Commun.*, **5**, 5175 (2014).
68) Levchenko A & Iglesias PA, *Biophys. J.*, **82**, 50 (2002).
69) Ma L et al., *Biophys. J.*, **87**, 3764 (2004).
70) Levine H et al., *Fields Institute Monographs*, **57**, 1 (2010).
71) Skoge M et al., *PNAS*, **111**, 14448 (2014).
72) Nakajima A et al., *Nat. Commun.*, **5**, 5367 (2014).
73) Goldbeter A & Koshland DE, *PNAS*, **78**, 6840 (1981).
74) Cheng Y & Othmer H, *PLoS Comput. Biol.*, **12**, e1004900 (2016).
75) Wilkinson PC, *FEMS Microbiol. Immunol.*, **2**, 303 (1990).
76) Rappel W-J et al., *Biophys. J.*, **83**, 1361 (2002).
77) Hind LE et al., *Dev. Cell*, **38**, 161 (2016).

組織の力・応力の定量生物学

Summary

組織に働く力は，多細胞生物の発生と維持，病態の発現において重要な役割を果たす．これらのマクロスコピックな現象の力学制御を解き明かすには，生体組織の中で，力を定量することが必須である．本章では，まず導入として，生体組織の力・応力と機械物性，変形の関係について，初歩的な知識を整理する．次に，近年の発展が目覚ましい生体内力・応力測定手法を，①サンプルに接触して操作することで力を計測する手法，②光を利用して非接触でサンプルを操作して力を計測する手法，③力のセンサーを組織に導入する手法，④視覚情報から力を推定する手法の四つのカテゴリーに分けて解説する．それぞれの手法について，原理と仮定，長所，短所，（主に発生生物学における）応用例，将来展望をまとめることで，読者が，自身の研究対象に適した手法を選択する助けとなるようにした．

7.1　背景：生体組織の力・応力と機械物性，変形の関係

本節では，まず，生体組織で働く力の代表例を列挙する．次に，それらの機械的な力が実際に，生体内でどのような役割を担っているのかについて，多細胞生物の個体発生を中心に説明する．最後に，7.2 節以降の準備として，物質の力・応力と機械物性，変形の関係を，なるべく数式を使わずに整理する*1．力学の初歩知識があると，力学測定手法のデザインや計測データの意味するところがかなり見通しやすくなる．

7.1.1　生体組織で働く力・応力

生体内のいたるところで，タンパク質の働きにより，力が生成される．ミオシン分子はアクチンフィラメントを互いに滑らせることで収縮力を生みだす[1]．カドヘリンなどの細胞接着分子は，細胞接着面を広げる糊のような働きをする[2, 3]．柱状の細胞が細胞接着構造を介してつながったシート様の構造をしている単層上皮組織では，これら二つの力によって細胞接着面に沿った張力*2が生成される（図 7.1a）[4-6]．細胞の基底面では，インテグリンなどからなるタンパク質複合体が細胞外基質とアクチン細胞骨格とを結びつけており，ミオシンの生成した力が細胞外基質に伝わって，基質を引っ張る力「牽引力」を生成する[7]．このような細胞の内外で分子が生みだす力以外にも，例えば，細胞分裂は圧縮応力*3を生成しうる（図 7.1b，図 7.2a）．この圧縮応力は，必ずしもミオシンなどの特定の力生成タンパク質の働きに還元されるわけではなく，細胞分裂という細胞の動態そのものから生成されることに注意してほしい．他にも，血流などの液体の流れにより，せん断応

＊1　変形と力を取り扱うための数学的な道具立てについては，本章末尾の補遺「連続体力学」と，巻末の補遺を参照．
＊2　本章における「張力」は，特に断りがない限り line tension のことを指し，[N]の次元を持つ．
＊3　応力とは，外部から物体に力が作用したときに物体内部に生じる，単位面積あたりの力のこと．圧力と同じ，[N/m^2]の次元を持つ．

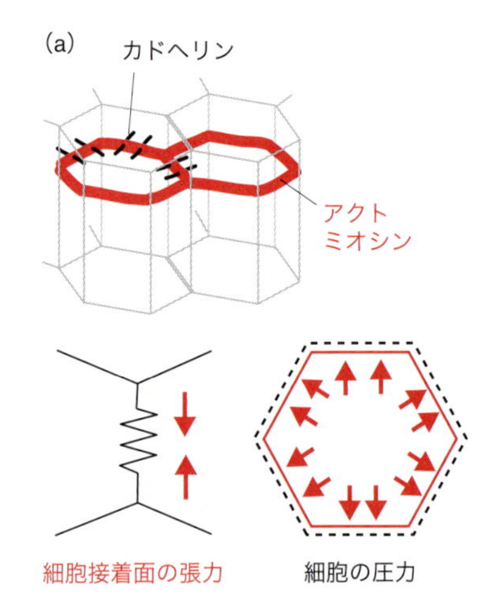

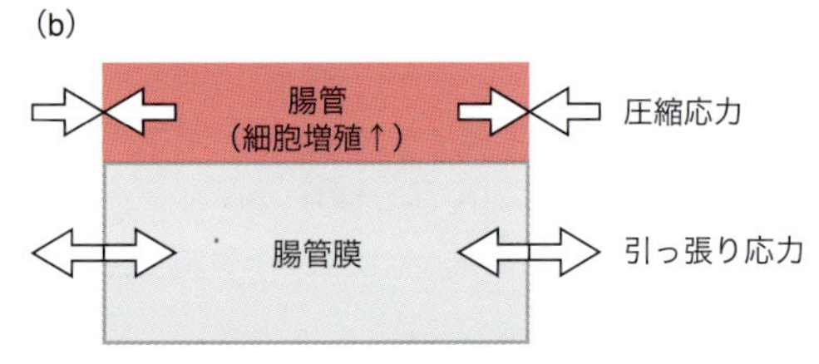

図 7.1　生体組織で働く力
(a) 上皮細胞の構造と力．上皮組織では隣り合う細胞がカドヘリンなどから構成されるアドヘレンスジャンクション（AJ）を介して接着している．AJ の裏打ち構造としてアクトミオシンが細胞接着面にそって走る．アクトミオシンとカドヘリンは細胞接着面の張力を生みだす．一方で，細胞の圧力が細胞接着面の張力と拮抗し，これらの力の釣り合いで細胞のかたちが定まる．(b) 腸管と腸間膜の応力分布の模式図．腸管では，腸間膜よりも細胞増殖頻度が高いために，圧縮応力が生じる（応力の定義は図 7.2a を参照）．この図以降，白抜きの矢印は，力もしくは応力を表す．(a)は文献 88 の Fig.1 を改変．

力が生じるし[8]，組織は常に周囲の組織と押し合いへし合いしている．

7.1.2　機械的な力による生き物の形づくりの制御

機械的な力は，動物，植物の個体発生のさまざまな局面で，必須の役割を果たす[4, 6, 8-11]．まず，分子が生成する力は，細胞や組織を変形させる．例えば，ショウジョウバエ胚では，細胞が化学極性を読み取って，特定方向の細胞接着面にミオシンを濃縮して，強い張力が発生する．その結果，細胞接着面が組み換わり，個体スケールの大変形が起こる[12]．細胞の動態から生成される応力もまた，器官の変形を駆動する．例をあげると，ニワトリやマウスの腸管では，周囲の組織よりも細胞増殖頻度が高いために圧縮応力が生じており（図 7.1b），この圧縮応力による座屈が，腸のループ構造形成の進化的に保存されたメカニズムであることが示されている（言い換えると，組織変形の素過程の一つである細胞増殖により生じる応力が，組織の大変形を引き起こす）[13]．

変形を引き起こすことだけが力の役割のすべてではない．細胞は，基底面で牽引力により足場を引っ張ることで足場の固さを感知し，機械的なシグナルを化学シグナルに変換して核に伝達して，遺伝子発現を制御することができる[14, 15]．このメカノトランスダクション機構は，細胞が正しい分化パスウェイを選択するのに必要とされる[16]．機械的な力はまた，形態形成のための空間情報をコードすることもできる．例えば，ショウジョウバエの翅上皮では，体の近位側から翅を一軸方向に引っ張る外力が作用し，結果として生じる異方的な組織応力が，細胞の働きや分子の局在を方向付ける情報をコードする[17, 18]．さらに，隣接する組織による締めつけや重力など，機械的な力には，発生の拘束条件という一面もある[19]．したがって，力は個体発生の駆動力であり，場や環境の情報のメッセンジャーであり，物理的制約である．

まとめると，分子モーターなどが生成する力は，細胞分裂や細胞変形，細胞配置換えの頻度や方向の制御を介して，組織を変形させる．組織応力が分子や細胞の動態による力から構成される一方で，遺伝子の発現や分子の局在，細胞の動態が，組織応力や細胞外の機械的な環境による制御を受ける[17, 18, 20-25]．これらの機械的な力を介した，分子，細胞，組織スケールをつなぐフィードバック機構が，生き物の種固有の精緻な形態を生みだす仕組みを解き明かすことは，21 世紀の定量生物学の大きな挑戦のひとつである[11, 26]．

7.1.3　生体組織の力・応力と機械物性，変形の関係

物質に力を加えると変形する．すなわち，変形が見られるところには必ず力が働いている．ある一定の力をかけた時にどれくらい変形するかは物質によって違い，また，力を取り去ったときに元の形に復元することもあれば，戻らないこともある．この力と変形の関係が，力学の主な興味である．

弾性ばねを例に考えてみよう．弾性ばねに質量 m のおもりがつながっているとき，運動方程式は，$ma = -kx$ で与えられる（a は加速度，k はばね定数，x はばねの変位）．この方程式は，力を F と置くと，$ma = F$ と $F = -kx$ に分けることができる．前者は，ニュートン方程式（ニュートンの第二法則）であり，力が作用した時に物体に生じる加速度を与える（1 N は 1 kg の物体に 1 m/sec^2 の加速度を生じさせる力）．ニュートン方程式は，物質によらず一般に成り立つ．一方，後者の式は，ばねの変位が x の時に生じる力 $-kx$ を与える（フックの法則）．この変形と力の関係式は構成式と呼ばれ，それぞれの物質に固有の機械物性を表す．例えば，構成式に含まれるパラメータ k はバネの固さを表し，それぞれのバネに固有の値をとる．このように，物質の力学的挙動は，ニュートン方程式と構成式が組み合わさって，初めて理解できる．本章の内容を理解するには，構成式がより重要なので，以下でより詳しく説明する．

バネがたくさん並んだ弾性体を連続体として取り扱うと，応力 $\boldsymbol{\sigma}$ はラメ定数 λ，μ を介して変形（ひずみ）$\nabla \boldsymbol{u}$ と結びつく（図 7.3a; 弾性体の構成式）．ここで，マクロスコピックなパラメータ λ，μ は，ヤング率 E に対して，$E = \mu(3\lambda + 2\mu)/(\lambda + \mu)$ という関係にある＊4．ダッシュポッドがたくさん並んだ粘性体や，バネとダッシュポッドが直列や並列につながった粘弾性体の構成式は，弾性体とは違ったかたちの数式になる（例えば，ニュートン流体では，応力はひずみの時間微分に比例する）．言い換えると，個々のバネやダッシュポッドの機械物性とそれらの結合の仕方から，物質の機械物性を表す構成式が決定される（図 7.2c）．したがって，物質の力学を理解するにあたっては，(i) 変形，(ii) 力・応力，(iii) 機械物性を計測するのが原則である．では，どのような方法でそれらの物理量を計測できるだろうか？

まず，変形は，ひずみやひずみ速度により定量的に特徴づけられる．「ひずみ」$\nabla \boldsymbol{u}$ とは，変形の相対的な大きさを表す量で，例えば，図 7.2(a) では，$\nabla \boldsymbol{u} = (L - L_0)/L_0$ で定義される．ひずみの時間微分がひずみ速度である．応力は変形と機械特性に関する情報にもとづいて計測される．例えば，もし構成式およびヤング率などのパラメータの値がすべて既知ならば，ひずみやひずみ速度を計測して構成式に代入すれば，力・応力を計算することができる（ひずみゲージ測定など）．また，応力依存性を示す何らかの物理量を測定する場合もある．この種の手法のうち，物体の応力異方性により生じる屈折率の違いを光の波の位相差として検出する光弾性法は，生体組織にも応用可能である[27]．

機械物性を知りたいときは，応力と変形の関係を計測すればよい．例えば，図 7.2(d) で示したクリープ実験では，ステップ関数型の力を入力として物体に作用させる．このときに計測されるひずみやひずみ速度が出力であり，入力と出力の関係から機械物性に関する情報を得ることができる[28, 29]．クリープ実験とは逆に，ひずみを一定にして応力の緩和の時間ダイナミクスを計測する手法も確立されている[28, 29]．

生体組織の力学を研究する場合も，変形，力・応力，機械物性を計測するという原則は同じであり[26, 30-32]，補遺で説明する数学的な枠組みも適用できる．一方で，生体組織には，ゴムや液晶な

＊4　μ と $\boldsymbol{\sigma}$ は統計の平均，標準偏差と同じ記号だが，関係はないことに注意．

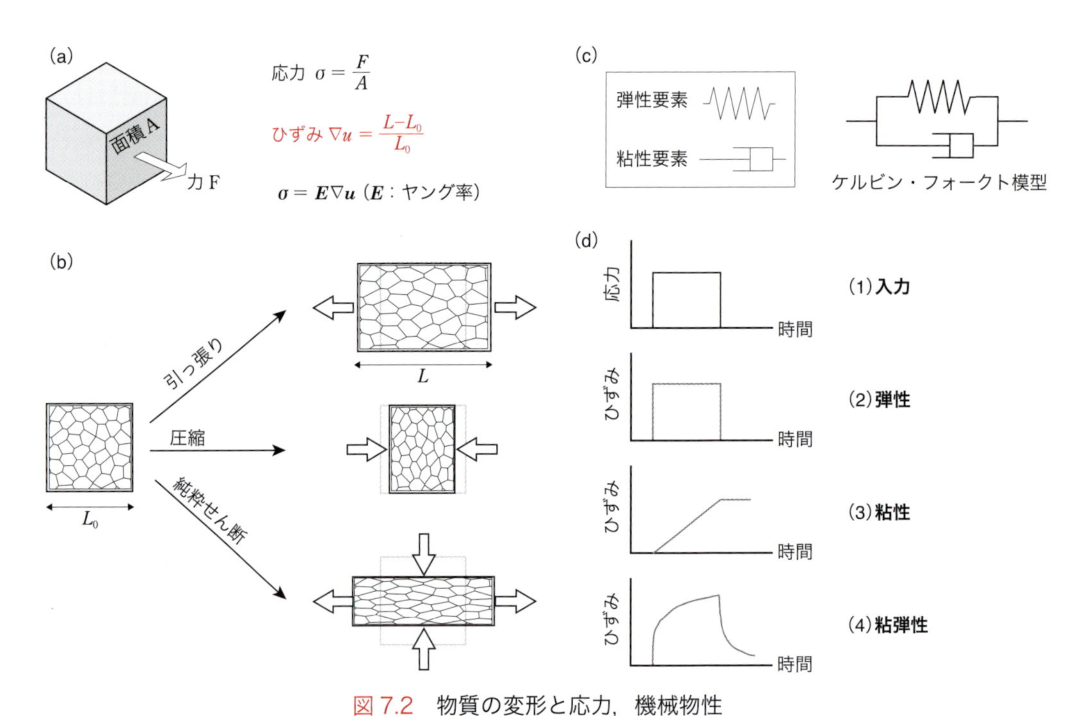

図 7.2　物質の変形と応力，機械物性

(a) 物体に外から力 $\boldsymbol{F}$ が作用すると，物体内部に外力と釣り合う力が生じる．力の方向と垂直な物体の面の面積が $\boldsymbol{A}$ のとき，(垂直)応力 σ は，$\boldsymbol{F/A}$ で定義される．応力は，圧力と同じ [$\mathrm{N/m^2}$]の次元を持つ．ひずみ $\nabla \boldsymbol{u}$ は，物体の形の相対変化を表す．(b) の上段の例では，(垂直)ひずみは，$(L - L_0)/L_0$ で与えられる．線形弾性体ならば，応力とひずみは線形関係にある．比例定数 $\boldsymbol{E}$ はヤング率と呼ばれ，$\boldsymbol{E}$ が大きいほど，物体は固くなる．(b) 一軸方向の引っ張り(上)，一軸方向の圧縮(中)，純粋せん断(下)変形の模式図．(下)では物体の大きさは一定である．(c) 力学模型では，弾性要素をバネで，粘性要素をダッシュポッドで表す．バネとダッシュポッドの並びかたで，機械物性を表現する．図で示したのは，粘弾性体のモデルであるケルビン・フォークト模型．(d) 機械特性を計測するためのクリープ実験．物体に一定の大きさの力を加え，その後，除去する(1)．その間に測定されるひずみやひずみ速度から (2~4)，バネとダッシュポッドの並びかた，弾性率の値などを知ることができる．図で示したのは，線形弾性体(2)，ニュートン流体(3)，粘弾性体(4)の応答曲線．(a)，(b)は文献 34 の Box1 を改変．

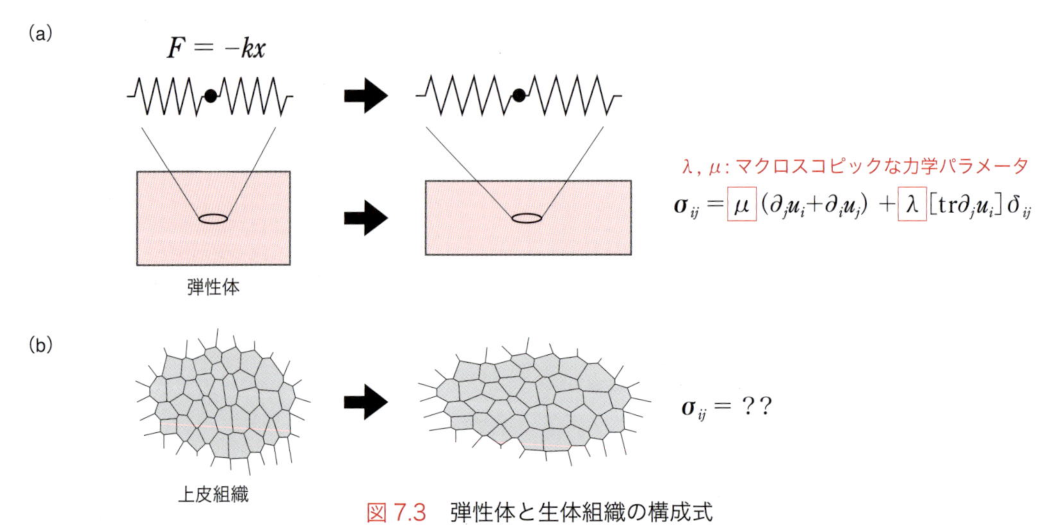

図 7.3　弾性体と生体組織の構成式

(a, b) 応力 $\boldsymbol{\sigma}$ とひずみ $\nabla \boldsymbol{u}$ の関係(力と幾何的変形の関係)を記述する式を構成式という．(a) 弾性体．構成方程式のマクロスコピックな力学パラメータ (例．ラメ定数 λ，μ) は物質に固有の値を取り，またしばしばミクロスコピックな過程 (例．バネ定数 k) から構成できる．(b) 生体組織．構成式を導出することが試みられている．

どの非生物物質とは違った難しさと面白さがある．まず，非生物物質のミクロスコピックな構成要素は，基本的には，受動的な挙動しか示さない．対して，生体組織では，分子や細胞が能動的に力を生みだす．すなわち，バネやダッシュポッドに加えて，能動的な力生成装置が存在する．非生物物質にも，マクロスコピックな力学パラメータ(例：ラメ定数 λ，μ)が，しばしばミクロスコピックな過程(例：バネ定数 k)から構成できるといった階層間の重要な関係が存在するが，7.1.2 項で述べたように，生き物でははるかに複雑な階層間の相互制御が働いている．このような，ミクロスケールの構成要素による能動的な力生成や階層間の多重フィードバックが存在する物質の力学的挙動を解明することは，生物学だけでなく，物理学のフロンティアでもある[33]．つまり生体内力学測定手法は，生物学と物理学，双方のフロンティアを切り拓くためのツールなのである．

本章では，力・応力，変形，機械物性のうち，力・応力に絞って，その定量手法を解説する[34-36]．変形の定量は，8 章を参照されたい[37-39]．機械物性の定量手法については触れられないが[26, 30-32]，ここでは，力・応力計測手法は機械物性の定量にも用いられる場合があること，力・応力計測手法の多くが測定対象の機械物性に関する仮定を必要とすることの二点を強調したい．力，変形，機械物性は互いに独立ではないので，それぞれの測定手法や測定データを統合することが，生体組織の力学測定技術を発展させるうえで非常に重要である．

7.2 生体組織の力・応力の計測手法

本節では，生体内力・応力計測手法の代表例を四つのカテゴリーに分ける(表 7.1)[34]．

①サンプルに接触して操作することで力を計測

表 7.1 力・応力計測手法の比較

	計測対象	計測範囲	時間スケール*	サイズスケール**	長所	短所
マイクロインデント法	細胞や細胞塊の表面張力，膨圧など	0.1 Pa	sec - hour	1 - 100 μm	・絶対値を計測	・接触
マイクロピペット吸引法	細胞や細胞塊の表面張力	μN/m - mN/m	> 10 sec	1 - 100 μm	・絶対値を計測 ・安価なセットアップ	・接触
光ピンセット法	細胞接着面の張力	pN - nN	msec - min	0.1 - 10 μm	・非接触で絶対値を計測	・キャリブレーションが必要
細胞下スケールのレーザー破壊法	細胞接着面の張力と粘性抵抗の比	(相対値)	0.1sec - min	0.1 - 10 μm	・非接触 ・歩留まりが良い	・ターゲット構造近傍に損傷の可能性
細胞集団スケールのレーザー破壊法	組織応力と粘性係数の比	(相対値)	sec - min	10 μm - 1 mm	・非接触	・サンプルの平らさ ・歩留まりが良くない
FRET張力センサー	分子内張力	pN	ビデオレート	nm	・遺伝的にコード	・キャリブレーション ・コントロール実験が必要
油滴法	細胞スケールの応力	0.3 - 60 kPa	0.1 sec - hour	> 5 μm	・絶対値を計測	・油滴の表面修飾とターゲッティング
力推定法	細胞接着面の張力の相対値，細胞の圧力の相対値	(相対値)	ビデオレート	> μm	・画像ベースで非侵襲 ・バッチ計測	・画像細線化が必要

*計測される力学過程の時間スケール
**計測される力学過程や力学構造の空間スケール

する手法(マイクロインデント法, マイクロピペット吸引法), ②光を利用してサンプルを非接触で操作して力を計測する手法(光ピンセット法, レーザー破壊法), ③力のセンサーを組織に導入する手法（FRET張力センサー, 油滴法), ④視覚情報から力を推定する手法(力推定法)である. 以降の項(7.2.1~7.2.4項)では, 各手法について, 計測する量と原理, 仮定, 長所, 短所, 応用例, 今後の展望を解説する. 7.2.5項では, 取り上げた生体内力・応力計測手法をまとめて, 比較し, 整理する. さらに今後, より精度と汎用性の高い生体内力・応力計測手法の開発を進めるうえで非常に重要な役割を果たすと期待されている手法の相互検証についても述べる. 7.2.6項では力や応力を操作する手法について簡潔に触れることにする.

生体内力・応力測定手法の多くは, *in vitro* 再構成系や培養細胞で開発された手法を基にしている. 磁気ピンセット法や牽引力顕微鏡など, *in vitro* で確立された力・応力測定手法は数多くあるが, 紙面の都合上, 本章では取り上げられないので, 成書を参照いただきたい[35, 40-42].

7.2.1　サンプルに接触して力を定量する手法

平行板やカンチレバー, マイクロピペットなどのデバイスを用いて, 細胞や組織サンプルの表面に直接触って, 押す力, もしくは引く力を与えて, サンプルを変形させる. これらのデバイスを介してサンプルに与える力を正確に制御する技術は確立されており, サンプルの変形から, 細胞や組織の内的な力・応力の絶対値を計測することができる. なお, 7.1.3項で述べたクリープ実験を思い出してもらえれば, 本節で紹介する手法が, 機械物性の測定にも用いることができることがわかるだろう.

(a) 押して測る：マイクロインデント法

さまざまな形状や大きさのデバイスで, 細胞や組織を押すことにより, サンプルの表面張力（単位面積あたりの表面エネルギーコストもしくは単位長さあたりの力. [N/m] の次元を持つ）や細胞の圧力などを計測する手法を, 本章ではまとめて「マイクロインデント法」と呼ぶことにする[43-46].

マイクロインデント法の代表例が, カンチレバーを用いる原子間力顕微鏡である[46, 47]. 原子間力顕微鏡を用いた力学測定では, カンチレバーをサンプル上部から近づけて, サンプルを押す. このとき, サンプル表面からどれだけ押し込んだか(インデント)と同時に, カンチレバー上部で反射させたレーザー光を用いてカンチレバーのひずみを検出する（図7.4a). カンチレバーの弾性率は既知なので, ひずみをカンチレバーにかかる力に変換することができる. このようにして計測された力—インデント曲線を, (ほとんどの場合) さらに適切な理論モデルとフィットさせることで, 動物細胞の張力や植物細胞の膨圧などの知りたい力を計測できる(図7.4b)[48-50].

マイクロインデント法では, インデンターの大きさや形状を変えることで, 幅広いスケールの力を計測できる[46]. 例えば, 円錐状のカンチレバーなどのnmスケールのインデンターはpNからnNスケールの力, μmスケールの円筒状のインデンターはμNスケールの力, mmスケールの球状のインデンターは100 kPaスケールの圧力の計測に, それぞれ用いられる[34]. これらの物理的な特性に加えて, 化学修飾も大切な要素である. 例えば, カンチレバーの先端を細胞接着因子でコートしたり, プローブ用の細胞と結合させたりすることで, 分子・細胞間接着力を計測することができる[47, 48]. このように多用途で展開力に優れることが, マイクロインデント法の強みである. 一方で, 細胞や組織の表面の力学・化学特性はしばしば空間的に不均一なので, 複数箇所で計測を繰り返すことが望ましいが, 1回の計測に時間がかかりすぎるため常に実現できる訳ではない.

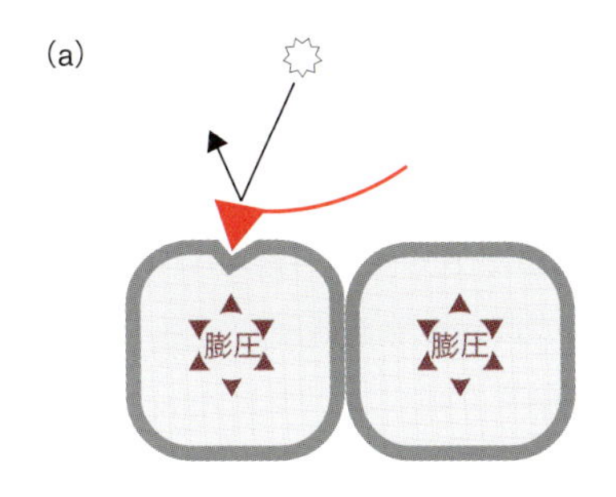

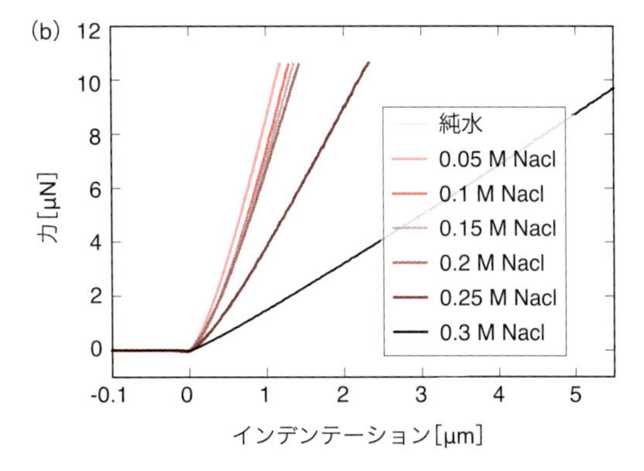

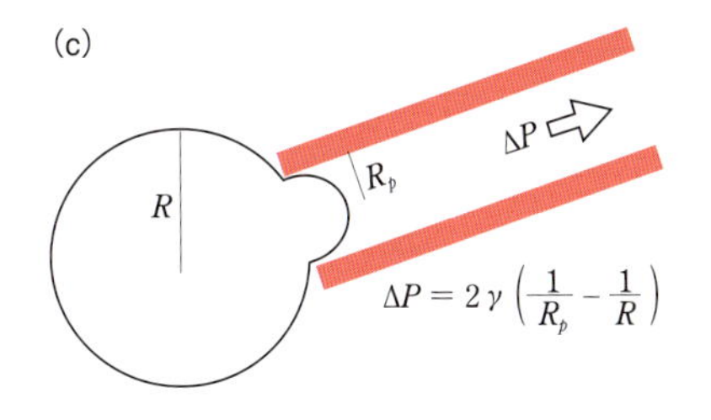

図 7.4　サンプルに接触して操作することで力を計測する手法
(a, b) 原子間力顕微鏡．(a) カンチレバー（赤）がサンプルに接触する過程で生じるカンチレバーのひずみを，カンチレバー上部で反射させたレーザー光（白色の星）を用いて検出する．(b) 植物細胞で計測された力－インデンテーション曲線．異なる色の線は，溶液の塩濃度の違いを表す．理論モデルとフィットさせることで，植物細胞の膨圧を定量できる．文献 49 の Fig.5 を改変．(c) マイクロピペット吸引法．サンプルを吸引する圧力を外部の圧力よりも大きくする（圧力差 Δ P）．サンプルの表面張力（γ）は，ピペット内部と外部のサンプル半径（R_p と R）と ΔP を Young–Laplace 則に代入して求めることができる．文献 34 の Fig.1 を改変．

今後も，高い展開可能性を生かした新規技術の開発が期待される．

(b) 引いて測る：マイクロピペット吸引法

マイクロピペットの円形開口部を細胞もしくは組織に接触させて陰圧をかければ，サンプルはピペットの中に吸い込まれる．図 7.4(c) に示すように，サンプルが半球型に変形して，半球の半径がピペットの内径と等しくなるように陰圧の大きさを調節する．このときに平衡状態を仮定すれば，サンプルの表面張力を Young–Laplace 則から求めることができる[51, 52]．細胞生物学や発生生物学で扱われるサンプルの場合，表面張力の計測値は，μN/m から数十 mN/m の範囲に収まることが多い[34]．

マイクロピペット吸引法は，表面張力の絶対値を精度高く計測できる．例えば，*in vitro* の細胞塊では，測定精度は数パーセント程度と報告されている[53]．また，複雑で高価な機器や高度なデータ解析技術が必要ないので，力学解析に馴染みのない生物系の研究室でも導入しやすいのも利点である．一方で，1 回の計測に数分かかるため，その間にわたって平衡状態にあると仮定できないような速い発生過程の解析には適さない．また，サンプル表面もしくは表面近傍の細胞の特性が不均質な場合は，結果の解釈に注意が必要である．

マイクロピペット吸引法により，マウス初期胚の細胞ひとつひとつについて表面張力を計測したところ，胚のコンパクションが，これまで考えられていたように細胞どうしが強固に接着するようになるのではなく，アクトミオシンの収縮力が強まることで引き起こされることが明らかになった[54]．また，Hippo 経路のコンポーネントである転写共役因子 YAP のゼブラフィッシュ変異体で，胚の一部の表面張力を計測した例も報告されている[55]．この論文では，YAP の働きにより生成される細胞の張力が胚の三次元構造を保持するのに必要であることが示された．

7.2.2　サンプルを光で操作して力を定量する手法

前項の手法は，サンプルへの直接的な接触が必須なため，適用範囲が限られる．本項では，光を利用して，非接触でサンプルを操作して力を定量化する手法を紹介する．

(a)光で動かして測る：光ピンセット法

光ピンセットとは，レーザー光の焦点を中心とする光密度の急激な勾配および粒子と溶媒の屈折率の違いを利用して，粒子の動きを光で操作する技術である[56]．周囲の溶媒に比べて高い屈折率を持つ粒子には，レーザー光の焦点に粒子を引っ張る勾配力と，光の進行方向に沿って焦点から遠ざかるように粒子を押し出す散乱力の２種類の力が作用する．前者が後者よりも大きければ，粒子を光でトラップすることができる．光トラップされた粒子にはレーザー光の焦点に向かうバネ的な復元力が働くので，粒子の変位から粒子にかかる力を測定することができる．トラップ力の大きさは，ビーズなどの粒子の径およびレーザー光の強さと密度勾配により決定され，生物学で一般的な実験条件では，1-100 pN 程度である[34]．

光ピンセットは，力の絶対値を定量的に計測できる優れた手法である．しかし，生体組織に応用するには，(i) マイクロインジェクションによりビーズを細胞に導入し，ビーズを目的の分子や細胞内構造に結合させる，(ii) 細胞の中でトラップ力をキャリブレーションするという技術的な課題を克服しなくてはいけない．ただし，(i) については，注目する細胞内構造体と周囲の溶媒の屈折率が十分に異なれば，ビーズに依らず光トラップできる可能性がある．実際，ショウジョウバエの初期胚において，細胞接着面と細胞質の屈折率の違いを利用して細胞接着面を光でトラップすることに成功した研究が報告されている[57]．

図 7.5(a) で示したのは，ショウジョウバエの初期胚で細胞接着面を光でトラップし，トラップ力を時間的に変化させて，細胞接着面を押し引きした実験である[57]．このとき，細胞接着面の変形と張力，光ピンセットのトラップ力から力の釣り合い方程式を立てれば，細胞接着面の張力の絶対値を計測することができる．この実験から，細胞接着面の張力が 100 pN オーダーであること，胚帯伸長期に背腹方向の細胞接着面の張力が強まることなどが明らかになった．ミオシンの細胞内局在や後述する細胞接着面のレーザー破壊に対する応答から示唆されてきた張力の分布が，力の絶対値の計測でも確認されたことになり，組織力学分野において意義が高い研究成果である．

ビーズなしの光トラップによる細胞接着面張力測定の強力さを考えれば，この手法が他のモデルシステムにも適用可能かどうかは，非常に興味深い．ショウジョウバエ初期胚では，細胞接着面の張力は，ミオシン１分子が生成する力の数十倍程度であった．現時点では，この系で細胞接着面の張力が例外的に小さいので，光で細胞接着面を動かして張力を測定できたという可能性を排除できない．もしそうならば，他のモデルシステムに適用する際には，光学系やサンプルのマウント方法などにさらなる工夫が必要になるだろう．

(b)光で壊して測る：レーザー破壊法

二人が向き合い，棒を握って力を掛け合う状況を考える．力が釣り合っているときは動きがないため，互いに押し合っているのか，引き合っているのかを区別することはできない．では，どうすればわかるだろうか？　正解は，ナタで棒を切ればよい．棒をスパッと切って二人が前に倒れれば押し合っていたことが，後ろに倒れれば引き合っていたことが示される．このアイディアを生体組織に適用した 1960-1970 年代の研究では，魚類や両生類の胚をメスで切断することで，(圧縮ではなく) 引っ張り応力の存在が示された[58, 59]．現在では，レーザーがメスに取って代わり，細胞や細胞骨格など，より小さいスケールでも，同じ原理で力・応力を評価することが可能になっている．

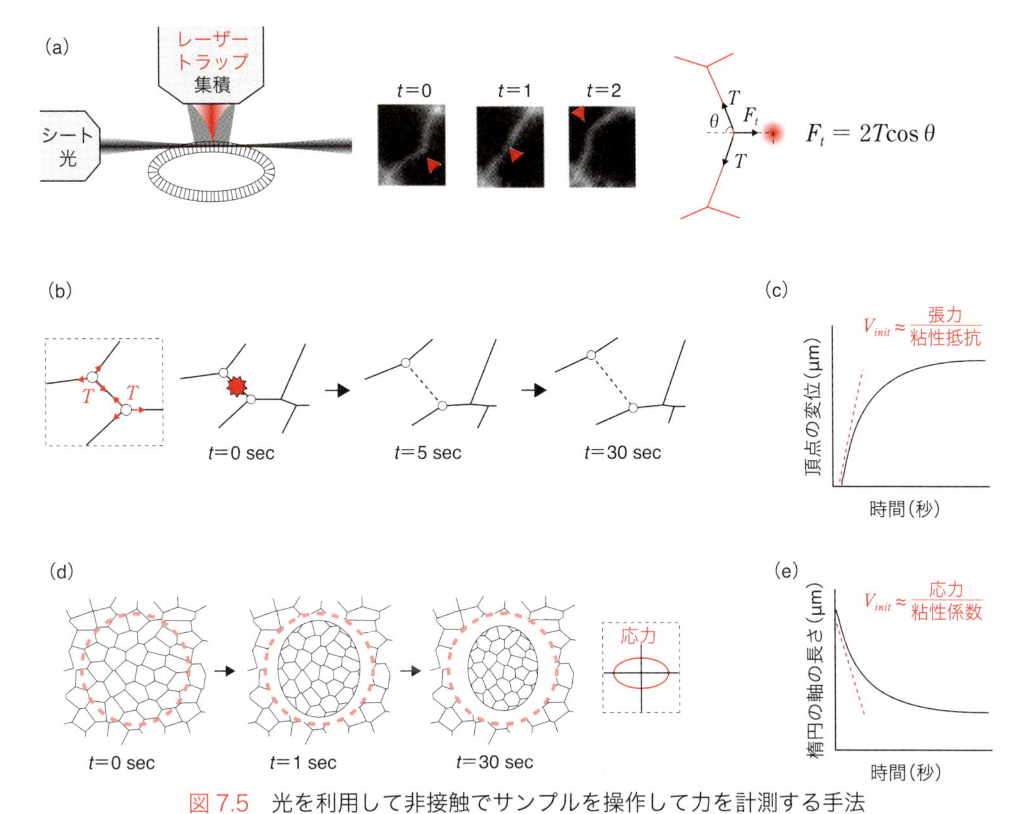

図 7.5　光を利用して非接触でサンプルを操作して力を計測する手法

(a) 光ピンセット法．ショウジョウバエの初期胚で細胞接着面を光でトラップし，トラップ力を時間的に変化させて，細胞接着面を押し引きした画像．細胞接着面の張力 (T) とトラップ力 (F_t) の釣り合いから，細胞接着面の張力を求めることができる．θは，細胞接着面とトラップ力がなす角度．(b, c) (b) 細胞下スケールのレーザー破壊法．細胞接着面にレーザーを照射する (赤)．レーザーを照射した細胞接着面の両端の結節点が離れる方向に動くので，確かに，レーザー照射前に正の張力が働いていたことがわかる．(c) 結節点の変位をレーザー照射後の時間に対してプロットした図．結節点の変位の初速 (V_{init}) を線形フィットで計測する．粘性的な牽引力の変化は無視できるほど小さいと仮定すれば，V_{init} から，細胞接着面の張力と粘性抵抗の比を定量できる．(d, e) 細胞集団スケールのレーザー破壊法．(d) レーザーを照射して (ピンク色の点線)，細胞集団をドーナツ型に切り抜く．内側の細胞集団は，レーザー照射直前の応力に従って，等方的，もしくは異方的に収縮する．図では，横方向に強い応力が存在していたことがわかる (右端の図は応力楕円)．(e) レーザーにより切り抜かれた細胞集団の形状を楕円で近似して，楕円の長軸方向の長さをレーザー照射後の時間に対してプロットした図．軸の長さの変化の初速 (V_{init}) から，組織の応力と粘性係数の比が与えられる．文献 34 の Fig.2 を改変．

細胞下スケールのレーザー破壊法では，細胞骨格など，細胞内部の構造をレーザーで破壊することにより，力の不均衡を引き起こす[60]．例えば，図 7.5(b) の中央の細胞接着面にレーザーを照射して，細胞接着構造とアクトミオシンケーブルを破壊し，張力を弱めることを試みる．レーザーを照射した細胞接着面の両端の結節点が離れる方向に動くので，確かに，レーザー照射前に正の張力が働いていたことがわかる．細胞接着面に作用する粘性的な牽引力が一定であり，測定時間 (10 秒から 1 分程度) における粘性的な牽引力の変化は無視できるほど小さいと仮定すれば (図 7.5c の式の分母の粘性抵抗が細胞接着面によらず一定で，切断実験の間の変化を無視できれば)，結節点の変位速度から，細胞接着面の張力と粘性抵抗の比を定量することができる[5]．

レーザー破壊法には，UV ナノセカンドレーザーと近赤外フェムトセカンドレーザー (NIR-fs) がよく用いられている．UV レーザーは NIR-fs よりも安価で取り扱いも容易である．NIR-fs

はダメージをより限局させられる点で優れている．例えばLenneらは，細胞接着面にNIR-fsを照射した際に細胞接着面の片側の細胞に注入した色素が反対側の細胞に拡散しないこと，すなわち，レーザー照射により細胞膜は破壊されていないことを示している[12]．どちらのレーザーを用いる場合でも，レーザーの波長，パルス幅，パルス頻度などの，レーザー破壊の主要プロセスである分子結合の破壊とプラズマ生成に影響するパラメータの条件出しがレーザー破壊法の肝である[61]．これらのパラメータは顕微鏡のセットアップに依存するので，異なる顕微鏡で取得されたデータを直接比較することは難しい．レーザー破壊法は，同じ顕微鏡を用いて，同じパラメータセットのもとで，サンプル間の違いを評価する実験と捉えた方がよいだろう．

レーザー破壊法は，顕微鏡システムと注目する細胞構造の可視化ツールがあれば，容易に実験を開始できる．加えて，実験条件さえ決まればデータ数を稼ぐこともさほど難しくない．これらの理由から，レーザー破壊法は現在，発生生物学において最も汎用される力測定法となっている[12, 62-64]．例えばレーザー破壊法は，ミオシンとミオシンが生成する細胞接着面の張力の偏った分布が細胞配置換えを駆動することを，脊椎動物と無脊椎動物の多くの上皮組織で明らかにした[12, 64]．一方で，侵襲的で単発的という欠点もある．すなわち，特定の細胞接着面について張力の時間変化を追跡することはできず，また，複数の細胞接着面の張力を同時に測定することも現実的には難しい．

レーザーで破壊する構造のサイズを大きくすれば，組織スケールの応力を定量することもできる[65]．例えば，組織に長方形の切り込みを入れて，傷が開けば引っ張り応力が，傷が閉じれば圧縮応力が働いていたことが示される[55, 66-68]．さらに，傷の先端の動きの初速から，組織の応力と粘性係数の比が与えられる．切り込みの方向を変えて測定を繰り返せば，組織応力の異方性を評価できる．円形もしくはドーナツ型に組織を破壊すれば，組織の最大応力方向と組織応力の異方性を，一度に定量することも可能である（図7.5d, e）[69, 70]．

技術的な注意点として，ROI（Region of Interest）の中でレーザーを照射するタイミングのずれを小さくするために，レーザーの走査速度を十分に大きく設定することがあげられる．これまでに細胞集団のレーザー破壊法により，ゼブラフィッシュ胚のエピボリーを駆動する力や，ショウジョウバエの翅上皮でパターン形成を駆動する応力の動態が測定されている[67, 70]．

粘性的な牽引力の特性がよく理解されていないことが，レーザー破壊法の課題である．細胞接着面に作用する粘性的な牽引力を実測し，さらに細胞の幾何学的な配置や細胞質の粘性にどのように依存するのかを明らかにすることができれば，レーザー破壊法の妥当性を検証し，ひいては張力の絶対値を見積もることが可能になるだろう[71]．同様の議論は，組織応力についても成り立つ．

7.2.3　センサーを導入して力を定量する手法

力を感知する物質を組織に導入できれば，組織を損傷させることなく，力を測定できるかもしれない．本項では，ポリペプチドのバネ，もしくは，油滴を力センサーとして用いる手法を取り上げる．センサーの実体は異なるが，どちらも力によるセンサーの変形を光学的に検出するという点では共通の原理に基づいていると言える．加えて，以下で述べるように，センサーのダイナミックレンジの調節やキャリブレーションの *in vivo* での妥当性など，二つの手法には共通点が多い．

(a)遺伝子にコードされた微小バネで測る：FRET張力センサー

タンパク質分子は力を生成し，また，結合相手の分子や細胞骨格，膜構造体，細胞外基質などから力を受容する．これらの力の作用で分子内に生じた張力を，蛍光共鳴エネルギー移動（FRET）を用いて，定量することができる（図 7.6a-c）[72, 73]．

ドナーとアクセプター，二つの蛍光双極子の間でエネルギーが移動する効率を表す量である FRET 効率 E が蛍光双極子間の距離 R の変化に非常に鋭敏に応答することから（$E = R_0^6/(R_0^6 + R^6)$; R_0 は E が 50% になる距離），FRET は「ナノスケールの定規」と呼ばれている（図 7.6b）[74]．

FRET 張力センサーは，ドナー蛍光タンパク質とアクセプター蛍光タンパク質，そして，両者の間に挿入されたクモ由来のポリペプチドなどの弾性バネからなる（図 7.6a）．FRET 張力センサーに引っ張り力が作用すると，バネが伸びるので，FRET 効率が減少する．したがって，何らかの方法で FRET 効率とバネの伸び，引っ張り力の関係をキャリブレーションしておけば，蛍光イメージングにより計測した FRET 効率から引っ張り力の大きさが求まる（図 7.6c; 他の力測定法と異なり，力の向きは計れないことに注意されたい）．例えば，最もよく用いられている張力センサーである TsMod の場合，ダイナミックレンジは 1-6 pN である [75]．キャリブレーションには，光ピンセットによる一分子計測や，弾性率既知の DNA 断片と DNA を切断する制限酵素を用いる方法などがあり，いずれも *in vitro* で行われる [72, 73, 75, 76]．解析したい分子の内部に FRET 張力センサーを挿入した融合分子を *in vivo* で発現させて，蛍光寿命測定により FRET 効率を定量すれば，分子内の張力を求めることができる．なお，FRET 効率はドナーとアクセプターの蛍光強度比からも定量できるが，FRET 張力センサーの開発者たちは，プローブ濃度などの影響を受けない蛍光寿命測定を推奨している [72]．

FRET 張力センサーは，(i) 測定された FRET 効率の変化がドナーとアクセプター間の距離変化のみに由来する（ドナーとアクセプターがなす角度は分子内張力に依存しない，pH などの細胞内環境の影響を無視できるなど），(ii) *in vitro* でのキャリブレーションが *in vivo* でも妥当であり，張力センサーの分子への挿入がキャリブレーションに影響しないことを仮定している．(i) は，

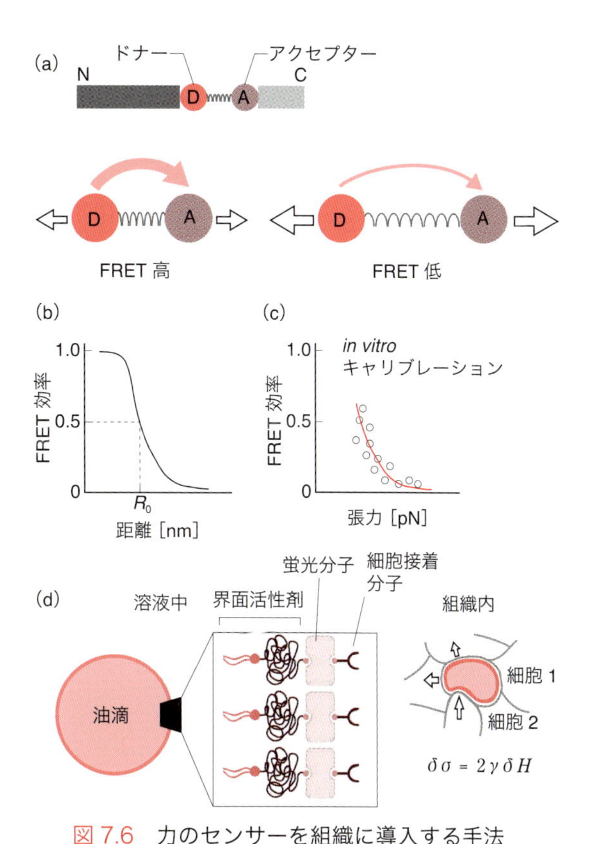

図 7.6　力のセンサーを組織に導入する手法

(a-c) FRET 張力センサー．(a) FRET 張力センサーの構造．ドナー蛍光タンパク質 D とアクセプター蛍光タンパク質 A，そして，両者の間に挿入されたクモ由来のポリペプチドなどの弾性バネ（灰色）からなる FRET 張力センサーモジュールが，目的のタンパク質内部に挿入されている．FRET 張力センサーに引っ張り力（白抜き矢印）が作用すると，バネが伸びるので，FRET 効率（ピンク色矢印）が減少する．(b) FRET 効率は蛍光双極子間の距離 R のマイナス 6 乗に比例して減少する（Förster の計算式）．R_0 は FRET 効率が 50% になる距離．(c) FRET 効率と張力の *in vitro* キャリブレーション．赤線は，Förster の計算式にフィットした曲線．(d) 油滴法．油滴は，界面活性剤，蛍光分子，細胞接着分子によりコートされている．溶液中では，油滴は球形になる．表面張力（γ）を溶液中で計測しておく．油滴を細胞間隙に挿入すると，周囲の細胞や細胞外基質から作用する力により，油滴が変形する．画像解析により油滴の局所曲率（δH）を計測する．油滴表面に垂直な応力の異方成分は，$\delta\sigma = 2\gamma\delta H$ で与えられる．(a)～(c) は文献 34 の Fig.3 を改変．(d) は文献 84 の Fig.1 を改変．

FRET効率が分子内張力に依存しないコンストラクトなどを用いて検証，補正しうる．(ii) は，細胞内でキャリブレーションを行うことが現在の技術では不可能なので，仮定のまま残る．

FRET張力センサーの長所は，任意の分子の内部にセンサーを挿入できることである(ただし，蛍光イメージングの実験と同様，融合タンパク質が元のタンパク質の機能と局在を保持しているか確認が必要)．短所は，上述のように，FRET効率と分子内張力の関係が *in vivo* で確認されていないことである．加えて，計測したい分子内張力の大きさに対してバネ定数が至適範囲から外れると，張力を正しく評価することができない．すなわち，測定したい張力に対して堅すぎるとバネが伸びないし，逆に柔らかすぎてもバネが伸びきってしまうので，センサーとして機能しない．

これまでFRET張力センサーにより，細胞骨格や細胞接着などに関わるさまざまな分子の分子内張力マップが定量化されている[75-80]．例えば β -spectrinのFRET張力センサーは，線虫の触覚感知ニューロンが圧縮応力に対して座屈することなく，神経突起構造を滑らかな形に保持したまま鋭敏に触覚を感知することに β -spectrinの分子内張力が重要な役割を果たすことを明らかにした[80]．

過去20年で分子動態の蛍光プローブの性能が格段に向上したように，FRET張力センサーの技術開発も今後さらに大きく発展する可能性がある．開発可能性の一つが，バネ定数のレパートリーを広げることである．TsModの開発者らは最近，7-10 pNのダイナミックレンジを持つセンサーを作製し，Talinの分子内張力の定量に成功している[81]．しかし，新しいセンサーも，インテグリンのように数十pNの分子内張力を持つ分子には適用できない．そこで，彼らは，バネ定数を合理的にデザインするための理論モデルを提唱している[73]．その他，蛍光双極子の方向アライメントに依存したセンサーや，張力センサーが圧縮を感知できる可能性についても研究が進められている[76, 82]．また，これまでの研究で定量されたのは，単位体積に存在する多数の分子の平均的な状態であり，将来的には，細胞内一分子FRET計測により，「分子」の張力の値を計測することが期待される[83]．

(b)化学合成した微小な液滴で測る：油滴法

組織形態形成過程では，細胞が隣接する細胞に力を及ぼし合うことで組織が変形する．この細胞どうしの押し合いへし合いを，細胞間隙に挿入した油滴の変形から測定することができる（図7.6d)[84]．

外力が作用しなければ，油滴は，表面エネルギーを最小にするように球形になる（図7.6d左)．油滴を細胞間隙に挿入すると，周囲の細胞や細胞外基質から作用する力により，油滴が変形する．このとき，油滴の表面張力を溶液中であらかじめ計測しておけば，表面の曲率と張力，垂直応力の関係式から，油滴表面に対して垂直な応力を求めることができる（図7.6d)．すなわち，FRET張力センサーにおけるポリペプチドのバネの伸びに対応するのが，油滴の表面曲率の局所変化である．なお，油滴の非圧縮性（体積が変化しない）から，圧力を計測することはできない．

このように，油滴法の原理は単純である．しかし，実際には，各ステップで慎重な作業が必要になる．まず，油滴は以下の条件を満たす必要がある．①生体毒性が低い，②重力の影響を受けないように十分小さく(fluorocarbon oilの場合，600 µm以下)，かつ，細胞内に取り込まれないように十分大きい（10 µm以上)，③表面張力が計測したい応力の大きさに対して至適範囲にある（油滴に補助界面活性剤を加えることで，表面張力の大きさを調整できる)，④蛍光物質により表面形状が明瞭に標識される，⑤抗E-カドヘリン抗体などの表面修飾により，隣接する細胞と安定な接着構造を形成する．これらの条件をすべて満たす油滴が作製できたとして，実際に生体組織に導入した油滴の三次元画像から表面曲率を正確に計測するには，高度な画像解析技術が必要になる．

油滴法の長所は，応力の絶対値を三次元空間にマップできることである．また，油滴のサイズや表面の化学組成を変えることで，異なるオーダー（0.3-100 kPa）の応力を測定することができる．油滴は生体組織中でも安定で，数日間にわたって計測を続けることができる．一方で，油滴の表面張力が生体内でも一定であることを仮定しているが，その妥当性を直接検証できないという短所がある．油滴表面全面にわたって，同じだけ表面張力が増減する場合は，油滴法は応力の絶対値ではなく相対値を与えることになる．よりやっかいなのは，生体内の分子との相互作用により，局所的に表面張力が変化する場合で，測定した応力値の意味するところがわからなくなる．ただし，もし，油滴表面が界面活性剤で十分に覆われていれば，油滴の表面張力が生体内でも変化しないという仮定はおおむね正しいと考えられ，その点を考慮した油滴作製プロトコルが開発されている[84, 85]．

これまでに油滴法は，マウスの間葉系細胞や乳頭上皮細胞の細胞塊や下顎組織に適用されている[84]．細胞スケールの応力を計測した結果，乳頭上皮細胞では細胞が生成する異方的な応力がミオシン活性に依存していることが確認された．

油滴法は独創的で洗練された手法であり，今後は，この手法を用いて，生物学的な問題を解き明かす研究が期待される．油滴を望みの場所に運ぶ技術が洗練されれば，油滴法の可能性はさらに広がるだろう．

7.2.4　視覚情報をもとに力を推定する手法

最後に，力学的な操作や力センサーに依らずに，細胞画像のみから力を推定する手法について紹介する．なお，同じように視覚情報のみに基づいて力を定量する手法として，7.1.3 項で触れた光弾性法がある．光弾性法は，物体の応力異方性により生じる屈折率の違いを，光の波の位相差として顕微鏡で検出する手法である[27, 86, 87]．

(a) 測らずに知る：力推定法

一般に，力は物体の変形を促すので，力と変形の関係を記述する物理法則を通して，「観測できる形態データ」から逆に「観測できない力」を推定することができるかもしれない．簡単な状況として，一つの点で結ばれた 3 本の紐がそれぞれ引っ張られ釣り合っている状態を考える（図 7.7a）．紐にかかる力（張力）を F_1, F_2, F_3，それぞれの紐が向いている方向を θ_1，θ_2，θ_3 とすると，紐の結節点における力の釣り合いの式が得られる．この式はわれわれが知りたい未知変数 $F = (F_1, F_2, F_3)$ を，観測できる形態データ θ_1，θ_2，θ_3 と結びつける．三つの未知数に対して二つの釣り合い方程式（条件式）しかないので，求められるのは，スケールを落とした力の相対値（$F_2/F_1, F_3/F_1$）であることに注意されたい．このアイデアを細胞集団に適用したのが，力推定法である[88-92]．

力学的な平衡状態において，単層上皮細胞の AJ 面の形は細胞接着面の張力 T と細胞の圧力 P により決定されることが強く示唆されている（図 7.7a）．したがって，細胞の形態を可視化した画像には，これら 2 種類の力の情報が含まれている．以下で，この力の情報を抽出するための逆問題の定式化について説明する．(i) 細胞集団を 2 次元系として取り扱う，(ii) 細胞接着面の曲率は無視できるほど小さい（多角形近似），(iii) 上皮細胞の形態は各細胞接着面の張力 T_i と個々の細胞の圧力 P_i から決定される，(iv) 細胞が動く時間スケールが十分に遅く，各時刻でほとんど釣り合いの位置にいるという仮定を置くと（準静的近似），各結節点における力の釣り合い方程式を書き下す

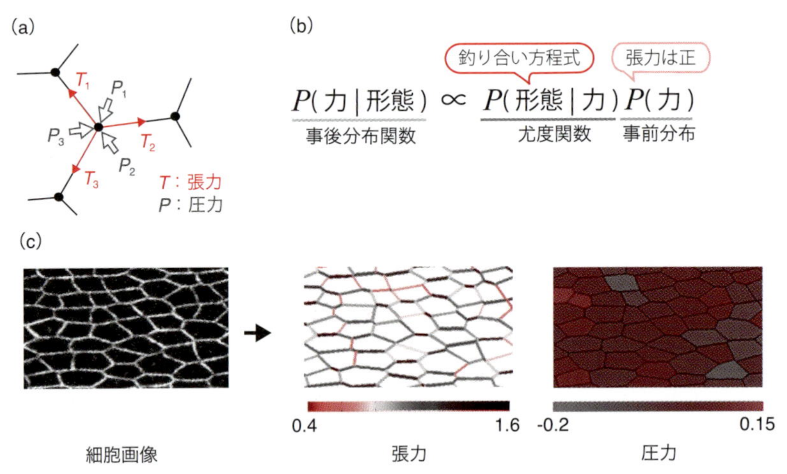

図 7.7　視覚情報から力を推定する手法(口絵参照)

(a-c) 力推定法. (a) 細胞の結節点に働く力. T: 細胞接着面の張力. P: 細胞の圧力. (b) 力のベイズ推定におけるベイズ統計学に基づく逆問題の定式化. 尤度は, 力の釣り合い方程式への当てはまりの良さを表す. レーザー破壊実験により得られていた実験的知見を参考にして, 張力が正値の平均値の周りに正規分布するという事前分布を採用した. 尤度と事前分布を掛け合わせて得られる事後分布を最大にする力の値を, 推定値として与える. このとき, 尤度に対する事前分布の重みが, 情報量規準により, データから客観的に決定されるのが, ベイズ統計学を用いる強みである. (c)力のベイズ推定法の適用例. 入力画像 (ショウジョウバエの蛹化 23 時間後の翅上皮)から, 力の釣り合い方程式を解くことで, 細胞接着面の張力と細胞の圧力のマップを得る. (a, c)は文献 88 の Fig.1 を改変. (b)は文献 90 の Fig.2 を改変.

ことができる.

$$a_{1x}T_1 + a_{2x}T_2 + a_{3x}T_3 + b_{1x}P_1 + b_{2x}P_2 + b_{3x}P_3 = 0,$$
$$a_{1y}T_1 + a_{2y}T_2 + a_{3y}T_3 + b_{1y}P_1 + b_{2y}P_2 + b_{3y}P_3 = 0.$$

上の式が x 方向, 下の式が y 方向の力の釣り合いを表す. T_i, P_i はそれぞれ細胞接着面の張力, 細胞の圧力であり, 推定したい未知変数である. 張力と圧力にかかる係数は, 細胞の結節点の位置と結合関係のみから決定され (たとえば $a_{1x} = \cos\theta_1$, $a_{1y} = \sin\theta_1$), 観測から決定できる. このようにして得られる力の釣り合い方程式は, 一般に未知変数の数より少なく, 解を決定するには不定性が残る. これまでに発表された力推定法は, それぞれ異なる考え方で, この不定性に対処している. 例えば, 個々の細胞の圧力差を無視すると優決定問題になるので, 解が求まる[91]. 筆者らは, ベイズ統計学(巻末の補遺参照)を用いた定式化により,「(データが与えられる以前に) われわれが想定している系が備えている性質」を取り込むことで, 尤もらしい解を選択するアプローチをとった(図 7.7b, c；最大事後確率推定)[88-90]. もしくは, 細胞接着面の曲率を考慮し, 細胞接着面の曲率および張力と隣接細胞の圧力差の関係則である Young-Laplace 則を適用すれば, 条件の数が未知数の数よりも多くなるので, 解くことができる[92]. どの方法を用いるかは, 扱う実験系の特性と照らし合わせて決定されるすべきである. なお, いずれの方法でも, 推定された張力と圧力を足し合わせることで, 細胞集団の応力テンソルを計算できる[88, 89].

力推定法は, 数千以上の細胞の力を単一細胞解像度で定量化できる. したがって, 推定した力や応力のパターンと, ミオシンなどの力を生成する分子の局在や活性といった分子レベルのデータ, もしくは, 組織の変形などの細胞集団レベルのデータを結びつけることを可能にする. さらに, 非襲侵的なので, 力の時間変化を推定できる. 加えて,ポテンシャル関数など，細胞の形態と力の関係に関する物理学的な仮定が必要ないという利点がある．一方で，短所として，力のスケールを決定することができない，（往々にして時間と手間がかかる）細胞輪郭の細線化の画像処理を必要とする，細胞基質間に働く力など，AJ 面の力のやり取り以外の力学を考慮してないことがあげられる．

力推定は力そのものを測定する訳ではないので，推定の正確性や画像処理に由来するノイズに対する頑健性を確認することが重要になる．筆者らは，力の真値が既知である人工データを用いて，推定値が真値とよく合うこと，推定がノイズに対して安定であることを示した[88, 89]．さらに，7.2.2 項で述べた細胞接着面のレーザー切断法により得られたデータと，推定した張力の値が，よく相関することを確認した[88]．

筆者らは，力のベイズ推定法をショウジョウバエ上皮組織に適用して，組織の異方的な応力が細胞の向きを揃えることで細胞の六角格子化を促進することを明らかにしている[18]．さらに，ショウジョウバエの背板上皮と翅上皮において，細胞分裂方向が細胞伸長方向（組織応力方向）と揃う領域と揃わない領域が混在することを見いだした[93]．

将来的には，系に関する仮定と力の釣り合い方程式を適切に変更することで，力推定法を三次元に拡張したり，間葉系など上皮以外の組織を取り扱えたりできるようになるかもしれない．より一般的には，力「推定」の概念を拡張することで，新しい力・応力定量化手法を開発できる可能性がある．実際，細胞が基質に及ぼす牽引力から培養上皮細胞集団の応力を推定する手法や，蛍光標識アクチンの流れからアクチン細胞骨格にかかる力を推定する手法などが報告されている[94, 95]．

7.2.5 生体内力・応力測定手法の比較と相互検証

本章で取りあげた生体内力・応力手法の特徴を表 7.1 にまとめたが，例えば，光ピンセット法と力推定法はともに，細胞接着面の張力を定量するために用いられる．前者は絶対値を与えるが，一度にひとつの細胞接着面しか計測できず，後者は相対値しか与えないが，$>10^4$ の細胞接着面を一度に計測できるというように，それぞれに強みと弱みがある．

また，現実的には各手法を適用できる実験系が大きく異なる．原子間力顕微鏡やマイクロピペット吸引法は，直接サンプルに接触できる胚や組織に限られる．光ピンセット法やレーザー破壊法，力推定法は，主に単層上皮のような二次元的な組織でよく用いられている．油滴法や光ピンセット法は，インジェクションにより油滴やビーズを目的の場所に注入しなくてはいけない．このように，生体内力・応力手法はそれぞれ，測定できる力のスケールや侵襲性，セットアップの簡便さなどが異なるので，手法の特徴を把握したうえで目的に最も適した手法を選択するべきである．

生体内力・応力測定技術はここ数年で急速に発展したため，手法を開発した研究室だけがノウハウを持っていることがしばしばある．今後は，計測技術を広く普及させること，そして，各研究室で複数の手法をより統合的に用いることが求められるだろう．例えば，FRET 張力センサーによる分子スケールの測定と，マイクロピペット吸引法やレーザー破壊法，光ピンセット法などによる細胞スケールの測定，細胞集団のレーザー破壊法や力推定法による組織スケールの応力測定とを組み合わせることで，異なるスケールの力の間の定量的な関係が明らかになるかもしれない．また，それぞれの手法の強みと弱みを補完するように実験をデザインすることも重要になるだろう．例えば，マイクロピペット吸引法や光ピンセット法のように力の絶対値を与えるが歩留まりが悪い手法と，力推定法のように相対値しか与えないがバッチ解析が可能な手法を組み合わせる．前者から張力のスケールを決定して，後者に適用すれば，数千細胞の張力の絶対値を同時に定量することが可能になる．

同一の物理量を計測する複数の手法については，測定データを比較し，相互検証することが可能である．原理や仮定が異なる手法により得られた測定値がよく合えば，測定結果が信頼でき，かつ，仮定に依存しないことが強く示唆される．例えばショウジョウバエの上皮組織では，力推定法と細胞集団スケールのレーザー破壊法により計測される組織応力の異方性が，高く相関することが確認されている[89]．手法の相互検証に適した実験系を確立できれば，生体内力・応力測定手法の開発を加速できるだろう．

7.2.6　生体内で力・応力を操作する方法

機械的な力が生命現象を制御する仕組みを理解するためには，力・応力を「操作」することも，力・応力を「定量」することと同じくらい重要である．例えば，レーザー破壊法により細胞集団の応力分布を操作して，細胞分裂の向きが周囲の細胞集団の応力により決定されるという仮説を検証した研究が報告されている[68, 96]．生体内力・応力操作法の代表的なものとして，上述のレーザー破壊法以外にも，アガロースゲル包埋法，磁気ピンセット法，光遺伝学法などが挙げられる[97-99]．それぞれの手法の詳細については，原著論文を参照されたい．

7.3　生体組織の力学の理論モデルと力・応力計測手法の関係

個体発生やがんなどの病態の力学を理解するために，組織を弾性体や粘弾性体として取り扱う連続体モデルや，Cellular Potts Model や Cell Vertex Model などの離散モデルが，盛んに用いられている[31, 100, 101]．

生体組織の力学の理論モデルは，力・応力測定手法の開発のさまざまな局面で，重要な役割を果たす．まず，細胞集団や細胞内構造などの解析対象の力学的な振る舞いを適切な理論モデルを用いて議論することは，新しい力・応力測定手法の考案につながり得る[57, 69, 84]．また，7.1.3 項で述べたように，ほとんどの生体内力・応力測定手法は，機械・構造特性に関する仮定を必要とする．すなわち，レーザー破壊法における細胞の結節点の変位や，原子間力顕微鏡における力－インデント曲線などの実際に測定できる物理量から知りたい力を求める際に，理論モデルをデータにフィットさせる手順がしばしば必要になる[50, 63, 66, 88, 92]．

手法の開発現場では，理論モデルの数値計算が力・応力測定手法の正確性やノイズに対する頑健性などの性能を評価するためのベンチマークデータを提供することも重要視されている[57, 88, 89, 92]．数値計算では，真の力の値が既知であり，また，ノイズの大きさを定量的に変化させることも容易である．これらの特性が，数値計算により生成される人工データを，力・応力測定手法のベンチマークデータとして有用なものにしている．

力・応力測定手法のデータの解釈に理論モデルが必要とされる一方で，理論モデルには，機械特性などに関する仮定が含まれており，力学測定データに基づく，包括的かつ定量的な理論モデルの構築が望まれている．新しい理論モデルは，生体組織の力学を階層横断的に理解するための枠組みとなりうる．例えば，ミオシンや細胞接着分子が生成するミクロスコピックな力から，細胞接着面や組織の弾性係数などのメゾスコピック，マクロスコピックな力学パラメータをどのように構成されるのかという問いに対して，定量的な議論が可能になるかもしれない．理論モデルからの予測と実験検証のフィードバックを繰り返すことが，多細胞生命現象の力学制御の解明にかなう理論モデル，力・応力測定手法の開発に結実すると期待したい．

7.4 展望

生き物の形態は，適応的進化と発生拘束，物理的制約のせめぎ合いで獲得されてきたと考えられる．およそ100年前，D'arcy W. Thompsonは著書“On Growth and Form”で，幾何学的・機械的な視点から動物形態の種間比較や機能的な意義について議論した[102]．21世紀に入り，定量生物学や細胞・組織スケールの生物物理学が発展したことで，Thompsonらの問題意識は，発生生物学が分子生物学と融合した1980年代以降に蓄積されてきた個体発生の分子的描像と融合しようとしている．この試みが成功するためには，力の計測・操作技術の開発とともに，力学測定技術と蛍光イメージングや光遺伝学，オミックス技術などの分子動態や遺伝子発現の計測・操作技術の統合が，鍵を握るだろう[103]．

（杉村薫・石原秀至）

謝辞

本章は，François Graner博士とPierre-François Lenne博士，杉村の呼びかけのもと，世界中から生体内力・応力測定手法の開発者が集い（石原も参加者の一人である），2014年5月にパリ第七大学で開催されたTissue Stress Workshopでの議論，および，その後に執筆された教育的解説記事をもとにしている[34]．参加者の皆さんに深く感謝したい．谷本博一博士からは建設的なコメントをいただいた．

文献

1) Howard J “Mechanics of Motor Proteins and the Cytoskeleton,” Sinauer Associates (2001).
2) Maître J-L & Heisenberg C-P, *Curr. Biol.*, **23**, R626 (2013).
3) Hoffman BD & Yap AS, *Trends Cell Biol.*, **25**, 803 (2015).
4) Lecuit T et al., *Annu. Rev. Cell Dev. Biol.*, **27**, 157 (2011).
5) Labouesse M (ed), “Forces and Tension in Development,” *Curr. Top. Dev. Biol.*, **95**, 2-270 (2011).
6) Guillot C & Lecuit T, *Science*, **340**, 1185 (2013).
7) Huttenlocher A & Horwitz AR, *Cold Spring Harb. Perspect. Biol.*, **3**, a005074 (2011).
8) Freund JB et al., *Development*, **139**, 1229 (2012).
9) Heisenberg CP & Bellaïche Y, *Cell*, **153**, 948 (2013).
10) Sampathkumar A et al., *Curr. Biol.*, **24**, R475 (2014).
11) Blanchard GB & Adams RJ, *Curr. Opin. Genet. Dev.*, **21**, 653 (2011).
12) Rauzi M et al., *Nat. Cell Biol.*, **10**, 1401 (2008).
13) Savin T et al., *Nature*, **476**, 57 (2011).
14) Moore SW et al., *Dev. Cell.*, **19**, 194 (2010).
15) Mammoto A et al., *J. Cell Sci.*, **125**, 3061 (2012).
16) Guilak F et al., *Cell Stem Cell*, **5**, 17 (2009).
17) Aigouy B et al., *Cell*, **142**, 773 (2010).
18) Sugimura K & Ishihara S, *Development*, **140**, 4091 (2013).
19) Hirashima T, *Cell Rep.*, **9**, 866 (2014).
20) Aw WY et al., *Curr. Biol.*, **26**, 2090 (2016).
21) Uyttewaal M et al., *Cell*, **149**, 439 (2012).
22) Wyatt TP et al., *PNAS*, **112**, 5726 (2015).
23) Hufnagel L et al., *PNAS*, **104**, 3835 (2007).
24) Farge E, *Curr. Biol.*, **13**, 1365 (2003).
25) Kahn J et al., *Dev. Cell*, **16**, 734 (2009).
26) Davidson L et al., *Int. J. Biochem. Cell Biol.*, **41**, 2147 (2009).
27) Oldenbourg R, in “Live Cell Imaging: A Laboratory Manual,” Cold Spring Harbor Laboratory Press (2005), p.205.
28) 貝原真・坂西明郎,『バイオレオロジー』, 米田出版(1999).
29) 上田隆宣,『測定から読み解くレオロジーの基礎知識』, 日刊工業新聞社(2012).
30) Koehl MAR, *Semin. Cell Dev. Biol.*, **1**, 367 (1990).
31) Fung YC, “Biomechanics: Mechanical Properties of Living Tissues,” Springer (1993).
32) Oates AC et al., *Nat. Rev. Gen.*, **10**, 517 (2009).
33) Prost J et al., *Nat. Physics*, **11**, 111 (2015).
34) Sugimura K et al., *Development*, **143**, 186 (2016).
35) Paluch EK (ed), “Biophysical Methods in Cell Biology”, *Meth. Cell Biol.*, **125**, 1-488 (2015).
36) Campàs O, Semin. *Cell Dev. Biol.*, **55**, 119 (2016).
37) Truong TV & Supatto W, Genesis, **49**, 555 (2011).

38) Merkel M & Manning ML, *Semin. Cell Dev. Biol.*, **67**, 161 (2017).
39) 青木一洋・小林徹也編,『バイオ画像解析 手とり足とりガイド』, 羊土社(2014), 第3章第3節.
40) Addae-Mensah KA & Wikswo JP, *Exp. Biol. Med.*, **233**, 792 (2008).
41) Kollmannsberger E & Fabry B, *Annu. Rev. Mater. Res.*, **41**, 75 (2011).
42) Tambe DT et al., *PLoS One*, **8**, e55172 (2013).
43) Davis GS, *American Zoologist*, **24**, 649 (1984).
44) Davidson L & Keller R, *Methods Cell Biol.*, **83**, 425 (2007).
45) Foty R et al., *Phys. Rev. Lett.*, **72**, 2298 (1994).
46) Milani P et al., *J. Exp. Bot.*, **64**, 4651 (2013).
47) Müller DJ & Dufrêne YF, *Nat. Nanotechnol.*, **3**, 261 (2008).
48) Krieg M et al., *Nat. Cell Biol.*, **10**, 429 (2008).
49) Beauzamy L et al., *Biophys. J.*, **108**, 2448 (2015).
50) Forouzesh E et al., *Plant J.*, **73**, 509 (2013).
51) Evans E & Yeung A, *Biophys. J.*, **56**, 151 (1989).
52) Tinevez J-Y et al., *PNAS*, **106**, 18581 (2009).
53) Guevorkian K et al., *Phys. Rev. Lett.*, **104**, 218101 (2010).
54) Maître J-L et al., *Nat. Cell Biol.*, **17**, 849 (2015).
55) Porazinski S et al., *Nature*, **521**, 217 (2015).
56) Svoboda K & Block SM, *Ann. Rev. Biophys. Biomol. Struct.*, **23**, 247 (1994).
57) Bambardekar K et al., *PNAS*, **112**, 1416 (2015).
58) Trinkaus JP, "Cells into Organs: The Forces That Shape the Embryo," Prentice-Hall (1969).
59) Beloussov LV et al., *J. Embryol. Exp. Morphol.*, **34**, 559 (1975).
60) Ma X et al., *Phys. Biol.*, **6**, 036004 (2009).
61) Vogel A & Venugopalan V, *Chem. Rev.*, **103**, 577 (2003).
62) Mayer M et al., *Nature*, **467**, 617 (2010).
63) Farhadifar R et al., *Curr. Biol.*, **17**, 2095 (2007).
64) Bosveld F et al., *Science*, **336**, 724 (2012).
65) Kiehart DP et al., *J. Cell Biol.*, **149**, 471 (2000).
66) Hutson MS et al., *Science*, **300**, 145 (2003).
67) Behrndt M et al., *Science*, **338**, 257 (2012).
68) Campinho P et al., *Nat. Cell Biol.*, **15**, 1405 (2013).
69) Bonnet I et al., *J. R. Soc. Interface*, **9**, 2614 (2012).
70) Etournay R et al., *eLife*, **4**, e07090 (2015).
71) Clément R et al., *Curr. Biol.*, **27**, 3132 (2017).
72) Cost AL et al., *Cell. Mol. Bioeng.*, **8**, 96 (2015).
73) Freikamp A et al., *J. Struct. Biol.*, **197**, 37 (2017).
74) Miyawaki A, *Annu. Rev. Biochem.*, **80**, 357 (2011).
75) Grashoff C et al., *Nature*, **466**, 263 (2010).
76) Meng F & Sachs F, *J. Cell Sci.*, **125**, 743 (2012).
77) Borghi N et al., *PNAS*, **109**, 12568 (2012).
78) Cai D et al., *Cell*, **157**, 1146 (2014).
79) Conway DE et al., *Curr. Biol.*, **23**, 1024 (2013).
80) Krieg M et al., *Nat. Cell Biol.*, **16**, 224 (2014).
81) Austen K et al., *Nat. Cell Biol.*, **17**, 1597 (2015).
82) Paszek MJ et al., *Nature*, **511**, 319 (2014).
83) Morimatsu M et al., *Nano Lett.*, **13**, 3985 (2013).
84) Campàs O et al., *Nat. Methods*, **11**, 183 (2014).
85) Lucio AA et al., *Methods Cell Biol.*, **125**, 373 (2015).
86) Schluck T & Aegerter CM, *Eur. Phys. J. E*, **33**, 111 (2010).
87) Kolb E et al., *Plant and Soil*, **360**, 19 (2012).
88) Ishihara S & Sugimura K, *J. Theor. Biol.*, **313**, 201 (2012).
89) Ishihara S et al., *Eur. Phys. J. E*, **36**, 9859 (2013).
90) 石原秀至・杉村薫, 実験医学, **31**(8), 1232 (2013).
91) Chiou KK et al., *PLoS Comput. Biol.*, **8**, e1002512 (2012).
92) Brodland GW et al., *PLoS One*, **9**, e99116 (2014).
93) Guirao B et al., *eLife*, **4**, e08519 (2015).
94) Nier V et al., *Biophys. J.*, **110**, 1625 (2016).
95) Ji L et al., *Nat. Cell Biol.*, **10**, 1393 (2008).
96) Louveaux M et al., *PNAS*, **113**, E4294 (2016).
97) Hiramatsu R et al., *Dev. Cell*, **27**, 131 (2013).
98) Fernández-Sánchez ME et al., *Nature*, **523**, 92 (2015).
99) Guglielmi G et al., *Dev. Cell*, **35**, 646 (2015).
100) Keller EF, "Making Sense of Life: Explaining Biological Development with Models, Metaphors, and Machines," Harvard University Press (2002).
101) Anderson ARA et al (eds)., "Single-Cell-Based Models in Biology and Medicine," Birkhäuser (2007).
102) Thompson DW, "On Growth and Form," Cambridge Univ. Press (1917).
103) Tischer D & Weiner OD, *Nat. Rev. Mol. Cell Biol.*, **15**, 551 (2014).

7 章補遺　連続体力学

生体内に限らず物体の変形と力を扱う場合には，構成要素を粗視化して物体を連続的な媒質とみなす「連続体記述」がよく用いられる．連続体の場合も，ニュートン力学に従うのは変わらない．つまり本文で説明したように，物体は力を受けて変形し，また，静止状態では力は釣り合っている（これらがニュートンの法則であり普遍的に成り立つ）．一方で，一般に物体は変形に応じて力を出す(構成式，機械的物性を表す)．ニュートンの法則と構成式を組み合わせることで，物体の具体的な変形や変形速度を扱える．

連続体記述にあたって，変形と力を表すには数学的道具立てが必要となり，以下で，それを説明する．生体組織の力学の理論的な議論のみならず，実際の計測においても，変形や応力といった概念を理解していることは重要である．

物体の変形

一方向（一次元）の物質の変形を考えよう．物質中の点 x が変形によって $x + u(x)$ に移ったとする．$u(x)$ を変位という．物質の変形は，物質中の各点の相対的な変位なので，変形は $\mathrm{d}u(x)/\mathrm{d}x$ で特徴づけられる（実際，物質の変形をともなわない単なる平行移動であれば $u(x)$ は一定で，$\mathrm{d}u(x)/\mathrm{d}x = 0$ である）．もし長さ L_0 の棒が，一様に変形して L になったのであれば，ひずみ(歪)は，$\mathrm{d}u / \mathrm{d}x = (L - L_0) / L_0$ である（図 7.2a では $u(x) = (L - L_0)x / L_0$ という変位）．

2 次元以上の変形を考えると，変位がベクトルであり，また，微分の方向も x, y, z と複数方向あるため，変形を表すために工夫がいる．ここではまず，2 次元変形を考えよう．ある平面物体が変形し，各点 $\vec{r} = (x, y)$ が $\vec{r} + \boldsymbol{u}(\vec{r}) = (x + u_x(x, y), y + u_y(x, y))$ に移ったとする．変位 $\boldsymbol{u} = (u_x, u_y)$ は (x, y) の関数である．われわれが興味のある物体の変形は，平行移動と回転ではない．変位 $\boldsymbol{u}$ に含まれる平行移動情報は，1 次元の場合と同様に，空間微分すると消すことができる．u_x, u_y それぞれの微分を考えると，ベクトル 2 成分と微分方向二つに対応して

$$\nabla \boldsymbol{u} = \begin{pmatrix} \partial_x u_x & \partial_y u_x \\ \partial_x u_y & \partial_y u_y \end{pmatrix},$$

という 4 成分からなる行列を考えることができる．この行列は，平行移動を除いた，物質各点の相対的な変形の情報をもっており，「ひずみテンソル」と呼ばれる．ひずみテンソルの転置行列を $[\nabla \boldsymbol{u}]^{\mathrm{T}}$ として，

$$\nabla \boldsymbol{u} = \frac{\nabla \boldsymbol{u} - [\nabla \boldsymbol{u}]^{\mathrm{T}}}{2} + \frac{\nabla \boldsymbol{u} + [\nabla \boldsymbol{u}]^{\mathrm{T}}}{2} = \boldsymbol{\Omega} + \mathbf{D},$$

と分けて書くと，幾何学的な意味がよりはっきりする．第一項の行列 $\boldsymbol{\Omega}$ は反対称行列（$\boldsymbol{\Omega}^{\mathrm{T}} = -\boldsymbol{\Omega}$）であり，点 $\vec{r} = (x, y)$ の近傍の微小領域の回転を表す．回転では物体内の相対的な位置は変化しないので，$\boldsymbol{\Omega}$ 自体は，実は変形を表さない．$\mathbf{D}$ は対称行列で，さらに二つに分割できる．$\mathbf{D}$ の対角成分の和（トレース）は，$\mathrm{tr}\mathbf{D} = \partial_x u_x + \partial_y u_y$ であるが(変位ベクトルの発散 $\mathrm{div}\,\boldsymbol{u}$ でもある)，近似的に変形前後の局所的な面積変化の比を表す．$\mathbf{D}$ から対角和成分を引いたもの，$\mathrm{dev}\mathbf{D} = \mathbf{D} - (\mathrm{tr}\mathbf{D})\mathbf{I} / 2$ ($\mathbf{I}$ は単位行列)は $\mathbf{D}$ の偏差成分 deviator と呼ばれ，幾何学的には(近似的に)純粋ずり変形のことである．

応　力

物体を好きな面で仮想的に二つに分けると，分けた面を通して互いに力が働いている．水の中では，互いに押し合う力がはたらき，これは圧力である．細長い棒を軸方向に引っぱると（圧縮すると），棒の仮想的な切断面を通して分けられた二つの部分は互いに引っぱり合う(押し合う)．このような力を応力と呼ぶ．

正確には，圧力と同じように，単位面積あたりに働く力のことを応力と呼ぶ．圧力は応力の一種

であり，以下で述べるような意味で，応力は圧力の一般化である．

水中の圧力の場合，ある点に対して切断面をどの方向にとっても同じ大きさの圧縮力が働く．また，切断面を通して働く力の方向は，切断面に垂直である．しかし，例えばある方向に圧縮した物体の中では，圧縮軸方向とその垂直方向では（単位面積当たりで）異なる大きさの力が働くだろう．また一般には，切断面に対して力が垂直に働いているとは限らない．つまり，切断面に平行な方向にも力が働き，これをずり応力と呼ぶ．

応力はこのような性質をもつ物理量なので（つまりスカラー量ではない），表すのに工夫がいる．ある空間上の点を考えよう．この点を通る切断面を x 軸に垂直に（つまり y-z 面と平行に）とった場合，切断面を通して働く単位面積あたりの力 $\boldsymbol{f}_x$ を $\boldsymbol{f}_x=(\sigma_{xx}, \sigma_{yx}, \sigma_{zx})$ とする．σ_{xx} が面に垂直に働く力の x 成分であり，σ_{yx}, σ_{zx} はずり応力である．同様に，切断面を y 軸，z 軸に垂直にとった場合，単位面積あたりに働く力を $\boldsymbol{f}_y=(\sigma_{xy}, \sigma_{yy}, \sigma_{zy})$, $\boldsymbol{f}_z=(\sigma_{xz}, \sigma_{yz}, \sigma_{zz})$ とする．ここまで9個の値が出てきた．実は，この9個の値がわかれば，任意の切断面に対しての応力が求まる．
応力を行列の形で

$$\boldsymbol{\sigma}=\begin{pmatrix}\sigma_{xx} & \sigma_{xy} & \sigma_{xz}\\ \sigma_{yx} & \sigma_{yy} & \sigma_{yz}\\ \sigma_{zx} & \sigma_{zy} & \sigma_{zz}\end{pmatrix},$$

と書こう．これを「応力テンソル」という．切断面に垂直な単位ベクトルを $\vec{\boldsymbol{n}}$ とすると，切断面に働く単位面積あたりの力は行列とベクトルの積で，$\vec{\boldsymbol{f}}=\boldsymbol{\sigma}\vec{\boldsymbol{n}}$ と求めることができる．$\boldsymbol{\sigma}$ の各要素は，面を挟んで引っ張りあうときに正とする．この約束のもとで圧力は

$$\boldsymbol{\sigma}=\begin{pmatrix}-P & 0 & 0\\ 0 & -P & 0\\ 0 & 0 & -P\end{pmatrix},$$

となる．$\vec{\boldsymbol{f}}=-P\vec{\boldsymbol{n}}$ であり，期待通り，一定の大きさの力が面と垂直方向に働いている．実は，多くの物体で応力テンソルは対称行列（$\sigma_{xy}=\sigma_{yx}$, $\sigma_{xz}=\sigma_{zx}$, $\sigma_{yz}=\sigma_{zy}$）である．これは，系を構成する分子の流れに相対的な回転（角運動量）が無視できる場合に成り立つ．応力 $\boldsymbol{\sigma}$ も，物質内の各点 $\vec{r}$ で定義され，$\boldsymbol{\sigma}(\vec{r})$ と書ける．この応力の空間的分布は，力の釣り合いなどの力学法則に従っている必要がある．

構成式

構成式は物質固有の機械物性を表しており，多くの場合，応力は物体の変形や変形速度に依存する．例えば，弾性体では自然状態（reference state）に戻ろうとするように力が働き，物質内の点 $\vec{r}=(x, y)$ での局所的な変形 $\nabla\boldsymbol{u}=\boldsymbol{\Omega}+\mathrm{dev}\mathbf{D}+(\mathrm{tr}\mathbf{D})\mathbf{I}$ に対して，

$$\sigma=2\mu\,\mathrm{dev}\mathbf{D}+\lambda'(\mathrm{tr}\mathbf{D})\mathbf{I},$$

と振る舞う．μ, λ' は正の値をとる係数であり（d を次元として，$\lambda'=\lambda+2\mu/d$ と置き直すと図7.3aの式と対応がつく），上の式は単純な1次元弾性ばねの構成式 $F=-kx$ の一般化である．変形の幾何学的意味を思い出せば，第一項は物体の「ずり」に対する復元力，第二項は体積（2次元では面積）変化に対する復元力を表すことがわかるだろう．$\boldsymbol{\Omega}$ は物体の変形をともなわない単なる回転を表すので力には寄与せず，構成式には現れない．

ここまで弾性体の構成式について説明してきたが，構成式は物体によってさまざまな形をとりうる．粘性流体では復元力が働かないが，速度の勾配を打ち消そうとするような応力が発生する．物体を構成する分子が複雑な相互作用をしていれば，それに応じて複雑な構成式になるだろうし，場合によっては内部変数（とその発展方程式）を用意する必要があるだろう．また，アクトミオシンなどの細胞骨格系の場合には，分子モーターによる能動的な応力生成も考慮する必要がある．それぞれの系でどのような構成式が適当なのかについては多くの研究があり，また，数理モデル化の際の焦点である．（杉村薫・石原秀至）

組織変形の定量生物学

Summary

本章では，器官形態形成に関する物理過程のうち，組織の変形動態に注目する．特に，対象とする器官は十分多くの細胞から構成されていて，近似的に連続体とみなせると仮定する．組織変形動態を定量する一つの重要な意義は，その解析結果にもとづいて，器官形態形成というきわめて自由度の高いシステムに対して，その形成機構に関する仮説を絞り込むことにある．これにより，力学モデリングを行ううえでの指針が得られる．同時に，提案されたモデルは対象器官に似た外形を生成できるだけでなく，少なくともその形態が構築される過程そのものである変形動態を再現できることが要求される．したがって，組織の変形動態を定量することは，仮説構築の目的に加えて仮説検証の際の評価基準としても有用である．ここでは，まず，組織変形を数学的に記述するための基礎を復習する．その後，発生生物学の実験研究において広く目にする成長組織内の細胞軌道データと組織変形動態の関連性，あるいはデータから変形動態を再構築する方法について説明する．最後に，応用例としてニワトリ四肢発生過程における変形動態の定量解析を紹介する．

8.1　はじめに

「われわれ人間を含む動物の形がどのようにつくられるか」という問題は，これまで膨大な数の研究論文の中で議論されてきたにもかかわらず，そのメカニズムのほとんどが未解明である．この問題は，生物学における究極的な課題の一つであると同時に，ES 細胞や iPS 細胞を培養して複雑な 3 次元形状をつくりだす次世代再生医学においても，形や大きさを自在に制御するという観点から深く関係する．

器官形態形成の原理を理解するのが難しい主な原因としては，以下のようなことがあげられる．

①器官発生過程がきわめて自由度の高いシステムだから

この 30 ～40 年間の分子生物学の発展により，動物体内の各器官に対してその発生に必須な，あるいは形態異常を引き起こす原因遺伝子が次つぎ明らかとなった．しかしこうした情報の多くは「遺伝子 X を壊すとアウトプットとしての形態（表現型）に変化がでる」という静的な対応関係を表すに過ぎず，実際に形が構築される物理過程の多くは未知のままである．もちろん，器官を構成する要素は細胞であり，細胞数の増減や運動・再配列によって形ができていくことには間違いないが，同一初期状態から目的の形態を構築するには無数の可能性がある．いつ，どこで細胞増殖や細胞死による体積の増減がおこるか，また細胞がお互いに再整列することで特定の方向に伸長するか，あるいは変形履歴や力学環境によってどのように力学応答（物性とその異方性，能動的な成長や変形）を変化させるか，といったことには，無数の組合せが存在することがわかるだろう．実際には，これらの無数の組合せのなかから，脳や心臓，四肢といった器官ごとに固有の方法が採用され，各々に特徴的な形態が実現される．数理モデリングやシミュレーションしようにも，こうした無数の可能性からメカニズムを絞り込む必要があり，そのためには実際に何が起こっているか実験データを解析することが不可欠となる．

②細胞の形態，軌道，力学状態など，必要な情報すべてを計測できないから

実験によって，器官発生過程における全細胞の形態変化や組織内での軌道，あるいは応力分布といったすべての幾何学・力学量が計測できたのであれば，器官固有の形がどうできあがっていくのかを理解することは難しくないだろう．しかしヒトをはじめ，高等動物の胚内で構築される器官は大きく（＞1 mm, 細胞数で数十万～数百万）不透明であるため，（ショウジョウバエ等の薄くて小さな組織など一部の例外を除いては）変形や力学情報を侵襲・非侵襲を問わず完全に計測することは不可能であり，断片的な情報しか利用できないことがほとんどである．したがってこうした情報の不足を補完するために，数理モデル（特にベイズ推定等の統計モデル）の力を用いて組織の変形や応力場・構成式(物性)を推定，予測する必要がある．

◆

本章では，器官形態形成に関する物理過程のうち，組織の変形動態に注目する．特に，対象とする器官は十分多くの細胞から構成されており，近似的に連続体とみなすことができることを仮定する．もちろん数百～数千細胞から構成される組織変形(例えば上皮シートの一部の変形)の解析へも適用可能であるが，その場合にはひとつひとつの細胞の形の変化を追うものではなく，細胞の形状を無視して粗視化された(平均化された)変形を扱うことになる．本章の最後に触れるように，個々の細胞形状の変化を解析した結果と比較することで，細胞挙動とマクロな組織変形の間の関係性が議論可能となる．定量化された変形動態情報は，計測可能な断片的な応力及び物性に関する情報と組み合わせることで，器官形態形成メカニズムに関する仮説構築を可能とするだろう．力学応答や成長様式に関する制御ルールをモデル化し，力学モデルへ組み込むことで，仮説の検証へと進められる．力学シミュレーション研究を行う際に気を付けなければならないのは，たとえ対象器官に似た外形を生成できたとしても真の形態形成メカニズムを明らかにしたことにはならないという事である(もちろん「与えられた設定の下ではこういう形ができる」という意味で理論的には正しいのだが)．提案モデルには，少なくとも形が構築される過程そのものである変形動態を再現できることが要求される．この意味でも，組織の変形動態を定量することは，仮説構築の目的に加えて仮説検証の評価基準としても有用である．

本節を終える前に，モルフォメトリクス（morphometrics）の分野における代表的な古典研究例として D'arcy Thompson の仕事を簡単に紹介しておこう[1]．図 8.1 は，ヒトの頭蓋骨の形状を他の動物のものと比べたもので，具体的には，ヒトの形状の上に正方格子を重ね，種間で頭蓋骨内の特徴点を対応させると格子がどのように歪むかを記述したものである．例えばヒトと類人猿を比べると，「*ヒトの骨では脳とその容積が大きくなり，あごの割合が減っている*」ことが見た目にもはっきりとわかる．これを正確に定量してみると「*頭蓋骨の上部から下部へ，また後部から前部にゆくにつれて，対応する升目の面積が対数的に増加している*」ことまでわかる．さらに，イヌの格子を見てわかるように，格子の曲率や各升目の面積は変わっていても，特徴点の相対的な位置は変わっておらず，ヒトの頭蓋骨を滑らかに変換することで異なる動物の頭蓋骨形状を記述できることがわかる．こうした滑らかな変換は，鳥類や両生類，魚類にわたって成立する．

Thompson の例は，すでにできあがった器官形態について特徴点を起点に種間比較を行っているものであって，各種において対象器官がどのようにつくられてきたかは論じていない．本章では，器官の形態が各時刻・各場所でどのように変形して固有の形がつくられていくか，その発生過程に注目し，それを定量的に解析するための基礎的知識を説明する．本章で用いられる「変形」という用語は，細胞増殖や細胞死を通じた組織体積の増減と，体積変化を伴わない形の変化の両方を含むことにする．

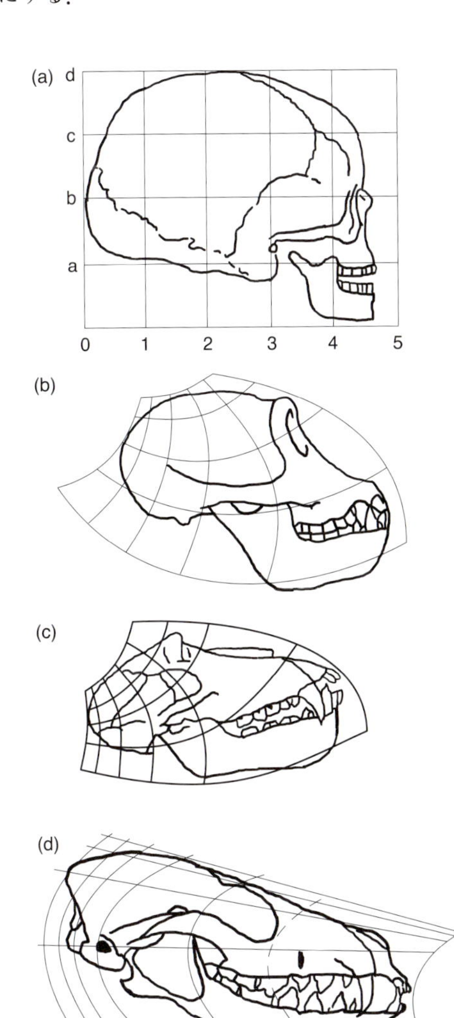

図 8.1　動物 4 種の頭蓋骨形状の比較
(a)ヒト，(b)チンパンジー，(c)ヒヒ，(d)イヌ．(文献 1 から転載)

8.2　変形の基礎としての線形代数

8.2.1　局所変形と線形変換

導入で見たようなモルフォメトリクスの分野においても，以下で説明する発生・再生時において組織の変形を考える際にも，線形変換は，形の変化を表す最も基礎となる数学的道具である．ここでは簡単のため，2 次元的な変形を表す線形変換について説明する．図 8.2 に示すように，「組織内の注目している点 P の近傍が線形変換 **F** によって変換された」とは，幾何学的には，近傍を表す円が楕円に，あるいは正方形が平行四辺形へと形を変える過程のことである．代数的に言うと，**F** は行列として表現され，P からのずれと，P が変形によって移される先 P' からのずれを表すベクトルをそれぞれ $(\Delta x, \Delta y)$ と $(\Delta x', \Delta y')$ としたときに，

$$\begin{pmatrix} \Delta x' \\ \Delta y' \end{pmatrix} = \begin{pmatrix} F_{11} & F_{12} \\ F_{21} & F_{22} \end{pmatrix} \begin{pmatrix} \Delta x \\ \Delta y \end{pmatrix}, \tag{8.1}$$

という関係で表現されることのことを言う（図 8.2a）．ここで注意しなければならないのは，図 8.2a の左側（変形前）の円を右側（変形後）の楕円に変えるという操作を考えるだけであれば（つまり輪郭形状しか考えないのであれば），それを実現するための行列は無数に存在する．例えば，

$$\mathbf{F} = \begin{pmatrix} 1 & 1/2 \\ 1/2 & 1 \end{pmatrix}, \begin{pmatrix} 3\sqrt{2}/4 & -\sqrt{2}/4 \\ 3\sqrt{2}/4 & \sqrt{2}/4 \end{pmatrix},$$

$$\begin{pmatrix} (3\sqrt{6}+\sqrt{2})/8 & (3\sqrt{2}-\sqrt{6})/8 \\ (3\sqrt{6}-\sqrt{2})/8 & (3\sqrt{2}+\sqrt{6})/8 \end{pmatrix}, \cdots, \tag{8.2}$$

といったどの行列も，単位円を，長軸 3，短軸 2 の 45 度傾いた楕円へと変換する．例えば，**F** として式(8.2)右辺の最初の行列は変形前の 45 度方向のベクトルが 1.5 倍され，135 度方向のベクトルが 0.5 倍されることによって変形後の楕円へと変換される（図 8.2b）．変形後の楕円の形状が 45 度方向に長軸を，135 度方向に短軸を持つことから，素直な変換に見える．他方で，二番目の行列を用いると，変形前の (1,0) 方向が変形後には

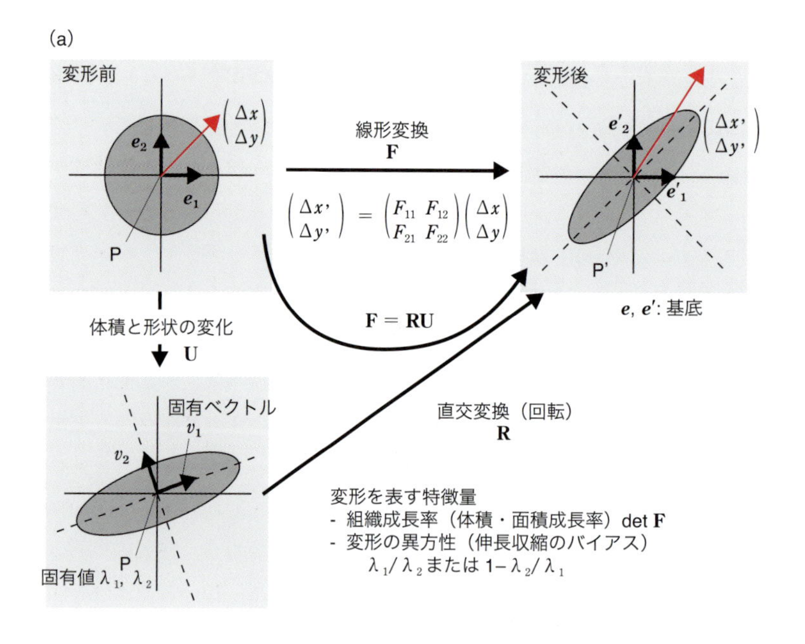

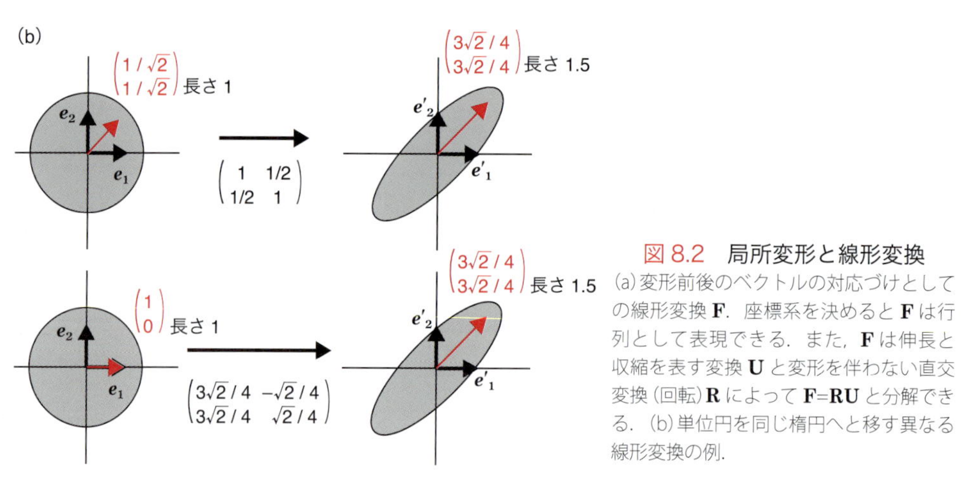

図 8.2　局所変形と線形変換
(a) 変形前後のベクトルの対応づけとしての線形変換 **F**．座標系を決めると **F** は行列として表現できる．また，**F** は伸長と収縮を表す変換 **U** と変形を伴わない直交変換（回転）**R** によって **F**=**RU** と分解できる．(b) 単位円を同じ楕円へと移す異なる線形変換の例．

(1,1) 方向を向いた長さが 1.5 倍のベクトルへと変わり，(0,1) 方向は (-1,1) 方向を向いた長さが 0.5 倍のベクトルへと変わっている．組織の変形を考える際には，これらを区別することは重要なことである．つまり，変形前においてどの方向に組織を伸長・収縮させることで変形後に観察される形を得たのかということを意味し，形づくりのメカニズムと関係する．この違いは，数学的には線形変換 **F** を，伸長と収縮を表す変換 **U** と変形を伴わない直交変換（回転）**R** によって **F** = **RU** と分解することで表される（この分解は一意に決まる）．式 (8.2) 右辺の三番目の行列を例にあげると，

$$\mathbf{F} = \begin{pmatrix} (3\sqrt{6}+\sqrt{2})/8 & (3\sqrt{2}-\sqrt{6})/8 \\ (3\sqrt{6}-\sqrt{2})/8 & (3\sqrt{2}+\sqrt{6})/8 \end{pmatrix}$$

$$= \begin{pmatrix} \cos(15^\circ) & -\sin(15^\circ) \\ \sin(15^\circ) & \cos(15^\circ) \end{pmatrix} \begin{pmatrix} 5/4 & \sqrt{3}/4 \\ \sqrt{3}/4 & 3/4 \end{pmatrix}$$

$$= \mathbf{RU}, \tag{8.3}$$

のようになる．**U** の部分を以下のようにさらに分解すると，

$$
\begin{aligned}
\mathbf{U} &= \begin{pmatrix} 5/4 & \sqrt{3}/4 \\ \sqrt{3}/4 & 3/4 \end{pmatrix} \\
&= \begin{pmatrix} \cos(30^\circ) & -\sin(30^\circ) \\ \sin(30^\circ) & \cos(30^\circ) \end{pmatrix} \begin{pmatrix} 3/2 & 0 \\ 0 & 1/2 \end{pmatrix} \\
&\quad \begin{pmatrix} \cos(30^\circ) & \sin(30^\circ) \\ -\sin(30^\circ) & \cos(30^\circ) \end{pmatrix} \\
&= \Psi \begin{pmatrix} \lambda_1 & 0 \\ 0 & \lambda_2 \end{pmatrix} \Psi^{\mathrm{T}}, \qquad (8.4)
\end{aligned}
$$

となる．ここで，λ_1，λ_2 は $\mathbf{U}$ の固有値を，$\Psi \equiv (v_1 \ v_2)$ は対応する固有ベクトルからなる行列を表す（v_1 は単位固有ベクトル）．したがって，式(8.4)より，組織は $\mathbf{U}$ の固有ベクトル方向に λ_1，λ_2 倍されることを示している（$\mathbf{U}$ は実対称行列なので，二つの固有ベクトルは直交する）．上の例の場合には，P の円近傍がまず横軸を基準に 30 度の方向に 1.5 倍，120 度の方向に 0.5 倍伸長されることを示す．式(8.3)より，その後 15 度回転することによって変形後の楕円が得られることがわかる．つまり，直交変換 $\mathbf{R}$ は，$\mathbf{U}$ によって伸縮された方向（固有ベクトル方向）と，変形後に対応する方向とが一致するように向きを揃えるための回転である．

もう少し踏み込んだ議論をすると，上の議論では暗黙のうちに変形前と変形後を表す座標系は同じであることを仮定していた．しかし，実際には形が大きく変わっていくと，変形の前後で同じ座標軸方向をとることが必ずしも便利とは限らない（後で簡単に触れるように曲面の変形を考える場合にはこの問題に直面する）．上記の $\mathbf{U}$ は変形前の座標系内での組織の伸縮を表す写像であり，$\mathbf{R}$ は変形前と変形後の座標系の間をまたぐ写像となっている．したがって，例えば変形後の座標系のみを回転させると，$\mathbf{U}$ の成分には影響しないが，$\mathbf{R}$ の成分は変わることに注意しよう（より正確な議論は 8.2.2 項と巻末の補遺を参照）．もう一つ注意しておきたい点として，$\mathbf{R}$ は組織全体の剛体回転のみによって決まるわけではないことがあげられる．今考えている $\mathbf{R}$ は組織内の各場所における局所変形の回転成分を表しており，その値は場所ごとに異なってもよい．例えば異なる二つの場所で，変形前の座標系で同じ方向に伸長したとしても（つまり $\mathbf{U}$ が同じだとしても），周囲の組織の変形の影響によって $\mathbf{R}$ の値が異なれば，変形後の座標系ではその伸長方向は違って見えるだろう．一般に大きな変形を伴う非線形連続体力学の分野では[*1]，初期配置を表す座標系と現配置を表す座標系を明確に区別する[*2]．変形前後で座標系が異なってもよいことからわかるように，組織がどの方向に伸縮したかは，どの座標系で測ったものかを意識しておくべきである．特に，弾性理論では，一般に変形前(初期配置)からの変形量で決まるエネルギーを考えるため，変形前の座標系で測ることが多い．

$\mathbf{U}$ の固有値を使うと，注目している点 P の近傍がどの程度異方的に変形したかは，$1-\lambda_2/\lambda_1$ または λ_1/λ_2（ただし $\lambda_1 \geq \lambda_2$ とする）で数値化できる．このとき，異方性の方向は v_1 の方向で特徴づけられる[*3]．また，体積（2 次元変形の場合には面積）の変化は $\mathbf{F}$ の行列式 $\det\mathbf{F}$ となる．

ここまでは組織内の各点近傍での変形を考えていた．しかし組織全体を見たときには，局所的な変形を表す線形写像 $\mathbf{F}$(およびその成分表示である行列）は場所によって異なるだろう．図 8.3 はニワトリ四肢発生過程において，$\mathbf{F}$ が場所によってどう変わるかを示したものである．場所によって局所変形(面積変化・伸縮方向)が大きく異なること，また全体としては組織の各領域が遠近軸方向(図の左右軸方向）に伸長していることがわかる．8.5 節でも述べるが，例えば組織の伸長メカニズムの一

＊1　“大変形”とは言わずに，微小ひずみを仮定した線形弾性理論に対して“有限変形”ということも多い．

＊2　微小変形の場合には座標系を区別しない，またはしなくてもよい状況を微小と捉えると解釈してもよいだろう．

＊3　異方性という用語は局所的な量に対して方向依存性（つまり特定の方向に伸縮するなど)があるときに用いられる．方向依存性がない時には等方性と表現される．等方性・異方性という用語に対し，一様性・非一様性という用語は，大域的に見たときに場所によって値が等しいか異なるかを表す．

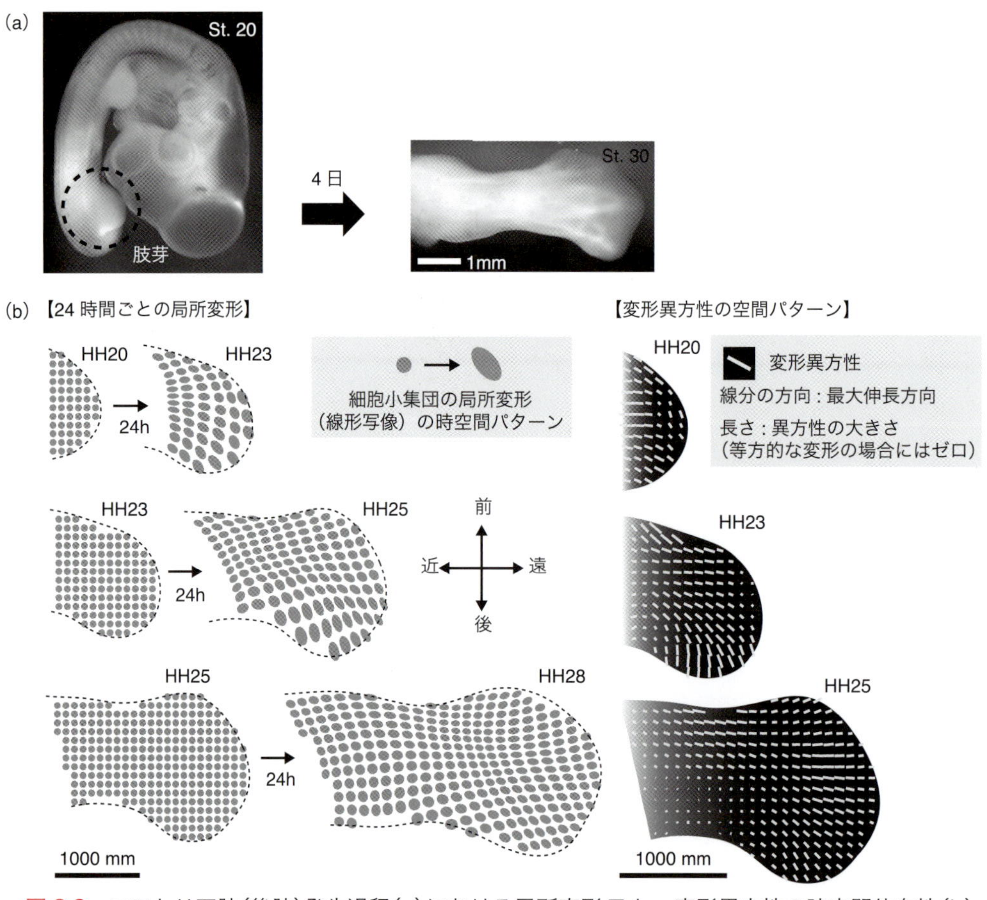

図 8.3　ニワトリ四肢(後肢)発生過程(a)における局所変形 **F** と，変形異方性の時空間依存性(b)
(b)は文献12のFig4を改変.

つとして，伸長軸の先端にバイアスした体積成長があげられる．しかしその場合には，この図に見られるような基部側（近位側）での組織の伸長はほとんど見られないことになるだろう．このように，組織の変形量を各時間，各場所で数値化することは，注目器官の形がどのように形成されるのかというメカニズムを絞り込むことに役に立つ．

8.2.2 テンソルについて

8.3節で見るように，8.2.1項に登場した **F** や **U** は，非線形連続体力学の分野における変形勾配テンソルや右ストレッチテンソルを想定している．しかし前節では，あえてテンソルという言葉を使わないで局所的な変形を説明した．その理由は，線形変換の考え方（行列によるベクトルの変換）は比較的すんなりと理解できることが多い一方で，テンソルという用語がでてくると，何やら難しい概念であるかのように受け取られることが多いという経験からだ．組織内の各点での変形を表す際に，正規直交基底を用いる限りでは，すべてテンソルを行列だと思って計算を進めて問題はない[*4]．

しかし，例えば曲面の変形を考える際に，曲面上の点がその曲面の埋め込まれている3次元空間に与えられた座標（例えば通常用いられる (x, y, z) のような座標）ではなく，曲面上に沿って直接

＊4　正確には「2階の」テンソルを行列という言葉に置き換えてもよいということ．2次元の変形を考えるのであれば 2×2 の行列，3次元であれば 3×3 の行列である．テンソルの階数については巻末の補遺を参照．

定義された2次元の曲線座標系（例えば地球表面上の緯度・経度を表す（θ，ϕ）座標）によって指定される方が便利なこともあるだろう．特に発生・再生過程を考えると，脳や心臓をはじめ多くの器官は曲がった多細胞シートの変形によって形態が構築されていくため，曲面の変形を考えることは決して特別なことではない．図8.4は，ニワトリ胚前脳領域の初期発生過程において神経上皮シー

(a) ニワトリ胚

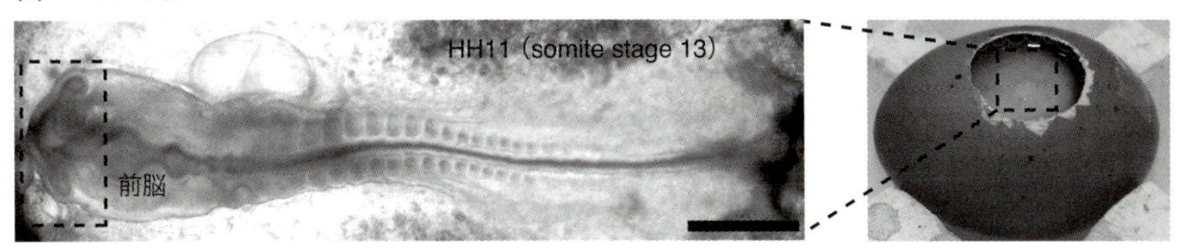

神経管前脳領域の頂端面の3次元形態変化

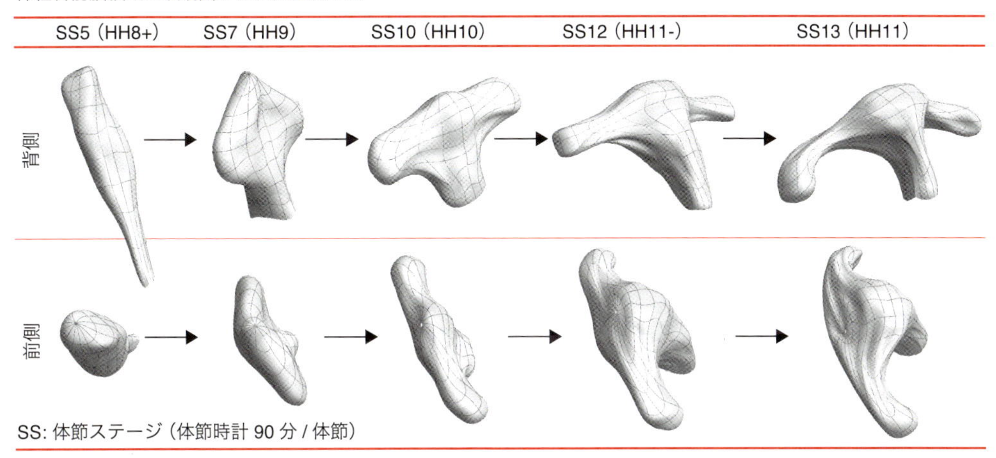

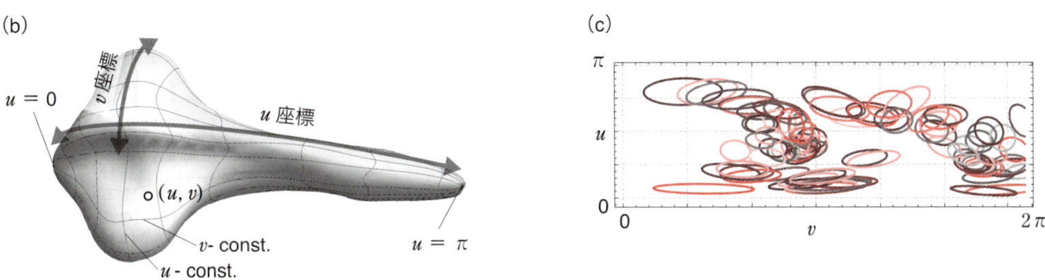

3D シート構造の球面調和関数展開

$$x(u) = \sum_{l=0}^{L} \sum_{m=-l}^{l} \alpha_l^m Y_l^m(u)$$

$Y_l^m(u)$：(l, m)- モードの調和関数

α_l^m：(l, m)- モードの係数

図 8.4　ニワトリ胚の神経上皮シートにおける曲線座標系と計量

(a) ニワトリ胚前脳領域の初期発生過程における神経上皮頂端面の形態の変化を示す．神経上皮組織は一層の細胞シートからなるため（各細胞はシートに垂直方向の柱状の形態を持つ），その形態形成過程は曲面の変形ととらえることができる．(b) 球面調和関数展開によって定義される曲面上の2次元座標の例（HH9での形状を例に）．(c) 曲面上の各点における誘導計量．曲がった座標系を用いることにより，各点での計量（ものさしの尺度）は変わり得る．これは，地球の表面を世界地図におしこめたときに，緯度の高さによって長さの尺度が異なることを考えるとわかりやすい．図では，(b)の形状に対してランダムに選ばれたシート状の各点における計量が楕円として示されている．

トの頂端面上に球面調和関数展開により定義された2次元座標系を表す．直感的には，少し複雑な緯度・経度座標を与えることに対応する．また，こうした曲がった座標系をとると，シート状の各点における計量(ものさしの尺度のこと)の値も変わり得る．そうした問題を扱う際にはテンソルの概念をある程度理解しておいた方が解析時に困らなくて済むのではないかと思う．また，物体の変形に限らず，応力テンソルをはじめ力学の諸問題では種々のテンソル量が現れるため，テンソルとは何かを知っておきたいと考える読者も一定数いることが想定される[*5]．きちんと勉強したい人はもちろんテンソル代数やテンソル解析と名前の付いた教科書を読むべきだが(例えば文献2)，数百ページも読むのは大変なので，本書の巻末の補遺において，簡潔にテンソルの考え方を説明している．興味のあるかたは参考にしていただきたい．以降は，基本的にはテンソルの正確な定義を知らなくても読み進めることができる．

8.3 連続体の変形

8.3.1 変形写像

8.2節では，組織内の各点近傍の変形に注目し，それが線形変換によって表されることを見た．これに対して，器官全体の形状の大域的な変形は，組織内の各点の変形前後の位置座標の対応関係を与える(一般的には)非線形な写像 $\boldsymbol{x}' = \phi(\boldsymbol{x}) = (\phi_1(\boldsymbol{x}), \phi_2(\boldsymbol{x}))$ として表される(図8.5a)．ここで，$\boldsymbol{x}$ と $\boldsymbol{x}'$ は，注目している点の変形前後の位置座標である[*6]．発生生物学で言うところの（定

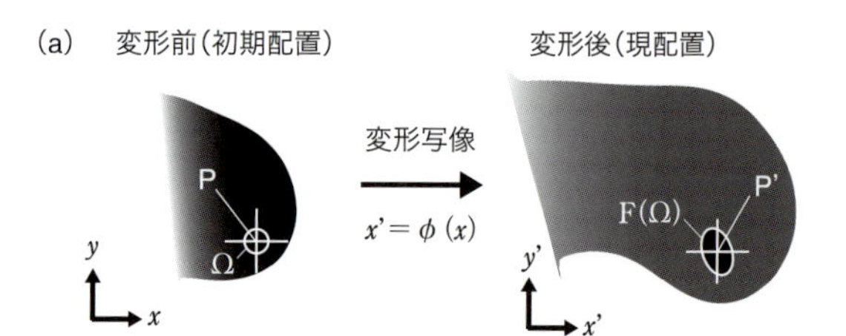

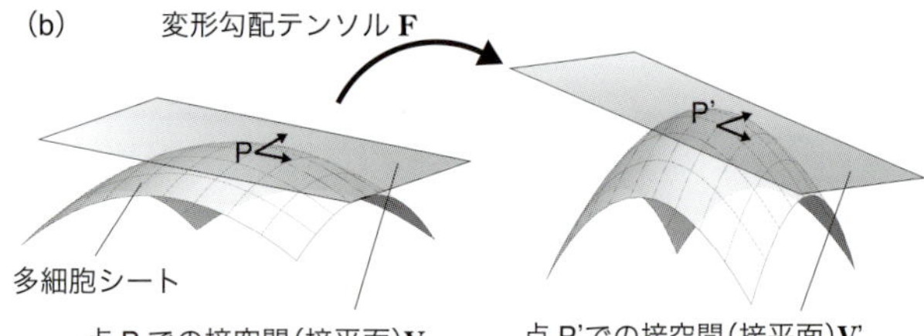

図8.5　変形写像，接空間，変形勾配テンソル
(a)組織変形を表す写像 $\boldsymbol{\phi}$．変形前の組織における各点Pの近傍Ωは変形勾配テンソルによって変形後の領域 $\mathbf{F}(\Omega)$ へと移る．(b)変形勾配テンソルは，各点の変形前後における接空間の間の写像として定義される．

量性を持った)予定運命図(Fate map)に対応するものと考えてもよいだろう．また，ここでは主に変形前と変形後という二つのタイムポイントでの組織の変形を考えるが，連続的な時間変化を陽に表したければ $\boldsymbol{x}' = \phi(\boldsymbol{x}, t)$ とすればよい．このとき，x を初期時刻の座標とするならば $\boldsymbol{x} = \phi(\boldsymbol{x}, 0)$ が成り立つ．また $\boldsymbol{x} = \boldsymbol{x}_0$ というある特定の初期座標を持つ細胞に注目すると，$\boldsymbol{x}' = \phi(\boldsymbol{x}_0, t)$ はその細胞の軌道を表すことになる．より現実的なことを言えば，各個体内における点と点の間の対応関係は多少のばらつきを含むため，ここで言う写像 ϕ は個体間で平均化されたものを想定している．したがって，実際に各個体において各細胞の軌道を観測すると，$\boldsymbol{x}' = \phi(\boldsymbol{x}) + \xi$ のように揺らぎ ξ を含んだデータとして観測されると考えられる．

8.3.2 接空間と変形勾配テンソル

局所的な変形は線形化して考えればよい．具体的には各点ごとに写像 ϕ の空間微分を用いて，

＊5　変形や力学的な問題以外にも，多様体・微分幾何ベースの理論，例えば情報幾何や一般相対論などの理解の基礎としても役立つだろう．

＊6　今回は変形前後の2タイムポイントのみに注目するので変形前後の座標系と呼ぶが，非線形連続体力学では初期配置と現配置のように区別する．参照配置と現配置での座標は，一般的には $\boldsymbol{x}$ と $\boldsymbol{x}'$ のペアよりは $\boldsymbol{X}$ と $\boldsymbol{x}$ のように大文字と小文字で区別されることが多い．

$$\begin{pmatrix}\Delta x' \\ \Delta y'\end{pmatrix}=\begin{pmatrix}\partial\phi_1/\partial x & \partial\phi_1/\partial y \\ \partial\phi_2/\partial x & \partial\phi_2/\partial y\end{pmatrix}\begin{pmatrix}\Delta x \\ \Delta y\end{pmatrix}$$

$$=\begin{pmatrix}F_{11} & F_{12} \\ F_{21} & F_{22}\end{pmatrix}\begin{pmatrix}\Delta x \\ \Delta y\end{pmatrix}, \quad (8.5)$$

と書ける．ここで，$(\Delta x, \Delta y)$ と $(\Delta x', \Delta y')$ は変形前後における注目点まわりからのずれを表す．F_{ij} は変形勾配テンソルと呼ばれ[*7]，式(8.1)はこれを想定したものである．この章ではフラットな2次元シートの変形を考えるので，シート全体に与えられた座標系の座標軸と，各点での近傍の様子を表す接空間（2次元なので接平面と呼んでもよい）の基底ベクトル方向を(本当は異なるものだが)区別する必要がない．8.2節において組織内各点での「近傍」と呼んでいたものは，正しくは各点での接空間のことである[*8]．曲面の変形を考えると，接空間と曲面自身が異なる空間であることはわかりやすいだろう(図8.5b)．例えば，図8.4に示したように曲がった上皮シートの変形を考える際には，このことをはっきりと意識する必要がある(巻末の補遺参照)．

いったん式(8.5)が得られると，8.2.1項で説明したように **F**(及びその **RU** 分解）の成分を用いて，注目点付近の面積(体積)変化や変形の異方性を計算できる．**F** から計算される重要な量として，$\mathbf{C} \equiv \mathbf{F}^{\mathrm{T}}\mathbf{F}$ で定義される右コーシー・グリーンの変形テンソルがあげられる($\mathbf{C}=\mathbf{UU}$ となる；補遺参照)．これは，組織の変形量を変形前(または初期配置）の座標系で測った量として非線形連続体力学(特に弾性理論)ではよく現れる基本的な量である．特に，**C** のトレース $\mathrm{tr}(\mathbf{C})$ や行列式 $\det(\mathbf{C})$ は座標変換不変な量なので，超弾性体のひずみエネルギー関数 $\Psi(\mathbf{C})$ は，これらの関数として与えられる（また，$\Psi(\mathbf{C})$ を **C** で微分したものが変形前あるいは初期配置で見た応力テンソルとして定義される(詳細は文献4,5,6などを参照))．

8.3.3 細胞軌道と変形

近年のイメージング技術の進歩は，組織内の細胞の位置を経時的に観察することを可能にしてきた．特に，発生生物学研究におけるモデル生物であるショウジョウバエの成虫原基やゼブラフィッシュの初期胚のように，比較的透明で小さな組織に関しては1細胞の解像度で全細胞のトラッキングが可能になった．発生組織内の細胞軌道データは，組織の変形動態や能動的な細胞移動を反映しているので，データからそれらに関する有益な情報を抽出したいと考えるのは自然なことである．しかし，データの解釈，特に個々の細胞軌道から計算される速度の解釈には注意が必要である．一言に発生組織といっても対象とする器官やその発生ステージに依存してさまざまな状況が考えられるだろう．最も簡単な例としては，注目している時間内では組織の変形はほとんど見られず，ごく一部の細胞集団のみが組織内を長距離移動する場合である．ごく一部というのは，これらの細胞が動くことによって各場所における変形を考えなくてもよいくらいの量ということである．この場合，当たり前であるが，各細胞の軌道から計算される速度は，それらの移動速度そのものとなる．ゼブラフィッシュの側線原基はこの例に当てはまる．これらは，体幹筋を背腹に隔てる水平筋中隔という組織に沿って体幹側方を頭側から尾側に向かって一直線に移動する．尾部にたどり着く過程で，将来は感丘と呼ばれる組織となる五つの細胞小集団を産み落とす[7]．

次に考えられる状況としては，いわゆる形態形

＊7　ここでは変形勾配テンソルの成分の添え字を二つとも下にしているが，テンソルとしてより正しく扱うと，上添え字が一つ，下添え字が一つとなる．非ユークリッド計量 $g_{ij} \neq \delta_{ij}$ に興味のない読者は添え字の位置を気にしなくてもよい．詳しくは巻末の補遺を参照．

＊8　各点での接空間は，その点における接ベクトル全体からなるベクトル空間である．したがって，定義上接ベクトルの長さが微小でなければならないなどの縛りはない．また，変形前後の対応する2点（8.2.1項のPとP'）のそれぞれで定義される接空間が異なるので，正確には補遺で述べているように，それぞれの基底は異なる．

成の問題を考える際の一般的な状況で，組織を構成する細胞自身は能動的に運動しないが[*9]，細胞分裂やサイズ変化が無視できず，組織が大きな変形を伴う場合である．この場合には，軌道から計算される細胞の速度自体は変形を表すものでないことを注意しておく（時々これを誤解している場面に遭遇することがある）．最も簡単な例として，組織がある方向に一様に成長する場合を考えよう（図8.6）．「一様に」とは組織全体で組織の体積変化率（この場合1方向への伸長率）が同じということである．このとき，初期時刻に$\Delta x(0)$だけ離れていた二つの細胞間の距離は，成長速度をγとすると$\Delta x(t) = \Delta x(0)\exp(\gamma t)$のように指数的に離れていく．さて，発生生物学の多くの実験でそうされるように，この状況を固定されたカメラで観察することを考えてみよう．

図8.6は，ランダムにラベルされた細胞を，それぞれ組織の左端，中心，右端にカメラを固定して観察したときのシミュレーション結果を示す（計算する際には細胞位置に対して小さなノイズを加えている）．例えば，図8.6(a)は，左端にカメラを固定した結果である．カメラ位置近辺の細胞はほとんど動かず，右端に近い細胞ほど移動距離（あるいは速度）が大きく見える．この結果から，「右側の細胞がよく移動したことによって組織が伸長した」あるいは「組織の右側の方がよく成長することで組織が伸長した」のように結論づけてよいだろうか？　もちろん間違いである（なぜなら一様成長を観察しているだけなのだから）．これは，図8.6(b)や(c)に示すように，同じ状況を異なるカメラ位置によって観測するとまったく異なる軌道プロファイルが得られることからも明らかだろう．組織が成長すると，細胞自身が能動的に動いていなかったとしても，隣接細胞との位置関係は時間とともに変化する（簡単には，ある二つの細胞に注目したとき，その間にある細胞が分裂す

＊9　変形による相対位置の変化に比べて能動的な運動による相対位置の変化が無視できるくらいの，という意味．

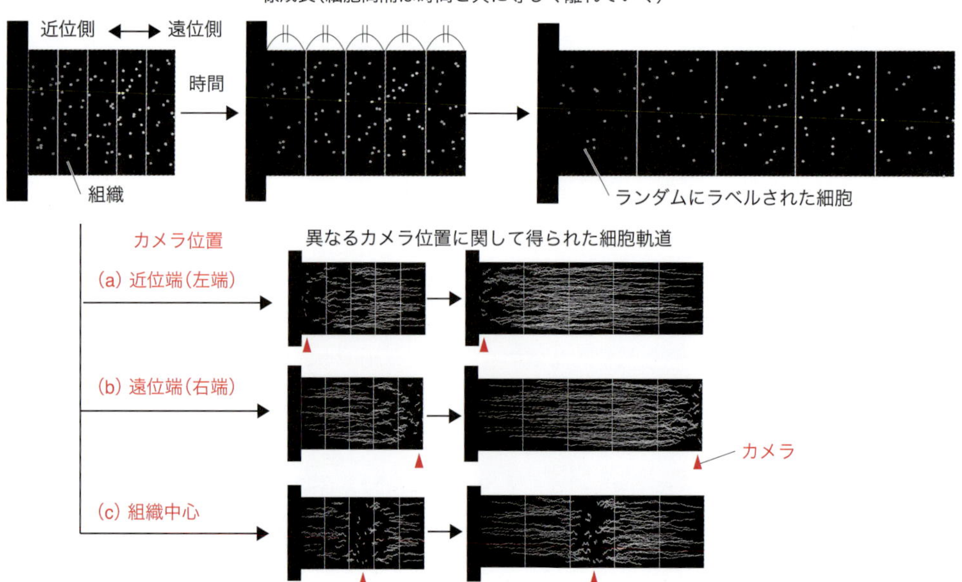

図8.6　一様成長組織における，ランダムにラベルされた細胞の位置の経時的変化
同じ現象であってもカメラの固定位置によってまったく異なる軌道に見える．細胞の軌道データや速度場は変形そのものを反映しないことに注意が必要．計算にあたって小さなノイズを与えているため，軌道は完全には直線にはならない．作成協力：廣中謙一博士．

れば，注目している細胞同士は互いに遠ざかる）．したがって，組織の変形成分は，注目している細胞の速度自身ではなく，周囲の細胞との速度の差（速度の空間勾配）によって反映されることになる．

最後に，理論上では，組織の体積が変化しつつ，さらに全体の体積に対して無視できない量の細胞集団が能動的に移動する場合も考えられる（つまり上の二つの場合に近似的にも当てはまらない状況）．そのような能動的に移動する多数の細胞が存在する場合には，例えば，移動する細胞群と周囲の動かない細胞群を別々にラベルするなどして，能動的な移動とそれに伴う周囲の組織の変形を分離して解析を進めることになるだろう．

8.3.4　Particle image velocimetry (PIV)

8.3.3 項では，個々の細胞軌道データに注目したが，動画データのフレームごとに個々の細胞を追跡するのはとても大変な作業である．もちろん自動トラッキングをしてくれるソフトウェアは複数存在するが，100％の精度で認識することは実践的には不可能なことが多く，手動で補正する必要がある．

イメージングの時間分解能がある程度高ければ，個々の細胞を追跡することなく速度場を計算する方法がある．Particle image velocimetry (PIV) はその代表例であり，簡単に紹介しておく．基本的なアイデアは単純で，連続するフレーム間の対応する点をその近傍同士の相互相関関数が最大となる点だと思って各点での速度ベクトルを計算するのである．もちろんノイズによってエラーが生じることはあるが，いったん計算された速度ベクトル場を局所的に平滑化することで滑らかな速度場が得られる（ただ，平滑化しすぎるとノイズだけでなく，場所に依存した変形パターンの特徴も消えてしまうので，平滑化の範囲を決めるパラメータをどう決めるのかという問題は依然として残る）．このアイデアを基本に，現象の特性ごとに運動のモデル（例えば動きやすい方向があるなど）も加味すればデータから信頼性の高い速度場を再構成できるかもしれない．

具体例として 8.3.3 項（図 8.6a の左端カメラの場合）で例にあげた細胞軌道データに対して，ImageJ ソフトウェアを使って計算した結果を図 8.7 に示す．フレーム間隔が小さい場合にはあらかじめ与えた速度場がよく再現されているが，他方でフレーム間隔が大きくなるにつれパフォーマンスが下がり，実際とはまったく異なる速度場となってしまうことがわかる．PIV の精度はラベルされた細胞の数にも影響を受ける．少数しかラベルできない場合にも，計算結果は実際とは異なってしまうだろう．

8.3.5　細胞軌道に関する情報が制限されている場合の変形写像の再構築

8.3.3 項で述べたように，イメージング技術は日々進歩しているとはいえ，脊椎動物の多くの器官は大きく不透明であり，時間的にも空間的にも高分解能で細胞を追跡することは依然として難しい．ここでは，Fate mapping の研究で行われるように，「細胞小集団をまばらにかつランダムにラベルしたときに*10，二つの離れたタイムポイントでその位置を計測することが現実的に可能*11」という実験条件下で，組織の変形写像をデータから再構築できないか，という問題を考えてみよう．その際の統計モデルは，データが含むノイズや写

＊10　細胞・組織のラベリングには方法が複数あり，カーボンパウダーや蛍光色素，量子ドットの添加，あるいは遺伝学的手法（Kaede や KiKGR などの光変換型タンパク質の利用や Cre-loxP 部位特異的組換えの利用）を用いて細胞を多色ラベルすることも可能．

＊11　計測のために強いレーザーを当て続けると胚の正常発生を妨げたり，蛍光ラベルの退色を引き起こすため，長時間にわたり連続して撮影するのが難しい．また，特に 3 次元構造となると仮に全細胞を（例えば核染色によって）ラベリングできたとしても，密度の高い中から個々の細胞を（なんらかのアルゴリズムにもとづいて）正確に自動追跡することはきわめて困難であり，それ自体が一つの研究領域になっている．

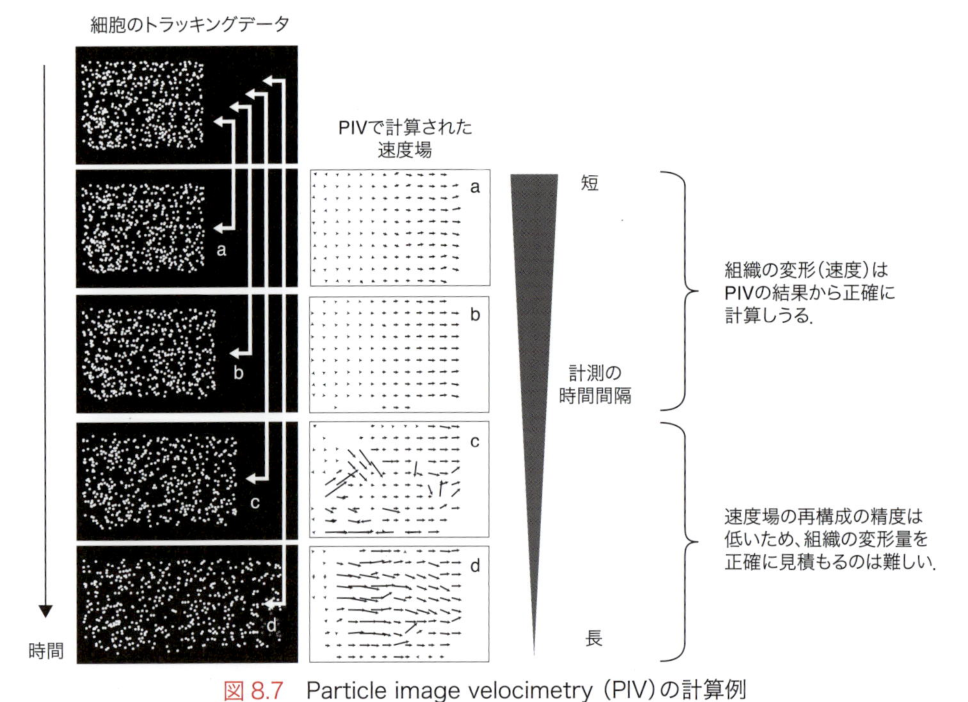

図 8.7　Particle image velocimetry (PIV)の計算例

図 8.6 (a)のデータに対して適用した例を示す．データのサンプリング間隔が大きくなるにつれて，正しい速度場が再現できなくなることがよくわかる．作成協力：川平直史医師(京都大学)．

像に関して事前に想定したいことをうまく取り込めるものが望ましい．ベイズ推定は，それを実現するために適した手段である．ここでは，平面的な組織の変形写像を推定するためのベイズ統計モデルの例を紹介する[8)]．

まずベイズの定理に関して簡単に復習しておくと，$\boldsymbol{w}'$ を推定したいパラメータ，$\boldsymbol{x}'$ を観測されたデータとすると，事後分布 ($\boldsymbol{x}'$ を観測したときの $\boldsymbol{w}'$ に関する分布)は

$$P(\boldsymbol{w}' \mid \boldsymbol{x}') \propto P(\boldsymbol{x}' \mid \boldsymbol{w}')\,\pi(\boldsymbol{w}' \mid \boldsymbol{\eta}), \quad (8.6)$$

と表せるのであった[9)] (ベイズ推定については巻末の補遺も参照のこと)．右辺の $P(\boldsymbol{x}' \mid \boldsymbol{w}')$ は，与えられた $\boldsymbol{w}'$ に対して $\boldsymbol{x}'$ を観測する確率を表す．または $\boldsymbol{x}'$ を given とすると $\boldsymbol{w}'$ の尤度を表す．他方で，$\pi(\boldsymbol{w}' \mid \boldsymbol{\eta})$ は $\boldsymbol{w}'$ に関する事前分布を表す．$\boldsymbol{\eta}$ はハイパーパラメータである．

さて，今扱いたい問題に合うように，この定理の変数や分布を考えよう．$\boldsymbol{x}'$ はラベルされた細胞の変形後の位置座標全体からなるベクトルである．例えば，$\boldsymbol{x}'_i = (x'_i, y'_i)$ を i 番目のデータとして，$\boldsymbol{x}' = (x'_1, x'_2, \cdots, x'_N, y'_1, y'_2, \cdots, y'_N)$ と表される．ここで，各データ点の変形前の位置座標 $\boldsymbol{x}_i = (x_i, y_i)$ は与えられているものとする．推定される対象 $\boldsymbol{w}'$ は，離散化された変形写像とする．具体的には図 8.8(a) に示すように，変形前の組織全体を覆う格子点 (必ずしも正方格子である必要はない) の変形後の位置座標全体からなるベクトルである．変形前のデータ点の位置 (必ずしも格子上にあるわけではないことに注意) を，その点の近傍にある (変形前の) 格子点の座標 $\boldsymbol{w}_{i,k}$ を用いて $\boldsymbol{x}_i = \sum_k A_{i,k}\, \boldsymbol{w}_{i,k}$ のように，重み付き線形和で表現し，その係数を用いて変形後の位置を

$$\boldsymbol{x}'_i = \sum_k A_{i,k}\, \boldsymbol{w}'_{i,k} + \xi\,,$$

のようにモデル化することを考える (図 8.8b)．

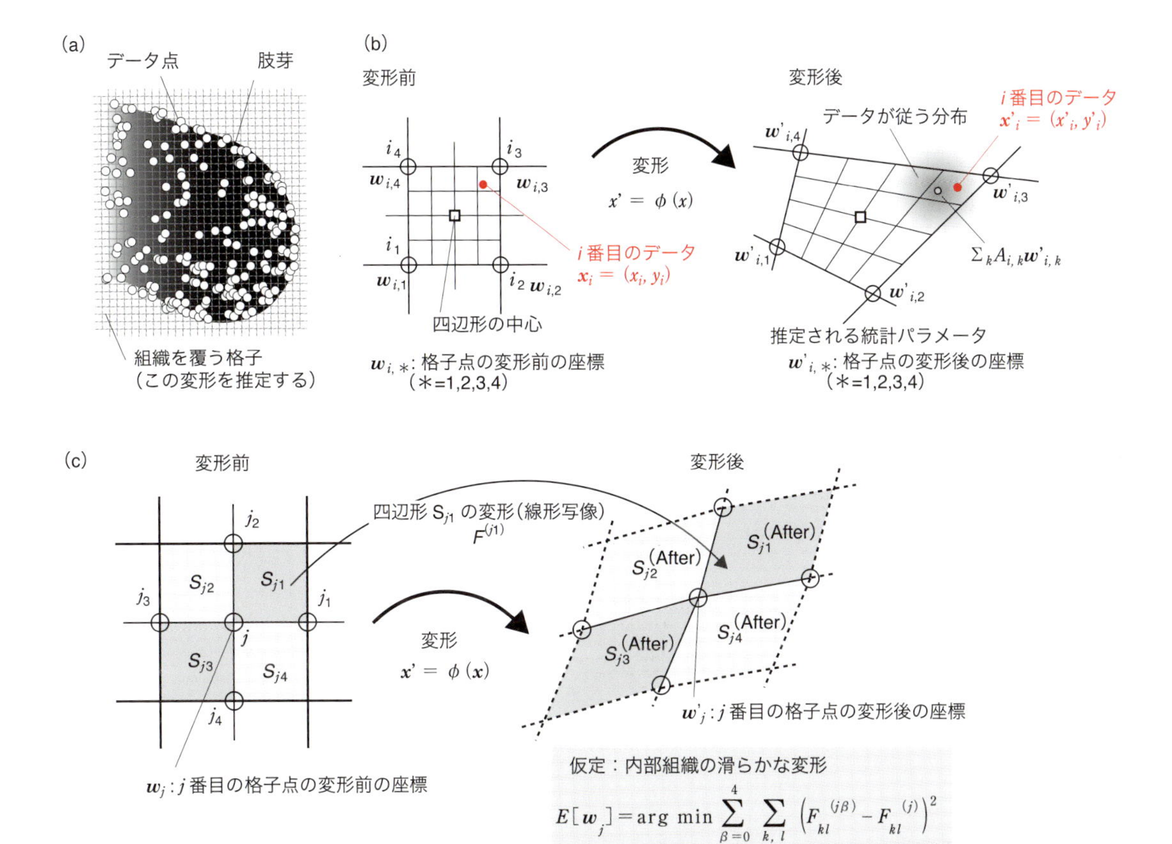

図 8.8 ランダムにラベルされた一部の細胞の座標変化から変形写像を復元するためのベイズ統計モデル
(a)離散的な格子点の座標変化によって推定対象である変形写像を近似する．(b)データが従う分布(尤度関数)の統計モデル．(c)組織変形が滑らかであることを事前分布とした．具体的には各格子点まわりの変形勾配テンソルの空間変化が小さいことをモデル化している．

ξ はノイズを表す．ノイズが正規分布に従うと仮定すると尤度関数は以下のようになる．

$$P(\boldsymbol{x}' \mid \boldsymbol{w}', \sigma^2) \propto \exp\left[-\frac{1}{2\sigma^2}\|\boldsymbol{x}'-A\boldsymbol{w}'\|^2\right]. \tag{8.7}$$

ここで，σ^2 は分散（これも推定される量）を，A は格子の近似に使った時の係数 $A_{i,k}$ を適当に並べ替えて得られる行列である．

事前分布についてはどう考えたらよいだろうか．ここでは，変形が滑らかであることを仮定する．より具体的には変形勾配テンソルの空間変化が小さいということでそれを表すことにする．図 8.8(c)に示すように，各格子点に対して，隣接格子点と形成する各四辺形の変形は変形勾配テンソルを近似的に表したものとなる．各格子点 $\boldsymbol{w}'_i$ は，これらのテンソルの分散が最小になるような値の周りに分布すると仮定すると，パラメータ全体を表すベクトル $\boldsymbol{w}'$ は，

$$\pi(\boldsymbol{w}' \mid \sigma_\pi^2, \boldsymbol{\eta}) \propto \exp\left[-\frac{1}{2\sigma_\pi^2}\|B_1\boldsymbol{w}'-B_2\boldsymbol{\eta}\|^2\right], \tag{8.8}$$

のようにモデル化される．B_1, B_2 は定数行列を，σ_π^2 は分散（これも推定される量)を表す．また，ハイパーパラメータ $\boldsymbol{\eta}$ は，推定すべき格子点の外側を囲む境界点の座標全体からなるベクトルである．ここでは，基本的なアイデアのみを説明したので細かい部分については省略したが（文献 8 を参照)，次節で紹介する実データへの応用例では

組織の境界形状の滑らかさに関する事前分布も含んでいる．これは，式(8.6)を拡張して，

$$P(\boldsymbol{w}'|\boldsymbol{x}') \propto P(\boldsymbol{x}'|\boldsymbol{w}')\,\pi_1(\boldsymbol{w}'\,|\,\boldsymbol{\eta}_1)\,\pi_2(\boldsymbol{\eta}_1\,|\,\boldsymbol{\eta}_2), \tag{8.9}$$

のように新たな分布を追加することで実装可能である．最終的には，パラメータ $\boldsymbol{w}'$ は事後分布最大化によって決定される．また，ハイパーパラメータは，以下で定義される周辺尤度最大化を数値的に実行することで決定される．

$$L(\sigma^2, \sigma_\pi^2, \boldsymbol{\eta}) = \int P(\boldsymbol{x}'|\boldsymbol{w}', \sigma^2)\,\pi(\boldsymbol{w}'\,|\,\sigma_\pi^2, \boldsymbol{\eta})\,\mathrm{d}\boldsymbol{w}'. \tag{8.10}$$

以上では平面的な2次元の変形写像を想定した説明としたが，モデルは容易に3次元写像への推定へと拡張可能である（パラメータの数は増えることになるが）．また，8.2.2項で述べたように，脳や心臓など多くの器官は初期発生時に曲がった多細胞シート（曲面）の変形を経て形づくられていく．この場合には，よりテンソル的側面が陽に現れた記述が必要となる．例えば，曲面上に与えられた2次元座標系では一般に計量が場所によって異なるため，それらは統計モデルの中でノイズの異方性として現れることになる[11)]．

8.3.6　応用例：ニワトリ四肢発生過程

ここでは，8.3.5項で紹介した変形写像の推定手法を，ニワトリ胚四肢発生過程の実データへ適用した例を示す．

ニワトリ胚に限らず四肢を持つ脊椎動物の発生は，肢芽と呼ばれる体幹から突き出た扁平な構造から形成される（図8.9a）．ニワトリ後肢の場合，伸長方向に突出した数百 µm のふくらみが4日間で約10倍になる[*12]．他方で伸長方向と垂直な方向の成長は遅く，2倍にもならない．組織全体のスケールが mm のオーダーであることと，1細胞のスケールが 10 µm であることを考慮すると，肢芽を連続体として近似することは妥当であろう．また，実際には肢芽は3次元構造体であるが，形状が扁平であること，背側領域（手足の甲側）と腹側領域（その逆側）の細胞が混ざり合わないことなどが知られているため，近似的に2次元的な変形として解析を行った（詳細は文献8, 10を参照）．

発生の各ステージに対して，肢芽の表面から約 100 µm の深さの組織を蛍光色素である DiI/DiO によってラベルし，それらの12時間後の位置変化を計測した[*13]．1個体あたり30点程度のラベリングを行い，各時間間隔に対して6-7個体分のデータを重ね合わせることで一つのデータセットとし（その際，個体間のサイズや形状がなるべく同じになるものを選択し，その後に適宜スケール調整を行った），変形写像を推定した（図8.9b）．

図8.9(c)は，推定写像から計算された，組織成長率（面積変化率）と変形の異方性の時空間パターンである．前者は det **F** の分布を，後者はストレッチテンソル **U** を表す行列の固有ベクトル方向と固有値から計算される量 λ_1/λ_2 の分布を示している．前者の組織成長率に関しては，三つのモードの存在が明らかとなった．発生の初期は遠位側（先端側）にバイアスした変化が大きいのに対して，その後，最大成長率を示す領域は後側（小指側）へとシフトし，最終的には前側や基部側となった．肢芽伸長のための古典的なモデルの一つとして，肢芽先端部にバイアスした細胞増殖が伸長を駆動力するというものがあり，そのアイデアに沿った数理モデルが複数提案されてきた．しかし，この解析結果は，先端にバイアスした成長

＊12　ふくらみ初めて4日後には指をはじめ四肢全体の基本的な軟骨パターンが形成される．

＊13　筆者らの実験では，6時間の培養では肢芽の成長が小さく，また24時間の培養では色素の分散が大きくなるため，成長の大きさと個々のラベルの特定の観点から12時間ごとの計測が適切であった．

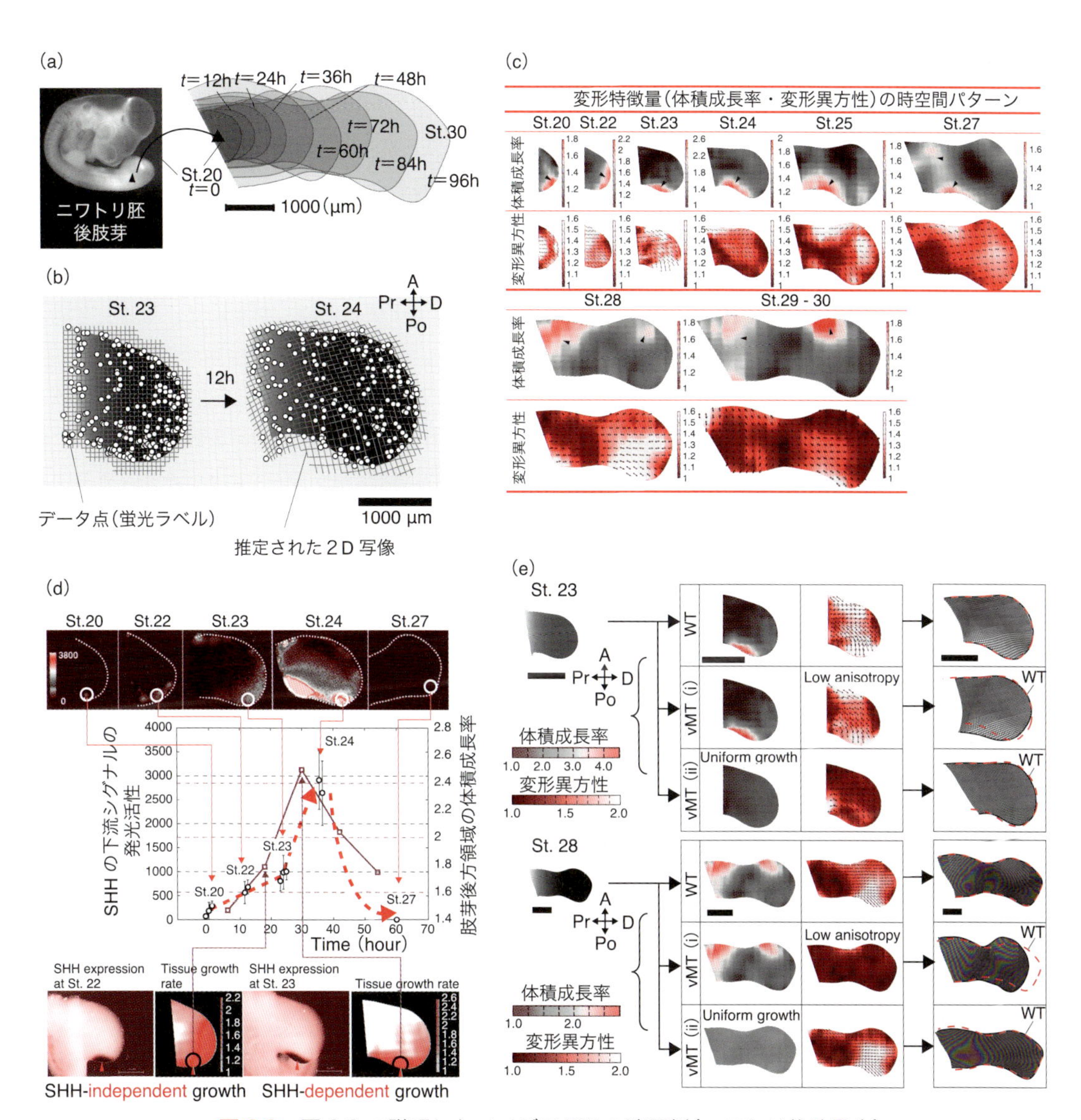

図 8.9　図 8.8 で説明したベイズモデルの適用例(ニワトリ後肢発生)

(a)ニワトリ肢芽の 4 日間の形態変化.(b)推定に用いられたデータと推定された写像の例.(c)推定された変形写像から計算された変形特徴量(体積増加率・変形異方性)の時空間パターン.(d)四肢発生過程における代表的なモルフォゲン sonic hedgehog (SHH)の下流シグナル活性は,体積変化率の空間パターンの時間変化と高い相関を持つ.SHH に対する *in situ* ハイブリダイゼーションの写真(下パネル)では St.22 と St.23 はほぼ同じ空間パターンを示すが,その下流シグナル活性は大きく異なる.(e)変形特徴量の時空間パターン(WT)から,変形異方性を取り除いたとき(vMT(i)),あるいは体積変化率の空間バイアスを取り除いたとき(vMT(ii))の形状を数値的に計算したもの.体積変化率の空間バイアスは,四肢の特徴的な形態へは大きく寄与しないことがわかる.

パターンは発生の初期ステージに限られており,伸長や形態形成のメカニズムを見直す必要があることを示している.この組織成長率に見られる三つのモード間の変化は,細胞レベルで見たときには,細胞周期時空間パターンと定量的に一致した.また,分子レベルで見ると,四肢発生に必須である拡散性分子モルフォゲンの一種 SHH のシグナル活性(具体的には SHH シグナル下流で活性化する GLI の転写活性)のダイナミクスによって説明できることが明らかとなった(図 8.9d).

ここでひとつ注意しておきたいこととして，発生生物学研究では，しばしば遺伝子の機能をON/OFFの二値的に考える．しかし，図8.9(d)が示すように，St.22とSt.23において，*in situ* hybridizationによるSHHの発現パターンはまったく同じように見えるが，その下流シグナル活性は大きく異なる．この例は，変形動態を説明するのに発現のON/OFF情報だけでは不十分であることを示している．

他方で，変形異方性のパターンに関してみてみると，場所と時間に寄らず，基本的には遠近軸(伸長方向)に沿って各組織片が伸長していることが明らかとなった（図8.3も参照）．8.2.1項でも述べたように，この変形異方性のパターンからも，先端にバイアスした組織成長モデルは否定される．組織成長率と変形異方性の時空間パターンの各々が形態変化へどう寄与しているかを見るために，以下の二つの極端な状況に対して形態がどうなるのか，幾何学的なシミュレーションにより計算してみた(詳細は文献10を参照)．

ひとつは組織成長率のパターンは正常発生と同じであるが，変形の異方性はほとんど見られない場合．もうひとつは，組織成長率は空間で一様だが，変形異方性は正常発生と同じ場合である．図8.9(e)はそれぞれSt.23-St.25, St.28-St.30の二つの24時間間隔に対して計算された結果を示す．四肢の形態変化を説明するのに組織成長率の空間バイアスが重要ではないことがわかる．では，何が組織全体にわたって異方的な組織変形を引き起こすのだろうか．細胞の運動能やその方向性をFGFやWNTのようなモルフォゲンと関連付けた研究も報告されてはいるが，この問題に関しては未だ答えは出ていない．肢芽内部の間葉組織の能動的な運動や間葉を取り囲む上皮組織の力学的拘束など，力学的側面からの定量研究が答えを出してくれるかもしれない[12]．

8.4 おわりに

本章では，器官(原基)を構成する細胞数が十分多いことを理由に，その形態変化を連続体の変形として記述してきたが，マクロな組織レベルでの変形が細胞単位ではどのように実現されているか，という問題は階層をつなぐ意味でも重要な課題となる．例えば，上皮組織の細胞は多角形でよく近似されることが知られており，増殖や力学的相互作用を通じてその相対的な配置が頻繁に変化することが知られている．テクスチャーテンソルはこうした組織内の局所的な細胞挙動を特徴づける量の一つであり，

$$M_i \equiv \langle \boldsymbol{r} \otimes \boldsymbol{r} \rangle, \qquad (8.11)$$

のように定義される．ここで，$\boldsymbol{r}$は細胞iの中心を起点に隣接細胞の中心を結ぶベクトルを表し，また記号⊗はテンソル積を表す．ある細胞を中心としたときに周囲の細胞がどのように分布しているか，その分散共分散行列に対応する量である．この量は，細胞間の距離や向きの変化，細胞増殖，細胞死，細胞位置の再配置によって変化する．細胞レベルでの素過程と組織レベルの変形量の対応を定量的に明らかにしようとする研究が進んできている[13, 14]．

初めに述べたように，組織変形動態を定量する一つの重要な意義は，器官形態形成というきわめて自由度の高いシステムに対して，そのメカニズム，仮説を絞り込むことであった．各器官に対して行われた組織変形動態解析から想定されるメカニズムを力学モデルへと取り込み，データの再現や摂動に対する予測可能性を見ることで，検証を進めていく必要がある．ただ，事態はそうスムーズには進まない．複雑な形態変化や成長を扱うことができる力学モデル自身が十分に整備されていないことや，組織内の力学状態を見積もること自体の難しさが存在する．これらの問題は発生生物

学の中心的な研究課題のひとつとして国際的な研究が盛んになってきている．特に後者の組織力学計測に関しては，7章で最新の手法を紹介しているので参考にしてほしい．

（森下喜弘・鈴木孝幸）

文 献

1) Thompson DW, "On Growth and Form," Cambridge University Press (1917); ダーシー・トムソン著，柳田友道訳，『生物のかたち』，東京大学出版会(1973).
2) 田代嘉宏，『基礎数学選書 23 テンソル解析』，裳華房(1981)
3) 齋藤正彦，『基礎数学 1 線形代数入門』，東京大学出版会(1966).
4) 久田俊明，『非線形有限要素法のためのテンソル解析の基礎』，丸善(1999).
5) Holzapfel GA, "Nonlinear Solid Mechanics," Wiley (2000).
6) Marsden JE & Hughes TJR, "Mathematical foundations of elasticity," Dover (1994).
7) Ghysen A & Dambly-Chaudiere C, *Genes Dev.*, **21**, 2118 (2007).
8) Morishita Y & Suzuki T, *J. Theor. Biol.*, **357**, 74 (2014).
9) 石黒真木夫ら，『階層ベイズモデルとその周辺』，岩波書店(2004).
10) Morishita Y et al., *Development*, **142**, 1672 (2015).
11) Morishita Y et al., *Nat. Commun.*, **8**, 15 (2017).
12) Suzuki T & Morishita Y, *Curr. Opin. Genet. Dev.*, **45**, 108 (2017).
13) Graner F et al., *Eur. Phys. J. E*, **25**, 349 (2008).
14) Guirao B et al., *eLife*, **4**, e08519 (2015).

個体行動の定量生物学

Summary

動物の行動は多様であるため，研究対象としたときには計測や解析方法の工夫が求められる．本章では，個体の行動を定量的に計測，解析，モデル構築する方法を解説することで，行動の制御機構を理解するためのアプローチのひとつを提供する．まず，行動解析の基盤となる概念や行動の特徴を整理したうえで，行動計測の方法を概観する．そして計測したデータの解析方法について触れ，定量解析における注意点を議論する．また行動を制御する主要な因子である神経活動の定量計測と解析方法について述べ，行動データと合わせた解析についても触れる．さらに定量データの数理解析のための考え方を示し，計測したデータをどのように活用するのかを議論する．各節では，具体的な定量解析の例としてモデル生物として広く使われている線虫（*Caenorhabditis elegans*）についての解析を紹介し，論文で実際に使われている手法を解説することで，実際の解析における課題や現状を議論する．

9.1　背景：行動研究の現在

行動についての研究は長い歴史があり，古くは紀元前4世紀，アリストテレスの動物誌に詳細な記述が残されている[1,2]．現在でも生命科学に限らず，心理学や社会学など，目的やアプローチが異なるさまざまな学問において行動の観測や計測が行われており，最も身近に観察できる自然現象といえる．動物行動の科学的研究は，20世紀の動物行動学（ethology）の勃興をきっかけに近代化し，計測技術の進歩にともなって現在も発展を続けている分野である．デジカメやスマートフォンなど動画計測機器の普及と，インターネットを主とする動画ファイル共有システムの社会的浸透，またそれらに伴う関連機器の高機能化と低価格化は研究方法にも影響を与えている．昨今では，GPS（Global Positioning System）を代表とする新規技術を利用した計測法も加わり，バイオロギング（biologging）と呼ばれる新たなアプローチも登場した[3,4]．解析面においても，計測データを計算機で解析する方法論が発展し，bioinformatics（バイオインフォマティクス）やcomputational biology（計算生物学）など情報化された生命科学分野との類比からcomputational ethology（計算行動学）という言葉も見られるようになった[5]．これらの計測方法や解析方法の発展は，行動を扱う研究分野全体の進展を支えている．

生物学的な観点から見ると，行動は多くの情報を含み，観測しやすい生命現象である．生命システムは，ミクロな世界の分子機構が組み合わさることでマクロな現象を制御していることが多いが，行動はそのマクロな現象として観測しやすい．ある分子が壊れたときに行動がどう変化するか，という問題設定はミクロとマクロをつなぐ考えに基づくもので，変異体がどのような行動異常を引き起こすかを解析することで，特定の分子や遺伝子のただひとつの異常が個体全体の行動に影響するという事実を明らかにすることもできる．分子遺伝学の発展と相まって，このような観点から解明されてきた行動制御の仕組みは多く，長距離探索型の行動(rover)と短距離探索型の行動(sitter)の行動性質がたったひとつの遺伝子によりコードされているという驚くべき事実も発見されている[6]．しかしながら，行動は0-1のようにはっきり区別がつくことは稀であり，大抵の場合，定量的に評価することが求められる．

個体行動の定量生物学は，このような計測・解析技術の発展と，生命科学の発展の交点にあり，動物における行動制御のより深い理解を目指すなかでおのずと必要性が増してきた研究アプローチとも言える[7,8]．歴史が長く，その一方で新しい技術の導入が積極的に行われている分野でもあるため，これまで積み重ねられてきた知識と新しい技術の整理や比較が重要である．本章では，定量解析を実現するためのハードウェア，ソフトウェア，そして理論体系をまとめ，行動に関する定量的な研究方法を模索する．

9.2 行動の定量計測

9.2.1 行動計測のための戦略

動物行動を構成する要素は，異なる生物種間でも共通点が多く，例えば歩行や飛翔のためのリズム生成とそれを生成するセントラルパターンジェネレータは，多くの生物に共通した概念である．一方で，同じ目的の行動であっても，動物種や条件により見た目や計測値は異なり，対象ごとに適した方法で計測する必要がある．屋外で計測するもの，実験室内で計測するもの，さらに顕微鏡下で計測するものなど，計測機器も違えば解析方法も変わってくる．そのため，行動を計測する際には目の前の現象を記録するだけでなく，その現象の意義や構成要素を把握することが，解析の指針や生物学的な意義を考察するうえで非常に重要である．Marrが提唱した三つの階層は，「計算論的神経科学」と呼ばれる脳を理解するための研究分野の基礎概念であるが，行動研究自体に有用な考え方としてもしばしば言及されるのでここで紹介したい[9,10]．三階層は1)計算理論，2)表現とアルゴリズム，3)ハードウェアから構成される[11,12]．第一の階層「計算理論」は対象とする情報処理装置が計算する目標は何か，なぜその計算が適切なのか(why)という疑問に応えるもので，それを実現するための方法(what)が，第二の「表現とアルゴリズム」の階層となる．第三の「ハードウェア」階層は表現とアルゴリズムを具現化する(how)もので，生物種(や個々の機械)ごとに異なる．特に神経科学と関連して行動の仕組みを理解するには，このような考え方が非常に有用であろう．

本節ではMarrの三つの階層を踏まえつつ，行動計測に焦点を絞り，行動の共通性と多様性を整理したうえで具体的な測定方法について議論する．

9.2.2 行動における共通点

行動に共通する性質はいくつかあるが，重要な性質として機能性・階層性・確率性の三つがある．

機能性：行動には機能的な要素が含まれるため，計測値そのものが示す情報だけではなく，機能的に意味のある値として捉える必要がある．計測という意味では少し厄介なものであるが，行動の本質でもあり，機能性を考慮に入れることは実験計画を立てる際に特に重要である．例えば，単なる直進移動であっても，それが誘引行動か忌避行動かのように，個体が置かれた状況による意味付けが伴う．そのため，計測自体が意味づけを持ちやすい状況で実験することが肝要で，特定の方向に向かうベクトルを誘引，逆方向を忌避と定義できるように実験系を組むなど，単純な計測で機能を表せるような実験設計が求められる．

階層性：多様性や機能性と関連のある性質とし

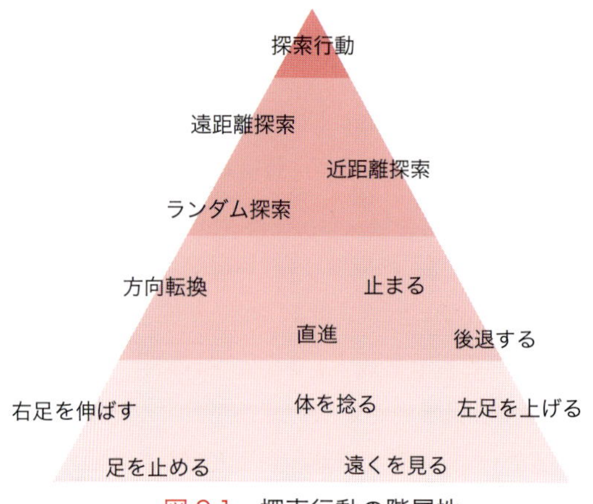

図 9.1　探索行動の階層性
探索行動は，階層の異なる複数の行動からなる．足や体の部位を動かすという行動の要素が組み合わさることにより，方向転換，直進などの一連の行動が成立し，それらの行動が組み合わさることにより，遠距離への探索や，近距離への探索など，方策の違う探索行動が実現されている．さらにこれら高度な行動の組合せにより目的の場所へ到達したり，環境を把握したりといった動物の欲求が満たされることになる．

て，行動の階層性がある．図 9.1 に探索行動の例を示すが，これは前述の Marr の三つの階層とは異なるものである．目的や機能を達成するために構成要素を組み合わせることで，複雑な環境に対する頑健性や効率を高めようとする生物の巧妙な仕組みが伺える．このように，行動には階層性があるため，計測する際には対象とする行動の階層構造を把握することが重要である．どの階層を計測するのか，逆に計測値からはどの階層の要素を示すことができるか，それらを把握し，計測する要素を明確にすることではじめて，定量解析の力を発揮できる．

確率性：行動の多くは確率的な挙動を示す．そのため，行動計測や得られたデータの処理は，確率的な現象を扱うことを念頭に処理の枠組みを決めるべきである．適切な統計手法の利用は分野を限らず，すべての実験・研究の基盤となるものだが，行動の計測においては特に重要である．なぜなら行動を計測すれば必ず何らかの値が出るので，そのデータに対して無意味な意味づけをしてしまう可能性があるからである．行動に偏りが表れた場合，それが注目している現象にとって意味をもつ偏りなのかどうか，慎重に検討する必要がある．コントロール実験（参照実験）の重要性は今さら言うまでもないが，行動計測の場合，チャンスレベル，つまり観測が偶然に起こる確率を把握することは必ず押さえておきたい．

9.2.3　行動計測の多様性

行動の多くは動物にとって本質的であるため共通性が多く見られるが，その一方で多様性にも富む．そのため実際に計測するときには個別の状況に合わせる必要がある．例えば，自然環境で餌を探す「探索行動」はさまざまな動物種が共通して行う行動であるが，ミリメートル単位で探索する細菌と，キロメートル単位で探索する哺乳類ではそのスケールが大きく異なる．

さらに，探索行動のような共通行動であっても，行動の要素，例えば方向転換の様式は生物種によってさまざまである．べん毛を逆回転させるタンブリングによって方向転換する大腸菌の行動と，歩行動物が向きを変える行動は，「方向転換」という意味では同じカテゴリーに属するが，計測値として検出する場合はまったく異なる方法で取得データを処理する必要がある．これは生物種によって体形やサイズが違うことにも起因するが，行動の制御様式の違いが大きな要因である．

同じ動物種を扱う場合でも実験系が異なるために同様の状況を生じる可能性があり，実験系に合わせてプログラムやパラメータを変えるなどの調整が必要である．同じ生物種による似た行動，例えば，走ることと歩くことを比較すると，たんに直線的に移動する行動にもさまざまなバリエーションがあることが思い浮かぶはずだ．計測方法の視点では，例えば対物レンズの倍率を変えただけでも自動検出のアルゴリズムやパラメータを変更する必要がある．行動の定量解析では，異なる実験系間のデータ比較に特に注意を要するため，計測情報の由来を把握し，行動の性質を見きわめるよう留意すべきである.

9.2.4 実験室内での動画像計測

ここからは具体的な行動計測方法について述べる. 行動の定量計測方法のひとつとして, まず実験室内での動画像解析について説明する. 行動は天候などの環境から影響を受けやすいため, 実験条件を整えやすい室内での計測は多くの困難を排除してくれる. また, 動画像撮影はいまや, 行動を記録するうえで強力かつ汎用的なツールになっている.

動画での計測：2018 年現在, 顕微鏡での計測を含めて, 実験室内での行動計測はカメラによる動画記録が主流である. デジタルカメラが一般的になったことや動画ファイルの取り扱いが容易になったことにより, 行動を動画で記録することのハードルが低くなり, 論文でも動画由来のデータが増えている. 一方で, 動画を定量的に解析する手段は, 動画撮影自体に比べるとまだまだ発展途上であり, 簡便であるとは言いがたい. 動画データの解析には計測時の条件が大きく反映されるので, 解析段階を見込んで「いかに解析しやすい動画を撮影するか」ということが実験現場では重要になる(3 章も参照).

移動などの行動を計測する場合には, 動物が動くフィールドの高さ方向を制限して上から撮影したり, 壁などを使って移動方向を直線状にすることで 3 次元の動きを 2 次元や 1 次元に落とすことができ, 解析が格段に容易になる. また, 計測対象とする動物と背景のコントラストを際立たせることも重要で, 特に照明の当て方や背景が強く影響する. 例えば線虫の場合, 自然界では土壌中で 3 次元に動いているが, 実験室では寒天培地上で飼育, 観測を行う. そのため個体は表面張力に捉えられ, 移動方向を培地表面上の 2 次元に限定できる. さらに体が透明な線虫をコントラストよく撮影するためには, 背景を黒くし, 横から照明を当てるとよい.

計測の実際：動画計測の際には, カメラの解像度, フレームレート, ファイル形式, コーデックなどデータを規定する条件を確認しておくと共に, データ取得後の解析方法も検討しておく必要がある. 解像度やフレームレートが高すぎるとデータサイズが大きくなり解析処理時間も増えるため, 解析対象を判別できる範囲で低い方が好ましい. 具体的な数値は対象によってさまざまであるが, 標本化定理（元信号の最大周波数の 2 倍以上の周波数で標本化することで元信号が復元できる）を念頭におくと, 解像度・フレームレート共に, 対象現象の 2 倍の解像度が基準となる. 動画計測では, ファイルサイズや形式の検討が非常に重要で, これを間違えるとたった一回の計測でストレージを使い切ってしまったり, ファイルを開くだけでパソコンがフリーズしてしまったり, そもそもファイルが開けなくなったりする. ファイル形式の変換はある程度可能なのでファイル形式に固執する必要はないが, 変換時に情報が劣化することもあるため, 解析に必要な解像度が満たされているかは注意しておきたい. 解析時には動画を動画のまま扱うことはまずなく, フレームごと, つまり静止画の集合として解析することになるので, スタックされた tiff など各フレームへアクセスしやすい形式が便利である. はじめて実験系を組む際には, 短時間のテストデータを計測し, 一度は解析を最後まで行って, 解析手順に問題がないことを確認してから, 計測時間を伸ばしていこう.

画像解析：動画計測の方法と保存, 解析段階への受け渡し方法が決まれば, 次は画像解析の問題へ着手することができる. ここでの目的は, 画像から目的の情報が取りだせるかどうかであり, さまざまなソフトウエアも利用できる[13).]

多くの場合は, 二値化をすることにより計測対象を機械的に抽出し, 抽出した対象の時系列変化を計測して, 注目している行動を示す値を記録する．画像解析においては，計測対象が画面に映っているかどうか，合体や分裂を行うかなどにも注目する必要がある（3章参照）．また，形態変化を伴う行動ならば，より高度な解析方法を検討する必要が生じる（3, 8章参照）[14]．

座標系列の抽出：汎用的で単純な解析は，個体（もしくは注目部位）の移動の計測である．個体の位置をひとつの点として定義し，その座標時系列情報を得る．この過程はトラッキングとも呼ばれる．行動の場合は，移動方向に意味のあることが多いため，分子のトラッキングとは解析方法が異なる場合がある．例えば走性行動と呼ばれる，化学物質や温度の勾配，磁場や電場の向きに従って方向性のある移動を示す行動を定量する場合，対象とする化学物質などの勾配方向と移動方向の角度を定量することが多い[15-17]．

ハイスループット行動解析の例：動画像からの行動解析例として，線虫の行動をハイスループットかつ定量的に測定する multi worm tracker（MWT）を紹介する[18]．線虫は研究に適した特性を多くもち，遺伝学，神経科学，発生学などさまざまな生命現象の研究に用いられている多細胞モデル生物である．単純な神経回路をもち，化学走性や温度走性などの行動を，学習を伴って実行するため，神経系による行動制御の研究も活発に進められている[19]．線虫の走性行動は，直進や方向転換などの単純な行動要素の組合せにより実現されているが，環境情報に従ってどのように行動の要素が制御されているかは未知であり，定量解析を積極的に導入した研究も数多く報告されている[20]．MWTは，汎用カメラを使って寒天プレート上を動き回る数百個体の線虫を動画として撮影し，行動の時系列を解析・記録するシステムである．大きな特徴として，動画そのものは記録せずに，リアルタイム解析を行うことにより，移動軌跡や体の形態などの特徴を抽出しながら記録するという点があげられる．そのため動画そのものを記録するよりもファイルサイズを圧縮でき，データ取得時点で計測対象の抽出などの評価が行える．さらに記録されたデータをより詳細に解析することにより，研究目的に沿った行動要素，例えば方向転換頻度などの細かい情報を得ることもできる．

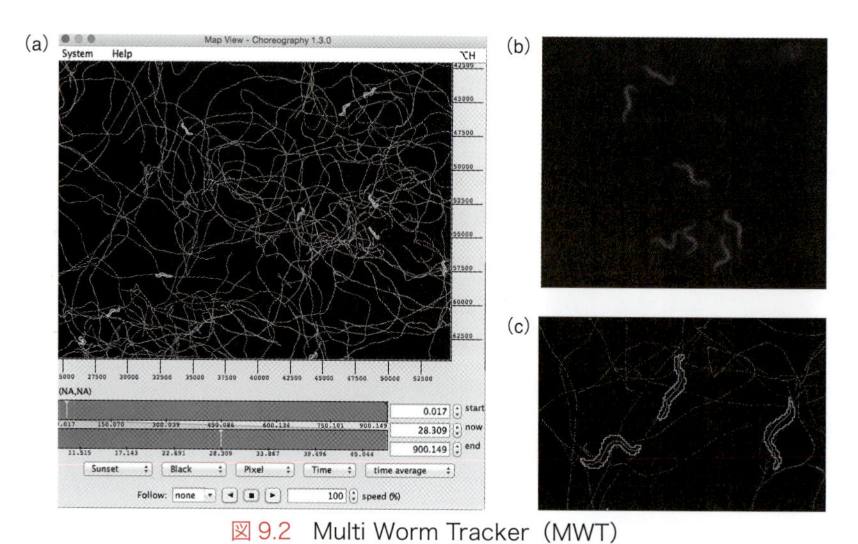

図 9.2　Multi Worm Tracker（MWT）
(a) MWTで計測したデータを専用の解析ビューアー Choreographyで表示した画面．各線虫個体の動いた軌跡が時間に沿って違う色で描かれ，ある時間における個体の位置が表示される．再生ボタンを押すと動きを見ることもでき，任意の個体や特定の時間でのデータを表示することもできる．(b) MWTで計測される元画像．白い影が線虫個体．高詳細画像なので，そのまま保存するとデータ量が多くなる．(c) MWTデータの拡大表示．データは体の形態，重心の座標時系列であり，行動解析には十分な解像度が得られる．

図 9.2 に，MWT による実際の解析画面と抽出例を示す．各個体には固有の番号が割り振られ，プレート内をいつ，どのように行動したかが記録される．ただし，個体の同一性を識別しているわけではないので，個体同士がぶつかったり重なったりした場合は，その時点でそれら個体の記録を止め，別れた時点からまた別の個体として記録を始める．そのため個体数が多くなると，記録開始から終了までの全行動系列を追跡することは難しくなり，ちょうど次世代シーケンサーの解析のように，ばらばらにされたシーケンスの集合を解析する必要が生じる．つまり，多すぎる個体数を扱おうとすると完全な個体識別が困難になり，統計情報として扱わざるを得なくなる．1 個体の全行動系列と多数個体の統計情報はそれぞれ利点と欠点があるので，研究目的を鑑みて，どちらが必要なのかを実験前に確認しておくとよいだろう．

MWT のような定量解析が行動研究分野にもたらす影響は大きい．例えばこれまで「1 時間後に線虫の分布がどう変化するか」を記録していた走性行動の解析[21]が，実験開始から刻一刻と変化する分布の様子を記録できるようになり，またその過程でどのような行動要素がどのような頻度，タイミングで出現するかまで定量的に記録できるようになった．このような時系列での観測は，光で特定の神経活動を制御する光遺伝学とを組み合わせて，特定行動の起こるタイミングや，それが定量的にどのように変化するかを記録することも可能にするため，より深い行動解析の基盤になっている．

9.2.5 カメラを使わない専用装置での計測

さまざまな行動を計測するために専用の装置を開発することは以前から行われてきた．オペラント条件付け[22]の研究で使われるスキナー箱（図 9.3）などは，受動的に行動を計測するだけでなく，刺激の与え方など実験全体を定義できるため，仮説検証に有効である．特にマウスやラットに対して，専用の実験装置を使って行動を定量する方法は普及しており，書籍もいくつか出版されているので個別の方法についての詳細はそれらを参照していただきたい[23, 24]．

先行研究で使われている装置を利用する場合は，先行研究での使われ方を熟知する必要がある一方，解析方法についての試行錯誤は省くことができる．先行研究と同じ解析ができるように設計されている市販機器もあるので，決められたプロトコル通りに計測を行えば目的の実験と解析が行える．また，計測した時点で行動の意味を解釈できるように設計されている計測装置も多い．

このような専用装置を使った実験は測定装置自体への依存性が高いので，最新のセンサーやデバイスを使って既存の装置を改良したり，新たな実験装置を考案したりすることも有用である．IC タグや LED など，普及とともに安価になってきた機器や技術革新によって生まれた機器を使って，新たな実験装置を考案することで，これまで計測できなかった現象を捉えることができるかもしれない．Arduino や Raspberry Pi などの，安価でオープンなマイコンやプロセッサ，またそれら

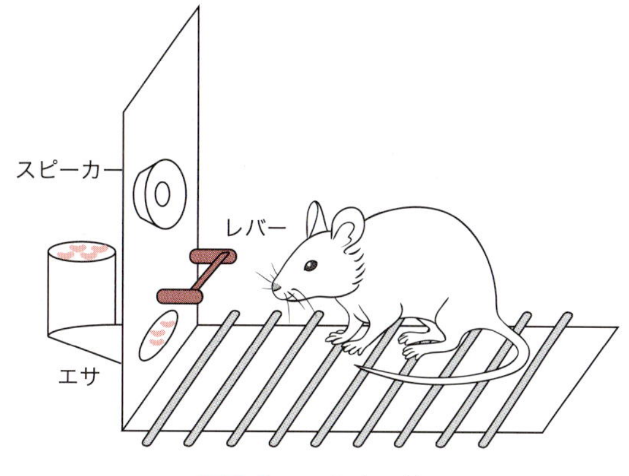

図 9.3 スキナー箱

オペラント条件付けの実験では，スピーカーからブザー音が鳴っている間にレバーを押すと餌が出る仕組みにしておく．この箱の中で過ごし学習したマウスは，ブザー音がなるとレバーを押す確率が増す．箱自体がブザー音やレバー動作のタイミング，餌を出したかどうかなどを記録することで，行動を変化させる刺激とそれに対する応答を定量できる．

と組み合わせたセンサー類も普及しており，これらの利用法に関する情報も増えている[25, 26]ので大いに利用すべきである．

9.2.6　実験室外での計測

野外での動物行動の計測は天候による影響を強く受け，海中や上空などそもそも観測が難しい状況も多いため，計測するだけでも根気を要することが多い．それでもバイオロギング技術の発展により，水中や広範囲に渡る行動など，これまでは困難だった動物行動の計測が可能になったとともに，データ量と定量性も向上している[3, 4]．これらバイオロギングで得られるデータの質や量は計測機器の性能に強く依存するが，データの解析方法は，実験室内で得られるデータの解析と同様に定量的な見方や数理モデルを使った解析が有効で，データ解析の戦略にも共通点が多い．計測機器や技術の発展により，野外での行動計測と実験室内での行動計測の境界は，今後ますます曖昧になっていくかもしれない．

もちろん，実験室内や顕微鏡での定量計測とは決定的に違う点もある．そのひとつは，定量測定時に初めて観測現象に対面する状況が多いことであろう．室内での計測では予備計測などを通して，出てくるデータの内容をあらかじめ予想できることが多いが，野外計測では観測と同時に定量的なデータが出てくる状況が多い．また，室内に比べると試行回数を重ねづらいため，計測データが計測の仕方により得られた偏ったデータ（アーティファクトなど）かどうか，解析時の慎重な検討が欠かせない．異なる原理を用いて同じ対象を測定するなど，入念な測定の存在意義が高いといえる．

9.3　行動データの定量解析

9.3.1　まずはデータを眺める

行動データに限らず，データ解析においてまず行うべきことは，手元のデータをプロットして眺めることである．ヒストグラムにしろ，散布図にしろ，計測した値の集合がどのような構造をしているかを眺めることで，注目している現象を観察したときの直感と，得られたデータが示す統計値が一致しているか，計測エラーやノイズなどが混入しているかなどが判断できる．データが得られたら，細かい解析をする前に全体を眺め，明らかな計測ミスがないかをチェックするとともに，データ解析の見通しを立てることが肝要である．このときに特徴的な構造を見つけることができれば，解析のきっかけにもなる．データ計測以前に実験から観察者が感じた“印象”も，データをプロットすることで確かめられることが多い．

具体例として，9.2.4 項であげた線虫行動解析と同様の方法で得られた，行動軌跡データの速度

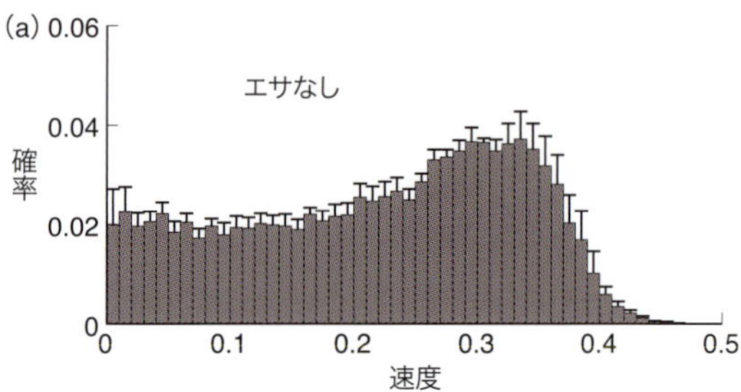

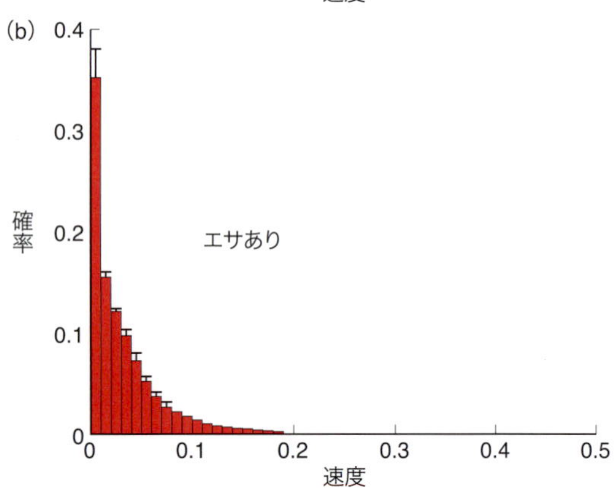

図 9.4　線虫の速度分布

(a) 餌がない条件での個体の速度分布．遠くへ移動するため，速く移動する個体が多い．
(b) 餌がある条件での個体の速度分布．餌のある場所に留まるため，速度の遅い個体が多く，きれいな指数分布を示している．（文献 27, Figure 2 より転載）

分布[27]を見てみよう(図9.4)．線虫は飢餓状態と満腹状態では行動が異なり，飢餓状態ではより遠くへ移動する．行動軌跡データから速度ヒストグラムを描くことで，このような集団としての行動の特徴を明確に示すことができる．

データをプロットする際に気をつけたいことは，データの構造が正しく可視化されているかどうかである．図9.4のようなヒストグラムの場合，ビン幅（横軸の区間幅）を変えることで見た目が変わってくる場合も多い．散布図の縦横軸のスケールを適切に選ぶこと，比較するデータセット間のスケールを合わせることなど，基本的なことにも目を配りたい．図9.4の二つのヒストグラムは縦軸の範囲が異なるので，比較には注意が必要である．

9.3.2　階層を把握する

行動には階層構造があると9.2.2項で述べたが，それぞれの階層の特徴を正しく計測できているかどうかを確かめることは，行動解析において非常に重要である．探索行動の場合，同じ計測データから，体の動かし方，方向転換や直進の頻度，結果として到達した場所など，階層ごとに違った見方ができる．各階層の特徴を検出する方法が違うため，それぞれの解析には各階層に合った解析プログラムを吟味する必要がある．また，階層間のつながりを把握することも行動制御の全体を理解するためには不可欠である．

特に注目すべきは，時間スケールで，方向転換や直進などの行動要素を検出する場合は短いスケール，それら行動要素の結果である移動先の場所を検出する場合は長いスケール，というように，スケールを変更することで注目する階層が変わる．計測は通常一定のサンプリングレートで行うため，短い時間枠で検出するデータ構造と，長い時間枠で検出するデータ構造の区別により注目するスケールを切り替えることが多い．

具体的な事例として走性行動を例にあげよう．走性行動とは，化学物質(匂いや味)，温度，電場などの勾配や方向に従って，動物が誘因行動や忌避行動を示す現象の総称である．方向転換などの行動要素の出現が確率的である場合，行動要素がどのように組み合わさって最終的な位置に到達しているかを直感的に想像しづらく，また階層を越えた考察が必要になる．例えば直線的な移動は，特定の方向に向いているときに頻度が高くなれば誘因行動になるし，低くなれば忌避行動になり，逆に方向転換は特定の方向に向いているときに頻度が高くなれば忌避行動になる．なんらかの勾配上を移動している場合，この行動要素の頻度が環境シグナルの強さに依存してどのように変化するかということがひとつの見方であり，その際の時間スケールは短い．例えば1秒間に化学物質の濃度がどの程度変化し，それに対してどのような行動が出現したか，という解析になる[28]．一方，行き着いた場所を定量的に測定するには，途中の経過にはあまり注目せず，最終的な位置の分布を計測することになる．具体的には，1時間後に個体の位置がどこに変わったか，そして複数個体の計測をしたときにどのような分布になったか，ということが計測情報として得られる[21]．これらは同じ観察から得られる情報であるが，異なる階層でデータを見ることにより解釈が変化する．計測時には，各階層について計測が正しく行われているかを確認するべきである．

9.3.3　簡易的な解析方法

定量計測には手の込んだ解析プロトコルも多く，プログラミングを駆使する印象があるかもしれないが，できるだけシンプルな方法を用いるのが理想である．例えば，動画からの行動計測の場合，一定時間ごとの位置を単純に可視化するだけでもわかることは多い．位置分布を可視化し，その遷移を説明するモデルを構築することで，仮説を検証できる定量的な実験系となる．

簡単な解析方法のひとつは，データの統計値を知ることである．移動データの解析の場合，計測期間中の移動速度の平均値や分散は比較的簡単に計算することができ，データの形式さえ合えばExcelでも統計値を得ることができる．ただし，時系列データから統計値を得るときには注意が必要である．統計値は標本分布を示す代表的な値であり，偏りなくサンプリングが行われれば高精度の記述が期待できるが，時系列データの場合は欠測値や異常値などが連続して得られる可能性が高いため，偏った計測がないかどうかをまず確認する必要がある．偏ったサンプリングは母集団からかけ離れた統計値を導き，誤った結論を招きやすい．

9.3.4　高度な解析方法

定量的な解析は，観測している現象の特徴を明確にし，また観測者が主観的に決めた特徴に頼らず，プログラムとして定義された客観的な基準を解析に持ち込むことができる．これらの利点は計測データからそのまま得られるわけではなく，解析することにより初めて明確になる．行動解析の場合，多くは計測値そのものの情報量が多すぎるため，次元を減らすことで余分な情報を落とし，これら定量解析の利点を実現できることが多い．解析の目的は，データ処理によって対象としている行動の特徴を人間が捉えやすい形に変換することであるが，解析する際には必ずしもその「意義」を考慮する必要はなく，機械的に適用することもできる．

具体的な例として，線虫の蛇行運動を動画記録したデータに対して主成分分析を行った解析例を紹介する[29]．動画に記録された線虫の細長い体を一本の曲線とし，体の変化を定量するため弧上の位置を決める変数を s，s の座標を $\boldsymbol{x}(s)$ とすると，曲率に関するフレネ・セレの公式[30, 31]から

$$\frac{\mathrm{d}\boldsymbol{x}(s)}{\mathrm{d}s} = \hat{\boldsymbol{t}}(s)\,, \tag{9.1}$$

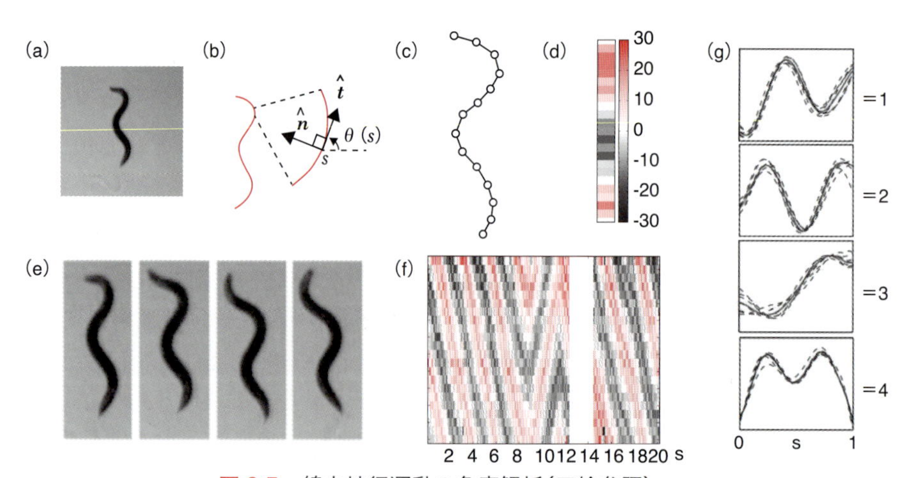

図 9.5　線虫蛇行運動の角度解析（口絵参照）

(a) 解析の元となる画像．自由行動中の線虫を動画で撮影した中の 1 フレーム．(b) 画像から抽出した線虫の中心線に沿って位置 s を定義し，s 上の曲率を計算する．(c) 直感的には中心線 s 上を等間隔に並ぶ解析点を定義し，その解析点を結ぶ線が隣の線となす角度を定量することと等しい．(d) 定量した角度をカラー表示すると，特定時間における姿勢を 1 本のカラーバーで表現できる．左に (c) を定量した値，右に色と角度の対応を示す．(e) 蛇行運動の連続画像．線虫は蛇行運動するため，前進しているときは頭から尾まで波が移動する．(f) ここまでに説明した定量方法で時系列データを図示すると蛇行運動が縞状のパターンになる．後退すると縞の傾きは逆になることが 10s あたりで示されている．とぐろを巻くときはパターンが消失するため，別アルゴリズムで同定し，白抜きで表示した．横軸は時間（秒），縦軸は頭から尾までの体の位置を示す．(g) 抽出された定量データを主成分分析して抽出した主成分．上から第一主成分，第二主成分…と続く．横軸は頭から尾までの体の位置，縦軸は角度を表す．主成分分析は固有値分解とほぼ同義なので，固有値になぞらえて eigen worm と呼んでいる（文献 29 から改変）．

$$\frac{\mathrm{d}\hat{\boldsymbol{t}}(s)}{\mathrm{d}s} = \kappa(s)\hat{\boldsymbol{n}}(s)\,, \tag{9.2}$$

となる(原論文の文献 29 ではタイプミスがあり上記が正しい．筆頭著者に確認済み)．このとき $\hat{\boldsymbol{t}}(s)$ は単位接ベクトル，$\hat{\boldsymbol{n}}(s)$ は単位主法線ベクトル，$\kappa(s)$ は曲率である（図 9.5b）．$\hat{\boldsymbol{t}}(s)$ が曲率方向を向いていれば $\kappa(s)=\frac{\mathrm{d}\theta(s)}{\mathrm{d}s}$ であるので，曲率が s の関数になる．実際問題としては微分を二回含みノイズの影響が強いため，画像に対する $\hat{\boldsymbol{t}}(s)$ の方向を固定することで曲率を $\theta(s)$ で表す．この解析を行うことで体の動かし方の時系列を定量することができ，直感的には図 9.5 に示すように体を頭から尻尾までの曲線上に解析点を定義し，隣り合う各解析点がなす辺が，隣り合う辺となす角度を定量することとほぼ同義になる[32, 33]．結果として，各時刻における線虫の形が一列の数値になり，これを時間に沿って並べることで一連の行動が行列として表現できる．得られた行列から主成分分析により，蛇行運動を構成する主要な要素が抽出できる．これら主要要素で表現される Eigen worm と名づけられたモデルは，抽出された 4 つ程度のベクトルのみで行動を再構成するのにほぼ十分なことを示し，行動中の状態に合わせて構成要素を変えることも明らかにした[29, 34]．この様に統計的な解析から行動要素の分類や再構築をすることで，定量的な行動制御の理解へ発展することができる．

9.4　神経活動の定量計測

9.4.1　行動中の神経活動計測

神経系をもつ動物の行動は神経回路によって制御されているので，行動制御の研究において行動中に神経活動を計測することには大きな価値がある．電極を使った神経活動の計測は個体への侵襲を免れないため行動への影響が懸念されてきたが，最近では蛍光プローブを用いた計測方法が普及し，非侵襲的な神経活動計測が可能となった．特に線虫やゼブラフィッシュなど，遺伝学的方法が発展していて体が透明な生物は，遺伝子導入できる蛍光プローブとの相性が良く，Cameleon や GCaMP などのカルシウムイオン濃度依存性プローブや電位依存性プローブを用いた神経活動の計測が活発に行われている．体が不透明なショウジョウバエやマウスなどのモデル生物においても，体の外側を覆う表皮や骨を取り除くことにより蛍光計測を実施し，行動中の特定領域での神経活動を計測する実験が行われており，計測技術の発展も目覚しい[35]．

9.4.2　動く対象における蛍光イメージング

行動中の個体の蛍光イメージングをするにあたり問題となるのは，撮影対象の運動（移動）である．ほとんどの行動には何らかの動きが含まれるので，探索行動のような自由行動はもちろんのこと，マウスのレバー押しのように体を固定させて計測する限定的な行動であっても，蛍光イメージング中に撮影対象が動いてしまう．蛍光イメージングで神経活動を計測する際には，注目領域の輝度値変化を時系列で計測するため，動きが大きな障害となる．そのためレジストレーション（registration）と呼ばれる各フレームの位置合わせや，照明むらを起因とする画面の位置依存的な背景輝度値の補正など，固定した対象を撮影する際には必要なかった処理が必須となる．以下にさまざまな状況における蛍光イメージングの実際を紹介する．

追尾：線虫やショウジョウバエの幼虫などの体が小さな生物個体は，拘束せずに顕微鏡下で観察できるが，その場合も行動(移動)により顕微鏡視野の外に出てしまうことがある．そのため自由に行動できる状況で特定の神経活動を蛍光イメージング計測するには，目的の神経細胞を常に顕微鏡視野へ収めるよう追尾が必要となる．電動ステージを用いる方式と，カメラを動かす方式が考えられるが，電動ステージを用いる方が普及市販品を利用しやすい．自動追尾にはカメラから取り込んだ動画をリアルタイムで処理してステージ駆動機器へとフィードバックするシステムが必要で，MATLABやμManager，OpenCVなどを使って画像処理と機器制御を行うシステムが提案されている[36-39]．

バーチャル環境：移動速度が速いショウジョウバエやゼブラフィッシュは行動中に追尾することが難しく，電動ステージなどの制御では追いつかない．そこで体は実験台に固定し，代わりに全天型のモニターやプロジェクター，球体を使ったトレッドミル装置を用いることで，仮想的な自由行動状況をつくりだす実験方法が提案されている[40-42]．身体を固定して神経活動と行動を計測するという意味では，マウスのレバー押し課題などもこの範疇に含まれる[43]．レバー押し課題では，前肢が動かせる状態で固定されたマウスの頭蓋骨を開き，蛍光イメージングを行いながら課題を実行させる実験環境を用いて，行動中の神経活動を計測できる．

埋め込み型計測器：ラットやマーモセットなど比較的大きな個体になると，ファイバーを脳に差し込んで蛍光輝度値を計測しながらケージ内を移動させる方法や[44]，計測器具を頭部に直接とりつける方法も用いられる[45]．ファイバーを使った計測は検出器の大きさなどに制限がない一方で，計測中は常に頭部と検出器をファイバーで接続している必要があるので，動きが制限されてしまう．計測器具を頭部に直接とりつける方法は動きの制限が軽減される一方，検出器の大きさや性能に制限が生じる．

レジストレーション：上記で紹介したどの方法においても，取得される蛍光画像には運動による影響が懸念される．蛍光輝度値比較による神経活動の計測にとって，この影響は致命的であるため，解析時にはフレーム間の位置合わせを行って運動による影響を減らす処理を行う．レジストレーション自体は画像処理分野においてごく一般的な問題であり，研究や解決方法が多数存在する一方で，どんな状況も必ず解決するという常套手段は存在しない[46]．得られる画像データの性質に適した方法を検討することが求められる．

比較的広い領域から蛍光輝度値を計測する場合，レジストレーションを行わずに，領域平均化によって計測値の信頼性を向上させる方法もある．特殊な装置やプログラムは必要なく，簡便に実施できる方法であるため利用しやすいが，検出感度や解像度を犠牲にすることにも注意すべきである．

行動データと合わせた解析：行動中の神経活動を計測することができれば，行動データと神経活動の関係を調べることで，行動の制御機構について理解を深めることができる．このとき，行動データと神経活動の比較は時系列データどうしの比較になるため，時系列データ特有の処理や解析方法を意識することが有効である[47]．

神経活動と行動を比較する最も単純な方法は，同じ時刻での記録の比較であり，対応する時刻の値を並べてプロットしたり，相互相関係数

$$\rho = \frac{\sum_{i=1}^{n}(x_i-\bar{x})(y_i-\bar{y})}{\sqrt{\sum_{i=1}^{n}(x_i-\bar{x})^2\sum_{i=1}^{n}(y_i-\bar{y})^2}}, \quad (9.3)$$

を求めることがあげられる（x, y は行動要素と神経活動の計測値，上線は平均値を示す）．例えば移動速度と神経活動の相互相関係数を計算することで，注目する神経細胞の活動と速度の線形関係を評価できる．神経活動と行動要素が線形の関係にある場合は，計測ノイズなどが存在してもこのような単純な方法で検出や評価ができ，計算のためのツールも手に入りやすく，Excelのような表計算ソフトでも解析可能である．ただし，相互相関係数だけでデータの性質を正しく表現すること

は難しく，擬似的に相関が高く，もしくは低く表れる場合もあるので相関係数を計算する前に必ず散布図を眺めることが重要である[48]．

また，実際には神経活動と行動が線形関係になることは稀であり，さまざまな側面から解析方法を工夫する必要がでてくるだろう．例えば時間差（delay）の問題がある．計測している神経細胞の活動上昇から1秒後に行動の変化が現れる場合，同時刻どうしの相互相関では関連が検出できない．時間差を考慮する場合，どの程度の時間差で関係性が強くなるかは未知なので，正しい時間差の探索が必要となる．具体的な解析としては，時間差がないとき（ゼロ）の解析，神経活動を1秒前にずらしたときの解析，2秒前にずらしたときの解析，... さらに神経活動を1秒後にずらしたときの解析，2秒後にずらしたときの解析，... といった時間ずれパラメータを探索することになる[49, 50]．

特定のイベント，例えば神経活動のスパイクや，方向転換などの行動要素に注目したとき，神経活動と行動の間で対応するイベントを抽出することがひとつの目的になる場合がある．このような場合には，応答関数の同定や逆相関解析（reverse correlation）と呼ばれる解析方法が有用である[49-52]．例えば神経活動スパイクなどの注目する特定のイベントを基準として，対応する行動などの計測値に対して一定の時間窓を設定し，イベントごとに計測値を集計することにより，イベントが起こった前後での対応する現象を検知・評価できる．感覚入力と感覚神経細胞の関係を調べる研究で積極的に使われている手法であるが，出力である行動と神経活動を解析する際にも有効な手段となる．

9.4.3 研究例：行動中の線虫に対する蛍光カルシウムイメージング

行動中の神経活動と行動の同時計測例として，プレート上を自由行動する線虫を追尾しつつ特定の神経細胞の活動を計測する方法を解説する．線虫がもつ走性行動のひとつに温度走性がある．餌を十分に与えて一定の温度で飼育していた線虫を，餌がなく温度勾配のある環境に置くと，飼育した温度の場所へと移動する行動が現れる[53]．この行動は，餌と飼育温度を関連づけて記憶・学習し，記憶に従って探索行動を実施しているといえ，記憶・学習や探索行動のモデル実験系として用いられる．温度走性行動に関連する神経回路は，レーザー殺傷によって特定の神経細胞を除去する実験により同定されており，AFD感覚神経細胞が温度受容，そして温度走性行動に重要であることが知られている[54]．AFD神経細胞特異的に蛍光カルシウムプローブを発現して，温度刺激を与えながらカルシウムイメージングを行うと，AFDは温度上昇に顕著に応答することがわかるが[55]，神経細胞が温度変化を検知したときに，どのような行動が伴うかを調べるためには，行動と神経活動の同時撮影を行うしかない．透過光を用いたトラッキング顕微鏡を用いてプレート上を自由行動する線虫を追尾しつつ，同時に蛍光イメージングを実施することで，温度勾配上でのAFD神経細胞の活動と行動の同時計測が実現された（図9.6）[39]．

スパイク状の神経活動を示す哺乳類と異なり，線虫の神経活動は段階的（graded）である．しかし温度勾配上を自由に行動している個体のAFD神経細胞は，1分間に0.1度程度の緩やかな温度変化に対してスパイク状の急激な応答を見せる．このことから，緩やかな温度勾配上の連続的な変化を，AFD神経細胞は離散的にエンコードしていることが示唆される．また，そのスパイク状の神経活動に対して，線虫の典型的な方向転換行動であるオメガターンは一対一で現れるのではなく，「神経活動スパイクが観測される周辺でオメガターン頻度が上がる」という緩やかな相関を示していた．このような神経活動と行動の対応は，環境からの入力に対してすぐさま（直接的に）行動

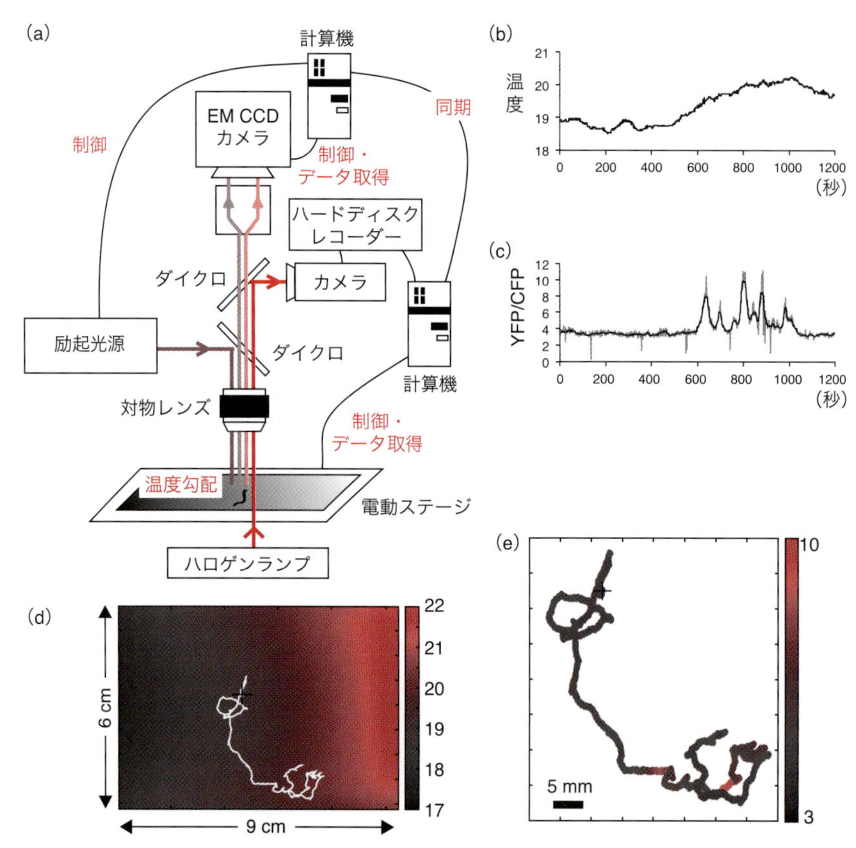

図 9.6　温度勾配上の行動計測とカルシウムイメージング

(a) トラッキングシステムの構成．行動計測と蛍光画像の計測は同一光路，別波長で実施．それぞれ別の計算機で制御しているが，計算機同士は同期させている．(b) 行動中の個体周囲の温度変化．サーモグラフィーで温度勾配を計測し，行動軌跡の時系列と対応させて個体周辺の温度の時系列変化を計算した．(c) 神経活動を示す蛍光レシオ．カルシウム濃度変化により YFP/CFP が変化する CameleonYC3.60 を使用．蛍光画像を解析して時系列の輝度変化を取得した．(d) 温度勾配上を動く線虫の軌跡とサーモグラフィーで計測した温度勾配．十字マークが初期位置．この個体は温度が高い方向へ移動していることがわかる．(e) 線虫の移動軌跡に神経活動の様子を色で示した．温度が高く AFD 神経細胞が応答している周辺で方向転換が多く見られる．初期位置周辺は環境が変わったことによる方向転換の頻度が高く，温度入力に関係ない方向転換が多い (文献 39 から改変)．

が生成されるわけではなく，神経回路の内在的な状態を反映した情報処理により，さらに複雑な行動生成が実行されていることを示唆する．

9.5　行動データの数理モデリング

9.5.1　数理モデルの導入にあたって

定量データを理解するためには数理モデルが有効であり，特に時系列で得られる行動データは，数理モデルを使うことで記述や理解の幅が劇的に広がる．行動のように観測される現象に関わる構成要素が多い場合は，構成要素の性質や組合せが変わったときの結果を予想することが難しいが，具体的な仮定を設定して擬似的な結果を得る方法として数理モデルが利用できる．つまり考えるための道具としてモデルが活用できる．

モデル導入の鉄則は，単純な仕組みから始めることである．「オッカムの剃刀」と呼ばれる方法論が参考になるだろう [56]．この方法論は，必要以上の仮定をそぎ落とし，必然性がなければなるべく単純な説明を採用するという論理であり，数理モデルの構築時にも過剰に複雑なモデルを回避するための指針となる．

9.5.2　簡単な事例：フィッティング

単純な数理モデル利用例として，線形回帰を解説する．ここで説明するまでもなく，線形回帰はデータ解析に広く用いられる方法で，目的変数 y と説明変数 x の間に $y = ax + b$ といった関係があるかどうかを検証するものである．得られたデータがこの“モデル”に合うかどうかは，最小二乗法などを使ってデータをモデルにフィッティングし，得られたパラメータを検討して判断する．線形回帰はデータ解析に一般的に使われる方法であるが，数理モデルを使う解析の基本的な要素は満たされているので，思考を整理するために思い浮かべて欲しい．

行動の定量データについても，得られたデータをモデル（この場合 $y = ax + b$ という仮定）にフィッティングし，パラメータを検討することで観測している現象の判別や分類の指標にすることができる．いくつかのデータセットを検討し，モデルと観測値の整合性があれば，今度はモデルを使って未観測の現象を予測し，実験によって検証することで，さらにモデルの信頼性が向上する．この「予測」という操作は，数理モデルがなければ脳内で行うしかないが，数理モデルを使うことによって客観的・定量的な操作となり，他者との共有や改変ができるようになる[57]．

数理モデルの利用において，予測性能はモデルを評価する重要な指標であるが，行動データは時系列かつ確率的であることが多いため，任意の時刻における特定の行動要素の生成を予測することは非常に難しい．そのため，行動要素の出現頻度や，計測される事象の分布を予測することでモデルの検証を行うことが多い[58]．また，これまでに議論したように，複数の構成要素からなる対象のマクロな挙動を記述することも数理モデルを使う利点なので，ミクロなレベルでの作用機序の変化が全体の挙動を示す分布にどのように影響を与えるかという俯瞰的な予測を行うことも意義がある．これらの予測においては，計算機によるシミュレーションを用いることも多いが，あくまでシミュレーションは考えるための道具であり予測・推定のために用いるのだということを忘れないようにすべきである．定量的なデータから数理モデルを構築し，シミュレーションにより綺麗な再構築が行われると視覚的に説得力があるかもしれないが，それ自体は検証ではなく，予測もしくは推定といった行為である．検証のためには計測データとモデルを合わせた回帰が必要であり，網羅的な実験を補う意味で，シミュレーションという理論実験の存在価値があることを強調したい[59]．

9.5.3　研究例：線虫における探索行動モデル

行動の数理モデルとして線虫の探索行動の例を紹介する．線虫は体を構成する全細胞の系譜が同定されており，302 個の神経回路の接続関係も電子顕微鏡レベルで明らかにされている．神経回路における接続関係，電気生理による神経活動の計測，レーザー殺傷手術による特定の神経細胞を破壊して行動への影響を計測したデータを元に，探索行動における確率的な性質を包括する数理モデルが構築された[60]．このモデルでは神経回路における相互抑制を含んだスイッチが確率的な探索行動を制御していることを示唆しており，神経回路による確率的な行動制御のフレームワークがこれまでにない解像度で提供されている．これまで行動における数理モデル研究には多くのブラックボックスを含めざるを得なかったが，この研究は神経細胞レベルで定量的なデータからモデルを構築し，確率的な行動の性質を議論している．

9.6　まとめと展望

動物の行動は確率的に観測される現象であるた

め，定量計測と統計解析が欠かせない．近年の技術発展により，計測機器はこれまでと比較にならないほど充実し，動画や神経活動をはじめとするさまざまな定量計測が可能になった．データ解析や可視化の方法もデータ様式に合わせて多様に開発されており，行動の定量解析は今まさに発展めざましい分野である．生物学的な意味でも，定量計測とその解析が行動制御機構の解明に大きく寄与することは想像に難くない．

行動の定量解析における中心的な話題は，分子シグナルや神経活動が行動をどのように制御するのか，それらの計測値間の相関や因果関係である．行動制御機構の場合，それらの関係性は複雑であることも多く，数理モデルを使った解析は仕組みを理解するうえで強力な武器となるだろう．行動の時系列性や，確率性という特徴を理解し解析を進めていきたい．逆に，時系列データや確率事象に対する解析方法が行動データの解析をきっかけに発展する可能性も考えられ，より汎用的な問題解決手法が行動解析の研究から生みだされることにも期待している．

（塚田祐基）

文　献

1) 島崎三郎訳，『動物誌（上）』，岩波書店（1998）．
2) 島崎三郎訳，『動物誌（下）』，岩波書店（1999）．
3) 内藤靖彦ほか，『バイオロギング（極地研ライブラリー）』，成山堂書店（2012）．
4) 日本バイオロギング研究会編，『動物たちの不思議に迫るバイオロギング』，京都通信社（2009）．
5) Fukunaga T & Iwasaki W, 領域融合レビュー, **4**, e003 (2015).
6) Sokolowski MB, *Nat. Rev. Genet.*, **2**, 879 (2001).
7) Brown AEX & de Bivort B, *Nat. Physics*, **14**, 653 (2018).
8) Berman GJ, *BMC Biol.*, **16**, 23 (2018).
9) Krakauer JW et al., *Neuron*, **93**, 480 (2017).
10) Carandini M, *Nat. Neurosci.*, **15**, 507 (2012).
11) 川人光男，『脳の計算理論』，産業図書（1996）．
12) Marr D, “Vision,” The MIT Press, (1982).
13) Eliceiri KW et al., *Nat. Methods*, **9**, 697 (2012).
14) 三浦耕太・塚田祐基編著，『ImageJではじめる生物画像解析』，学研メディカル秀潤社（2016）．
15) Iino Y & Yoshida K, *J. Neurosci.*, **29**, 5370 (2009).
16) Vidal-Gadea et al., *eLife*, **4**, e07493 (2015).
17) Luo L et al., *J. Neurosci.*, **30**, 4261 (2010).
18) Swierczek NA et al., *Nat. Methods*, **8**, 592 (2011).
19) Garrity PA et al., *Genes Dev.*, **24**, 2365 (2010).
20) Husson SJ et al., “WormBook,” (2012), doi: 10.1895/wormbook.1.156.1.
21) Ito H et al., *J. Neurosci. Meth.*, **154**, 45 (2006).
22) Reynolds GS, “A Primer of Operant Conditioning”, Scott Foresman (1975).
23) 高瀬堅吉，柳井修一監訳，『トランスジェニック・ノックアウトマウスの行動解析』，西村書店（2012）．
24) 高瀬堅吉ら監訳，『ラットの行動解析ハンドブック』，西村書店（2015）．
25) Nguyen KP et al., *J. Neurosci. Methods*, **15**, 108 (2016).
26) Rizzi G et al., *MethodsX*, **19**, 326 (2016).
27) Ramot D et al., *PLoS One*, **3**, e2208 (2008).
28) Pierce-Shimomura JT et al., *J. Neurosci.*, **19**, 9557 (1999).
29) Stephens GJ et al., *PLoS Comput. Biol.*, **4**, e1000028 (2008).
30) Frenet F, “Sur les courbes à double courbure,” Thèse (1847). Abstract in J. *de Math.* **17** (1852).
31) Serret JA, *J. De Math.*, **16** (1851).
32) Pierce-Shimomura JT et al., *PNAS*, **105**, 20982 (2008).
33) Miyara A et al., *PLoS Genet.*, **7**, e1001384 (2011).
34) Hums I et al., *eLife*, **5**, e14116 (2016).
35) Tian L et al., *Nat. Methods*, **6**, 875 (2009).
36) Piggott BJ et al., *Cell*, **147**, 922 (2011).
37) Venkatachalam V et al., *PNAS*, **113**, e1082 (2016).
38) Faumont S et al., *PLoS One*, **6**, e24666 (2011).
39) Tsukada Y et al., *J. Neurosci.*, **36**, 2571 (2016).
40) Seelig JD & Jayaraman V, *Nature*, **521**, 186 (2015).
41) Bianco IH et al., *Front Syst. Neurosci.*, **5**, 101 (2011).
42) Kawashima T et al., *Cell*, **167**, 933 (2016).
43) Hira R et al., *J. Neurosci.*, **33**, 1377 (2013).
44) Murayama M et al., *J. Neurophysiol.*, **98**, 1791 (2007).
45) Ghosh KK et al., *Nat. Methods*, **11**, 871 (2011).
46) Zitová B & Flusser J, *Image Vision Comput.*, **21**, 977 (2003).

47) 北川源四郎,『時系列解析入門』, 岩波書店 (2005).
48) 石居進,『生物統計学入門』, 培風館 (1995).
49) Rieke F et al., "Spikes: Exploring the Neural Code (Computational Neuroscience Series)," MIT press, (1999).
50) Dayan P & Abbott LF, "Theoretical Neuroscience: Computational and Mathematical Modeling of Neural Systems," MIT Press (2005).
51) Hernandez-Nunez L et al., *eLife*, **4**, e06225 (2015).
52) Gepner R et al., *eLife*, **4**, e06229 (2015).
53) Hedgecock EM & Russell RL, *PNAS*, **72**, 4061 (1975).
54) Mori I & Ohshima Y, *Nature*, **376**, 344 (1995).
55) Kimura KD et al., *Curr. Biol.*, **14**, 1291 (2004).
56) Gauch HG, "Scientific Method in Practice," Cambridge University Press (2003).
57) 巌佐庸,『数理生物学入門』, 共立出版 (1998).
58) Yoshida K et al., *Nat. Commun.*, **13**, 739 (2012).
59) Jaqaman K & Danuser G, *Nat. Rev. Mol. Cell Biol.*, **7**, 813 (2006).
60) Roberts WM et al., *eLife*, **29**, 5 (2016).

注目の最新技術 5

顕微鏡制御

ピントや絞りなどの適切な調整は，美しい顕微鏡画像，そして定量的な顕微鏡データを得るために不可欠である．蛍光イメージングの発展に伴い，生命科学研究に使われる顕微鏡の構成要素は増え，調整するパラメータも複雑化した．さらにライブイメージングとして動きのある現象を捉えるためには，それらのパラメータを制御するタイミングの精度も重要になった．顕微鏡装置はカメラや電動ステージなど複数の機器から構成されているため，メーカーの異なる機器どうしを連携させたり，さまざまな会社由来の制御ソフトウェアを導入したりする必要が生じているが，その際には同期制御などが課題になってくる．このような問題に対して，あらゆる周辺機器を統合的に扱い，実験に即した制御を実現するために統合的なソフトウェアが開発・提供されている．機器制御を含めた設計，試作，実装環境としてのLabVIEWや，顕微鏡制御，画像解析ソフトウェアとしてのMetaMorph，また数値計算環境であるMatlabも画像取得や外部機器の制御に力を入れており，顕微鏡制御に用いることができる．さらに研究者コミュニティの需要を反映して，オープンソースの顕微鏡制御ソフトウェアμmanagerも開発されている．μmanagerはImageJのプラグインとして開発が始まったものだが，需要を反映して急速に発展し，利用者数も論文での報告も増えている．機器制御はドライバや通信プロトコルなど機器固有の問題が多く，個人で解決できる範囲が限定されるため，機器やソフトウェアを開発している企業とそれらを利用している研究者が協力してコミュニティとなることではじめて，多くの機器を統合制御できる環境が実現できる．μmanagerのようなオープンソースのプラットホームはそのようなコミュニティの基盤となっている．またこのプラットホームを利用することで，自作機器などを顕微鏡システムに取り込むための環境も整ってきた．このような状況を活かし，新しい計測方法や解析方法の開発がさらに発展することで，行動制御のような複雑な生命現象研究の発展が期待される．

（塚田祐基）

Technical Topics

多細胞システムの定量生物学

Summary

近年のさまざまなオミクス技術の発達は，生体システムの要素同定や解析を容易にし，システム生物学の確立と実践を後押ししてきた．「個体レベルのシステム生物学（organism-level systems biology）」は，多細胞からなる生体システムを対象とし，システム生物学的な研究スキームを個体レベルの生命現象に適応することを目指す分野である．多細胞システムを対象とした網羅的解析はこれまで技術的に困難であったが，透明化した臓器や全身の3次元イメージング，あるいは透明度の高い生物の細胞活動を4次元イメージングする技術が近年次つぎに確立され，全臓器あるいは全身の細胞を網羅的に観察し解析するオミクス技術（Cell-omics）が実現可能な状況となってきた．イメージングにより得られた画像データは，適切な前処理，ラベルされた構造のセグメンテーション，サンプル間比較や解剖学的情報を付加するためのレジストレーションなどの処理を経て，生物学的な情報を定量的に抽出することが可能となる．本章では近年発表された実例を踏まえながら，多細胞システムを対象とした定量生物学の実践について議論する．

10.1 背景

10.1.1 個体レベルのシステム生物学

生命科学の大きな潮流の中で，2000年前後より報告が相次いださまざまな生物種での全ゲノム解析は，最も重要かつインパクトの高い成果のひとつと考えられる．それまで，いささか要素還元的な方向に偏りがちであった生命科学の研究は，これらのゲノムプロジェクトの成果を受けて，改めて生命をシステムとして捉え理解する流れへと舵を切った．「システム生物学」の基本的な考え方は，このような背景の中で提案され確立していった[1]．

生体機能の多くはダイナミクスを生みだすものであり，そのメカニズムは要素（例えば個々の遺伝子）とそのつながりからなるシステム（例えば遺伝子ネットワーク）として実装・実行されている．このような生命システムに対するアプローチの方向性には，以下の四つのステップが提唱されている．

1) システム要素同定：あるシステムを構成する要素を網羅的に同定する
2) システム解析：要素間の関係性やつながりを解析する
3) システム摂動：要素や要素間の特性を知るため，摂動を加えて出力を調べる
4) システム再構成・システム合成：判明したシステムの本質から，同等の異なるシステムを再構築する

第一のステップであるシステム要素の網羅的同定のための技術として，ゲノム全体を解析対象とするゲノミクスに加え，遺伝子転写産物，タンパク質や代謝物といった細胞内分子を対象とするさ

まざまな網羅的解析技術(オミクス解析技術)が確立されている．これらの技術によりカバーされる，細胞内のシステム（遺伝子，タンパク質，代謝物などより構成されるシステム）についてのシステム生物学の実践は現時点でもすでに現実的なものとなっており，多くの研究がなされている．

同様に，個体レベルの生命機能，例えば行動リズム，睡眠，覚醒などのメカニズムは，多数の細胞からなるネットワーク（多細胞システム）に実装されている．このような多細胞システムをターゲットとする「個体レベルのシステム生物学(organism-level systems biology)」の研究スキームが確立できれば，医学・生物学の幅広い学問的課題を対象とすることができる．特に，すべての細胞を全組織あるいは全身にわたって網羅的に観察・解析するオミクス技術 (Cell-omics) の確立が重要である (図 10.1)．近年ようやく，全細胞観察のための網羅性とスループット性を両立させる技術革新が起こり，その実践が視野に入り始めた[2)]．

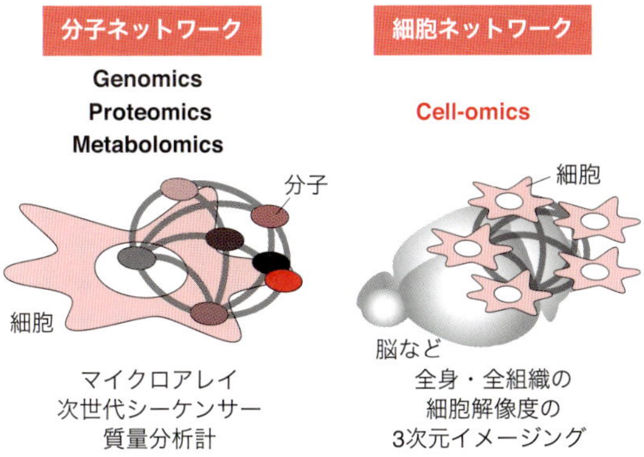

図 10.1　生物の階層性とオミクス技術
ゲノムプロジェクト前後より発展してきた，細胞内の分子の階層を対象とした網羅的解析技術（genomics，proteomics，metabolomics など）は，分子ネットワークから構成される生命システムを対象とした研究をサポートしてきた．同様に，個体レベルの現象を司る細胞ネットワーク（多細胞システム）を対象とするために，細胞の階層を網羅的に観察できる技術(Cell-omics)が必要である．

10.1.2　多細胞システムへのアプローチ

本項で紹介する組織あるいは全身の３次元・４次元観察と解析技術は，多細胞システムへアプローチするための最も現実的かつ効果的な方法であると期待される．このようなアプローチが実現されつつあるのは，大型組織の効率的で再現性の良い透明化技術，大型組織を細胞解像度で網羅的に観察できるイメージング技術，さらには大規模な画像データを解析するためのソフトウェア・ハードウェアの充実が背景にある．

「個体レベルのシステム生物学」の研究スキームを図 10.2 に示す[2)]．本章で紹介する技術は，蛍光顕微鏡を用いた３次元・４次元イメージングを前提としている．このため，観察対象となる細胞・細胞群は，目的に応じて適切に蛍光ラベリングされている必要がある．「システムを解く」というスキームの実行には，この細胞ラベリングのステップでもスループット性が要求されるため，最新の発生工学技術や３次元的な組織化学染色などの手法の発展が不可欠である．イメージングには，３次元観察をハイスループットで行えるセットアップが必要である．現在広く使われているレーザースキャニング顕微鏡〔共焦点レーザー顕微鏡(confocal microscopy)，多光子顕微鏡（multi-photon microscopy)〕のほか，シート照明顕微鏡(light-sheet fluorescence microscopy, LSFM)の適用が広がりつつある．また，組織切片の作製とイメージングを同時に行うセクショニングトモグラフィー（sectioning tomography）なども利用可能である．取得した画像データは一般的に大規模なサイズとなるため，クラスターコンピューターや複数の GPU を実装したハイスペック PC による解析が必要となってくるだろう．

以降は，このような研究スキームに資する全組織・全身スケールの３次元・４次元データをどのように取得しどのように解析するのか，最新の研究成果を実例としながら解説する．

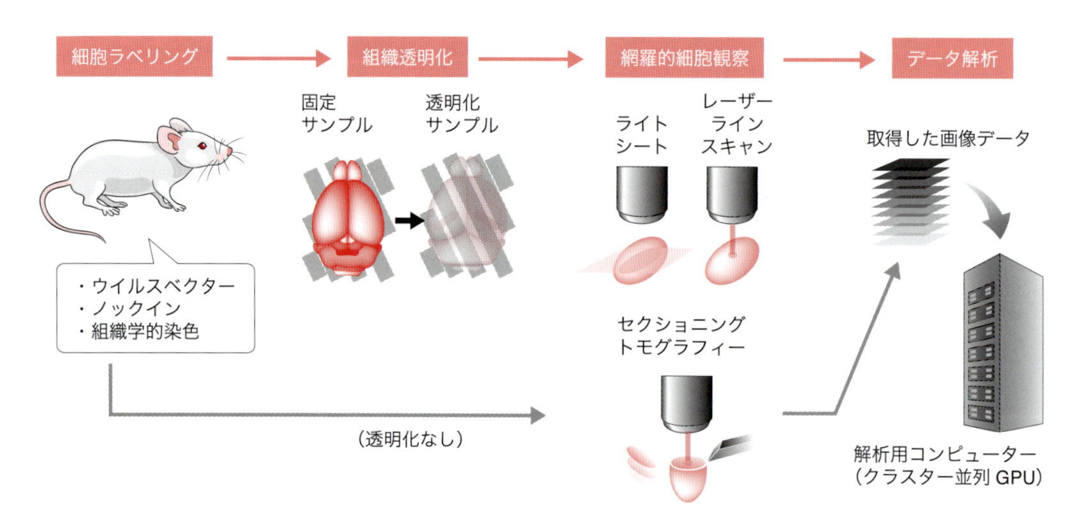

図 10.2　「個体レベルのシステム生物学」研究スキーム

「個体レベルのシステム生物学」実現のため，多細胞システムを対象とした網羅的解析を進めることが重要である．観察対象となる細胞を自在にラベリングし，組織透明化技術と高速な 3 次元光学観察技術によって全組織・全身の細胞を細胞解像度で観察しデータを取得する．このステップでは，組織切片作製と切削面の画像取得を自動で行うセクショニングトモグラフィーを利用することもできる．取得した画像データから生物学的情報を抽出するため，さまざまな画像解析技術が必要である．また一般にデータサイズが大きくなる（GB~TB）ため，ハイスペックなクラスターコンピューターや並列 GPU 搭載型のコンピューターなどが必要となるケースもあるだろう．文献 2 より一部改変.

10.2　細胞の網羅的可視化

多細胞システムの観察・解析のためには，観察したい細胞や解剖学的構造（例えば神経投射やシナプス接続など）を適切にラベリングし，光学顕微鏡で観察できるよう可視化する必要がある．多くのアプリケーションでは蛍光顕微鏡を利用した観察が主であり，組織透明化技術（tissue-clearing technology），イメージング技術，細胞可視化のための蛍光ラベリング手法を適切に組み合わせることで全臓器スケールの 3 次元・4 次元観察が可能となる．

10.2.1　組織透明化

組織透明化技術を利用すると，セクショニング（切片化）することなく大型サンプルの 3 次元イメージングを行える．組織透明化は，組織中の光散乱及び光吸収を低減させ，透過光の直進性を最大化することによって達成され（図 10.3：コラムも参照），近年の種々の透明化プロトコールは，これらを化学的・物理的な方法で達成することを目的としている（表 10.1）．光散乱の低減には組織－溶媒の屈折率を一致させることが重要であり，さらに組織中の散乱体（主に脂質）の除去によって効率を上げることができる．また，光吸収の低減には生体内の色素の除去が重要であり，主なターゲットはヘモグロビンなどに含まれるヘムである．

組織透明化は，100 年ほど前の解剖学者，Spalteholz によって開発された有機溶剤試薬（ベンジルアルコールとサリチル酸メチルの混合溶液）が最初の例とされている[3]．その後，ベンジルアルコールと安息香酸ベンジルを組み合わせた BABB 試薬，テトラヒドロフランとジベンジルエーテルを使用した 3DISCO 法などが報告され，実際にマウス全脳の 3 次元イメージングへの適応が示された[4, 5]．有機溶剤試薬を用いると，短い処理時間で高い透明度を得られる一方，蛍光タンパク質シグナルの保持性が悪い，処理組織が縮む，試薬自体の危険性などの問題点もある．このうち，蛍光タンパク質シグナル保持性については近年特

表 10.1　近年の主な組織透明化手法のまとめ

組織や全身を観察対象とできる近年の組織透明化プロトコールを，採用されている透明化過程の方法と合わせてまとめた．観察対象や必要な解像度，サンプルの大きさ，研究室の設備などに応じてプロトコールを選択する．脱脂や脱色過程を採用することにより透明化の効率は高くなる．屈折率調整剤は各プロトコールの当初の報告に則っているが，プロトコール間で組合せを入れ替えることもできる．

透明化試薬 / プロトコル	固定	脱脂試薬	脱脂効果	屈折率調整試薬	試薬の屈折率	脱色	文献
BABB	PFA	エタノール，ヘキサン	強	ベンジルアルコール，安息香酸ベンジル	1.55	―	4
3 DISCO	PFA	テトラヒドロフラン，ジクロロメタン	強	ジベンジルエーテル	1.56	―	5
iDISCO+	PFA	メタノール，ジクロロメタン	強	ジベンジルエーテル	1.56	(Peroxides)	51
Sca*le*	PFA	Triton-X (0.1%)	弱	尿素 (hydration)	1.38	―	8
Sca*le*S	PFA	Triton-X (～0.2%) 他	弱	尿素，ソルビトール，DMSO	1.44	―	9
SeeDB	PFA	―	無	フルクトース	1.49	―	11
SeeDB2	PFA	Saponin (2%)	弱	イオヘキソール	1.52	―	12
Clear^T	PFA	―	無	ポリエチレングリコール，ホルムアミド	1.44	―	10
CUBIC (reagent 1)	PFA	アミノアルコール(Quadrol)，	強	アミノアルコール，尿素	1.43	アミノアルコール	13
CUBIC (reagent 2)	PFA	Triton-X (10-15%)	弱	スクロース，アミノアルコール，尿素	1.49	―	13
CLARITY	PFA，アクリルアミド	アミノアルコール（トリエタノールアミン）	強	FocusClear™ またはグリセロール	1.45	電気泳動	15
PACT (passive clarity technique)	PFA，アクリルアミド	SDS，電気泳動	強	イオヘキソールまたはソルビトール	1.48	―	61
SWITCH	PFA，グルタールアルデヒド	SDS	強	ジアトリゾ酸，n-methyl-d-glucamine，イオジキサノール	1.47	―	16
2,2′-Thiodiethanol	PFA	SDS（+ 加熱条件）	無	2,2′-Thiodiethanol	1.45	―	62

PFA；パラホルムアルデヒド

に改良が進んでいる [6,7]．

2011 年，理化学研究所の濱・宮脇らのグループによって，組織透明化に尿素を利用できることが示され，この．手法はSca*le* と命名された [8]．この報告は，蛍光タンパク質のシグナル保持能力や試薬の安全面で優位性のある水溶性化合物がマウス全脳など大型の組織を透明化できることを示した点で，大きな意義がある．その後，尿素にソルビトールを組み合わせたSca*le*S[9]，ホルムアミドとポリエチレングリコールを組み合わせた *ClearT*[10]，高濃度フルクトースやイオヘキソールを使用したSeeDB/SeeDB2[11,12]，尿素にアミノアルコールを組み合わせたCUBIC 法(Sca*le*CUBIC 試薬)[13,14] などが相次いで発表された．また，組織全体をアクリルアミドやグルタルアルデヒドで強固に固定し，SDS や電気泳動で脱脂するCLARITY，SWITCH などの方法も開発されている [15,16]．

これらの手法はそれぞれ最終的な透明度や組織内構造の保存性，最適なイメージングセットアップが異なり，観察したいサンプルのサイズや必要な解像度によって使い分ける必要がある．

10.2.2 全組織スケールかつ細胞解像度をもった3次元・4次元イメージング

組織透明化技術は，大型組織全体の3次元観察を可能とし，多細胞システムの描出に大きく貢献しつつある．また，十分にサイズが小さく透明度が高い生物であれば，3次元に時系列を加えた4次元データの取得も可能である．特にシステム内の機能を解析したい場合には，短いタイムスケールの4次元データ取得は重要であろう．3次元観察のもう一つの利点は，きわめて少数の細胞（例えば離散的に1個ずつラベルされているような細胞）であったとしても，もれなく検出できるという点である．このため，神経ネットワークの構造や，がん・炎症細胞・幹細胞の分布などを調べる研究で威力を発揮する．例えば，骨髄の血液幹細胞の分布を観察する目的で，透明化と3次元観察が利用された例がある[17, 18]．将来的には，これまで切片で観察されていたような古典的な組織学的研究であっても，定量性の観点から3次元観察を求められるようになるかもしれない．

このような3次元・4次元データの取得には，3次元観察に汎用される共焦点レーザー顕微鏡や，より深部の組織観察に使用されている多光子顕微鏡が利用可能である（図 10.2）．特に組織透明化と組み合わせた場合には，より深部までの3次元観察が容易になる．透明化処理を行わない場合は，それぞれ～0.1 mm/～1 mm 程度が現実的であるが，組織透明化と組み合わせることにより，マウス全脳をカバーできる～6 mm 程度の深部イメージングが可能となる．観察範囲としては，低倍率な対物レンズを用いたマクロスコピックな観察[15]から，超解像顕微鏡を用いた微細構造観

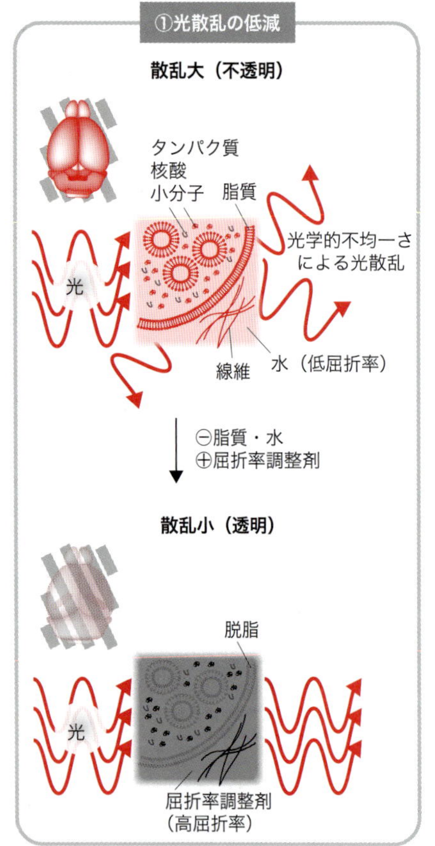

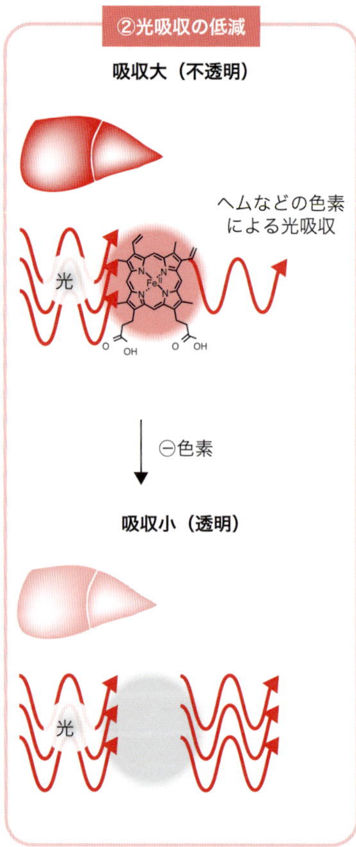

図 10.3　組織透明化の原理
組織は光学的特性の異なる多数の物質が不均一に存在する物体のため，光が散乱・吸収され光学的に不透明となっている．したがって，組織透明化のためには，組織中の①光散乱の低減，②光吸収の低減，の2点が重要である．①の過程では，主な光散乱体である脂質を除去し，さらにタンパクなどの生体物質より屈折率の低い水を屈折率の高い試薬（屈折率調整剤）で置換することにより，組織中の光学的特性を均一化する．②の過程では，ヘムなどの生体色素を除去する．文献2より一部改変．

察[12]までカバーされている．

さらに，近年はシート照明顕微鏡（LSFM）と呼ばれる特殊な蛍光顕微鏡の使用も広がりつつある（図 10.4）[2, 19]（1 章も参照）．LSFM は，サンプルの側面からシート状に広げたレーザー光を励起光として照射し，垂直方向から特定の断面のみの蛍光を CCD または CMOS カメラで平面画像として取得する．このため，サンプルを Z 方向に移動させるだけで全体の Z スタック画像を高速に取得できる．LSFM の適応にはサンプルが透明であることが前提となるため，もともとは動物の初期胚や線虫，幼生ゼブラフィッシュなど，はじめから透明で小さなサンプルのイメージングを対象としていた．実際，これらの生物については胚発生や神経活動を全組織や全身で 4 次元データとして取得する研究が進められている[20, 21]．しかしながら，近年の組織透明化技術の発展により，マウス全脳，マウス全身，さらにマーモセット脳などの大型サンプルにも，LSFM を用いた 3 次元イメージングを適用できるようになった．特に LSFM のスループット性を活かした多サンプル解析への適用は近年大きく発展しつつある．後述するように，神経回路のウイルストレーサーを用いて多数のラベリング条件で全脳回路構造の比較を行った研究や，全脳の神経活動を時系列の多点サンプル間で比較解析した研究などがすでに発表されている．顕微鏡のセットアップも，大型サンプルに対応したマクロズーム型，高開口数（numerical aperture, NA）のレンズと組み合わせた高解像度型，あるいは複数の照射系・観察系を一体としたマルチビュー型など，さまざまなセットアップの開発が進んでいる[19]．一方で，Z 解像度を決めるライトシートの薄さとシート幅は光学的にトレードオフの関係であるため，薄いシートほど幅が狭くなる．このため，多光子励起などの非線形光学系と組み合わせて，薄く広いシートを作製する試みも続けられている[22]．また，多方向から撮影した画像を組み合わせるマルチビューデコンボリューションなども試みられている[23, 24]．

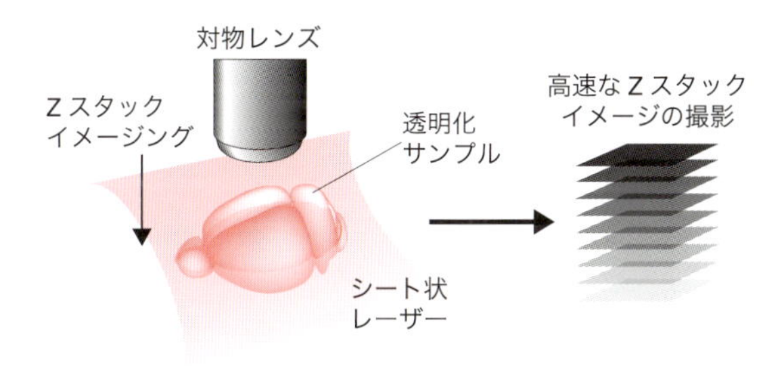

Thy1-YPF-Tg：全脳撮像後の 3 次元再構成イメージ

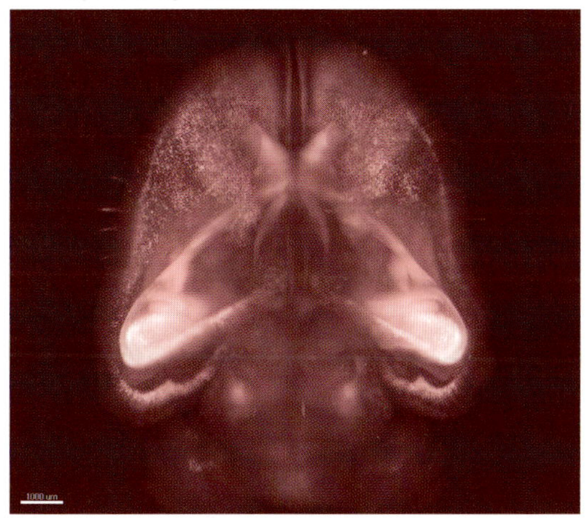

図 10.4　シート照明顕微鏡（口絵参照）

シート照明顕微鏡（Light-sheet fluorescence microscopy, LSFM）は，透明体の側面からシート状に広げたレーザー光を照射し，特定の Z 位置の XY 平面のみを励起して，上部から CCD カメラで XY 平面全体を撮影する顕微鏡である．レーザースキャニング顕微鏡と比べて，スタックごとの撮影が高速に行えるため，大型サンプルの 3 次元観察や，速いタイムスケールの 4 次元観察などに使用されている．CUBIC プロトコールで透明化後，マクロズーム型ライトシート顕微鏡で撮影した Thy1-YFP-Tg の全脳イメージの例を掲載する．図中の写真は，文献 27 の Fig 4 で使用したデータを改変して掲載．

透明化を利用せずに組織全体を撮影するには，セクショニングトモグラフィーと呼ばれる，オートスライサーと顕微鏡を組み合わせた機器が用いられている．切削断面を撮影していくため，スループット性は劣るものの，ライトシート顕微鏡のような Z 解像度の問題が改善でき，高解像度のデータが得られる．特に 2 光子顕微鏡と組み合わせたセットアップ[25]が近年汎用されている．このセットアップでは，組織切断面に3次元的なオーバーラップをもたせながら組織全体をイメージングすることが可能なため，その後の3次元的再構成がより容易となり，また スループット向上にも貢献する．組織透明化と組み合わせてさらに改良を図っているケースもある[26]．

さて，上記のような顕微鏡で得られた3次元蛍光画像は，見た目の美しさはさておき，データの質が画像の定量解析に耐えられるものでなくてはならない．画像解析によって生物学的情報が適切に抽出されるためには，画像のビット深度に応じた撮影条件設定，画像解像度，ピクセル / ボクセルサイズ，シグナル / ノイズ比などに十分留意する必要がある．例えば，生体組織や透明化組織など，3次元サンプルを3次元的に観察する場合には，蛍光シグナルの輝度や波長域が取得画像の質に影響するため，蛍光色素や蛍光タンパク質の選択，あるいは発現させるプロモーターなどを選択する際に留意する必要がある（図 10.5）．特に波長域については，組織透過性の高い赤色〜近赤外を用いるほうが，組織深部でも光学的ノイズの少ない，質の高い画像が得られるだろう．

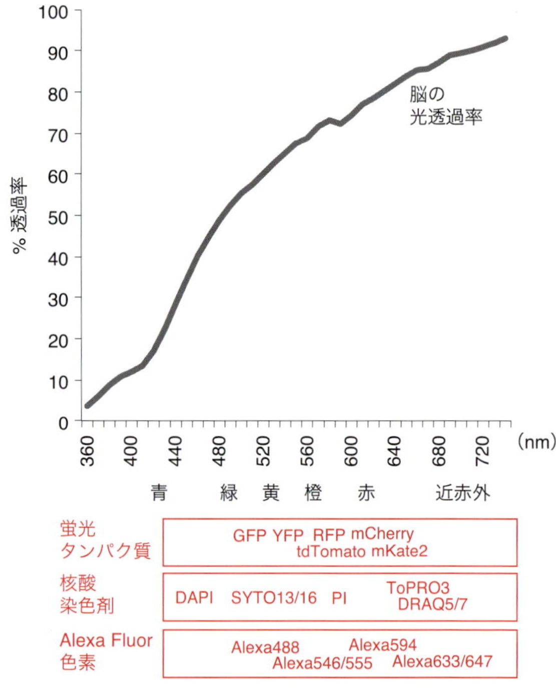

図 10.5　蛍光波長と組織透過性

透明化組織は光透過性を大幅に上昇させるが，波長依存性は依然として残る．特に青色光の波長域は励起光・蛍光ともに組織内の透過性が悪いため，大型組織のサンプルの場合は緑色〜近赤外域の光を使用したほうが質の良いデータが得られる．細胞ラベリングに利用できる代表的な蛍光タンパク質，核酸染色剤，Alexa Fluor 色素を合わせて示す．グラフは文献 11 で使用したデータを用いて再描写したもの．

また，顕微鏡のセットアップについても留意が必要である．対物レンズの光学解像度を決める開口数は，作動距離とトレードオフの関係にある（図 10.6）．また，一般に高倍率のレンズは観察視野が狭くなる．さらに，カメラ側の画素数は最終的な画像の解像度とデータサイズを決める．大規模な3次元・4次元データを高い解像度・広いビット深度で撮影すると，データサイズは巨大（GB~TB）になる．これらの点を踏まえたうえで，目的に応じた適切な解像度や観察範囲を設定し，不必要に大きすぎるデータを収集しないよう実験計画を検討する必要があろう．例えば，大型サンプルには低倍・低開口数で動作距離が長く視野の広い対物レンズを，小型のサンプルで解像度が必要な場合には高倍・高開口数のレンズで観察範囲を限定させるのが現実的である．

しかしこういった状況は，徐々に改善の方向に向かうかもしれない．例えば，現在でも倍率 25 倍 / 開口数 1.0 と比較的高解像度が得られるスペックでありながら，作動距離が 8 mm（マウス全脳を頭頂部から脳底部まで観察できる距離）という対物レンズが市販されており（オリンパス XLSLPLN25XGMP など），今後より大型の透明化組織を高解像度で撮影できるレンズが普及する可能性もある．また，後述するクラスターコンピューターなどを用いて，大規模なデータ解析パイプラインを組むことができれば，高解像度・広視野のデータを収集・解析する計画を立てることも現実的となるだろう．

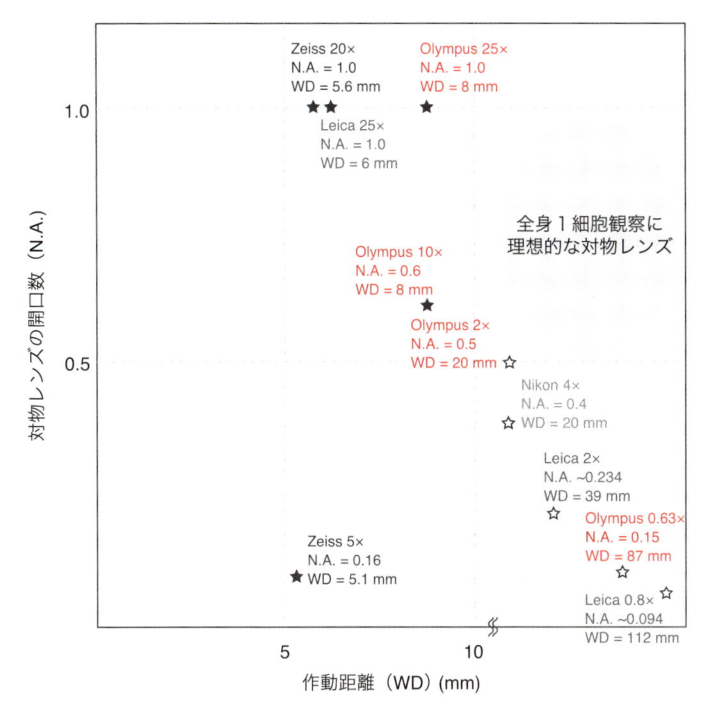

図 10.6　対物レンズの開口数と作動距離

光学解像度を決める対物レンズの開口数と，観察可能な深度（レンズの作動距離）との間にはトレードオフの関係があり，観察対象や必要な解像度，サンプルの大きさを踏まえて観察系を選択する必要がある．★は液浸レンズ，☆はドライレンズ．対物レンズの開口数が 0.5 以上，作動距離が数センチメートルの液浸レンズであれば，光学解像度がサブミクロンのオーダー（波長 550 nm で光学解像度が 0.67 μm）でかつ全臓器・全身をカバーできると考えられるが，現在のところ市販品にはこのようなレンズは存在しない．文献 2 より一部改変．

10.2.3　3 次元・4 次元観察のための細胞ラベリング技術

細胞，細胞機能，細胞同士のつながり，あるいは細胞内分子の可視化のためには，観察対象となる細胞や分子を適切にラベルする必要がある．蛍光タンパク質を遺伝学的，あるいはウイルスベクターによって導入する方法や，組織学的染色手法を 3 次元に拡張した方法などが主流である．

遺伝学的手法は，蛍光タンパク質を個体に導入する主要な方法の一つである．トランスジェニック動物やノックイン動物の作出に際し，細胞特異的プロモーターを用いれば，ある特定の細胞群を蛍光ラベルできる．また，例えば cFos や Arc など神経活動依存的に発現してくる遺伝子（immediate early genes, IEG）のプロモーターを利用すると，神経活動などの機能もラベルすることができる．4 次元観察の場合には細胞内カルシウム濃度のインジケーター（genetically encoded calcium indicator, GECI）である，GCaMP などの遺伝学的ツールがよく用いられる．

特定の細胞種や細胞のつながりを可視化するために，ウイルスベクターを用いることも多い．例えば，アデノ随伴ウイルス（adeno-associated virus, AAV）を用いて，神経細胞体とその投射繊維を蛍光ラベルし全脳スケールで観察した例[27]や，シナプス上行性ウイルスである狂犬病ウイルス（rabies virus, RV）を用いて特定の神経細胞入力を全脳スケールで観察した例[28]などが報告されている（詳しくは後述）．

組織学的な染色技術も，もう一つの重要な手法である．染色剤や抗体を用いた 2 次元組織（組織切片）に対する染色は古典的な組織学的観察技術であるが，これを透明化技術と合わせて 3 次元に拡張し，全組織スケールの 3 次元イメージングに適応する試みがなされている．単純に観察対象となる分子を染めるだけでなく，核染色剤などを用いた対比染色によって全組織の構造情報を得ることで，複数のデータの重ね合わせ計算に利用することもできる[13, 29]．また近年では，*in situ* ハイブリダイゼーションと透明化との組合せや[30]，同じ組織を複数回染色する手法なども開発されている[16]．しかしながら，組織の３次元染色にはいくつかの課題がある．一番の問題は抗体・染色剤の浸透性の問題である．Scale，CUBIC，CLARITYなどの脱脂やhydrationを含む透明化手法，あるいは染色前にメタノール・DMSOなどでpermeabilize処理をするiDISCO法などによる組織処理は，抗体・染色剤の浸透性を上げることに寄与する．しかし，例えばマウス全脳などの大型の組織を安定に染めるにはもう一段のハードルを越える必要がある．これまでに加圧や電気泳動を用いて抗体を浸透させる方法なども提唱されている[31, 32]が，特別なデバイスが必要なこと，抗体を大量に使用するなどの問題点もあり，安定で実用的な染色法として普及するには至っていない．染色剤や抗体の種類によって条件が一定しないため，浸透に重要な物理化学的パラメータを探索し，原理を理解することが必要であると考えられる．また，その他の組織学的手法と同じく，透明化処理組織と染色剤・抗体がコンパチブルかどうかを個別に確認し，必要であれば染色条件を最適化する必要がある．

10.3　全組織スケールの３次元・４次元画像における定量解析

10.3.1　データ解析フローの概略と現状

イメージングの最終目的は，データから生物学的に意味のある情報を抽出し，定量的な解析を行うことにある．全臓器スケールの３次元イメージングでは，多点サンプル，マルチカラーイメージングなどを組み合わせ，細胞や組織レベルの網羅的かつシステマチックな情報を得ることが可能であり，いわゆるオミクス解析で用いられるような手法も適応可能である．２次元画像における解析手順と同様に，３次元画像でも適切な前処理，３次元画像再構成，対象物の抽出（セグメンテーション）とその定量（輝度値・数など）が基本的な解析のフローとなる（図10.7）．さらに，解剖学的位置の取得やサンプル間の比較解析のため，解剖学アトラスやサンプル間でのレジストレーションも行われる（図10.7）[2]．

３次元再構成や基本的な画像解析は，汎用ソフトウェアのMATLAB，PythonやOpenCV，３次元データ解析用の市販ソフトウェアであるImarisやAmiraなどのほか，バイオインフォマティクス研究者らが開発したオープンソースツールも充実してきている（ページ下のQRコードから，出版社ホームページにある「表10.2 ソフトウェアのリンク集」へアクセスできる）．

しかし，現状ではすべてがパッケージングされたようなツールはなく，研究目的・取得データに応じて自ら解析ツールを組み合わせるか，時には自分でプログラミングしての実装が要求される部分も多い．また，一般的に３次元・４次元の大規模データはデータサイズがきわめて大きい（GB~TB）ため，大容量データに対応したソフトウェアや，大容量メモリとGPUを組み合わせたハードウェアの構築も必要となるケースがある．実際，Janelia Farm研究所のKellerやAhrenたちのグループは，ゼブラフィッシュ全脳のカルシウム活動やハエ胚発生の全細胞イメージングを解析するためのパイプライン構築を，ソフトウェア・ハードウェアの両面から行っている[33-35]．このような状況はマイクロアレイが普及し始めたゲノミクス解析初期と類似しており，アプリケーションが増えてくるにつれ，徐々に標準的なデータ取得・解析法が確立してくるものと思われる（が，その頃にはもう最先端の手法ではなくなっているかもしれない）．

画像解析の最初のステップとしてデータサイズの圧縮が行われることが多いが，これは上記のような状況を考える

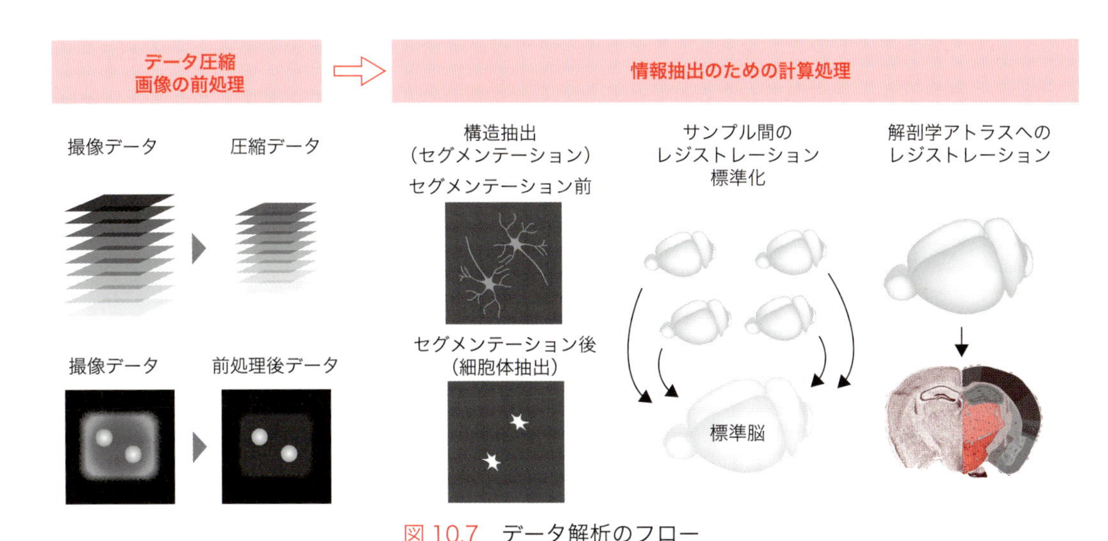

図 10.7　データ解析のフロー

全身・全組織を網羅した 3 次元・4 次元データは，一般的にデータサイズがきわめて大きい（GB~TB）のため，ファイルフォーマットの変換により圧縮が必要なケースが考えられる．また，バックグラウンドの低減やその後のセグメンテーションに必要な前処理を，取得画像の質に応じて行う必要がある．さらに，データからの情報抽出のため，①観察対象の抽出（セグメンテーション）により数，サイズ，輝度値などの定量化を行う，②サンプル間のシグナル比較のためレジストレーションを行う，③解剖学的構造に応じた定量のためにアトラスへレジストレーションする，などの処理が行われる．
図中のマウス解剖アトラスの写真は，Allen brain atlas（http://mouse.brain-map.org）[60] より転載．

と自然なニーズである．生データは Tiff ファイルで取得されるのが一般的だが，ここから png などの圧縮形式に変換する，あるいは，画像解像度を落とすなどの処理でデータサイズを絞ることが多い[13, 29]．独自の圧縮形式を開発しているケースもある[33]．加えて，解析したいシグナルを強調するためのバックグラウンド処理や，サンプル間で定量的に比較をするためのシグナルのノーマライズなど，一般的な画像解析でも利用されている前処理も必要となるだろう．

取得した元の 3 次元データは，ある意味単なる輝度値を持ったボクセルの集合体に過ぎないが，ここに特定の構造を抽出し紐付けする（セグメンテーション）ことで，生物学的に意味のある情報が初めて付加され，定量的な解析や比較が可能になる．加えて，データを真に必要な情報のみに絞り込み，さらにデータサイズを減らすことにも寄与する．3 次元画像データからのセグメンテーション例として，心臓の心室や血管，膵臓のランゲルハンス島など組織中のマクロスコピックな構造から，細胞体，細胞核，神経突起などの subcellular な構造まで，さまざまなスケールの生物学的構造を対象としたセグメンテーションがテストされている[5, 7-9, 11, 14, 15, 36-40]．多様なアルゴリズムの検討もなされており，例えば細胞体や核の球状構造を抽出するだけでも，3 次元的な球状構造に近似させる方法[41-43]，2 次元画像での円状構造を抽出するアルゴリズムを拡張したもの[44]，細胞の重心位置を決めるもの[45, 46]，特徴量抽出に機械学習を組み合わせたもの[28, 47, 48]，時系列データ中で位置情報を関連づけていく方法[34]，など，さまざまな手法が開発・利用されている．これらの手法には一長一短があり，ラベリングの種類やデータの質などに応じて適したものを選択していく（あるいは新しいアルゴリズムを構築していく）必要がある．

ボクセル解像度を高めるために同じサンプルを多方向から取得する，あるいは複数のサンプルを重ねて定量比較する際などには，レジストレーションを行って位置やサイズを合わせる必要がある．この際・重ね合わせ計算の手がかりとなる情報が必要である．特に異なるサンプル同士を重ねる場合は，構造情報のような同じモダリティの情報同士を使って重ねあわせ計算を行う．臓器全体であれば，核染色剤で全体を染めて取得した情報や，チャネルを選んで自家蛍光の情報を使う例が報告されている[7, 13, 28, 29, 37, 49-51]．解剖学的情報と合わせた解析を行うため，解剖学アトラスなどにレジストレーションし，ある3次元的な領域中のシグナルの定量値(細胞数や輝度値など)を得ることも行われている．特に神経科学領域では，腹腔内の軟部臓器と異なりサンプル間での形状変化の差が小さいこと, Allen brain atlas などのリソースが充実していることから，脳領域の情報を組み込んだ神経回路のマッピングや神経活動の定量的解析などの例が蓄積されている．以下の節で具体例を紹介しよう．

10.3.2　マウス全脳の解剖学的解析例

全脳を対象とした神経回路解析は，全組織スケールの3次元イメージングの最も魅力的な適応例の一つであろう．AAV や RV などのウイルスベクターを利用して回路の一部を可視化し，多数のサンプルの情報を統合すれば，脳全体の回路を描出することができる．

このような方向性を最も intensive かつ網羅的に進めているのが，Allen brain institute のグループである．彼らは 2-photon sectioning tomography と網羅的な AAV ラベル脳のライブラリから，神経の投射パターンを全脳スケールで描出するデータベース（Allen Mouse Brain Connectivity Atlas, http://connectivity.brain-map.org）の作成を進めている．2014 年に発表された phase I mapping[27] では，295 ヶ所の脳領域に神経細胞で EGFP を発現する AAV を導入し，ラベルされた投射軸索と投射先の検出を行っている．イメージデータは切片ごとに2次元データとして取得され，1231 脳のイメージデータから作成された平均テンプレート脳と 3D レファレンスモデルにレジストレーションして標準化，蛍光シグナルをセグメンテーションして定量化した情報と合わせて，最終的に脳全体のプロジェクションマトリクスを得ることに成功している．さらに，これらのデータセットから領域間結合のネットワーク構造の推定や，領域間(例えば皮質—視床—大脳基底核）の網羅的な接続関係の描出が可能であることを示している．2016 年 11 月には脳回路アトラスのアップデートもリリースされている．

このような大規模な回路研究はこれまで，リソースセンターや institute レベルでしか行えなかったが，透明化と3次元イメージングのプラットフォームを用いれば，個別具体的な研究に応じた網羅的解析を，1研究室あるいは1研究者が行うことも可能となる．ハーバード大学の内田らのグループは，RV を用いてドーパミン神経への入力神経をラベルした脳を，インジェクションの場所を変えながら8条件，計 77 サンプル用意し，CLARITY とライトシート顕微鏡を用いて3次元画像化，ラベリング条件ごとに回路構造を比較する研究を行った[28]．多数の脳画像から，レジストレーションによりサンプル間の位置合わせと解剖学的情報の取得が行われ，また Ilastik などのソフトウェアにより細胞体のセグメンテーションと細胞数の定量が行われた．これらの解析により，3次元画像から領域ごとの入力細胞数（蛍光ラベル細胞数）が算出され，グラフとして表示可能となる（図 10.8)．このような研究スキームがより一般化されれば，発生過程や疾患モデル脳など，多条件間で回路構造の変化をスループットよく解析することが可能となり，システムとしての神経回路の理解をより効率よく進めることができるようになるだろうと期待される．

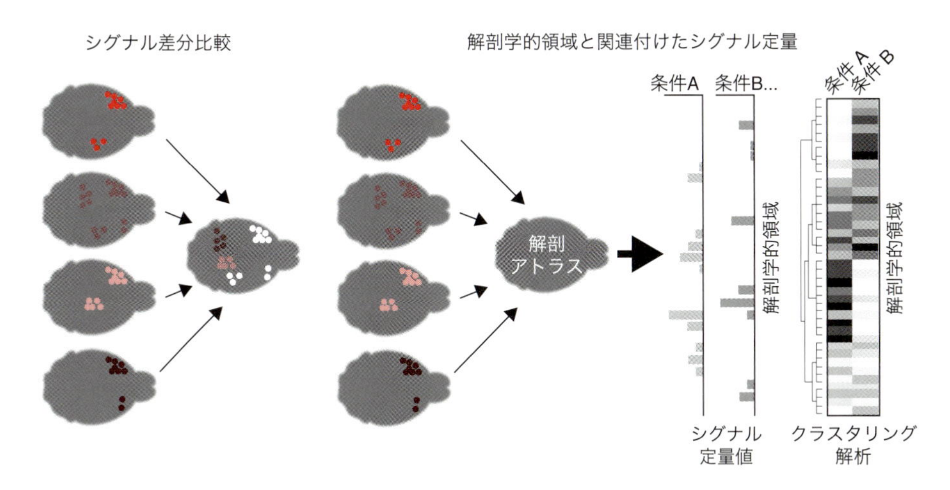

図 10.8　全脳 3 次元データの解析例

機能的・解剖学的な細胞ラベリングを行った複数の全脳 3 次元データから，サンプル間比較のための定量解析を行う例が報告されている．著者らのグループは，神経活動を蛍光ラベルできるトランスジェニックマウスを用いて，光刺激あり・なしの 2 条件での全脳神経活動を差分比較する解析を報告している[13]．さらにこの手法を応用して，中枢作動薬物の投与条件下での全脳神経活動をイメージング・定量し，クラスタリング解析を行うことで脳の状態とそこに関わる神経細胞群の分離に成功した[53]．また，解剖学的情報の解析例としては，複数のインジェクション部位で RV を導入し神経回路をラベルした多数の脳から，同様に 3 次元イメージデータを取得し，回路構造を定量比較する研究も行われている[28]．

10.3.3　マウス全脳の機能的解析例

解剖学的な構造情報だけでなく，適切な機能プローブを用いることで，細胞や細胞ネットワークの機能を網羅的に観察し解析することも可能となる．例えば，神経活動マーカーである IEG のプロモーターを用いた蛍光タンパク質レポーターや IEG 産物の免疫染色により，全脳の脳活動を描出し，その機能的・解剖学的ネットワーク構造をオミクス的に定量解析することもできる．このような解析を，今や 1 研究室でも行える時代になってきている．

筆者らのグループはいち早く，神経細胞の活動をラベルした複数の脳サンプルを用いて，脳全体のグローバルな神経活動を直接比較し，条件特異的に活動する領域を抽出するための解析手法を提案してきた．ここで使用したマウスは，IEG の一つ Arc のプロモーター下流に Venus タンパク質の遺伝子をつないだトランスジェニックマウス（Arc-dVenus Tg）[52] である．初期の報告では，単純に光刺激を与えた当該マウスから摘出した脳を CUBIC で透明化しイメージング像を取得，サンプル間のレジストレーションとシグナルの差分計算により光刺激あり・なしの脳神経活動を同一画像上で比較するという解析例を紹介した（解析プログラムは http://cubic.riken.jp で公開されている）．その後，本解析手法をさらに拡張して，中枢作動薬物の薬理学的作用を全脳スケールで比較抽出する試みを行った．神経興奮性を変化させる薬物を投与した Arc-dVenus Tg マウスの脳を 1 日 4 点の時刻でサンプリングし，合計 8 点（薬物ありなし，時刻 4 点 / 日），20 脳（各条件 $n = 2 \sim 3$）を CUBIC によりイメージングし，蛍光シグナルを持つ神経細胞を検出した．これらの細胞をセグメンテーションして定量可能にし，さらに Allen brain atlas にレジストレーションして，解剖学的領域ごとに数を定量した．これらの定量データから，解剖学的領域および実験条件の間でクラスタリング解析を行うことに成功した[53]（図 10.8）．

これは遺伝子発現におけるマイクロアレイ解析

と同等のオミクス解析であり，Cell-omicsの最初期の実践例の一つであると思われる．本解析からは四つの活動神経クラスターが存在することが判明し，それぞれの条件ごとに反応性が異なる神経細胞集団が同定された．このような解析から，脳の状態（state）を決定する神経細胞群が網羅的に同定され，これらの細胞群の潜在的な機能相関を示すことが可能となった．

ラベルに使用する蛍光タンパク質レポーターを改変し，軸索を強く描出させるようにすれば，活動神経とそのプロジェクションが同時に観察できる．スタンフォード大学のDeisserothらのグループは，Arcプロモーター化でCreリコンビナーゼを発現させて蛍光タンパク質で活動神経をラベルする系統（Arc-TRAP）[54]や，別のIEGの一つcFosのプロモーター下でCreリコンビナーゼを発現させるAAVを用いて，ある条件下で活動した神経とその軸索のプロジェクションを同時にラベルし，CLARITYによる透明化と3次元イメージングで観察・定量化するパイプライン「CAPTURE」を構築した[40]．著者らはラベルされた軸索を3次元イメージ中でトラッキングするため，画像内のテンソルを算出するアルゴリズムも提唱している．このようなパイプラインを用いて，二種類の刺激（コカイン刺激，ショック刺激）下で活動するprefrontal cortexの神経細胞群のプロジェクションを比較したところ，それぞれの条件間で異なるプロジェクションパターンが見出された．解析プログラムはhttp://capture-clarity.orgで公開されている．

さらに，cFosの発現をマウス全脳の免疫染色でラベリングし，全脳スケールの神経活動を観察・解析するパイプラインも提唱された．ロックフェラー大学のTessier-Lavigneらは，2014年に発表したwhole-mount immunostainingと有機溶剤系試薬による透明化手法を組み合わせた技術「iDISCO」[55]を利用し，cFosのマウス全脳免疫染色，LSFMによる撮像に加え，自家蛍光シグナルで脳全体の形状情報を取得してアトラスにレジストレーションし，cFosのシグナルから神経活動のヒートマップを描出するパイプライン「ClearMap」を作製した[51]．このパイプラインを用いて，著者らはハロペリドール投与・whisker刺激・子育て行動などにおける全脳のcFos発現マップを描出することに成功した．解析プログラムはhttps://idisco.info/clearmap/で公開されている．

10.3.4　全脳4次元データの解析例

これまで紹介した例は，固定した組織を用いたスナップショットの解析であったが，タイムラプス観察のような4次元データの取得・解析の例も報告されている．例えば，ゼブラフィッシュの幼生は透明度が高く，2-photon顕微鏡やLSFMでの*in vivo*イメージングを行うことが可能である．このことから，CGaMPのような蛍光カルシウムインジケーターを発現する系統を用いて，全脳での神経細胞の活動を4次元データとして観察する研究が発表されている．

Janelia Farm研究所のAhrens，Kellerらは，LSFMを用いて幼生ゼブラフィッシュ全脳の4次元観察に成功した[21]．外部刺激がない状態で1時間にわたって撮像し，空間解像度で1細胞レベル，時間解像度で0.8 Hzの神経活動の時系列データを得た．論文中で提示された動画は非常に印象的であり，脳が，まさに活動する神経ネットワークからなる臓器であることを体感できる映像であった．このデータを解析するため，まず脳全体の3次元データを1細胞のサイズに近い$5 \times 5 \times 5\ \mu m^3$の「スーパーボクセル」に分離した．シグナルの時系列データからフーリエ変換によりパワースペクトラムを計算し，長いタイムスケール（10秒～）のシグナルを多く含むスーパーボクセル（＝活動している神経細胞体を含むスーパーボクセル）を2000個抽出した．さらに，これらのスーパーボクセルごとの時系列データの相関解析を行って，神経活動の類似性を表す相関マトリクスを作成した．その結果，このマトリクス中に強く相関または逆相関するスーパーボクセルのクラスターが見いだされた．これらのデータから，脳全体に存在する二つの大きな機能的ネットワークが描出された．このような4次元データのデータサイズは当然大規模となり，本論文のケースだと ~100 GB のオーダーになる．このため，高度な解析にはクラスターコンピューターや GPU 搭載のハイスペックコンピューターなどの活用が必要だろう．実際に，Ahrens らはオープンソースのクラスターコンピュータープラットフォームである Apache Spark にさまざまな解析ツールのライブラリを実装した「Thunder」という全脳活動マッピングのための解析パイプラインを構築し，さらに進んだ解析内容を報告している[35]．

同様の LSFM を用いた4次元観察は，ソルボンヌ大学の Debrégeas らの研究グループからも報告されている[56]．また，Champalimaud Neuroscience Programme の Orger らは，この LSFM ではなく 2-photon 顕微鏡を用いた幼生ゼブラフィッシュ全脳の4次元観察により，視運動性反応を司る神経細胞群の同定を試みている[57]．上述の3次元観察例と同様に，複数のデータをレジストレーションして標準化し，平均的な神経活動データを作成，感覚性・運動性の神経活動の分別や多数の入出力パラメータに相関する神経活動や脳領域の抽出などに成功している．これらの例のように，高速なタイムラプス撮影が可能な顕微鏡のセットアップと透明度の高い生物との組み合わせは4次元観察を容易にし，解析ツールの充実と相まって今後さらに適応例は増えていくだろう．

10.4 まとめと展望

近年の組織透明化技術と顕微鏡技術の急速な発展に伴い，大型組織の3次元観察は今後ごく一般的な手法として広がっていくと考えられる．3次元画像データを扱うようになると，その網羅性，客観性，定量性は2次元データと比べまさに「次元がひとつ上がる」ことを体感できる．本章で主に言及したオミクス的観察の目的に限らず，これまで2次元画像の取得で十分とされてきた一般的な組織学・病理学的アッセイも，3次元観察が主流になっていくかもしれない．

3次元観察を成功させ必要な生物学的情報を得るためには，研究目的に応じた適切な細胞ラベリング，組織透明化を含むサンプル処理手法の選択，適切なイメージングセットアップとパラメータ設定など，最適化に重要なポイントがいくつかある．しかし，すでに稼働している代表的なパイプラインを参考にいったん導入・構築してしまえば，組織の透明化から3次元イメージングまでをベンチサイドで日常的に行うことが可能となり，非常にパワフルな研究ツールとなろう．透明化の開発を行ったラボ以外からも，すでにこのような生物学的応用例の報告が相次いでいる[17, 18, 58]．

画像解析手法やツールの充実についてはさらなる発展が待たれており，インフォマティクス研究者が貢献できる余地は大きいと感じている．現時点では個別の研究グループが研究目的に応じた解析手法を開発している部分も多いが，ここで紹介したアプローチがより一般的になるにつれ，標準的な手法が確立され，多くの研究者が利用可能な解析ツールとして普及してくるだろう．しかしながら，(これは筆者自身が痛感しているが)たとえウェットの研究者であったとしても，当面はさまざまな解析手法や実際のプログラミングを自ら学んで実装し，自分で取得した画像データを解析していく手順は避けられないと思われる．本稿で紹介したような先端の研究と，そこで使われている解析手法を参考とし，読者が3次元画像の取得と情報抽出を自身の研究ツールとして使いこなしてもらうことを期待したい．

（洲﨑悦生）

文　献

1) Kitano H, *Science*, **295**, 1662 (2002).
2) Susaki EA & Ueda HR, *Cell Chem. Biol.*, **23**, 137 (2016).
3) Von Spalteholz W, "Über das Durchsichtigmachen von menschlichen und tierischen Präparaten," Hierzel (1914).
4) Dodt HU et al., *Nat. Methods*, **4**, 331 (2007).
5) Ertürk A et al., *Nat. Protoc.*, **7**, 1983 (2012).
6) Pan C et al., *Nat. Methods*, **13**, 859 (2016).
7) Schwarz MK et al., *PLoS One*, **10**, e0124650 (2015).
8) Hama H et al., *Nat. Neurosci.*, **14**, 1481 (2011).
9) Hama H et al., *Nat. Neurosci.*, **18**, 1518 (2015).
10) Kuwajima T et al., *Development*, **140**, 1364 (2013).
11) Ke MT et al., *Nat. Neurosci.*, **16**, 1154 (2013).
12) Ke MT et al., *Cell Rep.*, **14**, 2718 (2016).
13) Susaki EA et al., *Cell*, **157**, 726 (2014).
14) Tainaka K et al., *Cell*, **159**, 911 (2014).
15) Chung K et al., *Nature*, **497**, 332 (2013).
16) Murray E et al., *Cell*, **163**, 1500 (2015).
17) Acar M et al., *Nature*, **526**, 126 (2015).
18) Chen JY et al., *Nature*, **530**, 223 (2016).
19) Keller PJ & Ahrens MB, *Neuron*, **85**, 462 (2015).
20) Keller PJ et al., *Science*, **322**, 1065 (2008).
21) Ahrens MB et al., *Nat. Methods*, **10**, 413 (2013).
22) Wolf S et al., *Nat. Methods*, **12**, 379 (2015).
23) Chhetri RK et al., *Nat. Methods*, **12**, 1171 (2015).
24) Wu YC et al., *Nat. Biotechnol.*, **31**, 1032 (2013).
25) Ragan T et al., *Nat. Methods*, **9**, 255 (2012).
26) Economo MN et al., *eLife*, **5**, e10566 (2016).
27) Oh SW et al., *Nature*, **508**, 207 (2014).
28) Menegas W et al., *eLife*, **4**, e10032 (2015).
29) Susaki EA et al., *Nat. Protoc.*, **10**, 1709 (2015).
30) Sylwestrak EL et al., *Cell*, **164**, 792 (2016).
31) Kim SY et al., *PNAS*, **112**, E6274 (2015).
32) Lee E et al., *Sci. Rep.*, **6**, 18631 (2016).
33) Amat F et al., *Nat. Protoc.*, **10**, 1679 (2015).
34) Amat F et al., *Nat. Methods*, **11**, 951 (2014).
35) Freeman J et al., *Nat. Methods*, **11**, 941 (2014).
36) Costantini I et al., *Sci. Rep.*, **5**, 9808 (2015).
37) Gong H et al., *Neuroimage*, **74**, 87 (2013).
38) Ertürk A et al., *Nat. Med.*, **18**, 166 (2012).
39) Soderblom C et al., *eNeuro*, **2**, 0001 (2015).
40) Ye L et al., *Cell*, **165**, 1776 (2016).
41) Shimada T et al., *Physica A*, **350**, 144 (2005).
42) Quan T et al., *Sci. Rep.*, **4**, 4970 (2014).
43) Quan T et al., *Sci. Rep.*, **3**, 1414 (2013).
44) Latorre A et al., *Front. Neuroanat.*, **7**, 49 (2013).
45) Tsai PS et al., *J. Neurosci.*, **29**, 14553 (2009).
46) Wu JP et al., *Neuroimage*, **87**, 199 (2014).
47) Silvestri L et al., *Front. Neuroanat.*, **9**, 68 (2015).
48) Frasconi P et al., *Bioinformatics*, **30**, i587 (2014).
49) Murphy K et al., *IEEE Trans. Med. Imaging*, **30**, 1901 (2011).
50) Klein S et al., *IEEE Trans. Med. Imaging*, **29**, 196 (2010).
51) Renier N et al., *Cell*, **165**, 1789 (2016).
52) Eguchi M & Yamaguchi S, *Neuroimage*, **44**, 1274 (2009).
53) Tatsuki F et al., *Neuron*, **90**, 70 (2016).
54) Guenthner CJ et al., *Neuron*, **78**, 773 (2013).
55) Renier N et al., *Cell*, **159**, 896 (2014).
56) Panier T et al., *Front. Neural Circuits*, **7**, 65 (2013).
57) Portugues R et al., *Neuron*, **81**, 1328 (2014).
58) Guldner IH et al., *Sci. Rep.*, **6**, 24201 (2016).
59) Tainaka K et al., *Annu. Rev. Cell Dev. Biol.*, **32**, 713 (2016).
60) Lein ES et al., *Nature*, **445**, 168 (2007).
61) Yang B et al., *Cell*, **158**, 945 (2014).
62) Aoyagi Y, *PLoS One*, **10**, e0116280 (2015).

注目の最新技術 ⑥

組織透明化の原理

1世紀の歴史を持つ「古くて新しい」組織透明化技術は，近年の３次元蛍光イメージング技術の広がりとともに急速な技術革新が起こり，ここ数年で状況が一変した．組織透明化の原理について理解が進むと同時に，実用的なプロトコールがいくつも出そろっている．これらの成果が教えるところによれば，組織透明化の過程では，組織中の①光散乱の低減，②光吸収の低減という２点が重要であり，処理によって組織中を透過する光の直進性が最大化されると，組織は光学的に透明となる(図10.3)[2, 59]．

組織は異なる光学特性を持つ不均一な物質によって構成されており，この不均一性が光散乱の原因となる．屈折率（refractive index, RI）が高い脂質やタンパク質(1.4～1.6程度)などのさまざまな生体物質が混在していることのみならず，屈折率の低い水(1.33)で組織が満たされていることも大きな要因である．このため，組織を脱水して生体物質に近い光学特性をもつ溶媒で置換すると，組織の光散乱は低減する．有機溶剤，糖，アルコール類，エチレングリコールなどは組織との適合性が高く，この目的で使用できる．さらに，脂質二重膜からなる小胞，タンパク質の繊維構造など，光の波長と同程度のサイズを持つ構造体による干渉（レイリー散乱，ミー散乱）も大きな要因となる．特に，脂質は主要な光散乱体であり，高効率な透明化を達成するためのプロトコール（BABB，3DISCO，CLARITY，CUBICなど）には有機溶剤や界面活性剤による脱脂過程が含まれる．尿素を使ったSca*l*e法の場合は，水和（hydration）による水の持ち込みと物質置換の促進，屈折率調整，構造体の分散化などの複合的なメカニズムが働いていると推察される．各プロトコールは脱脂後の屈折率調整剤を最適化して報告しているが，プロトコール同士の組合せ変更も可能である．

光を吸収する主要なものは，血中や筋肉中に多量に含まれるヘムである．ヘムは可視光域の光を吸収するため，光学観察にはヘムの除去が重要である．歴史的には，ペルオキシダーゼなどの化学的処理による脱色が行われていたが，組織中のタンパク質などを破壊してしまう問題があった．近年のプロトコールでは，著者らのグループが開発しているCUBIC試薬中のアミノアルコールに，ヘムを組織中から除去する活性が見いだされている．このため，CUBICは脱脂・屈折率調整・脱色のすべてを達成する透明化プロトコールを提供している．また，CLARITYで採用されている電気泳動法も，条件によってはヘムを除去し脱色できることが示されている．

それぞれの透明化手法には特徴があり，目的に応じた使い分けが必要であろう．透明度は脱脂・脱色を伴うプロトコールのほうが高く，CLARITY変法のPACT/PARSやCUBIC，uDISCOなどではマウスやラット全身などの透明化も達成されている．組織中の構造保存性は，脱脂を伴わない，または最小限にしたプロトコル（SeeDB, Sca*l*eSなど）で高いと報告されている．CLARITYやSWITCHなどの方法は，固定を強力にすることで透明度と構造保存性を両立することを狙っており，実際に*in situ*ハイブリダイゼーションなどへの応用も報告されている[30]が，プロトコールの複雑さとトレードオフな部分もある．免疫染色を行う場合は，抗体・透明化手法の組み合わせごとに抗原性を確認する必要がある．３次元組織への浸透性は，一般にシンプルな固定で脱脂を伴う方法のほうが高いだろう．Sca*l*e，CLARITY，iDISCO，CUBICなどでマウスの臓器全体を免疫染色した例が報告されている．しかし，染色剤や抗体の効率的な浸透にどのようなパラメータが重要かはまだ十分に理解されておらず，さらなる探索が必要である．　　（洲崎悦生）

進化実験の定量生物学

Summary

進化プロセスを定量的に解析する研究において，人工的に構成された環境下での進化実験は，強力なツールとなる．自然環境における進化プロセスとは異なり，初期状態や過渡的な状態などさまざまなサンプルにアクセスでき，次世代シーケンサーに代表されるハイスループットな解析技術を用いることにより，そこでの表現型と遺伝子型の変化をゲノムワイドに定量することが可能になっている．そして，こうした大規模データに基づいて，表現型－遺伝子型マッピングの詳細や，そのダイナミクスが持つ方向性や制約など，進化プロセスが有するさまざまな性質が明らかにされつつある．本章では，進化実験の背景とその構成方法を紹介し，表現型と遺伝子型の定量解析からどのような進化プロセスの理解が得られるか，これまでの研究例を含め解説する．

11.1 はじめに

進化遺伝学者であるドブジャンスキーの広く知られた言葉として，"*Nothing makes sense in biology except in the light of evolution.*"（進化の観点がなければ生物学は何も意味をなさない）とあるように，われわれが生物システムを解析し理解をするうえで，注目する性質が経てきた進化のプロセスを無視することはたいへん難しい．われわれの知る，精巧かつ複雑なメカニズムを持つ現在の生物システムは，ある時に突然出現したものではなく，世代を重ね，新たな形質を次つぎに獲得するという進化の歴史を経て現れたものである．そうした生物システムを理解するには，歴史を紐解き，進化プロセスの性質を明らかにする必要がある．

生物システムが持つ歴史性の問題に対しては，ダーウィンの自然選択理論とメンデルの遺伝法則，そして中立進化理論などが統合されることにより進化の基礎理論が確立され，その枠組みの中で多くの進化プロセスが説明されてきた[1]．ただし，そうした進化研究の多くは，現存する生物種のゲノム配列や表現型，そして化石データなどの比較を通じて，過去に生じた進化プロセスを「再構成」することに主眼を置いてきた．この方法は，自然界で実際に生じた進化プロセスを対象にすることができる一方で，再構成された進化過程に残る曖昧さや，進化前の表現型にアクセスすることができない場合が多いことなど，データの不完全性に悩まされる場合が多い．また，現存する生物種の進化プロセスが，基本的に1回きりの歴史的事象であることに付随する困難さがつきまとう．そのため，他の科学分野で重視される「再現性」や「普遍性」を担保することが進化学では難しく，また進化プロセスの過程で生じた変化のうち何が偶然で何が必然かを判別することはほぼ不可能である．

こうした進化研究におけるデータの不完全性を回避し，進化プロセスのさまざまな性質を定量的に明らかにすることを可能とする手法として，実験室内で進化プロセスを構成し，それを解析するアプローチが注目を集めている[2-4]．このような進化実験が持つ利点には，以下のものがあげられる．

1. 進化プロセスの初期状態と，そこからの時間発展のすべてを解析対象にできる．
2. 一定環境や時間的に変動する環境などのさまざまな環境条件や，そこでの選択圧の強さをコントロールできる．
3. 同一の環境，同一の初期条件から複数の独立進化実験を行って解析することにより，進化プロセスにおいて生じた変化の何が偶然で，何が必然かをある程度は判別できる．

特に，後述する次世代シーケンス技術を用いたゲノム解析（14 章を参照）や，トランスクリプトーム解析などのハイスループット定量解析手法の発展により，進化実験における表現型と遺伝子型の変化をゲノムワイドに定量することが可能となり，そうした定量データの解析が進化プロセスの新たな理解をもたらしつつある．ただし，進化実験は自然環境での進化プロセスを正確に再現するものではない．環境変動や選択圧など，自然環境と実験室環境ではさまざまに条件が異なっており，実験室で見られた進化プロセスをそのまま自然環境での解析へ適用するのは難しい場合が多い．むしろ，進化プロセスが従う一般的な性質を抽出する研究や仮説検証の手法として，進化実験は威力を発揮する．

本章では，進化実験の定量解析を用いた研究について，その現状と展望を述べる．進化実験には，世代時間が短い大腸菌などの微生物を用いることが多いが，ショウジョウバエやマウスなど多岐にわたり（表 11.1），以下のような種々のアプローチが試みられている．

表 11.1　さまざまな進化実験の例

テーマ	生物種	文献
適応進化過程に寄与する変異の同定	*E. coli*	5,6, 22, 27
	S. cerevisiae	34
変異間の相互作用（エピスタシス）の解析	*E. coli*	10, 35
Mutator（高い突然変異を持つ株）の出現	*E. coli*	36
空間的・時間的な環境変動が進化に与える影響	*D. melanogaster*	37, 38
	Pseudomonas fluorescens	39
	E. coli	40
性と組み換えが進化に与える影響	*S. cerevisiae*	41
	E. coli	42
個体間の協調性の進化	*Myxococcus xanthus*	43
多細胞化（細胞クラスター）の出現	*S. cerevisiae*	11
学習能力が進化に与える影響	*D. melanogaster*	44
長寿命性の進化	*C. elegans*	45, 46
ホストーパラサイトの共進化	*E. coli / bacteriophage*	13

① 適応度の上昇に寄与する表現型と遺伝子型変化の同定

さまざまな環境下で進化実験を行うことにより，そこでの適応度の上昇とそれに寄与する表現型や遺伝子型の変化を同定できる．例えば大腸菌を用いて，さまざまな栄養源や，高温・高浸透圧・酸や抗生物質の添加といったさまざまなストレス環境での進化実験が行われており[5-7]，それら環境変動に対して適応度を上昇させる突然変異などが見いだされている．特に，同一環境下で複数系列の進化実験を行うことにより，そこで共通に生じた変異や表現型変化を抽出し，適応度の上昇と関連づけるアプローチが汎用されている．同様の解析は，抗生物質耐性菌の進化プロセスの解析や，物質生産系に有利なストレス耐性を持つ微生物の育種など，医学や生物工学の分野でも広く用いられている[4]．

② 表現型変化の制約や進化的トレードオフの解析

既存の進化理論が適切に説明できていない重要

な要素として，「表現型進化の方向性」，すなわち進化が必ずしもランダムに起こるのではなく，変化できる方向と変化できない方向があるという現象がある[8]．例えば，体のサイズや体色などが近縁種においても大きく変化する場合がある一方で，数億年単位の進化スケールでもボディプランという基本的な解剖学的特徴が保存されてきたことが知られている（12 章も参照）．実際に微生物の進化実験では，同一環境で生じる表現型の変化に高い類似性が見られ，変化が容易に生じる表現型と，逆に変化できない表現型が存在することが示唆されている[7]．また，異なる環境下での適応度にはトレードオフの関係が存在し，こうした形質間の絡み合いが，進化の方向性に制約を加えていると考えられる．これらの制約や偏りは，無方向でランダムな多様化過程を前提とした既存の進化総合説によっては必ずしもうまく説明できておらず，進化実験の定量解析に基づいて，その理解が進むと期待されている．

③ 集団遺伝学の検証と深化

中立進化説など，集団遺伝学に関する多くの研究が，既存の生物種のゲノム配列に基づいて構築されてきたが，進化実験の表現型と遺伝子型の定量解析が可能となり，より豊富なデータからの議論が可能となっている．進化実験とゲノム解析を用いることにより，正確な突然変異率や，進化プロセスにおける集団サイズの効果，選択圧の大きさなどを定量的に評価することができる．例えば，集団内にもともと存在するゲノム配列の多様性（standing variation）が進化プロセスに与える影響は長く議論されてきたが，ハエの進化実験によって，その効果を定量的に解析できている[9]．また，適応度に正 / 負の効果をもたらす変異の分布や，それらの間の相互作用（エピスタシス）の解析など，構成的な進化実験により，進化プロセスに関するさまざまな仮説の検証が進んでいる[10]．

④ 多細胞化や共生といった階層をまたぐ進化プロセスの構成的理解

多細胞生物の出現や，異なる種間の共生関係の構築は進化の歴史において何度も独立に生じている．こうした関係性の進化プロセスを理解するためには，個体レベルの適応度と集団レベルの適応度など，異なる階層間での適応的なダイナミクスがどのような関係にあるかを解析する必要がある．しかしながら，すでに関係性ができ上がった現存する生物種の解析からは，そうした異なる階層間の関係を適切に解析できない場合が多い．それに対して，進化実験を用いて多細胞化[11]，共生の構築[12]，ホストーパラサイトの共進化[13]など，複数の階層を跨る進化ダイナミクスの解析が進んでいる．

11.2　進化実験の定量計測

進化実験は多くの場合において長期にわたる実験とその解析が必要になるため，実験を始めるときには適切な実験デザインの構築が重要となる．本節では，進化実験の構築とその定量計測がどのように行われているか，関連する概念を含め概説する．以降，最も広く行われている大腸菌などの微生物の進化実験系を題材とする場合が多いが，それ以外の生物種の例にも適宜言及する．

11.2.1　進化実験の実験デザイン

進化実験は大きく分けて二つのタイプがある．ひとつは適応度として個体の増殖能を用いるものであり，もうひとつは適応度として増殖能以外の表現型を使うものである．

(a) 増殖能を適応度とする進化実験

適応度として増殖能を用いる進化実験において，最も広く用いられる実験手法は，微生物を用いた長期植え継ぎ培養系である（図 11.1a）．この手法では，試験管やフラスコ，あるいは 96 ウェルプ

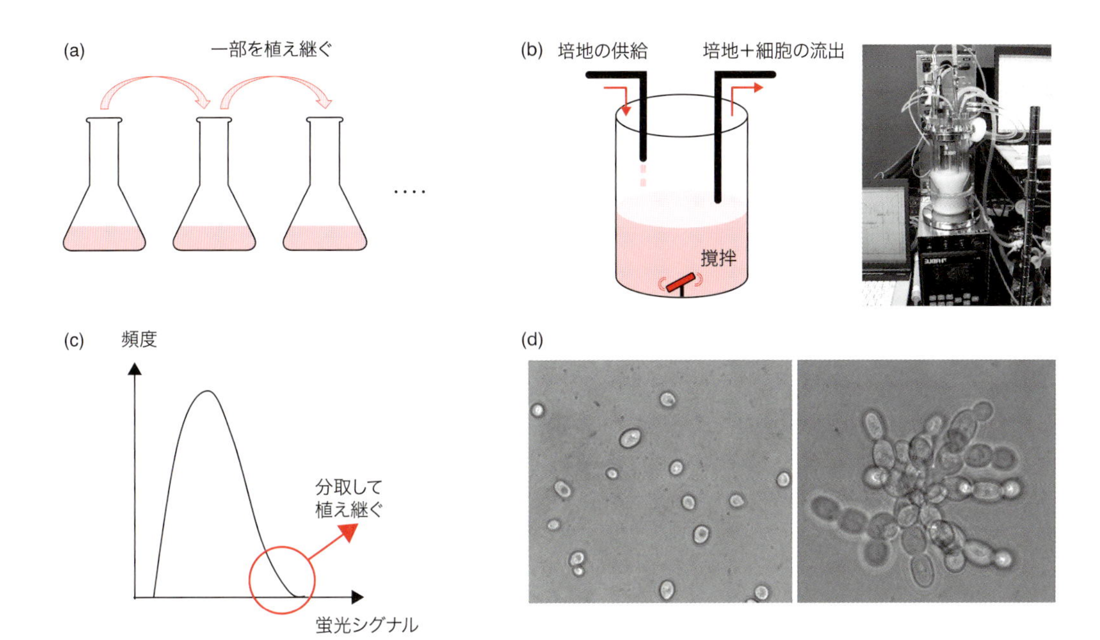

図 11.1　さまざまな進化実験の手法

(a) 植え継ぎ培養による微生物の進化実験．フラスコや試験管などで微生物を培養し，一定の時間間隔（多くは 24 時間）で細胞を含む培養液の一部を新たな培地に植え継ぐ．この操作を繰り返すことにより，増殖速度の速さを適応度とした進化プロセスが出現する．(b) 連続培養（ケモスタット）の模式図と培養装置の外観．この系では，環境に一定の速さで培地が供給され，それと同量の細胞を含む培地が抜き取られる．細胞集団としての増殖速度は培地の供給速度によって決まり，その中で相対的に高い増殖能を持つ細胞が選択される．(c) フローサイトメトリーによる進化実験．注目する表現型を，蛍光シグナルなどで定量できるように遺伝子操作を加えた細胞を用いる．フローサイトメトリーにより一部の細胞を分取し，それを培養する操作を繰り返すことで注目する表現型に選択圧をかけた進化実験を行える．(d) クラスター状になる酵母細胞集団の出現．遠心操作によって速く沈殿するという表現型に選択圧をかけた進化実験により，細胞分裂後に細胞が分離せずにクラスター状になるという表現型（snowflake phenotype）が出現した．文献 11 より転載．

レートなどを用いて微生物を培養し，それが増殖した後に，その一部を取り出して新たな環境へ植え継ぐ操作を繰り返す．こうした植え継ぎ培養により，他と比較して速い増殖能を持つ個体が出現した場合に，その子孫が集団を乗っ取るという適応進化のダイナミクスが出現する．この手法では，植え継ぐ培養液の割合を一定（例えば培養スケールの 1/100）にする場合と，集団の増殖速度に応じて変化させる場合がある．前者では，1 サイクルの培養が終わった段階で細胞増殖が定常期（栄養が枯渇しているなどの理由で増殖が停止している状態）に入っている場合が多く，これは増殖フェーズが対数増殖期から定常期へと変化する時に，環境条件が大きく変化していることを意味している．それに対して，植え継ぐ細胞数を調節することにより対数増殖期を維持したまま植え継ぎ培養を行うことも可能であり，この場合は環境変化をおおよそ無視することができる．ただし，増殖速度が増すにつれて植え継ぐ細胞数が減少するので，後で議論する有効集団サイズの減少が問題となる場合があり，また実験操作が煩雑である．

適応度として増殖能を用いるもう一つの手法として，連続培養系(ケモスタット)が広く用いられている．この培養系では，数 100 mL ～1 L 容量程度の培養器(ジャーファーメンター)を用いて，一定の流速で系に新しい培地を供給し，それと等量の(細胞を含んだ)培地を抜き取ることで，培地量を一定に保つ(図 11.1b)．細胞集団全体の増殖速度は，培地の供給速度によって決まるが，この系でも，増殖能が上昇した細胞が出現すると，その子孫が集団に広がっていく過程が観察できる．この連続培養系における最大のメリットは，環境条件が時間的に変化しない定常状態を保つことが容易という点で，また後述する有効集団サイズも大きく保つことができる．一方でこの手法のデメリットとしては，複数の進化実験系列を維持することが，コストや手間の面から現実的でないという点があり，多系列の進化実験を同時に行う場合には，試験管や 96 ウェルプレートなどを用いた植え継ぎ培養が一般的に用いられている．

(b) 増殖能でない表現型を適応度とする進化実験

進化実験において適応度として増殖能を用いることは，自然環境に比較的近い実験デザインを実現する．一方で，選択圧のかけ方を工夫することにより，任意の表現型を適応度とした進化実験を構成することもできる．例えば，フローサイトメトリーを利用することにより，蛍光強度や散乱光を指標として特定の状態を持つ細胞のみを選択し，その選択と培養を繰り返すことにより進化実験を構成することが可能である (図 11.1c)．例えば，細胞内の分枝鎖アミノ酸(バリン・ロイシンなど)の濃度に応じて蛍光強度が上昇するように既知の制御タンパク質と GFP を組み合わせたバイオセンサーをコリネ型細菌に導入し，フローサイトメトリーによって蛍光強度の高い細胞の選択を繰り返すことにより，高いアミノ酸生産能をもつ株が取得されている [14]．また，フローサイトメトリーにより大腸菌の細胞サイズを計測し，それを適応度として選択をかけることにより，サイズの変化した大腸菌が獲得されている [15]．

別の例としては，出芽酵母を用いた多細胞性の進化に関する研究がある．この研究では，液体培地で培養した酵母をチューブに入れて遠心した後，そのチューブの底部から細胞を回収し，それを次の培養に供するという操作を繰り返す．この操作により，「遠心操作によって速くチューブの底部まで到達する (重量が大きい)」という表現型を適応度とした進化実験が構成される．この選択を数十回繰り返した結果，図 11.1(d) に示すように，細胞分裂後に細胞が分離せずにクラスター状になるという表現型 (snowflake phenotype) が出現した [11]．興味深いことに，この表現型ではアポトーシスをする細胞の頻度が上昇しており，アポトーシスによる細胞クラスターの分離が，この表現型を持つ細胞の(多細胞クラスターとしての)増殖に寄与していることが示唆されている．

人類の歴史で長く行われてきたさまざまな動植物の品種改良や育種は，特定の表現型を適応度とした進化実験の一例である．大きさ，色，尻尾の形など，愛玩犬や金魚，牛などの家畜といった，人間と深く関わる生物の表現型は，それに興味を持った人間が選択と継代飼育を繰り返してきた結果である（ダーウィンが進化論を考察するときに，当時流行していた鳩などの品種改良に影響を受けたことはよく知られている）．近年，こうした人間による選択を受けた生物のゲノムなどを解析することによってその進化プロセスを明らかにする研究も行われている．例えば，金魚の二股に分離した尻尾は祖先種には見られない形質だが，chordin 遺伝子の変異によって出現したことが示されている [16]．

こうした，増殖能ではない表現型を適応度とした進化実験は，自然界で起こる進化プロセスに対応するものではない．一方で，進化プロセスにおいてどのような表現型変化が可能で何が難しいかといった，生物システムが持つ可塑性やその拘束条件を明らかにする手法として用いることができる．

11.2.2　有効集団サイズと遺伝的浮動

進化実験をデザインする場合に，その振る舞いを決める重要なパラメータとして有効集団サイズがある [17, 18]．有効集団サイズとは，次世代の形成に参加する(ゲノムの配列情報が伝わる)個体数に対応し，実験に用いる個体数とは必ずしも一致しない．例えば，ショウジョウバエの進化実験では，雌雄合わせて 1000 匹の個体を次の世代として選択しても，そのすべてが交配をして次の世代に寄与するわけではないので，有効集団サイズは 1000 よりも小さくなる．図 11.1(a) に示した微生物の植え継ぎ培養では，すべての細胞が増殖すると仮定してよければ，植え継いだ細胞数が有効集団サイズとなる（増殖後の細胞数ではない）．

進化実験の目的の一つは，適応度の上昇に寄与した遺伝子変異を探索する点にあるが，有効集団サイズが小さくなることにより，いくつかの理由でそれが難しくなる．その理由の一つは，配列を探索する領域が小さくなる効果である．適応度に正の寄与をする新規な変異をどれだけ見いだせるかは，集団内の個体数に比例するため，有効集団サイズが小さいときにはその探索に長い世代を要するようになる．もう一つの理由は，遺伝的浮動（genetic drift），つまり一つの遺伝子配列の頻度が集団内でランダムに変動する現象の影響が大きくなることである[1, 17]．例えば，初期状態である一つの変異を集団の半分の個体が持っているとして（変異頻度＝0.5），その後の世代でその頻度がどのように変動するかを考える（図 11.2）．その変異が適応度にまったく関係ない中立なものだとし，次の世代の個体は無作為抽出によって決定されると考えると，世代を重ねると変異の頻度はランダムに変化する．当然であるが，有効集団サイズが小さいと，その頻度の変動幅は大きくなり，すべての個体がその変異を失う（頻度＝0），またはすべての個体がその変異を持つようになると（頻度＝1），そこで変動が止まる（図 11.2a）．このような頻度の変化は，吸収壁をもつランダムウォーク（詳しくは巻末の補遺を参照）のダイナミクスに対応するが，そうした壁に到達する確率は（いくつかの仮定の下で）有効集団サイズの逆数に比例することが知られている[1]．この遺伝的浮動により，有効集団サイズが小さい場合には，適応度に対して影響を与えない中立な変異や，わずかに有害な変異が集団全体に固定される現象が生じ，また逆に適応度に正の寄与をする変異でも，遺伝的浮動によって失われる場合もある．こうした遺伝的浮動の影響を小さくし，配列空間を十分に探索するためには，進化実験の有効集団サイズ大きくすることが必要となる．

有効集団サイズが小さいなど，遺伝的浮動によって中立変異が容易に集団内のほぼすべての個体が持つようになる（固定される）状況の進化実験では，同定された変異が，選択の結果として固定されたものか，遺伝的浮動によって固定されたものかを判別する必要がある．このとき，変異にかかる選択圧の指標として用いられるのが，固定された変異群における同義置換と非同義置換の比である[1]．

同義置換とは，A → T など 1 塩基の DNA 配列の置換によって，アミノ酸配列が変化しない置換を意味し，非同義置換はアミノ酸配列が変化する置換である．同義置換ではアミノ酸配列が変化しないので，適応度を変化させることがない中立

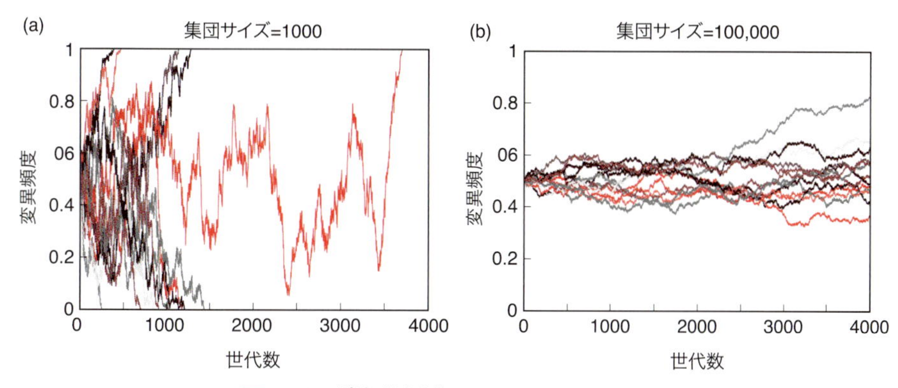

図 11.2　遺伝的浮動のシミュレーション

1 倍体の無性生殖をする生物において，初期集団の半分の個体がある変異を持っている（変異頻度 =0.5）とし，その後の変異頻度の時間変化をシミュレートしている．同じ初期集団から始めた異なる試行の結果を重ね書きしている．集団サイズ =1000 の場合は，比較的短い世代で頻度 =0 または 1 の状態となるが，集団サイズが大きい場合には，より長い世代を要する．

の変異であるとみなすことができる．また，ゲノム配列が既知であれば，ランダムに生じた 1 塩基置換が同義置換を生じさせる確率を計算することができる（大腸菌の場合は，およそ 30％の確率で同義置換になる）．進化実験で取得した株のゲノムに複数の変異が固定されているとき，その同義置換と非同義置換の比が，ランダムな置換から計算されたものと同程度であった場合は，それらの変異の大半は中立であることが期待される．一方で，非同義置換の割合が有意に大きければ，それらの変異は正の選択圧の下で固定されてきたと予想できる．このように，固定された複数の変異において，同義置換/非同義置換の比から，そこでの選択圧の強さを見積もることができる．

11.2.3　次世代シーケンシングによるゲノム解析

近年，次世代シーケンシング技術の開発によりゲノム解析が低コストで可能となったことにより，進化実験研究は大きく発展している．それ以前は，進化実験によって表現型が変化した個体が得られても，多くの場合にその原因を探ることは難しかったが，現在では適切な実験デザインの進化実験と全ゲノムのシーケンシングにより，遺伝子型と表現型の対応を詳細に解析できるようになっている．次世代シーケンシング技術の詳細は他章（14 章）に譲るが，2010 年代において代表的な手法である Illumina 社の Hiseq/Miseq システムでは，数 100 bp の比較的短いリード配列を膨大な数（例えば Miseq で 2500 万，Hiseq で 50 億程度）だけ取得することができる．

全ゲノムのシーケンスにかかる費用は年々減少しているが，例えば 2016 年の段階で，約 4.6×10^6 bp のゲノムを持つ大腸菌を Illumina Miseq を用いて解析すると，1 サンプルあたり 2～3 万円程度の費用となっている（1 ランで 20 サンプルを同時に解析した場合）．この例では重複度（coverage；ゲノムの各塩基が何本のリードでカバーされているかを示す）は 100 倍程度となっているが，多くの研究において，ゲノムサイズの大きいマウスやハエなどの動物で数 10 倍，微生物で 100 倍程度の重複度で解析が行われている．

進化実験の多くは，表 11.1 にあるようにゲノム配列が既知のモデル生物を用いて行われる．ゆえに，進化プロセスでゲノムに固定された変異を同定する場合も，既知のゲノム配列を参照配列として解析可能である．進化前と進化後の株からのゲノムを次世代シーケンシング解析に供し，得られたリード配列を参照ゲノム配列に貼り付けた後，配列の差分を検出する．「リシーケンシング解析」と呼ばれるこの手法を用いることにより，1 塩基置換や短い（数 10 bp 程度までの）挿入や欠損を同定することができる．参照ゲノム配列があるために，解析アルゴリズムも比較的単純であり，SAMtools[19] や breseq[20] といった広く用いられているツールが整備されている．

1 塩基置換や短い挿入・欠損は上述のリシーケンシング解析で簡単に検出できる場合が多いが，短いリードを用いる解析では見いだしづらいゲノム配列の変化もある．その一つはゲノムの構造変異である．例えば，リード配列よりも長い配列のゲノム重複を検出するためには，重複した部分のつなぎ目を含んだリード配列をうまく抽出するか，ペアエンドやメイトペアと呼ばれる複数のリード配列間の距離情報を適切に用いた解析が必要となるが，しばしば一意に配列が決まらない結果となる．広く用いられる大腸菌実験室株 W3110 のゲノムには，1000 bp 前後の長さを持つ IS 配列と呼ばれるさまざまな種類のトランスポゾン配列が存在し，その配列が重複したり，ゲノムの別の位置に転移する現象が頻繁に見られる．こうした IS 配列の転移を，それよりも短いリード配列からなる解析データのみで決定することは難しい場合があり，サンガー法など他の手法による確認が必要になる．また，リード配列よりも長い繰り返し配列中に変異が入った場合も，検出することは難しい場合がある．こうしたIllumina Hiseq/Miseqのような短いリード配列を用いる解析で同定することが難しい構造変異の検出については，より長いリード配列を持つ，第三世代とよばれるシーケンサーを用いる方法が有効である．例えば，1分子レベルでの計測からDNA配列を解析するPacBio RS II/Sequelシステムでは，リード配列が平均で10,000 bp程度と比較的長く，このデータを用いることにより構造変異や短い繰り返し配列を決定することができる．実際，大腸菌のゲノム配列をこのシステムで解析した場合，参照配列を用いずに得られたリード配列のみからゲノム配列を再構築する（*de novo* 解析と呼ばれる）ことにより，完全な1本の環状ゲノムが得られることが示されている[21]．この解析を用いることにより，トランスポゾン転移を含む構造変異や，繰り返し配列中に固定された変異を高い精度で検出することが可能になる．

11.3　進化実験の定量解析

前節で述べたゲノム解析技術の進展などにより，進化実験のプロセスにおける表現型と遺伝子型の変化を定量的に議論できるようになり，それに基づいて進化プロセスの新たな理解が得られつつある．本節では，いくつかの進化実験の研究例を示し，そこで得られた結果を論じる．

11.3.1　大腸菌の長期植え継ぎ培養系列の定量解析

微生物を用いた進化実験のパイオニア的研究として，Lenskiらによる25年以上にわたる大腸菌の長期植え継ぎ培養実験がある．この実験では，12の独立培養系列が維持されており，24時間ごとに10 mLの合成培地から0.1 mLの細胞を含む培地を採取し，それを9.9 mLの新しい培地に移すことが繰り返されている（図11.3a）．1988年にスタートしたこの進化実験は現在も続いており，2016年の段階で約65,000世代が経過している．この系における適応度は後述するようにやや複雑であるが，24時間の培養時間内で，炭素源が枯渇する前に分裂する回数が適応度に対応し，実際に世代を重ねることにより，適応度が親株と比較して上昇していくことが確認されている．この進化実験を始める段階では，現在用いられている解析技術の多くは存在せず，どのような問題が議論できるかは不明な点もあったが，現在ではこの長期植え継ぎ培養系を用いてさまざまな解析が行われている．以下，この系の解析例とそこから得られた結果を示す．

① ゲノム変異数と適応度のダイナミクス[22]

この植え継ぎ培養系の一つの系列において，2000～40,000世代に対応する6点のサンプルからクローンを単離し，次世代シーケンシングによるゲノム解析に供することによりゲノムに固定された変異を同定した．また，同じ系列のサンプルから，親株に対する適応度の相対値を定量した．この相対適応度は，親株と進化株を同じ細胞数だけ混ぜた集団を進化実験と同じ条件で24時間培養し，培養後の細胞数の比から求めている．

図11.3(b,c)にゲノムに固定された変異と，その時間変化を示す．興味深いことに，相対適応度の変化は最初急激に上昇し，その後になだらかな上昇となっていく一方で，ゲノムに固定される変異の数は，20,000世代までほぼ線形に増加している．この現象を簡単に説明する一つのメカニズムは，ごく少数の変異が適応度の大きな上昇をもたらすが，それが進化実験の初期に固定され，一方で残り多数の変異は中立または中立に近いため適応度への寄与が小さく，それらは遺伝的浮動によって集団に固定されるというものである．しか

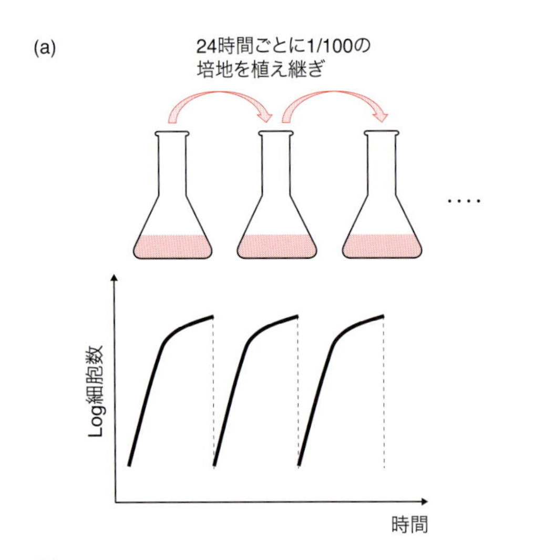

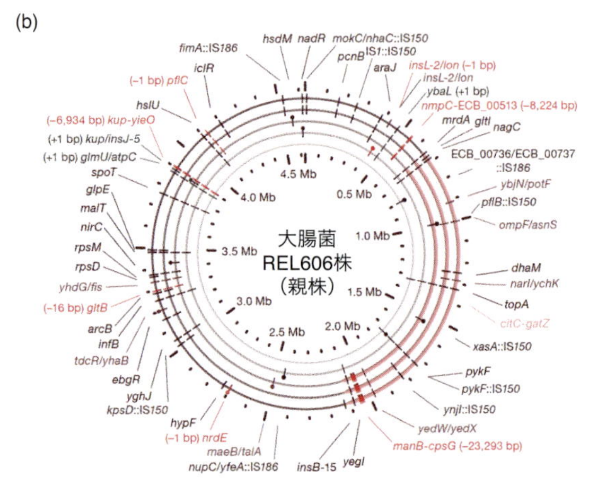

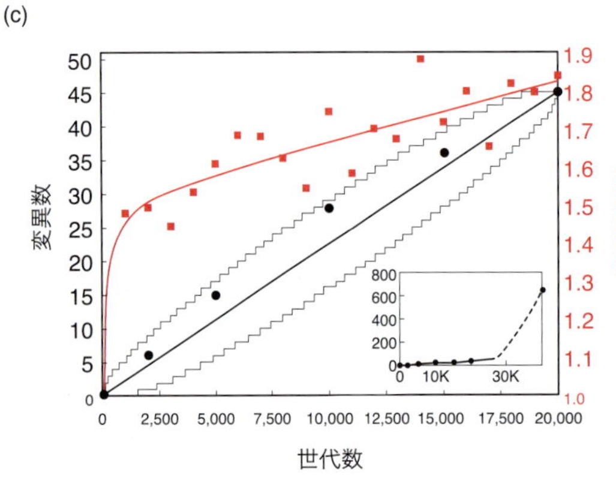

図 11.3　Lenskiらによる大腸菌の長期進化実験

(a) 実験手法の模式図．24時間ごとに1/100の培地を新たなフラスコに植え継ぐ．このとき，細胞数は対数増殖期を超えて定常期に入っている．(b) ある進化系列において固定された変異．より外側の円が，より世代を経た細胞での変異に対応する．それぞれの色は，置換や挿入・欠損などの変異の種類を表している．(c) 固定された変異数と相対適応度の変化の例．黒い直線は変異数を線形モデルにフィットした線であり，その周囲の直角を含む線はその線形モデルの95%信頼区間を示す．相対適応度（赤色）は，親株と進化株を1:1の比で混合し，進化実験と同じ条件で24時間培養した後の細胞数の比に対応する．挿入図は，同じ系列における40,000世代までの変異数の変化を示す．この系列では，20,000世代以降に突然変異率が有意に上昇する．文献22より転載．

しながら，固定された変異において同義置換と非同義置換の比を解析してみると，遺伝的浮動によって固定される期待値よりも，実際のデータでは非同義置換を起こす変異が有意に多かった．この結果は前述のように，これらの変異が正の選択圧の下で集団に固定されていることを示唆している．さらに，独立に植え継ぎ培養が行われた系列においても，類似した遺伝子に変異が固定されており，この結果も変異のランダムな遺伝的浮動によって固定されたとして説明することは難しい．

現在のところ，この変異数の線形な増加と適応度の非線形な上昇がどのようにして出現するか，その詳細はわかっていない．一つの可能な説明は，クローン干渉（clonal interference）に依るものである．クローン干渉とは，適応度を上昇させる複数の変異が，同じ集団内で独立に獲得された時に生じるクローン集団間の競合のことであり，変異が固定されるダイナミクスに大きな影響を与える[23]．このクローン干渉を考慮に入れると，図11.3(c)で適応度が急激に上昇するフェーズは，同時期に複数の適応度を上昇させる変異が獲得されたが，クローン干渉の結果として，適応度の上昇幅が大きいものから固定されていくというダイナミクスとして説明される．マイナーなクローン集団までを含めたクローン干渉の定量的な解析を行うことにより，今後こうした適応度と遺伝子型のダイナミクスが解明されていくであろう．

② 異なる表現型を持つ細胞の共存[24, 25]

増殖能を適応度とした進化実験においては，最も高い増殖能を持つ個体の子孫が，集団のマジョリティを占める結果になることが多い．しかし例外も多くあり，環境の時間的な変動や，個体間の相互作用によって，異なる表現型を持つ個体が共存する状況が出現し得る．興味深いことに，Lenski らの大腸菌進化実験においても，長期間にわたり異なる表現型を持つ集団の安定な共存が見いだされている．

進化実験開始後 6000 世代の集団を寒天培地うえで観察したところ，コロニーの大きさが異なる二つの集団が共存していることが見いだされ，大きいコロニーを生みだすタイプが L 細胞，小さい方が S 細胞と名付けられた．その後の世代でも L 細胞と S 細胞は安定して共存し，ゲノム解析からは少なくとも 12,000 世代にわたって 2 つのタイプの細胞が途絶えることなく共存していることが示された．S 細胞と比較して，L 細胞は約 20％高い適応度を持つ．つまり，L 細胞と S 細胞を 50：50 の割合で混ぜた集団を初期条件とすると，24 時間後にはその割合が 60：40 となる．単純に考えると，植え継ぎを繰り返すことによって S 細胞は駆逐され，集団は L 細胞によって占められることが予想されるが，そうならない理由は L 細胞と S 細胞の間の相互作用にある．具体的な物質は不明であるが，L 細胞が培地中の炭素源であるグルコースを取り入れ増殖していく過程で，なんらかの副産物を培地に放出し，それが S 細胞の増殖を促進することが示されている．加えて，炭素源が枯渇した定常期においては，S 細胞が存在することによって，L 細胞の死滅が促進されることが示されており，何らかの（L 細胞にとって有害な）物質を介した相互作用が示唆されている．相互作用の詳細は現在も解析中であるが，元は同じ遺伝子型・表現型を持つ個体から，このように複雑な相互作用する生態系が出現したことは興味深い．

どのようにして多様な生物種と複雑な生態系が出現するかは進化研究の重要な問題として残されているが，単純に大腸菌を長期にわたり培養するのみで，こうした多様化が出現し得ることは興味深い．複数の生物種からなる生態系レベルの進化実験はいまだ発展段階にあるが，今後は生態系のダイナミクスを理解する重要なツールになると期待できる．

③ 質的に新規な形質の獲得 [26, 27]

進化実験における表現型変化の多くは，遺伝子発現量の変化や，タンパク質の活性の変化，形態形成における特定の構造のサイズなど，量的な変化として説明される．こうした段階的な表現型変化により，適応度が最適化されていく過程が，進化プロセスの一つの捉え方である．それに対して，質的にまったく新しい表現型を獲得することによる進化プロセスも存在する．例えば，フクロユキノシタのような食虫植物は，葉の形を変化させ袋状にし，その中に消化酵素を分泌するといった祖先系にはまったくなかった形質を進化させることにより，虫などからの栄養摂取を可能とし，その結果として適応度を高めている [28]．こうした複合的な変化によって獲得される新規形質がどのような進化プロセスを経て出現するかは，進化研究に残された大きな課題となっている．

興味深いことに，Lenski らの大腸菌進化実験においても，このような質的に新規な形質の獲得が見いだされた．クエン酸を炭素源として利用するという形質である．野生型の大腸菌は，酸素がある条件下ではクエン酸を炭素源として利用することができない．しかし，この進化実験の開始から約 30,000 世代後，あるひとつの培養系列の菌体濃度が他と比較して濃くなる現象が見られ，そこの大腸菌を調べてみると，培地にバッファーとして入れていたクエン酸を炭素源として利用する形質が出現していた．つまり，これまで使用できなかった炭素源を利用できるという新規の形質が出現したのである．

次に，クエン酸を利用できるようになった株を次世代シーケンシングによるゲノム解析に供し，その表現型を引き起こした変異の探索を行った．結果として，クエン酸を取り込み，代わりにコハク酸を排出するトランスポーターをコードする *citT* を含む領域がゲノム重複を起こし，そのために *citT* のプロモーター領域が別の遺伝子(*rnk*)のものと入れ替わっていることが見いだされた．*citT* の本来のプロモーターは酸素がある条件では発現しないが，この重複によって酸素がある条件でも *citT* が発現するようになる．また，この部分はゲノム重複を繰り返して *citT* がマルチコピーになることにより，発現量をさらに上昇させる変異が固定されていた．さらに，この *citT* の変異に加え，コハク酸トランスポーターをコードする *dctA* 遺伝子の発現調節領域に変異が入ることにより，*dctA* の発現量が上昇していた．このタンパク質はコハク酸を細胞内に取り込む機能を持っているため，CitT タンパク質によって排出されたコハク酸をもう一度吸収し，それを用いて再びクエン酸を培地から取り込むことが可能となる．こうしてクエン酸を炭素源として利用できる表現型が出現した．

この二つの遺伝子の変異によってクエン酸を利用できる表現型が出現したことは，それらを祖先株のゲノムに導入することによって確認されている．ただし，その進化プロセスには他の変異や表現型変化も関与していることが示唆されている．このクエン酸を利用できる株が出現するより前の，(*citT* と *dctA* に変異を持っていない)20,000 世代の株をスタートとして複数系列の植え継ぎ培養を「リプレイ進化実験」として行うと，クエン酸を利用できる株が高い確率で出現することが確認されている．これは，20,000 世代の時点で何らかの変異ないしは表現型の変化が生じており，それがクエン酸を利用できる表現型の出現をサポートしていることを示唆している．そのメカニズムは明らかになっていないが，このような新規の形質が出現する前に，その出現を可能とする潜在的な変化が生じるというシナリオが議論されている．

11.3.2　代謝デザインと進化実験

進化研究に残されている一つの問いとして，進化の方向性がどのようにして決まるかという問題がある．自己複製などの複雑かつ精巧な機能を実現するためには，さまざまな状態量が適切にバランスを取る必要があり，それが進化プロセスの制約や方向性を決めている．実験進化は，そうした方向性をどのように理解できるか, あるいは予測・制御することが可能かを議論する基盤となりうる．ここでは代謝のダイナミクスに注目し，代謝反応量(フラックス)のバランスが進化プロセスに与える影響について議論する．

ゲノム解析の進展などにより，細胞内の代謝反応の詳細が明らかになりつつあり，それに基づいたゲノムスケールでの代謝ネットワークの再構成が可能になっている．数百から数千の代謝反応(例えば，グルコース +ATP →グルコース-6-リン酸 +ADP といった反応) から構成される代謝ネットワークモデルが，大腸菌などの微生物からマウス・人間といった哺乳類まで，データベースに登録されている．そうした代謝ネットワークの情報を用いて，代謝フラックスを定量的に予測することが可能となっている[29]．もちろん，非線形のダイナミクスを含み，各反応のパラメータ（酵素反応における K_m や v_{max} など）が不明なものも多いモデルによって，詳細な代謝ダイナミクスを予測することは現状では難しい．しかし，Palsson らによって開発された Flux Balance Analysis (FBA) と呼ばれる手法では，いくつかの仮定を置くことにより，そうした問題を回避できることが示されている．その一つが，「代謝フラックスが定常である」という仮定である．この仮定を置くことにより，その定常状態における代謝フラックスのバランスが行列表現 $\mathbf{S} \cdot \boldsymbol{v} = 0$ として表現できる．ここで，$\mathbf{S}$ は化学量論式で表した反応行列，$\boldsymbol{v}$ はフラックスを表すベクトルである（図 11.4a）．この等式は，モデル内のすべての代謝物質について，それを生成するフラックスと消費をするフラックスがバランスしていることを表している．この式を満たすフラックス分布は原点を含む閉じた領域となり，「定常状態で取り得る代謝状態」に対応する．さらに，細胞増殖に寄与する代謝フラックスを適切に定義することにより，この取り得る状態の中で増殖速度を最大とする状態を線形計画法によって決めることができる（図 11.4b）．興味深いことに，この計算によって求められた増殖速度を最大とする代謝状態によって，実際の代謝状態を定量的に予測できる場合があることが示されている[29-31]．

この手法では，注目する環境下における細胞の増殖速度が，進化プロセスにより最適化されているという仮定を背景としている．ただし，この仮定は常に成り立つわけではなく，実際に代謝状態を定量すると，FBA によって予測された増殖速度最大の状態から外れた結果もしばしば得られる．こうした細胞に対しては，その状態から進化実験を行い，そこでの増殖速度を最適に近い状態にすることにより，FBA によって予測された増殖速度と代謝状態を得ることができる．例えば，図 11.5 はグリセロールを単一炭素源とした培地における大腸菌の進化実験の結果を例として示している[32]．縦軸と横軸はそれぞれ，細胞当

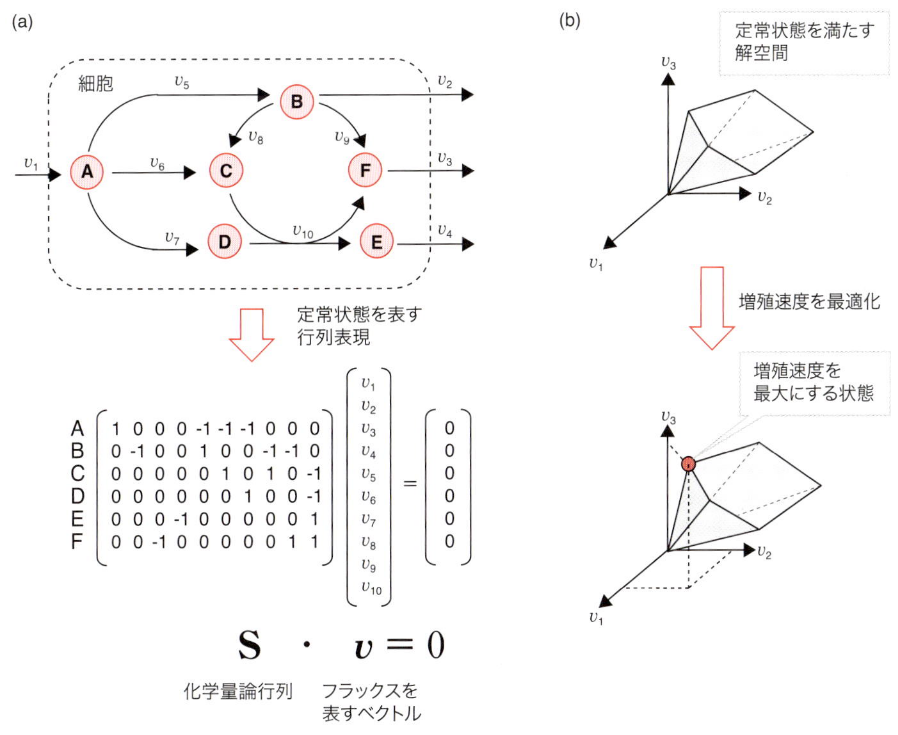

図 11.4　代謝モデルを用いた代謝フラックスの予測

(a) 代謝ネットワークに基づいた定常状態を表す行列表現の構築．代謝物質 A ～ F の間に図で示す反応があるとき，その化学量論式は行列 $\mathbf{S}$ によって表現される．このとき，各代謝物質の生成と消費がバランスする定常状態は，フラックスを表すベクトル $\boldsymbol{v}$ を用いて $\mathbf{S} \cdot \boldsymbol{v} = 0$ と表現される．(b) 定常状態を満たす解空間の模式図．$\mathbf{S} \cdot \boldsymbol{v} = 0$ を満たす解は，図のように原点を含んだコーン状の閉空間になる．この解空間内において，増殖速度が最大となる解を線形計画法によって求めることができる．さまざまな系において，代謝フラックスの実験データをこの手法によって定量的に予測できることが示されている．手法の詳細などは文献 29，30 を参照．

たりの酸素とグリセロールの取り込み速度を表しており，それぞれの点は培地中のグリセロール濃度を 0.25 ～2 g/L の間で何通りか変化させたときのデータを表している．図中の “LO(Line of Optimality)” とある線は，グリセロール取り入れ速度を固定したときに，増殖速度を最大とする酸素取り入れ速度を表すラインであり，数百程度の反応を持つゲノムスケール代謝モデルによって計算されている．進化実験前は，LO から外れたところに点があるが (図 11.5a)，増殖速度を適応度とした進化実験を 40 日間行うことにより増殖速度は上昇し，グリセロール取り入れと酸素取り入れのバランスは LO 上に乗るようになる（図 11.5b）．このことは，進化プロセスを経ることにより，代謝状態が FBA で計算された最適値に収束していくことを意味しており，代謝フラックスのバランスを適切に考慮することにより，進化プロセスがどのような方向への表現型変化をもたらすか，定量的に予測し得ることを示唆している．また，この FBA に基づく進化プロセスの予測は，微生物による物質生産性の向上といった生物工学的な応用にも用いられている．例えば，FBA を用いることにより，破壊することによって（増殖速度最適化の結果として）目的物質を多く生産するようになる代謝反応をスクリーニングし，その遺伝子破壊を実験的に導入した株を用いて進化実験を行うことにより，目的の生産性を持つ微生物が獲得されている [3, 4]．

11.3.3　表現型－遺伝子型マッピングの定量解析

進化プロセスの主要なドライビングフォースが，ゲノム変異による表現型の変化と選択であることは間違いない．一方で，それぞれの変異がどのような表現型の変化をもたらし，それが適応度の上昇にどのように寄与しているか，定量的に解析ができている例は少ない．変異と表現型変化は必ずしも一対一の対応を持つわけではなく，多くの変異が共通の表現型変化をもたらし，またその逆も成り立つ．さらに，表現型の揺らぎ (1 章参照) や環境応答など，ゲノム変異に依らない表現型変化 (表現型可塑性と呼ばれる) も存在し，それが進化

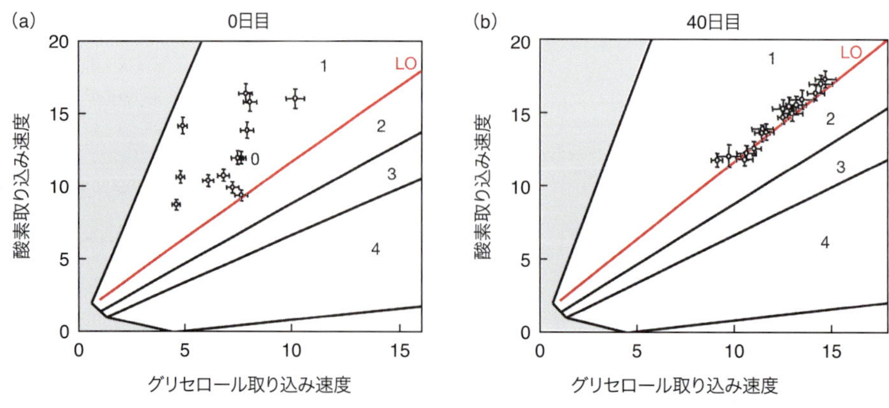

図 11.5　進化実験による代謝フラックスの最適化の例

大腸菌のグリセロールを単独炭素源とした進化実験における (a) 実験前と (b) 実験開始後 40 日後の代謝状態をプロットしている．縦横軸はそれぞれ，酸素取り込み速度とグリセロール取り込み速度を mmol/gDW/h の単位で示している (gDW は乾燥菌体重量)．灰色で示した領域は，数百程度の反応を持つゲノムスケールの代謝モデルによって計算された，フラックスの定常状態を満たすことができない領域を示す．図中の "LO（Line of Optimality）" とある赤線は，グリセロール取り入れ速度を固定したときに，増殖速度を最大とする酸素取り入れ速度を表すラインに対応し，直線で区切られた “1”，“2” などの領域は，酢酸を排出する / しないなど，異なる代謝フェーズに対応した領域を示している．進化実験前は LO から外れた代謝状態を持っていた細胞が，進化プロセスを通じて最適化されていく．文献 32 より転載．

プロセスに関与し得ることはWaddingtonを始め多くの研究者が論じている[8]．進化実験のアドバンテージの一つは，表現型・遺伝子型・適応度に関するさまざまな高次元データを独立進化系列において取得でき，それらの関係を定量的に評価可能な点にある．以下，そうした定量解析の例として，鈴木らによる抗生物質耐性を持つ大腸菌の進化実験について紹介する[7]．

この研究では，さまざまな作用機序を持つ10種類の抗生物質をそれぞれ添加した環境下において，四つの独立系列での大腸菌の植え継ぎ培養を90日間行い，それらの薬剤への耐性株が取得された(図11.6a)．取得された耐性株について，ある一つの薬剤に対する耐性獲得が，他のさまざまな薬剤に対する耐性・感受性をどのように変化させるかを定量したところ，多くの耐性株において他の薬剤に対する耐性・感受性の大きな変動が見られた(図11.6b)．この結果は，一つの環境条件に対する適応度が，他の環境下での適応度に大きな影響を与えうることを示している．興味深いことに，いくつかの薬剤ペアについては，薬剤Aの耐性株が薬剤Bに対して親株よりも感受性となり，またその逆も成り立つというトレードオフの関係が見いだされた．これらトレードオフの関係にある薬剤を同時に添加した環境下での進化実験を行ったところ，両者への耐性獲得が阻害されることが確認され[33]，こうした複数の環境摂動の組合せによって，進化プロセスがコントロールされうることが示唆されている．

次に，この耐性能が変化するメカニズムを理解するために，DNAマイクロアレイを用いて，遺伝子発現量変化が定量された．結果として，それぞれの耐性株においてさまざまな遺伝子の発現量の変化が見いだされたが，そうした遺伝子の数は多く，どのような遺伝子が耐性能変化に寄与するかを判別することは難しかった．それに対してこの研究では，単純な線形モデルを用いて耐性能変化を予測するという解析が行われた．X_{ij}をj番目の耐性株における遺伝子iの(対数変換した)発現量，MIC_j^kをj番目の株の薬剤kへの耐性能とする（ここで耐性能は増殖を阻害する最小の薬剤濃度(MIC)の対数値としている)．発現量の線形和によって耐性能が表現できると仮定すると，

$$MIC_j^k = \sum_{i=1}^{N} a_i^k X_{ij} + b^k \ ,$$

と表現される．ここでa_i^kとb^kはフィッティングによって決める未知パラメータである．ただし，大腸菌の遺伝子数は約4000であり，それらのデータのすべてを用いると，未知パラメータが多すぎ，過剰に最適化をしてしまうオーバーフィッティングの状態になる．そこで実験データのセットを，学習データと検証データの二つに分割し，学習データでパラメータを決め，検証データでそのモデルからの予測精度を検証するという，いわゆる交差検証（cross validation)が用いられた．この手法により，最も予測力が高くなる遺伝子数を求めると，おおよそ7～8個の遺伝子の線形和によって，さまざまな抗生物質への耐性能を定量的に予測できることが示された（図11.6c)．この手法により，どのような発現状態の変化が耐性能の獲得に寄与しているかを，定量的に評価できるようになる．

少数遺伝子の発現量から抗生物質への耐性予測が成功したことは，ゲノム，タンパク質，代謝反応といった膨大な要素が関わるであろう進化ダイナミクスを，比較的少数の要素(自由度)によって記述できることを意味している．その変化を引き起こした要因をさらに調べるために，得られた耐性株のゲノム配列がどのように変化しているか次世代シーケンサーを用いて解析したところ，それぞれの耐性株で数個から十数個程度の突然変異が同定された．一方で，遺伝子発現量とゲノムの変異の対応を解析したところ，非常に類似した発現量変化が起こっている耐性株の間でも，ゲノム変異の様相が似ているわけではなく，さまざまな

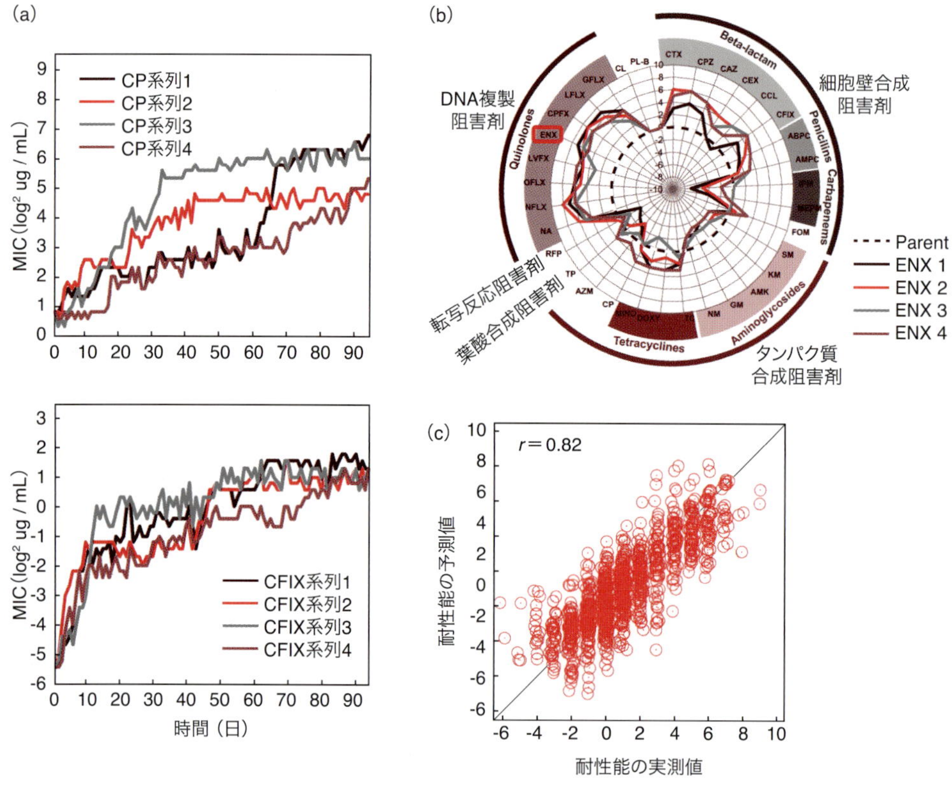

図 11.6　抗生物質を添加した環境下での大腸菌進化実験

(a) 横軸は時間，縦軸は最少増殖阻止濃度（MIC）の対数を示す．同じ親株から四つの独立系列を維持している．クロラムフェニコール（CP; タンパク質合成阻害剤）と セフェキシム（CFIX; 細胞壁合成阻害剤）を添加した環境での結果をそれぞれ示す．(b) 一つの薬剤への耐性獲得が他の薬剤の耐性・感受性に与える影響．進化実験によって得られた 4 株のエノキサシン（ENX; DNA 複製阻害剤）への耐性株が，他の薬剤に示す耐性 / 感受性を表している．中央の点線の円が親株の薬剤耐性能を示しており，放射状の軸は親株との耐性能の違いを最小増殖阻止濃度の対数比で示している．ここでは，中央の点線の円より外側が耐性，内側が感受性を表す．ENX への耐性を獲得することにより，他のさまざまな薬剤への耐性や感受性が大きく変化する．(c) 遺伝子発現量による薬剤耐性能の予測．遺伝子発現量の線形和によって，MIC を指標とする薬剤耐性能を重回帰にて予測することが可能となる．図では，さまざまな作用機序を持つ 25 種類の薬剤に対する対数 MIC について，実測値と予測値を示している．重回帰による予測は，*acrB*, *cyoC*, *mipA*, *ompF*, *pntB*, *pps*, *tsx*, *yfhL* の 8 遺伝子の発現量に基づく．文献 7 より転載．

変異が似通った遺伝子発現量の変化を引き起こし，それが抗生物質耐性の獲得につながっていることが示唆された．これらの結果は，遺伝子発現量や薬剤耐性などの表現型の変化は少数の自由度に強く拘束をされている一方，遺伝子型の変化への拘束は相対的に弱いことを示唆している．

11.4　おわりに

近年発達が著しい次世代シーケンサーなどハイスループットの解析技術と進化実験の融合は，進化プロセスにおける表現型と遺伝子型のダイナミクスについて，詳細な定量データの取得を可能としている．多系列の進化実験を行うことにより，どのような表現型・遺伝子型の変化が適応度に寄与するかを抽出することが可能となり，そこから遺伝子の機能や環境適応の分子機構など，多くの新たな知見が得られている．こうした解析は，医学や生物工学などさまざまな分野に応用されていくであろう．

一方で，進化実験の定量解析は，進化ダイナミクスが持つ一般的な性質を探求するうえでの基礎データを供給しつつある．そうしたデータから，進化プロセスにおいてどのような表現型・遺伝子型の変化は可能で，何が不可能なのか，そしてそのダイナミクスはどのように記述すべきか，といった問題について新たな理解が得られるであろう．進化のプロセスは表現型・遺伝子型空間における単なる拡散過程では無い．そのプロセスの背後には，細胞内外の高次元の相互作用ネットワークが，どのような安定性と可塑性を持つかに依存した複雑なダイナミクスが存在する．そうしたダイナミクスを記述する新たな理論体系が必要であり，進化実験はそのための強力なツールになると期待している．

（古澤　力）

文　献

1) Barton NH et al., "Evolution," Cold Spring Harbor Laboratory Press (2007). 邦訳：宮田隆・星山大介監訳，『進化』，メディカルサイエンスインターナショナル (2009).
2) Kawecki TJ et al., *Trends Ecol. Evol.*, **27**, 547 (2012).
3) Conrad TM et al., *Mol. Syst. Biol.*, **7**, 509 (2011).
4) Dragosits M et al., *Microb. Cell Fact.*, **12**, 64 (2013).
5) Tenaillon O et al., *Science*, **335**, 457 (2012).
6) Toprak E et al., *Nat. Genet.*, **44**, 101 (2011).
7) Suzuki S et al., *Nat. Commun.*, **5**, 5792 (2014).
8) Kirschner MK & Gerhart JC, "The Plausibility of Life: Resolving Darwin's Dilemma," Yale University Press (2005).
9) Burke MK et al., *Nature*, **467**, 587 (2010).
10) Kryazhimskiy S et al., *Science*, **344**, 1519 (2014).
11) Ratcliff WC et al., *PNAS*, **109**, 1595 (2012).
12) Hosoda K et al., *PLoS One*, **9**, e98337 (2014).
13) Morgan AD et al., *Nature*, **437**, 253 (2005).
14) Mahr R et al., *Metab. Eng.*, **32**, 184 (2015).
15) Yoshida M et al., *BMC Evol. Biol.*, **14**, 257 (2014).
16) Abe G et al., *Nat. Commun.*, **5**, 3360 (2014).
17) Garland T & Rose MR, "Experimental Evolution: Concepts, Methods, and Applications of Selection Experiments (*Ann. Phys.*, **730**)," University of California Press (2009).
18) Tenaillon O et al., *Genetics*, **152**, 485 (1999).
19) Li H et al., *Bioinformatics*, **25**, 2078 (2009).
20) Deatherage DE & Barrick JE, *Methods Mol. Biol.*, **1151**, 165 (2014).
21) Chin C-S et al., *Nat. Methods*, **10**, 563 (2013).
22) Barrick JE et al., *Nature*, **461**, 1243 (2009).
23) Gerrish PJ & Lenski RE, *Genetica*, **102/103**, 127 (1998).
24) Rozen DE et al., *J. Mol. Evol.*, **61**, 171 (2005).
25) Le Gac M et al., *PNAS*, **109**, 9487 (2012).
26) Blount ZD et al., *PNAS*, **105**, 7899 (2008).
27) Blount ZD et al., *Nature*, **489**, 513 (2012).
28) Fukushima K et al., *Nat. Commun.*, **6**, 6450 (2015).
29) Bordbar A et al., *Nat. Rev. Genet.*, **15**, 107 (2014).
30) Edwards JS et al., *Nat. Biotechnol.*, **19**, 125 (2001).
31) Shlomi T et al., *Nat. Biotechnol.*, **26**, 1003 (2008).
32) Ibarra RU et al., *Nature*, **420**, 186 (2002).
33) Suzuki S et al., *J. Biosci. Bioeng.*, **120**, 467 (2015).
34) Lang GI et al., *Nature*, **500**, 571 (2013).
35) Khan AI et al., *Science*, **332**, 1193 (2011).
36) Sniegowski PD et al., *Nature*, **387**, 703 (1997).
37) Yeaman S et al., *Evolution*, **64**, 3398 (2010).
38) Schou MF et al., *J. Evol. Biol.*, **27**, 1859 (2014).
39) Rainey PB & Travisano M, *Nature*, **394**, 69 (1998).
40) Hughes BS et al., *Physiol. Biochem. Zool.*, **80**, 406 (2007).
41) Goddard MR et al., *Nature*, **434**, 636 (2005).
42) Cooper TF, *PLoS Biol.*, **5**, e225 (2007).
43) Manhes P & Velicer GJ, *PNAS*, **108**, 8357 (2011).
44) Mery F & Kawecki TJ, *Evolution*, **58**, 757 (2004).
45) Anderson JL et al., *J. Gerontol. A Biol. Sci. Med. Sci.*, **66**, 1300 (2011).
46) Chen H-Y et al., *Curr. Biol.*, **22**, 2140 (2012).
47) Baker M, *Nature*, **533**, 452 (2016).
48) Horinouchi T et al., *J. Lab. Autom.*, **19**, 478 (2014).

注目の最新技術 7

実験の自動化

生物実験技術の高度化や大規模化がもたらした副作用の一つに，その再現性の低下がある．他の研究者が行った研究を再現しようとしても（あるいは，自分自身の研究を再現しようとしても），それが失敗するケースが広くみられるようになった（例えば，文献47では70%の研究が再現できなかったと述べられている）．実験や解析の手順が増えるに従い，論文のMaterials and Methodsに記載されないような，細かい手技や前提が共有されない状況になり，それらが再現性の低下をもたらしていると予想される．このような状況は，研究コストの上昇や，研究者のモラルの低下を伴うことが容易に想像され，生物学の発展に対して有害であることは間違いない．

こうした再現性の問題を回避するためには，実験手法の明文化とその共有が重要となり，その実現のための一つの方向性として，ロボットなどを用いた実験の自動化がある．プロトコルを適切に定義し，それに完全に従った実験を行う自動化システムを用いることが可能となれば，理想的には誰でも注目した研究を再現できるようになるはずであり，明文化されていない暗黙知的な技術や前提を研究から除外することが出来る．例えば，産総研の夏目らは，従来は手作業でしか行なえなかった実験操作を自動化するロボットシステムを開発している（図 a）．それぞれ七つの自由度を持つ双腕型のアームを持つこのシステムは，クリーンベンチや遠心機，サーマルサイクラーなど，人間のためにデザインされた実験機器を使用することが可能であり，かつ人間による作業を超えた精度の実験が可能であることが示されている．このようなシステムを，実験プロトコルを記述するための適切なマークアップ言語によって制御することにより，プロトコルの共有や標準化が促進され，その結果として実験結果の再現性や信頼性が向上すると期待されている．

ロボットなどを用いて実験を自動化することのもう一つの利点は，人間が出来ない過酷な実験プロトコルを実行できることにある．大規模化した実験デザインは膨大な作業を要求し，そのために作業者が疲弊してしまうことも少なくない．またウイルスや放射線などの危険もある．こうした作業者を守り，可能な研究デザインを広げることが，実験自動化によって可能となる．例えば筆者らは，ラボオートメーションを用いた全自動の進化実験システムを開発している（図 b）[48]．このシステムを用いることにより，10,000以上の植え継ぎ培養系列を全自動で維持し，様々な条件下での進化実験を系統的に行うことが可能となっている．こうした実験は人間が行うことは不可能であり，実験自動化により進化実験の探索空間を拡張することに成功している．

大規模な生物実験により大量データを取得し，そこから新たな知見を抽出するスタイルの研究は今後も発展すると期待できる．特に，近年の機械学習分野における技術の発展は，大規模生物実験の解析に新たな切り口を与える可能性がある．こうしたアプローチの研究を，再現性の問題や人的リソースのケアを含め適切に行うためには，実験自動化が大きな貢献を果たすであろう．将来的には，共用のロボットシステムが整備され，繰り返しの多く煩雑な実験操作は全てそうした自動化システムが行い，人間はより知的な作業に時間を使えるようになるかもしれない．

（古澤　力）

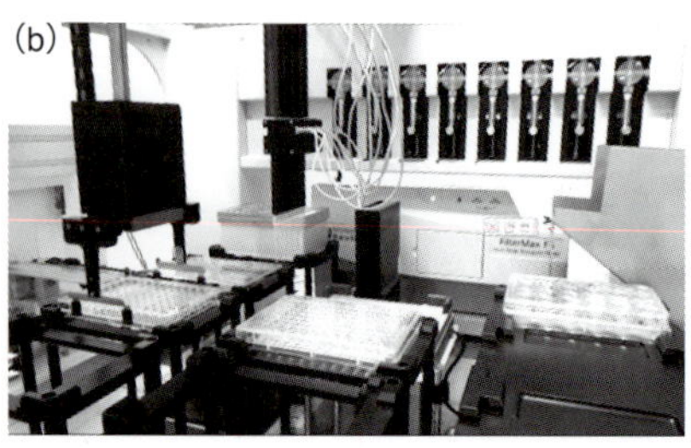

図　実験自動化システムの例
(a) 汎用ヒト型ロボット「まほろ」の外観．(b) 全自動進化実験システムの外観．

Technical Topics

かたち・模様・パターンの定量生物学

Summary

かたちを定量的に理解することは，発生生物学に残されたフロンティアのひとつである．かたちを定量するための数理統計学的な基礎は20世紀も終わりになってようやく進展し，ここ１０年ほどはその土台のうえでかたちを解析するための手法の発展が著しい．かたちを定量解析することは，新たに何をもたらしてくれるのだろうか？　ひとつは，遺伝子の機能とかたちの変化を密接に関連づけることができるようになることであり，もうひとつはかたちを生みだす発生プロセスのもつ設計方式（モジュール構造の検出など）を調べることができるようになることである．本章では，現在のところ最も信頼できかつ広く利用されている方法である「幾何学的形態測定法」を中心に論を進める．かたちをどのように定量すればよいのか，得られたかたちの定量データをどのように扱えば数理統計学的な解析に利用できるのか，代表的な解析手法は何か，またその解析によってどのような発生生物学的な問題に答えられるのか，などについて具体例を交えて解説する．

12.1　背景：分子生物学的基盤と設計原理の解明

かたちや模様はどのようにできているのだろうか．生物のかたちの理解は，形態学がボディプランという類型を見いだし，発生学が胚の観察・操作を可能にし，遺伝学と分子生物学が遺伝子やタンパク質の働きによる記述をもたらしてきた（図12.1）．そして今，定量生物学が揺らぎレベルでの変化を計測し，かたちづくりの背後に見え隠れする発生メカニズムの設計原理の解明さえをも可能にしつつある[1,2]．

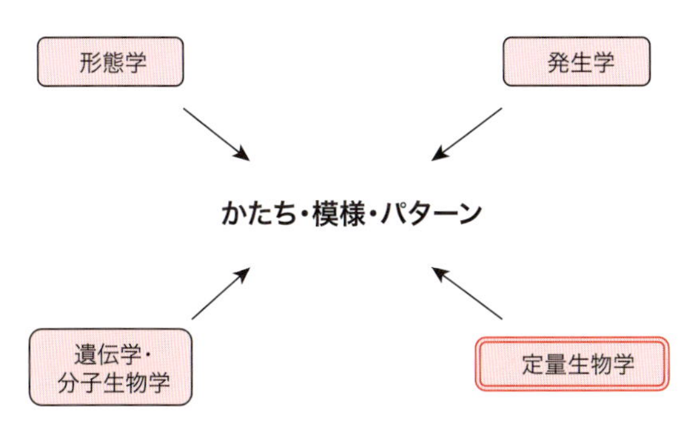

図12.1　かたちの多面的な理解

定量的に解析することは，かたちの理解について新たに何をもたらしてくれるのだろうか？　ひとつは，遺伝子の機能とかたちの変化を密接に関連づけられることだろう（図12.2a）．定量解析は，かたちのわずかな変化も検出することを可能にしてくれる．したがって，例えば遺伝子機能を大きく欠損させずに，わずかな機能阻害を生じさせたことがどのようなかたちの変化に結びつくのか等を調べることができる．このようにかたちの定量解析はその背景にある分子メカニズムを探る“釣り針”として利用できる（12.1.1項）．もうひとつは，かたちをつくりだす発生メカニズムの設計方式を調べられることだろう．例えば，モジュール構造などを調べることができる（図12.2b）．定量解析は，かたちのもつ揺らぎや相関といった多

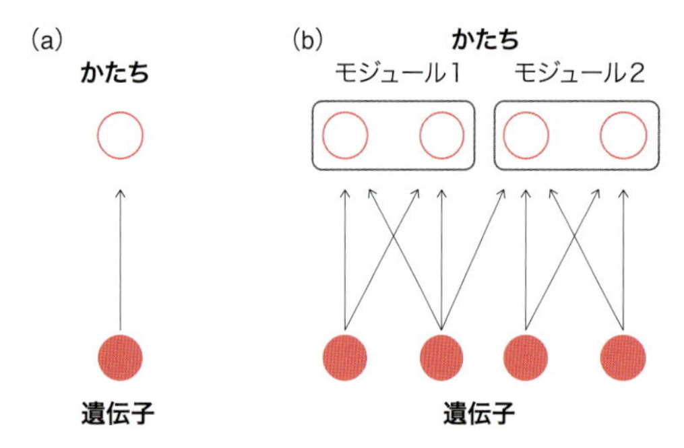

図 12.2　かたちの定量解析でわかること
(a) 遺伝子の変化とかたちの変化，(b) 発生プロセスの設計方式のひとつ：モジュール構造．図 (b) は，文献 17 の Fig2 を一部改変．

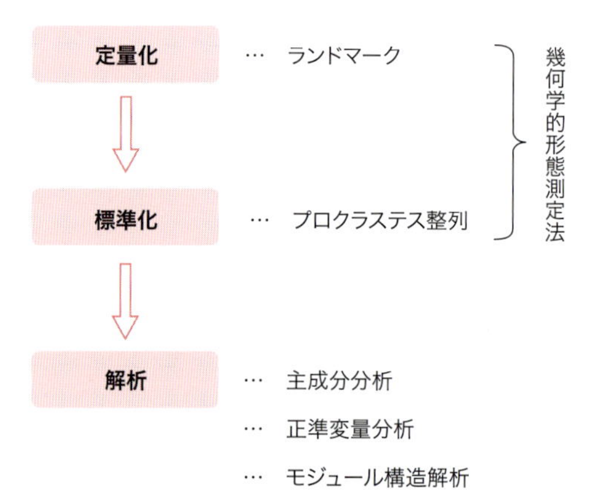

図 12.3　かたちの定量解析のプロセス

変数の統計量を扱うことにより，これまでの遺伝学・分子生物学を基盤としてきた発生生物学に新たな軸を導入することになる．そこでは，形態統合（morphological integration）やモジュラリティ（modularity）といった「概念装置」を射程に収めることになる[1-3]（12.1.2 項）．

本章では，かたちをどのように定量すればよいのか，得られた定量形態データをどのように扱えば統計的な解析に利用できるのか，代表的な解析手法は何か，またその解析によってどのような生物学的な問題に答えられるのか，などを紹介したい．形態測定法の応用範囲は広く，実際のところ進化学や生態学などのマクロ生物学の領域で大きく進展してきたという背景もある[4]．しかし，ここでは本書の性格も鑑みて，細胞生物学や発生生物学での利用を念頭に解説する．マクロ生物学での展開については別の機会に譲り，特に以下の 2 点に焦点を絞って解説する．①実際にどうやってかたちを定量・解析・評価するのか？　②かたちを定量解析することによって今後どのような展開が見込めるのか？

かたちや模様を定量解析するプロセスは，定量化，標準化，解析の 3 ステップからなる（図 12.3）．かたちを統計的に解析するための数学的な基礎はここ 20 世紀も終わりになって整備されたばかりであり，「形態測定革命」と呼ばれている[5]．このとき確立されたのが「幾何学的形態測定法（geometric morphometrics）」であり，現在のところ最も信頼できかつ広く利用されている方法である[6]．解析のためのさまざまな方法が提案されているが，本稿では (1) 形態の違いを検出する方法，(2) 形態のモジュール構造を検出する方法，の二つに絞って解説する（12.3 節）．

かたちや模様を定量解析することは今後さまざまな展開を呼び起こすことが期待される（図 12.4）．なかでも，塩基配列の変化がどのようなかたちの変化を引き起こすのかを発生学を介して理解することは，今後ますます重要な課題になると考えている．さらに，遺伝的変異の作用を発生学に持ち込むことは，必然的に進化学的な思考を発生学に導入することにもなりうる．このような研究領域を「進化発生学（エボデボ）」と呼ぶが，その展開についても 12.4 節で簡単に触れて本章の結語としたい．本稿を通して，かたちを定量解析

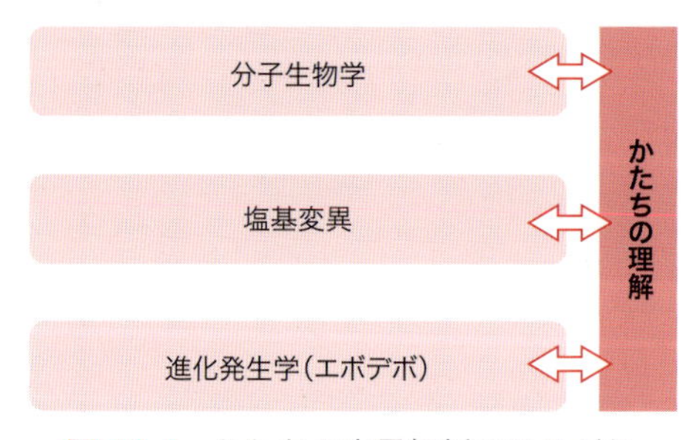

図 12.4　かたちの定量解析のひろがり

することの理解が深まり，今後の研究への新たな展開に役立つなら幸いである．

12.1.1　アイデア①：かたちを定量的に調べる

かたちを定量的に解析すると何がわかるのか？

単純には，遺伝子の機能改変によりもたらされる，ごくわずかなかたちの変化をも定量的に計測することができる．より凝ったものとして，かたちをつくる部位どうしの連動性などがわかることもあげられる．例えば，各部位のばらつきから相関を調べれば，どの部位どうしが連動しているのかがわかり，それらの部位は同一の遺伝子群による制御下にある可能性が示唆される．もちろん，かたちの部位どうしの相関がわかったからといって，相関を生みだしている原因遺伝子が直接的にわかるわけではない．しかし，特定の遺伝子を過剰発現・抑制した系統と標準系統のかたちの違いを比較することで，揺らぎの大きさや相関を生みだしている原因遺伝子を探っていくことも可能になるだろう．揺らぎが発生プロセスの頑健性（ロバストネス）とも密接に関連していることは言うまでもなく，分散や相関などの定量解析は発生プロセスの性質を探るための第一歩となるだろう．

これまでの分子発生学は，細胞の運動や増殖，分裂周期などがどのように制御されているのか，つまり，どの過程にどの遺伝子がどのような作用で関わっているのかを記述することに他ならなかった．言い換えれば，分子による素過程の記述を積み上げている作業といえる．一方で，かたちを定量解析するということは，かたちを生みだすプロセスに対して，これらの素過程がどの程度どのように寄与しているのかを明らかにする作業である．形態形成には実に多くのプロセスが関与し複雑に絡みあっていることは自明であるが，それら個々のプロセスの，結局のところ何がどの程度の重みで寄与しているのか，といったことが定量的にわかるのである．これらを調べるためには正準変量分析や主成分分析などの多変量解析が必要となるが，数理解析の導入は発生生物学に新たな方向性をもたらすことになるだろう．本章でも12.3.1項および12.3.2項にて，かたちの違いを検出する方法を解説する．

12.1.2　アイデア②：発生プロセスの設計方式を探る

発生プロセスを理解したいとき，どのようなアプローチが考えられるだろうか？　まず，前12.1.1項で述べたように分子生物学的に調べ，転写制御やシグナル伝達経路を探るアプローチがある．もう一つは，発生メカニズムの設計方式を探るアプローチがある．

設計方式とは何か？　例えば，デスクトップコンピュータは，ハードディスク，メモリ，コンデンサー，種々の電気回路などのさまざまな部品によりできている．一方で，それぞれの部品は規格化されているゆえに，別べつの工場で生産したあと一カ所に集めて組み立てることができる．このような生産方式が可能なのは，これらの部品群が可分解性を満たしているからであり，このような設計方式をモジュール方式と呼ぶ（一般には，複雑に絡み合ったシステムが独立したユニットに分解できる性質をモジュール性と呼ぶ）．このような設計方式は発生プロセスにも備わっているのだろうか？　個々の素過程の機構を知ることに加えて，素過程の集積のされ方である設計方式を知ることも重要である．

発生プロセスのモジュール構造を探るにはどのようにすればよいのだろうか？ひとつの方法は，かたちを定量解析することである．解析では，かたちのもつ揺らぎや相関といった多変数の統計量を扱う．かたちを構成する部位どうしの相関を計測し，どの部位どうしが強く関連し，どの部位どうしが独立しているかがわかれば，かたちのモジュール構造を探ることになる．そのうえで，モジュール構造をなす部位どうしを結びつけている遺伝子群は何か，あるいはモジュール間の独立性を担保している遺伝子群は何か等を調べられる．モジュール構造を探る研究は進化・生態学で取り組まれてきており，「形態統合とモジュラリティ(morphological integration and modularity)」といった研究領域を形成している．本章でも12.3.3および12.3.4項にて，かたちからモジュール構造を同定する方法を解説する．

12.2　かたちや模様の定量計測

本節ではかたちや模様を定量解析するために必要な3ステップのうち，定量化と標準化について解説する（図12.3参照）．定量化とは，調べたいかたちの画像から，そのかたちの位置情報をデータとして取得する手続きを指す．標準化とは，取得した位置情報データを統計学的に意味のある解析をするためのデータへと変換する手続きを指す．これらの二つの手続きを経ることで，解析のための下準備が整う．本節では，実際にかたちを定量解析するために必要な具体的な手続きや手法について解説することを主眼に据え，かたちを解析するための数理統計学的な基礎づけについては，近く刊行される他書に詳細を譲る[7]．また，汎用的に利用されるソフトウェア等のツール群も紹介する．

標準化の方法として最も代表的なものが幾何学的形態測定法（geometric morphometrics）である．この方法は，かたちの情報を，かたち上に打点されたランドマーク群の情報に代表させて調べる方法である．具体的には，まずランドマークを取り(12.2.1項)，その位置座標を定量化し(12.2.2項)，標準化する(12.2.3項)．文献8は代表的な教科書である．

12.2.1　ランドマークの取り方

幾何学的形態測定法では，かたちのもつ情報を，かたちの上に打点されたランドマークの情報に代表させて調べる（図12.5）．ランドマークの取り方には複数の方法が提案されているが，ここでは最も標準的な方法である標準ランドマーク法(standard landmark)と，最近汎用されつつあるセミランドマーク法(semi-landmark)を紹介する．

標準ランドマーク法は，同種の個体間で"同じ(＝相同な)"であると同定できる点をランドマークとして用いる方法である．相同であるか否かは，解剖学的あるいは組織学的あるいは形態学的な知見を根拠にする．例えば，ショウジョウバエの翅脈では脈と脈の交点や脈と縁の交点などがランドマークとして利用される(図12.5a)．この方法の利点として，形態組織学的な知見を計測に反映させることができ，生物学的な特徴を踏まえた解析が可能となる点がある．欠点として，調べたい胚に形態組織学的な知見が乏しい場合には利用できるランドマークが希薄になってしまう点があげられる．かたちの特徴を十分に反映していると判断できるだけのランドマークが利用できない場合には，そもそも幾何学的形態測定法をもとにした解析には不向きであり，他の方法を検討する必要がある．

セミランドマーク法は，標準ランドマーク法の欠点を一部補完した方法である．同種の個体間で相同な点をランドマークとして用いるところまでは標準ランドマーク法と同様に進める．異なるのは，隣接する相同点間を等間隔に打点し，新たに生じた点もランドマークとして利用するところである．追加したランドマークは，形態組織学的に明確に認識できる構造を拠り所としていないものの，その背景にある分子発生学あるいは生態学的な知見などから個体間で"同じ場所"であるとみなしてよいだろうという判断をしている．例えば，マウスの骨格の標準ランドマーク点同士の間をセミランドマークとして利用する(図12.5b)．この

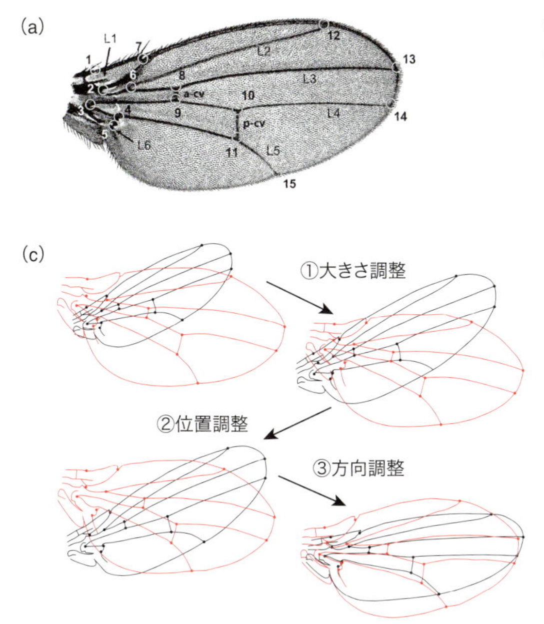

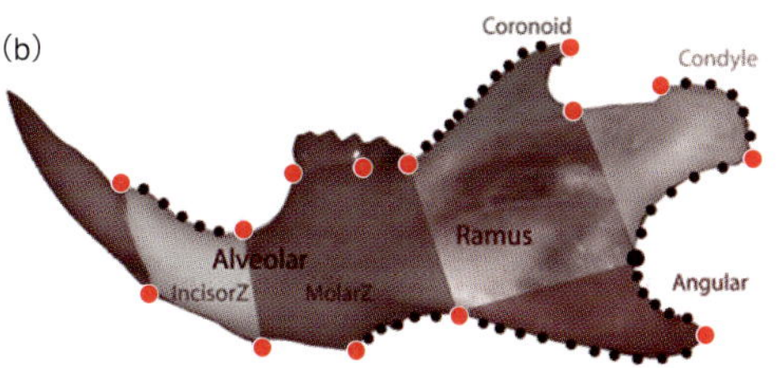

図 12.5　定量化と標準化
(a) 標準ランドマーク法．ショウジョウバエの翅上にランドマークを打点している．(b) セミランドマーク法．マウスの下顎骨上に標準ランドマーク（赤丸）とセミランドマーク（黒丸）を打点している．(c) プロクラステス整列．2 個体（赤線，黒線）を整列させる様子を，文献 20 を参考に図示した．図中の写真（a）は，文献 18 の Fig1 より転載．図中の写真（b）は，文献 19 の Fig1 より転載．

方法の利点として，標準ランドマーク法よりもかたちを広くカバーするようにランドマークをとれることがある．欠点としては，形態組織学的な根拠が明確でない点があげられる．

12.2.2　定量化

ランドマークを決められたなら，次にその位置座標データを取得する．ランドマークの位置座標の取得には，汎用フリーソフトウェアである tpsDIG2 が利用できる．かたちを撮影した画像ファイルを tps で読み込む．表示された画像をマウスでクリックしながらランドマークを打点する．打点ができたらランドマークの位置座標データを保存する．保存されたデータは，tps 形式というデータで保存される．幾何学的形態測定法にもとづいた解析方法はかたちの揺らぎを利用するため，数十個体のかたちのデータを取得する必要がある．

12.2.3　標準化：プロクラステス整列

複数個体についてランドマークの位置座標が得られたなら，次は得られた位置座標データを標準化する．図 12.5(c)に，標準化の手順を示す．標準化とは，かたちのもつ幾何学的特徴を，種々の操作について不変である「変換不変量」として抽出しようとする手順である．具体的には，回転（rotation）・移動（translation）・拡大縮小（scaling）の操作について不変な量へと変換する．一連の標準化プロセスはプロクラステス整列（procrustes superimposition）と呼ばれ，変換不変量へと標準化されたランドマークの位置座標はプロクラステス座標と呼ばれる．元のかたちがもつ情報から回転・移動について不変量を抽出したものは，サイズ－シェイプと呼ばれる．この操作に加えて，拡大縮小についても不変量を抽出したものは，シェイプと呼ばれる．シェイプはケンドール形状空間で定義される数理統計学的に厳密に定義された量であり，この空間上の 1 点として表される．したがって，二つのシェイプの違いはケンドール形状空間上の 2 点間の距離として定量的に評価できる．この距離をプロクラステス距離(procrustes distance)という．

標準化は，直感的には以下の作業をしている．例えば，まったく同じ個体を撮影したとしても，撮影するたびにサンプルの向きがわずかでも違ってしまっては，撮影された画像データを利用してランドマークの位置座標を取得しても，同じランドマークの位置座標であったとしても異なる値になってしまうことは想像に難くない．あるいは，サンプルの位置がわずかに上にずれてしまった場合でも同様の問題が生じる．標準化とは，このズレを補正する作業であるといえる．こうすることで，かたち上に打点したランドマークの位置座標がプロクラステス座標へと変換され，この座標情報を種々の多変量解析へ利用することができるようになる．

さて，回転・移動・拡大縮小の変換不変量を得るためには，どのような計算を行っているのであろうか？[7]　回転についての標準化は，各個体（$i = 1,2, \cdots, n$）を θ_i で回転した後の同じランドマークどうしの距離の総和が最小になるような θ_i を決定する．移動についての標準化は，個体ごとにランドマークの重心座標を計算し，個体間の平均重心座標に平行移動させている．拡大縮小についての標準化は，個体ごとにランドマークの重心座標からランドマークまでの距離の平方和でランドマークの位置座標を割り算する．ここで求めた平方和は個体の大きさとして見立てている．プロクラステス座標やプロクラステス距離を計算するには，汎用フリーソフトウェアであるMorphoJ（http://www.flywings.org.uk/morphoj_page.htm），あるいはRのパッケージであるshapes（https://www.maths.nottingham.ac.uk/personal/ild/shapes/）が利用できる．

12.3　かたちや模様の定量解析

本節ではかたちや模様を定量解析するために必要な3ステップの最後，解析について具体例をあげながら解説する．かたちを解析するための手法にはさまざまなものが提案されているが，ここでは以下の二つの方法に焦点を絞る．①かたちの違いを検出する方法，②かたちのモジュール構造を検出する方法である．前者は，異なるかたちを比較することができる．例えば，野生型と変異型のかたちの比較や，異なる種間でかたちの比較などができる．後者は，12.1.2項で述べたような発生プロセスの設計方式を調べる研究の一例である．例えば，かたちを構成している各部位について，どの部位どうしが連動していてどの部位が関連していないかがわかる．

12.3.1　解析① かたちの違いを検出する —基本編—

本項では，かたちの違いを検出する方法をもちいた基本的な研究事例を解説する．幾何学的形態測定法を用いた研究は昆虫の翅や脊椎動物の骨格などの成体のかたちを利用した研究例が豊富であるし理解しやすい．ここでは，真骨魚類スズキ目シクリッドのかたちの違いを調べた研究を紹介する[9]．シクリッドは，およそ1万年のあいだにかたちや生活史などが急激に進化したグループであり，生息地域ごとに多様化していることが知られている．アクセル・メイヤーらの研究グループは，ニカラグアにある八つの湖に住む複数種のシクリッドのかたちがどのように違っているのかを調べた（図12.6a）．サンプリングした合計1334個体について，それぞれの個体に15のランドマークを打点し位置座標を得(図12.6b)，プロクラステス座標(x, y 座標)を取得した．これで下準備の完了である．

ここまでの操作によって，各個体の形態情報が15のランドマークのプロクラステス座標によって表わされた．ランドマークを各軸にとった15次元の多変量空間内で表現すれば，1点が1個体を表した合計1334点の散布図として形態情報が得られたことになる．この多変量空間内で近くにある個体群は互いに類似した形態をしているといえる．本研究では，八つの湖に生息するシクリッドのかたちが各湖のグループ間でどれくらい異なるのか，特にそれらが分離できうるほどに異なる

(a)

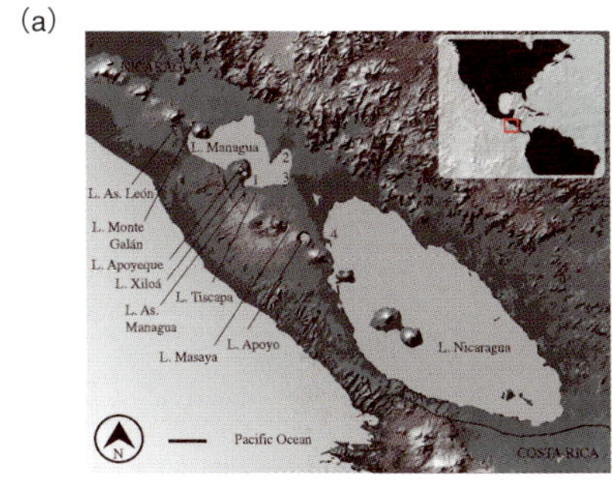

(b)

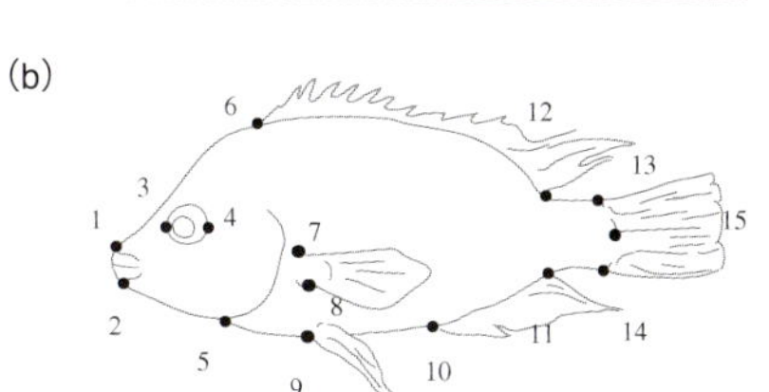

(c)

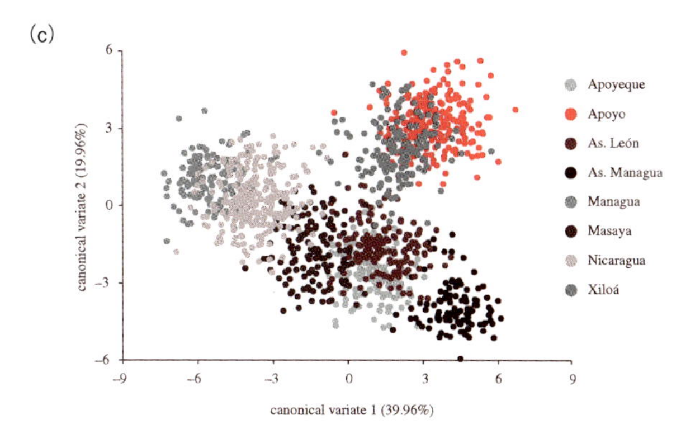

図 12.6　かたちの違いを検出する①

(a) シクリッドの生息分布，(b) ランドマーク，(c) かたちの違いを検出した正準変量分布図　第一軸と第二軸によりプロット．図中の写真は，文献 9 の Fig1-3 より転載．

のかどうかを知ることが目的である．そこで，この多変量散布データからグループ内のばらつきは小さくて，グループ間のばらつきが大きくなるような新たな軸を探したい．この目的に適した方法として，正準変量解析（Canonical Variate Analysis, CVA）が知られる．CVA の結果，第一正準変量軸と第二正準変量軸により，かたちのもつ変量をおよそ 60％の寄与率で説明できることがわかった（図 12.6c）．第一軸と第二軸により展開された散布図をみると，一部重なり合う部分があるものの，生息している湖ごとにおおむね分離できるほどにかたちが異なっていることがわかった．このようにかたちを定量解析することで，同じ基準で異なる種のかたちの違いを調べることができる．正準変量解析は，12.2.3 項でも利用した MorphoJ に実装されている．また，R のパッケージの Morpho（https://github.com/zarquon42b/Morpho）も利用できる．

12.3.2　解析① かたちの違いを検出する　—発展編—

本項では，形態の違いを検出する発展的な方法を用いた研究事例を解説する．前 12.3.1 項で見た研究例が単純すぎると感じる読者もいるだろう．しかし同様の方法を利用して，概念的により複雑なテーマにもアプローチすることができる．ここでは羊膜類の胚発生を定量解析し，発生ステージのどの段階が互いに類似しどの段階の違いが大きいのかを調べた研究事例を紹介する[10]．

哺乳類，爬虫類，鳥類を含む羊膜類の成体の形態は多様性に富む一方，その発生過程での胚は，初期の段階では相対的に似ていることが知られる．胚発生期のどの段階が最も類似しているのかについてはいくつかの仮説があり，なかでも「phylotypic stage という時期が最も類似している」とする「砂時計モデル」が有力である[11]．この仮説は，網羅的な遺伝子発現解析により支持されている[12]．そこでヤングらは，羊膜類の顔面形成に着目して，胚発生期のどの時期が互いに類似しているのかを，発生の時系列に沿って調べた（図 12.7 ～図 12.10）．

それぞれの個体に 17 のランドマークを打点して位置座標を取得し（図 12.7），プロクラステス整列法によりプロクラステス座標（x, y, z 座標）を取得した．ランドマークを各軸にとった 17 次元の多変量空間内で表現すれば，1 点が 1 個体を表す散布図に展開された形態情報を得られる．まずは，この形態情報の分布が調べられた．各動物種の発生初期胚のデータだけを使って正準変量分析を行ったところ，かたちは種間によって異なっていることがわかった(図12.8a)．次に，それぞれの動物種について，初期の胚のみならず各発生段階の胚のデータも含めた場合の分布が調べられた．ここでは主成分分析(Principal Component Analysis, PCA)が行われている(図12.8b)．主成分分析では，多変量データのばらつきが最も大きく拾える軸を第一主成分にとり，ばらつきが大きく拾える順に第二，第三，・・・と軸を同定する方法である．各軸が多変量データの何%を説明できるかが寄与率として算出される．主成分分析の結果，第一〜三主成分までで合わせて78.0%の寄与率を示し，かたちのばらつきの大部分を説明できることがわかった(PC1：53.8%，PC2：15.5%，PC3：8.7%)．そして，これらの各主成分軸がどのような発生学的な現象と関わりがあるかを調べた．PC1軸方向にデータ点を眺めてみると，興味深いことに発生ステージの順になっていることがわかった(図12.8b)．したがって，PC1軸は発生ステージの順序を反映しているといえる．PC2軸は，鳥類と非鳥類の違いを顕著に検出できることがわかった(図12.8b)．

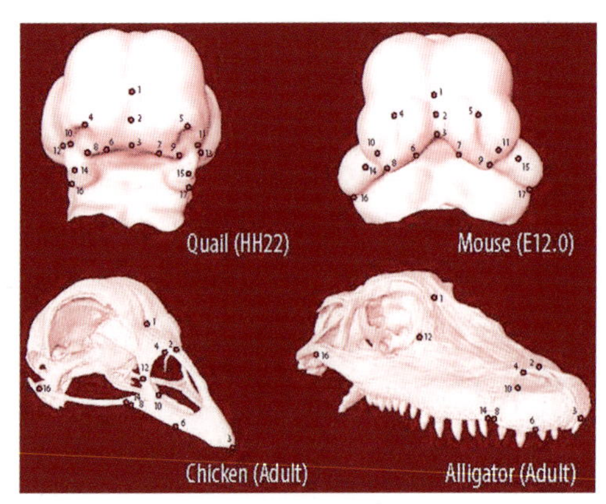

図12.7　かたちの違いを検出する①-2
ランドマークを取得する．図中の写真は，文献10より転載．

次に，どの発生ステージで種間でのかたちの違いが大きく，どのステージでかたちの違いが小さいのかが調べられた．ヤングらはここで，発生ステージの順がPC1で反映されていることを利用している．図12.9は，平均的なかたちと各サンプルのかたちの違いを，プロクラステス距離をもちいて計算し，PC1軸に沿ってプロットしたものである．平均的なかたちは，すべてのサンプルのプロクラステス座標データの平均値から算出した．結果は，段階ⅱで最も似ていて，初期や後期ではより異なる，というものであった．ここではプロクラステス距離を利用した威力がまざまざ

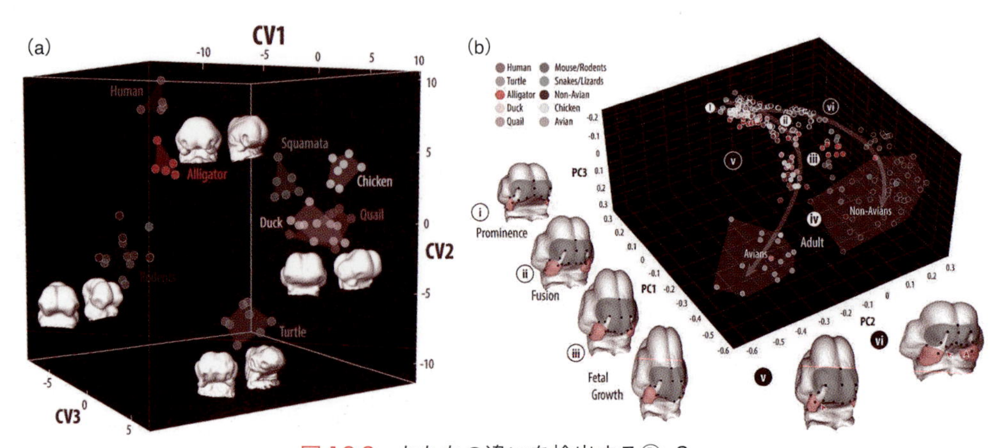

図12.8　かたちの違いを検出する①-3
(a) かたちの違いを検出した正準変量分布図，(b) 主成分分析による散布図．第一, 二, 三主成分によりプロットした．図中の写真は，文献10より転載．

と表れている．同じ動物種を使っていても発生ステージが異なればかたちは異なるし，ましてや違う動物種を使えばかたちは当然のように異なる．にもかかわらず，これらのかたちが互いにどれくらい異なるのかということを，定量的・数理統計学的に比較可能な特徴量（プロクラステス距離）によって定義できたということである．

プロクラステス距離が定義できるのは，すべてのサンプルで同じ（＝相同な）ランドマークを用いて形態情報を抽出しているからである．一方で，結果の解釈に注意が必要なのは，PC1 軸方向に展開していることである．PC1 軸方向に見れば発生ステージの順にデータが並んでいるのはその通りであるが，PC1 軸はかたちのばらつき方にたいして寄与率が 53.8％あり，ばらつきの半分程度しか説明できる能力をもっていない．正確に実験を行うのであれば，その形態情報データと平均のかたちのデータ間のプロクラステス距離を算出し，発生ステージごとにデータを並べ，ステージごとのかたちの違いを定量すればよい．なぜヤングらがこのようにしなかったのかというと（筆者の推測でしかないが），異なる動物種間で発生ステージを揃える基準づくりが難しかったからだと予想される．

さて，ヤングらが疑問を抱いたのは，発生ステージを経て変化していくかたちの軌跡はどの程度制約を受けているものなのか，ということである．図 12.9 で見たように，発生ステージⓘⓘにてかたちの違いは最も小さい．成体のかたちはまったく異なってみえるほどに多様化しているにもかかわらず，このステージでは非常に似たかたちをしている．この種の系統的な違いはおよそ数億年の隔たりがあるわけだが，なぜこのステージでのかたちが似たままなのだろうか？　ひとつの仮説は発生学的な変更を受けつけない仕組みがあるからであり，もうひとつの仮説は発生学的には変更可能であるが自然選択により改変を伴うような淘汰を受けてこなかったからだとも考えられる．そこで，この部位の形成に関与していると考えられる遺伝子 shh の機能を促進・阻害する実験をおこない，この変異型が標準型と比較してどのようにかたちを逸脱しうるかを調べた．図 12.10 に結果をしめした．主成分分析により得られた PC1-PC2 軸でプロットすると，かたちの変化は 2 次関数で近

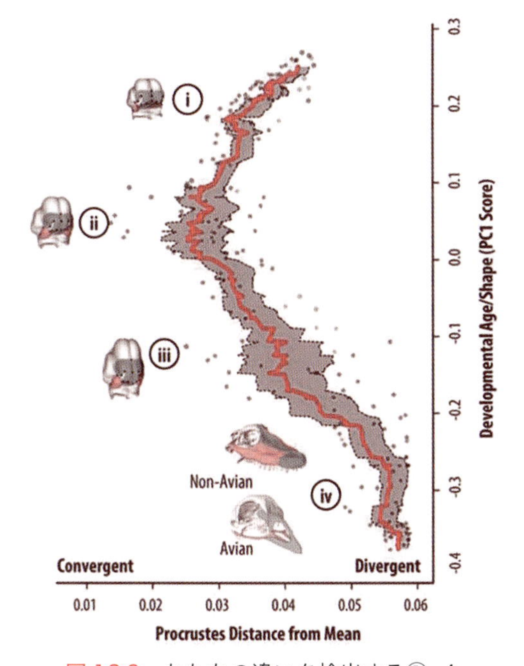

図 12.9　かたちの違いを検出する① -4
発生ステージのかたちの違い．図中の写真は，文献 10 より転載．

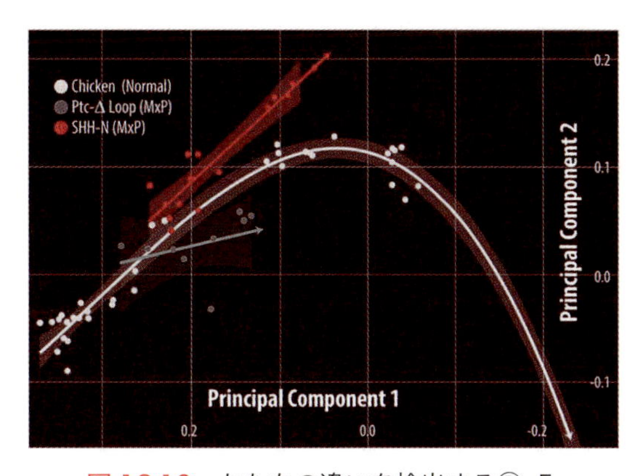

図 12.10　かたちの違いを検出する① -5
遺伝子の機能欠損・強制発現により変更されたかたち．文献 10 より転載．

似できることがわかった．この図に，Shh の機能を阻害あるいは促進した個体のかたちを幾何学的形態測定法により定量解析した結果を重ねて表示したところ，標準型のかたちを逸脱できることがわかった．このことは，先に述べた仮説のうち後者を支持しているといえる．すなわち，発生ステージⓘⓘが種間でも保存されつづけているのは，発生学的に変更できないからではなく，変更はできるのだけれども自然選択により変更されたかたちをもった個体が選抜されてこなかったからだと示唆している．このように幾何学的形態測定法を利用したかたちの定量解析は，異なる動物種間，同種の異なる発生ステージ，標準型と変異型，などのさまざまなサンプル間でのかたちの違いを検出することができ，分子生物学的な操作実験などと組み合わせることで，概念的なものにもアプローチできる実験系を組むことができる．

12.3.3　解析② モジュール構造を検出する —基本編—

本項では，かたちの定量解析により発生プロセスのもつモジュール構造を検出する方法の理解に努める．モジュール構造を検出するには，大きく二つの方法がある．一方は検証的な方法であり，他方は探索的な方法である．前者にはいくつかの方法が提案されているが，本項ではよく利用されている Klingenberg 法と，それを利用した研究を紹介する．後者には今のところ 1 つの方法しか提案されておらず，筆者が開発した形態相関ネットワーク法を 12.3.4 項で紹介する．

Klingenberg らは，ショウジョウバエの翅がひとつに統合されているのか，あるいは，二つのモジュール構造へと分断されているのかを調べた[13]．分子生物学による研究から，ショウジョウバエの翅原基には前後軸が形成されていることがわかっている．この前後軸の形成にはヘッジホッグ遺伝子等が関わっており，その境界は図 12.11(a) に示す点線にあることがわかっている．これらの事実をもとに，翅は前側の領域と後側の領域でひとつに統合されているのか，あるいはそれら二つの領域がモジュールとして分割されているのかが調べられた．

それぞれの個体に 15 のランドマークを打点して位置座標を取得し（図 12.11a），プロクラステス整列法によりプロクラステス座標（x, y 座標）を取得した．ここで検証したいのは，翅原基が前後軸に沿った領域で二つのモジュールに分けられているかどうかである（図 12.11b）．Klingenberg

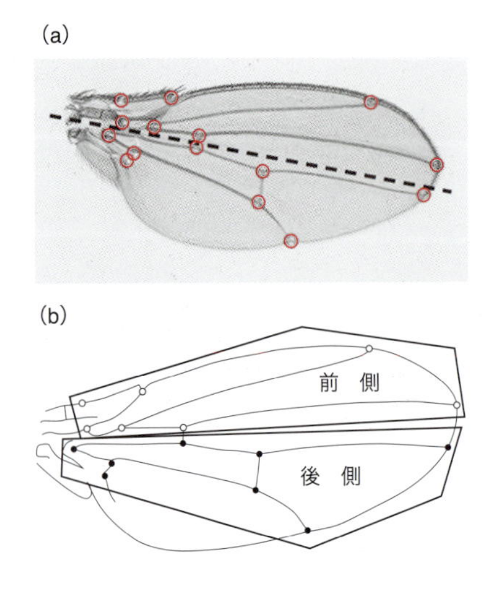

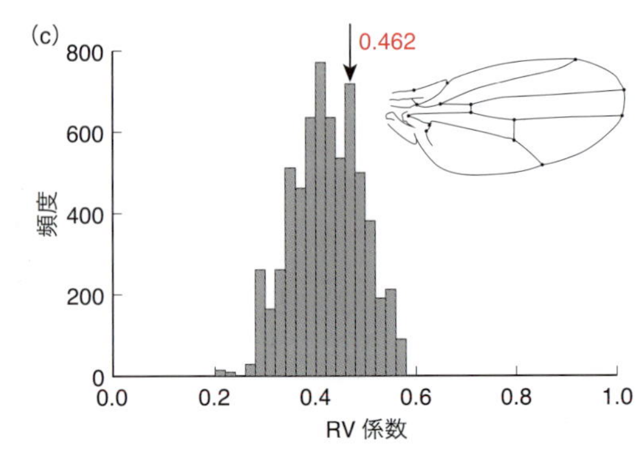

図 12.11　モジュール構造を検出する② -1
(a) ランドマーク，(b) 前後でモジュール構造があるという仮説，(c) RV 係数の分布．図中の写真は，文献 13 の Fig2,4A,5 より転載．

法は，複数の変数セット間での相関を調べられるRV係数を利用して形態のモジュール構造を検出する．RV係数はピアソンの積率相関係数（巻末の補遺参照）を一般化したものであり，多変数×多変数の相関を調べることができる．このプロクラステス座標データについて，前方側(anterior)にあるランドマーク1～7と後方側（posterior)にあるランドマーク8～15をそれぞれ組にしてRV係数を計算した．

ひとつの方法は（やや消極的な方法であるが），このRV係数がある有意確率のもとで検定し有意であるならばモジュール構造があるとはいえない，有意であるといえないならばモジュール構造があるかもしれない，と判断するやり方である．検定を利用する方法は，対立仮説を棄却することしかできない．したがって，相関がある場合には証明できるのだが，相関がない場合には積極的に主張できず，「相関があるとはいえない」という結論しか導けない．対立仮説を並べ替え検定(permutation test)により検証した結果，RV係数の値がないという仮説は棄却された．

もう少し直接的な方法として，ランドマークが7個と8個になるすべての組合せのランドマーク間のRV係数をすべて求める方法がある．もしモジュールが成立しているなら，他のRV係数と比較して，目的のRV係数が極端に小さな値になるはずである．15のランドマークを7個と8個に分けられる組合せの総数は全部で6435通りあり，そのすべての場合でRV係数を調べたところ，4374通りの組合せがより小さな値であった(図12.11c)．したがってRV係数の大きさが上位33%に入る値であった．この値から推察すると，ランダムなパーティションをされているとは言いにくいため，モジュールがあるという結論になる(ようだ)．さらに，隣り合ったランドマーク間の相関のみを考慮に入れる方法も文献では提案されているが，紙面の都合によりここでは割愛する．

12.3.4　解析②　モジュール構造を検出する —発展編—

本項では，形態相関ネットワーク法をもちいて発生プロセスのもつモジュール構造を検出する方法の理解に努める．Klingenberg法では，どのランドマーク群がモジュール構造をなしているかについて事前に仮説を設ける必要があった．しかし，形態相関ネットワーク法ではこのような仮説を設ける必要がなく，探索的にモジュール構造を探りあててくれる．ランドマーク間の相関を総当たりで計算し，得られた相関関係をネットワーク構造へと変換し，ネットワーク分析の手法を利用してモジュール構造を探索するのである．

筆者は，枯葉に擬態した蛾（アカエグリバ，*Oraesia excavata*）の翅の模様を題材にして(図12.12a)，枯葉模様のモジュール構造を調べた(図12.12c)[14]．それぞれの個体に19のランドマークを打点して位置座標を取得し（図12.12b)，プロクラステス整列法によりプロクラステス座標（x, y 座標）を得た．その後，19のランドマーク間について総当たりで相関を計算し，相関を調べる方法としてはRV係数を利用した（RのパッケージであるFactoMineRにて計算)．12.3.3項で解説したように，RV係数はピアソンの積率相関係数を一般化したものであり，多変数×多変数の相関を調べることができる．模様上に打点されたランドマークは x, y 座標の二つの位置情報を持っているため，2個のランドマーク間の相関は2変数×2変数について計算する必要がある．注意してほしいのは，12.3.3項でのRV係数の利用の仕方と，本法での利用の仕方では，用途が異なる点である．Klingenberg法ではRV係数のみでモジュール構造を検出できるとしているが，形態相関ネットワーク法ではあくまで2個のランドマーク間の相関を計算するためだけにRV係数を利用している．

さて，すべてのランドマーク間において総当た

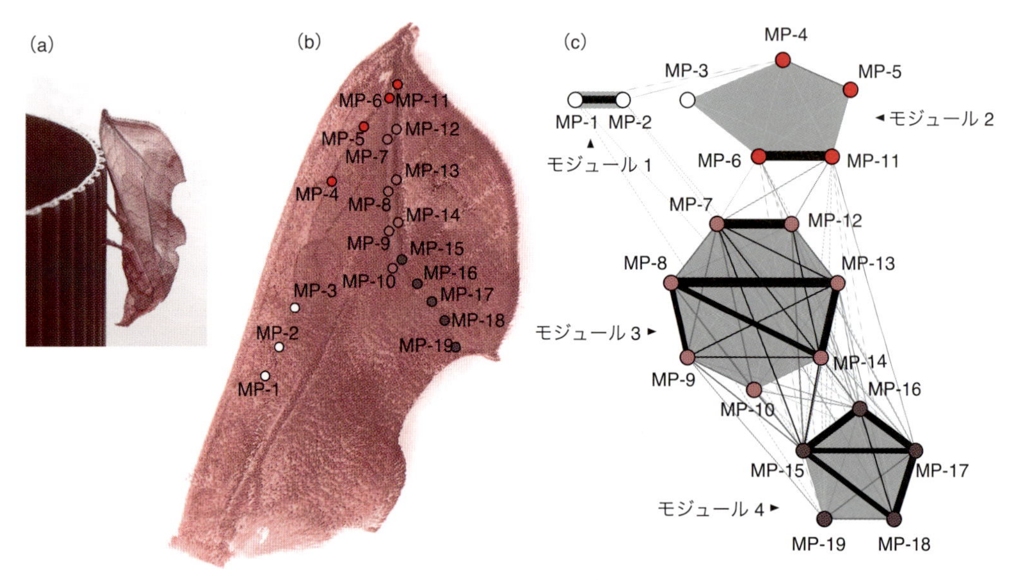

図 12.12　モジュール構造を検出する② -2（口絵参照）

(a) 枯葉に擬態した蛾（アカエグリバ，*Oraesia excavata*），(b) ランドマーク，(c) 枯葉模様の形態相関ネットワークと検出されたモジュール構造（灰色の多角形）．写真は，文献 14 より転載．

りで調べられた RV 係数のデータをネットワーク構造へと変化した（図 12.12c）．といっても，作業としては難しくない．形態相関ネットワークにおいて，1 個のノードは 1 個のランドマークに相当し，ノード間のリンクは，相当するランドマーク間の相関を示す．リンクの太さは RV 係数の大きさ（0 ～1）に相当する．したがって，枯葉模様の形態相関ネットワークは 19 のノードをもち，すべてのノードが互いにリンクでつながった完全グラフのネットワークになる．この方法にはオプションがあり，研究の目的によっては，ある閾値より大きな RV 係数のみをネットワークのリンクとして利用することができる．このオプションを採用した場合には，ネットワークは完全グラフではなく，閾値以下のリンクがないネットワークになる．

ネットワークからモジュールを検出する方法にはさまざまなものが提案されている[*1]．ここでは，Reichardt & Bornholdt が開発した統計物理のスピングラスを利用した方法によりネットワークからモジュール構造を検出した（本書の範疇を逸脱するので詳細は割愛する）．R のパッケージ

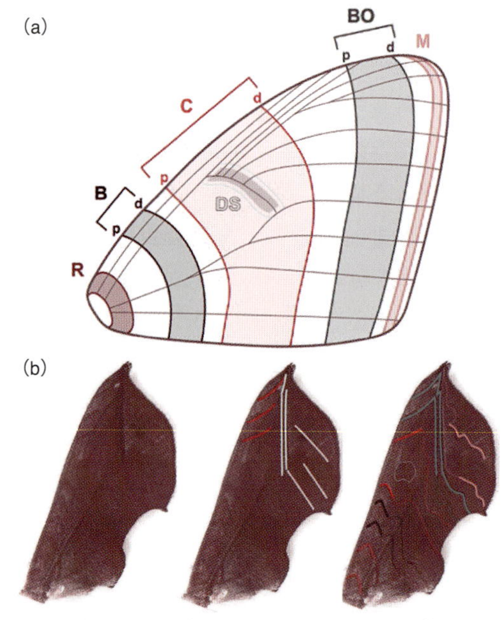

図 12.13　モジュール構造を検出する② -3

写真は，文献 14 より転載．

igraph を利用して計算した解析の結果，四つのモジュール構造が検出され，興味深いことにうち三つのモジュール構造が枯葉模様のサブ構造と対応していることがわかった（図 12.12c）．すなわち，枯葉の葉脈模様をつくる主脈にモジュール 1 が，2 本の側脈それぞれにモジュール 2 と 3 が対応していることがわかったのである．この結果，枯葉模様がただ単に似た模様をしているだけでな

＊1　ネットワーク分析の研究分野では，モジュールは community structure としばしば呼ばれる．

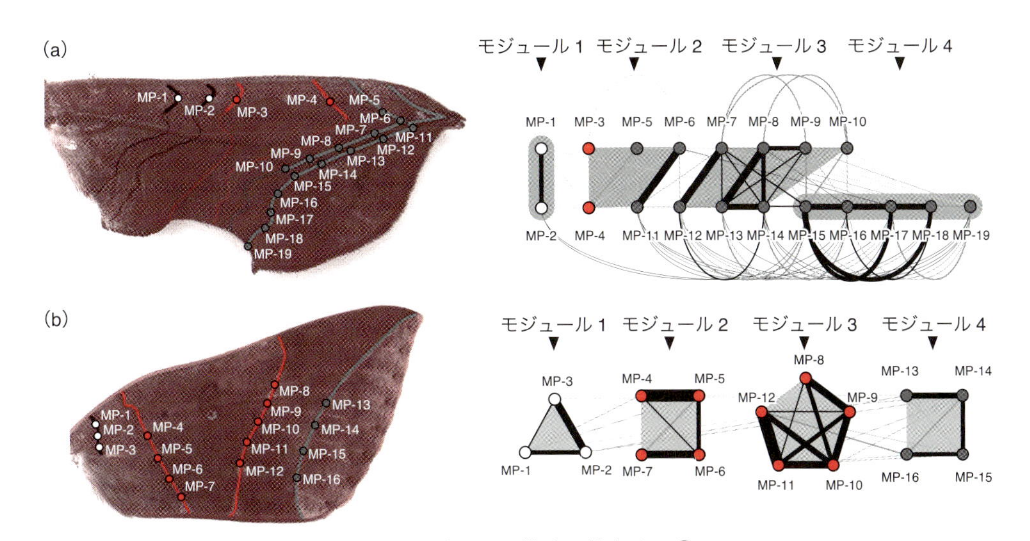

図 12.14　モジュール構造を検出する② -4

(a)アカエグリバのモジュール構造，(b)ムクゲコノハのモジュール構造．写真は，文献 14 より転載．

く，枯葉模様の葉脈要素ごとに対応したモジュール構造をもっていることが示された．モジュール構造が検出されたということは，モジュール内のランドマークが特に強く相関していることを示しており，それらのランドマークを相関させている原因遺伝子群の存在が示唆される．

さて，枯葉模様のモジュール構造はどのようにして進化的に獲得されたものなのだろうか？　あるいは，まだ枯葉に似てもにつかない模様をしているときから，このモジュール構造は存在していて，種分化を繰り返す間もずっと受け継がれてきたものなのだろうか？　この問いに答えるために，まずは形態学による知見を利用した．蝶や蛾の翅の模様は見た目には異なる模様を呈していても，同じ(＝相同な)模様要素の変形で模様がつくりだされていることがわかっている．これをグラウンドプランと呼ぶ（図 12.13a）．これまでの研究により，グラウンドプランを構成する要素はそれぞれ独立しており，したがって発生モジュールを形成していることが示唆されていた．そこで，擬態していない一般的な模様の蛾(ムクゲコノハ，*Thyas juno*)について形態相関ネットワークを算出し，モジュール構造を調べた(図 12.14b)．結果，グラウンドプランを構成する要素ごとにモジュール構造をなしている結果が得られ，先行研究の結果を支持していた．この結果は，比較的単純な模様はグラウンドプランにしたがったモジュール構造をもともと持っていたことを示唆している．

さて，枯葉に擬態した蛾の翅模様もグラウンドプランにしたがっていることがわかった（図 12.13b）．ここで疑問に思うのは，グラウンドプランから予想される発生モジュールと，先に形態相関ネットワークで検出されたモジュール構造はどのような関係になっているのかということである．先に調べた枯葉模様の形態相関ネットワークをグラウンドプランごとにノードを並べなおしてプロットしてみた（図 12.14a）．この結果，枯葉擬態のモジュール構造は，本来蛾の翅模様が持っている発生モジュール構造を大規模に改変して，進化の過程で新たに創りだされたものであることが明らかになった．

このように，形態相関ネットワーク法は前提となる仮説を設けることなく，かたちや模様上に打点したランドマークのモジュール構造を検出できる．また，形態学などからわかっている異なるクラスの発生モジュールについての知見と組み合わせることで，モジュール構造の進化的な再編も調べることができる．したがって，本研究では取り組んではいないが，遺伝子の機能阻害・促進を行うことができれば，その変異型の模様と標準型の模様のモジュール構造を比較することで，モジュール構造をもたらしている原因遺伝子群を探ることも可能であろう．一方で，本研究はかたちの特徴量のみで解析したため，分子発生学的な根拠が弱いという欠点がある．特に，グラウンドプランの発生モジュールを生みだしている原因遺伝子群の同定や，枯葉模様のモジュール構造をもたらしている遺伝子群の同定，さらにはグラウンドプランモジュールから枯葉模様モジュールへの再編を可能にしている遺伝子群の同定などができるように研究を進める必要がある．

12.4 まとめと展望

本章では，かたちや模様を定量解析する方法とそれを利用した研究事例について解説した．かたちを定量解析する方法の開発は日進月歩であり，その数理統計学的な基礎の整備は20世紀も終わりになされ，かたちのモジュール構造などを調べる解析技術の開発が進んだのはここ十年のことである．またマイクロCTなどを利用して胚などを高精度に定量できるようになったのはこの数年である．かたちを定量解析することの発生学への本格的な応用は始まったばかりであり，今後ますます重要な分野となっていくものと思われる．

この最終節では，今後発展が期待される分野について簡単に言及をしたい．本章では，かたちの定量解析がもたらすものとして，(1) かたちの変化と遺伝子の機能とが密接に関連づけられること，(2) 発生プロセスのもつ設計方式を調べられること，の二つの側面から解説してきた．これらの研究は，今後どのように発展するだろうか？

12.4.1 形態情報―発生情報―遺伝情報を結びつける

かたちの定量解析に関連して今後最も進展が望まれる分野は，形態情報と遺伝情報を発生メカニズムの理解を介して融合させることであると考えている（図12.4参照）．12.3.2項で紹介したように，遺伝子の機能改変した変異型と標準型のかたちを比較し，*in situ* ハイブリダイゼーションなどの分子発生学的な手法と組み合わせることで，この方向へのアプローチが始まりつつある．最近ではゲノムシークエンス技術の進展により，新規の生物のゲノム塩基配列を解読することや，既にゲノム解読されている生物の個体のゲノムの違いを1塩基レベルでリシークエンスすることが可能である．その主たる取組みのひとつとして，Genome-wide Associated Study (GWAS) 研究があげられる[15]．この技術を利用すれば，ある性質を満たした形態をもつ個体を集め，それら個体群に共通するゲノムの変異群を1塩基変異レベルで網羅的に探し，形態の性質と遺伝的変異の関連を調べることができる．さらに，こうした変異が発生プロセスにどのような変化を生みだすのかについて，ライブイメージングなどの高精度な観察技術と組み合わせて調べることも可能だろう．遺伝子の機能改変がどのような発生プロセスの改変を招き，その結果かたちの変化を引き起こしたのかを解明することは今後の重要な分野になりうると期待される．

12.4.2 発生プロセスの設計方式と進化的視点との融合

動物や植物のからだづくりはどのような設計方式に根ざしているのかを理解したい．12.1.2項で説明したように，発生生物学はその目標のひとつを発生学的現象とその分子基盤の解明にあててきたが，そもそも発生プロセス全体がどのように設計されているのかについてはあまり探求してこなかった感がある．分子メカニズムの理解を積み上げていったその先に設計方式の理解があるのではなく（それは12.4.1項），設計方式を理解するためのアプローチがあり，その理解を深めていく過程でその設計方式を成り立たせているのはどのような分子メカニズムなのかを調べることになる．

12.3.4 項で紹介したようなモジュール構造を調べる研究はその一端であるといえよう．つまり，トップダウンアプローチによる記述体系とボトムアップアプローチによる記述体系とをいかに融合するかが本質にあると考えている．かたちの定量解析とはすなわちトップダウンアプローチの最たる例のひとつである．

発生プロセスの設計方式を理解する研究が進むにつれて，進化生物学的な視点が必要不可欠であることが広く認識されるようになるだろう（図12.4）．なぜならば，その設計方式を調べている動物種の発生プロセスが採用するようになった経緯を知りたいと考えるようになるからである．経緯とはすなわち進化を指す．かたちのどの部位が変更しやすくどの部位の変更はしにくいのか？　かたちの変更しやすさは発生メカニズムのどのような設計に起因するのか？　そもそもどのような経緯でその部位が変更しやすくなったのか？　こうした問いに答えるには，もはや発生学的な知見からは難しく，進化発生学(エボデボ)的な視点の導入を欲することになるだろう．“進化”と聞くと毛嫌いする向きもあるやもしれない．進化とは動物学であり個別論であり行き当たりばったりのただランダムな確率過程の産物である，とでも考えるからであろうか？　いや，そうではない．確かにこれまでのエボデボ研究においても個々の動物の発生学という側面が強調されすぎているきらいがある．しかし，エボデボ研究の醍醐味はそればかりではない．発生プロセスの設計方式の進化と成立を解明することも大きな目標のひとつである[16]．実際に，この設計方式の探求は，「遺伝子型－表現型写像（genotype-phenotype map）を理解する」といったスローガンとして知られる[17]．その理解には，進化可能性(evolvability)や遺伝的頑健性(genetic robustness)といった概念装置群も必要となるだろう．複雑で巧妙で多様な生物のかたちをもたらす発生メカニズムについて，その背景にある遺伝子の働きをふまえたうえで，ひいては進化的視点を導入して新たな発生プロセスの理解へ，すなわち「生きているシステムの設計原理（Design principles of living systems）」の解明が進むことを願ってやまない．

（鈴木誉保）

文　献

1) Klingenberg CP, *Ann. Rev. Ecol. Evol. Syst.*, **39**, 115 (2008).
2) Wagner GP & Zhang J, *Nat. Rev. Genet.*, **12**, 204 (2011).
3) Esteve-Altava B, *Biol. Rev.*, **92**, 1332 (2017).
4) Klingenberg CP, *Nat. Rev. Genet.*, **11**, 623 (2010).
5) Rohlf FJ & Marcus LF, *Trends Ecol. Evol.*, **8**, 129 (1993).
6) Adams DC et al., *Italian J. Zool.*, **71**, 5 (2004).
7) 三中信宏,『生命のかたちをはかる－生物形態の数理と統計学』, 岩波書店（近刊）.
8) Zelditch ML et al., “Geometric Morphometrics for Biologists, 2nd Ed.,” Academic Press (2012).
9) Elmer KR et al., *Phil. Trans. R. Soc. B*, **365**, 1763 (2010).
10) Young NM et al., *Development*, **141**, 1059 (2014).
11) 入江直樹,『胎児期に刻まれた進化の痕跡』, 慶應大学出版会 (2016).
12) Irie N & Kuratani S, *Nat. Commun.*, **2**, 248 (2011).
13) Klingenberg CP, *Evol. Dev.*, **11**, 405 (2009).
14) Suzuki TK, *BMC Evol. Biol.*, **13**, 158 (2013).
15) McCarthy MI et al., *Nat. Rev. Genet.*, **9**, 356 (2008).
16) 鈴木誉保,『さよならアンチ・ダーウィニズム，あるいは，エボデボ・ダーウィニズムという名の挑戦』, 現代思想, **40**, 171 (2012).
17) Wagner GP & Altenberg L, *Evolution*, **50**, 967 (1996).
18) Gidaszewski NA et al., *BMC Evol. Biol.*, **9**, 110 (2009).
19) Anderson PSL et al., *BMC Evol. Biol.*, **14**, 85 (2014).
20) Klingenberg CP, *Gene*, **287**, 3 (2002).

野外トランスクリプトームの定量生物学

Summary

生物の本来の生息場所である野外は，分子生物学の実験屋からすると，きわめて“汚い”環境である．そこで起こることは，必ずしも“きれいな”実験室での結果から単純に予想できない．そのため，実際の野外環境下における環境応答の測定と理解が重要である．トランスクリプトームデータは，高い網羅性と定量性をもち，また野外サンプルからも測定することが可能であるため，野外における環境応答を研究する際の測定対象に適している．本章では，野外サンプルを用いたトランスクリプトーム解析から，複雑な野外環境下での環境応答を研究する手法を解説する．実際に野外トランスクリプトーム研究を行う際の注意点を，野外での栽培，サンプリングからトランスクリプトーム解析，気象データとの統計モデリングまで，順を追って詳しく説明する．また，そのような研究から何が分かるのか，いくつかの例と現状の課題を紹介し，今後の展望を述べる．

13.1 背景：野外環境下における環境応答の研究

実験室で慎重に条件を整え，精密な測定を行い，それをもとにしてメカニズムを明らかにしていくことは分子生物学研究の醍醐味である．また，これまでそのようにして分子レベル，細胞レベルの環境応答のメカニズムなどに関して多くのことが明らかになり，貴重な知識の集積となっている．筆者自身も大学院生時代から分子生物学の実験屋なので，そのような研究に喜びを感じる部分もある．しかしながら，野外環境は実験条件下のようにきれいに統制されたものではなく，実験屋からするときわめて“汚い”環境であり，そこで起こることは，必ずしも“きれいな”実験室での結果から単純に予想できない．この汚い野外環境下こそが，生物が本来生きている環境であり，現在の生物システムをかたちづくってきた進化が起こった場所でもある．また，多くの農産物が日々，生産されている環境でもある．そのため，実際の野外環境で生物がどのように環境の変化に応答しているかを理解し，さらには予測することが，基礎科学としても応用面を考えるうえでも重要であると考えている．

気温ひとつをとっても，実際に野外で見られる条件は，実験室で通常用いられる条件と比べてはるかに複雑である．季節によっては10℃以上の幅で日周変動があり，そのパターンは日々の天候によっても異なる（図 13.1a）．より短い数分のオーダーでの変動もあり，またより長い年周期での季節変動や，年ごとの変動もある（図 13.1b）．このような複雑な環境下での環境応答には，研究として手が付けられないのだろうか．もちろんそのようなことはない．野外を主な研究の舞台としている生態学や作物学，生物気象学といった分野では，実用上の要請から，分子的なメカニズムに必ずしも依拠しない現象論的モデルがこれまでも数多く作られており，身近な例に，ソメイヨシノの開花予測などがある[1, 2]．また，農業分野では，収量や作物生育，病害発生などの予測のためのさまざまなモデルがあり実際に活用されている[3-5]．

これらの野外における現象論的モデルと，実験室における分子メカニズムに関する研究とを統合的に理解し，それぞれの分野での蓄積を相互に有効活用するための糸口の一つが，野外でのトランスクリプトーム解析である．トランスクリプトームは野外のサンプルでも比較的測定しやすく，各遺伝子についての情報が得られるため，実験室で行われた分子生物学の知見と比較が行いやすい．遺伝子発現は短時間で大きく変動しうるため，環境応答を捉えるにも適している．さらに，トランスクリプトームデータは，その網羅性と高い定量性ゆえに，直接的・間接的にさまざまな生物現象を反映していると期待できる．加えて，野外ではサンプルを得るために大きな労力がかかるため，1 回の測定で多くの情報が得られるトランスクリプトームは野外研究に適した測定対象といえる．

野外での遺伝子発現解析の例として，シロイヌナズナの近縁種であるハクサンハタザオ（*Arabidopsis halleri* subsp. *gemmifera*）における花成抑制遺伝子 *AhgFLC* の解析がある．2 年間に及ぶ毎週の発現量データと気温データの解析から，発現変動は過去 42 日間の 10.5℃以下の温度の積算で説明されることが明らかになり（図 13.2），この結果は *AhgFLC* のシロイヌナズナのオーソログ遺伝子である *FLC* が長期の低温に応答してヒストン修飾を介して発現調節される現象が，野外で実際にどのように機能しているかを示しているものと考えられた[6, 7]．また，イネの根で発現し，主として水の吸収に関与するアクアポリン *OsPIP2;5* の午前 8 時の発現量をさまざ

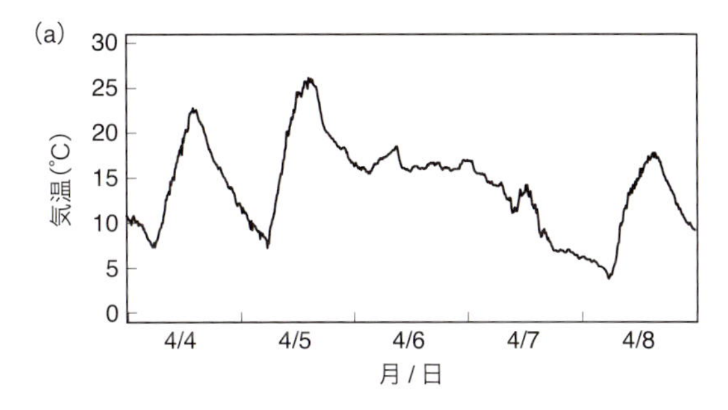

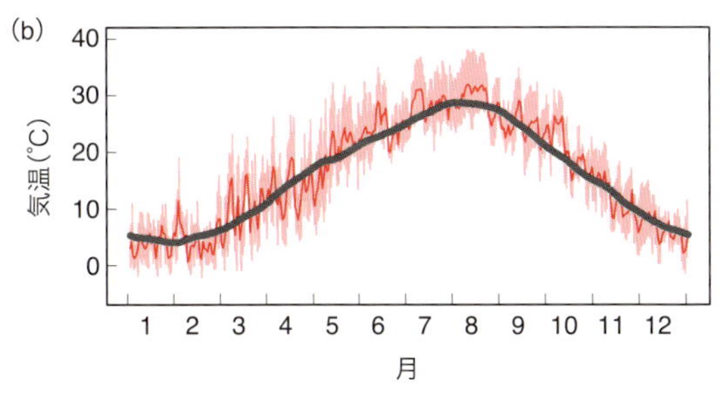

図 13.1　野外における気温の変動

(a) 京都の 2013 年 4 月 4 日～8 日の気温．10 分平均値．(b) 京都の 2013 年の時別平均気温（ピンク色）．平均気温（赤色）．日平均気温の 30 年平均（灰色）．文献 37 の図 1 より転載．

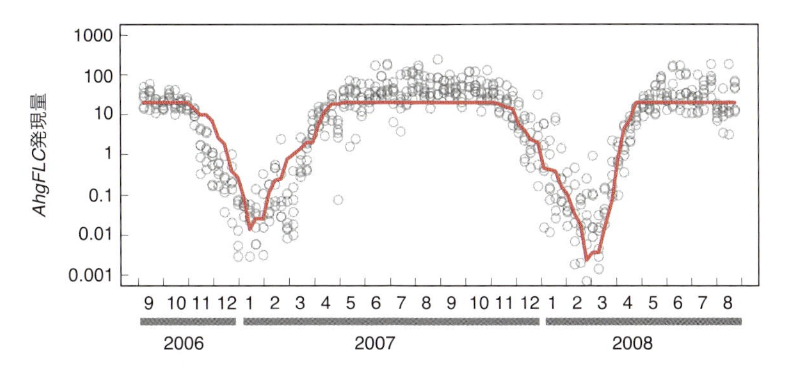

図 13.2　野外の自生集団におけるハクサンハタザオ *AhgFLC* 遺伝子の発現変動

週に 1 回，正午に 6 個体からの葉のサンプリングを行った．定量 PCR による実測値（灰色の円）とモデルから期待される平均発現量（赤線）．文献 37 の図 2 より転載．

まな天候の日において測定したところ，晴天時に高く，雨天時に低い発現量を示していた．23日分の発現量と気象データを用いて解析したところ，気象データから推定されるサンプリング前4時間の平均ポテンシャル蒸発量と*OsPIP2;5*の発現量に強い相関があることがわかった[8]．その他，野外環境下でのトランスクリプトーム解析は，イネ[9-13]，シロイヌナズナ[14]，トウモロコシ[15]，*Andropogon gerardii*[16]，*Populus tremula*[17]，*Shorea beccariana*[18]，変わったところではサンゴと共生藻[19]などで行われている．

13.2　野外におけるトランスクリプトームの定量計測

野外環境下でトランスクリプトーム解析を行うための注意点を，実験の流れに沿って述べていく．

全般を通して重要なことは，結果の量・質において得られるメリットと研究資源の消費や失敗のリスクなどのデメリットの間のバランスを，実験室での研究以上によく考える必要があるということである．なぜなら，野外を舞台として研究を行う場合，1回の実験あたりの労力がどうしても実験室より大きくなり，また同じ環境条件でのデータは二度と取れないためだ．また，対象とする材料にもよるが，栽培シーズンが決まっているため，実験室のように何度も条件設定を変えていくことができない．そのため，完璧な条件設定でデータを取ろうとしても，そのための条件検討を十分行うことが通常は難しい．仮に注意深く行ったとしても，本番の際には大抵，予期せぬトラブルが起こるものである．その際には，研究の目的に応じて，どこまでの変更なら許容できるかをすばやく見定め，柔軟に対応していくことが肝要となる．

13.2.1　栽培

作物や実験植物を対象として研究を行う場合，試料は圃場などで栽培する．仮に読者がこれまで実験室で研究をしてきた分子生物学者で，培地上や屋内栽培施設でしか植物を育てたことがなく，野外での栽培経験に乏しい場合，もしかすると野外での栽培を実験室での栽培の延長くらいに考えているかもしれない．しかしながら，これはまったくの誤りである．野外での栽培には，実験室内での栽培とは完全に異なるノウハウが必要であり，簡単ではない．作物の場合は各大学や研究機関の実験圃場などを利用し，栽培経験に富んだグループとの共同研究などで進めることを強く推奨する．専門の技術スタッフが日常的な栽培管理や作業をサポートしてくれる体制のある実験圃場が利用できるなら理想的である．大規模な野外実験にはこのような経験豊富な技術スタッフの存在がきわめて重要である．余談ながら，どこの実験圃場でも昨今の予算削減の影響で技術スタッフの人件費確保が困難になり，十分な支援体制を維持することが難しくなってきているという問題があり，今後の動向が危惧される．

独自に栽培から行う場合は，小規模な予備実験を行って，確実に健全に栽培できる管理方法や，そのための準備を確認しておく．確認事項としては，栽培場所の確保，栽培資材の種類，資材の調達方法，栽培中の管理方法，諸々の作業にかかる労力など多数ある．例えば，仮に鉢植えで育てるとした場合，土や鉢に何を使うか，どのように設置するか等は，試料や目的によって当然異なってくる．同じ商品名で売られている土であっても，ロットや袋ごと，あるいは袋の中での上部と下部で，粒度などの性状がある程度異なるため，実験でもちいる土はいったんひとまとめにしてよく混ぜてから鉢に分けることで，均一な条件にできる．鉢への土詰め，播種，植え替えなどの作業や，水やり，除草などの日々の管理にかかる労力，時間を小規模な予備実験で見積もっておくことは特に重要である．例えば，100株の予備実験で水やりに30分かかる場合，1000株の本実験時には単純計算で5時間かかることになる．これだけの時間がかかるとなれば，自動灌水装置の利用を検討する必要があるかもしれない．あるいはアルバイトなど補助人員の確保が必要になるかもしれない．このような一見，それほど大変でないような野外作業の時間の見積もりは，特に経験に乏しい場合，甘くなりがちになる．後述する形質調査，サンプリングにかかる労力と合わせて，計画時によく検討が必要な事項である．

13.2.2　サンプリングデザイン

栽培を行う見通しが立ったとして，次はどのようなタイミングでどのくらいの数のサンプリングを行うかを決める必要がある．当然ながら目的と研究資源(予算，マンパワー，圃場など)との兼ね合いから，計画を検討する．

通常の実験室における分子生物学ではほとんどの場合，研究対象とする要因以外を一定にした状態で実験を行う．例えば，高温に応答する遺伝子を調べるためにトランスクリプトーム解析を行う場合，通常の生育温度のものと高温処理をしたもの，それぞれ3反復のサンプリング，トランスクリプトーム解析を行うことが考えられる．場合によっては，高温処理の温度を変えて2～3条件について行ったり，高温処理開始から時間を追って継時的なサンプリングを行ったりすることもあるだろう．

一方で，野外研究では研究対象とする要因以外を完全に揃えることは困難なため，上記のようにシンプルなサンプリングでは不十分である．基本的には目的とする環境変化の範囲を十分カバーしつつ，結果に影響しうる他の要因をなるべく偏りなくばらつかせるか，可能なものについては均一に揃えたデザインでサンプリングを行う．

イネを用いた研究でのサンプリングデザインを見てみよう[12]．中心になるサンプルは9セットの2時間おき48時間サンプルである．動物，植物を問わず，概日時計による日周の遺伝子発現変動はトランスクリプトームに大きく影響を与える．また，昼夜の変化に由来する気温や光条件などさまざまな環境要因が日周変動し，トランスクリプトームに影響を与える可能性がある．これらの点から，日周のサンプルは重要である．この研究例では2時間おきに2日間，連続してサンプリングを行ったが，必ずしも2時間おきに2日間である必要はない．研究資源との兼ね合いで，3時間おき，4時間おきなどのデザインも考えられる．間隔が広い場合は，1日目は1時，5時，9時…，2日目は3時，7時，11時…といったように，時刻をずらすことでサンプルの多様性を確保できるとよい．一方で，48時間あるいは24時間の日周サンプリングは作業負担が大きい．サンプルの多様性の観点からは，なるべくさまざまな日のサンプルがあったほうがよいと考えられるが，労力の問題から多くの日に日周サンプリングを行うのは難しい．そこで，代わりに0時，12時の2回のサンプリングを行う日を多数設定することとした．ここまでで説明したサンプルはすべて同じ日に田植えを行ったイネからとっている．これらに加えて，田植え日を1週ずつずらした4セットについて，2時間おき24時間連続サンプリングにより集めたサンプルも解析しており，日齢の違いによる影響と気温など環境の違いによる影響をより直接的に切り分けることに役立っている．この他，光条件が急激に変化する際の応答をより細かくおさえるために，ある日の日の出，日の入りをそれぞれまたぐように10分おきにサンプリングしたセットも用いた．さらに，統計モデリングのトレーニングデータとしては使用しなかったが，2分おきに約50分間連続でサンプリングしたデータもある[20]．それらの解析からRNA-SeqでmRNAのプールを見ている限りは，50分間で概ね単調な変化となっており，2時間に1回程度のサンプリングで変動の大部分は捉えられているだろうと確認できた．

これらのモデルのトレーニング用データは2008年に採取されたサンプルで取得した．これら以外に，モデルの予測精度の検証用として，2009年，2010年にもあわせて124サンプルを採取した．その際，トレーニング用データを採取した環境条件の範囲内のサンプルに加えて，台風直撃時や10月などトレーニング用データにはない条件でもサンプルを採取し，外挿時にどのくらい予測が悪くなるかを見られるようにしている．また，実験室のグロースチャンバーで栽培したイネからもサンプルを採取しており，圃場では起こらない環境条件での予測精度を調べる目的で用いた．

実は，この研究では，全体のサンプリングデザインを気象とトランスクリプトームの統計モデリングのためにあらかじめ設計していたわけではなく，イネの健全な栽培期間をカバーするという意図で設計されていた．しかしながら，そのデザインは結果的には，日本でのイネの健全な栽培条件下でのトランスクリプトームをカバーする統計モデルの作成という目的で考えても，かなりよいデザインになっていたように思われる．

もちろん，このサンプリングデザインでもカバーできていない要因は多数存在している．例えば，1か所の圃場で，通常の栽培条件でのサンプルのみを用いた研究となっている．植物の生育には，窒素やリンなどの栄養条件が大きく影響すると考えられるが，この研究ではこの点について条件を変えたサンプルがないため影響を評価することができない．また，日本におけるイネの栽培では通常，農薬を使用し，害虫や病害の発生をコントロールしている．そのため，この研究の際も目立った害虫や，病害は発生しておらず，それらの要因がどのように影響しうるかについても評価ができない．さらに，この研究では結果に大きく影響していないが，本来，気を配るべき問題として，サンプリングを行った個体の空間的配置の差異がある．当然，種々の環境要因は圃場全体で，均一なわけではない．特に土壌の条件はどうしても局所的な差異が避けられないため，できればサンプリングの際には，圃場や区画の端にあたるサンプルは避けつつ，空間的にランダムにサンプリングできるとよいだろう．

最後にどの組織，どの発生段階のサンプルを採取するか，も重要なポイントになる．環境応答を研究するという観点からは，なるべく均一に揃えられるとよい．この研究では，「完全展開した葉のうち最も若い葉」，と基準を決めてサンプリングを行った．展開途中の葉を取ってしまうと，細胞分裂や伸長を盛んに行い状態が変化していくため意図せずその変化を拾ってしまうことになる（図13.3）．また，葉が古くなり老化が始まると，やはりそのことに関連するトランスクリプトームの状態の変化を拾ってしまうことになる．そのため，完全展開後で老化が始まる前が，発生的な変化を拾いにくく，環境応答の研究に適した時期と考えられる．どのように基準を設定してサンプリングを行うかは，もちろん，材料とする生物種や目的に依存する．基準を検討する際は，野外でか

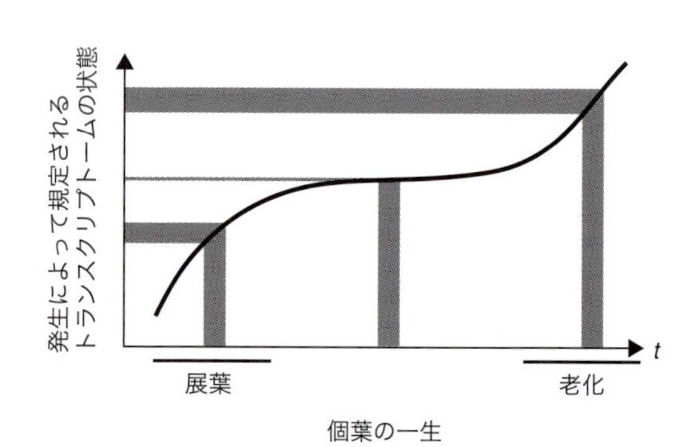

図13.3　葉の発生ステージとサンプリングの誤差
葉の発生に伴うトランスクリプトーム状態の変化のイメージ図．発生初期の展葉中や後期の老化過程ではトランスクリプトーム状態の変化が顕著であり，サンプリングタイミングのずれが結果のトランスクリプトームに影響する度合いが大きいと考えられる（灰色）．

つ夜間，さらに雨天であっても容易に判別可能である点も意識すべきである．

13.2.3　サンプリング

実際のサンプリングには，まず人員の確保が重要である．長い期間に及び，また何セットもの日周サンプリングをともなう過酷な作業となるので，継続的に行うためには一人の研究者のみで行うような体制は現実的ではない．体力的，精神的に無理のある計画は，サンプリング時のミスの確率を高めるだけでなく，事故などにつながる恐れもあるため，無理のない体制づくりが重要である．筆者のグループでは，ここ数年，研究員 1 名をリーダーとして，アルバイトを含む 10 人ほどのチームをつくり，イネの栽培シーズンを通して毎週の日周サンプリングを行っている．このとき，1 回の 2 時間おき 24 時間サンプリングは 4 人で行う．2 人 1 組で 3 回のサンプリングごとに交代することで，途中で最大 8 時間の休憩時間が生じるため仮眠をとることができる．

サンプリングを開始する前に，必要な物品の準備を整える．サンプリングに必要な情報を書いたリストを印刷し，担当者で共有しておく．サンプルを保存する容器など消耗品が途中で足りなくなることがないように予定サンプル数より 1，2 割多い数で確保しておく．サンプルにつけるラベルも日時や場所，系統名などの情報を含めてあらかじめ印刷しておく．このとき，突発的な変更に備えて，日時等を空欄にした予備も用意しておくとよい．

サンプルを入れる容器としては，イネの葉の場合は厚手のアルミ箔を横長の封筒状に折りたたんだものを作って使用している．葉身の基部でちぎって 1 枚を取り，折りたたんであらかじめラベルを貼っておいたアルミ封筒に入れ，直ちに液体窒素で凍結する．植物は動物のような神経系を持たないが，傷害を受けた際のシグナルは全身に伝わる．そののち数分程度で，傷害応答遺伝子の mRNA プール量の変化が検出されてくる．そのため，葉を取ったらなるべく素早く凍結などで固定することが必須である．サンプリングに液体窒素を用いる場合，当然のことながら安全に注意する．実験室と圃場が離れている場合など，距離によっては自動車に乗せて移動したい気持ちにかられることがあるが，適切な設備を備えた車両以外で液体窒素を運搬するのはきわめて危険で絶対に行ってはいけない．遠隔地の圃場や野生植物の自生地でのサンプリングなど，液体窒素が利用できない場合もある．そのような場合には，RNAlater (Ambion) を用いて保存する．RNAlater 中であっても，高温で維持されると RNA の分解につながるので，クーラーボックスなどで氷冷して持ち帰る．あるいは車載でシガーソケットからの電力で稼働するポータブルフリーザー（TWINBIRD SC-DF25 など）を活用する．氷点下対応の保冷材（NEO-ICE PRO -16℃仕様など）を冷やしておき，サンプルを挟むようにして凍結させる．RNAlater の浸透が悪いサンプルや，窒素含量の分析やメタボローム解析など核酸抽出以外の用途でもサンプルを用いたい場合は，この方法で凍結させて持ち帰るのがよい．

サンプリングの際には，サンプリング作業そのものによって意図しない影響を植物に与えないよう注意が必要である．例えば，前述のように植物はサンプリングを傷害ストレスとして感じて応答するため，1 度サンプリングした個体から再びサンプリングすることは避ける．また，虫よけ剤や湿布にはごく微量でも植物ホルモンとして作用するサリチル酸が含まれているものがあるため，使用には注意が必要である．さらに，植物は短時間の懐中電灯程度の明かりであっても光に対する応答を引き起こしうる．そのため，夜間のサンプリング時にライトは使用できない．どうしても必要な場合は，植物がレセプターを持たないとされている緑色のごく弱いライトを用いる．加えて，水田のイネの場合，サンプリング対象の個体のすぐ横を踏むと根を踏みちぎってしまう．それを避けるために，可能であれば1列離れたところから手を伸ばしてサンプリングを行う．ただ，多数のサンプルを採取する場合，すべてのサンプルを1列離れたところからとるためには多くの栽培面積を要することになるため，実際には難しい場合もある．

13.2.4 トランスクリプトームの計測

トランスクリプトームの計測は，DNAマイクロアレイやRNA-Seqで行う．DNAマイクロアレイやRNA-Seqの基本的な流れについては他によい参考書があるので，ここでは野外環境下における環境応答を研究する際に重要となるポイントについて解説する．

DNAマイクロアレイとRNA-Seqにはそれぞれに優れた点があるが，RNA-Seqのほうが多検体化，低コスト化の余地があるため，我々のグループでは最近は主にRNA-Seqを用いている．RNA-Seqを行うためにはライブラリ調整と次世代シーケンサーによるシーケンスが必要となる．ライブラリ調整に関してはキットを用いずに独自に試薬を揃えて低ボリュームで反応を行うなどで，ある程度はコストを低減することが可能である[21, 22]．多検体を処理するにあたって，並列化，自動化が有効である．筆者らのグループではライブラリ調整のプロトコル中で回数も多く手間もかかる磁気ビーズ精製を384ウェルフォーマットで自動化したシステムを用いている．一方でコストを絞りつつ多検体を処理しようとすると，キットを用いて余裕のある容量で少数の検体を処理する場合と比べてライブラリ収量のばらつきが大きくなりがちである．磁気ビーズ精製の自動化によって，ある程度のばらつきの抑制は可能であるが，理想的にはサンプルごとのライブラリ収量をqPCRで正確に測定し，モル数を合わせて混合したものをシーケンスするほうがよい．しかしながら，数百，数千サンプルを処理する場合，その手間とコストはかなりのものになる．あえて，1サンプルずつモル数を合わせるということをせずにシーケンスを行い，十分なリード数が取れなかったサンプルについては，必要に応じてそれらを集めて再シーケンスを行う，という戦略もある．そもそも野外のサンプルはある程度の分解が避けられない場合や，採り直しがきかない場合もあり，仮にライブラリ調整の実験の再現性が高くともライブラリ収量が大きく変動する．分解を受けているRNAを用いた場合，ライブラリ収量が落ちるだけでなく，遺伝子発現の定量結果にも影響が出る[23]．この影響はオリゴdTビーズを用いたmRNAの精製の代わりに，耐熱性RNaseHを用いたrRNAの選択的分解を行うことで改善できる[24]．

RNA-Seqではリード数を増やすと定量精度が増すため，コストと定量精度はトレードオフの関係にある．これは見方を変えれば，RNA-Seqではサンプルあたりのリード数を調整することで，コストと定量精度のバランスをコントロールできるということである．ここで，一定のリード数をシーケンスするとき，少ないサンプルあたりリード数で多数のサンプルを読むのか，多くのサンプルあたりリード数で少数のサンプルを読むのか，選択する余地が出てくる．結論からいうと，少ないサンプルあたりリード数で多数のサンプルを読むほうが得られる情報が多い．例えば，10 Mリードで1サンプルだけ読むよりは，2 Mリードずつ5サンプルを読むことでサンプル間のばらつきの情報が得られる[25]．もちろんサンプルあたりのリード数が少なくなりすぎると取り扱いが難しくなるが，数百サンプルからなるデータでの統計モデリングに関しては，サンプルあたり1Mリード程度あれば解析が可能である．

13.3 野外環境下における環境応答の定量解析

13.3.1 誤差分布

マイクロアレイで得られた発現量データとRNA-Seqから得られた発現量データでは，誤差の性質が大きく異なる（図13.4）．マイクロアレイで測定された発現量は，その対数が正規分布（normal distribution）に従うとして解析されることが多い．その場合，ある遺伝子についてある平均発現量が期待される条件で生物学的反復によって得られた測定値の分布は図13.4(a)のようになり，さまざまな条件での平均発現量の値によらず分散が一定となる．一方，RNA-Seqで測定された発現量は負の二項分布（negative binomial distribution；巻末の補遺も参照）に従うとして解析されることが多い．この場合，ある遺伝子についての生物学的反復によって得られた測定値の分布は例えば図13.4(b)のようになる．分散は平均(期待値)に依存した値として定式化され，例えば解析用ライブラリの一つであるedgeRでは

$$\sigma = \mu + \phi\,\mu^2\,, \tag{13.1}$$

としたモデルが用いられる[26]．ただし，ϕは正の値を取るディスパージョンパラメータである．しかしながら，負の二項分布を誤差分布として統計モデリングを行うとした場合，正規分布を用いるより複雑になる．また一方で，もしRNA-Seqのデータに関しても正規分布として取り扱うことができれば，マイクロアレイの場合と共通のモデルを用いることができるという点でも都合がよい．さらに，正規分布の場合は使えるライブラリの選択肢が広いなど，実装上のメリットもある．解析用ライブラリの一つであるvoomでは，あるサンプルのある遺伝子に対応するリード数とその分散には一定の関係があると仮定し，リード数と分散の間の関数を推定する（図13.5）[27]．それをもとに計算した各サンプルの各遺伝子の定量結果に対する重み(precision weight)を用いることで，正規分布として取り扱うことが可能になる．これは，「負の二項分布ではリード数の期待値に依存して分散の値が決まること」と，「ある測定値の分散が他の測定値の分散より大きいとは，すなわち測定の信頼性の相対的な低さを表しているということ」を考えると直感的に理解しやすい．この重みの導入によって，limmaなどマイクロアレイ用に開発されてきたライブラリを用いることが可能となる[27]．また，特にトランスクリプトーム解析用に限定することなく，正規分布を仮定した

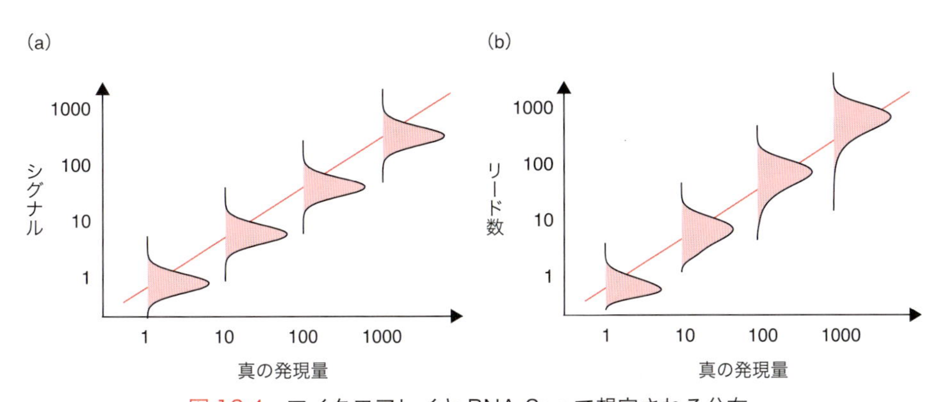

図13.4　マイクロアレイとRNA-Seqで想定される分布

発現量（赤線）に対してどのような分布を持つかを図示した．(a) マイクロアレイではシグナルの対数が正規分布に従うと想定される．(b) RNA-Seqではリード数が負の二項分布に従うと想定される．

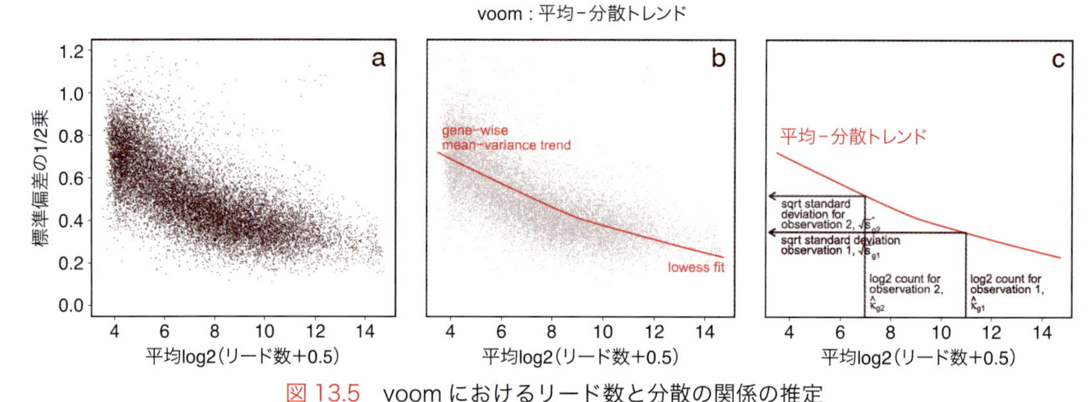

図 13.5　voom におけるリード数と分散の関係の推定

(a) 遺伝子ごとの標準偏差の 1/2 乗と平均リード数の関係. (b) 両者の関係を LOWESS で推定. (c) LOWESS で推定したトレンドを用いて，各サンプルの各遺伝子の定量結果に対応する標準偏差の 1/2 乗の値を得ることができ，これをもとに重み (precision weight) を計算する. 文献 27 の fig2 より転載.

さまざまな統計手法を用いることができる.

13.3.2　気象データ

日本国内の代表的な気象データとしては，気象庁のアメダス(地域気象観測システム)，地上気象観測データがある. アメダスでは，全国約 1300 地点において降水量を測定しており，そのうち約 840 地点では降水量に加えて風向・風速，気温，日照時間が測定されている. 地上気象観測は全国 156 地点とアメダスより観測地点数が少ないが，アメダスでは測定されていない日射量，湿度，気圧など多様な項目が測定されている. 気象庁のウェブサイトでは，これらのデータをもとにある程度整理された 10 分値，時別値などがほぼリアルタイムで検索可能である. ただし，このサービスはあくまで小規模な利用に限られるため，全地点のデータをダウンロードしたい場合は一般財団法人気象業務支援センターから購入する. これらの気象庁から提供されるデータの他に，それをもとに，モデルを介した推定値を計算するなどで整備したデータも多数存在する. 例えば，農業・食品産業技術総合研究機構の 1 km メッシュ農業気象データシステムは，気温，湿度，全天日射量，降水量などについて，日本全体をカバーする 1 km メッシュの日単位データを計算して提供している (http://adpmit.dc.affrc.go.jp/technical/cont67.html). また，同じく農業・食品産業技術総合研究機構のモデル結合型作物気象データベース (MeteoCrop) では，気温，風速，降水量などの基本要素に加えて，熱収支モデルから計算される蒸散要求量など，より植物の生理応答に直接的に関係する値が推定されて提供されている[28]. 加えて，水田の物理環境モデル，イネの生育モデルを組み合わせた計算により水田水温や出穂・開花期における穂温，発育指数 (Developmental Index, DVI) も提供されている.

アメダスや地上気象観測データなどを用いて解析を行う場合も，サンプリングする圃場での気象データ測定は行っておき，どのような違いがみられるかを把握しておいたほうがよい. 大学や研究機関の圃場であれば，百葉箱で基本データを常時測定している場合も多い. 自分で測定することももちろん可能である. いずれの場合も，目的に応じてどこまでの環境データを用いるのか判断することになる. 例えば，温度をどのような空間スケールでとるべきだろうか. 気温は圃場の中でも均一ではない. 植物個体スケールで見たとき，日の当たる上位葉付近と，上位葉によって陰になる下位葉付近では気温が異なるだろう．さらに，実際には葉の周囲の空気の温度と葉自体の温度は異なっている．空間分解能の高いデータを用いる場合，時間分解能も相応に高くなければ結局は精度が高いものとはなりえない．目的が圃場レベルの長期傾向の予測にある場合は，高い時空間分解能の気象データを入力として要求してもそのようなデータが利用可能な状況が限られているため汎用性が失われるのみならず，かえってノイズを持ち込む可能性もある．

13.3.3　統計モデリング

野外における遺伝子発現の環境応答を解析するためのデータとして，トランスクリプトームデータと気象データが手もとに揃ったとする．次はこれらのデータの関係を解析したい．また，概日時計や日齢などの影響と環境応答は切り分けて理解したいだろう．そこで登場するアプローチが「統計モデリング」である．統計モデリングという言葉には広義の意味もあるが，ここでは現象に関係するデータと仮説をもとに数理モデルを構築すること，を指す．生物学としては，そのモデルを用いて現象の理解や予測を行うことに目的があることが多く，その時どちらに重点があるかは研究によってさまざまである．

例として，再びイネの研究をみてみよう．まず，この研究では各遺伝子についてそれぞれ独立に解析を行っている．これは，この研究の目的が遺伝子間の制御関係を明らかにすることではなく，野外で環境応答などの要因が各遺伝子の発現にどのように影響しているかを明らかにすることにあったためである．遺伝子間の制御関係に関心がある場合は，遺伝子間の発現の相関やその相互ランクを用いた共発現解析やそれをもとにしたネットワークの可視化が比較的簡単なアプローチとして考えられる（例えばRiceFREND[29]，ATTED-II[30]，COXPRESdb[31] など）．より高度なものとしては，ベイジアンネットワーク（Bayesian network）や状態空間モデル（state space model）を用いた遺伝子ネットワーク推定ソフトウェアの利用が考えられる（それぞれ SiGN-BN[32]，SiGN-SSM[33]）．

利用可能なデータとしては，気象条件の異なるさまざまな日における日周を中心としたトランスクリプトームデータと，サンプルを取得した圃場近くの気象庁の地上気象観測点でとられた気温，全天日射量などの気象データがある．サンプリング期間を通じて，栽培中にめだった病虫害の発生がなく，各サンプルで施肥条件も一定であった．そこで，病害虫の影響や栄養条件はモデルに含めず，環境応答，概日時計，日齢が発現変動の主な要因と考えてモデルを作成することとした．基本的な枠組みは線形モデルであり，遺伝子iについて，以下のように表される．

$$s^{(i)} = X^{(i)}\beta^{(i)} + \varepsilon^{(i)} \quad . \tag{13.2}$$

Nをサンプル数としたとき，$s^{(i)}$はN個の要素を持つベクトルで，各要素は遺伝子iの各サンプルでの発現量の対数である．$X^{(i)}$と$\beta^{(i)}$は$N\times 7$のデザイン行列と回帰係数（regression coefficient）である．$\varepsilon^{(i)}$は正規分布に従う誤差を表す．デザイン行列$X^{(i)}$は

$$X^{(i)} = (1, d, c^{(i)}, r^{(i)}, d\circ c^{(i)}, d\circ r^{(i)}, n)\ , \tag{13.3}$$

であり，1はすべての要素が1の長さNのベクトル，d，$c^{(i)}$，$r^{(i)}$はそれぞれ日齢，概日時計，環境応答のベクトル，$d\circ c^{(i)}$，$d\circ r^{(i)}$はそれぞれの相互作用項を表す．$c^{(i)}\circ r^{(i)}$がないのは$r^{(i)}$の中身が後述するゲート効果を含む形でモデル化されているからである．nは一部サンプルのジェノタイプが異なるために入れてある補正項であり，ここでは無視してよい．

日齢dについては単純に線形で発現量（の対数）

に影響するとしている．この項については，日齢そのものの代わりに，例えばDVIを用いることも考えられる．概日時計からの影響 $c^{(i)}$ については周期を24時間とするコサイン曲線で表されている．時刻 t_j のサンプル j における概日時計からの影響 $c_j^{(i)}$ は

$$c_j^{(i)} = \frac{\cos(2\pi(t_j - \varphi^{(i)})/24)}{2} , \quad (13.4)$$

となる．位相 $\varphi^{(i)}$ は遺伝子ごとに最適化する．概日時計の自由継続周期は24時間ぴったりではないが，野外環境では日々の昼夜の変化によって位相合わせが起こっているため24時間周期として取り扱うことができる．時刻 t_j のサンプル j における環境に対する応答 $r_j^{(i)}$ については

$$r_j^{(i)} = \frac{\sum_{T=t_j-p^{(i)}}^{t_j} g(T) f(w_T - \theta^{(i)})}{a^{(i)}} - b^{(i)} , \quad (13.5)$$

と表される．これはサンプルを取得した時点 t_j から過去の期間 $p^{(i)}$ における環境応答 $f(w_T - \theta^{(i)})$ を積算したもので時点 t_j の遺伝子発現が説明されるとしたモデルとなっている（図13.6）．このような考え方は，特に温度に関しては積算温度と呼ばれており，生態学における開花・繁殖時期の予測や植生予測，農業における収穫タイミングの予測などに広く用いられている[34, 35]．w は気象データ，$\theta^{(i)}$ は応答の閾値，f は応答の様式，g はゲート関数，$a^{(i)}$，$b^{(i)}$ はスケーリングパラメータである．w は気温，全天日射量，相対湿度，降水量，気圧，風速の6種類の気象データから遺伝子ごとに最適なものをひとつ選ぶこととした．f に関しては，閾値を上回ったときにどれだけ上回ったかに量依存的な応答を行うモデル，

$$f_{dd,p}(x) = \max(0, x) , \quad (13.6)$$

上回ったか否かに0/1で応答するモデル，

$$f_{di,p}(x) = \begin{cases} 1 & \text{if} \quad x > 0 \\ 0 & \text{otherwise} \end{cases} , \quad (13.7)$$

さらに，閾値以下で同様の応答をするモデル

$$f_{dd,n}(x) = \max(0, -x) ,$$

$$f_{di,n}(x) = \begin{cases} 1 & \text{if} \quad x < 0 \\ 0 & \text{otherwise} \end{cases} , \quad (13.8)$$

の4通りから遺伝子ごとに最適なものを選ぶ．ゲート関数 g は，1日の中で特定の時間帯のみ環境に応答するゲート効果という古くから生理学で知られていた現象に対応する．ゲートが常に開いている場合のモデルは $g(T) = 1$ であり，ゲートの開度がコサイン曲線の形に日周変動するモデルは，

$$g_{cos}(T) = \frac{\cos(2\pi(T - \psi)/24) + 1}{2} , \quad (13.9)$$

となる．ゲートが1日のなかで一定時間だけ完全に開になるモデルは，

$$g_{rect}(T) = \begin{cases} 1 & \text{if} \quad o^{(i)} < T < (o^{(i)} + l^{(i)}) \\ 0 & \text{otherwise} \end{cases} , \quad (13.10)$$

である．この3種のモデルから遺伝子ごとに最適なものを選択する．

以上のモデルのパラメータを遺伝子ごとに最適化する．最適化にはさまざまな手法が考えられるが，この研究ではまず，$\beta^{(i)}$ 以外のパラメータのさまざまな組み合わせ（約54万通り）における $\beta^{(i)}$ を最小二乗法でもとめた．このとき，さまざまな組合せの $r^{(i)}$ を計算しておき，それらを全遺伝子で再利用することで計算時間を圧縮している．さらにそのなかで尤度が最大であったパラメータセットを初期値として，すべてのパラメータについてNelder-Mead法によって初期値周辺でよりよいパラメータを探索した．ここで，異なるゲート関数間はパラメータ数が異なるため，単純に尤度で選ぶことはできない．そこで，尤度比検定を行い，トランスクリプトーム全体でFalse discovery rate[36]による多重検定の補正をかけたうえで有意になる場合にパラメータ数の多いモデルを選択することとした．式（13.2）には環境応

(a) 量非依存的応答・ゲートなし

(b) 依存的応答・ゲートなし

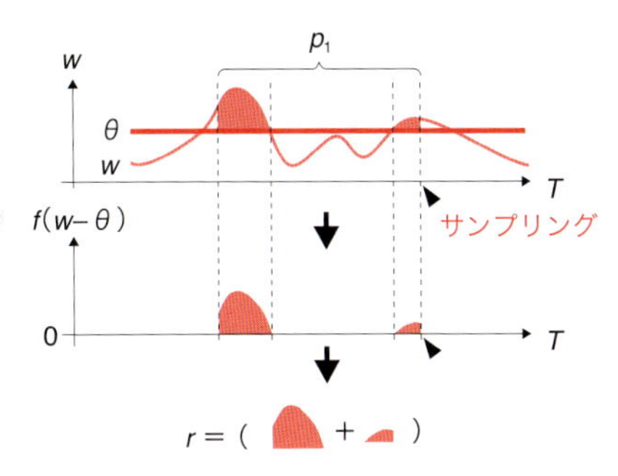

(c) 量非依存的応答・コサイン型ゲート

(d) 依存的応答・コサイン型ゲート

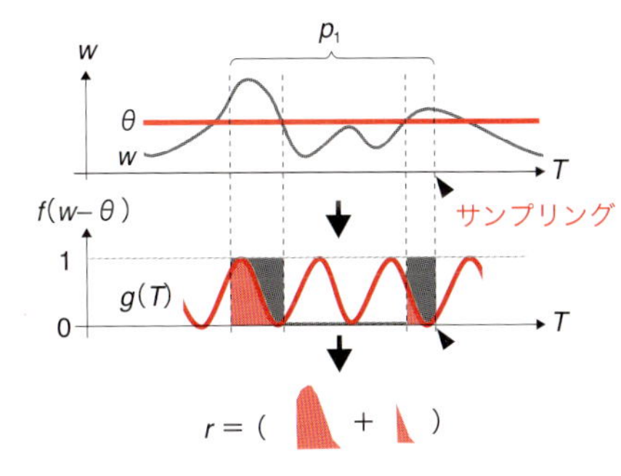

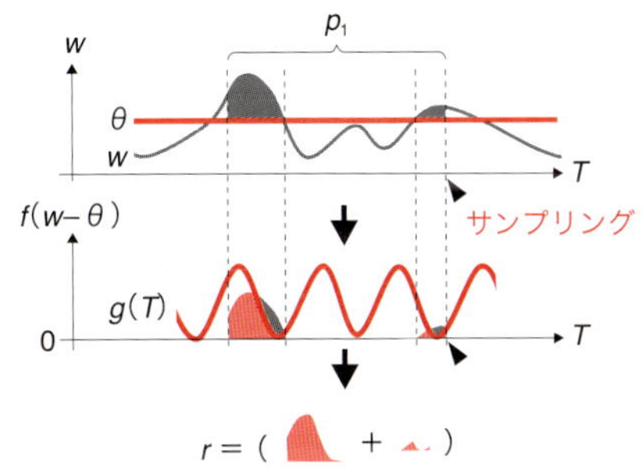

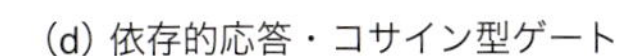

(e) 量非依存的応答・矩形ゲート

(f) 依存的応答・矩形ゲート

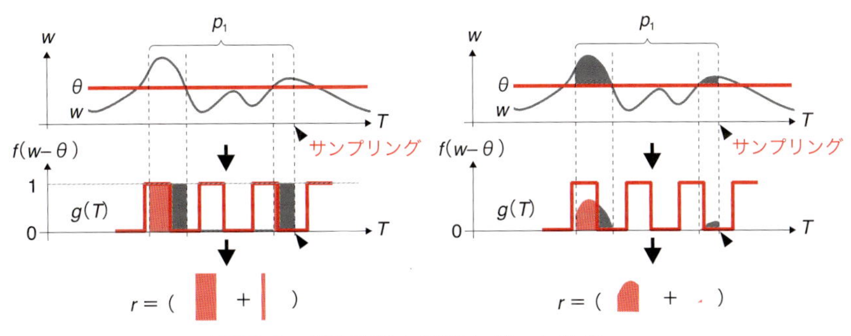

図 13.6 環境応答の積算とゲート効果

環境応答を表す r のイメージ．閾値 θ 以上で応答する場合における，閾値以上の量比依存的応答，量依存的応答と，ゲートなし，コサイン型ゲート，矩形ゲートの組合せの六通りを図示している．文献 12 の Fig.S8A をもとに改変．

答，概日時計，日齢とその相互作用が含まれている．しかし，それらすべてが必要な遺伝子はごく一部に限られると考えられる．そこで，ゲート関数の場合と同様に，多重検定の補正を行った尤度比検定によって項を減らしながら順次評価し，最もシンプルなモデルを採用することとした．このような場合は，AIC によるモデル選択もよく用いられるが，トランスクリプトーム全体で多重検定の補正をかけ，過学習を防ぐ目的で先述の方法を採用した．以上のような手順をすべての遺伝子に関して繰り返しモデル，パラメータを決定した．かなり面倒な手順になっているが，これは複雑な尤度地形上をなるべく広く探索し，かつさまざまな発現パターンをもつ数万遺伝子について手作業による調整なしにフィッティングし，さらに現実的な計算時間で実行するために重要である．

フィッティングを行った結果得られたモデル・パラメータについて，予測精度の検証を行うことも重要である．検証のためには，フィッティングに用いたトレーニングデータとは独立の検証用データを用いる．検証用データについても，なるべく多様なデータを数多く集め，用いたほうがよい．イネの例では，トレーニングデータの翌年，翌々年の野外サンプルのデータや，インキュベータで温度条件・光条件を変えて栽培した植物のデータ 149 サンプル分を用いて検証を行った．

13.4 まとめと展望

野外環境下でのトランスクリプトーム解析の結果から，どのような生物学的議論を行うことが可能か，以下でイネの例を通じて見ていこう．

解析の結果，葉で発現していた遺伝子のうち 96.7% についてモデル・パラメータを得ることができた．例として，*OsGI* 遺伝子の結果を示す（図 13.7）．*OsGI* はシロイヌナズナの *GI* 遺伝子のオーソログであり，変異体の解析から概日時計に深くかかわることが示されている[11]．実際，野外での発現も明瞭な日周変動を示すことがわかる．日の出日の入りに同調しているため，周期は 24 時間で一定しているが，一方で振幅は日によって大きく異なっている（図 13.7）．解析結果から，*OsGI* の発現変動を最もよく説明できるのは，14.8℃以上の気温の過去約 6 時間分の積算で，ただし 21 時すぎから 5 時前の間のみ気温に感受性とした場合であることが見て取れる．すなわち，夜間の気温が高いほど *OsGI* の発現は大きく下がるため，日々の振幅の違いは夜間の気温の違いを反映したものになるということを解析結果は示していた．

次に，野外環境下でのトランスクリプトームの変動に一番強く影響している要因は何か，についてトランスクリプトーム全体の結果を通じて考えてみる．解析結果から，各遺伝子について最終的なモデルで環境応答，概日時計，日齢とその相互作用のうちどの項が残されているか，さらに，発現変動のうちその項の寄与はどのくらいか，を見ることで考察できる．最も影響が大きかったのは概日時計で，次に環境応答の影響が大きかった．環境としては気温・全天日射量・相対湿度で発現変動が説明される遺伝子が多く，なかでも気温は環境応答を示す遺伝子の約 8 割を占めた．日齢の影響は相対的に低かった．また，環境応答の項を持つ遺伝子の約 3 割でゲート効果のあるモデ

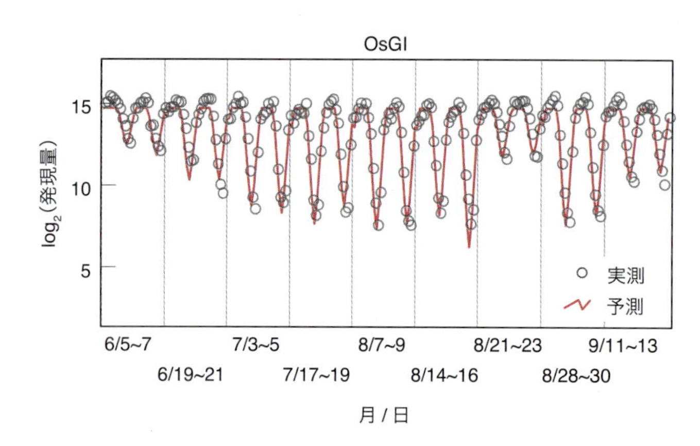

図 13.7　9 セットの 2 時間おき 48 時間サンプルにおけるイネ *OsGI* 遺伝子の発現

マイクロアレイによる実測値（灰色の円）とモデルから期待される平均発現量（赤線）．文献 37 の図 3 より転載．

ルが選ばれたことから，概日時計と環境応答の密接な関係が示唆された．さらに，モデルによる回帰の残差の分散から，概日時計や環境応答などの変動では説明されない個体差の大きさを定量できる．この分散は，平均的な気温などで代表されない微環境のばらつきや，大きく広がっていないレベルでの病虫害の影響など，観測されていない要因の影響や，同一ジェノタイプ，同一環境下でも起こるような個体間の確率的なゆらぎが合わさったものと考えられる．この分散の大きさは遺伝子ごとに異なり（図 13.8），リボソームやヒストン，プロテアソーム，内膜輸送系など基本的な細胞機能に関わる遺伝子では有意に小さく，よりタイトな発現制御を受けている可能性が示唆された．一方，病害応答などの遺伝子では有意に大きいことが分かった．

統計モデリングによって得られた結果を用いれば，少なくとも計算上は任意の環境条件下でのトランスクリプトームの推定，予測を行うことができる．前節で述べたように，各地点における過去の気象データはよく整備されている．実測データでの予測の検証とモデルの向上が必要であるが，これらのデータを入力として用いることで野外トランスクリプトームの推定を広く利用できる可能性がある．また同様に，いわゆる天気予報に用いられる物理モデルによる近未来の予測気象データ

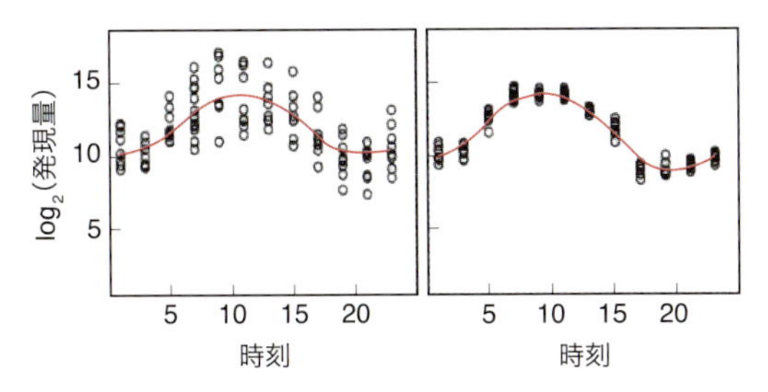

図 13.8　よく似た日周の発現変動を示すが分散の大きさが異なる遺伝子の例

マイクロアレイによる実測値（黒色の円）とモデルから期待される平均発現量（赤線）．(a) 分散の大きい遺伝子，(b) 分散の小さい遺伝子発現量．文献 37 の図 4 より転載．

を入力とすることもできる．さらに，各種温暖化シナリオによる将来の気候変動下における予測気象データを入力に用いて，トランスクリプトームレベルでの応答の予測を試みることは興味深いチャレンジであろう．

前節で説明したようなモデルは必ずしもこれまでの生理学，分子生物学の知見のすべてを反映しているわけではない．例えば，日齢 d については，線形では単純すぎるように思えるかもしれない．また，概日時計を構成する遺伝子やそれらに制御される遺伝子の発現は必ずしもコサイン曲線にぴったり合うかたちでは日周変動しない．温度や光といった環境要因の二つ以上に応答する遺伝子も多数知られている．これらの点を含めたモデルの改良は今後の課題であるが，いたずらにモデルの複雑さを上げればよいというものでもない．仮に日齢 d をより複雑な関数で置き換えた場合，自由度が高すぎると色々な発現変動のパターンについてすべて日齢 d に押しつけて説明してしまうような結果となる．現実的には，使えるデータの量とデータから得たい知見のバランスに注意しながら解析を行うことが重要となる．

トランスクリプトームデータと気象データの統合解析を通じて，野外における環境応答を調べる研究を紹介した．こういったアプローチでの研究は，いまだ端緒に着いたばかりである．現状では実験，データ解析ともにかなりのリソースを要求するものとなっているため，今後の幅広い発展のためにはトランスクリプトーム計測のさらなる低コスト化・多検体化や，データ解析手法の高度化・汎用化を進めることが重要であろう．例えば，筆者らのグループでは前節で紹介したモデルに正則化などいくつかの改良を取り入れ，実装を見直すなどで高速化したものを R のライブラリ『FIT』としてリリースした [38]．このような開発によって技術的なハードルが下がることで，さまざまな切り口での野外トランスクリプトーム研究

が可能となっていくと期待される．一方で，野外環境と実験室環境にはいまだ大きなギャップがある．両者のギャップを埋めるためには，典型的な野外と実験室の条件だけでなく，さまざまなレベルで両者の間に来るような条件でのデータも蓄積していくことが役に立つだろう．例えば，野外を模したような温度変化を再現できるインキュベータがあれば，同じ条件で繰り返し実験を行ったり，少し変えた条件での実験を行ったりすることが可能になるため有用と考えられる．市販のインキュベータでは複雑な制御は難しいため，筆者らのグループでは簡易的なものの自作やメーカーと共同での現行品の改造で複雑な環境変化を再現するインキュベータの開発を進めている．野外トランスクリプトーム研究の発展を通じて，作物学や生態学などの野外を主な舞台とする分野における多くの蓄積と，実験室を主な舞台とする生理学，分子生物学の知見が統合的に理解されることで，今後，生物の環境応答に関する理解がさらに深まっていくことだろう．

（永野　惇）

文　献

1) 青野靖之・小元敬男，農業気象，**45**, 243 (1990).
2) 青野靖之・守屋千晶，農業気象，**59**, 165 (2003).
3) Holzworth DP et al., *Environ. Modell. Softw.*, **62**, 327 (2014).
4) Li T et al., *Glob Chang. Biol.*, **21**, 1328 (2014).
5) 大久保さゆり他，天気，**62**, 5 (2015).
6) Aikawa S et al., *PNAS*, **107**, 11632 (2010).
7) 永野惇・工藤洋，ライフサイエンス領域融合レビュー，**3**, e009 (2013).
8) 村井(羽田野)麻理他，日本農業気象学会全国大会講演要旨，**2011**, 18 (2011).
9) Fukayama H et al., *Field Crops Research*, **121**, 195 (2010).
10) Sato Y et al., *BMC Plant Biol.*, **11**, 10 (2011).
11) Izawa T et al., *Plant Cell*, **23**, 1741 (2011).
12) Nagano AJ et al., *Cell*, **51**, 1358 (2012).
13) Plessis A et al., *eLife*, **4**, e08411 (2015).
14) Richards CL et al., *PLoS Genet.*, **8**, e1002662 (2012).
15) Hayes KR et al., *PLoS One*, **5**, e12887 (2010).
16) Travers SE et al., *J. Ecol.*, **98**, 374 (2010).
17) Sjödin A et al., *BMC Plant Biol.*, **8**, 61 (2008).
18) Kobayashi MJ et al., *Mol. Ecol.*, **22**, 4767 (2013).
19) Levy O et al., *Science*, **331**, 175 (2011).
20) Matsuzaki J et al., *Plant Cell*, **27**, 633 (2015).
21) Wang L et al., *PLoS One*, **6**, e26426 (2011).
22) Zhong S et al., *Cold Spring Harb. Protoc.*, **2011**, 940 (2011).
23) Adiconis X et al., *Nat. Methods*, **10**, 623 (2013).
24) Morlan JD et al., *PLoS One*, **7**, e42882 (2012).
25) Liu Y et al., *Bioinformatics*, **30**, 301 (2013).
26) Robinson MD et al., *Bioinformatics*, **26**, 139 (2009).
27) Law CW et al., *Genome Biol.*, **15**, R29 (2014).
28) Tsuneo K et al., *J. Agric. Meteorol.*, **67**, 297 (2011).
29) Sato Y et al., *Nucleic Acids Res.*, **41**, D1214 (2012).
30) Aoki Y et al., *Plant Cell Physiol.*, **57**, e5 (2015).
31) Okamura Y et al., *Nucleic Acids Res.*, **43**, D82 (2014).
32) Tamada Y et al., *Genome Informatics*, **25**, 40 (2011).
33) Tamada Y et al., *Bioinformatics*, **27**, 1172 (2011).
34) Kira T, *Kanti-Nogaku*, **2**, 143 (1948).
35) Schwartz MD (ed.), "Phenology: An Integrative Environmental Science," Kluwer Academic Publishers (2003).
36) Yoav B & Yosef H, *J. R. Stat. Soc. Series B Stat. Methodol.*, **57**, 289 (1995).
37) 永野惇,『植物の生長調節 Regulation of Plant Growth & Development』, **49**, 137 (2014).
38) Iwayama K et al., *Bioinformatics*, **33**, 1672 (2017).

DNA シーケンスと定量生物学

Summary

次世代 DNA シーケンサー（以後 NGS）の登場により，大量の短い DNA 断片の配列を，比較的安価に高速に決定できるようになった．これは，興味のある生命現象をいったん DNA 断片という物質に置き換えることができれば，NGS で容易に計測できることを意味する．つまり，NGS というひとつの装置で，さまざまな生命現象を網羅的に定量できる．例えば，ゲノム配列やメッセンジャー RNA，ゲノム–タンパク質結合部位 DNA，RNA–タンパク質結合，クロマチン構造，細菌叢などを，特定の遺伝子やタンパク質，ゲノム領域に限ることなく網羅的に，かつ，定量的に計測できる．本章では，NGS を利用した網羅的定量生物学の成り立ちと，その基礎技術，そして，新しい技術とその可能性について解説する．

14.1　背景：ゲノム科学の網羅性と定量性の両立

1980 年代後半から 2000 年なかばのゲノム科学は，キャピラリ型サンガーシーケンス技術を利用し，モデル生物の全ゲノムや全遺伝子の配列を収集する博物学的な研究分野であり，いわゆる定量とは縁遠い面があった．対象の生物の全ゲノム配列や全遺伝子構造（トランスクリプトーム）を知ることは，その生物の設計図を手にすることである．全遺伝子配列決定プロジェクトから得られた遺伝子を利用し，人工多能性幹細胞を誘導する遺伝子が得られる[1]など，さまざまな分野に基礎的な情報を提供し貢献してきた．

設計図を手に入れたゲノム科学者達は，その情報を元に，データベースを構築し，それらを利用した網羅的計測手法の開発を進めてきた．1990 年後半から 2000 年後半までの間に活躍した DNA マイクロアレイがそのひとつである．DNA マイクロアレイは，ゲノム科学で得られた全遺伝子「情報」を，DNA 断片という「物質」に変換した後，半導体技術などを応用して多数の DNA 断片をスライドガラス上にアレイ状に配置したものである．興味のある生物やその臓器，細胞から抽出した RNA をアレイ上の DNA と結合させて観測することで，どの遺伝子がどの程度働いているかを知ることができる．

マイクロアレイの登場により，環境応答や発生時の時系列変化，疾患の有無など，さまざまな現象で，全遺伝子の働き（トランスクリプトーム）が調べられた．マイクロアレイで得られるデータは，全遺伝子のサンプルごとの遺伝子発現量（mRNA 量）の行列である．これは 3 ～4 桁のダイナミックレンジを持つ定量データである．これを解析するために，さまざまな統計手法が開発された．

このように，ゲノム科学は，部品の構造を決定するだけでなく，部品の動作を網羅的に計測できるようになった．これにより，発生や疾患，薬剤応答などに伴って変化するすべての遺伝子発現量を捉えることで，さまざまな発見に結びついた．

これは，計測の網羅性と定量性が両立した新しい定量生物学の幕開けとなった．

その後，2005年頃から次世代(高出力型)DNAシーケンサー（Next Genelation Sequencer, NGS）が登場した．これは36-300 bp程度の短いDNA断片であれば，一度に数千から数億断片をシーケンスできる装置である．本来，これだけのDNAシーケンスを実施するには，従来のサンガーシーケンサーで数億円かかるところ，NGSでは数十万円で行えるようになった．DNAシーケンスのコストが低下し，スループットが格段に向上したおかげで，興味のある生命現象をDNAへ変換しさえすれば，網羅的計測を容易に行えるようになった．例えば，ゲノム配列やメッセンジャーRNA，ゲノム–タンパク質結合部位DNA，RNA–タンパク質結合，クロマチン構造，細菌叢などを，網羅的かつ定量的に計測できる．また，コスト低下と解析技術の向上により，ゲノム情報の乏しい野生の生物などでも，ゲノムやトランスクリプトームが計測できるようになった．

本章では，NGSの登場により，網羅的かつ定量的に計測できるようになった生命現象のうち，最も基礎的で汎用性の高い，遺伝子発現量，ゲノム–タンパク質結合，クロマチン構造の3種類のシーケンス技術について紹介する．

14.2　NGSによる網羅的な定量計測

NGSによる定量のポイントは，生命現象をDNA断片に変換・濃縮し，シーケンスできる構造にする点である．遺伝子発現であれば，逆転写酵素でmRNAをcDNAする．DNA–タンパク質結合であれば，タンパク質が結合したDNAをクロマチン免疫沈降法で濃縮する．クロマチン構造であれば，タンパク質がアクセスできる領域を酵素で消化したり，近接したゲノムをライゲーションによって結合し濃縮すればよい．このように集めたDNA断片には，共通のシーケンスプライマーが使えるように，シーケンスアダプターを付ける．このようなDNA断片をシーケンスライブラリと呼ぶ．まとめると，興味のある生命現象のDNAを濃縮するステップ，DNAをシーケンスできるようライブラリ化するステップをクリアできれば，NGSのスループットを活かして網羅的な計測ができる．以降は，各アプリケーションについて詳細を述べる．

14.2.1　遺伝子発現の網羅的な定量計測

遺伝子発現，つまりRNAを計測することは，その遺伝子の働きがいつどのようなタイミングでどのぐらい使われるかを計測することを意味する．RNA量は，細胞や臓器の機能と相関があり，疾患や薬剤応答，発生・分化などを理解する重要な手掛りとなる．Ensemblというゲノムデータベース[2)]によれば(version 85)，ヒトでは約4万2千の遺伝子と，約1万4千の偽遺伝子がゲノムにコードされており，そこから転写されるRNAの種類は，約19万8千種類にのぼる．これらのRNAをすべてシーケンスするには，RNAシーケンス法(RNA-seq)を利用する．

(a) RNAシーケンス法(図14.1)

まず，細胞・組織からTotal RNAを抽出する．このRNAには，ribosomal RNA（rRNA）やtransfer RNA（tRNA）などが99％程度含まれており，タンパク質をコードするmessenger RNA（mRNA）は，1％程度しかない．そこで，なんからの形でrRNAを除く必要がある．そこで，mRNAが3’末端に共通して持つポリA配列を利用し，オリゴdTが結合した磁気ビーズでmRNAを集める．これをPolyA selectionと呼ぶ．あるいは，rRNAを吸着するカラムや磁気ビーズを利用して，rRNAを除く方法もある．後者は，mRNAだけでなく，ヒストンなど非ポリA

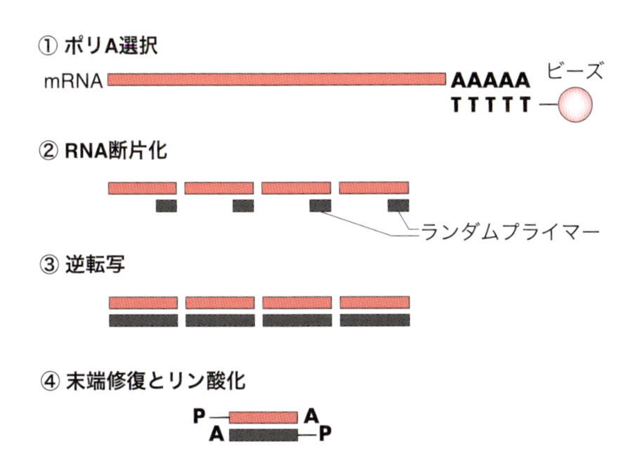

図 14.1　RNA シーケンス法の反応原理
① dT が付加されたビーズを利用して，mRNA を回収する．② mRNA を断片化．③ランダムプライマーで逆転写．④末端修復とリン酸化によりアダプターのライゲーションの準備をする．⑤シーケンスアダプターをライゲーションしている．

RNA も捉えることが可能である．次に，集めた RNA を断片化する．NGS は，短い断片（36-150 bp）しか読めないため，分子長を短くする必要がある．RNA の断片化には，二価陽イオンと熱処理（96℃）を利用する．NGS は DNA しか読めないため，ランダムプライマーを利用して，断片化した RNA を鋳型に逆転写反応を行う．これで二本鎖の cDNA（complementary DNA）が得られる．得られた cDNA の末端を修復し，リン酸化し，アデニンを付加する．このステップにより，シーケンスアダプターをライゲーションで付加できるようになる．シーケンスアダプターが付加された cDNA は，シーケンスにとって適切な長さの cDNA だけになるようビーズを用いて精製し，最後にシーケンスアダプターが付加された断片のみを濃縮するために，アダプター上の配列で PCR を行う．

通常，RNA-seq には，10 ng 程度の Total RNA が必要となる．これは，1000 細胞程度に相当する．近年，RNA 増幅技術や細胞採取装置の発展により，1 細胞で RNA-seq が可能になった．1 細胞のトランスクリプトームを計測することで，発生に伴って生じる細胞間の発現ゆらぎや，細胞集団に現われる振動現象，細胞集団内に含まれる複数の亜集団の同定などが可能となった．これまで，細胞集団の平均値を観測するのがゲノム科学の限界であったが，1 細胞から組み立てて現象を理解できるようになったのである．これは物理学で言うと，熱力学から原子論へのパラダイムシフトに相当する，と考えられる．

(b) 1 細胞 RNA シーケンス法（図 14.2）

1 細胞に含まれる Total RNA 量はわずか 0.1～20 pg 程度で，そのうち mRNA は 1％程度である．この量では，mRNA selection などの精製操作でロスが生じてしまう．そこで，1 細胞を溶解した後，mRNA 精製なしに，whole transcript amplification（WTA）という技術で mRNA を増幅する．WTA にはいくつか種類があるが，ここでは著者が開発した Quartz-Seq 法[3]について紹介する（図 14.2）．

Quartz-Seq 法は，現存するどの方法よりも検出できる遺伝子が多く，実験間のばらつきが少ない WTA 法である．まず，セルソーターで 96 や 384 ウェルプレートに 1 細胞を採取する．プレートにはオリゴ dT プライマーと細胞を溶解するバッファーが含まれていて，1 細胞を採取した瞬間に細胞が融解し，RNA が取りだされる．取りだされた RNA はオリゴ dT プライマーで逆転写された後，その第 1 鎖 cDNA の 3’ 末端に TdT を利用してポリ A を付加される．次に，3’ を標的に dT プライマー（タギングプライマーと呼ぶ）を利用して第 2 鎖 cDNA を合成する．ここまでで 1 本の mRNA から 1 本の二本鎖 cDNA が合成されたことになる．逆転写用のオリゴ dT プライマーとタギングプライマーには，それぞれ PCR 増幅用の共通なプライマー配列が含まれている．この配列を利用して，PCR により cDNA を増幅する．これらのステップは一度も精製す

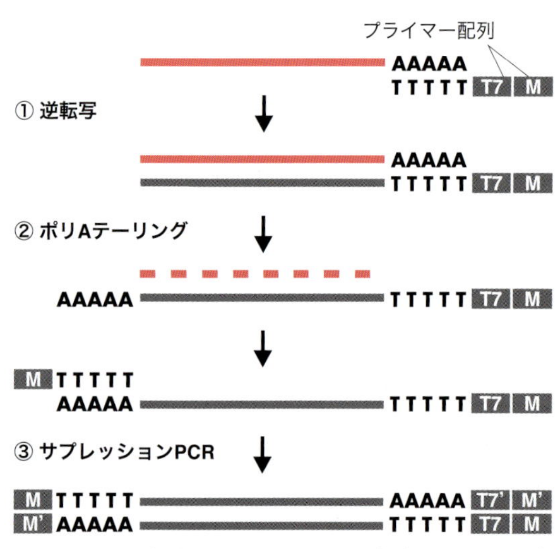

図14.2　1細胞RNAシーケンス法（Quartz-Seq）の反応原理

①whole transcript amplificationのためのプライマー配列が付加されたdTプライマーで逆転写を実施する．②第1鎖の3'末端にポリAテールを付加した後，第2鎖をタキングプライマーで合成する．③サプレッションPCRでcDNAをシーケンスできる量まで増幅する．

ることなく次つぎに試薬を足すことで実施されるため，ロスのない反応が達成できる．しかし，各ステップに前の反応のバッファーが混入した状況になるため反応の調整が困難となる．そこで，Quartz-Seqでは混入バッファー中でも強い活性を維持するPCR酵素をスクリーニングすることでこれを解決した．また，逆転写用のdTプライマーは，mRNAを漏れなく捕捉するためにmRNAの16万倍程度の量が入れられる．通常このような状況をつくると，dTプライマーが短い二本鎖DNA断片をつくりmRNA由来cDNAの増幅を著しく阻害する．そこでQuartz-Seqではサプレッション PCR法を採用している．これは，PCR用のプライマー配列をあえて両端で相補的な配列にしておき，短いcDNAが増幅されないようにする方法である．短いDNAは相補的配列によりフライパン構造を取るが，長いcDNAは両端が出会う確率が低いためフライパン構造を取らない．フライパン構造を取ると，プライマー結合部位が露出しなくなるのでPCRで増幅されなくなる．こうして，mRNA由来の長いcDNAのみが増幅される．得られたcDNAは断片化してシーケンスアダプターを付加することで，NGSでシーケンスする．

1細胞RNA-seqはPCR増幅を伴うため，分子長やGC含有率によって増幅バイアスが起きる．そこで，オリゴdT配列にランダム配列を入れておき，1分子ごとに別べつの配列が付加されるようにする．これを分子バーコードと呼ぶ[4,5]．分子バーコードが付加された分子をシーケンスした際，バーコード配列が同じであるにもかかわらず同じRNA由来の配列が得られた場合は，PCRによる増幅バイアスと考えられる．そのためRNA分子数，すなわち遺伝子発現量は，得られたシーケンス断片数に比例するのではなく，重複が除かれた分子バーコード数に比例する．発現量の数値を，シーケンス断片数ではなく分子バーコード数に置き換えることで，実験上の増幅バイアスを除ける．

1細胞ごとにPCRを行うには，細胞ごとに独立したウェルで反応を実施する必要がある．これでは，ウェルごとに試薬が必要となり，分注操作も煩雑である．そこで，細胞ごとに異なるバーコード配列をオリゴdTプライマーに入れておけば，逆転写後のcDNAに細胞ごとに異なる目印を付けられる．これを「細胞バーコード」と呼ぶ．逆転写後，それらのcDNAをプールしてPCRとシーケンスに供しても，シーケンス結果に現れるバーコード配列によって細胞ごとの配列に分類できる．このようにして，複数の1細胞サンプルをたった1本のチューブで実験できる．

このような細胞バーコード法を応用すれば，ハイスループットな1細胞RNA-seqを実施できる．ポイントは，任意の細胞バーコードと1細胞をひとつのチャンバー内で出会わせて，バーコードを付加するステップである．これには大きく分けて二つの方法がある．まずひとつ目は，通常の1細胞RNA-seq法と同様に，マイクロウェルプレートとセルソーターを利用する方法である[6]．ウェルには，細胞溶解液と細胞バーコードが付加された逆転写プライマーを入れておき，プレート1ウェルごとに1細胞を採取する．逆転写後，これらを1本のチューブに混合してWTAを行う．もうひとつの方法は，液滴反応を利用する方法である[7,8]．まず，ナノリットルスケールの液滴に，1細胞と細胞バーコード付き逆転写プライマーを閉じ込める．これには，ガラスやPDMS（polydimethylsiloxane）でつくられた液滴形成流路を利用する．前者はセルソーターを利用して細胞を採取するため，細胞の大きさや蛍光などのデータを得ることができるが，後者が得られない．また，前者のほうが，検出遺伝子数や実験的な計測エラーが少ない．後者は液量が少ないため，細胞あたりのコストが少なくて済む．前者と後者では5～100倍程度のコスト差がある．

次に，1細胞RNA-seqを用いた定量生物学への応用について述べる．1細胞RNA-seqは細胞集団内に存在する細胞状態の多様性，ゆらぎを捉えることができる．Trapnellらは，このゆらぎを利用して，ある時点でサンプリングされた1細胞RNA-Seqデータから細胞の分化時間を推定できることを明らかにした[9]．ある時点の細胞集団から採取された1細胞どうしは，分化進度が同調しているわけではない．ある細胞は先に分化しており，また別の細胞はこれから分化しようとしている状態である．細胞集団からランダムに1細胞RNA-seqを実施すれば，分化過程のあらゆる段階にいる細胞が得られるとみなせる．これをpseudotime（偽時間）と呼ぶ．

まず，独立成分分析を用いて1細胞RNA-Seqのデータを2次元に圧縮する．これにより2次元座標上に1細胞が配置される．細胞の配置は，細胞状態（ここではトランスクリプトーム）の似ているもの同士が近くなる．次に，細胞の偽時間を推定するために，圧縮した2次元空間上で細胞を連結した最小全域木（Minimum Spanning Tree, MST）を推定する．これにより細胞がどのような順番で時間を辿ったのかを示すことができる．最小全域木とは，グラフの「辺の重みの総和」が最小となる全域木のことである．全域木とは，すべての頂点がつながっており，つながりにループのないグラフのことである．これによってすべての1細胞が連結されたグラフを得ることができた．次はMSTからPQ Treeを生成する．PQ Treeは簡単に言うと順序を持つ木であり，これによって2次元上に展開された細胞に順序を割り当てられる．

この方法は，細胞集団のなかにある時間ゆらぎをうまく利用し，時間情報を引き出す方法である．通常のRNA-seqを時系列サンプリングする方法では，せいぜい数時間おきに数日しかサンプリングできない．しかし，1細胞RNA-seqでは数千の細胞をシーケンスするため，時間方向に非常に細かくサンプリングしたことと同義となる．そのため，数日，数ヶ月の現象が細胞集団に含まれていれば，それを推定できることになる．

また，このように細胞を時系列方向に並びかえることができれば，得られた遺伝子発現量は時系列変動とみなせる．時系列変動を利用すると遺伝子の発現順序を推定できる．松本らは，1細胞RNA-seqデータからの遺伝子制御ネットワーク推定法を報告しており[10]，ES細胞の転写因子の発現制御ネットワークを明らかにした．特に，新規DNAメチル化に関わる遺伝子が，複数の転写因子を制御しているという新しい仮説を提示した．

14.2.2 エピゲノムの網羅的な定量計測

DNA–タンパク質結合部位やヒストン修飾，クロマチン構造などを総称してエピゲノムと呼ぶ．エピゲノムの変化は，ゲノム配列の変化を伴わずに，遺伝子発現量を変化させ，細胞機能を変化させる．ここでは，エピゲノムの変化を捉える網羅的な計測法として，DNA–タンパク質結合部位の網羅的計測と，クロマチン構造の網羅的計測の2点に分けて解説する．

DNA–タンパク質の結合部位を網羅的に観測する意義は，遺伝子発現制御の理解につながるからである．例えば，遺伝子発現のオン／オフを司る転写因子は，標的の遺伝子周辺(おもに上流)のプロモーターやエンハンサーと呼ばれるゲノム領域に結合する．その結果，RNA ポリメラーゼなどの基本転写因子がリクルートされ，遺伝子発現が制御される．また，ヒストンはその化学修飾により，ゲノムに巻き付いたり離れたりする．これによって，クロマチンの立体構造が変化し，転写因子のアクセスのしやすさ（accessibility）が変化する．その結果が，遺伝子発現制御に関連する．

つまり，DNA–タンパク質結合部位を計測することは，その遺伝子の制御 - 被制御関係の網羅的な理解につながる．この制御関係が，いつどのようなタイミングでどのぐらい変化するかを計測すれば，疾患や環境応答，発生・分化などを理解する重要な手がかりとなる．転写因子が結合する領域は数千から数万あると言われており，それらをシーケンスする技術が ChIP シーケンス法(ChIP-seq)である．ChIP (Chromatin ImmunoPrecipitation)とは，クロマチン免疫沈降法のことで，ChIP-seq[11]とは，この技術とシーケンス技術を統合した方法である(図 14.3)．

まず，DNA とタンパク質を化学的に固定化させる．これをクロスリンク（架橋）と呼び，一般的にはホルムアルデヒドが用いられる．また，DNA とタンパク質の自然な結合力をそのまま利用し，固定しない native ChIP 法を利用する場合もある．いずれにせよ，DNA とタンパク質が結合した状態を保ちつつ，ゲノムを超音波や酵素処理より切断する．その後，興味のあるタンパク質に対する抗体を利用し，DNA- タンパク質複合体を免疫沈降する．その後，脱クロスリンク反応により DNA をタンパク質から外し，シーケンスライブラリ化する．この DNA を読むことで，タンパク質に結合した配列のみをシーケンスできる．

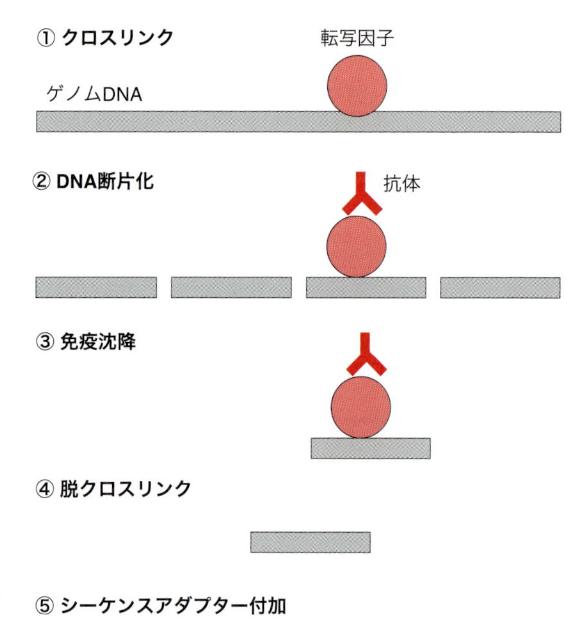

図 14.3　ChIP シーケンス法の反応原理
①ゲノム DNA とタンパク質をクロスリンクする．DNA を断片化し（②），特定のタンパク質抗体で免疫沈降を行う（③）．タンパク質と DNA を脱クロスリンクし（④），得られた DNA をシーケンスライブラリ化する(⑤)．

抗体を工夫すれば，さまざまなタンパク質結合を観測できる．転写因子だけでなく，ヒストンの化学修飾の違いを認識する抗体を使えば，その修飾の違いによる DNA 結合量・部位の変化を観測できる．ヒストンの化学修飾の違いによって，プロモーターやエンハンサー，ヘテロクロマチンなど，結合する部位が異なる．これが，細胞ごとに異なるため，利用される遺伝子セットが変化し，細胞特異的な遺伝子発現を生み出すとされている．

タンパク質結合ではないが，DNA メチル化に関する情報も，ChIP-seq と似た方法で得られる．これは，メチル化 DNA 免疫沈降法(MeDIP: Methylated DNA Immunoprecipitation）と呼ばれる方法をシーケンスと融合したものである．メチル化 DNA 特異的抗体を利用して DNA を濃縮し，シーケンスする．

次に，クロマチン構造の網羅的な定量について説明する．遺伝子発現制御はクロマチン構造と関連がある．前項でも述べた通り，ゲノム DNA はヒストン複合体であるヌクレオソームに巻き付いており，その状態では周辺の遺伝子がオンにならない．また，ゲノムが核膜やタンパク質にトラップされることで，遠位のクロマチンが接近する場合がある．これによって，遠位のエンハンサーの影響により遺伝子発現が制御されている場合もある．多細胞生物の全身のゲノム配列はまったく同一であるが，多様な細胞状態をつくりだす．これは細胞ごとにクロマチン構造が異なり，利用できる遺伝子の種類が変わるからだと考えられている．このような情報を遺伝的なゲノム情報と区別して，エピゲノムと呼ぶ．

このようなクロマチン構造も NGS でシーケンスできる．ここでは，転写因子などがアクセスしやすい場所，つまりオープンクロマチン領域をシーケンスする技術と，クロマチンが隣接している場所をシーケンスする手法について解説する．

まず，オープンクロマチンをシーケンスする方法である DNase-seq[12] を紹介する（図 14.4）．これは DNA 消化酵素である DNase I を利用し，クロマチンを消化する．ヌクレオソームに巻き付いている DNA は，DNase I が接近しにくいため，消化されにくい．これによって，オープンクロマチン領域から断片化された DNA が得られる．また，Tn5 トランスポゼースを利用した ATAC-seq という方法もある [13]．Tn5 トランスポゼースは，ゲノム DNA に任意の配列を挿入できる．DNase I と同様に，Tn5 トランスポゼースは，オープンクロマチンに接近しやすいため，その部分にだけ配列を挿入する．挿入させる配列をシーケンスアダプター配列にしておくことで，オープンクロマチンのシーケンスライブラリが作れる．ATAC-seq は，少ない細胞数で実験が可能であ

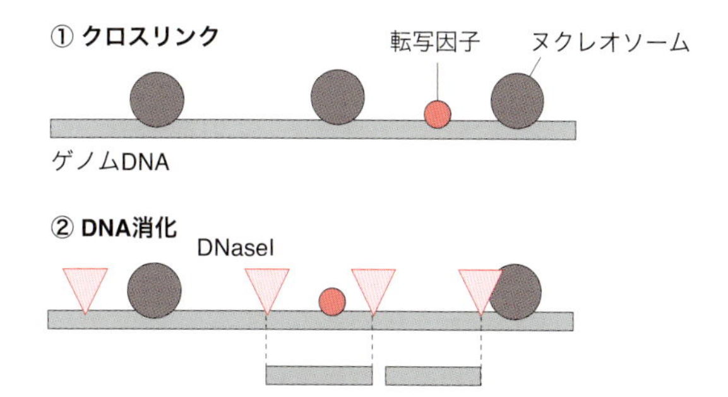

図 14.4　DNase シーケンス法の反応原理

①ゲノム DNA とタンパク質をクロスリンクする．② DNase I でゲノムを断片化する．ヌクレオソームや転写因子が結合している場所は，DNase I がアクセスできないので，DNA が消化されない．③切断した DNA のみを濃縮し，DNA をシーケンスライブラリ化する．

り，抽出した核に，Tn5 トランスポゼースを加えて PCR 増幅するだけで，ライブラリができるため DNase-seq より簡便である．DNase-seq や ATAC-seq についても，1 細胞での実施が可能になっている．

オープンクロマチン領域には，転写因子などのタンパク質が結合している．そのため，その部分のみ DNA が濃縮されず，シーケンスされない．よって，その部分のシーケンスリード存在数は周辺のオープンクロマチン領域と比較して急激に減り，足跡（フットプリント）が残る．このフットプリントを頼りに転写因子結合を推測することも可能である [14]．

近接したクロマチンを特定するシーケンス方法としては，Hi-C 法 [15] がある（図 14.5）．まず，細胞内の DNA をクロスリンクさせる．これによりクロマチン構造が保たれる．次に *Hind* III という制限酵素でゲノムを断片化する．*Hind* III は，5'-AAGCTT-3' 配列を A と AGCTT の間で切断する酵素である．切断された DNA 末端を修復し，ビオチンを結合させる．その後，近接した DNA 同士をライゲーションする．DNA を抽出した後，再び DNA を断片化する．最後に，ビオ

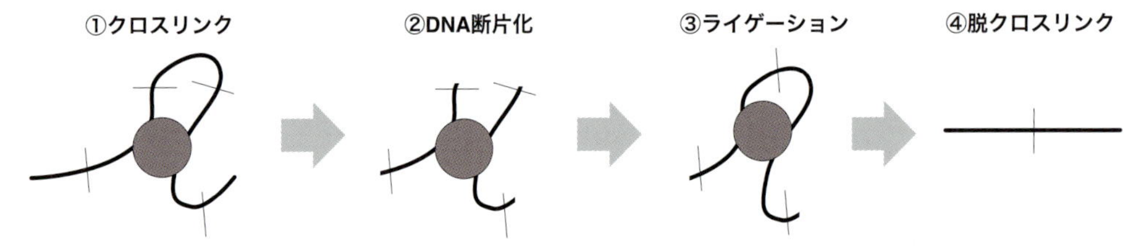

図 14.5 Hi-C の反応原理
①ゲノム DNA とタンパク質をクロスリンクする．②制限酵素を利用して，ゲノムを断片化する．③ライゲーションにより，近隣の DNA を結合する．④脱クロスリンクし，その後，シーケンスライブラリを作製する．

チンで DNA を回収して，シーケンスライブラリをつくる．各 DNA 断片をシーケンスすると，本来，ゲノム上では連続していない配列が連なって現れる．これは，ゲノムの一次構造では連続していない配列が，クロマチン構造によって物理的に近接していたことを示す．

Hi-C を複数の細胞が含まれた溶液で実施してしまうと，溶液中でたまたま隣接したクロマチンをライゲーションしてしまう場合がある．そこで，1 細胞ずつ Hi-C[16] を実施することで，そのようなノイズを低減させることができる．

次に，これらのエピゲノムの網羅的計測技術を定量生物学に応用した例について述べる．遺伝子発現量はエピゲノムの変化によって調節される．しかし，実際に，さまざまなヒストン修飾やクロマチンの開閉がどの程度遺伝子発現に影響しているか，定量的な理解は進んでいなかった．そこで，Dong X. らは，遺伝子発現量をエピゲノムによって，どの程度説明できるかを，重回帰モデルでモデル化し，検討した[17]．これは，ヒトゲノム計画の後に進められたゲノムの非コード領域の機能を網羅的に明らかにするため ENCODE 計画の一部として実施された．まず，RNA-seq などにより得られた遺伝子発現量を目的変数とし，さまざまなエピゲノム変化をそれぞれ独立変数として考える．ここでは，各エピゲノム状態の線形結合が，遺伝子発現量を説明すると考える．エピゲノムデータとしては，ヒストンバリアント，各ヒストン化学修飾の ChIP-seq データのほか，クロマチンの開閉を表す DNase Hypersensitive site（DHS）のデータを用いた．DHS は DNase-seq で得られるデータである．各遺伝子とその上流・下流のゲノム領域を 2 kb 程度に binning し，遺伝子ごとのエピゲノムデータの特徴ベクトルを作成した．その結果，H3K79me2，H3K36me3，DHS，H3K9ac の順に発現量の説明への寄与が高かった．一方で，CpG island の存在や H3K9me3 などは発現量の説明にほとんど寄与しなかった．この回帰モデルで学習したパラメーターはほかの細胞でも利用でき，重相関が 0.8 程度あった．このように，エピゲノム状態が遺伝子発現を変化させ，細胞機能を変化させる様子が，定量的に明らかになった．

14.3 NGS データ解析

NGS の解析に共通して必要なのは，シーケンスリードがゲノム領域のどの場所に対応するのかを特定することである．前節で示したように，NGS では短鎖 DNA 配列しか得られないため，ゲノムや RNA を断片化してシーケンスしている．そのため，計算機とリファレンスとなるゲノム，あるいはトランスクリプトーム配列データベースを利用し，得られたリードがゲノムや RNA のどの位置に相当するのかを明らかにする必要がある．これをマッピングと呼び，あらゆる NGS 解析技術で共通した解析作業となる．

また，ゲノム研究が進んでいない野生の生物などは，ガイドとなるリファレンスゲノムやトランスクリプトームがないため，得られたシーケンスリードのみから元のゲノムやトランスクリプトーム構造を組み立てて予測する必要がある．これはアセンブルと呼ぶ．

ここでは，マッピングのアルゴリズムとそのツールについて紹介する．マッピングするには，NGS から得られたシーケンスリード（クエリー配列），ガイドとなるリファレンスゲノム・トランスクリプトーム（サブジェクト配列，あるいは配列データベースと呼ぶ），マッピングソフトウェアの三つが必要となる．マッピングソフトウェアは，クエリーをデータベースに対して検索する．配列が類似した位置が，そのリードが元々存在した位置となる．クエリーは，通常数千から数億リード得られる．ゲノムは，ヒトの場合は 30G bp となる．これらを検索するのは容易ではない．これまで利用されてきた BLAST のような長鎖 DNA 配列を検索する手法では，計算効率がよくない．

そこで，BWT (Burrows-Wheeler Transform) というアルゴリズムが利用される．これは可逆変換方式のデータ圧縮法の一種であり，ブロックソートとも呼ばれる．NGS で読まれた配列は，FASTQ というテキスト形式のデータとなる．まず，それぞれの配列末尾に，目印として $ をつける．次に，先頭の文字列を末尾へ移動した文字列を作る．これを繰り返し，先頭が $ になるまで繰り返す．このような配列群を対して，それぞれ番号をつけた後，アルファベット順にソートする．これを suffix array (接尾辞配列) と呼ぶ．この suffix array に対して文字列検索をするには，まず，suffix array のそれぞれの配列から $ を切り捨てた後，1 文字目，クエリー配列と一致する配列を 1 文字目から探すことで，すぐに発見できる．さらに，配列に付けた番号から，元の配列のどの位置に相当したのかがわかる．

このような手法は，簡潔データ構造と呼ばれる分野でよく研究されており，ソートのしかたや，BWT に対する操作を工夫することで，自由にデータを取りだしたり，高速に索引をつくったり，検索する手法・実装法が研究されている．代表的な実装としては，BWA（http://bio-bwa.sourceforge.net/）[18] や Bowtie2（http://bowtie-bio.sourceforge.net/bowtie2）[19] などがある．

14.3.1　遺伝子発現の網羅的な定量計測

RNA-seq のシーケンスデータから各遺伝子の発現量を定量するには，2 ステップが必要となる．まずは，先に述べたように得られたシーケンスリードがどの遺伝子から得られたかを知ること（マッピング）である．次に，その遺伝子がどのぐらい RNA を生成したのかを定量する必要がある（発現定量）．

マッピングに関しては，リファレンスゲノムやトランスクリプトームにマッピングすることで知ることができる．今あるシーケンサーは短鎖しか読めないため，RNA を断片化してからシーケンスしている．よって，得られたリードがどの遺伝子由来であるかは検索しなければわからないので，このマッピングが必須となる．また，真核生物の場合は RNA がスプライシングを受けることで，その構造が変化する．よって，spliced alignment を行う必要がある．これは，異なる二つのエキソンにリードが跨がる場合を考慮して，リードを各エキソンに振り分ける操作が入ったアラインメント法である．通常は，スプライシングシグナルや部分配列のマッピングなどを駆使して実現する．ゲノムやトランスクリプトームへマッピングする際に共通で起きる問題としては，あるリードが，複数のゲノムやトランスクリプトに，マルチマッピングされることである．この場合は，同じ遺伝子領域でユニークにマッピングされるリード数を参考に，マルチマッピングするリードを分配する方法を利用する．これによって，splicing variant（isoform）の区別ができるようになる．Tophat2（https://ccb.jhu.edu/software/tophat/）[20] や HISAT2（https://ccb.jhu.edu/software/hisat2/）というソフトウェアがデファクトスタンダードとして利用されている．

このように，どのリードがどこのどの遺伝子から得られたのかを把握できた後は，その遺伝子にどのぐらいのリードが割り当てられたかを数え上げる必要がある．そして，この数が遺伝子発現量に比例する．分子バーコードがある場合は，分子バーコードの種類数を遺伝子発現と考える．このようにして，全遺伝子とサンプルの遺伝子発現量行列が得られる．発現量の計算には eXpress[21] や cufflinks[22] のようなツールが利用される．

その後は目的に応じて，遺伝子発現量行列を使って高次解析を進める[23]．例えば，サンプル間で差のある遺伝子を発見する「遺伝子発現差解析」がある．これは各遺伝子間の統計的検定によって行う．また，サンプル間のグローバルな発現プロファイルの類似度からサンプルを分類したり，遺伝子発現プロファイルから似た発現をしている遺伝子を分類したりする，クラスタリング解析がある．発現様式の似ている遺伝子は機能も似ているであろうと考える．また，クラスタリングや遺伝子差解析で得られた一群の遺伝子セットの特徴を知るために，機能ターム解析がある[24]．これは全遺伝子やサンプルに，あらかじめ文献などから機能的注釈(機能ターム)を割り当てておき，ある遺伝子セットで特定の機能タームが濃縮するかどうかを統計的に検定する方法である．これによって，得られた遺伝子セットの機能的な傾向を炙りだすことができる．

14.3.2　DNA–タンパク質結合部位の網羅的な定量計測

ChIP-seq では，興味のあるタンパク質が結合しているゲノム領域がわかる．しかし，短鎖 DNA シーケンサーでシーケンスする際には DNA 断片が細かく断片化されているため，どの領域から得られた DNA かを直接計測することはできない．そこで，ゲノムマッピングが必要となる．これは前項で説明したリファレンスゲノムへのマッピングと同様の手順である．次に，peak calling というステップが必要となる（図 14.6）．これは，ChIP-seq で得られたリードがゲノムのどの位置にどのぐらい濃縮しているかを発見するステップである．ChIP-seq では，タンパク質が結合していた位置を中心に，山なりのリード群が得られる．このような山(ピーク)を発見し，その頂点（peak summit）を推定することで，タンパク質結合部位を特定できる．

ピークは負の二項分布(巻末の補遺参照)になり，結合部位でない位置にマッピングされてしまうノイズはポアソン分布(巻末の補遺参照)になると言われている．そこで，ある領域にあるリード群がどちらの分布から生成されたのかを計算することで，ピークらしさを定量できる．Peak caller の代表的な例としては，HOMER[25] や MACS2[26] などがある．

このようにして得られたピークは，タンパク質が結合している部位を表している．DNA–タンパク質結合には，そのタンパク質に特徴的な DNA 配列パターンがあるとされている．これをタンパク質結合モチーフと呼ぶが，ピークにある配列を多重アラインメントし，そこに頻出する配列パターンを炙りだせば，そのモチーフを得ることができる．具体的には，position weight matrix (PWM) と呼ばれる確率行列をつくる．これは，ATGC のそれぞれがどの位置でどのぐらいの頻度で現れるか，という表である．また，既知のモチーフは PWM としてデータベース化されているので，ピーク内にモチーフが存在するか検索することも可能である．これによってタンパク質が結合する部位の配列特徴を理解することができる．

結合したタンパク質が周囲の遺伝子に影響するので，近隣の遺伝子とピークを結び付ける必要がある．そのために，単にピークの近傍の遺伝子にピークを割り当てる方法，ある遺伝子からみて周辺のピークのすべての影響を受ける，と考える方

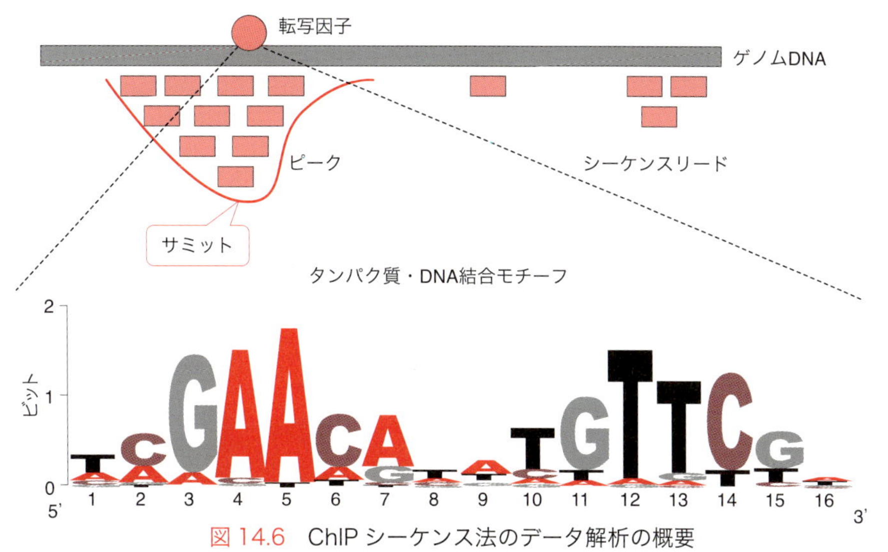

図 14.6　ChIP シーケンス法のデータ解析の概要

ChIP-seq のデータをマッピングすると，ある領域でピークを形成する．そのサミットに転写因子が結合していると考える．サミット周辺では，特定のタンパク質が結合できる DNA モチーフを発見できる．

法などがある．また，ChIP-seq と同時に，同じサンプルの RNA-seq を得ておき，遺伝子発現やその変化が確認できた遺伝子と，周辺のピークを関連付けて議論することも重要である．もっとも簡単な統合法は，ベン図である．RNA-seq で変化を検出できた遺伝子と ChIP-seq でピークが割り当てられた遺伝子の積集合を得る．この方法の問題点は，タンパク質結合が発現に正に影響するのか，負に影響するのかを考慮していない点である．転写因子によっては，標的遺伝子によって，活性化したり，不活性化したり，二面性を持つ．さらに，結合していても，転写因子のコファクターが足りない場合などは，機能を発揮しない．このような点から，積集合を取る方法は十分な情報を正しく引きだしているとは言いがたい．

このような問題を解決するために，RNA-seq で得られた遺伝子発現量を，転写因子結合量で説明する統計モデルも登場している [27]．発現量を説明変数，結合を従属変数とした回帰モデルを利用するのが，代表的なモデルである．これにより，係数で発現調節の正負をモデル化できる．また結合部位と遺伝子の転写開始地点との距離を考慮した非線形モデルもある．これによって，周辺のピークでも近いものを強く，遠いものを弱く考慮することでき，モデル化の精度が向上することがわかっている．

14.3.3　クロマチン構造の網羅的な定量計測

まず，DNase-seq や ATAC-seq からオープンクロマチンを特定する方法を述べる．これまで説明してきたように，NGS で得られるのは標的領域の配列断片であり，その配列がゲノムのどこからきたのかは，リファレンスゲノム配列と比較することで特定しなければならない．DNase-seq や ATAC-seq も同様である．その後，ChIP-seq と同じように，peak calling によって，オープンクロマチン領域を特定する．

オープンクロマチン領域にある，タンパク質が結合した位置，すなわち，フットプリントを特定するには，いくつかの方法が知られているが，代表的なアルゴリズムとして，CENTIPEDE[28] を紹介する．タンパク質の結合部位の候補は，二つの要素からなる．一つ目は，その部位のモチーフの有無やそのスコアである G である．二つ目は，DNAase-seq や ChIP-seq で得られたリード数やスコアなどを示す D である．G はゲノム配列の特徴から得られる事前情報であり，潜在的にタンパク質結合するかどうかを表している．

ここで，結合の有無を Z で表すこととし，結合した場合を $Z=1$，結合しない場合を $Z=0$ とする．結合部位の候補で G が結合する事前確率は，$P(Z=1 \mid G)$で与えられる．次に，候補部

位にタンパク質結合があった場合に実験で得られるリード数を $P(D|Z=1)$ とし，結合がなかった場合の確率を $P(D|Z=0)$ とする．以上から，結合部位の候補が G という事前情報のもと，実験から D が得られる確率を $P(D|G)$ としたとき，尤度は以下のようになる．

$$P(D|G) = P(D|Z=1)P(Z=1|G) + P(D|Z=0)P(Z=0|G) \ .$$

尤度が最大になるパラメーターを EM アルゴリズムで推定し，ベイズの法則を使って $P(Z=1|D, G)$ を計算する．これによって，DNase-seq や ChIP-seq から転写因子結合部位を予測することができた訳だが，その転写因子を近隣の遺伝子に割り当てれば，遺伝子発現制御関係が推定できる．ChIP-seq と異なり特定の抗体を利用して特定のタンパク質の結合を見ているのではなく，さまざまなタンパク質の結合を一度に計測していることになるため，複数の転写因子の制御関係を一望できる．

次に Hi-C 法の解析について述べる．得られたデータをマッピングすることで，ゲノムのどの部位とどの部位が物理的に隣接していたか明らかにできる．これによって，ゲノム領域の隣接行列 (contact map) ができる．この後，TADs (Topologically associating domains) を検出する[29]．TAD の検出には，次元圧縮を利用した方法と，隠れマルコフモデル（HMM）を利用した方法[29]がある．前者は，contact map を固有値分解して固有ベクトルの値をゲノム座標に並べる[30]．値の正負が切り替わった部分が，TAD をつくっている部分が切り替わったことを示す．HMM を利用した方法は，接近の有無の切り替わりの状態変化を隠れマルコフモデルで表現し，その変化点を発見する方法である．

このような解析の後，X 染色体不活性化によるクロマチン凝集との関連や，DNA メチル化領域，ヒストン修飾などの結果と統合して，ゲノム構造変化の原因を推測する．また，CTCF のようにゲノム構造をループさせることで，近接させるタンパク質の ChIP-seq との統合解析を行う場合もある．クロマチンは核膜や核様体の Transcription Factory, Chromosome territories など細胞内の構造との関連が議論されているため，核膜タンパク質であるラミン[31]の ChIP-seq データと統合解析する場合もある．これらのクロマチン構造の変化が，分化・発生，環境応答，疾患などと関連する原因となると言われており，それらのサンプルで Hi-C の実施がされている．

次にクロマチン構造の網羅的計測が定量生物学に利用された例を述べる．Kakui Y. らは Hi-C を利用し，コンデンシンによるクロマチン凝集を計測した[32]．クロマチンは細胞周期に伴って 3 次元構造を変化させる．細胞の分裂期には核内に散っていたクロマチンが，分裂期には染色体として凝集する．遺伝情報の伝達に重要なこのプロセスを理解するため，Hi-C により間期と分裂期の染色体内部のクロマチンの構造を決定した．この実験により，間期に存在するクロマチンの小さなドメイン構造が分裂期には融合し，より大きなドメインに変換していることがわかった．またコンデンシンのサブユニットを取り除いて分裂期のクロマチン凝集との関わりを明らかにした．定量生物学的視点から注目すべきは，Hi-C で得られたデータの定量性について議論している点である．より定量性が期待できる 3C-qPCR 法という別法と Hi-C の結果を比較し，その定量性を評価している．その結果，分裂期の相互作用は間期の約半分に減っていることが，両方の実験で示されており，定量性の低いと思われていた Hi-C で数倍の変化を捉えられることが明らかになった．またコンデンシンのサブユニットの有無とクロマチンの異常な振動を共焦点顕微鏡で確認している．その結果，サブユニットを分裂期特異的に取り除いた際に，クロマチン振動の平均2乗変位が間期より大きくなることを明らかにした．つまり，コンデンシンはクロマチンのドメインを融合させるだけでなく，振動を抑える役目を果していることが定量的に理解できたといえる．今後は，クロマチン構造の網羅的な計測と，そのコンピュータモデリングやソフトマター物理学との融合により，さらなる理解が深まると予想できる．

14.4　まとめと展望

本章では，生命現象をDNA断片にすることで，NGSを用いて定量できることを示した．紹介しきれないが，すでに100以上のシーケンスアプリケーションが報告されている．例えば，RNA–タンパク質結合[33]，RNA分解，翻訳中のmRNA量，tRNAやmicroRNAの定量なども捉えられる．CRISPR/Cas9によるゲノム編集のオフターゲット効果[34]や酵母ツーハイブリッドのシーケンス[35]，細胞やタンパク質に結合するDNAや抗体の網羅的なシーケンス[36]など，機能ゲノミクスへの応用も多数報告されている．

ひとつの研究対象に対して複数のシーケンスアプリケーションを実施することで，セントラルドグマの各ステップを網羅的に計測できる．これをマルチオミックス，トランスオミックスなどと呼ぶ．今後は，このような複数のデータを統合する方法が求められるだろう．特に，1細胞で同時に複数のゲノム情報が得られるようになりつつある．例えば，1細胞のRNAとゲノムシーケンス，あるいはDNAメチル化などを同時に得られる方法も提案されている[37, 38]．1細胞のなかで起きる二つの現象を同時に測定することで，細胞集団間のDNAとRNAの機能的な相関を議論するだけでなく，DNAの変化がRNAに及ぼす因果の解析が可能になる．今後も，さまざまなシーケンスアプリケーションが1細胞化，同時計測化されるだろう．

このように，NGSの普及により，ひとつのラボで複数のシーケンスアプリケーションを実施できるようになりつつある．また，ゲノム科学では，論文出版前後にシーケンスデータを公的データベースに登録する文化があるため，大量のデータが無償で手に入る．これらを活用するだけでも研究を進めることができる．

近年，マイクロ流体装置などを利用して，細胞を高速に採取し，分子生物学的実験を行うことができる技術が登場してきている．2015年あたりまでは，100～1000個程度の1細胞RNA-seqの論文が多かった．しかし，液滴形成流路の登場により，数千から数万の1細胞RNA-seq[8]を実施できるようになり，2017年以降はこのぐらいのスケールが常識となるだろう．また，split-and-pool法とcell barcoding法を組み合せることで，数万から数十万の1細胞ATAC-seq[39]を実施することもできる．このようにNGSの分野は，実験の微量化・ハイスループット化に伴い，計測できる桁が数年で拡大する分野である．このような技術・情報を利用して，生命現象を極度に単純化することなく，その全体像を明らかにする準備が整いつつあるが，その意義や方法論については，定量生物学の立場から再考するべき時がきたのかもしれない．

（二階堂 愛）

文　献

1) Takahashi K & Yamanaka S, *Cell*, **126**, 663 (2006).
2) Yates A et al., *Nucl. Acids Res.*, **44**, D710 (2016).
3) Sasagawa Y et al., *Genome Biol.*, **14**, R31 (2013).
4) Fu GK et al., *PNAS*, **108**, 9026 (2011).
5) Kivioja T et al., *Nat. Methods*, **9**, 72 (2011).
6) Sasagawa Y et al., *bioRxiv*, 159384 (2017).
7) Klein AM et al., *Cell*, **161**, 1187 (2015).
8) Macosko EZ et al., *Cell*, **161**, 1202 (2015).
9) Trapnell C et al., *Nat. Biotechnol.*, **31**, 46 (2013).
10) Matsumoto H et al., *Bioinformatics*, **33**, 2314 (2017).

11) Schmid CD & Bucher P, *Cell*, **131**, 831 (2007).
12) Boyle AP et al., *Cell*, **132**, 311 (2008).
13) Buenrostro JD et al., *Nat. Methods*, **10**, 1213 (2013).
14) Neph S et al., *Nature*, **489**, 83 (2012).
15) Lieberman-Aiden E et al., *Science*, **326**, 289 (2009).
16) Nagano T et al., *Nature*, **502**, 59 (2013).
17) Dong X et al., *Genome Biol.*, **13**, R53 (2012).
18) Li H & Durbin R, *Bioinformatics*, **25**, 1754 (2009).
19) Langmead B & Salzberg SL, *Nat. Methods*, **9**, 357 (2012).
20) Kim D et al., *Genome Biol.*, **14**, 1 (2013).
21) Roberts A & Pachter L, *Nat. Methods*, **10**, 71 (2013).
22) Li W & Jiang T, *Bioinformatics*, **28**, 2914 (2012).
23) Conesa A et al., *Genome Biol.*, **17**, 13 (2016).
24) Huang DW et al., *Nucl. Acids Res.*, **37**, 1 (2009).
25) Heinz S et al., *Molecular Cell*, **38**, 576 (2010).
26) Zhang Y et al., *Genome Biol.*, **9**, R137 (2008).
27) Ouyang Z et al., *PNAS*, **106**, 21521 (2009).
28) Pique-Regi R et al., *Genome Res.*, **21**, 447 (2011).
29) Dixon JR et al., *Nature*, **485**, 376 (2012).
30) Imakaev M et al., *Nat. Methods*, **9**, 999 (2012).
31) Kind J et al., *Cell*, **163**, 134 (2015).
32) Kakui Y et al., *Nat. Genetics*, **49**, 1553 (2017).
33) Ray D et al., *Nature*, **499**, 172 (2013).
34) Tsai SQ et al., *Nat. Biotechnol.*, **33**, 187 (2015).
35) Weimann M et al., *Nat. Methods*, **10**, 339 (2013).
36) Slattery M et al., *Cell*, **147**, 1270 (2011).
37) Angermueller C et al., *Nat. Methods*, **13**, 229 (2016).
38) Macaulay IC et al., *Nat. Methods*, **12**, 519 (2015).
39) Cusanovich DA et al., *Science*, **348**, 910 (2015).

注目の最新技術 ❽

Technical Topics

NGS と科学の再現性

本章で述べたようにNGSデータは，公的データベースに大量に登録されている．シーケンスデータが含まれる論文を出版する際には，公的データベースに登録した際に得られるデータベースIDを記載することを義務づける学術誌も多い．NGSのデータベースは，NCBI SRA（アメリカ），EBI ENA（ヨーロッパ），DDBJ DRA（日本）の3拠点に存在し，データは常に同期されている．データベースには，シーケンスのraw dataであるFASTQ形式が登録されていたり，SRA形式というフォーマットに変換されて保存されており，誰でもダウンロードして再利用できる．このような文化は，実験生物学だけでなく，これらのデータを利用した情報解析技術の発展に多大な寄与をしている．事実，公的データベースのデータだけを利用した，新しい生物学的な発見や，新しいアルゴリズムが次つぎに登場している．

また，NGSデータを解析するソフトウェアのほとんどが，オープンソースで提供されている．NGSデータ解析では，それらの解析ソフトウェアを複雑に組み合せて実行する，いわゆるパイプライン処理を行うのが一般的である．最近では，これらのツールの組合せをどのように動かしたのか，その結果どのような結果が出力されたのか，などを完動するスクリプトとデータを組み合わせて，論文のサプリメントに付加する流れがある．

このように，論文とデータ，ソフトウェア，そして完全に動くパイプラインとそのレポートが公開されることで，誰でもそれらの解析を追試でき，科学の再現性が担保される．このような態度は，画像解析などを中心とした定量生物学などでも有用だろう．　（二階堂　愛）

合成生物学と定量生物学

Summary

本章では，合成生物学のなかでも特に人工遺伝子回路について，その作製手順やつくる際に考慮すべき点を実体験に基づいて解説する．人工遺伝子回路を定量する意義は大きく，遺伝子回路の作製過程において改良の指針を得るために役立つだけでなく，遺伝子回路を作製した後においても，遺伝子回路の性質を理解し，新たな発見につなげることができる．本章では，人工遺伝子回路の挙動を定量する方法や筆者が実行している工夫について述べる．また，人工遺伝子回路の生化学パラメーターを定量測定するだけでなく，定量的にコントロールするにはどうすればよいか，パラメーターごとに解説する．本章の内容は，人工遺伝子回路に限らず，多くの分子細胞生物学研究に共通している．

15.1　背景：合成生物学とは何か，定量する意義

15.1.1　合成生物学・人工遺伝子回路とは何か

合成生物学は，英語では Synthetic biology，日本語では「構成的生物学」とも呼ばれる．その定義はさまざまであるが，筆者は，生物現象を「つくる」ことを意識しながら行う研究であれば合成生物学と呼んでいいのでは，くらいに捉えている．合成生物学がつくる対象は多岐にわたり，人工遺伝子回路・改変タンパク質・有用物質を産生する細胞・人工組織などさまざまだが，本章ではそのなかから人工遺伝子回路を取り上げる．

人工遺伝子回路の作製とは，タンパク質やRNA をコードする複数の遺伝子部品を組み合わせて，新たな反応ネットワークを細胞の中につくることを指す．例えば，遺伝子発現振動を示す人工遺伝子回路[1, 2]や，双安定性を示すもの[3, 4]，パターン形成[5]，細胞内極性形成[6]など，興味深く，かつ生物学的示唆にも富む回路が数多く報告されている．本章では，人工遺伝子回路を細胞内(主に哺乳類培養細胞内)に作製して解析することをとおして生物現象を理解するための技術について概説する．

15.1.2　人工遺伝子回路と定量

人工遺伝子回路は，定量や数理モデルとの相性がよい．みずから遺伝子部品をつくるので，レポーターやタグなど定量化のための仕掛けを組み込みやすいためである．人工遺伝子回路は培養細胞上に組むことが多いので，生体内に比べてイメージングなども容易である．さらに，自分がつくった遺伝子回路なのでブラックボックスがなく，数理モデル化が容易である．とはいえ遺伝子回路やそれを導入する細胞自体のブラックボックスが完全になくなるわけではないので，そこが面倒なところであり，実は新たな発見につながるところでもある．

人工遺伝子回路を定量化したり数理モデル化したりする意義は大きい．まず，人工遺伝子回路をつくる段階で役に立つデータが得られる．意図した遺伝子回路をつくるのは容易ではなく，機能し

ない試作品がたくさんできる．どう改良すればうまく機能しそうか指針を得るために，定量化や数理モデル化が有用である．人工遺伝子回路ができた後も，定量化や数理モデル化を行うことによって，遺伝子回路が見せる予想外の挙動を発見・説明することができる．定量化によって，「つくったら終わり」ではなくもう一歩先へ進むことができるのである．

また，人工遺伝子回路を定量的にコントロールしたいというモチベーションもあるだろう．生物現象の定量的な測定についてはメジャーな研究方法になりつつあるが，生物現象を「定量的に操作・制御しよう」という試みは，まだ黎明期にあると感じる．人工遺伝子回路の生化学パラメーターを定量的にコントロールできれば，実際の実験でコンピューターシミュレーションのようなことが可能になる．相図や分岐図でさえ実験的に作製できて，その遺伝子回路の性質がより深く理解できるだろう．このようなニーズに応えて，本章の後半では定量的操作・制御技術の現状についても触れる．

15.2　人工遺伝子回路の作製方法

15.2.1　人工遺伝子回路をつくる前に

いきなりやる気をそぐようで恐縮だが，意図した人工遺伝子回路をつくることは難しい，ということは強調しておきたい．こんなものがつくれたらすごいというアイデアはたくさんあっても，たいていは実現せずに終わる．ちなみに，私の研究室で最初に取り組んだプロジェクト（以下で紹介する Delta-Notch シグナルを用いた人工遺伝子回路[7]）は，完成までに5年を要した．

では，なぜそんなに難しいのだろうか．人工遺伝子回路と比較されることの多い電子回路ならば，規格化され信頼できる電子部品が安価にたくさん売られており，それらを組み合わせればすぐに機能的な電子回路ができる．一方，遺伝子回路の部品はまだまだ少ないので，部品を自作する必要がある（試薬も高い）．部品ができると遺伝子部品をひとつずつ細胞に導入し，細胞クローニングを行うので，1部品につき数週間はかかる．より難しい問題は，遺伝子回路や細胞が含むブラックボックスである．われわれは，タンパク質や細胞の挙動をまだまだ理解できていない．苦労してつくった遺伝子部品も，理論や予想とはまったく異なる挙動を示したり，なぜか特定の細胞でまったく機能しなくなったりする．部品ひとつの導入でも十分難しいのに，複数部品を組み合わせると，不明な部分はますます増える．

以上のように，作製技術の未成熟さと理屈通りにいかないブラックボックスのために人工遺伝子回路をつくることは難しい．それなりの覚悟をして，それでも作製するメリットがあると思ったら，始めよう．将来的には，このような回路作製の手間やお金に関する問題は，効率的な DNA コンストラクション法・ゲノム改変手法の登場や，信頼できる遺伝子部品の蓄積と共有が進むことにより改善されていくだろう．

15.2.2　回路の作製

まずは，つくりたい人工遺伝子回路を設計する．こんな機能もあるといいかも，とつい複雑にしたくなるが，できるだけシンプルな遺伝子回路が望ましい．プロモーター，タンパク質などのコード配列，3'-UTR などの1セットを1遺伝子部品と定義した場合，遺伝子部品が5個を越えるような回路は設計を考え直したほうがよく，10個を越える回路は現在は実現不可能と言ってもよい．ただし矛盾するようだが，遺伝子回路にひと工夫入れておくと役立つこともある．例えば小分子で On/Off できる転写因子など人為的にコントロールできる部分を回路に含めておくと，回路の機能を調べる際に役立つ．

次は，遺伝子部品の作製である．なるべく，論文ですでに発表されている部品を使うのがよい．近年は，目的のDNAコンストラクトがaddgene(www.addgene.org) に委託されている場合も多いのでチェックしてみよう．DNAコンストラクトが手に入らない場合や世の中に存在しない場合には，自分でつくることになる．経験的に，1 kbp以下のDNA配列ならば人工遺伝子合成もおすすめである (Invitrogen社などのサービスを使う)．合成DNA 1 kbpの価格が数万円程度なので高価な印象だが，DNAコンストラクション作製の手間や失敗を考えると見合う価格だろう．何より鋳型なしに自由にDNA配列を設計できるのは魅力的である．長い配列を合成したい時は配列をいくつかに分割して合成し，後でつなぎ合わせればよい (短いほうが合成単価が安いため)．DNAコンストラクト同士をつなぐ際は，In-Fusion(Clontech社) やGibson Assembly (NEB社) が便利である．さらに筆者らの研究室では，目的に合わせてプロモーター配列やベクターを手軽に変更するために，Multisite Gateway(Invitrogen社) を愛用している．プロモーター配列はP1-P5rベクターに，タンパク質をコードする配列はP5-P2ベクターに，などと決めておくと，プロモーターやベクターを変更したい時にも，LR反応と呼ばれるベクター間の組み換え反応だけやり直せばよいので便利である．

次は，プロモーター，UTR，レポーター，抗生物質耐性遺伝子などの選択であるが，プロモーターやUTRによる発現量の調節については15.3.2項で，レポーターの選択については15.2.3項で詳しく述べる．抗生物質に関しては，Blasticidin S (BlaS)・Neomycin (Neo)・Puromycin (Puro)・Hygromycin (Hyg)・Zeocin (Zeo)・Histidinol dehydrogenase (HisD) を使い分けている．細胞種によって効果的な抗生物質は異なるが，一般的な哺乳類培養細胞ではBlaS，Hyg，Puroが，ES細胞ではNeo, Puro，BlaSなどが使いやすい[8]．大きなDNAコンストラクトを導入する時には，効果の強い抗生物質を選ぶほうがよいが，蛍光タンパク質を使う際は抗生物質耐性遺伝子を使わずFACSでソーティングすることにより，使いやすい耐性遺伝子を他のDNAコンストラクトを入れる際の選択肢として残すことができる．

そして，できた遺伝子部品を細胞に導入するための方法を選ぶ．複数の遺伝子部品をひとつずつ導入することと，一過的な発現では目的の機能に不十分なことが多いため，安定発現細胞株をつくることが多い．筆者らは当初レンチウイルスベクターを用いていたが，最近はもっぱらトランスポゾンベクターを用いている (piggyBac[9]，Tol2[10]，Sleeping Beauty[11] ベクターなど)．トランスポゾンベクターは非常に高効率で一度に10コピー以上を導入できるのと，実験や廃棄の手間が格段に少ないためである．また，ゲノムに組み込む位置を指定したい場合は，CRISPR/Cas9を用いた相同組み換えも有効である．

ホストとなる細胞種の選択も重要である．第一に，人工遺伝子回路中で使うシグナル伝達系が機能する細胞でなくてはならない．例えば，細胞間でDelta-Notchシグナルを伝えるためには，DeltaやNotchという主役の遺伝子以外にもいくつもの酵素や転写因子が必要であり，細胞種によってはDeltaとNotchを発現させてもシグナル伝達が起こらないことがある．また，細胞クローニングを複数回行うので，よく増殖する細胞を選ぶ必要がある．導入した遺伝子部品がサイレンシングされないことも重要で，例えばレトロウイルス由来の配列はES細胞などの多能性幹細胞では強力にサイレンシングされるため使用できない．本章ではホスト細胞に哺乳類培養細胞を想定しているが，増殖の速さやエピジェネティック修飾を気にしなくて良いなどの点から，大腸菌のほうが向いている実験系もあるだろう．

最後に強調したい重要な点として，できた遺伝子部品はひとつずつ機能をチェックするべきである．理屈的に動くはず，といきなり完全版遺伝子回路をつくってもまず機能しないし，機能しなかった場合にどこが悪いかもわからない．例えば，遺伝子部品として転写因子を使うとしたら，GFP レポーターの発現を誘導できるかという基本的なところから，どの程度の GFP を誘導できるかという定量的な性質まで細かくチェックする．遺伝子部品や細胞にはブラックボックスがあることを忘れてはならない．そしてものづくり全般に言えるコツは，複数の代案や改良案を常に用意し，どんどんつくってうまくいったものを使うことだと思う．うまくいかなかった原因を追究してもきりがないので，うまくいくものを探すように筆者は心がけている．

15.2.3　定量化のための工夫

人工遺伝子回路を定量しやすくするために，レポーターをつくっておく．蛍光タンパク質を用いたレポーターが一般的で，筆者らは，EGFP と mCherry と iRFP のセットをよく用いている．蛍光レポーターは，目的タンパク質の局在が見える，FACS でも測定可能，などのメリットがある．一方，ルシフェラーゼ発光を用いたレポーターは，遺伝子発現量変化の検出に向いている．遺伝子発現は変化がゆっくりで長期間の測定（数日から 1 週間）が必要なので，光毒性がなく長時間露光が可能な発光レポーターの観察とは相性がよいのである．

レポーターは，目的タンパク質に蛍光・発光タンパク質を付加した融合タンパク質として作製するのが基本だが，融合タンパク質はしばしば本来の機能が阻害されてしまう．そのような場合は，（遺伝子発現量のレポーターならば）2A ペプチドや IRES 配列を用いて，別のタンパク質として蛍光・発光タンパク質をつくらせればよい．さらにシグナルが弱い場合は，プロモーター配列と蛍光・発光タンパク質配列だけからなる分離型レポーターを使うほうが明るくなる．ただし，遺伝子発現の変化が速い時には，発光・蛍光タンパク質の半減期を十分小さくしないと遺伝子発現量変化に追従できない（分解率のコントロール方法は 15.3.2 項を参照）．また，目的タンパク質に付加する配列を小さくするのも有効な改善策である．NanoLuc（Promega 社）のように小さな発光タンパク質を用いたり，HiBiT タグ（スプリット NanoLuc．タグ部分はたった 11 aa.）や FP11 タグ（スプリット GFP．タグ部分はたった 16 aa.）[12]のような小さなタグを利用できる．

その他の定量化の工夫としては，細胞が多すぎたり動き回ったりすると測定しにくいので，Cytograph（DNP 社）などのパターニング技術を用いて，細胞の位置を固定してしまうのも手である．

15.3　人工遺伝子回路の定量的コントロール

15.3.1　定量的コントロールの意義

たとえ遺伝子回路の「形」は正しくても，生化学パラメーターが適切な値でない限り，意図した機能は実現できない．また，ようやく人工遺伝子回路ができたのなら，それをいろいろ動かしてみたい，パラメーターを変えたらどのように挙動するのか調べたくなるだろう．よってここでは，人工遺伝子回路の生化学パラメーターの定量的コントロール方法を，合成速度，分解率，拡散定数，解離定数，酵素反応速度定数，Hill 係数の順に概説する（用語については巻末の補遺も参照）．生物現象を定量的にコントロールするための技術は未熟であるが，その有用性・将来性は大きい．

15.3.2 遺伝子発現量の定量的コントロール

遺伝子部品の発現量(タンパク質濃度)を変えるには，合成速度か分解率をコントロールする．合成速度のコントロールは比較的なじみが深く，プロモーター配列を変えるのが一般的である．細胞種にもよるだろうが，筆者らの経験では，CAG > CMV > EF1α > SV40 > PGK > TK プロモーターの順に高い発現量を示す．Tet-On/Off に代表される転写誘導系も有名であるが，ドキシサイクリン(Dox)の濃度変化に対する転写速度の応答変化の勾配が急すぎて，On/Off 以外の中間値をとらせることは難しい．一方，特定波長の光で活性化する転写因子は，光の照射強度と照射時間によって比較的発現量を調節しやすい[13]．光活性化転写因子を用いて遺伝子発現量を人為的に振動させた報告は，定量的コントロールの好例である[14]．

また，発現量を変えるために筆者らが最もよく用いる方法は，定量的コントロールというよりも，むしろ望みの発現量の細胞を選びだすことである．まずトランスポゾンベクターによって複数コピーの DNA コンストラクトをゲノム上のランダムな位置に挿入し，さまざまな発現量を示す細胞集団を作製する．そこから適切な発現量の細胞を FACS ソーティングで選び取るのである．

転写速度ではなく翻訳速度を変える場合は，大腸菌では RBS（Ribosome binding site）の配列でコントロール可能である．哺乳類細胞では Kozak 配列が翻訳効率を上げるが，あまり定量的ではない．

次に分解率のコントロールである．タンパク質の分解率は，ProteoTuner システム（Clontech 社)や，DHFR ドメインと TMP を用いる方法[15]のように，タンパク質を不安定化するドメインとそれを阻害する小分子が利用できる．DHFR ドメインと TMP を用いる方法を試したところ，小分子の濃度依存を利用して，On/Off 以外の中間値にもコントロールすることができた．逆に，小

表 15.1　人工遺伝子回路の作製におけるチェックシート

遺伝子回路の設計	・なるべくシンプルに．遺伝子部品の数は 5 個以下が目安．
DNA コンストラクション方法	・1 kb 以下なら人工遺伝子合成も検討． ・制限酵素に加えて，In-Fusion や Gibson Assembly などの選択肢も． ・Multisite Gateway を使うと，プロモーターやベクターを手軽に変更できる．
遺伝子部品の導入法	・ウイルスベクター． ・トランスポゾンベクター（piggyBac，Tol2，Sleeping Beauty）は導入効率がよく，実験の手間も少ない． ・CRISPR/Cas9 で相同組み換えすると，指定したゲノム位置に挿入できる．
抗生物質	・BlaS，Neo，Puro，Hyg，Zeo，HisD を，細胞種や DNA コンストラクトのサイズに応じて使い分ける．
レポーター	・蛍光レポーター（EGFP，mCherry，iRFP）は明るいので細胞内局在なども見える．FACS にも使える． ・発光レポーターは遺伝子発現の可視化に向いている． ・レポーターの作製方法には，融合タンパク質，2A ペプチド，IRES，分離型レポーターなどの選択肢がある． ・HiBiT，FP11 タグは小さいので機能を阻害しにくい． ・早い反応を見たい時はレポーターの半減期を短くする． ・タグなどを融合したことにより，タンパク質の機能が阻害されていないかチェックする．
ホスト細胞	・遺伝子回路中で使うシグナル伝達系が機能する細胞． ・細胞クローニングがしやすいように増殖率がよい細胞． ・サイレンシングがかかりにくい細胞． ・哺乳類培養細胞より大腸菌を使う方がよいことも．
その他	・遺伝子部品はひとつずつチェックする．いきなり完全版遺伝子回路をつくらない． ・常に複数の代替案を用意しておく．

分子の添加によって分解率が上昇する AID 法[16]もあるので，用途によって使い分けることができる．恒常的に分解率を変える場合は，PEST 配列の付加もよく使われる．EGFP に付加した場合に，半減期が 1 時間・2 時間・4 時間になる PEST 配列が報告されている[17]．同様に，ユビキチンを付加する方法もあり，付加するユビキチンの数を変えることで分解率も変わる[18]．

タンパク質ではなく mRNA の分解率を変える場合は，3'-UTR の配列によってコントロールする．例えば，ARE（AU-rich element）配列を加えると分解率が上昇すると報告されている[19]．

15.3.3　拡散定数・解離定数の定量的コントロール

生体内におけるタンパク質の拡散は，ほとんどの場合において自由拡散ではなく，他のタンパク質などに結合しながらの拡散である．よって，目的タンパク質を何かに結合させてトラップすることにより，拡散速度を遅らせることができる．近年，Nanobody や scFv（一本鎖抗体），Fab などの低分子抗体を細胞につくらせることができるようになってきた．そこで，目的タンパク質に対する低分子抗体をトラップとして用いて，細胞外のモルフォゲンの拡散を遅らせた例が報告されている[20]．同様の原理で細胞内の拡散も遅くすることができるだろう．逆に拡散を速めるには，拡散を遅らせる原因となっている結合ドメインを削ることが考えられるが，遅くするよりも難しい．

目的タンパク質に新たな結合ドメインを付加することで解離定数をコントロールできる．例えば，タンパク質 A に FKBP，タンパク質 B に FRB を付加しておくと，ラパマイシン存在下で FKBP と FRB が結合し，A と B が接近することで本来の結合の頻度も上昇するので，見かけの解離定数が小さくなる．ラパマイシンのような小分子の代わりに，特定波長の光によって結合する Cry2-CIB[21] や iLID[22]，Phy-PIF[23] などを用いると，光の照射強度と照射時間によって解離定数を段階的にコントロールできる．

15.3.4　酵素反応速度定数・Hill 係数の定量的コントロール

酵素反応速度定数とは，Michaelis-Menten

表 15.2　生化学パラメーターの定量的コントロール方法

合成速度	・プロモーター配列の変更．CAG，CMV，EF1 α，SV40，PGK，TK プロモーターなどの選択肢がある． ・光活性化転写因子を用いて，光の照射強度と時間で適切な発現量に調節． ・FACS ソーティングで適切な発現量の細胞を選択． ・翻訳速度は，大腸菌なら RBS でコントロール可能．
分解率	・ProteoTuner システムや DHFR と TMP による分解制御は，小分子の添加でタンパク質の分解率を下げて安定化させる． ・AID 法では，小分子の添加でタンパク質の分解率を上げる． ・PEST 配列の付加．点変異によって段階的に分解率が変わる． ・ユビキチンの付加．ユビキチンの数を変えることも可能． ・mRNA の分解制御は，3'-UTR 配列を変更する．
拡散定数	・低分子抗体（Nanobody や scFv, Fab など）を利用して，目的タンパク質をトラップし，拡散を遅くする．
解離定数	・FKBP-FRB を用いて，目的タンパク質同士を接近させ，解離定数を下げる．ラパマイシンの添加で On/Off 可能． ・光依存的な結合ドメイン（Cry2-CIB，iLID，Phy-PIF など）を用いると，光の照射強度と時間により調節可能．
酵素反応速度定数	・V_{max} は酵素量を変える． ・K_m は解離定数を変える．
Hill 係数	・遺伝子回路中にポジティブフィードバックを付加する． ・阻害因子を一定量で少量加え，ある濃度を越えると急に反応が始まるような閾値をつくる．

式の K_m や v_{max} のことである（第2章の式2.5を参照）．v_{max} の定義は $k_{cat} \times E_{tot}$ なので，酵素濃度を変化させれば v_{max} を操作でき，上述の合成速度と分解率でコントロールできる．K_m の定義は $(k_b+k_{cat})/k_f$ なので解離定数のコントロールになり，難しい．後述するように低濃度の阻害因子を用いる方法でも，見かけの K_m の値を大きくすることができる．

Hill 係数とは，反応速度を下記の Hill 式で近似した場合の n にあたり，酵素反応や転写反応において，入力[S]の変化に対する速度変化の急激さの指標として使われる．

$$\frac{d[P]}{dt} = \frac{a[S]^n}{K^n + [S]^n}.$$

[P]は産生物の濃度,[S]は基質や転写因子の濃度，a は最大合成速度，K は活性化定数（最大合成速度の1/2の値を取る時のSの濃度）．$n = 1$ の場合は Michaelis-Menten 式と同じで双曲線になる．$n > 1$ の場合はシグモイド曲線になり，n が大きいほどシグモイド曲線の立ち上がりが急激になる．振動やパターン形成など，おもしろい生物現象にはたいていこの急激なシグモイド（高い Hill 係数）が必要である．数理モデルではよく，さらりと「Hill 係数は5とした」なんて書いてあるが，現実の酵素反応・転写反応の Hill 係数はたいてい1に近く，せいぜい2である．では実験的にこの Hill 係数をコントロールするにはどうしたらよいか．Hill 係数が1より大きくなる原因としては，酵素や転写因子の協同性が挙げられるが，これをコントロールするのは難しい．ひとつの方法は，遺伝子回路中にポジティブフィードバックを加え，回路全体としての見かけの Hill 係数を高くするというアイデアである．二つめの方法は，酵素に結合する阻害因子を，一定量で少しだけ加える．酵素の量が少ない時には，阻害因子に結合してバッファーされてしまい酵素基質間の反応が起きないが，酵素量が阻害因子量を越えた途端に反応が始まるので，速度変化が急激になる．実際にこの原理を使って，転写反応における見かけの Hill 係数を12まで高めた例がある[24]．同時に，阻害因子の量によって Hill 係数と活性化定数 K を定量的に変化させることにも成功している．

15.4　人工遺伝子回路の作製例：Delta-Notch 側方抑制回路

人工遺伝子回路の作製例として，筆者らが作製した Delta-Notch シグナルの側方抑制遺伝子回路について紹介する[7]．

Delta と Notch は膜タンパク質で，隣り合う細胞間で Delta（リガンド）と Notch（受容体）が結合すると，Notch が活性化して下流へのシグナル伝達が起こる．生体内では，活性化した Notch の下流で Delta の転写が抑制されることがあり，隣接細胞間で互いに Delta の転写を抑え合うこの関係を，側方抑制と呼ぶ．側方抑制がおもしろいのは，自発的な細胞分化を可能にするところである．元は均質な細胞集団においても，偶然 Delta の量などにわずかな差ができると，細胞間の側方抑制によって差が増幅されていき，安定的な差異をつくりだすことができる．

筆者らは，この側方抑制によって細胞間の差異をつくりだす仕組みを，人工遺伝子回路で再構成することにした．まずはホスト細胞の選択であるが，以下の要件を満たす必要がある．①側方抑制の仕組みを本来はもたない，②しかし外来性の Delta や Notch を発現させると Notch シグナルを活性化させることができる，③非常によく増殖する．これらの理由から筆者らは，CHO（Chinese Hamster Ovary）細胞を使うことにした．実際には他の種類の細胞もいろいろと試したが，結果的に機能的な側方抑制遺伝子回路をつくることができたのは，今のところ CHO 細胞上だけである．

次に人工遺伝子回路の設計である（図 15.1a）．CHO 細胞では内在性の Delta や Notch がほとんど発現していないので，外来性の Delta と Notch を導入した．Notch が活性化すると，人工的な転写抑制因子である tTS と，Delta-Notch シグナルの調節因子である Lfng の転写が誘導される．そして誘導された tTS は，Delta の転写を抑制する．最終的に用いた遺伝子部品は ① EF1α-Notch（BlaS），② TP1-tTS-2A-EGFP（Hyg），③ TP1-Lfng（Neo），④ TetO-Delta-2A-mCherry（Puro），の四つである（括弧内は選抜に用いた抗生物質名）．

プロモーターの選択に関しては，Notch は恒常的なプロモーターである EF1α，tTS と Lfng は Notch 応答性のプロモーターである TP1，Delta は tTS によって抑制される TetO と組み合わせた．抗生物質耐性遺伝子は，特に Notch の DNA 配列が 7.6 kbp と大きいので，CHO 細胞で効きの良い抗生物質である BlaS を選択した．レポーターは，EGFP と mCherry を tTS と Delta に付加した．当初は蛍光タンパク質を Delta に直接融合させていたが，Delta のリガンド機能が阻害されてしまったため，2A ペプチドを用いた．タイムラプス撮影などで時間解像度が必要な際には，EGFP と mCherry に PEST 配列（15.3.1 項）をつけて分解率を上げた．この蛍光レポーターによって，Delta を発現する細胞は赤色になり，tTS を発現する細胞（Notch が活性化した細胞）は緑色になる（図 1b）．この人工遺伝子回路を導入した細胞では，元は似た状態だった隣接細胞が，赤色と緑色に自発的に分かれる様子が観察できた（図 15.1b, c）．

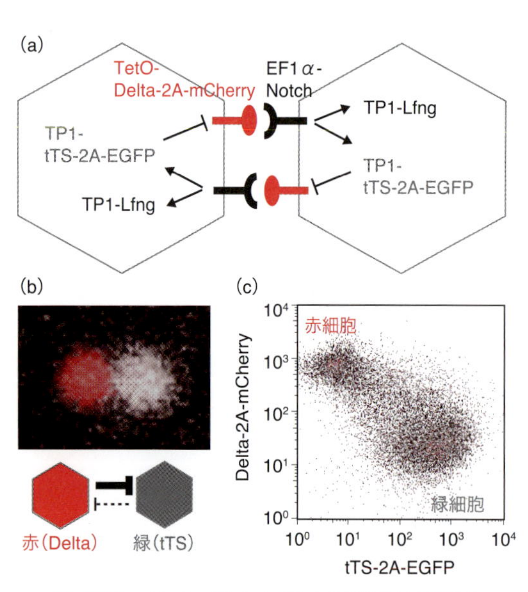

図 15.1　Delta-Notch 側方抑制遺伝子回路（口絵参照）

(a) 人工遺伝子回路の模式図．(b) 人工遺伝子回路を導入した CHO 細胞は，隣り合う細胞間で側方抑制を行い，赤色と緑色（本ページは灰色）に自発的に分かれた．(c) 細胞集団としても赤色と緑色（灰色）に分かれた．文献 7 の Fig1 より改変．

最終的にはたった四つの遺伝子部品だが，ここにたどり着くまでには長い試行錯誤があった．例えば tTS に関しては，当初は TetR や LacI といった別の転写抑制因子を使っていたが，転写抑制効率が低かったので tTS に切り替えた．TP1 プロモーターも，当初はより人工的なものを用いていたが，S/N 比のよい TP1 に切り替えた．このように，少しずつ異なる DNA コンストラクトを何度も作製するためには Multisite Gateway システムが活躍した．側方抑制遺伝子回路を機能させるうえで特に苦労したのは，Notch によって誘導された tTS で，Delta を抑制することがなかなかできなかったことである．そこで，Delta を抑制するために必要な tTS の量を見積もるため，恒常的なプロモーターの下流で tTS-2A-EGFP を発現させ，発現量が細胞間でばらつくことを利用して，TetO-Delta-2A-mCherry の発現量との関係を定量化した（図 15.2a）．すると，TetO プロモーターを抑制するには，40 a.u. 以上の tTS-2A-EGFP が必要であるとわかった．このプロジェクトでは当初，遺伝子部品の細胞への導入にはレンチウイルスベクターを用いていたが，これだけの量の tTS を発現させるために，TP1-tTS-

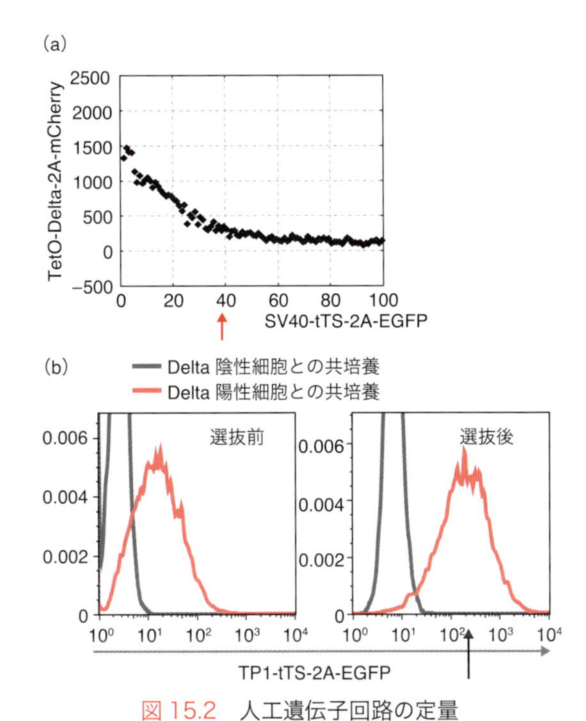

図 15.2　人工遺伝子回路の定量

(a) TetO プロモーターを抑制するために必要な tTS の量を見積もった．tTS-2A-EGFP を SV40 プロモーターの下流で発現させると，ゲノム上の挿入位置やコピー数の違いにより，細胞によって tTS の発現量にばらつきができる．このばらつきを利用して，TetO-Delta-2A-mCherry を抑制するには，40 a.u. 以上の tTS が必要と見積もった．(b) 40 a.u. 以上の tTS を Notch の下流で誘導する細胞を選抜した．TP1-tTS-2A-EGFP をトランスポゾンベクターで導入し，Delta 陽性細胞と共培養した．細胞を選抜する前は平均 10-20 a.u. の tTS しか誘導されないが，FACS で選抜した細胞では 100 a.u. 以上の tTS が誘導された．文献 7 の Supplementary Fig1 より改変．

2A-EGFP の遺伝子部品だけはトランスポゾンベクターを用いて導入することにした．piggyBac ベクターでゲノムにランダムに遺伝子部品を挿入し，Notch の下流で 100 a.u. 以上の tTS-2A-EGFP が誘導される細胞クローンを FACS を使って選抜した（図 15.2b）．あとで調べたところ，これらの細胞クローンには，TP1-tTS-2A-EGFP が 10 コピー以上も挿入されていた．これでようやく側方抑制が機能するようになった．

実は生体内では Notch の下流で誘導されるのは，tTS ではなく Hes1/7 という転写抑制因子なのだが，Hes1/7 は内在性のターゲット遺伝子群も持っているうえに，Hes1/7 自身の転写も抑制するので，遺伝子回路のブラックボックスが増えてしまう．Hes1/7 の代わりに人工的な転写抑制因子 tTS を使うことで，無用な複雑さを回避することができる．さらに tTS は，Dox で On/Off が可能である．つまり Dox 存在下では，tTS を介した転写抑制回路（以下 TR 回路）が特異的にブロックされる（図 15.3a）．一方，側方抑制遺伝子回路では，Notch の下流で Lfng も誘導される．Lfng は Notch の糖鎖修飾酵素であり，Notch に対しては正の効果を持ち，Delta に関しては負の効果を持つことがわかった．この Lfng フィードバック回路（以下 LF 回路）がどういった機能を持つかは当初不明であったが，LF 回路は Dox によって影響されないので，Dox 存在下では LF 回路の効果だけを調べることができた（図 15.3a）．実際にこの実験から，LF 回路だけでも，細胞集団を非対称化できることがわかった（図 15.3b）．さらに，TR 回路と LF 回路を組み合わせることで，赤色細胞（Delta 陽性細胞）と緑色細胞（Notch 活性化細胞）の比率が変わることを発見した（図 15.3c）．このような，人工遺伝子回路をつくるなかでの新たな発見こそが，再構成実験の醍醐味である．

15.5　人工遺伝子回路の数理モデル化

人工遺伝子回路は数理モデル化と相性がよい．自分がつくったものなので中身がわかっているからである．基本的には，[A] + [B] ⇔ [AB] といった質量作用の法則に沿ってひたすら記述すればよいので，迷わない．個人的には，ある生物現象をどれだけ具体化・粗視化するかなどの判断こそが，数理モデル化のセンスだと感じているが，そういう意味では人工遺伝子回路のモデル化にはあまりセンスが必要でなく，初学者にも取り組みやすい．前述の Delta-Notch の人工遺伝子回路研究にお

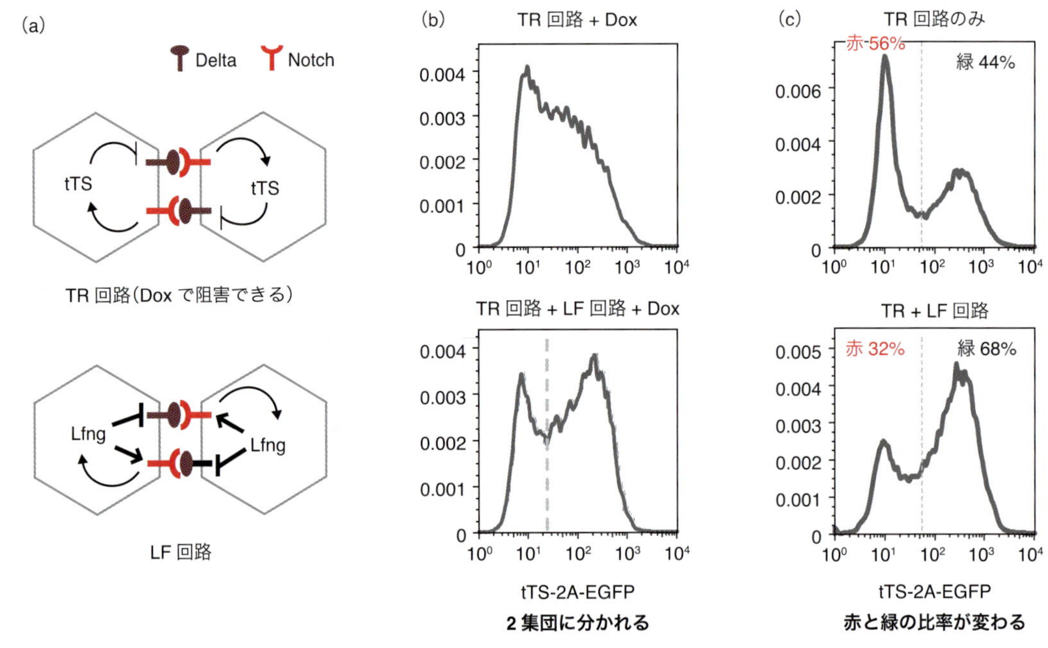

図 15.3　側方抑制遺伝子回路における LF 回路の役割

(a)側方抑制遺伝子回路は，TR 回路と LF 回路という二つの回路でできている．TR 回路では，tTS が誘導されることで Delta の転写を抑制する．LF 回路では，Lfng が誘導されることで Notch への正のフィードバックと Delta への負のフィードバックが起こる．(b)tTS は Dox によって阻害できるので，TR 回路に Dox を加えると二峰性の分布が見られなくなった（上図）．しかし，TR＋LF 回路の場合は，Dox によって TR 回路を阻害しても二峰性の分布が見られた（下図）．つまり，側方抑制には LF 回路だけで十分だとわかった．(c)TR 回路のみの場合は赤色(Delta 陽性細胞)の割合が多いが，TR＋LF 回路の場合は緑色(Notch 活性化細胞)の割合が多くなった．文献 7 の Fig6, Fig7 より改変．

いても，常微分方程式で遺伝子回路内の反応をひたすら記述した数理モデルを作製した．このモデルは，LF 回路を加える方が側方抑制に有利であると予測したり，LF 回路によってなぜ細胞比率が変わるのかを説明したり，と非常に有用であった[7]．

15.6　まとめと展望

本章では，合成生物学のなかでも特に人工遺伝子回路の作製に絞って，研究の流れとポイントを概説した．何かをつくることは単純に楽しいし，つくってみるとその現象がどう動いているか深く理解できる．つくるなかでの新たな発見もある．そのために定量化は大きな助けとなる．

今後は，人工 DNA 配列合成技術やゲノム編集技術の発展，信頼できる遺伝子部品の蓄積によって，より複雑で大規模な遺伝子回路の作製も可能になってくるだろう．現在は人間があれこれ考えながら設計している遺伝子回路も，プログラミング言語を使ってコンピュータが自動設計することも提案されている[25]．また別の方向としては，オルガノイド (organoid) や生きた個体の中など，より複雑な環境で人工遺伝子回路を機能させることである．例えば，慢性的な病気の状態を感知して薬を分泌する人工遺伝子回路を作製し，その遺伝子回路をもった細胞を生体内に移植して治療に役立てるという試みがなされている[26]．どちらの方向性においても，系を定量的にコントロールできるかどうかが合成生物学の可能性を大きく左右するに違いない．

（戎家美紀）

注目の最新技術 ⑨

何のためにつくるのか

「専門は合成生物学です」と名乗ったり，「人工遺伝子回路をつくっています」と言うと，目的は何かとよく聞かれる．生物の部品を使ってつくる目的はさまざまであるが，私見では三つに大別できる．一つめの目的は，役立つものをつくることで，これはわかりやすい．なかでも，有用物質生産のための人工遺伝子回路と，個体で機能して医療へ応用できる人工遺伝子回路は，精力的に研究が進められている分野である．二つ目の目的は，つくりながら新たな発見をすることである．15.4節で述べたDelta-Notch側方抑制遺伝子回路において，LF回路だけでも側方抑制が十分に起こることや，LF回路で細胞の構成比率が変わることなどは，回路をつくってみて初めてわかった知見である[7]．そして三つ目の目的は，（やや理解してもらいにくいかもしれないが，）非常に面白くて新しくて美しいから．それだけである．例えば合成生物学が盛り上がるきっかけになった2000年の2本の論文（文献1, 3）や，最近のロボットエイの作製[27]などは，目的なんて問わずともおもしろいと思ったし，少しおおげさかもしれないが，人類はこんなこともできるのかとわくわくした．しいて言うならば，そういった研究は，他の研究者や論文を読んだ人を刺激し，新たな分野を開拓することが目的かもしれない．筆者自身が目指しているのは，主に二つ目の方向性で，あわよくば三つ目もというスタンスだが，三つの目的のいずれにも価値があると思っている．肝心なのは，それぞれの方向性においてどれだけ飛びぬけてすごいことができるかであろう．最後に，上記のようなことが研究の大目的であり大きな動機だとすると，日々の研究を支える小さな動機は，「つくるのが単純に好き」「とにかくつくってみたい」といったものであり，これもわりと重要だと思う．

（戎家美紀）

文 献

1) Elowitz M & Leibler S, *Nature*, **403**, 335 (2000).
2) Danino T et al., *Nature*, **463**, 326 (2010).
3) Gardner T et al., *Nature*, **403**, 339 (2000).
4) Sekine R et al., *PNAS*, **108**, 17969 (2011).
5) Basu S et al., *Nature*, **434,** 1130 (2005).
6) Chau AH et al., *Cell*, **151**, 320 (2012).
7) Matsuda M et al., *Nat. Commun.*, **6**, 6195 (2015).
8) Nakatake Y et al., *BMC Biotechnol.*, **13**, 64 (2013).
9) Woltjen K et al., *Nature*, **458**, 766 (2009).
10) Kawakami K & Noda T, *Genetics*, 166, 895 (2004).
11) Mates L et al., *Nat. Genet.*, **41**, 753 (2009).
12) Kamiyama D et al., *Nat. Commun.*, **7**, 11046 (2016).
13) Wang X et al., *Nat. Methods*, **9**, 266 (2012).
14) Imayoshi I et al., *Science*, **342**, 1203 (2013).
15) Iwamoto M et al., *Chem. Biol.*, **17**, 981 (2010).
16) Natsume T et al., *Cell Rep.*, **15**, 210 (2016).
17) Li X et al., *J. Biol. Chem.*, **273**, 34970 (1998).
18) Masamizu Y et al., *PNAS*, **103**, 1313 (2006).
19) Zubiaga AM et al., *Mol. Cell Biol.*, **15**, 2219 (1995).
20) Harmansa S et al., *Nature,* **527**, 317 (2015).
21) Kennedy MJ et al., *Nat. Methods*, **7**, 973 (2010).
22) Guntas G et al., *PNAS*, **112**, 112 (2015).
23) Levskaya A et al., *Nature*, **461**, 997 (2009).
24) Buchler NE & Cross FR, *Mol. Syst. Biol.*, **5**, 272 (2009).
25) Nielsen AA et al., *Science*, **352**, aac7341 (2016).
26) Schukur L et al., *Sci. Transl. Med.*, **7**, 318ra201 (2016).
27) Park SJ et al., *Science*, **353**, 158 (2016).

Appendix

補遺

本書における数学的基礎

Summary

本章では，本書で使われる数学の基本的事項について，その内容を簡潔にまとめる．生物学者が理論の概要を容易に捉えられるよう，記述は数学的厳密性よりも概念的な部分を優先し，各項目の背景を勉強できるように，各章ごとに参考となる日本語の教科書を紹介している．

1　微分方程式と化学反応論

1.1　微分方程式

微分方程式は，力学から化学反応まで，時間とともに変化するさまざまな現象やシステムを記述する最も一般的な方法である．微分方程式は，時間変動するシステムの状態を定める変数 $x(t)$ と，その変化速度を定める $f(t, x)$ から構成される．$f(t, x)$ の意味は大雑把には，時刻 t において，システムの状態が x であった時に，x の変化量 $x(t+\Delta t)-x(t)$ が $f(t, x(t))\Delta t$ におおよそ等しいことを表す（図 1a）：

$$\Delta x(t) = x(t+\Delta t) - x(t) \approx f(t, x(t))\Delta t\,. \quad (1)$$

両辺を Δt で割って $\Delta t \to 0$ の極限を取ることで，微分方程式

$$\frac{\mathrm{d}x(t)}{\mathrm{d}t} = \lim_{\Delta t \to 0} \frac{x(t+\Delta t)-x(t)}{\Delta t} = f(t, x(t)), \quad (2)$$

が得られる．$\mathrm{d}x(t)/\mathrm{d}t$ は $x(t)$ の t に関する微分を表す．表記の簡略化のため，x の t への依存性を省略して

$$\frac{\mathrm{d}x}{\mathrm{d}t} = f(t, x)\,, \quad (3)$$

などとも表記する．

微分方程式の例としては，5 章ではバクテリアの個体数変動が現れる．$x(t)$ を時刻 t でのバクテリアの個体数とするとき，その個体の増加数は，各個体が $\lambda(t)$ の増殖率で増加をすることから，$f(t, x) = \lambda(t)x$ となり，微分方程式

$$\frac{\mathrm{d}x}{\mathrm{d}t} = f(t, x(t)) = \lambda(t)x(t)\,, \quad (4)$$

を得る．増殖率 $\lambda(t)$ が定数 λ である時，この方程式の解は指数関数を用いて

$$x(t) = e^{\lambda t}x(0)\,, \quad (5)$$

と表される．ここで $x(0)$ は時刻 0 での個体数で微分方程式の初期値である．微分方程式の重要な性質のひとつは，方程式と初期値を決定すると，未来のシステムの振る舞い $x(t)$ が一意に定まることである[*1]．システムの未来の振る舞いに不確定性がないことから，微分方程式で表されるモデルは決定論的モデルとも呼ばれる[1]．

x や f は一つの変数を持つだけではなく，変数のリストであるベクトルの場合でも同じように微分方程式で表される．ここで $x_i(t)$ を i 番目の変数として，N 個の変数を並べたベクトルを

$$\boldsymbol{x}(t) = (x_1(t), \cdots, x_i(t), \cdots, x_N(t))^{\mathrm{T}}, \quad (6)$$

＊1　$f(t, x)$ がある程度滑らかであるなどの付帯条件が必要になる．

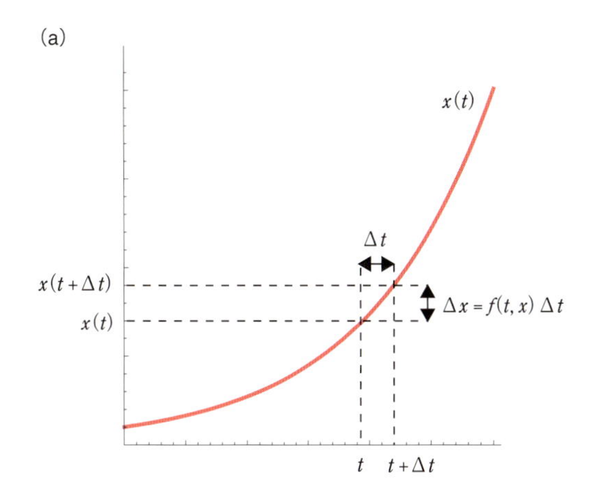

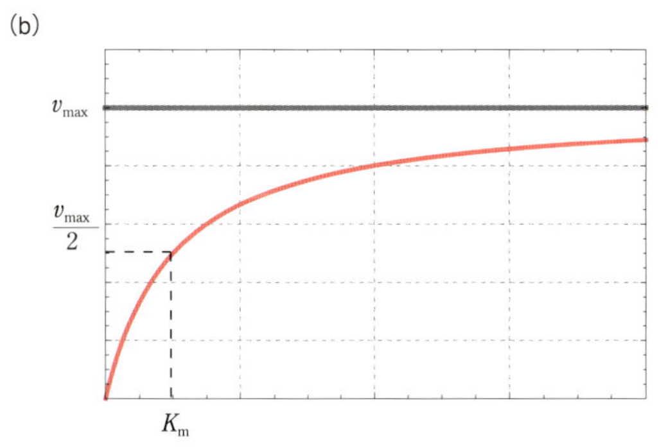

図1　(a) 微小時間Δtの間に生じる$x(t)$の変位$\Delta x(t)$の模式図．(b) ミカエリス・メンテン式の形状．

とする．$\mathbb{T}$はベクトルや行列の転置であり，ベクトルの場合は横ベクトルを縦ベクトルに，縦ベクトルを横ベクトルに変換する操作に対応する．太字はベクトルであることを表す．同じように，$f_i(t, \boldsymbol{x})$をi番目の変数の変化速度とする．ここで，$f_i\ (t, \boldsymbol{x})$の中にベクトル$\boldsymbol{x}$が入っていることから，i番目の変数の変化速度は，一般に自分も含むN個の変数に依存していることが表される．変数の時と同じように変化速度ベクトルを

$$\boldsymbol{f}(t, \boldsymbol{x}) = (f_1(t, \boldsymbol{x}), \cdots, f_i(t, \boldsymbol{x}), \ \cdots, f_N(t, \boldsymbol{x}))^{\mathbb{T}}, \tag{7}$$

とする．すると多変数の微分方程式は1変数の時と同じように

$$\frac{\mathrm{d}\boldsymbol{x}(t)}{\mathrm{d}t} = \boldsymbol{f}(t, \boldsymbol{x}(t)), \tag{8}$$

と表されることになる．微分方程式の変数の数Nが大きくなるほどシステムはさまざまな要素に依存するシステムということになる．細胞内反応はその典型的な例で，さまざまな分子が反応に関わるので微分方程式は多変数で複雑になる．指数増殖の例と異なり，多変数が関わる微分方程式の解は，一般には指数関数などの関数を用いて陽に表すことはできない．その為，通常は数値計算などによりその振る舞いを解析することになる．

微分方程式は力学のニュートン方程式としても現れる．その場合，空間の質点の位置は$\vec{r}$と表記されることが一般的である．2次元空間の場合，$\vec{r} = (r_x, r_y)^{\mathbb{T}}$，3次元の場合は，$\vec{r} = (r_x, r_y, r_z)^{\mathbb{T}}$となり，$r_x, r_y, r_z$はそれぞれ$x, y, z$軸方向の座標である．質点の速度$\vec{v}$，加速度$\vec{a}$は，

$$\vec{v}(t) = \frac{\mathrm{d}\vec{r}(t)}{\mathrm{d}t}, \quad \vec{a}(t) = \frac{\mathrm{d}\vec{v}(t)}{\mathrm{d}t} = \frac{\mathrm{d}^2\vec{r}(t)}{\mathrm{d}t^2}, \tag{9}$$

で定義され，力$\vec{f}$が作用する質点は運動方程式

$$m\vec{a}(t) = \vec{f}(t, \vec{v}(t), \vec{r}(t)), \tag{10}$$

を満たす．ここでmは質点の質量であり，$\vec{f}(t, \vec{v}, \vec{r})$は一般に時間$t$および速度と位置の関数となっている[2)]．

1.2　化学反応論

細胞内反応のダイナミクスを微分方程式で表現する時の基本となるのが質量作用の法則（law of mass action）である．今，下記の様な分子AとBが結合してCに変化する2体反応を考える：

$$A + B \xrightarrow{k_f} C. \tag{11}$$

AとBが反応の基質，Cが生成物である．A，B，Cの濃度$[A]$, $[B]$, $[C]$をx_A, x_B, x_Cと表すとする．この時，この反応の生じる速度vは質量作用の法則から

$$v = k_f x_A x_B, \tag{12}$$

のように基質 A と B の濃度の積に比例する．k_f は比例係数であり，反応速度定数とも呼ばれる．この反応が生じることによって A, B が同量減少し，代わりに C が同量生じることから，全体としての微分方程式は

$$\frac{\mathrm{d}}{\mathrm{d}t}\boldsymbol{x}(t) = \frac{\mathrm{d}}{\mathrm{d}t}\begin{pmatrix} x_A(t) \\ x_B(t) \\ x_C(t) \end{pmatrix} = \begin{pmatrix} -k_f x_A(t) x_B(t) \\ -k_f x_A(t) x_B(t) \\ k_f x_A(t) x_B(t) \end{pmatrix} =: \boldsymbol{f}_1(t, \boldsymbol{x}), \tag{13}$$

となる[3]．1 体反応

$$A \xrightarrow{k'_f} B, \tag{14}$$

では反応の速度は基質の濃度のみに比例するので方程式は

$$\frac{\mathrm{d}}{\mathrm{d}t}\boldsymbol{x}(t) = \frac{\mathrm{d}}{\mathrm{d}t}\begin{pmatrix} x_A(t) \\ x_B(t) \\ x_C(t) \end{pmatrix} = \begin{pmatrix} -k'_f x_A(t) \\ k'_f x_A(t) \\ 0 \end{pmatrix} =: \boldsymbol{f}_2(t, \boldsymbol{x}), \tag{15}$$

となる．ここで，分子 C はこの反応で変化をしないので変化速度は 0 となっている．上記の 1 体・2 体反応が同時に生じている場合の反応の微分方程式は単純に右辺の足し算として，

$$\frac{\mathrm{d}}{\mathrm{d}t}\boldsymbol{x}(t) = \boldsymbol{f}(t, \boldsymbol{x}) = \boldsymbol{f}_1(t, \boldsymbol{x}) + \boldsymbol{f}_2(t, \boldsymbol{x}), \tag{16}$$

となる．ここで $\boldsymbol{f}(t, x) := \boldsymbol{f}_1(t, x) + \boldsymbol{f}_2(t, x)$ である．M 個の反応で構成されるシステムでも，同様に個々の反応速度を質量作用の法則で記述し，それらの和を取ることで微分方程式として

$$\frac{\mathrm{d}}{\mathrm{d}t}\boldsymbol{x}(t) = \boldsymbol{f}(t, \boldsymbol{x}) = \sum_{m=1}^{M} \boldsymbol{f}_m(t, \boldsymbol{x}), \tag{17}$$

と表現される．反応の性質として特に重要なものに逆反応がある．逆反応とはある反応が逆転して生じる反応のことで，式 (11)および式 (14)の逆反応はそれぞれ

$$A + B \xleftarrow{k_b} C, \qquad A \xleftarrow{k'_b} B, \tag{18}$$

である．ある反応物を孤立させ十分時間が立つと，反応系は順反応と逆反応が釣り合う平衡状態となる．平衡状態における物質の濃度を $\boldsymbol{x}^{eq}$ とすると，順反応と逆反応の釣り合いから例えば式(11)の反応については，

$$\frac{x_A^{eq} x_B^{eq}}{x_C^{eq}} = \frac{k_b}{k_f} = K, \tag{19}$$

が成り立つ．K は平衡定数 (equilibrium constant) と呼ばれ，反応が順方向・逆方向にどれだけ偏っているか，言い換えると順反応と逆反応のどちらが起きやすいかを表す．特に順・逆反応が結合・解離反応の場合 K は解離定数 (dissociation constant)K_d とも呼ばれる．平衡定数は平衡状態の濃度だけから求まる定数であることから，反応速度論での重要な計測可能な特徴量となっている．一方で反応速度定数 k_f は，反応の時間経過の情報が必要なため，より計測することが難しい．

3 体以上の基質が関わる反応も考えることができるが，質量作用に厳密に従う純粋な 3 体反応は三つの分子が同時に衝突することを求める．一般に三つの分子が同時に衝突する現象は，二つの分子が衝突する現象と比べるとほとんど起こらないため，2 体反応と比べると無視できるほどしか起こらないとして，質量作用の法則に厳密に従う 3 体反応を細胞内反応で考えることは極めて稀である．一方で，例えば A と B が結合したのち AB に C が結合するような反応は，二つの 2 体反応

$$A + B \rightarrow AB, \quad AB + C \rightarrow ABC, \tag{20}$$

の組合せで表される．以下でみるように，この二つの反応を一つの反応として粗視化・簡略化することで，3 体反応なども反応の微分方程式モデルには実効的に現れることになる．

1.3 ミカエリス・メンテンの式と反応の簡略化

質量作用の法則は細胞内反応のモデリングでの基礎であるものの，細胞内反応の多くは，質量作用の法則で愚直に書き表すと多くの変数が必要に

なる反応や，そもそも質量作用の法則に従うと期待される素過程がわからない反応も多い．そこで多くの細胞内反応モデリングでは，質量作用の法則には従わない，実効的な関数を反応速度 $f(t, x)$ にしばしば用いる．その中で最も基礎的なものがミカエリス・メンテン(Michaelis-Menten)の式(図1b)

$$f_M(t, x) = v_{\max} \frac{x}{x + K_m} , \tag{21}$$

である．$v_{\max}$ は最大反応速度，K_m はミカエリス・メンテン定数と呼ばれる．生体内反応の反応速度を実際に計測すると，基質の濃度に依存して反応速度が永遠に増加してゆくことは稀で，多くの場合，反応速度は頭打ちになる．このような反応速度の飽和現象を比較的よく記述する簡便な関数としてミカエリス・メンテンの式は導入された．$v_{\max}$ は頭打ちになる反応速度，K_m は頭打ち速度の半分の速度 $v_{\max}/2$ が達成される基質の濃度に対応する(図1b)．

一見質量作用の法則と大きく異なるミカエリス・メンテンの式であるが，このような関係式が下記の酵素触媒反応を簡略化することで得られることが知られている：

$$A+E \underset{k_b}{\overset{k_f}{\rightleftarrows}} B, \qquad AE \overset{k_{\rm cat}}{\longrightarrow} B+E, \tag{22}$$

ここで A が基質，B が生成物，E が反応を触媒する酵素を表す．一つ目の式が A と E の結合解離反応，二つ目の式が A に結合した E に触媒されて A が B に変化する反応に対応する．この反応により酵素 E の量は変化しないので，A と B だけに着目し粗視化した(E を省略した)反応

$$A \longrightarrow B, \tag{23}$$

の反応速度を考える．一般に分子の結合・解離反応は，分子の変化の反応よりも時間スケールが早いことから，A と E の結合・解離反応が局所平衡にある，つまり A と E から AE ができる順反応の速度と AE から A と E ができる逆反応の速度が釣り合っていることを仮定する：

$$k_f\, x_A(t)\, x_E(t) = k_b\, x_{AE}(t) \,. \tag{24}$$

A と結合していない酵素 E と，A と結合した酵素 AE の和は一定 $x_E + x_{AE} = E_{tot}$ であることから，局所平衡の式より

$$x_{AE}(t) = \frac{k_f\, x_A(t)\, E_{tot}}{k_b + k_f\, x_A(t)} = E_{tot} \frac{x_A(t)}{k_b/k_f + x_A(t)} , \tag{25}$$

のように，AE の濃度が A の濃度の関数として得られる．AE から B と E が生じる反応は AE に関する1体反応であることから，最終的に B の生成速度は

$$\frac{\mathrm{d}}{\mathrm{d}t} x_B(t) = k_{cat} x_{AE}(t) = k_{cat}\, E_{tot} \frac{x_A(t)}{k_b/k_f + x_A(t)} , \tag{26}$$

と A の濃度のミカエリス・メンテンの式で表される．最大速度は $v_{\max} := k_{cat} E_{tot}$，ミカエリス・メンテン定数は $K_m := k_b / k_f$ となることがわかる[*2]．

細胞内反応のモデリングでは，反応を触媒する E を陽には表さず，はじめから反応の速度がミカエリス・メンテンの式に従うとしてモデル化することが一般的である．触媒 E の影響は最大速度の中に埋め込まれた形で反映される．このような粗視化は他にも行われ，例えばタンパク質のリン酸化反応において，リン酸化に依存して変化するATPやADPは細胞内に多量に存在することを仮定して，微分方程式の変数としては陽に表さないことが一般的である．また，順反応がエネルギーの消費を伴う反応の場合，逆反応が自発的には殆ど生じないことから，逆反応を省略することもよく行われる．より複雑な反応や分子の競合過程を仮定することで，ミカエリス・メンテン以外の式も粗視化の結果から得られる．

＊2 より詳細な導出では $K_m = (k_b + k_{cat}) / k_f$ となるが，今 $k_{cat} \ll k_f, k_b$ なので，近似的に $K_m = k_b / k_f$ が成り立つ．

最後に，細胞内現象のモデリングに言及しておく．上記のような微分方程式による細胞内反応モデリングを見せられると，知りたい現象についての反応のリストがあって，それを微分方程式に落とし込んで数値計算をして，実験データに合わせる，というモデルから理論予測，データへの流れを強く想起させるかもしれない．しかし現実には，細胞内には無数の反応がある．まだ我々が知らない反応や，あまり関係ないと思ってモデルに取り込んでいない反応なども多数ある．その為，知っている反応を組合せて定量的な実験データが再現されることは殆どない．むしろ実際の研究では，先にデータがあり，そのデータの示す振る舞いが再現できる反応のセットを探索する，という逆のプロセスを行う．その為，定量データとモデルを上手く合わせるには，どんな式やどんなモデルからどんな振る舞いが現れてくるか，について広い知識やレパートリーを持つことが肝要となるのである．

2　記述統計量

定量的な計測データを扱う場合，データになんらかのばらつきが生じることはきわめて一般的である．ばらつきの原因はさまざまで，計測器の誤差，実験のために用意したサンプル調整時の人為的なばらつきに始まり，対象とするサンプルの遺伝的なばらつきから，細胞内で反応が確率的に生じることに基づく表現型のばらつきなど多様なものが考えうる．いずれにしても，ばらつくデータから平均的な振る舞いを取り出したり，データのばらつき方の性質を調べることは，実験の精度や再現性の確認，そして得られた結果の統計的信頼性の評価に不可欠である．また，ばらつきの原因が，例えば確率的な遺伝子発現のように細胞現象の内因的なものの場合，ばらつきの性質を調べることは，細胞現象の背後に存在するプロセスの情報を得ることができる．このような目的でばらつくデータを評価する最も基本的な量が記述統計量である[4, 5]．

記述統計量は一般にデータから計算できる量で，着目するデータの統計的性質の情報を与えてくれる．今Xを我々が観測をしている対象（例えば細胞内タンパク量など）とする．このXは細胞ごとや計測ごとにばらつく確率的な量であるとする．このようなXは確率変数やランダム変数と呼ばれる．Xをn回観測したとすると我々は観測データの集合$\mathcal{D}=\{x_1,\cdots,x_i,\cdots,x_n\}$を得る*3（図2aの上ヒストグラム）．このデータ$\mathcal{D}$の標本平均（sample mean）$\langle x\rangle$とばらつきを表す標本分散（sample variance）$\bar{\sigma}^2$は

$$\langle x\rangle=\frac{1}{n}\sum_{i=1}^{n}x_i\ ,\quad \bar{\sigma}^2=\frac{1}{n}\sum_{i=1}^{n}(x_i-\langle x\rangle)^2, \tag{27}$$

となる．標本分散は大きいほどデータのばらつきは大きい．ばらつきの大きさを平均値で規格化（相対化）した量として，ファノファクター（fano factor）$\mathcal{F}$や変動係数（coefficient of variation）CV：

$$\mathcal{F}=\frac{\bar{\sigma}^2}{\langle x\rangle}\ ,\qquad CV=\frac{\bar{\sigma}}{\langle x\rangle}\ , \tag{28}$$

もよく用いられる．$\mathcal{F}$はXと同じ次元を持ち，CVは無次元量であって，ばらつきの割合を示す．

標本平均も標本分散も観測をやり直して新しいデータ$\mathcal{D}'$を得れば，その値は変わる．特に標本分散はその計算に，データごとにばらつきうる標本平均を使うことから，真のばらつきよりも若干小さめに見積もられる．その為，データ解析ではそれを補正した不偏分散（unbiased (sample) variance）

$$\hat{\sigma}^2=\frac{1}{n-1}\sum_{i=1}^{n}(x_i-\langle x\rangle)^2, \tag{29}$$

*3　一般に確率の分野では大文字を確率的な量，対応する小文字を確定値とする習慣がある。観測値は確定値なのでここでは小文字で表されている．

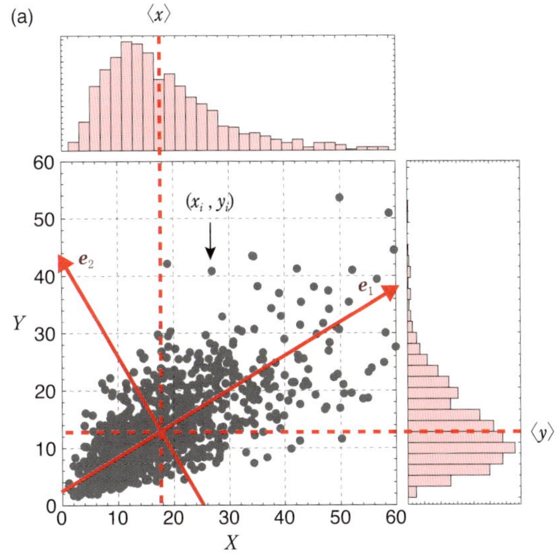

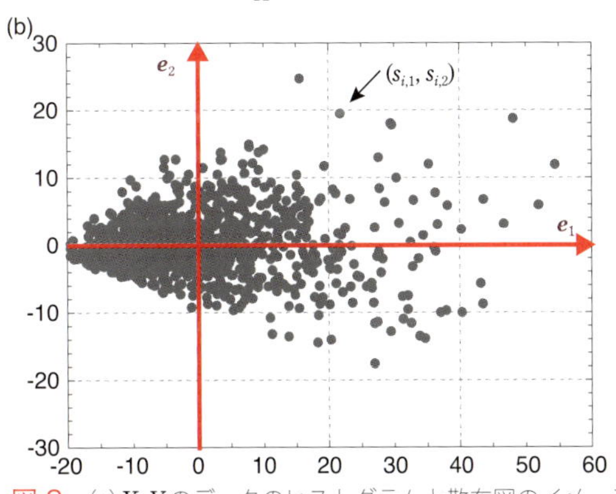

図 2　(a) X, Y のデータのヒストグラムと散布図のイメージ図，とデータの第一主成分軸 $\boldsymbol{e}_1$ および第二主成分軸 $\boldsymbol{e}_2$. 赤の矢印はそれぞれの主成分軸に平行な方向を表す．(b) 主成分分析で得られる主成分スコア S で表現されたデータ．ここでは主成分分析がどのような操作に対応するかを図示するため，2 次元のデータを 2 次元の主成分スコアに変換している．そのため次元削減はできていないが，第一主成分軸 $\boldsymbol{e}_1$ に対応する第一主成分スコアのバラ付きは，第二主成分スコアよりも大きくなっていることがわかる．

を一般に用いる．また歪度は X が平均値から大きい値，小さい値にどれくらい偏っているかという X の分布の非対称性を定量化する．標本歪度(sample skewness)は

$$\hat{\zeta} = \frac{\frac{1}{n}\sum_{i=1}^{n}(x_i - \langle x \rangle)^3}{(\hat{\sigma}^2)^{3/2}}\ , \tag{30}$$

と定義され，$\hat{\zeta}>0$ の時に X の値の分布は，右に裾が長く左に偏った分布，$\hat{\zeta}<0$ のときに左に裾が長く，右に偏った分布になることがわかる．

平均・分散・歪度はそれぞれ x の 1 乗 (x)，2 乗以下 (x, x^2)，3 乗以下 (x, x^2, x^3) の期待値と結びついている．一般に n 乗以下の期待値と結びついた統計量を考えることができるが，標準的に使われる統計量は，平均・分散・歪度に加え，4 乗に対応する尖度(skewness)程度までである．

我々が同時に観測する対象が複数種類，例えば X と Y の二種類ある場合，その二つの観測量の間の関係性が問題になる（図 2(a) の散布図）．二つの確率的な量の間の関連性は，簡単には標本共分散(sample covariance)として

$$\bar{\sigma}_{X,Y} = \frac{1}{n}\sum_{i=1}^{n}(x_i - \langle x \rangle)(y_i - \langle y \rangle)\ , \tag{31}$$

と求まる．分散のときと同様に n でなく $n-1$ で割ったものは不偏共分散である．これを X および Y のばらつきで規格化したものは，標本相関係数(sample correlation coefficient) もしくはピアソンの積率相関係数 (Pearson product-moment correlation coefficient) などと呼ばれ

$$\rho_{X,Y} = \frac{\bar{\sigma}_{X,Y}}{\bar{\sigma}_X \bar{\sigma}_Y}, \tag{32}$$

となる．ここで $\bar{\sigma}_X$ と $\bar{\sigma}_Y$ は X と Y の標本標準偏差(標本分散のルート)である．$-1 \leq \rho_{X,Y} \leq 1$ は $\rho_{X,Y} = 0$ の時，X と Y は相関がないことを，$\rho_{X,Y}$ が 1 に近いほど，X と Y が同じように動く傾向が強いことを，$\rho_{X,Y}$ が-1 に近いほど，X と Y が逆に動く傾向が強いことを示す．なお，記号として ρ の代わりに r を使うことも多い．

3　次元削減と主成分分析

データの次元が少ない場合，例えばデータ x_i が 1 次元のスカラー値，もしくは 2 次元の (x_i, y_i) などの場合，データの平均や分散，相関係数などはデータの性質を記述する上で重要な量となり，また散布図などからその傾向を直感的に理解することも容易である．しかし，一つ一つのデータ

$\boldsymbol{x}_i$ がベクトル

$$\boldsymbol{x}_i = (x_{i,1}, \dots, x_{i,k}, \dots, x_{i,d}) \tag{33}$$

であって，その次元 d がきわめて高次元の場合(例えば x_i は i 番目の細胞内の d 種類目の遺伝子発現量を表す場合など)，ベクトル内のどの量に着目すればいいのか，また計測で得られた個々の量の組合せが何らか意味を持つのか，などを把握することは難しい．その為，d 種類の量やその組合せの中から，重要(そう)な少ない次元の新しい量を見つけ出してくることが必要になってくる．このように，高次元のデータを低次元に縮約する，もしくは低次元で表現するためのプロセスを，次元削減（dimensionality reduction）もしくは次元圧縮などと呼ぶ*4．次元削減にはさまざまな手法が提案されているが，その中で最も標準的なものが主成分分析(Principal component analysis, PCA)である．

今，d 次元のベクトルで表されるデータが n 個存在するとする．このデータを行列を使って

$$\mathbf{X} = \begin{pmatrix} \boldsymbol{x}_1 \\ \vdots \\ \boldsymbol{x}_i \\ \vdots \\ \boldsymbol{x}_n \end{pmatrix} = \begin{pmatrix} x_{1,1} & \cdots & x_{1,k} & \cdots & x_{1,d} \\ \vdots & \ddots & \vdots & \ddots & \vdots \\ x_{i,1} & \cdots & x_{i,k} & \cdots & x_{i,d} \\ \vdots & \ddots & \vdots & \ddots & \vdots \\ x_{n,1} & \cdots & x_{n,k} & \cdots & x_{n,d} \end{pmatrix}, \tag{34}$$

と表す．ここで，各次元 $k \in \{1,\cdots,d\}$ ごとに，データの標本平均 $\langle x_k \rangle = \frac{1}{n}\sum_{i=1}^{n} x_{i,k}$ は $\langle x_k \rangle = 0$ となるようにデータを事前に標準化し，また各次元 k ごとにデータのスケールも比較できるように正規化されているとする．このとき第一主成分軸ベクトル $\boldsymbol{e}_1$ は，ベクトルの長さ $\|\boldsymbol{e}_1\| = \sqrt{\Sigma_{k=1}^{d} e_{1,k}^2}$ が 1 となる d 次元の単位ベクトルで，

$$\boldsymbol{e}_1 = \arg\max_{\|\boldsymbol{e}\|=1} \|\mathbf{X}\boldsymbol{e}\|^2, \tag{35}$$

の最適化問題の解となるものである．ここで $\mathbf{X}\boldsymbol{e}$ は，各データ $\boldsymbol{x}_i$ と単位ベクトル $\boldsymbol{e}$ の内積 $\boldsymbol{x}_i \cdot \boldsymbol{e}$ をとってそれをすべてのデータについて並べた縦ベクトルである：

$$\mathbf{X}\boldsymbol{e} = \begin{pmatrix} \boldsymbol{x}_1 \cdot \boldsymbol{e} \\ \vdots \\ \boldsymbol{x}_i \cdot \boldsymbol{e} \\ \vdots \\ \boldsymbol{x}_n \cdot \boldsymbol{e} \end{pmatrix}. \tag{36}$$

またベクトル $\boldsymbol{s}_1 = \mathbf{X}\boldsymbol{e}_1$ は第一主成分スコアと呼ぶ．内積 $\boldsymbol{x}_i \cdot \boldsymbol{e}$ はベクトル $\boldsymbol{x}_i$ を $\boldsymbol{e}$ の方向に射影した時の長さに当たるため，$\mathbf{X}\boldsymbol{e}$ の長さ $||\mathbf{X}\boldsymbol{e}||^2$ を最大化する $\boldsymbol{e}$ を探すことは，すべてのデータを $\boldsymbol{e}$ 方向に射影して得られるベクトルが一番長くなる方向を $\boldsymbol{e}_1$ として探しだすことに対応する．また，$\mathbf{X}\boldsymbol{e}$ は各次元 k について標本平均が 0 に標準化されていることから，ベクトル $\mathbf{X}\boldsymbol{e}$ の平均 $\frac{1}{n}\sum_{i=1}^{n} \boldsymbol{x}_i \cdot \boldsymbol{e}$ も常に 0 である．したがって，$\mathbf{X}\boldsymbol{e}$ の長さの二乗である $\|\mathbf{X}\boldsymbol{e}\|^2$ はデータを $\boldsymbol{e}$ 方向に射影した時の標本分散になっている．別の言い方をすると，第一主成分軸を見つけることは，データがもっとも変動し，ばらついている方向 $\boldsymbol{e}_1$ を見つけ出すことに対応する(図 2a)．

データの第二主成分軸 $\boldsymbol{e}_2$ はもとのデータ $\mathbf{X}$ から $\boldsymbol{e}_1$ 方向成分（$\mathbf{X}\boldsymbol{e}_1)\boldsymbol{e}_1^{\mathrm{T}} = \boldsymbol{s}_1\boldsymbol{e}_1^{\mathrm{T}}$ を取り除いて得られる行列

$$\hat{\mathbf{X}}_1 = \mathbf{X} - (\mathbf{X}\boldsymbol{e}_1)\boldsymbol{e}_1^{\mathrm{T}} = \begin{pmatrix} \boldsymbol{x}_1 - (\boldsymbol{x}_1 \cdot \boldsymbol{e}_1)\boldsymbol{e}_1^{\mathrm{T}} \\ \vdots \\ \boldsymbol{x}_i - (\boldsymbol{x}_i \cdot \boldsymbol{e}_1)\boldsymbol{e}_1^{\mathrm{T}} \\ \vdots \\ \boldsymbol{x}_n - (\boldsymbol{x}_n \cdot \boldsymbol{e}_1)\boldsymbol{e}_1^{\mathrm{T}} \end{pmatrix}, \tag{37}$$

について*5，同様に最も変動が大きくなる方向 $\boldsymbol{e}_2$ を見つけ出すことで得られる：

$$\boldsymbol{e}_2 = \arg\max_{\|\boldsymbol{e}\|=1} \|\hat{\mathbf{X}}_1\boldsymbol{e}\|^2. \tag{38}$$

これを繰り返すことで最終的に d 個の主成分軸 $\{\boldsymbol{e}_k\}_{k=1,\dots,d}$ が得られ，それらをまとめた行列 $\mathbf{E} = (\boldsymbol{e}_1, \cdots, \boldsymbol{e}_d)$ を用いて，主成分スコアが

*4　他にも多様体学習 (manifold learning)，埋め込み (embedding) などとも呼ばれることがある．

*5　$\hat{\mathbf{X}}_1$ の $\boldsymbol{e}_1$ 方向の変動はこの操作で 0 となる．

$$\mathbf{S}=(\boldsymbol{s}_1,\cdots,\boldsymbol{s}_d)=\mathbf{XE}, \tag{39}$$

と表される．またデータは

$$\mathbf{X}=\begin{pmatrix}\boldsymbol{x}_1\\ \vdots \\ \boldsymbol{x}_i \\ \vdots \\ \boldsymbol{x}_n\end{pmatrix}=\begin{pmatrix}\sum_{k=1}^{d}(\boldsymbol{x}_1\cdot\boldsymbol{e}_k)\boldsymbol{e}_k^{\top}\\ \vdots \\ \sum_{k=1}^{d}(\boldsymbol{x}_i\cdot\boldsymbol{e}_k)\boldsymbol{e}_k^{\top} \\ \vdots \\ \sum_{k=1}^{d}(\boldsymbol{x}_n\cdot\boldsymbol{e}_k)\boldsymbol{e}_k^{\top}\end{pmatrix}=\mathbf{SE}^{\top}, \tag{40}$$

と分解される（図 2a）．主成分スコアや主成分軸を求める部分は，必ずしも最適化問題を解く必要はなく，数学的に等価な$\mathbf{X}$の分散共分散行列$\mathbf{X}^{\top}\mathbf{X}$の固有値問題を解くことで解が得られる．得られた主成分のうち，はじめの$d'\le d$個のみを用いることによって，データのd'次元表現$\mathbf{S}_{d'}:=(\boldsymbol{s}_1,\cdots,\boldsymbol{s}_{d'})$が得られる．この表現によって，もともと$d$次元あった$i$番目のデータ$\boldsymbol{x}_i=(x_{i,1},\cdots,x_{i,d})$は，$(s_{i,1},\cdots,s_{i,d'})$と表されることになる（図 2b）．

主成分分析は線形演算のみで実現され，各主成分軸の意味も明確であるものの，線形であるがゆえに非線形な依存性を持ったデータに対しては適切な低次元表現が与えられない場合も多い．そのような問題を解決するために，主成分分析の拡張であるカーネル主成分分析や，非線形最適化などを用いた多次元尺度法（multidimentional scaling, MDS）や拡散マップ（diffusion map），t-Distributed Stochastic Neighbor Embedding（t-SNE）など次元削減手法がこれまでに提案されている．

4　確率分布

平均・分散の様な統計量は，観測ごとに確率的にばらつくXの性質をデータだけから定量的に特徴化してくれるものの，Xの確率的な振る舞いを完全に記述するには無限個の統計量（平均，分散，歪度，尖度など）が必要になる．一方，確率的なモデル化や統計的解析において，Xが従う確率分布$p(x;\boldsymbol{w})$を仮定し，その確率分布の形状を制御するパラメータ$\boldsymbol{w}$に着目することで解析の幅が広がる．解析の目的やXに想定される性質に依存して，さまざまな確率分布が知られており，問題に合わせて使い分けることが求められる[4, 5]．特に統計解析では正規分布が標準的である．しかし細胞内反応などのデータでは，Xは細胞内物質の濃度や分子の個数など，非負の値や離散の値を取る事が多く，対数正規分布，指数分布，ガンマ分布，ポアソン分布，二項分布，負の二項分布などがしばしば現れる．それぞれの確率分布$p(x;\boldsymbol{w})$について平均μと分散σ^2は$x\in X$が離散の値を取る場合は，

$$\mu=\sum_{x\in X}xp(x;\boldsymbol{w}),$$
$$\sigma^2=\sum_{x\in X}(x-\mu)^2p(x;\boldsymbol{w}), \tag{41}$$

$x\in X$が連続の値を取る場合は，

$$\mu=\int_{x\in X}xp(x;\boldsymbol{w})\mathrm{d}x,$$
$$\sigma^2=\int_{x\in X}(x-\mu)^2p(x;\boldsymbol{w})\mathrm{d}x, \tag{42}$$

と定義される．標本平均$\langle x\rangle$や標本分散$\bar{\sigma}$はデータから計算される量でデータごとに変動する量であったのに対して，確率分布の平均・分散は確率分布に付随する値であって，確率分布のひろがり具合などのある一側面を表す．

分散と等しく確率分布のばらつき具合を表現するためにしばしば使われる量としてエントロピーがある．確率分布$p(x;\boldsymbol{w})$のエントロピー$H(X)$は$x\in X$が離散・連続の値を取る場合，それぞれ

$$H(X)=-\sum_{x\in X}p(x;\boldsymbol{w})\ln p(x;\boldsymbol{w}),$$
$$H(X)=-\int_{x\in X}p(x;\boldsymbol{w})\ln p(x;\boldsymbol{w})\mathrm{d}x,$$

となる．エントロピーは情報理論や熱力学などさまざまな分野の基礎理論に現れる深淵な量ではあ

るが，データ解析における実用上は分布の乱雑度を測る指標と考えても差し支えはない．例えば $x \in X$ が n 種類の状態を取る離散変数の場合，すべての状態が等確率 $p(x)=1/n$ で出る分布が最も大きなエントロピー $H(X)=\ln n$ を与え，例えば n 種類の中のどれか一つだけが確率 1 で出るような分布のエントロピーが最小になる．このエントロピーの性質を利用して画像解析などでは，局所的な輝度のバラ付きが大きい部分（テクスチャーが複雑）と小さい部分（テクスチャーがのっぺりしている）を定量化することなどにも用いられる（4 章参照）．

また x の関数 $f(x)$ について，その $p(x, \boldsymbol{w})$ による期待値は，x が離散，連続の場合それぞれ

$$\mathbb{E}[f]=\sum_{x \in X} f(x)p(x;\boldsymbol{w}),$$
$$\mathbb{E}[f]=\int_{x \in X} f(x)p(x;\boldsymbol{w})\,\mathrm{d}x, \tag{43}$$

と定義される．期待値を用いて，平均・分散・エントロピーはそれぞれ

$$\mu=\mathbb{E}[x], \qquad \sigma^2=\mathbb{E}[(x-\mu)^2],$$
$$H(X)=\mathbb{E}[\ln p(x;\boldsymbol{w})], \tag{44}$$

と表される．

4.1　正規分布と対数正規分布

連続で実数値をとる確率変数 X が，1 次元正規分布もしくは 1 次元ガウス分布に従うとは，その確率密度が

$$p(x;\mu,\sigma^2)=\frac{1}{\sqrt{2\pi\sigma^2}}\exp\left(-\frac{(x-\mu)^2}{2\sigma^2}\right), \tag{45}$$

であることを指す（図 3a）．パラメータ $\boldsymbol{w}=\{\mu, \sigma^2\}$ はそれぞれ X の平均と分散に対応する[*6]．確率密度とは x を中心とする長さ $\mathrm{d}x$ の微小領域にどれくらいの確率が存在するかを表すので，実際の確率を計算するには長さ $\mathrm{d}x$ を乗算して

$$p(x;\mu,\sigma^2)\,\mathrm{d}x=\frac{1}{\sqrt{2\pi\sigma^2}}\exp\left(-\frac{(x-\mu)^2}{2\sigma^2}\right)\mathrm{d}x, \tag{46}$$

とする必要がある．$\mathrm{d}x$ は大雑把にはどれくらいの空間スケール（μm か？ nm か？）で確率の密度を計算しているかを表す．正規分布は平均と分散以外の高次キュムラント（歪度・尖度など）はすべて 0 の値を持ち，平均と分散の値だけでその形状が完全に定まる．また，X が仮に正規分布に従わなかったとしても，X を観測して得られるデータ $\mathcal{D}=\{x_1, \cdots, x_n\}$ から，標本平均 $\langle x \rangle$ を求めると，この $\langle x \rangle$ のデータ依存のばらつき方は n が大きくなるほど正規分布に近づく．より大雑把には，複数の確率変数の足し合わせで得られる確率変数は，足し合わせが多いほどそのふるまいが正規分布に近づく．その為，例えば，複数の確率的要因の帰結とみなせるような実験ノイズや，複数の細胞内分子衝突の結果とみなせる反応ばらつきを，正規分布で近似することがしばしば正当化される．また正規分布は，ベイズ推定や確率過程で扱うのに数学的に極めて便利な性質を持つ．その為，統計解析などを簡略化するという実利的目的で仮定されることも多い．

X が対数正規分布に従うとは，X の対数 $Y=\ln X$ が正規分布に従うことを指す（図 3a）．Y は正規分布に従うが $X=e^Y \geq 0$ なので，X は非負の確率変数になる．マイクロアレイによる遺伝子発現データや，蛍光タンパク質を用いて計測した蛍光強度データなどが，対数グラフ表示では正規分布的に見えることが多いという経験的な知見から，これらのデータ解析に用いられることが多い．対数正規分布が現れるメカニズムとしては，自己複製的なダイナミクスにおいて，増殖率に当たる変数が正規分布的にばらつくと現れる．したがって，例えば PCR など何らかの増幅系を介した観

＊6　二つのパラメータが平均と分散に対応しているので，μ と σ^2 をパラメータを表す記号として採用している．

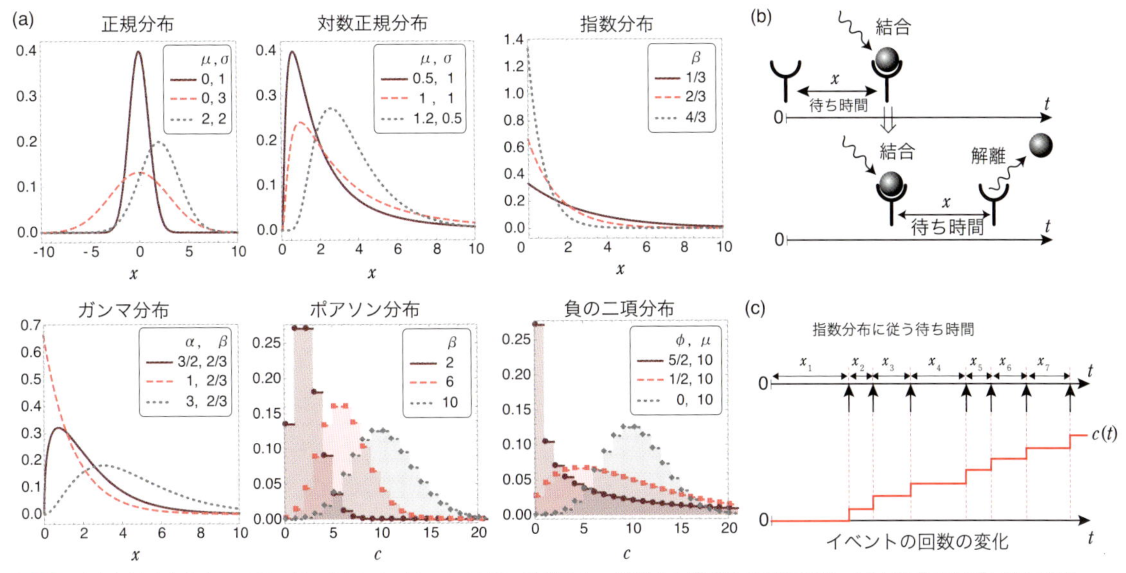

図3　(a) 各種確率分布の形状の例．(b) レセプターにリガンドが結合・解離する際の待ち時間の例．(c) 指数分布に従う待ち時間 x とイベント回数 $c(t)$ の関係．

測量，もしくは細胞増殖や複製サイクルの影響が寄与している現象に現れることが期待される．

4.2　指数分布とガンマ分布

非負の連続な確率変数が従う分布として，定量データ解析で対数正規分布と同様にしばしば現れるのが，指数分布とその拡張であるガンマ分布である．指数分布はその密度関数が

$$p(x;\beta)=\beta e^{-\beta x}, \tag{47}$$

で表され，パラメータは一つだけ $\boldsymbol{w}=\{\beta\}$ である（図 3a）．指数分布に従う X の平均・分散はそれぞれ $\mu=1/\beta$, $\sigma^2=1/\beta^2$ となる．指数分布がよく現れる例として，1 分子計測がある（図 3b）．リガンド 1 分子が膜に結合するまでの待ち時間（図 3b 上段），もしくは結合したリガンド分子が離れるまでの解離待ち時間（図 3b 下段）のばらつきを表現する際に，指数分布をしばしば用いる．待ち時間としてみた時，指数分布にしたがう変数 X は無記憶性を有する．無記憶性とは，あるリガンドが膜へ結合し離れるまでの待ち時間 X の分布と，結合直後から x_0 秒待っても離れなかったことを観測した後に，その後リガンドが離れるまでにかかる待ち時間 X' の分布が等しいことを意味する（長く待ったという事実が，その後の待ち時間に影響しない）．

指数分布やその混合分布は 1 分子計測ではデータをよく表現するが，典型的な待ち時間がある現象，例えば細胞分裂の待ち時間などには適さない．代わりにガンマ分布がよく用いられる．ガンマ分布はその確率密度関数が

$$p(x;\alpha,\beta)=\frac{\beta^{\alpha}x^{\alpha-1}e^{-\beta x}}{\Gamma(\alpha)}, \tag{48}$$

で表され，二つのパラメータを持つ $\boldsymbol{w}=\{\alpha,\beta\}$．$\alpha>0$ は形状パラメータ（shape parameter），$\beta>0$ はレートパラメータ（rate parameter）と呼ばれる（図 3a）．$\Gamma(\alpha)$ はガンマ関数

$$\Gamma(\alpha)=\int_0^{\infty}x^{\alpha-1}e^{-x}\mathrm{d}x, \tag{49}$$

である．$\alpha=1$ の時，ガンマ分布はパラメータ β の指数分布に一致するので，指数分布の一般化である．またしばしばガンマ分布のパラメータは

$k=\alpha$ と $\theta=1/\beta$ を用いて,

$$p(x;k,\ \theta)=\frac{x^{k-1}e^{-x/\theta}}{\Gamma(k)\,\theta^{k}}\ , \tag{50}$$

と表されることもある．この時 k は形状パラメータ α と同一のものだが，レートパラメータの逆数である θ はスケールパラメータ（scale parameter）もしくは尺度パラメータと呼ばれる．5章と1章でそれぞれ示されるように，ガンマ分布によってバクテリアの分裂時間のデータや遺伝子発現ゆらぎのデータが良くフィッティングできる．

4.3 ポアソン分布

ポアソン分布（Poisson distribution）は非負で離散な確率変数 C が従う分布として，最も基本的なものであり，正規分布と同じような役割を離散変数において果たす．一般にレートパラメータ $\beta>0$ をもつポアソン確率分布は

$$p(c;\beta)=\frac{\beta^{c}e^{-\beta}}{c!}\ , \tag{51}$$

と表される（図3a）．平均は $\mu=\beta$，分散も $\sigma^2=\beta$ である[*7]．ポアソン分布は，一定時間内に生じるイベントの生起回数のばらつきを表現するのによく用いられ，指数分布ときわめて密接な関係にある．具体的には，パラメータ β の指数分布に従う待ち時間 X をもつイベントが，ある時間 t までに c 回生起する確率がポアソン分布になる（図3c）．指数分布の平均（平均待ち時間）は $1/\beta$ であることから，平均待ち時間の逆数が単位時間内のイベントの平均生起回数とみなせる．これは β であり，たしかにポアソン分布の平均（平均生起回数）$\mu=\beta$ と一致する．

細胞内現象のモデリングでは，ポアソン分布は反応の生起回数の解析によく現れる．例えばある遺伝子からmRNA分子が単位時間に何回転写されるか，その回数 C を考える．mRNAの転写に関わるRNAポリメラーゼが該当の遺伝子の転写開始点に到着するまでの待ち時間が指数分布に依存すると仮定すると，mRNA分子の転写回数 C はポアソン分布になる．したがって確率的な細胞内遺伝子発現などの定量解析ではポアソン分布が基礎となる．統計量として式（28）で定義されたファノファクター $\mathcal{F}$ は，分散を平均で規格化したものであったが，ポアソン分布の場合，分散と平均が等しいため，ファノファクターは $\mathcal{F}=1$ となる．したがってファノファクターは，分子数のゆらぎなど離散的なデータに適用される場合，ポアソン分布からのずれを評価していると解釈が可能である．

一方，1章で現れるように，転写・翻訳の2段階のカスケードを経て得られるタンパク質の個数分布はガンマ分布でよく近似できることが知られている．これは理論的にも証明されており，ガンマ分布を1細胞内の遺伝子発現ゆらぎの解析に用いる基礎となっている．

4.4 負の二項分布

ガンマ分布が指数分布を2パラメータに拡張した分布とみなせるように，ポアソン分布を2パラメータに拡張した分布としてみなせるのが，負の二項分布（negative binomial distribution）である．特に13章や14章で取り扱われるRNA-seqのカウントデータの解析において，標準的に用いられる．

負の二項分布は通常，確率 p で表の出るコインを投げて，表が n 回出るまでに裏が出た回数 c の分布

$$p(c;n,p)=\frac{\Gamma(c+n)}{\Gamma(n)\,\Gamma(c+1)}p^{n}(1-p)^{c}, \tag{52}$$

として説明される．ここで $\Gamma(n)$ はガンマ関数であり，n が自然数であれば $\Gamma(n)=(n-1)!=(n-1)$

*7　ポアソン分布は離散的な変数の確率を表すので，確率密度ではなく dx なども必要なく直接ある c という値が生じる確率を表す．

$\times(n-2)\times\cdots 2\times 1$である．負の二項分布に従う$C$の平均値，分散は

$$\mu=\mathbb{E}[c]=\frac{n(1-p)}{p},$$

$$\sigma^2=\mathbb{E}[(c-\mu)^2]=\frac{n(1-p)}{p^2}, \tag{53}$$

の様にパラメータnやpの複雑な関数であるため，このままではデータへのフィッティングが煩雑になる．データの平均値や分散からより直接的に負の二項分布のフィッティングを得るため，分布のパラメータを$\{n, p\}$から$\{\mu, \phi\}$へと関係

$$n=\frac{1}{\phi}, \qquad p=\frac{1}{1+\mu\phi}, \tag{54}$$

を用いて変換することを考える．すると平均・分散は新しいパラメータ$\{\mu, \phi\}$を用いて

$$\mu=\mu, \qquad \sigma^2=\mu+\phi\mu^2, \tag{55}$$

となる．したがって，μは平均を，$\phi\geq 0$は分散σ^2がポアソン分布で成り立つ$\sigma^2=\mu$からどれだけ大きい方にずれるか，を表すパラメータとなる．またデータから計算した標本平均$\langle c\rangle$や標本分散$\bar{\sigma}^2$から$\{\mu, \phi\}$は簡単に計算できる．$\{\mu, \phi\}$を用いた時，負の二項分布は

$$p(c;\mu,\phi)=$$

$$\frac{\Gamma(c+\phi^{-1})}{\Gamma(\phi^{-1})\Gamma(c+1)}\left(\frac{1}{1+\mu\phi}\right)^{\phi^{-1}}\left(\frac{\mu\phi}{1+\mu\phi}\right)^{c}, \tag{56}$$

と表される(図3a)．$\phi\to 0$の極限を取ることで，

$$\lim_{\phi\to 0} p(c;\mu,\phi)=\frac{\mu^c}{c!}e^{-\mu}, \tag{57}$$

が得られ，たしかにレートパラメータ$\beta=\mu$を持つポアソン分布に収束することがわかる．

5　尤度・最尤推定・ベイズ推定

データが従う確率分布を考える(仮定する)ことで，それまでは平均や分散で議論をしていたデータの性質を，データをよくフィットする確率分布のパラメータに置き換えて議論をすることができるようになる．またデータの従う確率分布とパラメータが推定できれば，そこから現れる潜在的なばらつきなども計算し，推定されたパラメータの信頼性なども統計的に議論が可能である．確率分布とデータをパラメータの推定を介してつなぐための技術が最尤推定やベイズ推定などの統計推定法である[6]．

5.1　尤度と最尤推定

最尤推定では，n個の独立な観測データ$\mathcal{D}=\{x_1,\cdots,x_n\}$がある確率分布$p(x;\boldsymbol{w})$から得られたと仮定する．多くの場合，用いる確率分布$p(x;\boldsymbol{w})$は，データのヒストグラムから事前におおよそ推定したり，現象の背後にあるデータ生成メカニズムをもとにして特定のものを選ぶ．また複数の候補がある場合は，比較を行いより良い確率分布のモデルを選ぶ．最尤推定では，観測データ$\mathcal{D}$が，確率分布$p(x;\boldsymbol{w})$から得られる確率

$$\mathcal{L}(\mathcal{D};\boldsymbol{w})=p(x_1;\boldsymbol{w})\times\cdots\times p(x_n;\boldsymbol{w})$$

$$=\prod_{i=1}^{n}p(x_i;\boldsymbol{w}), \tag{58}$$

を計算する．パラメータは各観測データに共通で$\boldsymbol{w}$とする．$\mathcal{L}(\mathcal{D},\boldsymbol{w})$は尤度(likelihood)もしくは尤度関数とよばれる．尤度の値はパラメータ$\boldsymbol{w}$を変えると変化する．最尤推定法は，データが生じる確率が最も大きいという意味で，最も尤もらしいパラメータ$\hat{\boldsymbol{w}}$を探し，これをパラメータの推定値とする：

$$\hat{\boldsymbol{w}}=\max_{\boldsymbol{w}}\mathcal{L}(\mathcal{D};\boldsymbol{w}). \tag{59}$$

例えばデータ$\mathcal{D}=\{x_1,\cdots,x_n\}$が指数分布から生成されていると仮定をして，パラメータβを推定する場合，尤度関数は

$$\mathcal{L}(\mathcal{D};\beta)=[\beta e^{-\beta x_1}]\times\cdots\times[\beta e^{-\beta x_n}]$$

$$=\beta^n\exp\left[-\beta n\frac{(x_1+\cdots+x_n)}{n}\right], \quad (60)$$

となる．この形から，$\mathcal{L}(\mathcal{D};\beta)$が最大をとる最尤推定値 $\hat{\beta}$ は，$\hat{\beta}=1/\langle x\rangle$となることがわかる．

最大値を求める計算を含むため，一見，最尤推定量の計算は面倒である．もっと簡単に，例えば指数分布であればその平均μが$1/\beta$と一致しているので，データの標本平均$\langle x\rangle$を用いて

$$\beta_M = 1/\langle x\rangle, \quad (61)$$

とパラメータを推定することを考えるかもしれない．このような推定は，平均や分散などのモーメントをデータと分布でマッチさせるので，モーメント法と呼ばれる．すぐに確認できるように指数分布の場合はβ_Mが最尤推定量 $\hat{\beta}$ と同じになる．この他にも正規分布・ポアソン分布においては，モーメント法で得られたパラメータとパラメータの最尤推定値が一致する．であるので，これらの分布を扱う範囲では実質上は最尤推定の一見複雑な計算に立ち戻る必要はない．一方，ガンマ分布はモーメント法での推定値と最尤推定量が異なる．最尤推定量の方が少ないサンプルで真の値に近づくことや，十分データが多い時に最尤推定量が真の値に漸近的に近づくこと(一致性)などの良い性質があるものの，尤度関数の最大化が困難な場合もあり，複雑な分布を扱う上ではモーメント法も有効な方法ひとつである．

5.2　ベイズ推定

最尤推定の問題点は，得られる結果が一つの推定値だけである点である（このような推定量を点推定量と呼ぶ）．例えば指数分布に従うと期待される二つの異なるデータ $\mathcal{D}_1=\{1/2, 1, 3/2\}$ と $\mathcal{D}_2=\{1/2, 1, 3/2, 1/10, 19/10\}$ があったとする．どちらの場合もデータの標本平均は 1 となるので，最尤推定量はどちらも $\hat{\beta}=1$ である．しかし尤度関数$\mathcal{L}(\mathcal{D}, \beta)$ をプロットしてみると $\mathcal{D}_2$ の方の尤度関数$\mathcal{L}(\mathcal{D}_2, \beta)$ の方が，1 をピークとしてより先鋭になっていることがわかる(図 4a)．これは $\mathcal{D}_2$ の方が $\mathcal{D}_1$ よりもデータ数が多いため同じ推定値 $\hat{\beta}=1$ でもより信頼性が高いことを示している．またガンマ分布の場合，尤度関数$\mathcal{L}(\mathcal{D}, \beta)$ のピーク，つまり最尤推定値の値も $\mathcal{D}_1$, $\mathcal{D}_2$ に依存して変化することが見て取れる(図 4b)．そして高度な統計モデルの場合には，ピークが複数存在するような場合もある．さらに，データ数が同じでもそのばらつき具合で尤度関数の形状が影響を受ける．このように特定のパラメータ値だけに着目するのでなく，パラメータ空間全体でのパラメータの確からしさ・尤もらしさも含めて評

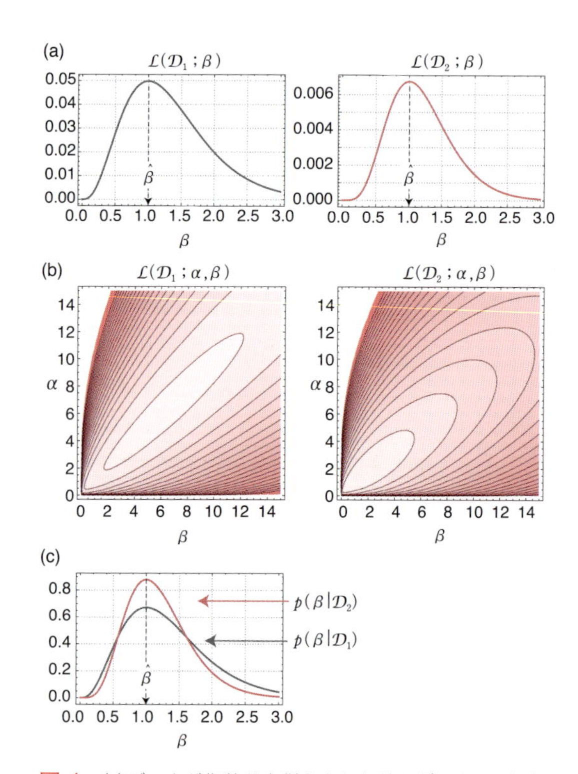

図 4　(a)データが指数分布従うとした時のデータ $\mathcal{D}_1$ および $\mathcal{D}_2$ の尤度関数の形状．(b)データがガンマ分布に従うとした時のデータ $\mathcal{D}_1$ および $\mathcal{D}_2$ の尤度関数の形状．(c)データが指数分布に従うとした時のデータ $\mathcal{D}_1$ および $\mathcal{D}_2$ から得られる事後分布の形状．

価する一般的な方法がベイズ推定である．

ベイズ推定では，データ $\mathcal{D}$ が与えられた上でのパラメータ事後分布をベイズの定理を用いて以下のように求める：

$$p(\boldsymbol{w} \mid \mathcal{D}) = \frac{\mathcal{L}(\mathcal{D}; \boldsymbol{w}) p(\boldsymbol{w})}{\sum_w \mathcal{L}(\mathcal{D}; \boldsymbol{w}) p(\boldsymbol{w})} . \tag{62}$$

ここで $p(\boldsymbol{w})$ はパラメータの事前分布であり，パラメータの振る舞いについて我々が事前に持っている知識を表現する．$p(\boldsymbol{w})$ を定数として，先程の $\mathcal{D}_1$ と $\mathcal{D}_2$ で指数分布のパラメータ β の事後分布を計算すると

$$p(\beta \mid \mathcal{D}_1) = \frac{1}{2}(3\beta)^3 e^{-3\beta} ,$$

$$p(\beta \mid \mathcal{D}_2) = \frac{1}{24}(5\beta)^5 e^{-5\beta} , \tag{63}$$

となる（図 4c）．確かにここではデータから推定されたパラメータのばらつきが事後分布に反映されている．

ベイズ推定は，パラメータの事前分布を我々の事前知識を反映して自由に設計できるという点が過去にしばしば強調された．その事前知識の扱いに関する恣意性により，過去に色々と議論が合ったが，ベイズ推定の本質はデータが持つパラメータに関する情報を，ひとつの推定値としてでなくパラメータ空間全体の分布として表し活用するという点にあると考えられる．なるべく恣意性を省くのであれば，事前分布として無情報事前分布などを選ぶこともできる．無情報事前分布とは，なるべく事後分布の推定に影響が出ないような事前分布を指す．離散・有限の値をとるデータの場合は，すべての可能な値に等しい確率を仮定する一様分布となる．連続値を取るデータの場合に多少複雑な議論が必要となり，代表的なものとして Jeffreys 事前分布などがある．

また，単純な確率分布のパラメータ推定を超えて，7 章や 8 章で扱うような複雑な力学モデルからなる統計モデルを推定する場合，パラメータは力学から要請されるさまざまな物理的制約条件を満たす必要がある．このようなまっとうな事前情報を事前分布としてモデルに組み込める点で，ベイズ推定はきわめて応用性の高い統計推定手法としてその地位を確立している．

6　確率過程とランダムウォーク

細胞システムの何らかの量（細胞運動の位置や速度，遺伝子発現量）などを経時的に計測すると，時間とともにある種の傾向を持って変化しながらも大きな乱雑性を有することが一般的である．このような時間的に変化するランダムな過程を確率過程とよび $X(t)$ の様に時間 t の関数として表す．この時系列 $X(t)$ を n 回観測したとすると（n 個の細胞で観測したと思っても良い），我々は観測データの集合 $\mathcal{D}(t) = \{x_1(t), \cdots, x_i(t), \cdots, x_n(t)\}$ を得る．ここで時間方向には等間隔で観測が行われたとして，t は $t = \{1, 2, , \cdots, T\}$ の様に離散的な値を取るとする．時間 t を止めれば，$X(t)$ はある時刻での細胞の到達位置やタンパク質の発現量などを表し，普通の確率変数の様に扱うことができる．したがって，普通の確率変数と同じように $X(t)$ の標本平均や分散などの統計量を計算しその振る舞いを特徴化することができる．例えば標本平均や分散は $\langle x(t) \rangle = \frac{1}{n}\sum_i x_i(t)$，$\bar{\sigma}^2(t) = \frac{1}{n}\sum_i (x_i(t) - \langle x(t) \rangle)^2$ の様に各時間 t ごとに求まる．標本平均の時間依存性をみることによって，確率過程 $X(t)$ にある種の傾向があるのかを大まかに捉えられる．一方，標本分散 $\bar{\sigma}^2(t)$ はばらつきが時間とともにどのように変化するかを表す[7]．

6.1 自己相関関数

時系列の場合，各時間で $X(t)$ を特徴化するだけでなく，異なる時間点における値の関係性も重要になる．これは例えば $X(t)$ と比較して違う時刻 t' の状態 $X(t')$ がどれくらい相関している

かを調べることに対応し，時系列の持つ記憶性を明らかにしてくる．記憶性を評価する上で最もよく使われる量が（標本）自己相関関数（auto correlation function）である：

$$R(t,t')=\frac{1}{n}\sum_{i=1}^{n}\frac{(x_i(t)-\langle x(t)\rangle)}{\bar{\sigma}(t)}\frac{(x_i(t')-\langle x(t')\rangle)}{\bar{\sigma}(t')}. \quad (64)$$

定義からすぐわかるように $R(t,t')$ は $X(t)$ と $X(t')$ の間の標本相関係数 $\rho_{X(t),X(t')}$ に等しい．したがって，$R(t,t')$ が 1 もしくは−1 に近いほど，時刻 t と時刻 t' の $X(t)$ の振る舞いが相関（逆相関）しており，$R(t,t')$ が 0 に近いと，無相関であることを意味する（図 5a）[7]．分散で規格化しない

$$R_A(t,t')=\frac{1}{n}\sum_{i=1}^{n}(x_i(t)-\langle x(t)\rangle)(x_i(t')-\langle x(t')\rangle), \quad (65)$$

を自己相関関数と呼ぶ場合もある．ここでは区別のために $R_A(t,t')$ は絶対自己相関関数と呼ぶ．

3 章でもそうだったように，自己相関関数の解析では，時系列の定常性を仮定し解析を進める．定常性とは $X(t)$ の平均・分散が時間によらず定数であることを意味する．平均 $\langle x(t)\rangle$ は時間的に変化することが一般的だが，$x_i(t)$ から何らかの関数 $f(t)$ を引き算して時系列のトレンド補正を行うことで，通常は仮定が満たされる．さらに自己

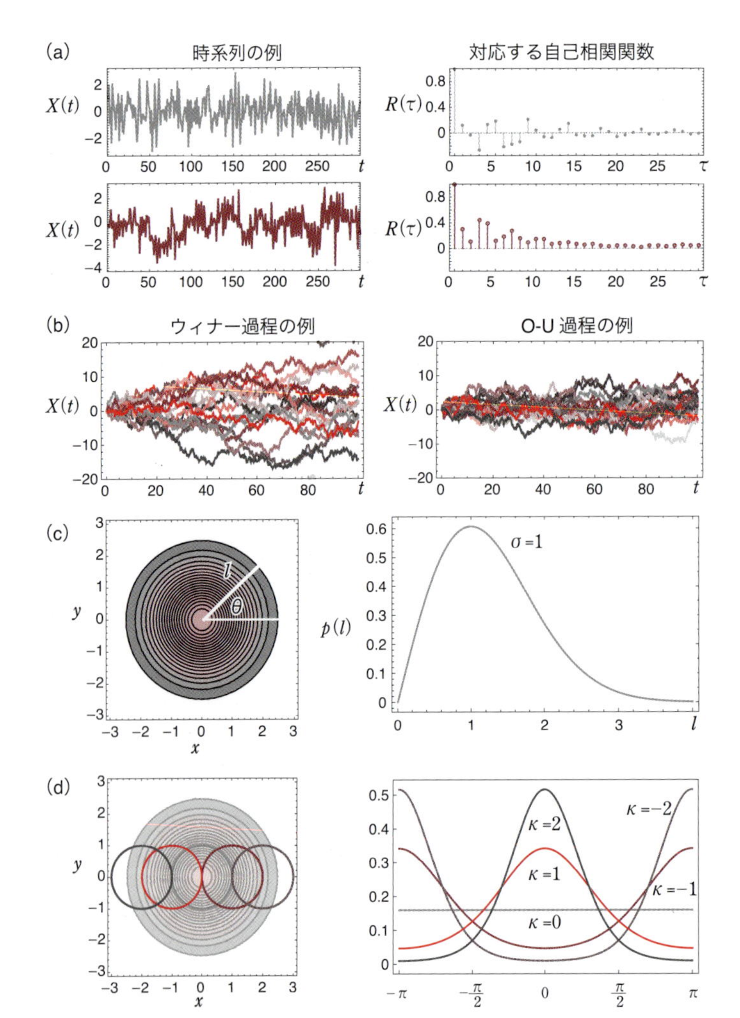

図 5　(a) 時系列データとそれに対応する自己相関関数の例．(b) ウィナー過程および O-U 過程の例．(c) 2 次元正規分布と極座標 (l, θ) の関係（左）．距離 l に関する確率分布 $p(l)$ の形状（右）．(d) 2 次元正規分布とそれを切り取る異なる単位円（左）．各単位円で正規分布を切り取って得られるフォン・ミーゼス分布の形状．

相関関数の値が t と t' の時間差 $\tau=t'-t$ にのみ依存すると仮定して，$R(t, t')$ を時間差 $\tau=t'-t$ の関数 $R(\tau)$ として

$$R(\tau)=\frac{1}{T-\tau}\sum_{t=1}^{T-\tau}\left[\frac{1}{n}\sum_{i=1}^{n}\frac{(x_i(t)-\langle x\rangle)}{\bar{\sigma}}\frac{(x_i(t+\tau)-\langle x\rangle)}{\bar{\sigma}}\right], \tag{66}$$

と計算することが多い．$X(t)$ が単なるランダムな過程の場合，時間が経過するほどシステムの記憶が失われるので，τ が大きくなるほど $R(\tau)$ は0へと減衰する．一方 $X(t)$ が振動的な性質を持つ場合，$R(\tau)$ は0を中心とした減衰振動の傾向を見せる．時間方向の和を取ることより，観測したサンプル数 n だけでなく時間点方向にもデータ点数が稼げるので，長い時系列がある場合には，τ が T より十分小さい範囲で自己相関関数の精度が高まる．また極端な例として，観測したサンプル n が $n=1$ だったとしても，1本の長い時系列から自己相関関数が計算できる．しかし，細胞などを用いた多くの実験系の場合，観測とともに細胞の状態が変わったり培地の状態が変わったりすることが常なので，観測開始の条件を揃えて，複数の細胞やサンプルを計測して自己相関関数を用いるのが妥当である．

同じようにして，同時に観測された二つの確率過程 $X(t)$ と $Y(t)$ について，相互相関関数（cross correlation function）は

$$R_{X,Y}(t, t')=\frac{1}{n}\sum_{i=1}^{n}\frac{(x_i(t)-\langle x(t)\rangle)}{\sigma_X(t)}\frac{(y_i(t')-\langle y(t')\rangle)}{\bar{\sigma}_Y(t')}, \tag{67}$$

や

$$R_{X,Y}(\tau)=\frac{1}{T-\tau}\sum_{t=1}^{T-\tau}\left[\frac{1}{n}\sum_{i=1}^{n}\frac{(x_i(t)-\langle x\rangle)}{\bar{\sigma}_X}\frac{(y_i(t+\tau)-\langle y\rangle)}{\bar{\sigma}_Y}\right], \tag{68}$$

と計算される[7]．相互相関関数は制御関係にある $X(t)$ と $Y(t)$ の二つの量（例えば極性タンパク質の局在量と膜の変形度など）の間の依存関係を解析する時などに用いられる．

6.2 ランダムウォークとランジュバン方程式

X がランダムな確率変数であったときと同様に，確率過程 $X(t)$ も何らか背後の分布やモデルを仮定することで，解析や推定が容易になる．その基礎となるのが1次元のランダムウォークである．$\{\Xi(t)\,|\,t\in\{1, 2, \cdots, T\}\}$ を平均 μ_0，分散 σ_0^2 に従う正規分布から独立に生成される確率過程とする．この時，増分が正規分布に従うランダムウォーク $X(t)$ は

$$X(t)=\sum_{t'=1}^{t'=t}\Xi(t'),\quad t\in\{0, 1, 2, \cdots, T\}, \tag{69}$$

と $\Xi(t)$ の和で定義される[*8]．$X(t)$ の簡単な解釈は，各時刻，粒子や細胞が1次元の空間上で $\Xi(t)$ だけランダムに移動した時，時刻 t において原点から移動した位置に対応する．すでに正規分布の性質として述べたように，さまざまなミクロな確率的要因が多数加算されてできた確率変数 $\Xi(t)$ は，そのミクロな要因の確率的法則の詳細によらず，正規分布に従うことが期待される．したがって，$\Xi(t)$ を独立な正規分布に従うと仮定することはある程度の一般性を持っている．平均 μ_0 で分散 σ_0^2 の独立な正規乱数 t 個の和は，平均 $\mu_0 t$ で分散 $\sigma_0^2 t$ を持つ正規分布に従うので，$X(t)$ は平均 $\mu(t)=\mu_0 t$ で分散 $\sigma^2(t)=\sigma_0^2 t$ を持つ正規分布に従う確率過程である．したがって，時間 t が大きくなるほど $X(t)$ の中心は移動し，同時に分布の裾は広がっていく[8]．

＊8　ランダムウォークの定義は色々で，この定義はガウシアンランダムウォークと呼ばれるものの一例になっている。最もよく出てくるのは，1次元の格子の上の空間離散・時間離散のランダムウォークで，毎時間コイントスを行い，コインの表が出たら右に一歩，裏が出たら左に一歩移動するものである．

次に，決定論的な微分方程式とランダムウォーク $X(t)$ の関係を明らかにするために，$X(t)$ の時間差 $X(t+1)-X(t)$ を考える．今，$\Xi_0(t)$ を平均0，分散1の標準正規分布に従う確率変数とすると，$\Xi(t)$ は $\Xi_0(t)$ を用いて $\Xi(t)=\mu_0+\sigma_0\Xi_0(t)$ と表される．なので，$X(t)$ は

$$X(t+1)-X(t)=\mu_0+\sigma_0\Xi_0(t), \tag{70}$$

と表される．これまで時間 t は離散でその刻みが1としていたが，刻みが小さい値 Δt とし，かつ $X(t)$ の平均・分散が平均 $\mu(t)=\mu_0 t$ で分散 $\sigma^2(t)=\sigma_0^2 t$ となる性質を保つようにスケーリングをすると，上記の式は

$$\frac{X(t+\Delta t)-X(t)}{\Delta t}=\mu_0+\sigma_0\frac{\Xi_0(t)}{\sqrt{\Delta t}}, \tag{71}$$

となる．$\Delta t\to 0$ の極限を取ることで，

$$\frac{\mathrm{d}}{\mathrm{d}t}X(t)=\mu_0+\sigma_0\xi(t), \tag{72}$$

を得る．ここで $\xi(t)$ は $\xi(t)=\lim_{\Delta t\to 0}\Xi_0(t)/\sqrt{\Delta t}$ で定義され，ゆらぎの影響を表す．一方 μ_0 は $X(t)$ を一定の速度で変化させることから微分方程式の $f(t, \boldsymbol{x})$ と同じ役割を持つ．$X(t)$ は特にウィナー過程やブラウン運動とも呼ばれる（図5b）[8]．

ここではきわめて簡単な場合を考えたが，微分方程式の時と同様に $f(t, \boldsymbol{x})$ が複雑な関数でかつ多変数が係る場合に拡張できる：

$$\frac{\mathrm{d}}{\mathrm{d}t}X_i(t)=f_i(t, \boldsymbol{X}(t))+\sigma_i\xi_i(t),$$

$$i\in\{1, \cdots, N\}. \tag{73}$$

この方程式を主に物理分野ではランジュバン方程式（Langevin Equation）と呼ぶ．一方，数学分野では同じような方程式が確率微分方程式と呼ばれる[8, 9]．またこのような一般のランジュバン方程式に従う $\boldsymbol{X}(t)$ は拡散過程（diffusion process）と呼ばれる．決定論的な変化を表す $f_i(t, \boldsymbol{X}(t))$ はドリフト項，$\sigma_i\xi_i(t)$ はノイズ項と言われることもある*9．

1次元のランジュバン方程式において，すでに見たようにドリフト項が定数 μ_0 であると，$X(t)$ の分布は時間とともに無限に広がり，分布として収束することがない．これはランダムな変化により，どんどんとシステムの状態 $X(t)$ が遠くに拡散してしまうからである．このような拡散をおさえ，$X(t)$ が定常な分布に従う最も単純なシステムとして，ドリフト項が $f(t, x)=-\mu_0 x$ となる

$$\frac{\mathrm{d}}{\mathrm{d}t}X(t)=-\mu_0X(t)+\sigma_0\xi(t), \tag{74}$$

がある．この方程式は特にオルンシュタイン-ウーレンベック（Ornstein-Uhlenbeck）過程，省略してO-U過程と呼ばれている（図5b）．ドリフト項が $x=0$ へシステムを押し戻す力として働くため，O-U過程は無限に拡散することはなく，定常分布を持つ．またその分布は正規分布に従い，解を解析的に解くこともできる数学的に良い性質を持つ．その為，細胞データの解析においても頻繁に使われる．逆に，ウィナー過程とO-U過程以外の確率微分方程式は扱いづらく，その振る舞いを解析するには，シミュレーションもしくは，かなり高度な確率過程理論を必要とする．

6.3　ランダムウォークと距離・方向の確率分布

細胞解析で拡散過程が最もよく登場するテーマが細胞運動解析である．運動解析では2次元もしくは3次元の細胞運動を考えるが，ここではより簡単な2次元の場合について言及する．2次元の細胞の位置を $\vec{R}(t)=(X(t), Y(t))^{\mathrm{T}}$ とする．拡散過程でモデリングをする観点からは $X(t)$ と $Y(t)$ というユークリッド座標系で現象をみるのが簡便であるものの，データ解析や生物学的な観点からすると，原点からスタートした細胞がどれくらい

*9　σ_i はドリフト項と同じように $X(t)$ に依存して変化しても良いが，数学的な扱いが難しくなるのでここでは割愛する．

離れたか，その移動距離$L(t)$や移動方向$\Theta(t)$が重要になる：

$$L(t)=\sqrt{X(t)^2+Y(t)^2},$$

$$\Theta(t)=\arctan\frac{Y(t)}{X(t)}. \quad (75)$$

これらを記述する際によく用いられる分布がマクスウェル(Maxwell)分布とフォン・ミーゼス(von Mises)分布である[10]．

まず$L(t)$に着目する．今ランダムウォークやウィナー過程もしくはO-U過程を仮定し，$X(t)$と$Y(t)$のtを固定した時，それぞれ平均$\mu=0$，分散σ^2の正規分布に従うとする．するとxとyに関する確率密度関数は

$$p(x,y;\ \sigma^2)\mathrm{d}x\mathrm{d}y$$

$$=\frac{1}{2\pi\sigma^2}\exp\left[-\frac{1}{2}\frac{x^2+y^2}{\sigma^2}\right]\mathrm{d}x\mathrm{d}y, \quad (76)$$

となる．ここで$l^2=x^2+y^2$，$\theta=\arctan\frac{y}{x}$として，座標系を極座標に変換すると，

$$p(x,y;\ \sigma^2)\mathrm{d}x\mathrm{d}y$$

$$=\frac{1}{2\pi\sigma^2}\exp\left[-\frac{1}{2}\frac{l^2}{\sigma^2}\right]l\mathrm{d}l\mathrm{d}\theta, \quad (77)$$

となり，距離がlで角度がθで定まる微小領域内の確率密度が求まる．これをθで積分すると$L(t)$の従う分布が

$$p(l;\ \sigma^2)=\frac{l}{\sigma^2}\exp\left[-\frac{1}{2}\frac{l^2}{\sigma^2}\right], \quad (78)$$

と求まる（図5c）．この分布は乱雑に飛び回る気体分子の速度分布として物理ではよく現れ，速度の絶対値の分布を表すときのみマクスウェル分布と呼ぶ作法もある．同じ計算を3次元で行うことによって3次元のマクスウェル分布も得られる．細胞運動などの移動距離の分布がこの分布に従うかを調べることによって，運動の性質が単純なランダムウォーク的なものであるか，もしくはまれにより遠くに移動する（レヴィ的ともよばれる）ものなのかを調べることにも用いられる．

移動距離$L(t)$の分布に対して，バイアスのないランダムウォークを考えると方向$\Theta(t)$の分布は自明に一様分布になってしまう．そこで，tを固定した$X(t)$は平均μ，分散σ^2の正規分布に従いバイアスがあるのに対して，$Y(t)$は平均0，分散σ^2とする．この時の確率密度関数は

$$p(x,y;\ \mu,\sigma^2)$$

$$=\frac{1}{2\pi\sigma^2}\exp\left[-\frac{1}{2}\frac{(x-\mu)^2+y^2}{\sigma^2}\right], \quad (79)$$

となる．この分布を原点からの距離が1，角度がθで表される単位円上点$(x,y)=(\cos\theta,\sin\theta)$で切り取ると

$$p(\theta;\mu,\sigma^2)$$

$$\propto\frac{1}{2\pi\sigma^2}\exp\left[-\frac{1}{2}\frac{\mu^2-2\mu\cos\theta+1}{\sigma^2}\right]$$

$$\propto\exp\left[\frac{\mu}{\sigma^2}\cos\theta\right], \quad (80)$$

が得られる（図5d）[*10]．分布を積分して1になるように正規化し，$\kappa_v=\mu/\sigma^2$とすることで$\theta=0$の方向に偏ったフォン・ミーゼス分布

$$p(\theta;\ \kappa_v)=\frac{\exp[\kappa_v\cos\theta]}{2\pi I_0(\kappa_v)}, \quad (81)$$

を得る（図5d）．$I_0(\kappa_v)$は正規化に必要な関数で0次の第一種変形ベッセル関数である．もし偏りがxの方向ではなく，角度θ_0の方向に偏っていた場合は，

$$p(\theta;\theta_0,\kappa_v)=\frac{\exp[\kappa_v\cos(\theta-\theta_0)]}{2\pi I_0(\kappa)}, \quad (82)$$

となる．パラメータθ_0が偏りの方向を，κ_vが偏

＊10　図5(d)では正規分布と切り取る単位円の関係を1の図に表すため，$\mu=0$，$\sigma=1$の正規分布を，中心位置が(-2, 0), (-1, 0), (0, 0), (1, 0), (2, 0)の単位円で切り取った場合を示している。正規分布と単位円との相対関係だけが重要なので，結果として得られる分布は同じになる．

りの大きさを表す．フォン・ミーゼス分布はその構成の仕方に一部恣意性があるが（2次元の正規分布を切り取るなど），正規分布と似た数学的に良い性質を持っており，実質上方向データ解析の標準分布となっている．方向に関する統計解析は独自の難しさがあり，方向統計学として独自の分野を築いている[11)]．細胞運動の解析で頻出するが，その利用にはかなりの注意が必要である．

7　変形の数学的記述(テンソル代数の基礎)

8章で示されるように，テンソルの概念は物体の変形やその内部の応力状態の表現をはじめ，さまざまな分野で顔を出す．ここでは，テンソルとは何かについて最低限の情報をまとめることにする．テンソル解析に関する詳細を更に学びたい場合には，例えば文献12を参照していただきたい．また以下の説明では，(実) ベクトル空間 ((実) 線形空間とも呼ばれる) に関する初歩的な知識を有していることを仮定する．ベクトル空間や線形代数については文献13がよくまとまっている．ベクトル空間とは，きわめて簡単に言うと，和とスカラー倍が定義され，その演算に関して閉じている空間のことである (閉じているとは，演算の結果もその空間に含まれるということ)．また，簡単のため，すべて2次元のベクトル空間$\mathbf{V}$を考える．

ベクトル空間$\mathbf{V}$に対して基底の組$(\boldsymbol{e}_1, \boldsymbol{e}_2)$を一つ選ぶと$\mathbf{V}$内の元 (ベクトル)$\boldsymbol{a}$は$\boldsymbol{a} = a^1\boldsymbol{e}_1 + a^2\boldsymbol{e}_2$と表される．よって，$\boldsymbol{a}$はこの基底の下では，二つの数字の組$(a^1, a^2)$で指定される．基底の添え字は下，その成分の添え字は上となっていることに注意しよう (特に上添え字は累乗と混同しないようにすること)．以下に見るように，添え字の位置は考えている対象がどの空間に含まれる元であるかを明示するという重要な意味を持つ．さて，基底が変わればその成分表示は変わる．例えば，新たな基底$(\tilde{\boldsymbol{e}}_1, \tilde{\boldsymbol{e}}_2)$と元の基底$(\boldsymbol{e}_1, \boldsymbol{e}_2)$との間に

$$\boldsymbol{e}_1 = \sum_{i=1}^{2} H^i{}_1 \tilde{\boldsymbol{e}}_i, \qquad \boldsymbol{e}_2 = \sum_{i=1}^{2} H^i{}_2 \tilde{\boldsymbol{e}}_i, \tag{83}$$

という関係があるとしよう．ここで，変換を表す係数行列H^i_jは正則 (逆行列を持つ)とする．このとき，ベクトル$\boldsymbol{a}$は$\mathbf{V}$内の元としての存在自体は変わらずに，それを表す成分 (その元を指定する名前)のみが以下のように変化する．

$$(\tilde{a}^1, \tilde{a}^2) = \left(\sum_{i=1}^{2} H^1{}_i a^i, \sum_{i=1}^{2} H^2{}_i a^i \right). \tag{84}$$

くどいようだが，重要なことなので確認しておこう．ある基底 $(\boldsymbol{e}_1, \boldsymbol{e}_2)$を固定したときに (2, 0)という成分を持つベクトル (つまり$2\boldsymbol{e}_1$)と，(0,1)という成分を持つベクトル$1\boldsymbol{e}_2$とを考える．これらはもちろん異なるベクトル ($\mathbf{V}$内の異なる元)である．今，基底を$(\boldsymbol{e}_1, \boldsymbol{e}_2)$にとったときに(2, 0)という成分を持つベクトル$2\boldsymbol{e}_1$は，異なる基底，たとえば ($\tilde{\boldsymbol{e}}_1 = 2\boldsymbol{e}_2$, $\tilde{\boldsymbol{e}}_2 = 2\boldsymbol{e}_1$)を採用するとその成分は(0, 1)と表される (つまり$1\tilde{\boldsymbol{e}}_2$と表される)．これは，注目しているベクトル自体は同じ ($\mathbf{V}$内の同一の元)で，その成分表示が基底に依存して変わったことを意味するのであり，$1\tilde{\boldsymbol{e}}_2$と$1\boldsymbol{e}_2$は違うベクトルであることに注意する．

さて，ベクトルに実数を対応させる線形写像$\boldsymbol{\omega}$: $\mathbf{V} \to \mathbf{R}$を考えよう ($\mathbf{R}$は実数全体を表す)．線形ということは，任意のベクトル$\boldsymbol{a}_1, \boldsymbol{a}_2 \in \mathbf{V}$と実数$\alpha$，$\beta \in \mathbf{R}$に対して

$$\boldsymbol{\omega}(\alpha \boldsymbol{a}_1 + \beta \boldsymbol{a}_2) = \alpha\, \boldsymbol{\omega}(\boldsymbol{a}_1) + \beta\, \boldsymbol{\omega}(\boldsymbol{a}_2), \tag{85}$$

を満たすことである．したがって，$\boldsymbol{\omega}$を一つ固定すると，$\omega_1 \equiv \boldsymbol{\omega}(\boldsymbol{e}_1)$と$\omega_2 \equiv \boldsymbol{\omega}(\boldsymbol{e}_2)$の二つの値さえ知っていれば，($\boldsymbol{\omega}(\boldsymbol{a}) = \sum_i a^i \boldsymbol{\omega}(\boldsymbol{e}_i)$となるので)任意のベクトル$\boldsymbol{a} = \sum_i a^i \boldsymbol{e}_i$に$\boldsymbol{\omega}$を作用させた結果を計算できる．これは，線形写像$\boldsymbol{\omega}$は二つの数字の組$(\omega_1, \omega_2)$によって指定されることを意味する．ここで，特別な線形写像として，

$(\omega_1, \omega_2)=(1, 0)$ を満たすものを $\boldsymbol{e}^1$（添え字の位置に注意），$(\omega_1, \omega_2)=(0, 1)$ を満たすものを $\boldsymbol{e}^2$ と名付けると，式（85）を満たす線形写像 $\boldsymbol{\omega}$ の全体は $\boldsymbol{e}^1$ と $\boldsymbol{e}^2$ を基底とするベクトル空間をつくる（任意の成分 (ω_1, ω_2) を持つ線形写像は $\boldsymbol{\omega}=\omega_1\boldsymbol{e}^1+\omega_2\boldsymbol{e}^2$ となる）．これをベクトル空間 $\mathbf{V}$ の双対ベクトル空間 $\mathbf{V}^*$ と言うのであった（例えば 3)参照）．$\mathbf{V}^*$ の基底 $\boldsymbol{e}^1, \boldsymbol{e}^2$ は，$\mathbf{V}$ の基底が式(83)によって変換されるとき以下の関係式を持つ．

$$\tilde{\boldsymbol{e}}^1=\sum_{k=1}^{2} H^1{}_k\boldsymbol{e}^k, \qquad \tilde{\boldsymbol{e}}^2=\sum_{k=1}^{2} H^2{}_k\boldsymbol{e}^k. \qquad (86)$$

双対という言葉からわかるように，$\mathbf{V}$ と $\mathbf{V}^*$ の関係を入れ替えても同じことが言える．つまり $\mathbf{V}$ の元であるベクトル $\boldsymbol{a}$ は $\mathbf{V}^*$ の元を実数に対応させる線形写像を与える（$\boldsymbol{a}\in\mathbf{V}$ を一つ固定すると，それは任意の $\boldsymbol{\omega}\in\mathbf{V}^*$ に対して $\sum_i a^i\omega_i$ を対応させる写像）．テンソル代数では，$\mathbf{V}$ の元を（1, 0）テンソル，$\mathbf{V}^*$ の元を(0, 1)テンソルと呼ぶ．(i, j)テンソルといった時には，i と j は要素を表すときの上下にある添え字の数に一致する．添え字の位置によって，どの空間の元かがわかる仕組みになっている．添え字の位置はまた，対象がどの空間に属するかだけではなく，記述上の利便性ももたらす．上添え字と下添え字が同じ文字の場合にはその添え字の全範囲にわたって和を取るというルールにしておくと，例えば $a^i\omega_i=\sum_i a^i\omega_i$ のようにシグマ記号を省略することができる．これは，アインシュタインの総和規約と呼ばれる．特に高階のテンソルになると，その計算内にシグマ記号が複数並ぶが，このルールを使うことによってそれらを省略でき，式がすっきりする．

この考え方を広げて(0, 2)テンソルがどのように定義されるかを見てみよう．(0, 2)テンソルの考え方さえ理解できれば，そのアナロジーで任意の(i, j)テンソルについて理解できるだろう．今，与えられたベクトル空間 $\mathbf{V}$ に対して，$\mathbf{V}$ の任意の二つの元の組に対して実数を対応させる双線形写像 $\mathbf{T}: \mathbf{V}\times\mathbf{V}\to\mathbf{R}$ を考えよう．双線形というのは，

$$\mathbf{T}(\alpha\boldsymbol{a}_1+\beta\boldsymbol{a}_2, \boldsymbol{b})=\alpha\mathbf{T}(\boldsymbol{a}_1, \boldsymbol{b})+\beta\mathbf{T}(\boldsymbol{a}_2, \boldsymbol{b}),$$

$$\mathbf{T}(\boldsymbol{a}, \alpha\boldsymbol{b}_1+\beta\boldsymbol{b}_2)=\alpha\mathbf{T}(\boldsymbol{a}, \boldsymbol{b}_1)+\beta\mathbf{T}(\boldsymbol{a}, \boldsymbol{b}_2), \qquad (87)$$

を満たすことを言う．ここで，$\boldsymbol{a}, \boldsymbol{a}_1, \boldsymbol{a}_2, \boldsymbol{b}, \boldsymbol{b}_1, \boldsymbol{b}_2\in\mathbf{V}$，$\alpha, \beta\in\mathbf{R}$ である．つまり，引数ごとに線形性が成り立つという事である．もちろんこれを一般化して，三つ以上の元の組を実数に対応させるケースも考えることができて，それらは多重線形写像と呼ばれる（双線形＝二重線形）．先の議論と同様に，$\mathbf{T}$ を一つ固定すると，$T_{11}\equiv\mathbf{T}(\boldsymbol{e}_1, \boldsymbol{e}_1)$, $T_{12}\equiv\mathbf{T}(\boldsymbol{e}_1, \boldsymbol{e}_2)$, $T_{21}\equiv\mathbf{T}(\boldsymbol{e}_2, \boldsymbol{e}_1)$, $T_{22}\equiv\mathbf{T}(\boldsymbol{e}_2, \boldsymbol{e}_2)$ の四つの値さえわかれば，任意のベクトルの組に作用させたときの結果を計算できるので，$\mathbf{T}$ は $(T_{11}, T_{12}, T_{21}, T_{22})$ の組によって指定可能である．特定の(i, j)の組に対してのみ $T_{ij}=1$，それ以外が 0 となる双線形写像を $\boldsymbol{e}^i\otimes\boldsymbol{e}^j$ で表すと，式（87）を満たす写像の全体は $\boldsymbol{e}^1\otimes\boldsymbol{e}^1, \boldsymbol{e}^1\otimes\boldsymbol{e}^2, \boldsymbol{e}^2\otimes\boldsymbol{e}^1, \boldsymbol{e}^2\otimes\boldsymbol{e}^2$ の四つを基底とするベクトル空間を成す．念のため，実際の写像をすべて成分で書くと，

$$\begin{aligned}\mathbf{T}(\boldsymbol{a}, \boldsymbol{b}) &= \sum_{i=1}^{2} T_{ij}\boldsymbol{e}^i\otimes\boldsymbol{e}^j\left(\sum_{k=1}^{2} a^k\boldsymbol{e}_k, \sum_{l=1}^{2} b^l\boldsymbol{e}_l\right)\\ &= \sum_{i,j=1}^{2} T_{ij}\boldsymbol{e}^i\left(\sum_{k=1}^{2} a^k\boldsymbol{e}_k\right)\boldsymbol{e}^j\left(\sum_{l=1}^{2} b^l\boldsymbol{e}_l\right)\\ &= \sum_{i,j=1}^{2} T_{ij}\left(\sum_{k=1}^{2} a^k\boldsymbol{e}^i(\boldsymbol{e}_k)\right)\left(\sum_{l=1}^{2} b^l\boldsymbol{e}^j(\boldsymbol{e}_l)\right)\\ &= \sum_{i,j=1}^{2} T_{ij}\left(\sum_{k=1}^{2} a^k\delta^i{}_k\right)\left(\sum_{l=1}^{2} b^l\delta^j{}_l\right)\\ &= T_{ij}a^ib^j, \end{aligned} \qquad (88)$$

となる．2番目の等式が示すように，$\boldsymbol{e}^i\otimes\boldsymbol{e}^j$ は引数ごとの線形写像を考え，それらの像を掛け合わせるという演算となる（上の例の場合には $\boldsymbol{e}^i(\boldsymbol{a})\boldsymbol{e}^j(\boldsymbol{b})$）．また，第4式内の $\delta^i{}_k$ はクロネッカー

のデルタで，二つの添え字が等しい値をとるときに1，異なるときに0をとることを表す記号である．再び，先と同様に，今考えているベクトル空間$\mathbf{V}$の基底の取り方を（式(83)にしたがって）変えると，双線形写像全体が作るベクトル空間の二つの基底の間に以下の関係が成り立つ．

$$\tilde{\boldsymbol{e}}^i \otimes \tilde{\boldsymbol{e}}^j = \sum_{k=1}^{2} H^i{}_k \boldsymbol{e}^k \otimes \sum_{l=1}^{2} H^j{}_l \boldsymbol{e}^l = \sum_{k,l=1}^{2} H^i{}_k H^j{}_l \boldsymbol{e}^k \otimes \boldsymbol{e}^l. \quad (89)$$

これに伴って，$\mathbf{T}$は

$$\sum_{i,j=1}^{2} T_{ij} \boldsymbol{e}^i \otimes \boldsymbol{e}^j = \sum_{i,j=1}^{2} \sum_{k,l=1}^{2} T_{ij} (H^{-1})^i{}_k (H^{-1})^j{}_l \tilde{\boldsymbol{e}}^k \otimes \tilde{\boldsymbol{e}}^l, \quad (90)$$

のように変わるので，$\mathbf{V}$の新たな基底に対して，テンソル$\mathbf{T}$の(k, l)成分は

$$\tilde{T}_{kl} = \sum_{i,j=1}^{2} T_{ij} (H^{-1})^i{}_k (H^{-1})^j{}_l, \quad (91)$$

となる．大事なことは，基底を変換したとしてもテンソルにベクトルの組を作用させたときの結果は一致することである．

$$\mathbf{T}(\boldsymbol{a}, \boldsymbol{b}) = \sum_{i,j=1}^{2} T_{ij} a^i b^j = \sum_{i,j=1}^{2} \tilde{T}_{ij} \tilde{a}^i \tilde{b}^j. \quad (92)$$

テンソル代数では，$\mathbf{T}$は（0, 2）テンソルと呼ばれる（下添え字が二つあるので）．(0, 2)テンソルの代表的な例としては計量テンソル$\mathbf{g}$があげられる．$\mathbf{g}$によりベクトル空間$\mathbf{V}$に内積$\langle \boldsymbol{a}, \boldsymbol{b} \rangle = \sum_{i,j} g_{ij} a^i b^j$が定義される．$\mathbf{g}$はまた，以下のように$\mathbf{V}$と$\mathbf{V}^*$の元を1対1に対応させる際にも用いられる．

$$(\mathbf{V} \to \mathbf{V}^*) \quad \sum_{i=1}^{2} a^i \boldsymbol{e}_i \mapsto \sum_{i,j=1}^{2} g_{ij} a^j \boldsymbol{e}^i,$$

$$(\mathbf{V}^* \to \mathbf{V}) \quad \sum_{i=1}^{2} \omega_i \boldsymbol{e}^i \mapsto \sum_{i,j=1}^{2} g^{ij} \omega_j \boldsymbol{e}_i. \quad (93)$$

ここで，g^{ij}はgの成分を行列としてみたときの逆行列の（i, j)成分からなる．計量テンソルとして特に$g_{ij} = \delta_{ij}$を用いると，$\boldsymbol{e}_i$と$\boldsymbol{e}^i$とが同一視でき，同じ成分を持つ元同士をすべて同一視することで，$\mathbf{V}$と$\mathbf{V}^*$の区別が無くなる．同一視できるのだから添え字の上下もやめてしまうと（通常はすべて下添え字にする），内積は$\langle \boldsymbol{a}, \boldsymbol{b} \rangle = \sum_i a_i b_i$のように，見慣れたものとなる．添え字の上下の位置を気にすることは慣れるまではとても面倒くさいので，添え字の上下を区別しなくて良いことは表記的に簡単で便利になったように思える．しかし，数学的には今注目しているテンソル量がどの空間の元を写像しているのかが分かりづらくなるというデメリットも生じることを覚えておこう．例えば非線形連続体力学を学ぶ際には，書かれている式や計算が正規直交系のみに限定して成り立つことなのか（つまり添え字の上下を気にしなくてもよい状況のみについて成り立つことなのか），曲線座標系のような一般の座標系を用いたときにも成り立つのかを意識しておかないと間違えを起こす可能性がある．

以上では，（0, 2）テンソルを見たが，双線形写像であっても定義域を変えることで，$\mathbf{T}: \mathbf{V}^* \times \mathbf{V} \to \mathbf{R}$や$\mathbf{T}: \mathbf{V}^* \times \mathbf{V}^* \to \mathbf{R}$を考えることも可能である．$\mathbf{V}^*$は上で説明した$\mathbf{V}$の双対ベクトル空間である．これらはそれぞれ（1, 1）テンソル，（2, 0）テンソルと呼ばれる．演算としての説明は（0, 2）テンソルの場合とほぼ同じなので省略するが，（1, 1）テンソルは，ベクトルからベクトルへの変換$\mathbf{V} \to \mathbf{V}$とみなすことができるため重要であり，以下簡単に触れておく．（1, 1）テンソルは双線形写像と見ると，成分としては

$$\sum_{i,j=1}^{2} T^i{}_j \boldsymbol{e}_i \otimes \boldsymbol{e}^j \left(\sum_{k=1}^{2} a_k \boldsymbol{e}^k, \sum_{l=1}^{2} b^l \boldsymbol{e}_l \right) = \sum_{i,j=1}^{2} T^i{}_j a_i b^j, \quad (94)$$

のように書けるが，これを二番目の引数（ベクトル）にのみ作用させると

$$\sum_{i,j=1}^{2} T^i{}_j \boldsymbol{e}_i \otimes \boldsymbol{e}^j \left(\cdot, \sum_{l=1}^{2} b^l \boldsymbol{e}_l\right) = \sum_{i,j=1}^{2} T^i{}_j b^j \boldsymbol{e}_i(\cdot), \tag{95}$$

となり，ベクトル（**V**の元）が得られることがわかるだろう．この意味で，(1, 1)テンソルはベクトルからベクトルへの線形変換とみなすことができる．式(95)のように，テンソル同士の引数（一方は上添え字，もう一方は下添え字）を添え字の取り得る値（この場合は$j=1, 2$）すべてにわたってかけて足し合わせる操作を縮約という．8章8.2.1項でみた変換**U**は(1, 1)テンソルの例である．念のため確認しておくが，(0, 2)テンソルに対して同じように二番目の引数と**V**の元とを縮約すると$\mathbf{V} \to \mathbf{V}^*$の変換となり$\mathbf{V} \to \mathbf{V}$の変換とはならない．物理や工学の一部の教科書では，ベクトルからベクトルへの線形変換をテンソルの定義（の一部）として採用されることがある（完全な定義のためにはベクトル空間の基底が変わったときにその線形変換を表す成分も適切に変化しなければならないという条件が加えられる）．

さて，8章8.2.1項で見た変換**F**は，連続体の変形を記述する上で一番基本となる量であるが，これはどんなテンソルであろうか？　ベクトルをベクトルへ移すから一見(1, 1)テンソルのように見えるが，正しくは少し違う．なぜなら，定義域と値域で考えているベクトル空間が違うからである．定義域は，変形前の点**P**の近傍に対応するベクトル空間（正確には接空間）**V**，値域は変形後の**P′**の近傍に対応するベクトル空間**V′**である．**F**のように異なるベクトル空間をまたいだ変換は2点テンソル(two-point tensor)と呼ばれる．変形勾配テンソル**F**や直交変換**R**はこの2点テンソルである．このため，例えば**V′**の基底をそのままにして**V**の基底のみを変えると（式(83)），**F**の成分は

$$\begin{aligned}
\mathbf{F} &= \sum_{i,j=1}^{2} F^i{}_j \boldsymbol{e}'_i \otimes \boldsymbol{e}^j \\
\Leftrightarrow \mathbf{F} &= \sum_{i,j=1}^{2} F^i{}_j \boldsymbol{e}'_i \otimes \left(\sum_{k=1}^{2} (H^{-1})^j{}_k \tilde{\boldsymbol{e}}^k\right) \\
&= \sum_{i,j,k=1}^{2} F^i{}_j (H^{-1})^j{}_k \boldsymbol{e}_i' \otimes \tilde{\boldsymbol{e}}^k,
\end{aligned} \tag{96}$$

のように**F**の2番目の添え字に関する部分のみが影響を受ける（cf. 式(91)）．ここで，$\boldsymbol{e}^j \in \mathbf{V}^*$，$\boldsymbol{e}'_i \in \mathbf{V}'$である．逆に，**V′**の基底のみを変えると，1番目の添え字に関する部分のみが影響を受ける．

最後に，テンソルの転置について簡単に触れてこの節を終えることにする．8章で見るように，物体の変形を特徴づけるテンソルの一つとして右コーシー・グリーンの変形テンソル$\mathbf{C} \equiv \mathbf{F}^{\mathrm{T}}\mathbf{F}$がある（**F**は変形勾配テンソル）．**F**の転置$\mathbf{F}^{\mathrm{T}}$とはどのように定義されるのだろうか．すぐ前に述べたように，**F**を，**V**の元を**V′**に移す線形変換と見よう．このとき，**V**の元$\boldsymbol{u}$と$\boldsymbol{v}$を考え，**F**によってそれぞれ(**V′**の元)$\boldsymbol{u}'$と$\boldsymbol{v}'$へ移されるとする（つまり，$\boldsymbol{u}'=\mathbf{F}\boldsymbol{u}$, $\boldsymbol{v}'=\mathbf{F}\boldsymbol{v}$）．この時，$\mathbf{F}^{\mathrm{T}}$は**V′**の元を**V**に移す線形変換で，任意のベクトル$\boldsymbol{u}$と$\boldsymbol{v}$に対して以下の式を満たすように定義される．

$$\langle \boldsymbol{u}, \mathbf{F}^{\mathrm{T}}\boldsymbol{v}' \rangle_{\mathrm{g}} = \langle \mathbf{F}\boldsymbol{u}, \boldsymbol{v}' \rangle_{\mathrm{g}'}. \tag{97}$$

ここで，左辺は**V**の元に関する内積を表し，**g**は**V**の計量テンソルを表す．他方で，右辺は**V′**の元に関する内積を表し，**g′**は**V′**の計量テンソルを表す．式(97)を成分で表すと，

$$\begin{aligned}
& g_{ij} u^i (F^{\mathrm{T}})^j{}_k (v')^k = (g')_{lk} F^l{}_i u^i (v')^k \\
& \Leftrightarrow \{g_{ij} (F^{\mathrm{T}})^j{}_k\} (v')^k u^i = \{(g')_{lk} F^l{}_i\} (v')^k u^i,
\end{aligned} \tag{98}$$

となるので，F^{T}の成分は

$$(F^{\mathrm{T}})^a{}_k = (g')_{lk} F^l{}_i g^{ai}, \tag{99}$$

となる．こうした計算は，たとえば8章の図8.4

で示されるように，曲面上に与えられた曲がった座標系でシート状の変形を記述する際に現れてくる．

（小林徹也・森下喜弘）

文献

1) 高橋陽一郎，『微分方程式入門(基礎数学)』，東京大学出版会 (1988).
2) V.D. バージャー，M.G. オルソン，戸田盛和・田上由紀子 (訳)，『力学―新しい視点にたって』，培風館 (2000).
3) Keener L, Sneyd J, 中垣俊之（訳）『数理生理学〈上・下〉』，日本評論社 (2005).
4) 東京大学教養学部統計学教室（編集)，『統計学入門(基礎統計学 I)』，東京大学出版会 (1991).
5) 東京大学教養学部統計学教室（編集)，『自然科学の統計学(基礎統計学)』，東京大学出版会 (1992).
6) 松原望，『入門ベイズ統計―意思決定の理論と発展』，東京図書 (2008).
7) 赤池弘次（監修)，尾崎統・北川源四郎（編集)，『時系列解析の方法（統計科学選書)』，朝倉書店 (1998).
8) 松原望，『入門確率過程』，東京図書 (2003).
9) Gardiner C, “Stochastic Methods:A Handbook for the Natural and Social Sciences 4th Ed.,” Springer, (2010).
10) C.M. ビショップ (著)，元田浩ら (監訳)，『パターン認識と機械学習』，丸善出版 (2012).
11) Fisher NI, “Statistical Analysis of Circular Data,” Cambridge University Press (1993).
12) 田代嘉宏，『基礎数学選書 23 テンソル解析』，裳華房 (1981).
13) 齋藤正彦，『基礎数学 1 線形代数入門』，東京大学出版会 (1966).

索　引

【あ】

【か】

【さ】

【た】

【な】

【は】

編者略歴

小林　徹也（Tetsuya J. Kobayashi）

1977 年 東京都生まれ
2000 年 東京大学 卒業
2005 年 東京大学大学院新領域創成科学研究科 博士課程修了
2008 年 東京大学 生産技術研究所 講師
2009 年 科学技術振興機構 さきがけ 研究者（兼任）
2015 年 科学技術振興機構 さきがけ 研究者（兼任）
現在 東京大学 生産技術研究所 准教授
博士(理学)
おもな研究テーマは，「定量生物学」．特に生命システムの普遍的性質を物理法則や情報処理と関連して理解することを目指している．
HP：http://research.crmind.net

DOJIN BIOSCIENCE SERIES 30

定量生物学－生命現象を定量的に理解するために－

2018年8月30日　第1版　第1刷　発行

検印廃止

編　者　小林徹也
発行者　曽根良介
発行所　(株)化学同人
〒600-8074　京都市下京区仏光寺通柳馬場西入ル
編集部　TEL 075-352-3711　FAX 075-352-0371
営業部　TEL 075-352-3373　FAX 075-351-8301
振替　01010-7-5702
E-mail　webmaster@kagakudojin.co.jp
URL　https://www.kagakudojin.co.jp
印刷・製本　創栄図書印刷株式会社

ISBN978-4-7598-1730-0